東大の生物

25カ年［第9版］

理学博士　大森　茂 編著

教学社

はしがき

本書の特長は，東大の生物の入試問題を正面からとらえた解法を示しただけにとどまらず，**研究**の項目でその周辺事項に関する新たな知見や，発展的考察などを加味した点にある。東大受験生にとってはまさに至宝となるであろう。

使用方法としては，まず東大の入試問題をじっくり時間をかけて読んで内容を整理し，自分なりの発想を展開してみるといい。実際の入試では時間という制約があるが，１回目は時間に制約を設けず納得のいくまで考え抜いてもらいたい。問題によっては，全くわからないものも，80％くらいの得点をとれるものもあるだろう。解答後は，考える方針や正解を得る上での考察材料が適切かどうかを分析してみるとよい。

ポイントでは，着眼点のアウトラインを示している。解き方が思い浮かばなかったときや，解答に行き詰まったときに参考にしてほしい。

解説には，解答に至る流れを記述している。紙面の都合で，教科書レベル～標準レベルの問題の解説は省略してあるが，実験考察問題のように思考力・推理力・発想力を要求する問題については，考え方や，解答に至るための着眼点を示した。

研究では，出題された内容に関連する発展的な見方や背景知識，詳細なデータなどを示している。また，**解説**の内容をさらに深めた内容も紙面の許す限り書き加えておいたので，納得のいく理解が得られるものと確信する。

大森　茂

目次

（編集部注）本書に掲載されている入試問題の解答・解説は，出題校が公表したものではありません。

東大の生物　出題分析とその対策

分析　論理力・データからの考察力・表現力が問われる

● 出題形式・量は？

大問３題から構成され，一部に選択式のものがあるが，基本スタイルとしてはあくまでも論述式である。論述問題は，ほとんどが「○行（以内・程度）で」という形式である。

大問３題と言っても，１題の中に複数のテーマが含まれており，実質的には普通の大学入試の大問 10 題近くをこなすことになるので，量はかなり多いと言える。

東大の生物の基本的特徴を述べると，長い問題文，論理的思考の重視ということになろう。基本に忠実に解答していけば合格点に達することができるようになっている。

また，いくつかの分野にわたる横断的な発想を取り入れ，「生命とは何か」という生物学の本質を追究しようとする理念が出題者の中にあるように思える。

● 出題内容は？

分子生物学分野，生理学分野が頻出である。その他の分野からも広く出題されていて，生態系や進化に関する問題も出題されている。高校で学習する生物すべての分野から出題されると考えておいた方がいい。

どの内容も高校の教科書に一応の基礎理論はあるが，目新しい実験データや，ある原理や定理が導き出された過去の実験を問う内容が多く，因果関係の推論を中心に問われている。基本的な題材を軸にして，知識を問う問題から知識を活用する問題へと，学問を追究するように発展していく問題構成である。

ただし，どの問題も設問が丁寧であることから，最終的には「問題文に対する正確な理解とそれを採点者に簡潔に示せる表現力」がものを言う。

● 難易度は？

暗記型の学習をしてきた受験生には難問に見えるであろうが，しっかり基礎を身につけておけばそれほど難しくはないというのが本当のところであろう。東大の生物では詳細な知識はそれほど要求されないが，考察力と論述力が必要とされる。過去問を解いてみればわかると思うが，問題文がかなり長く，丁寧な説明がつく。それを活用して解答を作成するのであるが，活用できない受験生にはとてつもない難問として映るかもしれない。しかし，丁寧な説明があるのだから，それを自分で図解するなりして徹底的に読みこなせば，正解に達しやすいとも言えるだろう。

ただ，75 分（２科目 150 分）の解答時間は十分な時間とは言えない。分量が非常に多く，しかも実験データの考察から筋道の通った一定の考えを導き出さなければならないからだ。生物学を考える学問として位置づけるのであれば，解答時間は倍の150分程度あってもいいくらいである。短時間で効率よくまとめる能力よりも，時間がかかっても内容を掘り下げた結論にたどりつけることの方が，研究者としては重要と考えられるからである。

しかし，現実には解答時間は75分しかない。75分間で自分の実力を余すところなく表現する方法をマスターしてもらいたい。

● 何が重視されているか？

東大が求めているのは科学的・論理的な思考力である。問題の本質を見抜き，課題解決に取り組む姿勢が求められる。見たことのある内容をまとめる能力ではなく，未知の題材を読み込んで，それを論理的に考えて，自分の考えを文章で的確に表現できる能力である。どれだけ覚えているかではなく，どれほど深く理解し，記憶した知識を活用したり，応用したりすることができるかが鍵となる。

これは大学に入学した後の授業だけでなく，研究者として活躍する場合に最も要求される能力である。テーマとして与えられた内容を理解する際，表やグラフからの読み取り能力・分析能力は欠かせない。

また，描図問題や，データをグラフにまとめるグラフ作成問題が出題されることもある。生存曲線などは縦軸が対数目盛りになっており，一度それを自分なりに作成したことがないと入試本番でもできない可能性が高いので，準備をしておこう。

今後は実験考察問題のほかに，自分で仮説を立てて，その仮説を検証するための実験方法を考えさせる問題が出題される可能性もあると思われる。

対策　論理力・考察力・表現力の向上のために

● 論述力や文章力を鍛える

東大の生物ではまず論述力が要求される。制限時間内に題意に合った内容の解答を仕上げられるように鍛えることが重要である。標準的な問題集でよいので，時間を計りながら，論述問題に取り組むようにしよう。

模範解答と自分の書いた解答を照らし合わせて，不足している内容を赤で書き加えていくといい。その場合，自分が何を覚えていなかったかよりも，自分の考えのどこが不適切なのかを把握する方が重要である。要求されている内容に応じた解答を作成できているか？そのポイントを外していないか？を中心に確認していくといい。

● 研究者の見方・考え方を学習する

実験を行うとき，研究者には必ず目的がある。その目的にかなった実験を実施すれば，必ず結果が生まれてくる。東大の生物では，その実験結果からどのような仮説を構築できるかが問われることが多い。

研究者は明らかにしたいことについて全く仮説がない状況で実験を行うことは少なく，自分なりの仮説を持っていることが多い。白紙の状態でデータから一定の結論を導き出すこともあるが，ある“ひらめき”があって，そのひらめきから得られた仮説を検証するために実験を行うことの方がずっと多いのである。

研究者がどのような仮説を抱いて実験を行っているか，自分ならどのような実験を行うかなど，立場を入れ替えて考えてみると，研究者の見方・考え方が見えてくるだろう。

● 実験を想定した仮説をつくる

東大の生物では仮説を立てる問題が頻出である。実験問題で必ず出題される，「この実験１と実験２から考察できることを述べよ」というタイプの問題がそれである。普段，仮説など立てたことのない受験生にとっては，データから傾向を読み取るだけで精一杯で，そのデータの背後に存在する理論などには到底考えが及ばない。

日ごろから問題演習などを通して，この実験結果から何が言えて何が言えないのかを考えるように心がけ，70〜100字（東大の解答用紙で２〜３行）程度で簡潔にまとめるなどして，論理的考察力を養っておくといい。何も条件がつかないときは，まずはシンプルな仮説を考える。まさに「シンプルな表現こそ最善」なのである。あれこれのデコレーションは本質を見失うので極力避けるべきである。

● 文章を図解して推論力を養う

実験考察・仮説推論問題の対策としては，日ごろから「なぜそのように結論できるのか？」というように意識的な自問自答を行うことが大切である。データとして与えられたものを，要求されなくてもグラフに描いてみることを習慣にしておくといい。大脳の活動から言うと，文章を読んで理解していくことを継次総合と言い，グラフを作成したり，描図したりして理解することを同時総合と言う。

人間は複雑な内容を複雑なまま理解することができない。一旦易しいものに咀嚼（そしゃく）して取り込み，それを自分なりに筋の通った理論に再構築していくのだから，理解するまでに多くの手法を用いておくのがいい。

その意味では，同時総合はぼんやりしたものを一気に解明する有効な方法となりうる。たとえば，「赤くて丸い」「甘い」「酸っぱいものもある」……このような表現からある一定のものを推理想定するのが継次総合である。しかし，「リンゴ」の絵を１枚掲示すればこと足りるのだ。

● 科学的な文章を多く読んで慣れておく

入試では普段学習してきた力が問われる。科学的に考える力を養うには科学的な文章に普段から接しておくといい。『Science』（AAAS）や『日経サイエンス』（日経サイエンス）などの科学雑誌は時間をかけて読む必要はないが，ストーリーを中心に理解してもらいたい。ある現象を説明するのに，全く別のところから解説が始まることもある。「これはなぜ？」と疑問を持ち続けながら読むことが重要である。全部を読み終えた後で，その因果関係が解明されていればいいのだから。

● 基礎知識を完璧にする

意外に忘れられているのが基礎知識を完璧にすることである。たとえば，「血清療法とワクチン接種の違いについて簡潔に述べよ」とあったならば，正確に記述できるだろうか？　頭の中で理解している（理解していると思っている）のと，解答用紙に正確な文章で表現するのとでは，全く違ってくるのである。基礎なくして応用もない。正確な基礎知識の確立を目指すことが不可欠である。

● 分野と用語について

教育課程の変更により，2015 年度入試を境に分野と用語が大きく変更された。また，この本を手に取っている受験生の多くが受験するであろう 2025 年度以降の入試においても，課程の変更に応じた変更がなされる。便宜上，以下では 2014 年度以前を「旧旧課程」，2015〜2024 年度を「旧課程」，2025 年度以降を「新課程」と呼称する。

これまでも何度か教育課程が変わっているが，生物学の本質を追究しようとする東大の方針に何ら変化はないので，異なる教育課程であっても過去の問題に取り組み，問題を分析することは極めて有効であろう。

ただ，課程が変わるたびに分野や用語の変更は行われているので，変更点・注意点をいくつか挙げておこう。

旧旧課程では「遺伝」だった分野は，旧課程に移行する際「生殖と発生」に組み込まれ，さらに新課程への変更で「遺伝情報の発現と発生」および「生物の進化」に分割して入ることとなった。本書では「遺伝」の問題は第 3 章「生殖と発生」に分類している（なお，旧旧課程以前の「遺伝」の内容の多くは中学理科で学習するようになっている）。

また，旧課程では「生物の進化と系統」として教科書の最後に置かれていた分野が，新課程への移行に伴い，「生物の進化」として，教科書の最初に収録されるようになった。本書ではこの分野の問題は第 5 章「生態系／進化と系統」に分類している。

これらに加えて，用語の変更も見られる。簡単ではあるがその一例を以下に示しておくので，課程変更前の問題を解く際に参考にしてほしい。

- 旧課程移行時の変更（旧課程の問題中の用語←旧旧課程の問題中の用語）

呼吸←好気呼吸	発酵←嫌気呼吸
バイオーム（生物群系）←群系	外来生物←帰化生物
環境形成作用←反作用	シアノバクテリア←ラン藻
細菌（バクテリア）←真正細菌	

- 新課程移行時の変更（新課程の用語←旧課程以前の問題中の用語）

アレル←対立遺伝子	カルビン回路←カルビン・ベンソン回路
顕性←優性	潜性←劣性
サイトゾル←細胞質基質	コラナ←コラーナ
トリグリセリド←中性脂肪	

図版等についての注意点

本書では，実際の試験問題の表記を尊重してそのまま掲載してあります。そのため，図版等の番号が必ずしも「1」から始まらない場合があります。

解答用紙について

例年，東大では理科（物理・化学・生物・地学）で共通の解答用紙が使われています。下に見本としてその一例を示してあります。解答用紙は下に示したように罫線の入ったものが使用されており，A3 判の用紙に大問ごとのスペース（〔1〕〔2〕は B5 判，〔3〕は B4 判程度）が与えられています。実際の解答枠の左右の大きさはおよそ 23.5cm です。

スペースをどのように使うかの明確な指示はありませんが，考察過程や結論がはっきりわかるように記述すべきでしょう。ただし，答案を整理して書かないと，解答欄に書ききれなくなってしまいます。問題を解く際には，実際に解答用紙に解答を書くつもりで練習をしておくとよいでしょう。

第1問

1 点数

第1章　細胞／代謝

1　2008年度　第3問

解　答

(Ⅰ)　1ーマトリックス　　2ー内膜　　3ー二酸化炭素（無機物も可）　　4ー水

(Ⅱ)(A)　無機物を酸化したエネルギーでCO_2とHから有機物を合成する。

(B)　硝化細菌は嫌気条件下でも生存可能であるが，硝化作用ではアンモニアと酸素を結合させる反応を必要とするため，酸素がない嫌気的な条件では，他の物質から酸素を取り出すこともできないので，硝化作用は進行しない。

(C)　(a)　培養20時間目までに酸素をほとんど消費し酸素呼吸の速度が低下し，また硝酸イオンがないので硝酸呼吸も行えず，増殖に必要なエネルギーを得られなかったから。

(b)　培養20時間目までは，硝酸イオンなしの培地と同じ乾燥重量なので，細菌は酸素呼吸を行っている。培養44時間目では，乾燥重量の増加と気体の発生が見られるので，硝酸呼吸を行っている。

(Ⅲ)(A)　窒素固定

(B)　(a)　○　　(b)　×　　(c)　×　　(d)　○

(C)　アンモニウムイオンは正電荷をもつので土壌に保持されるが，酸化層において硝化細菌の作用で硝酸イオンに変換される。生じた硝酸イオンは負電荷をもつため土壌に保持されにくく，地下水系に流出しやすい。また，硝酸イオンは還元層において脱窒素細菌の硝酸呼吸により，窒素ガスに変換されて大気中に放出される。そのため，イネが吸収できる窒素量は極めて少ない。

(D)　還元層に与えると，硝化作用が行われないため，アンモニウムイオンが硝酸イオンに変換されず，地下水系への流出も脱窒作用も防ぐことができ，安定してイネに吸収される。

解　説

(Ⅱ)〔文２〕　本問題で使われている「嫌気呼吸」と「酸素呼吸」は高校の教科書と定義が少し違っている。「好気呼吸」ではなく，あえて「酸素呼吸」と表現しているのは，酸素が電子の受容体となっている呼吸である。「嫌気呼吸」は酸素以外のものが電子の受容体となっている呼吸である。

(A)　無機物の酸化で得たエネルギー（化学エネルギー）を用いてCO_2とHから有機物（糖など）をつくる反応を化学合成と言う。このH（還元型補酵素）の供給源がH_2Oとは限らないので，「化学エネルギーを用いて，CO_2とH_2Oから有機物をつくる」とは単純に言いきれない。化学合成は，光もクロロフィルも不要であるが，同じ炭酸同化である光合成と比べて効率は悪い。その理由は，無機物を酸化することは細菌にとって，呼吸であり，生じたエネルギーの大半を生活活動に消費してしまい，炭酸同化にはわずかしか使えないためである。

(B)　アンモニウムイオンを亜硝酸イオンに酸化する反応にも，亜硝酸イオンを硝酸イオンに酸化する反応にも酸素分子が必要である。したがって，酸素分子のない嫌気的な条件下では硝化作用は進行しない。

(C)　培養20時間目までは，硝酸イオンのある培地とない培地で乾燥重量に差がないので，硝酸イオンの有無によらず酸素呼吸のみを行っていたと考えられる。これは，酸素と硝酸イオンの両方がある条件下では，硝酸呼吸よりも酸素呼吸が優先されることを意味している。

(Ⅲ)(B)　問(Ⅱ)(B)より，硝化作用が起こるのは好気的な条件下である。また，問(Ⅱ)(C)より，酸素があると硝酸呼吸（脱窒作用）よりも酸素呼吸が優先されるので，脱窒作用が起こるのは嫌気的な条件下である。

(C)　アンモニウムイオンは正電荷のイオンなので，酸化層の土壌中に保持されるが，この層では硝化細菌の硝化作用が起こるので，アンモニウムイオンは硝酸イオンに変換される。硝酸イオンは負電荷をもつので，土壌層から流出してしまう。さらに還元層では，硝酸呼吸で気体の窒素へと変換されて大気中に放出されてしまう。この結果，土壌中には窒素成分がほとんど残らないことになる。

(D)　硫酸アンモニウムを還元層に供給すれば，硝化作用が起きないので硝酸イオンが生じず，そのため脱窒作用も起きないので，安定してイネに吸収される。

ちなみに，植物は無機窒素化合物をアンモニウムイオンや硝酸イオンの状態で吸収する。アンモニウムイオンは毒性が高いので，積極的には吸収せず，硝酸イオンの状態で吸収することが多いが，生育環境に適応してアンモニウムイオンを好んで吸収する植物もある。イネもこのタイプの植物である。

2　2006年度　第1問

解　答

(Ⅰ)　1－ミトコンドリア　　2－色素体　　3－核孔〔核膜孔〕

(Ⅱ)(A)　(4)

(B)　(2)・(6)

(C)　リボソームタンパク質をコードしている遺伝子から転写されたmRNAを繰り返し翻訳することで，1個の遺伝子から多量のタンパク質を合成できるから。

(D)　遺伝情報と触媒作用の2つの機能をもつRNAで構成されていた。

(Ⅲ)(A)　様々な分子量の酵素Aと膜小胞が蓄積しているので，ゴルジ体での修飾と膜小胞の形成は正常であり，この膜小胞から細胞外に分泌される段階に異常がある。

(B)　変異体bでは，ゴルジ体での修飾は正常であるが，ゴルジ体から膜小胞の形成ができないので，Xの分子量の酵素Aが蓄積すると考えられる。

変異体cでは，小胞体から膜小胞の形成ができないので，ゴルジ体で修飾を受けていないYの分子量の酵素Aが蓄積していると考えられる。

(C)　(a)　(2)

(b)　二重変異体では，変異体cと同じく小胞体の膜小胞の形成に異常があるので，小胞体が蓄積していると考えられる。

解　説

(Ⅱ)(C)　ここで問われているのは，ヒトゲノムにはリボソームRNA遺伝子が100個以上あるのに，なぜ，リボソームタンパク質をコードする遺伝子は1個で十分なのか？ということである。2つの仮説を想定することができる。

仮説1）遺伝子を増やさなくても転写速度を高めれば，多量のmRNAを合成することができ，十分な量のタンパク質を合成できる。

仮説2）転写速度がたとえそれほど他のタンパク質とは違わなくても，mRNAが分解されるまでの時間が長い場合，何度も繰り返し翻訳することで十分な量のタンパク質を合成できる。

仮説1が量的な面を中心にした考えであるのに対し，仮説2は質的な面を中心にした考えである。〔解答〕は，質的なもので考えても，量的なもので考えても構わない。また，**ポイント**にあるように，保護システムの存在を述べてもいいだろう。

(D)　RNAワールドが出現したきっかけを考えれば簡単に思いつく。生物の基本的な活動がRNAだけによって行われていたと想定される時代をRNAワールドという。酵素活性をもつリボザイムというRNAが発見されて以来，生命の起源として

RNA ワールドが急速に支持されるようになった。すなわち，原始生命体における最初のリボソームタンパク質を翻訳していたと推測される翻訳装置は，遺伝情報と触媒活性をもつ RNA（リボザイム）を主成分としていたと考えられる。

(Ⅲ)〔文3〕　膜小胞は，小胞体からゴルジ体への輸送小胞，ゴルジ体から細胞膜への分泌小胞などの総称，オリゴ糖は単糖が2個～十数個連結したものの総称である。

(A)　翻訳されてから分泌までの経路は，小胞体→＊1膜小胞→ゴルジ体→＊2膜小胞→細胞膜になる。問われているのはどの段階の膜小胞かということ。＊1の段階かそれとも＊2の段階かである。図1より，分子量の小さいYは小胞体での酵素Aを意味し，分子量が大きく少しずつ異なるXがゴルジ体で修飾を受けた酵素Aを表している。変異体aでは，設問文に「Xに対応する分子量の標識された酵素Aが蓄積していた」とあるので，＊2の膜小胞に異常があったと考えられる。

(B)　変異体bは肥大したゴルジ体が蓄積するとあるので，ゴルジ体から膜小胞ができる段階に異常があると考えられる。ただし，この場合，ゴルジ体での修飾は完了しているので，酵素Aは分子量Xになっている。変異体cは大量の小胞体が蓄積しているので，小胞体から膜小胞が形成される段階に異常があると考えられる。この場合，小胞体での修飾は完了しているので，分子量Yの酵素Aになっている。

(C)　変異体aと変異体cでは，変異体cが変異体aより前の段階に異常をもつので，二重変異体では変異体cと同じ段階で反応が止まる。

3　2001年度　第1問

解　答

(Ⅰ)(A)　ペプチド結合

(B)　αヘリックス構造〔らせん構造〕，βシート構造〔ジグザグ構造〕

(C)　活性化エネルギーを低下させ化学反応を促進させるが，自らは変化しない物質。

(D)　酵素の活性部位は特有の立体構造をもち，特定の物質とのみ結合して反応を触媒するため，活性部位の立体構造に合致しない物質とは反応しない。

(E)　酵素タンパク質の熱変性により，活性部位の立体構造が変化するため。

(Ⅱ)(A)　各細胞の細胞周期の長さは同じだが，同調しないため。

(B)　$2^{\frac{t}{8}}$倍

(Ⅲ)(A)　(a)―5　　(b)―7

(B)　(a)　変異型酵素Aは35℃で失活するので，DNAの複製が完了しているG_2期とM期にある細胞は，細胞質分裂まで終了するが，G_1期とS期にある細胞は，DNA複製が完了していないため，細胞質分裂を行うことができない。したがって，しばらくは細胞数は増加するが，その後は増加しない。

(b)　細胞数の増加にはS期でのDNA複製と，M期での核分裂の後の細胞質分裂が必要である。しかし，変異型酵素Aは35℃では失活するので，細胞質分裂を行うことができず，すべての細胞はM期を終了できなくなるので，直ちに細胞数の増加は停止する。

(C)　(a)―1　　(b)―2

(Ⅳ)　細胞の分裂・増殖過程には数多くの酵素が関与する。15℃では，Aより反応の遅い酵素があり，最も遅い反応速度により全体の速度が決まるため。

解　説

(Ⅰ)(B)　タンパク質は複雑な立体構造をとるが，その中に部分的な規則的立体構造を含む。このような規則的構造を二次構造と言い，αヘリックス構造（ポリペプチド鎖のらせん構造）やβシート構造（ポリペプチド鎖の波板状の構造）がある。全体的な立体構造は三次構造と言う。三次構造ではシステイン間で見られるS-S結合（ジスルフィド結合）などが形成されている。

(E)　温度が上昇すると酵素タンパク質の立体構造が変化する。その結果，活性部位に基質が結合できなくなることを述べる。

(Ⅱ)(A)　細胞周期の長さは同じであるが，各細胞が同調しておらず，ランダムに分裂していることを述べる。

(B)　図1で細胞数が2倍になるまでの時間を読み取ればいい。8時間（培養時間4時間～12時間）で細胞数が2（$=2^1$）倍になっている。よってt時間では$2^{\frac{t}{8}}$倍になることが推測される。

(Ⅲ)(A)・(B)　(a)　温度変化時点でDNA複製が完了していた細胞（G_2期やM期の細胞）は分裂を続行できるが，G_1期やS期にあった細胞はそれ以降のDNA複製が阻害される。また，分裂によってできた細胞もS期に入るとそこで停止することになる。この結果，細胞数はしばらくは増加するが，やがて増加は停止することになる。注意したいのは，細胞数が増加する時間が8時間（細胞周期）未満であること。

(b)　細胞質分裂が停止するので，細胞数は増加しないことになる。

(C)　温度変化から12時間経過後，温度変化時にどの細胞周期にあった細胞も変異型酵素Aの影響を受けている。(b)では細胞質が二分されないので，細胞は当然2つの核をもつことになる。

(Ⅳ)　細胞分裂に働く酵素は酵素Aただ1つではなく，酵素A以外の別の酵素が15℃の増殖速度を決定する要因になっている可能性が考えられる。

研　究

タンパク質分子中のポリペプチド鎖どうしの結合には，自由に回転できるものが多いが，タンパク質分子全体としてはある決まった立体構造をしている。これは，生理的状態においてアミノ酸の側鎖どうし，アミノ酸の側鎖と周囲の水分子が会合して弱い非共有結合をつくっているからである。

一次構造はアミノ酸の配列順序，二次構造はポリペプチド鎖が折りたたまれてできる局所的構造，三次構造はタンパク質全体の立体構造で，システイン間のジスルフィド結合（S-S結合），水素結合，静電引力，疎水結合などによって形成される。三次構造の例としては，たとえば，アルブミンは球状構造を，コラーゲンは繊維状構造をとる。四次構造は複数のポリペプチドがそれぞれ特有の三次構造をとった上で，非共有結合したものを言う。各々のポリペプチド1つをサブユニットと言い，サブユニットの数に応じて二量体（ダイマー），三量体（トリマー），四量体（テトラマー）などと言う。

第 2 章　遺伝子の働きとその発現

4　2021 年度　第 1 問

解　答

Ⅰ．A．生体膜の主要な構成成分はリン脂質で，リン脂質分子には疎水部と親水部があり，水中では親水部を外側に，疎水部を内側に向け集合し，閉鎖した脂質二重層の小胞構造が維持されて安定化した構造をとる。

B．ヨコヅナクマムシ―(3)　　ヤマクマムシ―(5)

C．初期遺伝子：遺伝子B

理由：事前曝露で mRNA 量が増加する遺伝子A，Bのうち，翻訳を阻害しても遺伝子Bは転写され mRNA 量の増加が見られるから。

D．ヨコヅナクマムシ―(1)　　種S―(4)

E．薬剤Y―(1)，(2)，(3)　　薬剤Z―(4)，(5)

Ⅱ．F．1．解糖系　　2．クエン酸回路　　3．電子伝達系

G．酸化的リン酸化

H．(3)

I．遺伝子Xの産物はトリグリセリドからのグルコース合成経路に関与し，変異体Xではグルコースから合成される基質 G1 の量が減少し，酵素Pによるトレハロース合成量が低下した。

解　説

Ⅰ．A．生体膜はリン脂質二重層からできており，さまざまなタンパク質が配置されている。リン脂質分子には親水性の部分と疎水性の部分がある。生体膜は親水性の部分を外側に，疎水性の部分を内側に向けることで，親水性の部分が水と接し，小胞状の閉鎖構造が維持され，各分子の反転が起こりにくく安定化した構造をとれるようになる。

B．ヨコヅナクマムシでは，弱い乾燥条件の事前曝露なく乾燥曝露を行っても生存率は 100％である。このことから，ヨコヅナクマムシは乾燥耐性に必要なタンパク質を事前曝露と関係なく常に保持していることが想定される（選択肢(3)）。一方，ヤマクマムシは実験1で事前曝露後に乾燥曝露というプロセスを踏めば乾燥耐性を獲得して生存できるが，事前曝露なしに乾燥曝露を行うと生存できないことが図1－2からわかる。しかし，これを転写阻害剤で処理すると，たとえ事前曝露後に乾燥曝露を行った場合でも，生存できないことが図1－3の右側のヤマクマムシの実験結果からわかる。このことから，ヤマクマムシは乾燥耐性に必要なタンパク質を普段は保持しておらず，事前曝露という条件に遭遇することで乾燥耐性に必要な遺伝

子発現が起こり，乾燥耐性を獲得している（選択肢(5)）ということが推定される。

C．遺伝子Aと遺伝子Bは事前曝露によって転写が促進されているが，遺伝子Aは新たなタンパク質合成を阻害する翻訳阻害剤が存在する条件下でmRNA量が0となっている。このことから，遺伝子Aは事前曝露により発現する調節タンパク質が転写に必要な後期遺伝子である。一方，遺伝子Bは，新たなタンパク質合成が起こらない条件下（翻訳阻害剤がある場合）でもmRNA量が増加しているので初期遺伝子と考えることができる。なお，遺伝子Cは遺伝子Aや遺伝子Bと異なり，事前曝露に関係なく常に転写・翻訳が行われている。したがって，遺伝子Cは乾燥ストレスに対する応答ではなく，その後のシグナル伝達などに関わる遺伝子であると考えられる。

D．ヨコヅナクマムシは，乾燥耐性に必要なタンパク質を事前曝露と関係なく常時保持していることから，タンパク質Aは(1)のように推移していると考えられる。一方，種Sは，事前曝露の有無に関係なく乾燥曝露後の生存率が0％であることから，遺伝子Aの発現が起こっていないためタンパク質Aの量が0（または非常に少ない状態）になっていると考えられる。よって，常に0の状態が継続している(4)のように推移していると考えることができる。

E．「初期遺伝子である遺伝子Bが発現してタンパク質Bが合成される。タンパク質Bは調節タンパク質としてはたらき後期遺伝子Aの発現を促進する」という流れである。薬剤Zで処理すると，遺伝子AのmRNA量の増加のみが阻害されたのであるから，(4)「初期遺伝子群（B）の翻訳」が阻害されたか，(5)「後期遺伝子群（A）の転写」が阻害されたと考えられる。薬剤Yで処理すると事前曝露時の遺伝子Aと遺伝子BのmRNA量の増加がともに阻害されたことから，薬剤Yは(1)「ストレスの感知」から遺伝子Bのような(3)「初期遺伝子群の転写」までの間にはたらいている可能性が考えられる。(1)～(3)を阻害することで，調節タンパク質がつくられず，遺伝子Aの転写も行われない。

Ⅱ．F．「［1］，［2］によって生じたNADHや$FADH_2$」とあるので，この空欄には解糖系かクエン酸回路が入る。その続きに「内膜ではたらく［3］に渡され」とあることから，［3］には電子伝達系が入る。その後に「グルコース分解の第1段階である［1］」とあることから［1］には解糖系が入る。よって，［2］はクエン酸回路に決まる。

G．ATP合成には，解糖系やクエン酸回路で見られる基質レベルのリン酸化，呼吸の電子伝達系で見られる酸化的リン酸化，光合成で見られる光リン酸化がある。NADHや$FADH_2$から得られた電子が最終的に酸素分子に渡される過程でエネルギーが蓄積されて，そのエネルギーをもとにATPを合成する反応を酸化的リン酸化と呼ぶ。

H. ⑴ 誤文。図1－7から変異体Xでの酵素Pの活性は野生型と同じであり，活性低下は起きていない。

⑵ 誤文。変異体Xでの酵素Pの活性は正常であるので，この状態でトレハロースの合成経路が酵素Pを介さない代替経路に切り替わることは考えられない。酵素Pの機能が失われてしまった場合ならば，そのようなことも考えることができるが，あえて正常なトレハロース合成経路を見限る必然性はない。

⑷ 誤文。酵素Pの活性を強化する遺伝子が破壊されたならば，酵素Pの活性が低下することも考えられるが，活性は低下していない。

⑸ 誤文。変異体Xで基質G1やG2を産生する酵素量が増加したならば，G1やG2から酵素Pによって合成されるトレハロース量も増加するはずで，蓄積量が野生型よりも低くなることはない。

I. 野生型では放射標識されたトリグリセリドがほぼ完全に消失し，代わりに放射標識されたトレハロースが増加しているが，変異体Xではトレハロースの蓄積は野生型に比べて少なくなっているとあるので，変異体Xではトリグリセリドからのトレハロースの合成が少なくなっていることが考えられる。

図1－5を見ると，グルコースからG1が生じ，それからG2が生じ，G1とG2を基質として酵素Pによるトレハロースの合成が行われることがわかる。変異体XではトリグリセリドからグルコースをTo合成する経路に異常があるため基質G1の存在量が少なくなる。この結果，酵素Pによるトレハロースの合成量が減少していると考えられる。下の図を見るとわかるだろう。

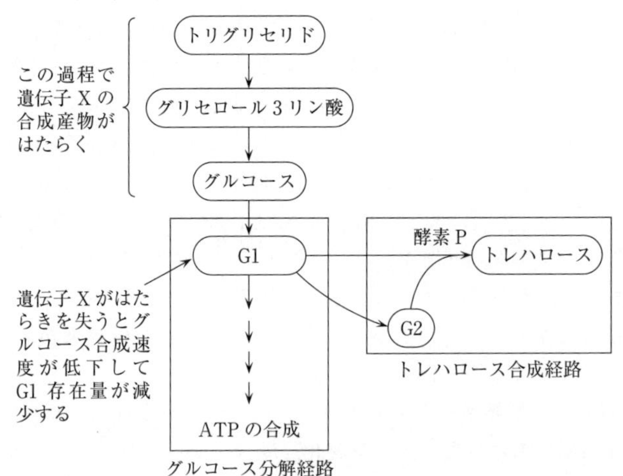

設問Hでは変異体Xのトレハロース蓄積量が野生型より低くなるのは，基質G1もしくはG2の産生量が低下していることを選択させ，設問Iで変異体Xのはたらきを推理させ，それがトリグリセリドからグルコース合成の経路に関与しているこ

とを推測させる。その結果，遺伝子Xの機能を失うことにより，基質G1の存在量が低下することに結びつかせる。あくまでも遺伝子Xの産物が関与するのは，基質G1であって基質G2ではない。設問Hの(3)には「G1もしくはG2」とあるが，これはG1であることがわかる。そのため用いる語句に「基質G1」はあるが基質G2はない。

研　究

クマムシとは，極端な温度や真空，高圧，放射線などの極限環境下でも生存できる体長1mm以下の微小動物で，周辺環境の乾燥に伴って，乾眠と呼ばれるほぼ完全な脱水状態の休眠に入る。乾眠状態のクマムシは，数年後でも給水によって生命活動を再開する。ヤマクマムシ（比較的弱い極限環境耐性をもつ）とヨコヅナクマムシ（強い極限環境耐性をもつ）を用いて，クマムシが共通にもつ機構や，種による違いなどについて遺伝子解析が進み，細胞を乾燥から守るための遺伝子や細胞ストレスセンサーなど，乾眠を実現すると考えられる遺伝子セットが発見された。クマムシ固有のDNA保護遺伝子はヒト培養細胞の放射線耐性を向上させることも知られており，クマムシの研究結果から医療やバイオテクノロジーに応用できる遺伝子の発見が期待されている。

5　2020年度　第1問

解　答

(Ⅰ)(A)　1．フレーム（読み枠）　2．同義置換

(B)　あ－き

(C)　(1)・(2)・(4)

(D)　2・6

(E)　選択肢：1）

理由：b，cでは3塩基の欠失なので，1個のアミノ酸が欠失するだけでそれ以降は同じアミノ酸配列が継続するため，タンパク質の大きさに変化はほぼない。一方，aではフレームシフトにより，dでは塩基の置換によって，終止コドンが出現するため，合成されるタンパク質は小さくなる。

(Ⅱ)(F)　(2)

(G)　基質特異性

(H)　リガンド

(I)　(1)・(3)

(J)　アミノ酸の置換により，リン酸化活性部位の立体構造が変化し，リン酸化活性は維持されたまま分子標的薬Qが結合できなくなった。

(K)　4個

(L)　3

解　説

(Ⅰ)(A)　突然変異には，DNAの塩基配列に変異が生じる遺伝子突然変異と，染色体の数や構造に変異が生じる染色体突然変異がある。遺伝子上で塩基の挿入や欠失が起こると，フレーム（読み枠）がずれてアミノ酸配列が変化する。塩基の置換には，アミノ酸配列の変化を伴わない同義置換と，アミノ酸配列の変化を伴う非同義置換がある。

(B)　融合遺伝子X－Yを検出するためには染色体の転座が起こっている部分を調べればよい。図1－2のXの4番目のエキソンとYの2番目のエキソンが途中で切れた後に融合することで融合遺伝子X－Yができるので，この部分を狭むように設計されたプライマーの組み合わせが最も優れたものとなる。よって，プライマー「あ」とプライマー「き」の組み合わせとなる。

(C)　不適切なものを選択する点に注意する。

(1)　融合遺伝子1には遺伝子Xと遺伝子Yに由来するエキソンがそれぞれ1個以上

あって，かつ合計が8個以上あるが，がん化能力がないので，不適切である。

⑵　融合遺伝子1からは予想サイズのタンパク質が発現しているため，転写・翻訳が起きている。したがって，不適切である。

⑶　エキソンY10とY11のない融合遺伝子2はがん化能力があるので，この部位はがん化に必要はないと判断できる。したがって，適切である。

⑷　融合遺伝子4からは予想サイズのタンパク質が発現しているので，RNAポリメラーゼによる転写は正常に起きている。したがって，「Y2とY7の間で，RNAポリメラーゼによる転写が停止する」という考えは不適切である。

⑸　リン酸化活性がないのは融合遺伝子4だけであるから，含まれるエキソンの違いを他の融合遺伝子と比較していけばよい。融合遺伝子4ではエキソンY3からY6が特異的に欠失しているので，この部位がリン酸化活性に必要な領域と判断できる。したがって，適切である。

(D)　問(B)で選択したプライマーは，遺伝子XのエキソンX4と遺伝子YのエキソンY3に結合するものである。

選択肢番号1～3について，融合遺伝子1～3はエキソンX4とY3を含んでいるため，プライマー「あ」とプライマー「き」が結合して予想サイズのPCR産物が得られる（陽性対照となる）。ところが，融合遺伝子4はエキソンY3がないため，予想サイズのPCR産物が得られない（陰性対照となる）。よって，番号2が適切である。

選択肢番号4～6について，この問題はPCRの鋳型の組み合わせを選ぶ問題であるから，鋳型となるのはDNAであり，番号4のようにRNAや，番号5のようにタンパク質を用いるのは不適切である。よって，番号6が適切である。番号6について，融合遺伝子X-Yの配列をもつ白血病細胞から抽出したDNAでは，図1－2にあるようにプライマー「あ」とプライマー「き」が結合する箇所が存在するので予想サイズのPCR産物が得られる（陽性対照となる）。逆に，融合遺伝子X-Yの配列をもたないものでは，プライマー「あ」と「き」では増幅できないので予想サイズのPCR産物は得られない（陰性対照となる）。

(E)　AUGは開始コドンでありメチオニンを指定する。開始コドンの3番目の塩基が変化したものはすべてイソロイシンを指定する。また，終止コドンはUAA，UAG，UGAである。図1－4において，ATAやATCがイソロイシンとあるので，このDNAはセンス鎖であることがわかる。コドンは本来mRNAのトリプレットであるが，ここではDNAのトリプレット（センス鎖）で表していくことにする。

融合遺伝子5から発現するタンパク質は，図1－3に示された融合遺伝子3から発現するタンパク質より小さいことから，X4とY2のつなぎ目に起こった変異によって終止コドンが出現し，短いポリペプチド鎖が合成されたと考えられる。

a　1塩基の欠失によりフレームシフトが起こり終止コドンTAAが出現する。

b・c　3塩基の欠失なのでアミノ酸数1個が少なくなる。

d　1塩基の置換により終止コドンTAGが出現する。

したがって，大きな変異が起こるのはa，dなので選択肢1）が正解。

(Ⅱ)(F)　分子標的薬とは，その病気の細胞に特異的に発現する特徴を分子や遺伝子レベルでとらえて特定の分子だけをターゲットとし，より効果的に治療することを目的とした治療薬である。

これまでの抗がん剤は，がん細胞そのものを標的としたものではなく，がん細胞の特徴である，盛んに分裂を繰り返して増殖している細胞を攻撃する薬であった。このため，正常な細胞であっても分裂が盛んな骨髄の細胞なども攻撃の対象となり，副作用も多く出てしまうというデメリットがあった。分子標的薬を用いると，がん細胞がもっている特定の分子（核酸やタンパク質）をターゲットとして，その部分だけに作用するので副作用が少なくなる。以上より，(2)が適切である。

(1)　RNAポリメラーゼはがん細胞だけでなく，正常細胞においてもはたらいているので分子標的薬とはならず，不適切。

(3)　分子標的薬は核酸やタンパク質にはたらくもので，「表面を物理的に覆い固める」ものではないため，不適切。

(4)　がん細胞で変異しているものには細胞表面の受容体もあれば，細胞内に存在する受容体もあり，また核酸である可能性もあるので，不適切である。

(5)　分子標的薬が結合する際，分子の部分的構造の違いが特異的な結合に関与するため，標的分子の大きさは特に問題にならず，不適切である。

(G)　酵素は特定の立体構造をもつ基質だけに作用する。この性質を酵素の基質特異性と呼ぶ。

(H)　受容体に特異的に結合する物質を一般にリガンドと呼ぶ。リガンドは比較的低分子の物質で，受容体に結合して影響を及ぼすことで生体内の情報伝達を担う。リガンドとなるのは，ホルモンや神経伝達物質などである。

(I)　不適切なものを2つ選ぶ点に注意する。

(1)　リード文に「がんSでは，Rという遺伝子に変異が見られる。……R遺伝子に変異が起こった結果，がんSではRタンパク質が異常な構造に変化して……」とある。X-Y白血病細胞が消化管の細胞を誤って攻撃して遺伝子Rの変異が誘導されたのではなく，正常な遺伝子Rが突然変異を起こした結果と考えられるので，不適切。

(2)　リード文に「分子標的薬QがX-Y融合タンパク質のチロシンリン酸化活性（……）部位に結合し，その機能を阻害する」とある。すなわち，リン酸化活性部位との結合力を高めると，より治療効果の高い分子標的薬をつくることができると考えられるので，適切。

(3)　遺伝子Rに変異がないとき，発生部位ががんSと同じく消化管であったとしても，例えばその病気の原因となるタンパク質がRタンパク質のリン酸化活性部位と類似の構造を有しているとは限らず，分子標的薬Qが効果をもつかどうかはわからないので，不適切。

(4)　分子標的薬Qがはたらくので，がんSで見られる変異Rタンパク質のリン酸化活性部位はX-Y融合タンパク質のリン酸化活性部位と類似した構造をもっていると考えられ，適切。

(J)　分子標的薬Qが効かなくなったのは，アミノ酸の置換によって，チロシンリン酸化活性部位の立体構造が変化し，分子標的薬Qが結合できなくなったためである。

(K)　最初にあった細胞数を a 個とすると，4日毎に2倍になるので28日後には 2^7 倍になっている。

よって　$a \times 2^7 = 500$　$a = \dfrac{500}{2^7} \fallingdotseq 3.90$

小数第一位を四捨五入した整数で答えるので　4個

(L)　X-Y白血病細胞約100万個は，分子標的薬Qにより3日毎にその数が10分の1になる。この中でアミノ酸の置換をもつ，分子標的薬Qの影響を受けない細胞は0日目に4個存在し，4日毎に2倍になっていく。わかっているのは，0日目での細胞数は100万個，28日目には500個ということである。分子標的薬Qの影響を受けない細胞が当初4個あるので，影響を受ける細胞は999,996個ということになるが，これは100万個として扱う。

以下に，分子標的薬Qの影響を受ける細胞と，影響を受けない細胞，およびそれらをあわせたすべての細胞についてのおおよその数を示す。

日数	0	3	4	6	8	9	12	15	16
Qの影響を受ける細胞数	100万	10万	…	1万	…	1000	100	10	…
Qの影響を受けない細胞数	4	…	8	…	16	…	32	…	64
総細胞数	100万	10万	…	1万	…	…	132	…	…

総細胞数は0日目から12日目程度までは指数関数的に減少してきて，それ以降15日目にかけて最小となり，その後は再び増加に転じることになる。これを満たす図は3である。

研　究

ある条件の効果を調べるために，他の条件を同じにして行う実験を対照実験と言う。実験から得られた結果を対照実験の結果と比較検討することで，その条件の効果を調べることができる。したがって，対照実験を適切に設計することは信頼できる結果を得るために非常に重要である。対照実験としては，陽性対照（ポジティブコントロール）と陰性対照（ネガティブコントロール）がある。陽性対照は，研究者が期待する効果を確実にもたらす実験であり，その実験系が正しく機能していることを確かめるために行われるものである。例えば，新薬の効果を調べるための実験では，効果を認められている既知の薬剤を投与する群が該当する。一方の陰性対照は，期待される効果を確実にもたらさない実験である。上記の例で言えば，生理食塩水のみを投与する群が該当する。したがって，設問(D)で問われている陽性対照は必ず予想サイズの PCR 産物が得られるものであり，陰性対照は PCR 産物が得られないものである。

6　2019年度　第1問

解　答

(Ⅰ)(A)　誘導

(B)　(1)・(5)

(C)　1―⑤，2―⑩，3―⑨，4―⑩，5―③

(D)　残った細胞では，Yタンパク質が増加することで，Xタンパク質が減少するので，C細胞に分化する。

(Ⅱ)(E)　P2，P3，P4

(F)　(2)

(G)　(1)

(H)　E細胞との距離が近いP3細胞は，Wタンパク質により，*Y*遺伝子の発現が増加して穴細胞に分化する。穴細胞はYタンパク質を発現しているので，隣接するP2細胞，P4細胞のXタンパク質の発現を増加させる。これによりP2細胞，P4細胞は壁細胞に分化する。E細胞から遠いP1細胞やP5細胞はZタンパク質の影響が少なく表皮細胞に分化する。

解　説

(Ⅰ)(A)　発生の初期では，卵に蓄えられた体軸の情報にしたがって，遺伝子の発現が調節される。発生が進むと，細胞間の相互作用により細胞が分化するようになる。胚の特定部分の細胞が未分化な細胞にはたらきかけて，分化の方向を決めることがあり，この現象を誘導という。

(B)　実験1より，Xタンパク質が機能できない*X(−)*変異体ではA細胞とB細胞がいずれもC細胞に分化し，常に機能する*X(++)*変異体ではいずれもD細胞に分化している。

実験2より，A細胞とB細胞のうち，一方の細胞を*X(−)*にし，他方を正常細胞*X(+)*にすると，*X(−)*遺伝子をもつ細胞が必ずC細胞に，*X(+)*遺伝子をもつ細胞が必ずD細胞に分化している。

正常型線虫では，リード文および図1－2の(a)より，A細胞とB細胞のどちらもC細胞とD細胞に分化できるが，C細胞が2個できたり，D細胞が2個できることはない。このことから，A細胞とB細胞は相互に影響を及ぼしあいながら分化を決定していると考えられるので(1)が適切である。

また，図1－2の(b)より，*X(−)*変異体ではA細胞もB細胞もC細胞に分化し，*X(++)*変異体ではA細胞もB細胞もD細胞に分化する。さらに，図1－2(c)より，A細胞とB細胞のうち，一方の細胞を *X(−)* にし，他方を正常細胞 *X(+)* にすると，*X(−)* 遺伝子をもつ細胞が必ずC細胞に，*X(+)* 遺伝子をもつ細胞が必ずD細胞に分化している。このことから，A細胞またはB細胞がD細胞に分化するにはその細胞内でXタンパク質がはたらくことが必要であることがわかる。よって，(5)が適切である。

(C) 図1－3の(a)・(b)を縦に見て比較すると，*X(−)* 変異体では，A細胞もB細胞もC細胞に分化しており，その細胞内のXタンパク質の量は少ないが，Yタンパク質の量は多くなっている。逆に，*X(++)* 変異体では，A細胞もB細胞もD細胞に分化しており，その細胞内のXタンパク質の量は多いが，Yタンパク質の量は少なくなっている。

このことと，さらに図1－4の2種のタンパク質の相互関係から，細胞膜上のXタンパク質に隣接する細胞のYタンパク質が結合すると，この細胞では *Y* 遺伝子の転写の抑制と *X* 遺伝子の転写の促進が起こり，Yタンパク質は減少し，Xタンパク質は増加すると考えられる。

Yタンパク質が増加した細胞のXタンパク質は減少するので，*X(−)* 遺伝子をもつ細胞と同様の分化を想定することになる。よって，C細胞に分化する。

(D) A細胞とB細胞が生じた直後に一方の細胞を破壊すると，残った細胞では，Yタンパク質をもつ隣接細胞が存在しないため，Xタンパク質がYタンパク質と結合できなくなり，*X* 遺伝子の転写促進と *Y* 遺伝子の転写抑制が起こらなくなる。この結果，Yタンパク質が増加し，Xタンパク質が減少するので，C細胞に分化する。

(Ⅱ)(E) 表1－1の(a)と(b)を比較して検討する。P1～P5の細胞について，E細胞に対する操作が「操作なし」と「破壊」の場合で，分化に違いが生じるかどうかを吟味する。E細胞を破壊しても，P1細胞とP5細胞は破壊しない場合と同様に表皮に分化している。これに対し，P2～P4の細胞はE細胞を破壊すると壁細胞や穴細胞にはならない。よって，E細胞からの影響を受けて分化が決まるのは，P2，P3，P4の細胞である。

また，(c)でE細胞をP4細胞の上側に移動させると，真下のP4細胞が穴細胞に，その両隣のP3細胞とP5細胞が壁細胞に分化したことから，E細胞からの影響を直接または間接的に受けて分化が決まるのは，E細胞の真下とその両隣の細胞であることがわかる。正常発生では，P2，P3，P4の3個の細胞である。

(F) 表1－1の(a)と(d)を比較すると，正常型で壁細胞になるものが，*X(−)* 変異体では穴細胞に分化している。Xタンパク質がはたらかないと壁細胞に分化できないことが推測される。一方，Xタンパク質が常にはたらいた場合を(g)の *X(++)* 変異体で見ると，P1～P5のすべての細胞が壁細胞になっている。このことから，Xタンパク質がはたらいた表皮の前駆細胞は壁細胞に分化すると考えられる。なお，(f)でP3細胞が穴細胞に分化しているから，E細胞からの高濃度のZタンパク質による誘導作用は，X，Yのタンパク質による相互作用よりも優越することがわかる。

(G)　設問文には，「文3と実験5，6の結果から考察し1つ選べ」とある。

「（E細胞から分泌されたZタンパク質の）効果は相手の細胞との距離が近いほど強い」と文3にあるので，P3細胞がその影響を最も強く受ける。Zタンパク質はP1，P5両細胞には作用しないことが問(E)からわかり，P2，P4の両細胞ではXタンパク質が発現している。その発現を誘導したのはP3細胞か，あるいはZタンパク質である。

ここで，表1－1(g)より，Zタンパク質がなくても壁細胞は生じることがわかる。したがって，P2，P4の両細胞でXタンパク質の発現を誘導したのはP3細胞であり，その作用から，P3細胞にはYタンパク質が発現していると考えられる。

よって，P3細胞では，Zタンパク質がWタンパク質に結合してそれを活性化し，Wタンパク質の活性化により*Y*遺伝子の発現が増加していると考えられる。

実験5，実験6の結果をまとめた表1－1(d)の結果から，Zタンパク質がP2細胞とP4細胞にも作用していることが読み取れる。しかし，穴細胞になるという異常な発生になるので，この設問ではこれは考えなくてもよい。

(H)　まず，E細胞からはZタンパク質が分泌される。その影響を受けてE細胞に最も近いところにあるP3細胞で，Wタンパク質が活性化する。これにより，P3細胞はYタンパク質が増加して穴細胞に分化していく。穴細胞はYタンパク質を発現しているので，隣接するP2細胞やP4細胞のXタンパク質に結合して，Xタンパク質の発現を増加させ，Xタンパク質が増加することで壁細胞へと分化する。E細胞からの距離が遠いP1，P5細胞はZタンパク質の影響がほとんどないので，表皮細胞に分化する。

これらの関係を図示すると次のようになる。

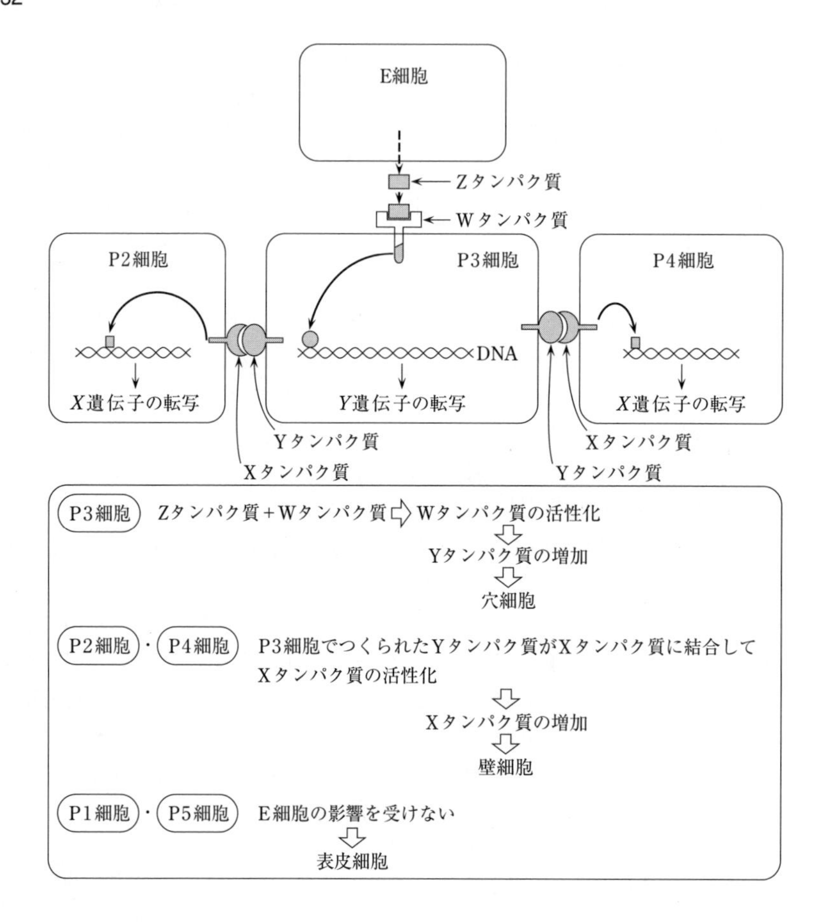

研　究

（I）では隣接する細胞どうしが影響を与えあう場合が問われている。A細胞とB細胞は相互に影響を及ぼしあいながら，それぞれの分化を決定している。このような細胞どうしの情報の伝達には，シグナル伝達物質とよばれるタンパク質やイオンなどが使われていることがわかっている。この中心的な経路がNotchシグナル情報伝達経路である。この経路では，ある細胞に発現するNotchタンパク質と，隣接する細胞に発現するリガンドとの結合により，シグナル伝達が開始され，Notch発現細胞内で情報伝達が行われる。

Notchタンパク質とリガンドが結合するとNotchタンパク質の細胞内の部分（NICDという）が切り離される。切り離されたNICDは細胞膜から核内へ移動し，核内で別のタンパク質と結合して調節タンパク質としてDNAに作用し，遺伝子の発現を促進する。その結果，シグナルを受け取った細胞では異なる性質をもつようになる。このNotchシグナル伝達経路は，線虫からヒトに至るまで，さまざまな種で見られる，進化上よく保存された細胞間のシグナル情報伝達経路である。

7　2018年度　第1問

解　答

(Ⅰ)(A)　RNAポリメラーゼは基本転写因子とともに複合体をつくり，その遺伝子のプロモーターに結合し，片方のDNA鎖を鋳型にしてRNA鎖を5′→3′の方向へ合成していく。

(B)　16種類

(C)　エキソン9dの81～83塩基目

(D)　a―③，b―⑤，c―⑥，d―⑧，e―⑩

(Ⅱ)(E)　9

(F)　チミン

(G)　ACCTTAAGGT，AAACCGGTTTなどから1つ（回文構造であればよい）

(H)　(あ)g―6，h―4　　(い)8：6：7　　(う)―(1)・(5)

解　説

(Ⅰ)(A)　真核生物における転写では，原核生物とは異なり，RNAポリメラーゼが直接プロモーターに結合することはない。RNAポリメラーゼは多くの基本転写因子とともに転写複合体をつくってプロモーターに結合する。RNAポリメラーゼはDNAポリメラーゼと同じように5′末端から3′末端の一方向にしかヌクレオチドをつなげられない。転写の場合，DNAの一方の鎖（アンチセンス鎖）を鋳型にして3′→5′の方向に読んでいき，mRNAを5′→3′の方向へ合成していく。

また，真核生物では，プロモーターや遺伝子から離れたところに転写調節領域があり，この領域に結合した調節タンパク質（アクチベーターやリプレッサー）が転写複合体に作用して転写を促進したり抑制したりするなどの調節を行う。

(B)　6つのエキソンのうちエキソン1とエキソン6が必ず使用されるという条件，さらにスプライシングの際にエキソンの順番が入れ替わらないという条件があるので，残り4個のエキソンを何個使用するかを考えればよいことになる。よって，4個のエキソンの取り出し方（組合せ）を求めればよい。

$${}_4C_0+{}_4C_1+{}_4C_2+{}_4C_3+{}_4C_4=16 \text{ 種類}$$

別の解法としては，エキソン2～5のそれぞれについて，使用されるかスキップされるかの2通りを考えて，$2^4=16$ 種類としてもよい。

(C)　平滑筋で発現しているα-トロポミオシンのmRNAは，選択的スプライシングを受けてエキソン1a，エキソン2a，エキソン3，エキソン4，エキソン5，エキソン 6b，エキソン 7，エキソン 8，エキソン 9d が用いられている。

表1－1より，平滑筋の α-トロポミオシンタンパク質を構成するアミノ酸数は 284 個であるので，アミノ酸を指定する塩基は 284×3＝852 個で，これに続く 853～855 番目が終止コドンとなる。

エキソン 1a の 192～194 塩基目の開始コドンから数えて，エキソン 1a 内にあるアミノ酸を指定する塩基数は 305－191＝114 個。エキソン 1a の開始コドンからエキソン 8 までの塩基数を求めると，エキソン 1a で 114 個，エキソン 2a で 126 個，エキソン 3 で 134 個，エキソン 4 で 118 個，エキソン 5 で 71 個，エキソン 6b で 76 個，エキソン 7 で 63 個，エキソン 8 で 70 個。ここまでの合計が 772 個となるので

853－772＝81（←エキソン 9d 内の終止コドンの始まりの番号）

855－772＝83（←エキソン 9d 内の終止コドンの終わりの番号）

よって，終止コドンはエキソン 9d の 81～83 塩基目にある。

(D)　a．*SMN1* mRNA 前駆体では，エキソン 7 内部の 1 つの塩基がCであるのに対して，*SMN2* mRNA 前駆体ではUに変化している。この部分の *SMN1* mRNA 前駆体の塩基配列が CAGACAA なので，1つの塩基がC→Uに変化しているものを考えればよい。よって，③の UAGACAA が *SMN2* mRNA 前駆体の領域Aでの塩基配列である。

b．タンパク質Yはこのように塩基配列が変化すると結合できなくなり，エキソン 7 はスプライシングの際にスキップされてしまう。このことからタンパク質Yはスプライシングの際にエキソン 7 が使用されることを促進していると考えられる。

c．領域Bには，スプライシングの制御に関するタンパク質Zが認識して結合する塩基配列が存在し，脊髄性筋萎縮症の治療に有効な人工核酸分子Xは，領域Bの塩基配列と相補的に結合してタンパク質Zの領域Bへの結合を阻害するとあるので，タンパク質Zには，スプライシングの際にエキソン 7 がスキップされることを促進するはたらきがある。これは，*SMN1* 遺伝子も *SMN2* 遺伝子も共通にタンパク質Zが認識する塩基配列をもっていても，*SMN1* 遺伝子の場合はエキソン 7 の使用を促進するタンパク質Yによりスキップが抑制されているのでタンパク質Zによるスキップ促進を受けないが，*SMN2* 遺伝子の場合，塩基配列の変化によりタンパク質Yが結合できない状態となっているので，タンパク質Zの影響を受けることになると考えられる。

d・e．人工核酸分子Xは，*SMN2* 遺伝子のスプライシングを補正して全長型 SMN タンパク質を増加させるはたらきをもつと考えられる。

(Ⅱ)(E)　ヒトゲノムの塩基対数はおよそ 30 億であるから，3×10^9 である。よって，f＝9 となる。これ以外にも，ヒトゲノムを構成する染色体数は 23 本，ヒトゲノム

中の遺伝子数は20000〜23000程度，ヒトゲノムの中でタンパク質をコードする領域は1〜1.5％程度であることなどは記憶しておきたい。

(F)　アデニンが多数連なったポリA配列に相補的な塩基が連なった一本鎖DNAを考えればよい。アデニンと相補的な結合をするのはチミンであるから，チミンが多数連なった一本鎖DNAを用いる。RNAではないので，ウラシルとしないこと。

(G)　リード配列と一致する塩基配列がゲノムの2つのヌクレオチド鎖の全く同じ位置に出現する特徴について考えてみよう。

あるリード配列をαとする。リード配列αと塩基配列が一致したヌクレオチド鎖を①として，①と相補的なヌクレオチド鎖を②とする。②と塩基配列が一致するリード配列をβとすると，リード配列αが「ある特徴」をみたすとき，リード配列αとβは相補的で，それぞれ5′→3′方向で読んだときの塩基配列が一致する。つまり，「ある特徴」とは，相補的な配列を逆から読むと元と同じ配列になるという特徴といえる。このような構造を回文構造という。

（例）　α　5′-AGCT-3′
　　　①　5′-AGCT-3′
　　　②　3′-TCGA-5′
　　　β　3′-TCGA-5′

「10塩基の長さ」とあるので，回文構造として具体的に例を挙げるならばGTCAATTGAC，ACCTTAAGGT，AAACCGGTTTなどのような塩基配列を記述すればよい。また，設問には「A，C，G，Tのアルファベットを5′→3′の順に並べた文字列として表すものとする」とあるので，回文構造であってもCCCCCTTTTTなどのように2種類の塩基だけの配列などは避けておいたほうがよい。〔解答〕に示した例のように，4種類の塩基を少なくとも1回は用いた配列にしておきたい。

(H)　(あ)　エキソン内にマッピングされたリード配列の数の合計はエキソンの長さを反映していると考えることができる。その理由としては，(H)のリード文に，RNA-Seqを行うとmRNAがランダムに切断されてマッピングされるとあることから，マッピングされるリード配列の数の合計はエキソンの長さに比例して大きくなると考えられるからである。

つまり，さまざまな遺伝子のmRNAの分子数を比較するには，エキソン内にマッピングされたリード配列の数の合計を直接比較するのではなく，マッピングされたリード配列の数の合計をエキソンの塩基数の合計で割った値で比較すればよい。これによって，遺伝子1から遺伝子6までの遺伝子発現の頻度すなわち，「mRNAの出現頻度」の推定値が求まる。出現頻度の推定値が最も大きいものが，mRNAの分子数が最も多いものになる。

遺伝子 1 では　$4500 \div 1000 = 4.5$

遺伝子 2 では　$50 \div 800 = 0.0625$

遺伝子 3 では　$10000 \div 3000 \fallingdotseq 3.3$

遺伝子 4 では　$150 \div 2500 = 0.06$

遺伝子 5 では　$7000 \div 1500 \fallingdotseq 4.7$

遺伝子 6 では　$9000 \div 1800 = 5$

よって，mRNA の分子数が最も多かったものは遺伝子 6，最も少なかったものは遺伝子 4 である。

(い)　遺伝子 7 は 4 つのエキソンをもっていて，選択的スプライシングを受けてエキソン 2 またはエキソン 3 のいずれか，あるいは両方がスキップされることがあるとある。エキソン 1 とエキソン 4 はスキップされないので，まずこのエキソン 1 とエキソン 4 の mRNA の出現頻度を(あ)と同様にして求める。

エキソン 1 では　$16800 \div 800 = 21$

エキソン 4 では　$21000 \div 1000 = 21$

となる。スプライシングを受けていないエキソンでの mRNA の出現頻度（$=21$）は全体の mRNA の分子数とみなすことができる。つまり，4 種類の mRNA の分子数の合計 $x+y+z+w$ が 21 に相当する。ただし，この問いでは $x=0$ という条件下にある。

同様にして，エキソン 2 とエキソン 3 の mRNA の出現頻度を求める。

エキソン 2 では　$3600 \div 600 = 6$

エキソン 3 では　$3200 \div 400 = 8$

この結果より，エキソン 2 を含む mRNA は z だけなので $z=6$，エキソン 3 を含む mRNA は y だけなので $y=8$ が求まる。エキソン 2 とエキソン 3 の両方がスキップされたものは，$x=0$ より

$w = 21 - (6+8) = 7$

よって　$y : z : w = 8 : 6 : 7$

(う)　x が 0 とは限らないとすると

エキソン 1，4 の出現頻度から　$x+y+z+w=21$　……①

エキソン 2 の出現頻度から　$x+z=6$　……②

エキソン 3 の出現頻度から　$x+y=8$　……③

よって，w については ①－②－③ から　$w-x=7$　……④

(1)　③が成立すればよいので，$x=5$，$y=3$ とすると，$w=12$，$z=1$ となる。このとき，$x>y$ となり，$x<y$ は成り立たない。

(2)　②より $x+z=6$，③＋④ より $y+w=15$ で，$x+z<y+w$ は常に成り立つ。

(3)　④より $w=7+x$ で，$x<w$ は常に成り立つ。

(4)　③－② より $y-z=2$ で，$y=z+2$ より，$y>z$ は常に成り立つ。

(5)　③＋④より $y+w=15$ が成立すればよいので，$y=7$，$w=8$ とすると，$x=1$，$z=5$ となる。このとき，$y<w$ となり，$y>w$ は成り立たない。
(6)　②より $z\leqq 6$，④より $w\geqq 7$ なので，$z<w$ は常に成り立つ。
以上より，成り立たない可能性がある関係式は(1)・(5)である。

研　究

（Ⅱ）に，あまり見慣れないバイオインフォマティクスという用語が出ている。これは，日本語では生命情報科学（生物情報科学）と訳される。
バイオインフォマティクスは，生命科学の膨大なデータを情報科学的手法を用いて解析し，生命現象の背後にひそむ法則性や規則性を見つけ出す研究分野である。バイオインフォマティクスの発展により，生命現象について，全体を俯瞰する新しい視点から迫ることが可能になりつつある。

8　2018年度　第2問

解　答

(A)　有袋類はオーストラリア大陸以外にも広く分布していたが，その後に出現した真獣類との競争に敗れて多くは絶滅した。この段階でオーストラリア大陸は他の大陸から分離していて真獣類が進出せず，競争が起こらなかったため，有袋類が生き残った。

(B)　イ―DNAポリメラーゼ，好熱菌　　ウ―逆転写酵素，レトロウイルス

(C)　1―オリゴデンドロサイト〔オリゴデンドログリア〕，2―軸索，3―髄鞘，4―有髄，5―ランビエ絞輪，6―跳躍伝導，7―無髄，8―大きい

(D)　個体2，個体4

(E)　(2)・(5)

(F)　ヒストンが遺伝子 X やその転写調節を含む部分に強く結合した結果，遺伝子 X の転写が抑制されている。

(G)　(1)・(5)

(H)　(3)・(4)

(I)　正常マウスの皮膚の細胞膜表面にはMHCタンパク質が存在するので別系統のマウスに移植すると拒絶反応が起こるが，遺伝子 X ノックアウトマウスの細胞膜表面にはMHCタンパク質がほとんど存在しないので拒絶されなかった。

(J)　(2)・(3)・(5)

解　説

(A)　有袋類は真獣類（有胎盤類）より先に出現し，その後に現れた真獣類により生態的地位（ニッチ）を奪われた。有袋類は，胎盤が発達せず，子を未熟な状態で出産し，その後母親の育児のう内で育てる。胎盤の発達した真獣類よりも原始的な存在で，かつてはヨーロッパやアジアなどにも生息していたが，真獣類との生存競争に負けてこれらの地域では絶滅した。しかし，オーストラリア大陸は他の大陸から遠く隔絶していたため，ユーラシア大陸の真獣類はオーストラリア大陸に侵入できず，また独自に進化することもなかったため，この地域では有袋類が生息し続けることができた。

(B)　イ．PCR法で用いる酵素はDNAポリメラーゼである。この酵素は95℃という高温域でも酵素活性を失わない耐熱性をもっている。耐熱性のDNAポリメラーゼの遺伝子は，好熱菌のものである。この酵素は，海底火山などの熱水噴出孔に生息

する好熱菌 *Thermus aquaticus* から分離精製されたので Taq ポリメラーゼとも呼ばれており，70〜73℃程度で最もよく機能する。

ウ．cDNA をつくる酵素は逆転写酵素である。RNA を鋳型としてこれと相補的な配列をもつ DNA を合成するはたらきをする。逆転写酵素をもつ RNA ウイルスはレトロウイルスと呼ばれる。cDNA（complementary DNA）は，RNA を鋳型にして逆転写酵素でつくられた DNA のことをいうが，一本鎖だけでなく，それをもとにして作成した二本鎖 DNA も cDNA という。

(C)　軸索を包んでいるグリア細胞には，シュワン細胞とオリゴデンドロサイト（オリゴデンドログリア）がある。シュワン細胞は，末梢神経において，軸索を包み込む髄鞘を形成する。一方，中枢神経においては，オリゴデンドロサイトが軸索を包み込む髄鞘を形成する。

シュワン細胞やオリゴデンドロサイトの細胞膜が軸索に幾重にも巻き付いてできた構造を髄鞘（ミエリン鞘）という。有髄神経繊維では，髄鞘は電気絶縁体であるので，興奮は髄鞘がないランビエ絞輪においてのみ起こる（跳躍伝導）。そのため，髄鞘をもたない無髄神経繊維と比べて興奮の伝導速度が大きい。

(D)　親子であれば，マイクロサテライトの繰り返しの回数が同じ DNA をもつ。個体7と8の子であれば，図2－2で個体7と8に見られるそれぞれ2本のバンドから1本ずつを受け継ぐことになる。個体1～6の正常細胞で個体7と8と同じバンドを1本ずつもつのは個体2と個体4である。

リード文にマイクロサテライトは遺伝マーカーとして用いられるという記述がある。遺伝マーカーというのは生物個体それぞれの遺伝的性質や系統の目印となる DNA 配列のことである。DNA には数塩基の繰り返し配列（反復配列ともいう）がある部分があり，その有無や反復の回数が個体によって異なる。こういった反復配列をマイクロサテライトといい，このマイクロサテライトを利用した遺伝マーカーをマイクロサテライトマーカーという。特定の反復配列の有無やその反復回数は，特定の疾患へのかかりやすさなどを検査する目印として用いたりする。

(E)　ゲル電気泳動の結果から分析していく。

(1)　実験1のリード文に「正常細胞が悪性腫瘍化した場合にも，このマイクロサテライトの繰り返し回数は変化しない」とある。個体1～4の腫瘍細胞はすべて正常細胞とは異なるバンドをもっているので，正常細胞から発生したものではない。よって，誤り。

(2)　個体1と2が兄弟姉妹とあるが，少なくとも個体1は，個体7と8の子ではない。この点から誤りと考えることもできるが，図2－2に記載されていない両親（下図の個体9と10）を想定すると，兄弟姉妹である可能性はある。また，個体9（親）から感染した悪性腫瘍細胞の可能性は残るので正しい。

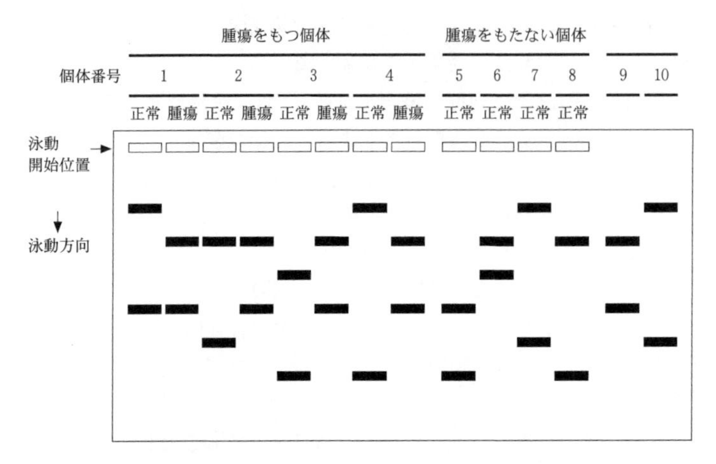

(3) 個体3と4が兄弟姉妹とあり，(2)と同様，個体4は個体7と8から生まれた可能性があるが，個体3は個体7と8の間から生まれた子ではない。これも(2)と同様に，図2－2に記載されていない親から生まれた兄弟姉妹である可能性はある。しかし，個体3と4の腫瘍細胞のバンドはいずれも正常細胞のものと違っており，このバンドを形成するマイクロサテライトをもつ親から生まれたとは考えられない（親子であれば少なくとも一方のバンドは一致する)。よって，悪性腫瘍が親の正常細胞から発生したというのは誤り。

(4) 個体1～4の腫瘍細胞のバンドはすべて同じ位置に見られる。しかし，正常細胞のものとそれらのバンドは違っているので，1個体の正常細胞から発生したというのは誤り。

(5) 個体1～4の腫瘍細胞のバンドはすべて同じ位置だが，個体1～8のどの正常細胞のバンドとも一致しない。このことは，すべての悪性腫瘍は個体1～8とは別の個体の正常細胞から発生した可能性が高いことを示す。よって，正しい。

(F) ヒトをはじめ多くの種の全DNA配列が決定されている近年，その遺伝子の配列だけでなく，発現パターンを網羅的に解析する必要が出てきたため，マイクロアレイ法を用いたDNA発現解析は重要な技術となっている。

マイクロアレイ法では，対象となるサンプルからmRNAを抽出し，逆転写して一本鎖のcDNAとして使う。この一本鎖cDNAを，プローブと呼ばれる一本鎖DNA（各遺伝子に対応する塩基配列をもつ）を多数固定したマイクロアレイと反応させる。プローブに相補的な塩基配列があると，cDNAはプローブと二本鎖を形成して結合する。これにより，対象サンプルで発現していた遺伝子を特定することができる。

図2－3より，タスマニアデビルの悪性腫瘍細胞は，ヒストンのDNAへの結合を阻害する薬剤Yで処理した場合と処理しなかった場合で，遺伝子 X のmRNA量

が大きく変化している。正常なシュワン細胞では薬剤Yの影響は全く受けていない。悪性腫瘍細胞では薬剤Yがない場合には遺伝子 X の発現が抑制されている。このことから，悪性腫瘍細胞では，ヒストンが遺伝子 X を含む領域に強く結合して転写を抑制していると考えられる。これは遺伝子 X やその近くの DNA の塩基配列が変化したことでヒストンと強く結合した可能性や，ヒストンが何らかの修飾を受けたことで DNA との結合が強まった可能性などが考えられる。しかし，薬剤Yで処理することで，ヒストンの DNA への結合が阻害されると，遺伝子 X の発現が回復し，mRNA 量が増加したと考えられる。

(G)　図2－4で，遺伝子 X ノックアウトマウスと正常マウスの MHC の mRNA 量に差異はない。しかし，細胞膜上の MHC タンパク質の量は，遺伝子 X ノックアウトマウスでは正常マウスに比べて非常に少なくなっている。これが実験3からわかる内容である。本問は実験結果の解釈として不適切なものを選ぶものである。適切なものを選ぶのではない点に注意する。

(1)　遺伝子 X と MHC 遺伝子の染色体上での位置関係はこの実験からは全くわからないので，「近い位置にある」というのは不適切である。

(2)　図2－4の左側のグラフを見ると，遺伝子 X があろうがなかろうが MHC の mRNA 量に違いがないので，遺伝子 X は，MHC の転写に必要ではないことがわかる。よって，適切である。

(3)・(4)　図2－4の右側のグラフで検討する。遺伝子 X ノックアウトマウスでは，細胞膜上の MHC タンパク質の量が少なくなっている。これには，遺伝子 X が取り除かれたことで，翻訳を正常に行えなくなった可能性と，翻訳された MHC タンパク質を細胞膜へ輸送するはたらきを正常に行えなくなった可能性が考えられるので，(3)と(4)はいずれも適切である。

(5)　MHC 遺伝子は再編成をしないので遺伝子 X が MHC の遺伝子再編成を制御する可能性はあり得ない。よって，不適であることはすぐにわかる。もしこれを知らなくても，この実験で遺伝子再編成に関する実験結果が全く記述されていないので，遺伝子 X が MHC の遺伝子再編成に関与しているかどうかは不明である。よって，不適切である。

(H)　(1)　遺伝子 X ノックアウトマウスのシュワン細胞を薬剤Yで処理しても，遺伝子 X 自体がないので，遺伝子 X の発現が回復することはない。よって，不適切。

(2)　MHC の mRNA 量は遺伝子 X の有無に影響されないので，悪性腫瘍細胞で MHC の mRNA 量が減少しているというのは不適切。

(3)・(4)　実験2より，悪性腫瘍細胞では遺伝子 X の発現が抑制されていることがわかる。また，実験3より，遺伝子 X が欠損することで，MHC タンパク質の翻訳や細胞膜上への輸送に異常が生じることがわかる。悪性腫瘍細胞を薬剤Yで処理することで，遺伝子 X の発現を回復させると，MHC タンパク質の発現量の増加や細胞膜上での MHC タンパク質の量の回復が予想される。よって，(3)と(4)はいずれも適切である。

(5) 異なるマウスで拒絶されるかどうかは，細胞膜上に MHC タンパク質が発現しているかどうかによる。遺伝子 *X* ノックアウトマウスの細胞を薬剤 Y で処理しても遺伝子 *X* 自体がないので，これが発現することはない。実験 3 で，遺伝子 *X* が発現しない場合には，MHC タンパク質が細胞膜上にほとんど配置されず，拒絶反応は起こらないから不適切。

(I) 拒絶反応は，移植する側，つまり提供する側（ドナー）がもつ MHC と，移植を受ける側（レシピエント）の MHC の不一致が原因で起こる。正常マウスでは，細胞膜上に MHC タンパク質が存在するので，別系統どうしの移植では，レシピエントのキラー T 細胞によって攻撃され脱落する拒絶反応が起こる。しかし，遺伝子 *X* ノックアウトマウスでは，実験 3 より，細胞膜上に MHC タンパク質がほとんどないために別系統のマウスに移植しても非自己として認識されないので，キラー T 細胞による攻撃を受けない。つまり，拒絶反応が起こらなかったことになる。

(J) 「適切なものをすべて」と指示があるので，慎重に検討しよう。

(1)・(2)・(3) リード文に，タスマニアデビルは気性が荒く，同種個体間で争い行動を頻繁に起こすことで顔や首などに傷を負うとある。また，野生のタスマニアデビルの傷口の周囲には瘤ができており，これが悪性腫瘍であると述べてある。悪性腫瘍によって絶滅しないためには，やみくもに争うような行動を抑制して，悪性腫瘍の原因につながる傷口をつくらないようにすることがまず考えられる。このことを前提に考えると，(1)の噛みつきや争いが増えるというのは全く逆で，そのような行動をなくすようにする(2)や(3)が適切である。(3)の「儀式化された示威行動」とは，個体どうしでは一応争い行動とはなるが，相手に致命的な傷を与えることなく，威嚇したり，力を示したりするような一連の行動と考えればよいだろう。

(4) マクロファージや樹状細胞の細胞膜には，TLR（トル様受容体）と呼ばれるタンパク質が存在し，これが異物を認識している。TLR は，細菌類の細胞壁・べん毛・タンパク質などを認識する。ところが，腫瘍細胞の認識で主にはたらいているのは MHC であるため，TLR の病原菌の認識能力が高まっても，直接的には悪性腫瘍による絶滅を防ぐうえで有利にはたらくとはいえない。

(5) NK 細胞は，ウイルス感染した細胞やがん細胞を感知するとそれを攻撃して排除する。悪性腫瘍はがん細胞の一種であるから，NK 細胞による異物の排除能力が高まるのは，悪性腫瘍からタスマニアデビルを守るひとつの方法であると考えられる。

(6) この悪性腫瘍はウイルスに起因するとはいえないので誤り。

研　究

タスマニアデビルの個体数の激減は，伝染性の悪性腫瘍というきわめて特異な疾患によるものであることが解明されてきている。繁殖相手や餌をめぐる争いにおける噛みつきの傷を通じて，悪性腫瘍細胞自体が他の個体に直接伝染すると考えられている。多くは発症から数カ月以内に死亡するが，長期生存するものもあり，これらの個体の免疫学的・遺伝学的解析が期待されるものの，現時点で有効な治療法は確立されていない。

マイクロサテライト多型の解析やミトコンドリアDNAの解析結果から，この悪性腫瘍は同一の由来をもち，個体間で伝染してきたものであることがわかっている。この悪性腫瘍では，細胞膜上のMHCタンパク質の量が減少していると考えられている。また，大部分の腫瘍と同様に，テロメラーゼが活性化されて不死化している。悪性腫瘍細胞のmiRNA（マイクロRNA。遺伝子の発現調節に関与する短い一本鎖RNAのこと）の発現パターンから，この腫瘍がシュワン細胞由来であることが強く示唆されている。

タスマニアデビルは総個体数が少ないために遺伝的多様性が高くない。そのため，伝染性の致死的腫瘍に対応できる免疫系をもつ個体がなく，種の絶滅の危機に瀕している。近年，腫瘍に罹患していない個体を捕獲し，そこから繁殖させた個体を施設で飼育し，野生に戻す試みもすでに行われている。

9　2017年度　第1問

解　答

(Ⅰ)(A)　リボソームに結合したmRNAのコドンと相補的なアンチコドンをもつtRNAがコドンに対応したアミノ酸をリボソームに運搬する。リボソーム上では運ばれてきたアミノ酸が次々とペプチド結合することで，タンパク質が合成される。

(B)　(a)―㋔・㋗・㋘　　(b)―㋓・㋔・㋗・㋘

(C)　(3)

(D)　1―②，2―⑭，3―⑩，4―⑫，5―①，6―⑭，7―⑤

(Ⅱ)(A)　$\frac{1}{16}$

(B)　8―獲得〔適応〕，9―HIV〔ヒト免疫不全ウイルス〕，10―自然，11―好中球（またはマクロファージなど），12―毛細血管，13―閉鎖，14―組織液，15―開放

(C)　(1)・(5)

(D)　(4)

解　説

(Ⅰ)(A)　図1―1の㋖はmRNAからタンパク質が合成される過程の翻訳を表しているため，この設問では翻訳のプロセスが問われている。なお，設問で用いるよう指定されている語句に「アンチコドン」という用語は含まれていないが，「コドン」が記載されている以上入れておくのがよい。

(B)　(a)　クリックが記載したセントラルドグマについてのメモには「情報が一度タンパク質分子になってしまえば，そこから再び出て行くことはない」とあるので，図1―1の中でタンパク質から情報が出て行く過程を示す矢印の㋔・㋗・㋘は存在しないことになる。

(b)「自然界に現存する生物やウイルスにおいて，その存在が確認されていない」ものを選ぶことに注意する。

㋒は逆転写で，レトロウイルスなどの逆転写酵素をもつウイルスで存在が確認されている。

㋓はDNAから直接タンパク質をつくる過程であるが，直接これを行うものは存在が確認されていない。

㋔は㋓の逆の過程でタンパク質からDNAをつくる過程であり，この過程も存在が確認されていない。

㋕はRNAの複製である。遺伝子としてRNAをもつウイルスで，この過程は確認されている。

㋖は翻訳であるが，㋗はその逆の過程で，この存在は確認されていない。

㋘はタンパク質からタンパク質の複製過程であるが，このような存在は確認されていない。

(C)　図1－2より，x変異体ハエ（以下x変異体）やy変異体ハエ（以下y変異体）は野生型ハエ（以下野生型）に比べて，大腸菌に感染させた場合では生存率に違いがないが，Fウイルスに感染させると生存率が低下している。これは野生型では抑制されるFウイルスの急激な増殖がx変異体やy変異体では抑制されなかったことによる。

表1－1より，野生型の体内にはFウイルス由来の短いRNAが存在していることがわかる。この短いRNAは，リード文にあるように，「ダイサー」によって切り離されたFウイルス由来の21塩基程度のRNAのことである。この短いRNAは，「アルゴノート」やその他のRNA分解酵素によって分解されることでFウイルスの増殖の抑制に用いられる。そのため，x変異体やy変異体では，ウイルス干渉に関するダイサーやアルゴノートの機能が欠損した結果，Fウイルスの増殖が起きたと考えられる。

x変異体ではFウイルス由来の短いRNAはあるが，y変異体ではそれがない。x変異体に短いRNAがあるのは，ダイサーが正常に機能したためであり，y変異体に短いRNAがないのはダイサーが正常に機能しなかったためであると考えられる。

x変異体でダイサーが正常であっても，その後に続くアルゴノートが機能しないとFウイルスの増殖を抑制できない。逆に，y変異体ではダイサーの機能が失われているが，アルゴノートの働きは正常であると推定される。よって，タンパク質Yはダイサー，タンパク質Xはアルゴノートである。なお，B2はショウジョウバエではなくFウイルス由来のタンパク質なので，解答にはふさわしくない。

(D)　実験1でx変異体やy変異体は野生型に比べてFウイルスの感染に対する生存率が顕著に低下している。このことから，ショウジョウバエはRNA干渉の機構を用いてFウイルスに抵抗していると推測される。

しかし，RNA干渉は二本鎖RNAに対して起こる現象であるので，FウイルスのゲノムRNAが一本鎖である限りRNA干渉は起こらない。したがって，このゲノムRNAに関してRNA干渉が起こるためには，一時的に二本鎖RNAの状態をとる必要があり，RNAを鋳型にしてRNA合成を行う複製様式をとっていると考えられる。

また，実験2よりB2タンパク質存在下では，Fウイルスだけでなく，一本鎖RNAをゲノムとしてもつ他のウイルスの増殖も促進されていることから，B2タンパク質にはショウジョウバエがもつRNA干渉の機構を抑制する働きがあると考えられる。

(Ⅱ)(A) 図1－3で，突然変異で生じた遺伝子を劣性の m とし，表現型Aの遺伝子型を MM，表現型Bの遺伝子型を Mm，表現型Cの遺伝子型を mm と考えると，図1－3の家系図を矛盾なく説明できる。

子マウスの父の両親の遺伝子型は MM と mm なので

父は　Mm

子マウスの母の両親の遺伝子型は MM と Mm なので

母は　$MM:Mm=1:1$

子マウス

よって，子マウスの父がつくりうる配偶子の分離比は　$M:m=1:1$

子マウスの母がつくりうる配偶子の分離比は　$M:m=3:1$

表現型Cが生じるのは右表の mm だから，確率は　$\frac{1}{8}$

よって，子マウスが表現型Cの雌の個体である確率は

$\frac{1}{8}\times\frac{1}{2}=\frac{1}{16}$

♂＼♀	$3M$	m
M	$3MM$	Mm
m	$3Mm$	mm

(B) T細胞は異物を認識して排除する獲得（適応）免疫系の中心的存在である。ここで言うT細胞は主にヘルパーT細胞のことで，このヘルパーT細胞にHIV（ヒト免疫不全ウイルス）が感染してその機能を低下させると，生体防御が大きく損なわれ，AIDS（後天性免疫不全症候群）が発症する。

自然免疫系は，マクロファージ（好中球など）が非特異的に異物を分解する働きで，この免疫系はすべての動物に備わっているが，獲得（適応）免疫系は脊椎動物のみに備わっている。

脊椎動物の循環系は閉鎖血管系で，動脈と静脈が毛細血管で連絡していて，血液は血管外に出ることはなく体内を循環している。

(C) (1) 正文。T細胞もB細胞も，造血幹細胞からつくられる。

(2) 誤文。もしT細胞の核にもすべての遺伝子が存在するならば，T細胞の核を用いて作成したクローンマウスも多様なT細胞抗原受容体を発現できるはずである。しかし，T細胞の核は分化するときにすでに遺伝子の再構成が進行して，遺伝子の組合せは1通りに限定されてしまっているため，多様なT細胞抗原受容体が発現することはない。

(3) 誤文。表現型CはヘルパーT細胞の数が極端に少なくなっているので，免疫反応全体が低下し，抗体産生量も少なくなっていると考えられる。

(4)・(5) (4)は誤文で，(5)は正文。図1－4で白血球におけるT細胞の割合は，ドナー側（提供する側）によるのではなく，レシピエント側（受け取る側）によって決定していることがわかる。この実験ではレシピエントに血液細胞を死滅させる線量の放射線が照射されているので，レシピエント側のT細胞はなくなっているはずで

ある。ところが図1－4の左側から1番目，2番目，3番目の3つのデータでは，いずれもレシピエントとして表現型Aを用いているが，それぞれに表現型A，表現型B，表現型Cからいずれの骨髄を提供された場合でも，T細胞の割合は表現型Aと同じになっている。これより，表現型B，Cの骨髄細胞でも異常が生じないことがわかる。逆に，図1－4の左側から4番目，5番目のデータでは，骨髄細胞が正常な表現型Aをドナーとして用いても，レシピエントとして表現型B，Cを用いるとT細胞の割合が極端に低下している。このことは，表現型B，Cでは骨髄細胞以外の部位，おそらく胸腺などの部位に異常があるためT細胞の成熟・分化が妨げられ，T細胞が減少したと考えれば説明できる。

(D)　表現型CのマウスからタンパクZをコードする遺伝子Zを取り除いたノックアウトマウスでも，T細胞の割合が表現型Aとほぼ同じという結果から(4)が不適切であることは自明であろう。もし(4)のようにタンパク質Zの発現が消失することがT細胞減少の要因であるとするならば，ノックアウトマウスはタンパク質Zが消失しているので，T細胞が少なくなっていないといけないが，このことは実験結果と矛盾している。

研　究

RNA 干渉がテーマになっているのでこれについて述べておこう。RNA が遺伝子発現を抑制することを RNA 干渉（RNA interference/ RNAi）という。

RNA 干渉の重要な役割のひとつに，本問で扱われる生体防御がある。ウイルスの感染などにより，細胞内に外来性の長い二本鎖 RNA が存在すると，ダイサーと呼ばれる酵素がこれを 20bp 程度の短い二本鎖 RNA（siRNA/ small interfering RNA）に切断する。この siRNA は，タンパク質と複合体を形成し，片方の鎖が分解されて一本鎖となったのち，siRNA と相補的な配列をもつ RNA，つまり siRNA の元となった外来性の RNA と結合し，これを分解する。これによって，外来性ウイルスの遺伝子発現は抑制される。

また，RNA 干渉は自分自身の（内因性の）遺伝子発現を抑制することもある。miRNA（microRNA）と呼ばれる小型の RNA は，翻訳されない RNA であり，mRNA と同じようにゲノムから転写された後でダイサーなどによる切断を受けて形成され，siRNA と同様の小型二本鎖 RNA となる。これは siRNA と同様の機構で，自身のゲノムから転写された mRNA の相補配列に結合し，その mRNA を分解するなどして翻訳を阻害し，遺伝子発現を抑制する。

このように，現在では RNA 干渉をはじめとした，翻訳されない小型の RNA の働きが注目されており，siRNA，miRNA の他にも，piRNA（piwi interacting RNA），rasiRNA，ta- siRNA，nat- siRNA など多数の小型の RNA が発見されている。

10　2016年度　第1問

解　答

(A)　(2)・(4)・(5)

(B)　骨髄細胞を移植すると造血幹細胞から継続的に赤血球をつくることができるが，輸血により赤血球を供給されても赤血球が寿命を迎えると死滅するから。

(C)　1－肝門脈　　2－肝臓　　3－腎臓　　4－胆管（胆のうも可）
5－十二指腸

(D)　(4)

(E)　名称：免疫グロブリン
意義：抗体可変部のゲノムDNAの再編成により，可変部の構造に多様性が生じ，多様な抗原と結合できる抗体を産生できるようになる。

(F)　(1)発する　　(2)発しない　　(3)発する　　(4)発しない

(G)　維持される
理由：化合物Tの投与直後に酵素Cにより領域Lが抜き取られ，その後，酵素Cの遺伝子が発現しなくても，GFP遺伝子が常に発現しているから。

(H)　CBC細胞の分裂により生じる娘細胞のうち，一方は*Lgr5*遺伝子の働きが停止し上皮細胞になり，他方は*Lgr5*遺伝子の発現が続きそのままCBC細胞として残る。

解　説

(A)　(1)　血球は胚発生の過程で中胚葉の側板に由来してつくられるので正しい。

(2)　血しょうは血液の液状成分，血小板は有形の細胞成分であるから，血小板が血しょうに含まれることはないので誤り。

(3)　好中球，マクロファージ，樹状細胞は異物を取り込んで分解する食作用を示すので正しい。

(4)　自然免疫は大部分の生物にとって宿主防御の主要な系であり，植物・菌類・昆虫・哺乳類などの高等脊椎動物を除く多細胞生物においては主要な防御システムである。原始的な生命ももっており，進化的に古い防御方法であると考えられている。よって，進化の過程で脊椎動物の登場よりかなり前に獲得されていたので誤り。

(5)　リンパ球は骨髄でつくられたのち，T細胞は胸腺で，B細胞は骨髄で分化・成熟するので誤り。ここで少し，リンパ球を含めてつくられるところについて述べておくと，顆粒球とB細胞は，赤血球や血小板と同じように，造血幹細胞でつくられる。つまり，胎児期は肝臓で，生まれてからは骨髄でつくられるが，T細胞だけは胎児期も生まれてからも胸腺で成熟する。

(B)　骨髄細胞の移植では造血幹細胞も移植されるため，数カ月経ても正常な赤血球が体内で生産され続けるので，根本的な治療になり得る。これに対して，輸血によって赤血球を供給する方法では，赤血球の寿命である約120日を超えると赤血球は死滅してしまうので，根本的な治療とはなり得ない。

(D)　実験1で用いた*Lgr5*遺伝子はCBC細胞だけで発現する遺伝子である。実験1は*Lgr5*遺伝子の転写調節領域のすぐ後ろにGFPをコードする遺伝子をつないだトランスジェニックマウスを作製して，小腸上皮において緑色蛍光が見られる部位について調査したものである。その結果は図1－3に示してあるが，緑色蛍光はCBC細胞だけで見られる。これより実験1の結果からわかるのは，①CBC細胞の数が変化しないこと，②位置も変化しないこと，③*Lgr5*遺伝子はCBC細胞で特異的に発現する遺伝子であることだけである。絨毛部分の上皮細胞が，それ自身が分裂することで新たにつくられたのか，あるいはCBC細胞や血液幹細胞からつくられたのかなど，どの細胞から新たにつくられているのかを実験1より結論づけることはできない。よって，(4)が正しい。

(E)　抗体の本体である免疫グロブリンについて述べることになる。抗体をつくるための遺伝子は断片として存在し，グループを形成している。H鎖の可変部はV，D，Jの3つのグループに分かれていて，このそれぞれのグループから1つずつの遺伝子断片が選択されて遺伝子の再編成が起こり，H鎖の可変部をつくる遺伝子ができる。L鎖の場合は，2つのグループ由来の遺伝子断片がつながってL鎖の可変部をつくる遺伝子ができる。定常部をつくる遺伝子は別にあって，これも可変部をつくる遺伝子とつながってH鎖全体，L鎖全体がつくられる。このようにして，抗体の多様性がつくられる。

(F)　図1－4で，作製されたトランスジェニックマウスは*Lgr5*遺伝子の転写調節領域に酵素Cの遺伝子をつないでいるので，*Lgr5*遺伝子が発現している細胞では酵素Cの遺伝子が発現していることになる。

酵素Cは，化合物T存在下で領域Lを抜き取る働きをする。領域Lが抜き取られることで*R*遺伝子の転写調節領域とGFP遺伝子がつながれるとGFP遺伝子が発現して緑色蛍光を発することになる。それは，実験2のリード文に「*R*遺伝子の転写調節領域は，その後ろにつないだ遺伝子をマウスの体内のあらゆる細胞で常に発現させる働きをもつ」とあるので，領域Lを除くと常に遺伝子発現が起こり，GFPタンパク質が合成されることになる。この点を整理して設問に対応していく。

(1)　常に*Lgr5*を発現していれば，酵素Cが合成されている。これに化合物Tを投与すると，領域Lが抜き取られ，*R*遺伝子の転写調節領域とGFP遺伝子がつなぎ合わされてGFP遺伝子の発現が生じ，GFPの蛍光を発する。

(2)　*Lgr5*が発現していなければ，酵素Cが合成されていないので，化合物Tが投与されても，領域Ｌが抜き取られることがないので，GFP 遺伝子の発現が起こらず，GFP の蛍光を発しない。

⑶　化合物Ｔを投与した時点で *Lgr5* を発現していれば，酵素Ｃが合成されているので，領域Ｌが抜き取られ，GFP 遺伝子の発現が生じ，GFP の蛍光を発する。

⑷　化合物Ｔを投与した時点で *Lgr5* が発現していないので，酵素Ｃが合成されていない。その後の観察時までに *Lgr5* が発現したとしても酵素Ｃの翻訳には時間がかかり，設問文に「化合物Ｔの酵素Ｃに対する作用は投与と同時に，かつ，その時点でのみ及ぼされ」るとあるので，酵素Ｃを活性化することはできない。よって，観察時間内には GFP 遺伝子の発現が起こらず，GFP の蛍光を発しない。

(G)　実験２で作製したトランスジェニックマウスは，実験１より CBC 細胞でのみ *Lgr5* 遺伝子の発現が起きている。実験３で，生後２箇月の時点で化合物Ｔを投与すると，図１－５よりその直後は CBC 細胞でのみ GFP の蛍光が見られる。これは，CBC 細胞だけで酵素Ｃの合成が起き，領域Ｌが抜き取られ，*R* 遺伝子の転写調節領域と GFP 遺伝子がつながり，その結果 GFP 遺伝子が発現して GFP の蛍光を発したためである。

化合物Ｔを投与後１年目のある時点で *Lgr5* 遺伝子の転写調節領域にその働きを失わせるような変異が生じた場合，CBC 細胞ではすでに酵素Ｃと化合物Ｔにより，領域Ｌが抜き取られているので，*R* 遺伝子の転写調節領域と結合して GFP 遺伝子の発現が常に起こり，GFP の蛍光は維持されると考えられる。

(H)　実験３の図１－５を見ると，化合物Ｔ投与直後では，CBC 細胞だけで GFP の発現が起きているが，３日目，５日目，60 日目と GFP の蛍光を発現する細胞が上皮組織全体へと拡大しているのがわかる。絨毛部分で *Lgr5* 遺伝子が発現することはない。それは，実験１のリード文に「*Lgr5* という遺伝子は，小腸上皮組織で CBC 細胞にのみ発現している」とあるからだ。*Lgr5* 遺伝子が発現しなければ，酵素Ｃが合成されないので，領域Ｌの抜き取りが起こらないことになる。

では，なぜこの絨毛部分で GFP の蛍光を発するのかということになる。冒頭の〔文〕の中で「くぼみの底辺部には，分裂能が非常に高く（１日に１回程度分裂する）……細胞があり，それらは CBC 細胞と名付けられている」と記載されている。そうすると，くぼみの CBC 細胞が分裂した娘細胞が先端部のほうに移動していき，上皮細胞に分化する。先端部には，２～３日で死んで剝がれ落ちていく上皮細胞があり，それを補給しているのである。

その分化した上皮細胞は *R* 遺伝子の転写調節領域と GFP 遺伝子がつながったものを CBC 細胞から引き継ぎ，GFP の蛍光が観察されたと考えられる。

ただし，最初に化合物Ｔを投与する前に先端の上皮細胞に分化した絨毛では，*Lgr5* 遺伝子の機能が失われてしまっていると考えられる。それは，図１－５にあるように，化合物Ｔ投与後３日目では，先端部の上皮細胞（絨毛）部分では GFP

の蛍光が発していないことからわかる。これは酵素Cの合成が起こらないためと考えられる。

設問文には「絨毛部分の上皮細胞における GFP の蛍光が，化合物T投与後3日目から1年目までのすべての時点で観察されている点を踏まえて」とあるので，CBC 細胞でつくられた酵素Cが化合物Tの働きで活性化されて，領域Lを抜き取った細胞となる。この結果，CBC 細胞はすべて領域Lが失われてしまい，*R* 遺伝子の転写調節領域と GFP 遺伝子が結合したものとなり，これが分裂を続ける。よって，CBC 細胞では *Lgr5* 遺伝子は機能し続けるが，生じた娘細胞は絨毛細胞に分化する段階で *Lgr5* 遺伝子の機能を失うと考えられるということについて述べる。

研　究

腸上皮は，生体内において入れ替わりが早い，すなわち細胞更新が盛んな組織のひとつとして知られている。食事成分や腸内細菌の産生物にはさまざまな物質が含まれるので，腸上皮は，時には有害であるこれら外来因子から受ける傷害を，長期にわたり残さないために短期で入れ替わるのかもしれない。

この活発な自己再生を継続するために，細胞分化，細胞死および細胞増殖を連動して調節する精密な機構が備えられている。構造的に，小腸だけに絨毛と呼ばれる管腔側突出構造があるが，小腸・大腸いずれの上皮も陰窩（いんか）と呼ばれるくぼみ構造を無数に構築する。

古くから，陰窩底部に腸上皮幹細胞が存在し，これらが活発に自己複製するとともに増殖能の高い細胞群を生み出すと考えられてきた。これらの細胞は陰窩底部から管腔側へ移動しながら増殖能を失うと同時に，吸収上皮，杯細胞，内分泌細胞などへの細胞分化を遂げ，数日以内に管腔内へ脱落する。

腸上皮の近傍には，陰窩底部から管腔へ向かう軸に沿った濃度勾配，発現勾配を示す分子群が存在し，その作用によって幹細胞を含む上皮細胞群の増殖，分化，移動，細胞死が調節されていると考えられている。

11　2016年度　第2問

解　答

(Ⅰ)(A)　1―共生〔細胞内共生〕　2・3―茎頂分裂・根端分裂

(B)　陸上で酸素を用いて呼吸をする生物

(C)　有色体（白色体，アミロプラストも可）

(D)　6―プロモーター　7―ヌクレオチド

(E)　タンパク質Pを細胞質から葉緑体へ移行させる機能。

(F)　葉緑体の形成には，色素体遺伝子が原色素体の中で翻訳される必要がある。

(G)　(a)　8―B　9―A

(b)　(オ)→(イ)→(ア)→(エ)→(ウ)

(Ⅱ)(A)　4―独立栄養　5―従属栄養

(B)　10―チラコイド〔チラコイド膜〕　11―クロロフィル

12―カルビン・ベンソン

(C)　子葉に蓄積された脂肪をクエン酸回路でエネルギー源として利用し，また糖新生経路によって糖を合成することで，炭素源として脂肪を利用する。

(D)　24分子

(E)　(3)

理由：変異体yでは，β酸化経路は正常にはたらいているので，IBAを添加するとβ酸化経路で代謝されIAAが生じ，それが高濃度になって根の伸長が阻害された。

解　説

(Ⅰ)(A)　1．真核細胞の誕生は，原始的な真核細胞にシアノバクテリアが（細胞内）共生して生じたと考えられている。様々な生物の遺伝子系統樹の作成により葉緑体の遺伝子はシアノバクテリア類のものと近縁であることが明らかになった。

2・3．植物体のすべての色素体は，分裂組織（茎頂分裂組織，根端分裂組織）にある未分化の色素体である原色素体に由来し，細胞の分化に伴って原色素体は様々な色素体へと分化する。

(B)　「＊1 多量の酸素が」「＊2 大気における……蓄積」という条件なので，＊1から酸素を用いた呼吸を行う生物が進化することを可能にしたこと，＊2より大気中の酸素なので陸上の生物であることが言える。よって，「陸上で酸素を用いて呼吸をする生物」の進化を可能にしたとする。

(C)　色素体には，葉緑体以外に，カロテノイドなどの色素を含む有色体，無色で色素をもたないが光に当たると葉緑体に変わる白色体，デンプン合成を行うアミロプラストなどがあり，分裂組織に近い地下茎，根などに存在する。

(D)　PEP は RNA ポリメラーゼのひとつであるから，PEP のサブユニットであるシグマ因子は，結合すべき特定の遺伝子のプロモーターを認識する。コアは遺伝子 DNA の配列をもとに4種のヌクレオチドを基質として RNA を合成する。

(E)　タンパク質Pの領域Ⅰがあるものはすべて葉緑体に局在している。タンパク質Pで領域Ⅰが削除されたタンパク質は細胞質に局在している。領域Ⅱや領域Ⅲが削除されたタンパク質Pであっても，領域Ⅰがあるものは葉緑体に移行している。以上のことから，タンパク質Pの領域Ⅰは細胞質から葉緑体へ移行させるシグナル（ペプチド）としての機能をもつと推定される。

(F)　実験2より，翻訳阻害剤を添加すると葉緑体形成が抑制されることがわかる。このことから，原色素体内で色素体遺伝子から翻訳されるタンパク質が葉緑体形成に必要であることが推定される。

(G)　(a)　表2－4で PEP のコアサブユニットの1つをコードした遺伝子（*rpoA*）の破壊株と野生株の転写産物量を比較すると，破壊株ではタイプAの遺伝子である *rbcL*，*psbA*，*psbD* の転写が起きていないことが読み取れる。これより PEP の作用でタイプAの遺伝子が転写されることがわかる。また，タイプBの遺伝子である *rpoB* と *accD* は，野生株と破壊株での両方で転写が起きていて，しかも破壊株のほうで転写産物量が多い。このことは，PEP 破壊株であっても正常な NEP の働きにより *rpoB* と *accD* の転写が起きていて，この NEP の働きでタイプBの遺伝子が転写されていることがわかる。

(b)　*rpoB* は，PEP のコアサブユニットの1つをコードする遺伝子なので，この遺伝子が発現しないと正常な PEP を合成できなくなる。(a)より，*rpoB* は NEP の働きで転写されるので，まず NEP 遺伝子の発現が最初に起こる（→(オ)）。この結果，NEP の働きでタイプBの遺伝子が転写される（→(イ)）。*rpoB* は転写機能をもち，この *rpoB* の働きで PEP のコアサブユニットが形成できる状態になる。そこで，PEP のサブユニット遺伝子が発現し，核遺伝子にコードされたシグマ因子と結合し複合体を形成する（→(ア)）。つくられた PEP の働きで光合成の機能をもつタイプAの遺伝子の転写が起こる（→(エ)）。タイプAの遺伝子（*rbcL*，*psbA*，*psbD*）はすべて光合成に関与するものであるから，光合成に関与する遺伝子の発現が起こり，核遺伝子にコードされたタンパク質と協調して光合成の機能を発揮する（→(ウ)）。

(Ⅱ)(C)　変異体xと変異体yは，葉や根に異常が見られ，伸長が抑制されたが，ショ糖を添加した培地では異常は観察されなかったこと，野生株がショ糖無添加の培地でも正常に生育できたことから，変異体xや変異体yは貯蔵物質である脂肪の代謝異常となり，種子に蓄積された脂肪を正常な脂肪代謝経路で分解しエネルギー源として利用できなかったと考えることができる。しかし，ショ糖を添加すると，それを炭素源として活用できたため異常が観察されなかったと考えられる。

一方，野生株は種子に蓄積された脂肪を分解して生じたグリセリンは解糖系に入り，脂肪酸はβ酸化でクエン酸回路に入り代謝され，エネルギー源として利用できる。また，糖新生経路により糖を合成し，炭素源として生体物質の合成に利用している。このため，ショ糖の添加がなくても正常に生育できる。

(D) パルミチン酸の炭素数はC_{16}，アセチル CoA（C_2−CoA）はC_2化合物であるから，1分子のパルミチン酸から生じるアセチル CoA は8分子である。脂肪は1分子のグリセリンに3分子の脂肪酸（パルミチン酸）が結合しているので，1分子の脂肪あたりに生じるアセチル CoA は

$8 \times 3 = 24$ 分子

(E) 実験4で野生株を IBA が添加された培地で発芽させると根の伸長成長に異常が見られる。これは，IBA がβ酸化経路によって代謝されて，高濃度の IAA（インドール酢酸）が生じ，根の伸長成長を阻害したためと考えられる。

変異体 x は IBA を含んだ培地で発芽させても根の伸長は正常であることから，β酸化経路に異常があるため IBA が代謝されず，そのため IAA が生じなかったことが推定される。

一方，変異体 y は IBA を含んだ培地では，野生株と同様に根の伸長成長に異常が見られるので，IBA は正常なβ酸化によって代謝され IAA が高濃度に生じ，根の伸長成長を阻害したことが推定される。

12　2015年度　第2問

解　答

(Ⅰ)(A)　(1)・(2)

(B)　1－8　2－メチオニン　3－56　4－アスパラギン　5－27

(C)　予想：すべての花粉が発芽しなかった

理由：形質転換株がつくる花粉にはA1株由来の雄性因子のタンパク質Xがあり，形質転換株の柱頭に存在する雌性因子であるB2株のタンパク質Yに結合し，自家不和合性を示すから。

(D)　(1)

(E)　遺伝子が同一染色体上の極めて近い位置に存在している必要がある。これにより，タンパク質XとYの遺伝子が完全連鎖し，組み合わせが変わらずに次世代に伝えられる。

(Ⅱ)(A)

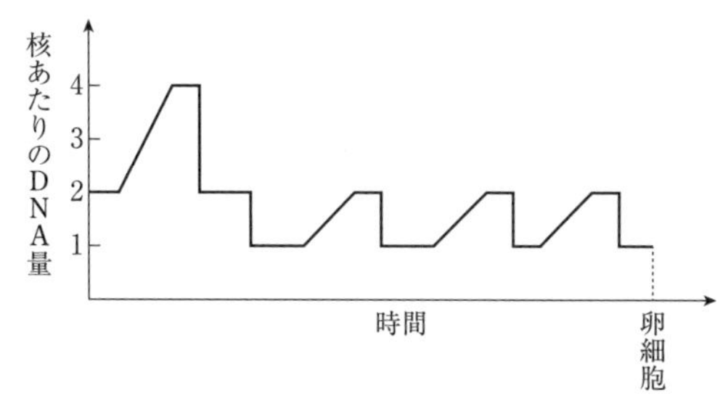

(B)　イネ，エンドウ

(C)　卵細胞：n　胚：2n　胚乳：3n

(D)　1－助　2－花粉管誘引　3－抑制〔阻害，停止〕

(E)　胚のうには助細胞が2つあるので受精の可能性が二度あり，正常な精細胞をもつ花粉管が最初に進入し受精する場合が50％，異常な精細胞が進入し，その後に正常な精細胞をもつ花粉管が胚のうに進入して重複受精が成立する場合が25％であるから，合わせて75％の割合で重複受精が成立する。

解　説

(Ⅰ)(A)　(1)　誤文。自家受精をしない植物では，昆虫などの送粉者が他花に花粉を運ぶ，あるいは風などによって送粉される場合もある。前者では媒介者が減少したときなどは受精できなくなる可能性も生じる。後者では不確実性が大きく，目的の植物体のめしべに到達できない可能性も高くなる。よって，自家受精をする植物種のほうが，遺伝的多様性を考えなければ，確実に子孫を残すことができる。

⑵ 誤文。各個体群が孤立するような大きな環境変化が発生すると，自家受精できる個体群は，個体群内で受精ができるので，受精効率は高い。一方，自家受精できない個体群は，遠く離れたところの別の個体群と受精することになるので，受精できない可能性も生じるため子孫を残せず消滅する可能性が高い。

⑶ 正文。自家受精をしない植物種は，異なる遺伝子型の植物種と交配するので，子孫の遺伝子型の多様性が高く，環境の変化にも対応できる個体が集団内に存在する可能性が高いため，絶滅のリスクは小さくなる。

(B) 読み枠に注意して，3塩基ずつ区切っていけばよい。

表2－1の7塩基の先頭Uの位置が19なので，19÷3=6…1（6番目のアミノ酸まで終了した）であり，Uは次の7番目のアミノ酸の指定をする最初の塩基である。A1株とB2株で変化しているのは，8番目のアミノ酸を指定するコドンがGUG→AUGになっている。コドン表より，8番目のバリンがメチオニンに置換されている。

7塩基の先頭の塩基が60番目になっている場合では，UUC→UUUと塩基が置換していても同じフェニルアラニンで，アミノ酸の置換は起こらない（同義置換）。

7塩基の先頭の塩基が164番目では，164÷3=54…2より，先頭のGは55番目のアミノ酸を指定するコドンの2番目にあたる。よって，変化しているところは次の56番目のアミノ酸を指定するコドンでAGU→AAUになっている。56番目のアミノ酸がセリンからアスパラギンに置換されている。

7塩基の先頭の塩基が184番目になっている場合は184÷3=61…1より，Gは62番目のアミノ酸を指定するコドンの先頭となっている。この場合のコドンの変化は63番目のアミノ酸を指定するコドンのUCAがUAAとなっている。UAAは終止コドンであるのでB2株ではタンパク質合成はこの前の62番目のアミノ酸で終了する。この結果，タンパク質の全長はA1株に比べてB2株ではアミノ酸が89－62=27個分短くなっている。

(C) 実験1の結果より，A1株由来のタンパク質X（雄性因子）とB2株由来のタンパク質Y（雌性因子）は結合して自家不和合性を示している。表2－3の空所(a)では，柱頭で発現する雌性因子であるタンパク質Y（Y^{B2}）は形質転換株でも正常であるため，花粉にA1株由来のタンパク質X（X^{A1}）があると結合して，自家不和合性が発動する。このため，すべての花粉が発芽しなかったと考えられる。

(D) 表2－3でB2株（野生型株）では自家受精してもすべての花粉が発芽している。〔文1〕には，同一個体の花粉が柱頭に受粉した際に花粉の発芽を阻害する自家不和合性の仕組みをもっていると記載されているが，野生型株では自家不和合性が見られない。

これはタンパク質Xとタンパク質Yの結合が起こらないことを意味する。なぜ結合できなくなったかについては，設問(B)の結果から考えていく。受容体タンパク質Yは正常であっても，B2株のつくるタンパク質XはA1株のものに比べて27個分アミノ酸が短くなりタンパク質Yに結合できなくなっているためであろう。つまり，B2株のつくるタンパク質Xの機能が失われているためである。なお，タンパク質Yについては，実験1からX^{A1}と結合しているので正常な働きをしていると考えられる。

(E)　タンパク質Xとタンパク質Yの遺伝子が染色体上の非常に近いところに位置していれば，完全連鎖の関係が保たれて遺伝子の組換えが起こらない。これによってA種では自家不和合性の仕組みが世代を超えて安定に保たれている。

(Ⅱ)(A)　胚のう母細胞が分裂を始める前（G1期）の胚のう母細胞の核あたりのDNA量が2であることに注意する。S期に倍加して減数分裂終了時の胚のう細胞の核あたりのDNA量は1となり，さらに3回の核分裂を経て卵細胞が生じる。

(B)　重複受精をするのは被子植物のみなので，被子植物を選ぶ。イチョウ，ソテツは裸子植物，ゼニゴケはコケ植物，ワラビはシダ植物なので，いずれも不適である。イネとエンドウが正解。

(C)　ここで述べているのは，被子植物であることに注意しておく。裸子植物であれば胚乳は3nではなくnである。

(D)　C種の野生型株で受精した胚のうに進入している花粉管は1本しか観察されないのは，花粉管が胚のうへ2本以上進入するのを防ぐ仕組みが存在するからである。

実験1の結果1で「75％の胚のうで重複受精が成立し，正常な種子形成が観察された」，結果2で「重複受精が成立した胚のうの67％では，進入した花粉管が1本であった。また，残りの胚のうでは2本の花粉管の進入が観察された」のは，重複受精が完了すると，助細胞からの花粉管の誘引を抑制するような仕組みが存在していると考えると説明が可能である。

(E)　実験1の結果1で75％の胚のうで重複受精したのは次のように考えればよい。変異mのヘテロ接合体からは，正常花粉：変異型の花粉＝1：1で生じる。2つに場合分けして

(i)　最初に正常花粉が受粉$\left(確率：\frac{1}{2}\right)$すると，正常な精細胞をもった花粉管が伸びて重複受精が成立する。この結果，助細胞の機能が阻害されて2本目の花粉管の進入を抑制する。

(ii)　最初に異常な細胞をもつ花粉管$\left(確率：\frac{1}{2}\right)$が進入すると重複受精が起こらず，二度目の花粉管$\left(正常な精細胞をもつ確率：\frac{1}{2}\right)$が進入して重複受精が成立する。

(i)+(ii)より，確率は　$\frac{1}{2}\times1+\frac{1}{2}\times\frac{1}{2}=\frac{3}{4}$

研　究

配偶体型自家不和合性とは，雌しべが自身の花粉では受精せず，他の植物体からの花粉で受精する現象のことである。これは，植物が近親交配を避けて遺伝的多様性を守るための仕組みであり，1つの遺伝子座に存在する複対立遺伝子群（S遺伝子群）によって制御されている。すなわち，雌しべのS遺伝子と雄しべ（花粉）のS遺伝子との間に共通のものがあるとき，花粉管の伸長が阻害され，受精が妨げられるのである。例えば，雌しべのS遺伝子型がS1S2であるとき，自身の花粉S1やS2はともに花粉管の伸長が阻害され，自家不和合となる。これに対し，他からの花粉S3やS4は受精できる。逆に，自身の花粉S1やS2は，S3S4のS遺伝子型を有する他個体の雌しべ上では受精できる。

13　2014年度　第3問

解　答

(Ⅰ)(A)　番号：(3)

説明：免疫グロブリンの多様性は，抗体の可変部をつくる遺伝子断片の再構成による。

(B)　G1ーa 領域　　G2ーc 領域　　Sーb 領域　　Mーc 領域

(Ⅱ)(A)　(7)

(B)　正常細胞では DNA が損傷を受けると G2 期以降の細胞周期が進行を停止させるが，変異細胞Bでは修復中であっても G2 期で停止させることができず，DNA 修復が十分行えないまま細胞周期が進行し，生存できない細胞が増加するため。

(C)　X線照射した変異細胞Bに，紡錘体形成阻害剤による処理を DNA 損傷の修復に十分と考えられる時間継続し，その後に紡錘体形成阻害剤を除去し，正常細胞と変異細胞Bでの生存率に有意差が生じなければ，DNA 損傷修復酵素をコードする遺伝子は欠失していない。

(Ⅲ)(A)　e

(B)　b

(C)　(4)

(D)　ホルモンZで刺激すると，タンパク質Yの発現量が増加し，タンパク質Xのb領域に結合する。その結果，c 領域のもつ酵素活性の抑制が解除され，酵素活性が上昇する。

(E)　3 —(3)　　4 —(5)

解　説

(Ⅰ)(A)　(1)　正文。真核生物では，DNA はヒストンと呼ばれる塩基性タンパク質に巻きついて基本単位構造であるヌクレオソームをつくる。

(2)　正文。真核生物では，転写を開始するためには基本転写因子の助けが必要となる。基本転写因子がプロモーター内にある「TATA ボックス」と呼ばれる塩基配列に結合すると，そこに RNA ポリメラーゼが結合して転写が開始される。

(3)　誤文。免疫グロブリンの多様性は，RNA の選択的スプライシングによるものではなく，DNA 上の可変部領域の遺伝子断片の再構成（再編成）によるものである。

(4)　正文。制限酵素が認識する塩基配列は，一般的に回文構造をとるものが多い。回文構造とは，5′ 側から読んでも，その相補鎖の 5′ 側から読んでも同じ塩基配列となっているものをいう。この場合，特定の連続した6塩基が並ぶ確率は $\left(\frac{1}{4}\right)^6$ となるので，4096塩基対に1回の割合で切断される塩基配列が出現する。ただし，制限酵素が認識する塩基配列が回文構造でない場合，2本鎖DNAでは2種類あるので，特定の6塩基が並ぶ確率は $\left(\frac{1}{4}\right)^6 \times 2 = \frac{1}{2048}$ となり，2048塩基対に1回の割合で切断される配列が出現することになる。

(B) 細胞あたりの蛍光強度は細胞内のDNA量に比例する。蛍光強度が最も低いa領域はG1期の細胞が含まれる。蛍光強度はDNAの複製が起こることで増加していくので，b領域の蛍光強度がS期のものである。S期で倍化した蛍光強度はG2期とM期まで続くので，c領域にはG2期とM期の細胞が含まれる。M期で分裂が完了してG1期に入るとa領域の状態に戻る。以上より，G1－a領域，G2－c領域，S－b領域，M－c領域となる。

(Ⅱ)(A) 手がかりを何に求めるかがポイントになる。ここでは，正常細胞との比較で考えていく。変異細胞Aでは，DNAの損傷を修復する酵素が完全に機能を失っているので，X線を少量照射した3日後に生存している細胞の割合は正常細胞の50％より小さな値となる。また，変異細胞Aでは，X線照射10時間後にG2期にある細胞の割合は正常細胞の場合に比べて大きくなるので，50％より大きな値となる。この2つの条件を満たすのは(7)のみである。

(B) 図3－2では，X線照射した場合のG2期から次の段階に進んだ細胞の割合は，変異細胞BではX線を照射しない場合とほぼ同じであるが，正常細胞ではX線を照射すると次の段階に進むのに時間が多くかかっている。これは，正常細胞では，DNAの損傷の修復が終了するまでG2期以降の細胞周期が進行しないように細胞周期監視機構によって制御されるためである。しかし，変異細胞Bでは，G2期で細胞周期を停止させることができず，DNAの損傷を十分修復できないまま細胞周期が進行したため，多くの細胞が死滅し，細胞の生存率が正常細胞に比べて低下していると考えられる。

(C) 変異細胞Bで欠失している遺伝子がDNA損傷修復酵素をコードする遺伝子ではないことを示すためには，長い時間G2期にとどめ，完全にDNA修復が完了してから，細胞周期を進めればよい。実験3では，X線を照射しその後直ちに紡錘体形成阻害剤を除去しているが，除去しないでそのまま十分な時間をおくと，その間にDNA損傷修復酵素によってDNAが修復されるはずである。その後，紡錘体形成阻害剤を除去して培養を続け，次の段階へ進んだ細胞を調べると，正常細胞と変異細胞Bではほとんど差が見られないことが予測される。

(Ⅲ)(A)～(C) 図3－3で，正常のタンパク質Xの場合，タンパク質Yを添加しないと酵素活性は低いので，何らかの酵素活性の抑制機構が働いていることがわかる。

(A) 欠失型タンパク質Ⅶでe領域が欠失した場合，酵素活性が検出限界値以下となることから，e領域はタンパク質分子内で酵素として活性をもつ領域であると考えられる。

(B)・(C) 欠失型タンパク質のⅡ，Ⅳを見ると，同じ結果になっている。Ⅱ，Ⅳではb領域が欠失しており，タンパク質Yを添加しても酵素活性が上昇していない。また，Ⅰではa領域が欠失しており，タンパク質Xと同じ活性をしているので，a領域は酵素活性に関与していないことがわかり，b領域にタンパク質Yが結合して酵素活性を上昇させていると推測できる。

c領域が欠失しているⅢ，Ⅴ，Ⅵの結果を見比べると，すべて酵素活性が高い状態になっている。しかも，タンパク質Yの添加の有無に関係なく高くなっている。これより，c領域はタンパク質Xの酵素活性を抑制する領域で，この部分が欠失すると，酵素活性の抑制が起こらず活性が高い状態となると考えられる。したがって，欠失型タンパク質Ⅲでは，タンパク質Yと結合できないが，c領域の欠失によりタンパク質Xの活性が抑制されていないと理解できる。以上を図示すると次の通り。

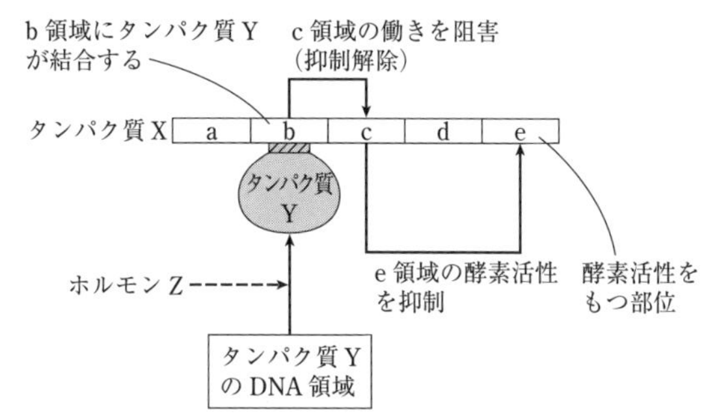

(D) 実験4の文中に「タンパク質Yは，ふだんは細胞内にほとんど発現していないが，ホルモンZで細胞を刺激すると，その発現量が著しく増加する」とある。ホルモンZで刺激すると増加したタンパク質Yは，タンパク質Xのb領域に結合して，c領域による抑制解除に働く。その結果，タンパク質Xの酵素活性が上昇する（上記の図を参照)。

(E) タンパク質Xと欠失型タンパク質Ⅷ（a/b領域のみからなる）を試験管内で混合した後，タンパク質Yを加えると，タンパク質Yはタンパク質Xや欠失型タンパク質Ⅷのb領域に結合する。欠失型タンパク質Ⅷは，たとえタンパク質Yが結合しても，酵素活性の機能をもつe領域がないので，酵素活性は上昇しない。

欠失型タンパク質Ⅷがタンパク質Xやタンパク質Yの量より十分に多いとなれば，多くのタンパク質Yは，欠失型タンパク質Ⅷのb領域に結合してしまい，タンパク質Xとは結合しなくなるので，酵素活性は欠失型タンパク質Ⅷがない場合と比較して低くなる。

タンパク質Yの量が欠失型タンパク質Ⅷやタンパク質Xの量より十分に多いならば，タンパク質Xのｂ領域には欠失型タンパク質Ⅷがない場合と同程度にタンパク質Yが結合するので，酵素活性は同等となる。

研　究

実験4に見られるような，タンパク質の酵素活性を調節するメカニズムを明らかにする東大頻出の問題では，注目する図やヒントとなる内容を素早く問題文の中から見出すようにする。図3－3より，「タンパク質Xが5つの領域からなる」「e領域がタンパク質X分子内で酵素活性をもつ」「c領域が欠失すると酵素活性が生じる」ことを読み取る。このことより，c領域が欠失することで抑制解除が起こると考えればよい。「a領域が欠失しても特に問題はない」「b領域が欠失すると，タンパク質Yがあってもタンパク質Xの酵素活性が上昇しない」，さらに問題文中の「タンパク質Yは，ふだんは細胞内にほとんど発現していないが，ホルモンZで細胞を刺激すると，その発現量が著しく増加する」こととを合わせると，ホルモンZで刺激するとタンパク質Xのb領域にタンパク質Yが結合し，e領域に対するc領域の抑制解除が起きて，タンパク質Xの酵素活性が上昇するというメカニズムを推定できる。

14　2013年度　第3問

解　答

(Ⅰ)(A)　HIV〔ヒト免疫不全ウイルス〕

(B)　1—エキソン　　2—イントロン　　3—プロモーター

(Ⅱ)(A)　(a)　4—(2)　　5—(3)　　6—(4)　　7—(6)

(b)　短い脚をもつイヌの両方の相同染色体上にある *FGF4L* 遺伝子を欠失させると，個体の表現型が通常の長さの脚になる。また，相同染色体上の *FGF4L* 遺伝子の一方を欠失させたヘテロ接合体の表現型が短い脚であることから，通常の長さの脚の遺伝形式は劣性である。

(B)　*FGF4L* と *FGF4* の mRNA がともに5000塩基程度で，コードしているアミノ酸配列も同一であることから，*FGF4* 遺伝子の転写で生じた mRNA がレトロトランスポゾン由来の逆転写酵素によって逆転写され，生じた2本鎖 DNA が同じ染色体上に挿入されて *FGF4L* となった。また，*FGF4L* が子孫に伝わっていることから，この現象は生殖細胞で起きたと考えられる。

(C)　8—ACA　　9・10—ATG・GCG　　11—GTTA　　12—TCAG　　13—GTTA

解　説

(Ⅰ)(B)　プロモーターにレトロトランスポゾンが挿入されると，基本転写因子が結合できなくなり，その結果，RNA ポリメラーゼが結合できなくなると考えられる。

(Ⅱ)(A)　(a)　十分条件なので，*FGF4L* 遺伝子があれば，表現型として短い脚の個体が出現し，その遺伝形式が優性遺伝であることを示せばよい。

(b)　必要条件なので，短い脚の個体には *FGF4L* 遺伝子が必要であること，つまり，脚が通常の長さの個体であれば，*FGF4L* 遺伝子をもっていないことを述べる。

本問の解答のスタイルは(a)に記載されているスタイルを参考にするとよい。設問の意図に対応する解答をどのようにしたらよいか悩むときには，その近傍の設問内容やリード文に着目すると正解に達することができる。

なお，脚の通常の長さが劣性遺伝することを述べる際には，ヘテロ接合体について言及する。すなわち，相同染色体上の *FGF4L* 遺伝子の一方のみを欠失させると，表現型として，脚の短い個体になることを述べる。

(C)　設問の内容が「考察」に丁寧に記載されているので，それに沿って考えていく。

FGF4L のハプロタイプは図3—2のダックスフントの *FGF4L* より，ACA である。このことから，*FGF4L* のハプロタイプをもつ *FGF4* を起源とすると考えられるが，表3—1下段にある *FGF4* のハプロタイプを見ると，*FGF4* の ACA から

イヌでは*FGF4L*のACAは出現していない。*FGF4L*が出現する*FGF4*のハプロタイプはATGまたはGCGであることから，*FGF4L*がACAのハプロタイプの*FGF4*から由来したとは考えにくい（ATGやGCGが突然変異してACAになったとは考えにくい）。

次にACAのハプロタイプをもつ*FGF4*と被挿入領域のハプロタイプとの関係を考えると，表3－1において，*FGF4L*をもつイヌの被挿入領域のハプロタイプは，98％がGTTAで，残り2％がTTAGである。ここで被挿入領域のハプロタイプに着目するのは，*FGF4L*は被挿入領域に存在し，*FGF4L*と被挿入領域が強く連鎖しているためである。

*FGF4*のハプロタイプがACAの個体で見られる被挿入領域のハプロタイプは，イヌでは表3－1の4行目のTCAGのみである。このことは，*FGF4L*が現存するイヌの系統から形成されたものではないことを物語っている。では，それはどのようにして形成されたのか？　それを知る上で祖先のオオカミに由来を求めたのが次の内容である。

オオカミで見ると，ACAのハプロタイプをもつ*FGF4*と同じ個体で見られる被挿入領域のハプロタイプは，表3－1よりGTTA，TCAG，TCTG，TTAG，TTTGの5通り存在する。その中でイヌの*FGF4L*の出現頻度が高かったものは，GTTAである。

研　究

トランスポゾンとは，ゲノム上を移動できるDNA塩基配列である。DNA中間体を介して転移するもの（トランスポゾン）とRNA中間体を介して転移するもの（レトロトランスポゾン）がある。

前者は，トランスポザーゼによって切り出され，別の場所に挿入される。トランスポゾンは，移動元の転移因子が除去される「カット・アンド・ペースト」機構により移動する場合もあれば，移動元にコピーを残していく「コピー・アンド・ペースト」機構により移動する場合もある。

後者は，転写されたRNAから逆転写によりDNAが合成され，これが別の場所に挿入される。レトロトランスポゾンは，転移の際は常に移動元にコピーを残す，すなわち，必ず「コピー・アンド・ペースト」機構をとる。RNA中間体は，レトロトランスポゾン自身にコードされている逆転写酵素により，DNAに再変換される。逆転写酵素はレトロウイルスに感染していない細胞にも存在することがある。

トランスポゾンの役割については，実はよくわかっていない。だが，その可能性が高いものの1つに，単に自分を複製するだけの細胞内共生体であるというものがある。また，トランスポゾンの挿入は重大な結果を招くことがある。トランスポゾンが遺伝子領域に挿入されると，結果的に突然変異となる。生殖細胞で起こると，突然変異をもった配偶子が生じることになる。すなわち，トランスポゾンによって遺伝的多様性が増している可能性が高いのである。

15　2012年度　第2問

解　答

(Ⅰ)(A)　コシヒカリと同じ程度〔病気に強い個体にならない〕

(B)　被子植物の胚乳は，雌親からの2個の極核と雄親からの1個の精核が合体してできるので，コシヒカリを雌親とした方がコシヒカリの遺伝子を多く受け継ぐから。

(C)　$\frac{1}{8}$

(D)　(a)　$\frac{n}{16}$

(b)　優性形質を示していてもホモ接合体かヘテロ接合体かの識別ができないので，自家受精や検定交雑を行う期間が必要となるから。

(E)　六倍体のコムギで劣性形質を発現させるには，6つの対立遺伝子をすべて劣性遺伝子にする必要があり，作出が難しいから。

(Ⅱ)(A)　(イ)―(1)　(ウ)―(4)　(エ)―(2)

(B)　イネは発芽に必要な栄養分を胚乳に蓄える有胚乳種子であるが，エンドウは胚乳の発達が途中で停止し，栄養分が子葉に蓄積している無胚乳種子である。

(C)　(ク)―脱分化　(サ)―再分化

(D)　(2)・(4)

(E)　除草剤に対する耐性遺伝子が組み込まれなかった細胞は除草剤を含む培地では生育できないので，目的遺伝子が組み込まれた個体だけを選ぶことができるから。

解　説

(Ⅰ)(A)　実験1に雑種第2代（F_2）での病気に強い個体が25％とあるので，「病気に強い」は劣性形質である。形質は1遺伝子によって支配されると〔文1〕にある。そこで，病気に強い遺伝子を a，その対立遺伝子を A とすると，品種A（病気に強い）の遺伝子型は aa，コシヒカリの遺伝子型は AA，F_1 は Aa，F_2 は，$[A]:[a]=3:1$ となり，これは実験1の条件を満たしている。

(B)　粘りを強くする遺伝子を b，その対立遺伝子を B とすると，コシヒカリ，コシヒカリを雌親とした F_1，品種Bを雌親とした F_1，品種Bの種子にある胚乳の遺伝子型はそれぞれ，BBB，BBb，Bbb，bbb となる。B と b は不完全優性の関係にある。

(C)　品種A，品種B，品種Cの遺伝子型をそれぞれ，$aaBBCC$，$AAbbCC$，$AABBcc$ とする。品種Aと品種Bを交配して生じた個体の遺伝子型は $AaBbCC$ であり，これに品種Cを交配してできた個体の遺伝子型は，次のようになる。

	ABC	AbC	aBC	abC
ABc	$AABBCc$	$AABbCc$	$AaBBCc$	$AaBbCc$

この4種類のうち，自家受粉させると「病気に強く，自家受粉すると粘りが強いコメのみをつけ，草丈が低い」個体（遺伝子型 $aabbcc$）が出現するのは，上記の表中の網掛けの $AaBbCc$ だけである。

種子集団Rの中にある純系個体の遺伝子型は，$AABBCC$，$AABBcc$，$AAbbCC$，$aaBBCC$，$AAbbcc$，$aaBBcc$，$aabbCC$，$aabbcc$ の8通りある。$AaBbCc \times AaBbCc$ の結果生じる全体の個体数を64とすると純系種子の割合は $\frac{8}{64}=\frac{1}{8}$

(D) (a) 初めから n 対として考えずに，まず1対の場合について考えてみる。交配相手の遺伝子型を mm，コシヒカリの遺伝子型を MM とすると，F_1 はすべて Mm，F_1BC_1 は，$MM:Mm=1:1$，F_1BC_2 は，$MM:Mm=3:1$ なので，Mm の割合は $\frac{1}{4}$ となる。これを続けると，F_1BC_4 では，$MM:Mm=15:1$ となるので，Mm の割合は $\frac{1}{16}$ となる。これが n 対あるとなれば，ヘテロ接合になると期待されるのは，$\frac{n}{16}$ である。

(b) DNAマーカーを使うと，種子の段階で選別を行うことが可能である。例として，F_1 とコシヒカリの交配で生じる F_1BC_1 でDNAマーカー選抜を行うと，遺伝子型 Aa（つまり a をもつもの）で，それ以外の遺伝子がコシヒカリ由来である個体を種子の段階で選抜できる。一方，表現型による選抜では，F_1BC_1 の種子を発芽させる必要がある。しかも優性形質が現れている場合，その遺伝子がホモ接合かヘテロ接合かが識別できず，自家受精や検定交雑を行うことではじめて識別できる。つまり，種子を播いて次世代の形質を確認するという作業なしでは識別できないので，表現型による選抜は長い年月を必要とする。

(E) 劣性形質は，劣性遺伝子がホモ接合にならないと発現しない。

(II)(D) 植物ホルモンXはオーキシン，植物ホルモンYはサイトカイニンである。(1)・(5)はエチレン，(3)・(6)はジベレリンのことを述べている。

研　究

アグロバクテリウムはゲノムDNA以外に環状のTi（tumor inducing）プラスミドをもつ。Tiプラスミドのサイズは250Kbpもあり，植物細胞のゲノムDNAに組換えによってランダムに挿入されるT-DNA（transferred DNA）と呼ばれる領域と，感染に必要なvir領域（virulence region for infection）が存在する。T-DNA領域には，オーキシンとサイトカイニンを合成する酵素遺伝子があり，これによって宿主細胞に腫瘍をつくらせる。

16

2010年度　第2問

解　答

(Ⅰ)(A)　DNAからmRNAの過程：転写　　mRNAからタンパク質の過程：翻訳
原則：セントラルドグマ

(B)　トリプトファンのコドン（UGG）のGがAに変化した場合，終止コドンであるUAG，UGA，UAAのいずれかが生じる。この結果，翻訳が途中で終了して短いポリペプチド鎖となり，本来の機能を失うから。

(C)　コドンが64種類あるのに対して，タンパク質を構成するアミノ酸は20種類であるため，多くのアミノ酸は複数のコドンに指定されるから。

(D)　(1)　ホメオティック　　(2)　葉

(E)　(2)

(F)　調節遺伝子A：領域1・領域2　　調節遺伝子B：領域4
調節遺伝子C：領域3・領域4

(G)　（調節遺伝子Bを強制的に発現させた場合）
領域1：花弁　　領域2：花弁　　領域3：おしべ　　領域4：おしべ
（調節遺伝子Aと調節遺伝子Cの機能の変化）
調節遺伝子Aの機能を阻害し，調節遺伝子Cがすべての領域で機能するようにした。

(Ⅱ)(A)　フロリゲン

(B)　遺伝子Qは調節遺伝子として機能し，その翻訳産物により遺伝子Pの発現が起こり，花芽形成が促進される。

(C)　(1)・(6)

(D)　(3)　正常　　(4)　早咲き　　(5)　早咲き

(E)　シロイヌナズナでは遺伝子Qの産物によって遺伝子Pの発現が促進されるが，イネでは遺伝子Q′の産物により遺伝子P′の発現が抑制される。

解　説

(Ⅰ)(C)　多くのアミノ酸（正確にはトリプトファンとメチオニンを除くアミノ酸）は複数のコドンに指定される。答案には，コドンが$4^3=64$種類であること，タンパク質を構成するアミノ酸が20種類であること，アミノ酸が複数のコドンに指定されることを述べればよい。なお正確には，終止コドンが3種類あるので，$64-3=61$種類がアミノ酸に対応するコドンである。

(D)　(2)　花は葉が変化してできたものと考えられている。〔文2〕の「葉を形成していた茎頂部が花芽を形成するように変わる」という部分がヒントになる。

(E)・(F)〔文1〕に，3種類の調節遺伝子A，B，Cはそれぞれはたらく領域が決まっているとある。まず，その領域を表2－1から読み取る。Aが正常に機能しないと領域1と領域2が本来と異なる花器官になるので，Aは本来，領域1と領域2ではたらくとわかる。同様にして，Bは領域2と領域3，Cは領域3と領域4ではたらくとわかる。はたらく遺伝子とつくられる花器官の組み合わせは以下の通り。

Aのみ→がく　A+B→花弁　B+C→おしべ　Cのみ→めしべ

A突然変異体では，がくや花弁が形成されず，めしべ（領域1）→おしべ（領域2）→おしべ（領域3）→めしべ（領域4）の順に形成されている。つまり，各領域で発現している調節遺伝子は，領域1はCのみ，領域2はB+C，領域3はB+C，領域4はCのみであり，Aが正常に機能しているときには領域3と領域4でしか機能していないCが全領域で機能している。よって，AはCの機能を阻害していて，Aが機能欠損した場合は，Cがすべての領域で機能するようになると推測される。

(Ⅱ)(B)　接ぎ木をしていないQ突然変異体の葉で遺伝子Pを強制的に発現させると早咲きになるが，接ぎ木をしていないP突然変異体の葉で遺伝子Qを強制的に発現させても遅咲きのままであったとあるので，遺伝子Qの翻訳産物は花芽形成に直接関与するのではなく，間接的にはたらくことがわかる。すなわち，フロリゲン合成系の中で遺伝子Qは調節遺伝子で，その発現が最初に起こり，その後に直接花芽形成を誘導する物質を合成する遺伝子Pの発現が起こることが予想される。この遺伝子Pがフロリゲンを合成することで，花芽形成が促進されることになる。

(D)　穂木がP突然変異体の場合，穂木では花成ホルモンが合成されないが，台木が野生型であれば，台木自身が花成ホルモンを合成するので，台木の花成時期は正常であるし，台木がP過剰発現体であれば，台木の花成時期は早咲きとなる。遅咲きになるのは，台木も穂木もP突然変異体のときだけである。

(E)　シロイヌナズナではタンパク質Qによって遺伝子Pの発現が促進されることは問(B)や(C)により解明された。イネでは，下表②よりP′突然変異体は遅咲き，④よりP′過剰発現体は早咲きであるから，遺伝子P′の翻訳産物が花芽形成促進物質であることはシロイヌナズナと同じである。ところが，イネの場合，③よりQ′突然変異体は早咲きで，⑤よりQ′過剰発現体は遅咲きであることから，遺伝子Q′の翻訳産物がないと遺伝子P′の発現が促進され，遺伝子Q′の翻訳産物があると遺伝子P′の発現が抑制されることがわかる。つまり，イネでは遺伝子Q′が遺伝子P′の機能を促進ではなく，抑制している。

イネの遺伝子と表現型

		遺伝子P′	遺伝子Q′	表現型
①	野生型	○	○	正常
②	P′突然変異体	×	○	遅咲き
③	Q′突然変異体	○	×	早咲き
④	P′過剰発現体	◎	○	早咲き
⑤	Q′過剰発現体	○	◎	遅咲き

○…正常　◎…過剰発現　×…突然変異

17　2005年度　第1問

解　答

(Ⅰ)(A)　1―核膜　　2―紡錘体　　3―動原体

(B)　植物細胞では赤道面に中央から周辺に向けて細胞板が形成されることで細胞質が2分割されるが，動物細胞では細胞質が外側からくびれることで2分割される。

(C)　液胞：一重の膜をもつ袋状の細胞小器官で，老廃物や色素を含んでいる。
細胞壁：細胞膜の外側を囲み，セルロースを主成分とし，細胞を保護する。

(Ⅱ)(A)　オルセイン〔酢酸オルセイン〕

(B)　G_2期：4時間　　M期：2時間

(C)　3時間

(Ⅲ)(A)　半保存的複製

(B)　4回目の分裂直後　0：1：7　　n回目の分裂直後　0：1：$2^{n-1}-1$

(C)　$2^n+1：2^n-1：0$

解　説

(Ⅰ)(B)　植物細胞では細胞質が細胞板形成により中央から外側に二分されるのに対して，動物細胞では細胞板が形成されず，細胞質が外側から内側に向かってくびれるようにして二分される。この場合，動物細胞では，細胞膜のすぐ下にアクチンフィラメントを主成分とする収縮環が形成されてくびれる。

(Ⅱ)(B)　この問題を解くときには，次のような図を描いて考えるといい。

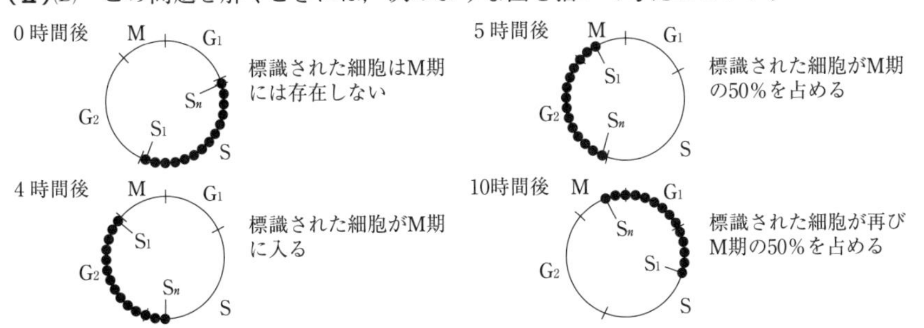

細胞の標識に要した時間は便宜上0時間として，このときにS期にあった細胞が標識される。図ではS期にあった細胞（●で示してある）のうち，G_2期との境界（S期の先頭）にあったものをS_1とし，G_1期からS期に入ったばかり（S期の最後尾）の細胞をS_nとした。下線部(イ)に「4時間後から，標識されたM期の細胞が観察され始め」とあるのは，上図の4時間後の状況で，4時間経過してS_1はG_2期

を経てM期に入ったことを表している。よってG_2期の長さは4時間である。

また,「標識されたM期の細胞は,18時間後から再び観察され」とあることから,S_1は4時間後にM期に入り,18時間後に再びM期に入ったことを意味する。よって,細胞周期の長さは$18 - 4 = 14$時間になる。

実験開始から5時間で,M期の細胞の50%が標識された細胞となったとあるので,S_1が4時間でM期に入り,その後1時間でM期の中間点に達したことがわかる。よってM期の長さは2時間である。

また,10時間後にS_nがM期の中間点にあると考えればいい。標識された細胞の先頭を行くS_1はM期を終えてG_1期に突入している(あるいは再びS期に入っている可能性もある)。よって,S_1が5時間後に,S_nが10時間後にM期の中間点を通過したのだから,S期の長さは$10 - 5 = 5$時間になる。

(C) G_1期の長さ = 細胞周期の長さ − (S期の長さ + G_2期の長さ + M期の長さ) で求められるからG_1期の長さは$14 - (5 + 4 + 2) = 3$時間になる。

(Ⅲ)(B) 1回目の分裂(F_1)では,中間のものだけ。2回目の分裂(F_2)では約分して中間のもの:軽いもの=1:1。以下,同じように約分して3回目の分裂(F_3)では中間のもの:軽いもの = 1:3, 4回目の分裂(F_4)では中間のもの:軽いもの = 1:7となる。

ここでDNAの全体数の2分の1をカウントすると$F_1 = 1$, $F_2 = 2$, $F_3 = 4$, $F_4 = 8$なので,n回目の分裂直後では$(F_n) = 2^{n-1}$となる。そのうち中間のものは1だけだから,軽いものは$2^{n-1} - 1$となる。

(C) n回目の分裂直後では,中間のもの:軽いもの $=1 : 2^{n-1}-1$になる。

このうち,中間のものは,^{15}N培地で培養すると,重いもの:中間のもの = 1:1になる。軽いもの$(2^{n-1} - 1)$は分裂すると,すべて中間のものになる。その数は$(2^{n-1}-1) \times 2 = 2^n - 2$となる。

よって　　重いもの:中間のもの $= 1 : 2^n - 2 + 1 = 1 : 2^n - 1$

これがもう1回分裂すると,重いものは,重いもの:中間のもの = 2:0となり,中間のものは,重いもの:中間のもの = 1:1となるから,あわせると

$$\text{重いもの:中間のもの} = 1 \times 2 + (2^n - 1) \times 1 : (2^n - 1) \times 1$$
$$= 2^n + 1 : 2^n - 1$$

18　2004年度　第3問

解　答

(Ⅰ)(A)　1．デオキシリボース　2．シトシン　3．チミン

4．A　5・6．G・C　7．リボース

(B)　(a)

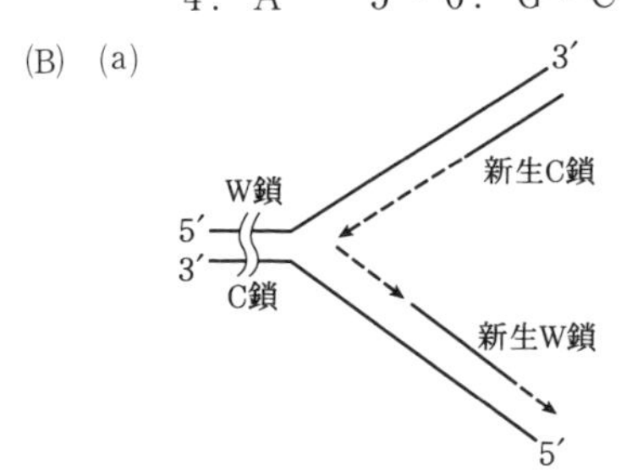

(b)　複製が始まると，W鎖では，新生C鎖の複製開始点は1ヶ所だけで，複製は連続的に進行する。C鎖では，新生W鎖の複製開始点が複数あり，複製は不連続に進行し，それぞれの断片が連結して1本鎖になる。

(C)　(3)・(8)

(D)　レトロウイルスRNAの塩基配列を写し取ったDNAは，ナイロン膜上のレトロウイルスRNAがある領域Bには相補的に水素結合で結合できるが，RNAがない領域Aや相補性のないポリオウイルスRNAがある領域Cには結合できないから。

(E)　(a)　レトロウイルスや広義のその仲間のRNAから逆転写されて合成された2本鎖DNAがヒトゲノムの中に組み込まれた。

(b)　3×10^5 個

(Ⅱ)(A)　(2)・(4)

(B)　(a)　コドンの先頭の2塩基がCGであればアルギニンを指定するから。

(b)　CUA―ロイシン　GUG―バリン

GCG，GCU―アラニン

CGC，CGA，CGG，CGU―アルギニン

CCU―プロリン　UUC―フェニルアラニン

(C)　大集団から小集団が隔離されたことで遺伝的浮動が起こりやすくなり，偶然に突然変異遺伝子をホモにもつ個体ばかりになった。

(D)　様々な疾患に関わる遺伝子がいつどの地域で生じたのかを調べる際，この疾患遺伝子の有無と生息地域依存的なDNA塩基配列に相関があれば，この塩基配列は，疾患遺伝子が生じた時期や地域の目印として役に立つ。

解　説

(Ⅰ)(B)　ここでは，DNA 鎖の複製方向が問題になる。認識してほしいのは，複製では必ず 5′→3′ という方向に起こることである。DNA の 2 本鎖はそれぞれ，一方が 5′→3′ の方向ならば，他方の鎖は 3′→5′ の方向となる。2 本鎖 DNA がヘリカーゼの作用で分離して 1 本鎖になると，新生C鎖は 5′ から 3′ の方向なのですぐに複製が連続して起こる。ところが新生W鎖は 3′ から 5′ の方向への複製ができないので，少し離れたところから 5′ から 3′ の方向に DNA の複製を行うことになる。

〔解答〕に示したとおり，新生C鎖は長いひとつながりの DNA 鎖として複製されるが，反対側の新生W鎖は多数の短い DNA 鎖ができ，これが最終的に結びついて長い 1 本の鎖となる。問題文には「合成の方向がわかるように矢頭をつけること」とあるので，新生鎖の場合も 5′→3′ の方向に起きていることをきちんと示しておく。また，可能ならば，新生W鎖は小さな断片を複数描いてそれぞれが 5′→3′ の方向に伸びている様子を描けばもっといい。

(C)　実験 1 では，デオキシリボースを基質にすると合成されるが（DNA 合成あり），リボースでは合成されない（RNA 合成なし）。実験 2 では，合成された DNA は，レトロウイルスの RNA と結合する。しかし，塩基配列が全く違っているポリオウイルスの RNA とは結合しないことから，つくられた DNA はレトロウイルスの RNA と相補的な塩基配列をもつ DNA であることが推測されるだろう。

(D)　(C)の内容をふまえて記述する。すなわち，図 9 のナイロン膜上でレトロウイルス RNA を結合させた領域Bではそれと相補的な塩基配列をもつ DNA（実験 1 で合成した DNA はレトロウイルスの RNA から逆転写されたものなので相補的な塩基配列をもつ）が結合するが，RNA がない領域Aやレトロウイルスと関連性のないポリオウイルス RNA を結合させた領域Cには結合できない。

(E)　(a)　設問文章に解答の手助けになるところが多く記載されている。その中にあるところをまとめると，「ヒトゲノムの中には，レトロウイルスや広義のその仲間の DNA が，全ゲノム DNA の 50 %程度を占めている」となることから，レトロウイルスやその仲間の DNA がヒトゲノムに取り込まれたと容易に推理できよう。

(b)　$3 \times 10^9 \times \frac{50}{100} \times \frac{1}{5000} = 3 \times 10^5$ 個

(Ⅱ)(A)　(2)　大腸菌もヒトと同じコドンだから，合成可能である。

(4)　ヒトとハエが共通にもつタンパク質は同一遺伝子を起源としている可能性がある。

(B)　(a)　コドンを構成する第 3 番目の塩基はゆらぎの塩基といい，変化しても同じアミノ酸を指定することが多い。アルギニンは 1 番目と 2 番目の塩基が CG であれば 3 番目の塩基は何であってもいい。

(b)　3塩基ずつ読み枠を区切って各アミノ酸を指定する遺伝暗号を決めていけばいい。

(C)　小集団の隔離にはびん首効果があるので，その結果，遺伝子頻度が大きく変化すること（遺伝的浮動）もある。ここでは，遺伝的浮動により偶然に突然変異型の個体のみが残ったことについて述べる。

(D)　もし，地域に特異的なDNA塩基配列があり，それが疾患遺伝子と正の相関をなしていれば，疾患遺伝子探索の重要な目印となる。地域特有の塩基配列を手がかりにして様々な遺伝子の位置を知ることも可能となる。さらに，どの時点で特異的な塩基配列をもった個体が多数生じたかを合わせて調べることで，疾患遺伝子が生じた時期も推定することができる。

研　究

(Ⅱ)でコドンについて問われているので，遺伝暗号について少し述べておこう。1966年に遺伝暗号の解読が終了し，大腸菌から哺乳類まで「すべての生物において遺伝暗号は共通である」という遺伝暗号についての普遍性の仮説が受け入れられてきた。ところが，1977年にサンガーは，ヒトのミトコンドリアではそれまでに知られていたものとは異なる遺伝暗号が用いられることを発見した。それ以降，ショウジョウバエのミトコンドリアでは，AGAがアルギニンではなくセリンを，AUAがイソロイシンではなくメチオニンを指定することが発見された。最近では，核遺伝子についてもテトラヒメナやゾウリムシにおいてUAAやUAGが終止コドンではなくグルタミンをコードしていることがわかった。

19

2003年度　第3問

解　答

(Ⅰ)(A)　正常なものと比べ，アミノ酸が1つだけ変化する。正常なものと長さが異なる遺伝子産物ができる。

(B)　逆位，転座，重複

(C)　(3)

(D)　膀胱がん：12番グリシン → バリン
　　肺がん：61番グルタミン → アルギニン

(E)　(エ)　正常細胞由来のがん抑制遺伝子が融合細胞中で働くことで起こる。
　(オ)　染色体の欠失した部分に，がん抑制遺伝子が存在したことで起こる。

(F)　遺伝性の場合，正常 *Rb* 遺伝子が1つしかなく，第1ヒットだけで発症するから。

(Ⅱ)(A)　変異 p53 と正常 p53 で，異常な複合体が形成される可能性がある。

(B)　がん細胞で大量の正常 p53 を発現させると，細胞死が起きたと考えられる。

(C)　変異 p53 が発現しても，正常 p53 による正常な機能をもつ4分子複合体が形成されるので，(キ)の仮説は否定される。

(D)　遺伝子の傷害が大きく，修復不可能な場合は細胞はがん化する可能性が高いので，p53 の作用で細胞死を誘導することでがん化を抑制する。

(E)　薬剤により p53 の機能を阻害すると，細胞死が誘導されないため。

解　説

(Ⅰ)(C)　がん原遺伝子とがん抑制遺伝子などに異常が積み重なって発症するのが“がん”である。がん原遺伝子の1つに *ras* 遺伝子がある。正常な *ras* 遺伝子産物には活性状態と不活性状態があって，前者は細胞増殖を促進するが，後者は増殖を促進しない。変異 *ras* 遺伝子の場合は，常に活性化した遺伝子産物ができるので，細胞増殖促進が進むというものである。この *ras* 遺伝子の変異は，特定の部位のアミノ酸が特定のアミノ酸に変化したものに限定されているとある。これは，変異型の *ras* 遺伝子産物が，特定の部位のアミノ酸配列が変化することによって，細胞増殖促進作用の活性が制御されない物質に変化していることを意味する。

(E)　(エ)　正常細胞とがん細胞を融合すると，正常細胞に存在するがん抑制遺伝子が発現し，がん細胞の表現形質を抑制したためである。がん抑制遺伝子は正常遺伝子が優性で，がん化をもたらす変異遺伝子が劣性である。
　(オ)　遺伝性がん患者の細胞には特定の染色体の一部に欠失などの異常がある。本来その失った領域にはがん抑制遺伝子があったが，それが欠失により失われて，がん化を抑制できなくなったと考えられる。

(F)　ここは，下線部(カ)の少し上にあるリード文を活用する。がん抑制遺伝子には一対の遺伝子の一方に異常が起きて失活した（第1ヒット）だけではがん化は起きず，もう一方にも異常が起きて（第2ヒット）両方が失活したときに初めてがん化が引き起こされる。非遺伝性の場合，両親から正常遺伝子を受け継いだヒト（*RbRb*）はがん化するには2つの *Rb* 遺伝子が2回のヒット，つまり突然変異により，*rbrb* に変化する確率は低い。しかし，遺伝性の場合，正常遺伝子と変異遺伝子のヘテロ（*Rbrb*）になっているので，1回突然変異が起きたら（第1ヒットで）がん化が起きることになる。

(Ⅱ)(A)　〔文2〕に p53 は4分子の複合体を形成して初めて機能することができるとある。変異 p53 が正常 p53 による正常な4分子複合体形成を阻害する可能性が考えられる。

(B)　図6を見ると，正常 p53 の発現量を増やすと c のように生細胞数が急激に減少していることが読み取れる。つまり，がん細胞で大量の正常 p53 の発現によってアポトーシス（自発的な細胞死）を起こしていることが考察できよう。

(C)　正常 p53 と変異 p53 が機能しない複合体を形成するという可能性は否定され，正常 p53 だけで4量体を形成していると考えられる。

(D)　遺伝子の傷害が大きくて修復不能な場合は，細胞はがん化する可能性が高まる。この場合アポトーシスによって除去することはがん抑制遺伝子として最も重要な働きである。

(E)　致死量の放射線が照射されれば，p53 により細胞死が誘導されてやがてマウスが死亡するはずである。しかし，p53 の機能が阻害されると，修復不能な DNA の傷害が起きても p53 による細胞死は誘導されず，マウスの生存が可能となる。

研　究

がん抑制遺伝子の中で最も有名なものが *p53* 遺伝子である。受験生の多くは知らないかも知れないが，非常に有名な遺伝子である。*p53* の「*p*」はタンパク質（protein）を，「*53*」は遺伝子産物の分子量 53000 を意味する。*p53* 遺伝子は悪性腫瘍細胞において多く認められるがん抑制遺伝子である。ヒトでは，17 番目の染色体上にある。

遺伝子産物である p53 は 1979 年腫瘍ウイルス SV40 の大型 T 抗原と結合するタンパク質として発見された。このタンパク質の働きとしては，損傷を受けた DNA 修復のタンパク質の活性化，細胞周期の制御，DNA 修復が不可能な場合にアポトーシスを誘導する。

この点が本問題の(Ⅱ)の(D)で問われている。遺伝子 DNA の損傷を p53 が発見する。この結果，細胞分裂を停止させ，修復を行う指令を出す。もし，修復が完了すれば細胞分裂を再び開始させるが，遺伝子の損傷自体が大きく修復そのものが不可能な場合は p53 によるアポトーシスをもたらす。しかし p53 がアポトーシスを起こせないとすると，このような細胞が除去されず，がんが発症しやすくなる。

20　2000年度　第3問

解答

(Ⅰ)(A)　1―DNA　2―RNA　4―翻訳　(B)　(2)

(Ⅱ)(A)　5―ヒト　6―マウス

(B)　マウスは発病しないが，ハムスターは発病する。

(C)　ヒトでは実験できないので，マウスを用いて，ヒトのPrP^{C}がウシのプリオンと相互作用して，ヒトのPrP^{Sc}に変化するかどうかを調べるため。

(Ⅲ)(A)　PrP−/−マウスはPrP^{C}が合成されないため，マウスのPrP^{Sc}を接種しても相互作用する相手が存在せず，PrP^{Sc}量が増加しないので発病しない。

(B)　7―(3)　8―(4)

(C)　異常をもつPrP遺伝子は，正常なPrP遺伝子と異なり，PrP^{Sc}に変化しやすいPrP^{C}を合成するため，遺伝性プリオン病を発病する。

(D)　9―増加　10―突然変異

(Ⅳ)　ヒトのPrP遺伝子をもち，ヒトのPrP^{C}を合成するが，マウスのPrP遺伝子はもたず，マウスのPrP^{C}は合成しないマウスを作製した。

解説

(Ⅰ)(B)「ウイルスと異なり，[3]によっても感染力を失わない」とは，遺伝子の変化を起こさないということである。遺伝子に変化を与えるのは紫外線である。

(Ⅱ)　文2には，マウスのプリオンはマウスに感染するが，ハムスターには感染しないという種特異性をもつことが述べてある。また，マウスのプリオンはマウスのPrP^{C}と反応して，PrP^{Sc}に変える。その他に，マウスの脳内でハムスターのPrP^{C}とPrP^{Sc}が相互作用することがわかる。このことは，タンパク質が同種のものであれば，異種の脳内でも相互作用が可能となっていることを示す。さらに，*<u>ヒトPrP遺伝子とマウスPrP遺伝子をもつマウスにウシプリオンを接種すると，マウスのPrP^{C}だけがPrP^{Sc}に変化する</u>。

(A)　*から，ヒトは狂牛病にはかからないが，マウスはかかることがわかる。

(B)　マウスとハムスターの両方のPrP^{C}を発現しているマウスにハムスターのプリオンを接種して発病させると，マウスの脳の中にはハムスターのPrP^{Sc}が多量に蓄積していると推測される。この脳の抽出物をマウスおよびハムスターに接種するということは，ハムスターのPrP^{Sc}を，マウスのPrP^{C}を発現しているマウスとハムスターのPrP^{C}を発現しているハムスターに接種することに他ならない。どの動物の脳内かは無関係で，タンパク質が異種のものか同種のものかを考えればいい。よってハムスターのPrP^{Sc}はマウスのPrP^{C}とは相互作用せずハムスターのPrP^{C}とのみ相互作用する。

(C)　ヒトのPrP^{C}がウシのプリオンとの相互作用によってPrP^{Sc}に変化するかを調べるための実験である。人体実験はできないのでマウスの体内で行ったのである。

(Ⅲ)(A)　たとえプリオンを接種してもPrP^{C}がないならば，PrP^{Sc}と相互作用できず，PrP^{Sc}の蓄積が起こらないので発病しない。

(B)　男女とも発病しているのでY染色体上にはない。しかも父親から男児に伝わることがあるので常染色体上の遺伝である。また，1の男性は原因遺伝子をもっていないと注にあるので，ホモ接合体である。そのため，1の男性の娘はこの遺伝子をもつとしてもヘテロである。このとき，一方の娘が遺伝性のプリオン病を発現しているので，この形質は優性である。

(C)　遺伝的に異常なPrP遺伝子によってつくられる変異型タンパク質は正常なPrP^{C}よりもPrP^{Sc}に変化しやすい。

(D)　遺伝子操作により大量のPrP^{C}がつくられると，本来はあまり起こらない立体構造の変化が起きてPrP^{Sc}が出現する。この結果，他のPrP^{C}と相互作用してPrP^{Sc}の蓄積が起こるのであるから，［　9　］は「増加」が入る。［　10　］では体細胞のPrP遺伝子に一定の確率で突然変異が生じて，PrP^{Sc}が自然発生するので，「突然変異」が入る。

研　究

プリオンという名称は1982年にS. B. Prusiner（プルシナー）が提唱した。プリオンタンパク質は動物やヒトのプリオン遺伝子が産生する糖タンパク質で神経細胞膜に結合して存在するが，その働きはまだよくわかっていない。ただ，正常プリオンタンパク質（PrP^{C}）をつくる機能を失ったマウスをつくり出したところ，出生直後は正常に発育するものの，発育するにつれ運動失調や長期記憶，潜在学習能力の低下が認められたため，PrP^{C}は神経細胞の発育と機能維持に何らかの役割があると考えられている。プリオン遺伝子（PrP^{C}をつくる遺伝子）が何らかの原因で変異したことによって産生された異常プリオンタンパク質（PrP^{Sc}）や，何らかの経路で外から侵入したPrP^{Sc}が，PrP^{C}との相互作用によって，PrP^{C}をPrP^{Sc}に変化させていく。

ヒトではPrP^{C}は253個のアミノ酸からなり，C末端に約20個のアミノ酸からなる疎水領域が，N末端には22個のアミノ酸からなるシグナルペプチドが存在する。また，これは20番目の染色体の遺伝子産物である。PrP^{C}はαヘリックスが3本存在するのに対して，PrP^{Sc}の立体構造はαヘリックスが2本に変化していく。この変異型のPrP^{Sc}がPrP^{C}に接触すると自己触媒的にPrP^{Sc}へと立体構造を変化させる。この反応が連続して雪だるま式に起こることで，PrP^{Sc}が多量に蓄積されて，アミロイド沈着や空胞ができ，脳が海綿状になって中枢神経障害を引き起こすと考えられている。

第 3 章　生殖と発生

21 2023年度　第1問

解　答

Ⅰ．A．1．23　　2．46　　3．4　　4．2

B．生殖細胞の遺伝的多様性を増加させる。(20字以内)

C．G1期にDNAの複製準備が行われ，次のS期でDNAが複製されてDNA量は倍加する。G2期に複製されたDNAがチェックされて分裂の準備が行われる。M期では染色体が凝縮し，中期に赤道面に並んだ後，後期に微小管からなる紡錘糸により娘細胞に均等に分配される。

D．(2)・(4)

E．G2期

F．DNAが損傷した細胞の細胞周期をG2期で停止させる。

G．DNAが損傷した細胞のS期でDNA合成を抑制する。

H．配列置換型 *GFP-a* 遺伝子では終止コドンにより翻訳が途中で停止し，正常なタンパク質が発現しない。欠失型 *GFP-b* 遺伝子はプロモーター領域が欠失しているので転写が起こらない。

I．レポーター遺伝子を導入した細胞において制限酵素Nを発現させる。

J．(6)

K．レポーター遺伝子を導入した遺伝子 *Y* の欠損細胞で，遺伝子 *Y* の欠損部分に正常遺伝子 *Y* を導入した株とミスセンス変異のある遺伝子 *Y* を導入した株を準備し，両者の蛍光強度を測定し，組換え頻度を比較する。

L．アポトーシス（10字以内）

M．紡錘体形成の起点となる中心体の数が増えると，分裂時に正常な紡錘体が形成されず，娘細胞への正常な染色体分配が起こらなくなるから。

Ⅱ．N．正常細胞では，相同染色体上の遺伝子 *Y* が片方だけが変異していて，もう片方の遺伝子 *Y* から正常なタンパク質Yが合成されるが，がん細胞では第2ヒットで両方の遺伝子 *Y* が変異していてタンパク質Yの機能が欠損している。

O．確率：25％

理由：②番の男性が母親から病的な遺伝子 *Y* を受け継ぐ確率は $\frac{1}{2}$ で，さらに病的な遺伝子 *Y* を子どもに伝える確率も $\frac{1}{2}$ であるから。

解　説

Ⅰ．A．ヒトの体細胞の染色体数は $2n=46$ なので，精子や卵子にはそれぞれ 23 本ずつ含まれている。よって，[1]には 23 が入る。受精卵は 46 本の染色体をもつので，[2]には 46 が入る。減数分裂では 1 個の母細胞から 4 個の娘細胞が生じるので，[3]には 4 が入る。娘細胞の染色体数は母細胞の 2 分の 1 となるので，[4]には 2 が入る。

B．「減数分裂における組換えの生物学的意義」が問われているので，遺伝子の組み合わせが多様になることを述べる。染色体の乗換えが起こることで遺伝子の組換えが生じ，これにより配偶子の遺伝的多様性が増加する。

C．細胞周期は G1 期→S 期→G2 期→M期と変化していく。G1 期では細胞成長と複製の準備そして DNA 損傷のチェックが行われる。ここで異常がなければ S 期へと進む。S 期では DNA の複製が行われる。ここで DNA 量は倍加する。次が G2 期で，きちんと DNA の複製が起きたかをチェックする。ここで異常がないときは次のM期に入る。M期では染色体が凝縮して太く短いひも状になり，中期には赤道面に並び，後期には微小管からなる紡錘糸によって娘細胞に均等に分配される。

D．体細胞における組換えを行うためには，鋳型となる姉妹染色分体が必要になる。そのため，解答としては，DNA が複製され，姉妹染色分体が形成されている S 期と，姉妹染色分体が完成している G2 期となる。M期も姉妹染色分体が存在していて組換えが起こりそうであるが，M期では染色体が凝縮していて組換えの際に DNA をほどくことができないので不適。よって(2)と(4)が正しい。

E．図１－１左上の放射線照射前の野生株のグラフにおいて細胞数が最も多くなっているところの DNA 量を 1 とすると，DNA 量が高い方の小さなピークの DNA 相対量は 2 程度である。これが放射線照射の 24 時間後には，相対量 2 の細胞数が多くなるようにシフトしている。DNA の相対量が 1 となるのは G1 期の細胞で，G2 期とM期では DNA の相対量が 2 となる。つまり，放射線照射により G2 期とM期の細胞数が増加している。問題文に「細胞分裂期にある細胞の割合は，野生株と遺伝子 X 欠損細胞との間で差が見られなかったものとする」とあることから，G2 期の段階の細胞が増加していると考えられる。

F．Eの設問で生じた細胞増加は何によるのかを遺伝子 X の機能から推定する問題である。図１－１において，野生株では，放射線照射後に G2 期の細胞が増加しているが，遺伝子 X 欠損細胞では放射線照射前と照射後で DNA 量の分布に違いがない。実験 1 のリード文に「タンパク質 X は，細胞周期の進行に関わるタンパク質と複合体を形成する」とあることから，放射線照射によって遺伝子が何らかの損傷を受けた場合，合成されたタンパク質Xが細胞周期の進行に関与するタンパク質と複合体を形成できなくなり，その結果，細胞周期を G2 期で停止させたと考えられる。

G．実験2の結果を示した図1－2から，放射線を照射すると野生株ではDNA合成量が大きく減少するが，遺伝子 *X* 欠損細胞では減少の幅が小さい。このことからタンパク質Xは，放射線照射でDNA損傷が生じた細胞においてS期の進行を抑制するはたらきをしていると考えられる。

H．配列置換型 *GFP-a* 遺伝子では，本来は存在しない位置にTAGやTAAといった終止コドンが導入されているので翻訳の際にそこでタンパク質合成が停止してしまう。その結果，正常なタンパク質と比べて短いポリペプチドが合成される。一方，欠失型 *GFP-b* 遺伝子は，プロモーター領域が欠失しているためRNAポリメラーゼが結合できない。つまり，転写自体が起こらないことになる。

I．配列置換型 *GFP-a* 遺伝子内の「ある1箇所」にDNA二本鎖切断を誘発する。図1－4からこの「ある1箇所」とは制限酵素Nの認識配列と同じ位置であることがわかる。よって，レポーター遺伝子導入細胞内で制限酵素Nを発現させればよい。

J．図1－4から，制限酵素Nで切断されたDNA領域は，欠失型 *GFP-b* 遺伝子を鋳型として組換えにより修復されることがわかる。

配列置換型 *GFP-a* 遺伝子と欠失型 *GFP-b* 遺伝子は，二本鎖切断部位付近では，制限酵素の認識配列以外は相同である。よって，遺伝子修復の際には欠失型 *GFP-b* 遺伝子が鋳型として用いられる。この結果，配列置換型 *GFP-a* 遺伝子領域では，制限酵素Nの認識配列が制限酵素Mの認識配列に置き換わる。一方，欠失型 *GFP-b* 遺伝子の領域では制限酵素Nによる切断を受けず，また鋳型側ではDNA配列の置き換えは起こらないため，実験の前後で配列が変化することはない。これより，(6)が適切である。

K．ミスセンス変異が遺伝子 *Y* の機能に与える影響を解明するための実験計画問題である。このような実験計画問題では，遺伝子 *Y* の条件以外を同じものにした細胞を準備し比較検討する必要がある。

つまり，遺伝子 *Y* を欠損した細胞を2群に分けて，一方には正常遺伝子 *Y* を導入し，他方にはミスセンス変異をもつ遺伝子 *Y* を導入する。この2群の細胞のGFP蛍光強度を測定して組換え頻度を比較する。

L．DNAの修復に失敗し二本鎖切断が残存した場合，その細胞にはプログラムされた細胞死であるアポトーシスが誘導される。これにより，組織中にDNA損傷のある細胞が増えるのを防ぐ。

M．中心体は，動物細胞において細胞分裂時の紡錘体形成に関与する。正常細胞では細胞の両極に中心体が位置し，そこから均等に紡錘糸が伸びることにより染色体が娘細胞に均等分配される。ところが，中心体の数が3つ以上になった異常細胞では，どちらか一方の極に中心体が偏って存在することとなり，染色体を引く力が均等にならない。これによって，娘細胞への染色体の均等な分配が起こらなくなってしまう可能性があることを述べればよい。

Ⅱ．N．正常細胞とがん細胞の違いについて，(i)遺伝子 Y の状態，(ii)タンパク質Yの機能が保たれているかどうかという2つの観点から述べるという指示があるので，正常細胞とがん細胞の2つに分けて(i)と(ii)について次のような説明をすればよいだろう。

正常細胞では，相同染色体上の遺伝子 Y が片方のみ変異（第1ヒット）していて，もう片方からは正常なタンパク質Yが合成されている。がん細胞では，もう一方の遺伝子にも異常が起きる（第2ヒット）ことにより両方の遺伝子 Y が変異して，タンパク質Yのもつがん抑制機能が失われる。

O．②番の男性は，母親から病的な遺伝子 Y を $\frac{1}{2}$ の確率で受け継ぐ。そしてその病的な遺伝子 Y は $\frac{1}{2}$ の確率で将来の子どもに受け継がれるので，この男性の将来の子どもが生殖細胞に病的な遺伝子 Y の変異を受け継ぐ確率は

$$\frac{1}{2}\times\frac{1}{2}\times 100 = 25〔\%〕$$

22 2014年度　第1問

解　答

(Ⅰ)(A)　1 ─単孔　　2 ─有袋

(B)　10 mL

(Ⅱ)(A)　胎仔はES細胞だけが，胎盤は四倍体細胞だけが分布する。

(B)　精原細胞では，すでに始原生殖細胞の段階でオス型の印がつけられているため，正常発生に必要な，母由来の染色体で発現する遺伝子が発現できないから。

(C)　3 ─精子〔精原細胞〕　　4 ─80

(D)　胎仔の発生・成長過程に母体の体細胞の遺伝子型が影響している可能性。

(E)　(表現型) 正常発生：胎生致死＝1：1
(理由) Aa 個体のうち，父由来の A 遺伝子は不活性化するから。

(F)　(2)・(7)

解　説

(Ⅰ)(A)　カモノハシやハリモグラは単孔類と呼ばれ，卵生で，卵からかえった子どもは母親の腹部の乳腺から乳を飲んで育つ。一方，コアラやカンガルーは有袋類に属する。有袋類では，子どもは母親の下腹部にある育児嚢の中で育てられる。

(B)　図1－2では，酸素親和性が高い方のグラフが胎仔型ヘモグロビンの酸素解離曲線，低い方が成体型ヘモグロビンの酸素解離曲線を表している。設問の条件より，胎盤では成体型ヘモグロビンの40％が酸素結合型とあることから，胎盤の酸素分圧が30 mmHg とわかる。このとき，胎仔型ヘモグロビンの酸素ヘモグロビンの割合は70％，胎仔の末梢組織における酸素分圧が10 mmHg のときの酸素ヘモグロビンの割合は20％なので，末梢組織では，70－20＝50〔％〕が解離して酸素を放出する。

酸素ヘモグロビン100％の状態からすべての酸素が放出されると，血液100 mL あたり20 mL の酸素が放出されるのであるから，50％の解離では，20〔mL〕×0.5＝10〔mL〕の酸素が胎仔末梢組織で放出されることになる。

(Ⅱ)(A)　表1－1より，ES細胞由来の細胞は胎仔のみに分布し，四倍体8細胞期胚由来の細胞は胎盤のみに分布しているのがわかる。

(B)　体細胞の核を移植した個体では，父由来と母由来双方の染色体をもっている。ところが，精原細胞の核を移植して得られたクローン胚では，始原生殖細胞の段階ですでに「ゲノム刷り込み」をされており，父由来の染色体しかもち合わせていない。この場合，体細胞と同じ二倍体となっても正常な個体にはならない。

(C)　オスキメラの精原細胞の遺伝子型の割合を $AA：Aa=X：Y$ とすると，これから生じる精子の遺伝子型の比率は　　$A：a=(2X+Y)：Y$
野生型のメスの遺伝子型は AA で，ここから生じる卵の遺伝子型はすべて A である。この結果，F1の遺伝子型と分離比は次のようになる。

	$(2X+Y)A$	Ya
A	$(2X+Y)AA$	YAa

F1の10％が Aa ということから　　$\dfrac{Y}{2X+2Y}=\dfrac{1}{10}$

これより　　$X=4Y$　　$X：Y=4：1$

すなわち　　$AA：Aa=4：1$

よって，かけあわせに用いたオスキメラ個体において精子の80％は野生型8細胞期胚に由来する細胞である。

(D)　哺乳類は受精後，子宮に着床して成長するため，母体環境が発生に影響を与える可能性がある。実験2はそれを確認するものである。実験2の表1－3から，メス親が AA であれば，レシピエントの遺伝子型が AA であっても Aa であってもF2胎仔の発生はすべて正常となり，レシピエントの遺伝子型には影響されないことが読み取れる。すなわち，胎仔の正常発生に母体の遺伝子型が関与している可能性が否定される。

(E)　実験1の表1－2より，♀AA×♂Aa の場合は，Aa 個体はすべて正常である。しかし，♀Aa×♂AA では Aa 個体は妊娠中期に発生が停止（胎生致死）してしまう。これより，正常発生には母由来の遺伝子 A が必要であり，同時に父由来の遺伝子 A は不活性化されていることがわかる。

本問では Aa(♀)×Aa(♂) より，AA（正常発生）：Aa：aa（胎生致死）$=1：2：1$ となる。遺伝子型 Aa の場合，オス親から受け取った A は発現しないため胎生致死となるが，メス親から受け取った A は正常に発現できる。よって，正常発生するものと胎生致死する個体が1：1の割合で生じる。

(F)「発生停止は胎盤の機能が不十分なために起こる」という仮説を検証することに注意する。この場合，胎盤のみに正常に機能する細胞を分布させて胎盤の機能を補完するのであるから，（Ⅱ）(A)の結果より，四倍体の8細胞期胚由来の細胞は胎盤だけに分布するので，空欄8の箇所は四倍体になる。

Aa の♀と Aa の♂をかけあわせるか，または Aa の♀と AA の♂をかけあわせればよい。これによって生じる二倍体と AA の遺伝子型の四倍体を用いてキメラを作製する。妊娠後期まで残ったキメラの遺伝子型を解析して，Aa または aa の細胞だけからなる正常個体が確認されれば，胎仔の形態形成や体細胞の生存に遺伝子 A は直接必要ではないと判断できる。以上を満たすのは(2)と(7)となる。

23　2013年度　第1問

解　答

(Ⅰ)(A)　アー2ー刺胞　　イー7ー棘皮　　エー6ー軟体

(B)　名称：8ー旧口　　9ー新口

特徴：原口の反対側に口が形成され，原口またはその付近に肛門が形成される。

(C)　ペプチドホルモンは細胞膜上にある受容体に結合して情報を細胞内に伝えるが，ステロイドホルモンは細胞内にある受容体に結合して伝える。

(Ⅱ)(A)　遺伝様式：伴性遺伝

生物の種類：ヒト　　形質：赤緑色覚異常（血友病も可）

(B)　(a)　遺伝子の組合せ：遺伝子 y と遺伝子 R

組換え体の表現型：体色が赤い雌と赤くない雄

(b)　10・11—$X^{R}X^{r}$・$X^{r}Y^{r}$　　12—$X^{rl}X^{rl}$　　13・14—$X^{Rl}X^{rl}$・$X^{rl}Y^{rL}$

(C)　(a)　染色体の遺伝子型：X^{l}，Y^{L}

雌の表現型：白色素胞をもたない　　雄の表現型：白色素胞をもつ

(b)　97.9％

(Ⅲ)　15—50　　16—75　　17—50　　18—100

解　説

(Ⅰ)(A)　図1－1においてaで「胚葉の獲得」とあり，1は無胚葉であることから，海綿動物と判断できる。2は刺胞動物，3は線形動物である。3の線形動物と節足動物をまとめて脱皮動物と言う。4は体節構造を獲得しているので，環形動物。5は扁形動物。6は外套膜を獲得しているので，軟体動物である。扁形動物，軟体動物，環形動物をまとめて冠輪動物と言う。7は新口動物なので，棘皮動物となる。

(B)　左右相称の動物は旧口動物と新口動物に分けられる。

(Ⅱ)(A)　生物の種類，形質は「キイロショウジョウバエ，赤眼と白眼」と答えてもよい。

(B)　(a)・(b)　交配1を図示すると次の通り。

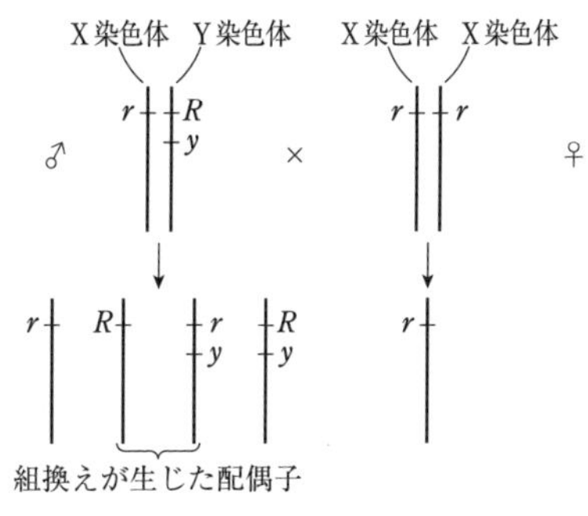

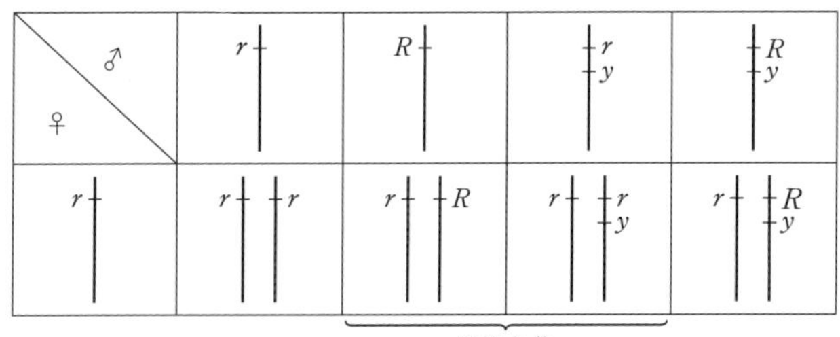

交配2を図示すると次の通り。

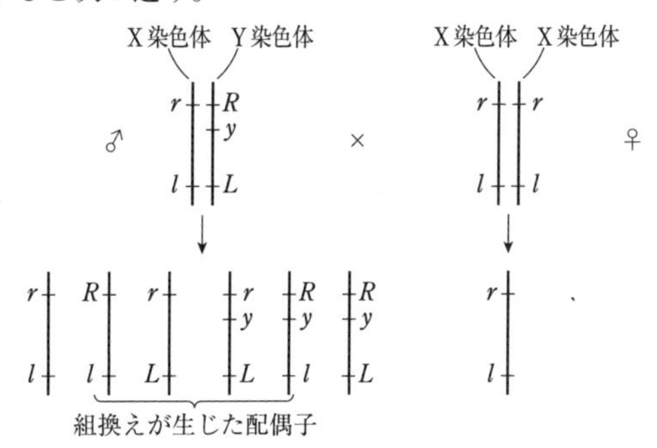

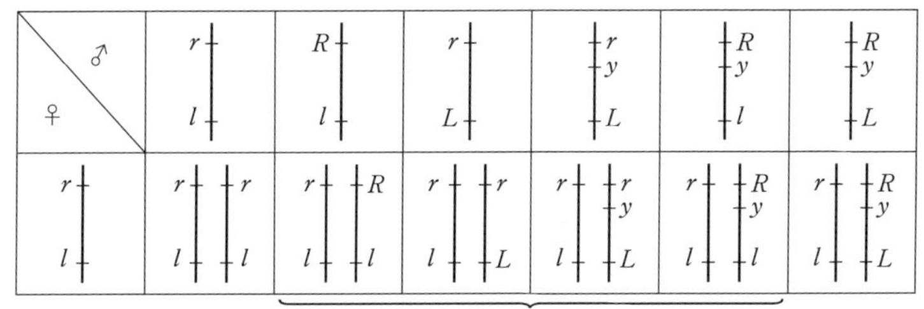

(C)　(a)　ふ化する前（受精後7日より前）に個体の遺伝子型としての性を区別するためには，白色素胞に着目する。〔文2〕にあるように白色素胞は受精後2日で現れる。よって，白色素胞をもつかどうかを調べればよい。そこで，系統1では白色素

胞の形成に関与する遺伝子 $L(l)$ がX染色体とY染色体で違っていることが必要となる。可能性として，X^L，Y^l または，X^l，Y^L が考えられる。前者ならば，雌は X^LX^L，雄は X^LY^l となり，どちらも X^L をもつので白色素胞が形成され，雌雄の識別ができない。後者ならば，雌が X^lX^l，雄が X^lY^L となり，雌雄の識別が可能となる。

(b) 設問内容の流れから判断すると，「色の表現型」というのは「白色素胞の有無」のことである。問われているのは，白色素胞の有無と遺伝子型としての性が一致する確率である。つまり，本問では遺伝子 L と遺伝子 y との間で組換えが起こらない確率を求めればよいことになる。注意するのは2点。y は R と L の間にある点と，二重乗換えが起こらない点である。

交配1の結果から R と y の組換え価は　$\frac{11}{6395}\times100=0.172\fallingdotseq0.17$〔%〕

交配2の結果から R と L の組換え価は　$\frac{102}{4478}\times100=2.277\fallingdotseq2.28$〔%〕

よって，L—y 間の組換え価は　$2.28-0.17=2.11$〔%〕

組換えが起こらない確率なので　$100-2.11=97.89\fallingdotseq97.9$〔%〕

(Ⅲ) 実験1で用いた受精卵にはXXのものとXYのものが1：1の割合で含まれているので，生じた雌個体には，本来雌となるものが雌となったもの（正常♀）と，性転換して雌となったもの（性転換♀）が同じ割合で含まれている。

(i) 正常♂×性転換♀

XY×XY → XX：XY：YY＝1：2：1

この種と近縁なニホンメダカではYY個体も生存可能であるから，生まれた個体は雄：雌＝3：1で，雄個体の割合は75％となる。

(ii) 正常♂×正常♀

XY×XX → XX：XY＝1：1

よって，生まれた個体の50％が雄となる。

以上より，XY型の場合は，交配したペアの総数の 15 50％では生まれた個体の 16 75％が雄になり，残りのペアでは生まれた個体の50％が雄になる。

一方，性決定がZW型の場合は，正常♂（ZZ），正常♀（ZW）なので，次のようになる。

(i) 正常♂×性転換♀

ZZ×ZZ → すべてZZ

(ii) 正常♂×正常♀

ZZ×ZW → ZZ：ZW ＝ 1：1

以上より，ZW型の場合は，ペアの総数の 17 50％では生まれた個体の50％が雄になり，残りのペアでは生まれた個体の 18 100％が雄になる。

24　2012年度　第1問

解　答

(Ⅰ)(A)　形成体〔オーガナイザー〕

(B)　灰色三日月環を両方の割球に含むと，どちらの割球も完全な個体になるが，一方にのみ含むと，含む方の割球は完全な個体になり，含まない方の割球は完全な個体にならない。

(C)　A RNA を腹側割球に注入すると二次胚が形成されたので，Aタンパク質は背側の決定を促進するはたらきをもつと考えられる。

(D)　(1)

(E)　Bタンパク質はAタンパク質のはたらきを阻害する。背側化因子はBタンパク質のはたらきを阻害して，Aタンパク質への阻害を解除すると，Aタンパク質がはたらけるようになる。

(Ⅱ)(A)　脊索

(B)　(3)

(C)　(2)・(5)

(D)　中胚葉の細胞が正中線に向けて移動しにくくなることで，もぐり込みの方向への伸長が起こりにくくなり，頭部から尾部への伸長が十分にできなくなったから。

(E)　細胞内のCタンパク質の分布の偏りが失われ，中胚葉の細胞が特定の方向に移動できなくなったから。

解　説

(Ⅰ)(B)　灰色三日月環は，第一卵割の際に二分される場合と，一方だけの割球に含まれる場合がある。多くの場合は前者であるが，たまに後者のようなケースが生じる。灰色三日月環の部分は将来の原口背唇部になる予定域であり，胚の発生に重要な役割をもつ。

(D)　(2)誤り。B RNA を加えるとBタンパク質が翻訳され，同じくA RNA から翻訳されるAタンパク質のはたらきが阻害されて二次胚の形成率が低下すると考えられる。

(3)・(4)誤り。背側の決定と頭部肥大については直接関係しない。

(5)・(6)誤り。背側構造が小さい胚については，B RNA を背側割球に注入した場合である。ここでは，A RNA とB RNA の混合液を腹側割球に注入した場合の適切なグラフが問われている。

(Ⅱ)(B)　〔文2〕に「中胚葉の細胞群は全体としてもぐり込みの方向に伸びる」とあ

る。外植体は原口背唇部を含む外胚葉から中胚葉にかけての領域からなるので，もぐり込みの方向は陥入していく方向（つまり外植体の色の薄い方から濃い方へ）である。よって，この方向（縦方向）に伸びている(3)が正解である。

(C) (1)・(3)誤り。実験2にあるように，dnC RNA を注入しても細胞の分化に影響を与えない。

(4)誤り。Cタンパク質は細胞運動に関わり，細胞数そのものについては影響を与えない。

(D) 〔文2〕を参考にすると，体長が通常の初期幼生のものより短くなるのは，Cタンパク質の阻害によって，細胞の運動方向がバラバラになったり，中胚葉の細胞が動けなくなったりして，正中線の方向に向かって移動する中胚葉の細胞数が減少し，もぐり込み方向への伸長が起こりにくくなったために，その一部から分化する脊索の長さも短くなったからであると考えられる。

(E) Cタンパク質の局在が保たれていれば，細胞運動の方向性が正しく決定されるが，注入したC RNA から翻訳されたCタンパク質により細胞内のCタンパク質の局在が失われてしまうと，運動の方向性が失われて中胚葉の正常な伸長が起こらなくなってしまう。

研　究

〔文1〕の内容をもう少し詳しく見てみよう。なお，〔文1〕に出てきた「背側化因子」は「Dsh（ディシェベルド）」で「Aタンパク質」は「βカテニン」，「Bタンパク質」は酵素タンパク質の「GSK-3」である。

アフリカツメガエルの卵の植物極付近の細胞膜の内側にはディシェベルドタンパク質が局在している。受精により卵の表層が回転すると，ディシェベルドを含む領域が赤道付近に移動する。

ディシェベルドが GSK-3 のリン酸化酵素活性を抑制すると，βカテニンはリン酸化を受けずに安定化する。βカテニンは細胞質から核内に移行して TCF と呼ばれる転写因子に結合する。これにより TCF は活性型となり，ある調節遺伝子の転写を促進する（右図）。その後，複数の反応を経てノギンやコーディンなどの遺伝子が発現し，その産物が腹側化因子である BMP の働きを阻害する。

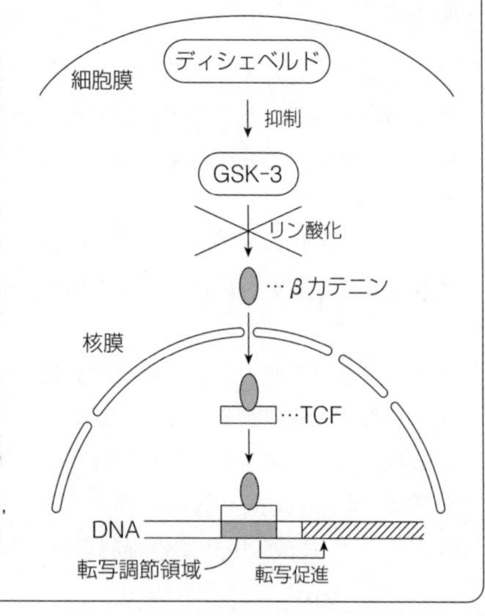

ちなみに，ディシェベルドがない領域では，GSK-3 がβカテニンをリン酸化してしまい，リン酸化されたβカテニンはプロテアーゼにより分解される。これにより，TCF は不活性なままとなり，転写促進ができない。

25　2011年度　第1問

解答

(Ⅰ)(A)　1―中　　2―精原　　3―極体

(B)　卵割では分裂後の娘細胞の成長がなく，細胞周期が短い。初期は同調分裂を行う。

(C)　(3)

(D)　(2)

(E)　(4)

(F)　(1)

(Ⅱ)(A)　解糖系によるATP生産が行われないままATPが消費されるため，生じたADPから，ATPとAMPが生産される反応が進行し，AMPが蓄積したから。

(B)　(2)・(3)

(C)　(5)

(D)　体外受精を行うウニでは外部から代謝の基質が供給されないため，重量あたりのエネルギー量が多い脂質を細胞内に蓄積して利用する。

(E)　クレアチンリン酸

解説

(Ⅰ)(C)　**ポイント**参照。(4)の二次卵母細胞ならば，減数第二分裂を引き続き起こすので，はっきりした核は形成されない。

(D)　一次卵母細胞で起こる核の消失は，減数第一分裂前期（前期の途中から中期が始まるまで）に起きる現象である。

(F)　実験2に，紡錘体がほぼ完全に形成された後に紡錘体を吸い取ると，くびれが生じるとある。紡錘体が存在しなくてもくびれが生じることから，紡錘体そのものにくびれを生じさせるしくみはないと考えることができる。よって，(3)と(4)は誤り。また，くびれは染色体が両極に移動した後に生じるから，(5)も誤り。(2)は，紡錘体を吸い取ると紡錘体の赤道面を含む細胞質も失われるので誤り。

動物細胞の細胞質分裂の際は，赤道面近くの細胞膜のすぐ内側に収縮環と呼ばれるリング状の構造が形成される。これが収縮することで，細胞を2つにくびり切る。収縮環は主に細胞骨格のアクチンフィラメントで構成される。

(Ⅱ)(A)　実験3に「基質と阻害剤を精子の培養液に加えた直後は，図1－1に示される①～⑥のすべての実験条件において，精子は高い運動活性とATP濃度を示した」とあることから，③～⑥でみられる運動活性の低下はATP濃度の減少によるものだと考えられる。

なぜ ATP 濃度が減少したのかと言えば，③・④・⑥の場合は ATP を生産する代謝が進まなかったからである。⑤の場合は代謝は進んだが鞭毛全体に十分量の ATP を供給できなかったからである。解糖系のみが行われた②で「高」，クエン酸回路と電子伝達系のみが行われた⑤で「低」となったことから，マウスの精子の鞭毛運動に必要な ATP の供給には解糖系が大きな役割をはたしており，ミトコンドリアで生産された ATP は鞭毛運動にほぼ使用されないことが考察できる。〔文 2〕を参考にすると，マウスの精子には「ATP を鞭毛の先端まで十分量供給するしくみ」がないと言える。以上より〔解答〕では，「解糖系が」進まないことで ATP 生産が行われなかったことを述べたい。

なお，2ADP→ATP＋AMP の反応は実は可逆的な反応で，2ADP⇄ATP＋AMP と書くことができ，Mg^{2+}存在下でアデニル酸キナーゼによって触媒される。

(B) (2)・(3)ともに，理由の部分が間違っている。

(2)誤り。30 分後に精子の運動活性が低い条件で ATP 濃度が低いのは，代謝による ATP 生産が行われないためである。

(3)誤り。30 分後に精子の運動活性が高いのは，代謝によって ATP 生産が行われ ATP が十分に供給されているからである。基質がない⑥では，最初に ATP 濃度が十分にあっても 30 分後には低下し，精子の運動活性が低下していることから，運動に使われる ATP 量が非常に少ないとは言えない。

(C) 実験 4 のポイントと，その生物学的な意味をまとめると，以下の通りである。

ⅰ)細胞中の成分 Z が減少→成分 Z は代謝の基質

ⅱ)窒素を含む老廃物の量の増加がみられない→Z は窒素を含まない

ⅲ)阻害剤 X を加えると精子の運動活性が低下→精子はミトコンドリアにおける代謝の阻害の影響を受ける

ⅳ)阻害剤 Y を加えても精子の運動活性は低下しない→精子は解糖系の阻害の影響を受けない

(5)の脂質は，その代表的な成分である脂肪の場合，リパーゼによりグリセリンと脂肪酸に分解され，グリセリンはグリセルアルデヒドリン酸となって解糖系の途中に入るが，脂肪酸はβ酸化を経てアセチル CoA（活性酢酸）となってクエン酸回路に入る。

(D)・(E) 受精の環境について考える。ほ乳類は体内受精を行うので，卵に達するまでの間，グルコースなどが雌親から鞭毛全体に確実に供給されると考えられる。ウニの場合は海水中で体外受精を行うため，外部から代謝の基質を取り入れるのは難しい。そこでウニの精子は，単位重量あたりのエネルギー量が炭水化物やタンパク質よりも大きい脂質をあらかじめ蓄え，ミトコンドリアで生産された ATP を鞭毛の先端まで十分量供給するしくみ（クレアチンリン酸）を備えることで，鞭毛運動を行っている。

26　2011年度　第3問

解　答

(Ⅰ)(A)　1―ペプチド　　2―水　　3―トリプシン〔キモトリプシン〕

(B)　(3)

(C)　Tb

理由：1．P遺伝子欠損株とE遺伝子欠損株でTbがともに検出されていないから。

2．転写が行われる核内に存在するのはTbだけであるから。

(D)　Ta-S

(E)　酵素EはTaと分子Sの間に共有結合を形成する反応を促進する。

分子SはTaと結合してTa-Sとなり，プロテアーゼPが作用できるようにする。

(F)　(2)・(3)

(Ⅱ)(A)　〔1のイ〕―(1)　　〔1のニ〕―(1)

(B)　完全栄養培地での酵母の増殖には，T遺伝子とR遺伝子の両方が必要か，あるいはどちらか一方が必要である。

(C)　〔2のイ〕―(3)　　〔2のロ〕―(2)

(D)　完全栄養培地での酵母の増殖には，T遺伝子とR遺伝子の少なくともどちらか一方が必要である。

解　説

(Ⅰ)(C)　〔文1〕に「P遺伝子欠損株ではTbが検出されず，TaとTa-Sが検出された」，「E遺伝子欠損株では……Taのみが検出された」とあることから，どちらにもTbが検出されないことがわかる。これらの欠損株ではL遺伝子の発現が見られないことから，TbがL遺伝子の転写因子であると考えられる。

(D)・(E)　(D)の問題文から，① Ta（タンパク質）に酵素Eと分子Sを加えるとTa-Sを生成すること，② Ta-SにプロテアーゼPを加えるとTbを生成することが読み取れる。

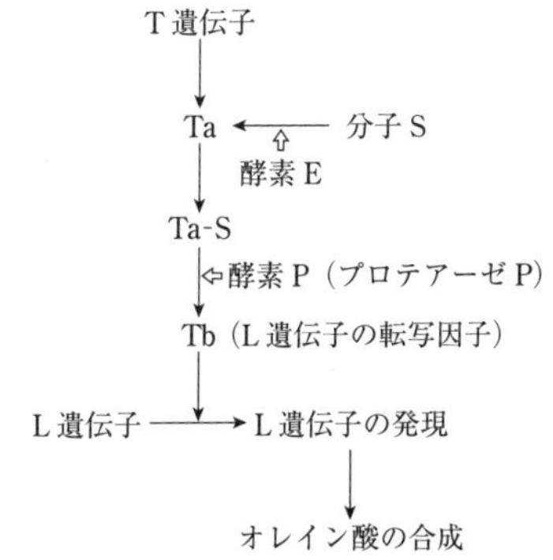

表3－1で確認すると，TaやTa-SにEを加えても変化しないが，TaにEとSを加えるとTa-Sが生じている。このことから，酵素EはTaとSを結合させる反応を促進すると考えることができる。また，プロテアーゼPがTa-Sを分解して生成物Tbを生じると考えら

れる。 以上の結果をまとめると前ページのような反応過程が考えられる。

(F) 「オレイン酸の含量を一定に保つしくみが酵母にある」とあるので，オレイン酸が培地に過剰になれば，酵母はオレイン酸合成を抑制するようになると考えられる。

(Ⅱ)(A) 遺伝子型 TtRr の二倍体の酵母の細胞が減数分裂すると，胞子嚢内に遺伝子型 TR と tr の胞子を2個ずつもつものと，遺伝子型 Tr と tR の胞子を2個ずつもつものの2種類が生じる可能性がある。なお，これらの遺伝子は「それぞれ異なる染色体上に存在している」ため，遺伝子型 TR，Tr，tR，tr の胞子が1個ずつ生じる可能性はない。

胞子嚢1から生じる胞子〔1のイ〕，〔1のニ〕はヒスチジンを含まない培地やロイシンを含まない培地では両方とも生育できないことから，遺伝子 t も r ももっていないと判断できる。

(B) 「胞子嚢1の結果のみを考慮したとき」とあるので，胞子嚢2のことはここでは考えない。完全栄養培地での酵母の増殖を考えるとTとRをもつ胞子が増殖可能である。しかし，Tr や tR のようにTかRの一方をもつ胞子でも増殖可能ということも考えられる。わかることは tr（2つの遺伝子が劣性）となっている胞子は完全栄養培地で増殖できないことである。

(C) 遺伝子 t をもてばヒスチジンを含まない培地で増殖でき，遺伝子 r をもてばロイシンを含まない培地で増殖できることを頭に入れておこう。〔2のイ〕，〔2のニ〕はヒスチジンを含まない培地(e)で増殖しているので tR，また〔2のロ〕，〔2のハ〕はロイシンを含まない培地(f)で増殖しているので Tr であると判断できる。

(D) 胞子嚢1の結果から，遺伝子型 TR であれば完全栄養培地で増殖できるので，遺伝子TとRの両方をもつ必要があるか，あるいは遺伝子Tだけが必要，遺伝子Rだけが必要，遺伝子Tまたは遺伝子Rのいずれか一方をもつことが必要，の4つの可能性が考えられる。

さらに胞子嚢2の結果から，遺伝子型 tR でも Tr でも完全栄養培地で増殖できるから，遺伝子Tまたは遺伝子Rのどちらか一方をもっていればよいとわかる。

研　究

（Ⅰ）の(C)で転写因子として働くタンパク質（調節タンパク質）が問われているが，真核生物では，調節タンパク質が結合するDNA領域が原核生物と違って多数存在する。

原核生物の調節タンパク質結合領域（オペレーター）はプロモーターの近傍にあるが，真核生物では調節タンパク質が結合する領域は転写開始点から何千塩基対も離れたところにも存在し，別の位置に移動させたり，向きを逆にしたりしても同様に働くことが多い。このようなDNA領域は，転写を促進するものはエンハンサー，抑制するものはサイレンサーと呼ばれる。真核生物では，一般に1つの遺伝子に対して多数の調節領域と調節タンパク質が存在する。これにより，多様な細胞への分化や発生の複雑な過程が可能になると考えられている。

27　2009年度　第1問

解　答

(Ⅰ)(A)　(1)　塩基配列　　(2)・(3)　X線・放射線（紫外線，化学物質なども可）

(B)　自然選択説

(Ⅱ)(A)　(a)―(1)　　(b)―(6)

(B)　(1)・(2)・(4)

(C)　(1)・(4)

(D)　母親が遺伝子 Z をもつときは，転写された mRNA が未受精卵に存在し，それが受精後の胚で翻訳されて正常に機能する母性効果因子が合成されるから，zz の遺伝子型の胚でも正常に発生できる。

(Ⅲ)(A)　(2)

(B)　タンパク質Pは前方から後方へ濃度勾配を形成し，相対濃度が6以上のとき頭部，1～6のとき胸部，1以下のとき腹部の形成を促進する。

(C)　(1)・(3)・(4)

(D)　胚後方での腹部形成を抑制する。

(E)　遺伝子 Q の mRNA からつくられたタンパク質Qが，遺伝子 R の mRNA の翻訳を抑制し，タンパク質Rの濃度を低下させることで，タンパク質Rによる腹部形成抑制を解除し，胚後方での腹部形成を促進する。

解　説

(Ⅱ)(C)　卵割するときには必ず DNA の複製が行われるので，1回卵割するごとに胚全体に含まれる DNA 量は2倍になる。したがって，10回目の卵割を終えた二倍体の胚と11回目の卵割を終えた一倍体の胚では，胚全体に含まれる DNA 量は等しい。よって(1)は妥当。

　また，このことから，母性効果因子Xの量に対して，胚全体に含まれる DNA 量がある一定量に達することで遺伝子発現が開始すると予想される。したがって，母性効果因子Xの量を2倍に増やすと，遺伝子発現が開始するのに必要な胚全体の DNA 量が2倍になり，遺伝子発現が開始するまでの卵割回数が1回増えると予想される。よって(4)は妥当。

(D)　母性効果因子Zは母親由来で，未受精卵の段階で転写は完了している。つまり母親が遺伝子 Z をもっていれば，その mRNA が胚に存在して，母性効果因子Zが胚で合成されるので，胚は自身の遺伝子型によらず正常に発生することができる。

(Ⅲ)(A)　正常な胚である図1－1(a)と比べると，図1－1(b)にあるように，タンパク質Pがないと腹部だけとなってしまう。タンパク質Pは頭部や胸部の形成を促進すると推論できる。

(B) 図1－1(c)では，タンパク質Pの相対濃度が6以上であれば頭部を形成し，相対濃度が1～6の範囲では胸部を形成し，相対濃度が1以下では腹部を形成することをグラフから読み取ることができる。

(C) 図1－2(a)より，遺伝子 R の mRNA は均一分布をする。ところが，図1－2(b)より，タンパク質Rは胚の後方で0になっている。一方，遺伝子 Q の mRNA の分布とタンパク質Qの分布は形状が近い。またタンパク質Qの増加に伴いタンパク質Rが減少している。このことは，タンパク質Qの翻訳が先に起きて，合成されたタンパク質Qによって，遺伝子 R の mRNA の翻訳が阻害されるか，タンパク質Rが分解されていると推測できる。

(D) 人為的に後方でタンパク質Rを増加させると，腹部形成ができなくなったことから，タンパク質Rは胚の後方で腹部形成を抑制していることが推論できる。通常の発生ではタンパク質Rは後方で少なくなっており，腹部形成ができるようになっている。

(E) 設問には「QおよびRについて，遺伝子，mRNA，タンパク質を明確に区別して記せ」という指示があるので，たとえば，「遺伝子 Q」，「Qの mRNA」，「タンパク質Q」というように記述しなければいけない。

本問の概略としては次のようになると考えられる。遺伝子 R の mRNA からつくられたタンパク質Rは，胚の腹部形成を阻害する働きをする（(D)の推論より）。一方，遺伝子 Q の mRNA からつくられたタンパク質Qは，Rの mRNA の翻訳阻害を行うか，あるいは，タンパク質R自体を分解することで，タンパク質Rによる腹部形成の抑制効果を解除する。これによって，胚の後方での腹部形成を促進して，胚の前後軸を決定することになる。〔解答〕では，タンパク質Rが胚の後方で少なくなっているのは，タンパク質Qによる翻訳阻害が起きているとして記述した。

研　究

昆虫類などでは，卵割は発生の初期にごく限られた回数のみ行われる。多くの種では，卵割期の間は胚の遺伝子は不活性のままで，タンパク質合成は卵形成の間に転写された mRNA によって指示される。卵割期胚の表現型は母方の遺伝子に依存しており，胚自身の遺伝子に依存していないことから，この時期を母性効果の時期と呼ぶ。母性効果をもたらす因子を母性効果因子と呼び，この母性効果因子は胚の向き（頭や尾の向き，背側と腹側の向き）の決定，胚細胞の発生運命の決定（将来どのような器官になるか）など初期発生の多くの重要な現象に関与している。

28　　2008年度　第1問

解　答

(Ⅰ)　1－前　　2－ヒストン　　3－赤道　　4－細胞質分裂　　5－娘

(Ⅱ)(A)　(4)

(B)　体細胞分裂ではDNAと中心体を複製して分配するので娘細胞のDNA量や中心体の数は母細胞と等しい。減数分裂では，第一分裂ではDNAと中心体，第二分裂では中心体だけを複製するので，娘細胞の中心体の数は母細胞と等しいが，DNA量は半分になる。

(C)　(3)

(Ⅲ)(A)　キアズマ構造が欠損した染色体では第一分裂で相同染色体をつなぎとめることができず，微小管の張力が均衡しない。そのため相同染色体が正確に分配できず，異数性の精子や卵が生じる。

(B)　三点交雑

(C)　(計算式)　105 ÷ 50 = 2.1　　(答)　2回

(D)　2つの遺伝子が染色体上で物理的に離れているほど二重乗換えの頻度は高まる。その結果，乗換えの回数に比べて組換え頻度が相対的に小さく計算され，短区間の遺伝子距離をつなぎ合わせた数値よりも小さくなる。

(E)　(2)・(3)・(4)

解　説

(Ⅱ)(A)　複製され，縦裂した染色体のそれぞれを染色分体といい，動原体でつながっている。本問では，同じ染色体に由来する2本の染色分体を，姉妹染色分体と呼んでいる。体細胞分裂において，姉妹染色分体が分離して両極に移動するためには，動原体微小管が互いに180度になるように姉妹染色分体上に配置すればよい。

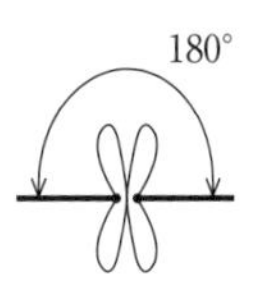

(B)　中心体は互いに直交する円筒状の2個の中心小体からなり，紡錘体の形成，染色体の運動，べん毛・繊毛の形成に関係がある。中心体も自己複製能力があると考えられている。

(C)　少し難しい問題である。減数第一分裂では，相同染色体が対合面から分離するので，図の白い染色体と灰色の染色体が分離する方向に微小管が配置していなければならない。(1)，(2)，(4)の微小管の配置では無理である。

(Ⅲ)(A)　キアズマ構造がなくなると，相同染色体どうしが対合できなくなり，動原体微小管の張力が発生しなくなると考えられる。〔文1〕，〔文2〕より，動原体微小管に生じる張力が均衡しなければ染色体の分配は起こらないから，キアズマ構造がないと相同染色体は正確に分離できない。

(C) 組換え頻度が1％となる遺伝子間の距離が1cM（センチモルガン）である。1対の相同染色体で1回の乗換えを起こすときは組換え頻度が50％，すなわち50 cMになるので，105 cMは2回の乗換えとなる。

(D) 1対の相同染色体間で乗換えが2回起こることがある。これを二重乗換えという。遺伝子間の距離が長いほど乗換えが起こりやすいので，当然，二重乗換えが起こることも多くなる。連鎖している2組の対立遺伝子に注目した場合，その遺伝子座の間で二重乗換えが起こると，連鎖の組合せが元に戻るため，組換え頻度が小さく見積もられてしまう。そのため，染色体の両端にある遺伝子の組換え頻度から推定した遺伝的距離は，短区間の遺伝的距離をつなぎあわせたものよりも短くなる。

遺伝子間距離については，組換えや交さの起こりやすさを基に作製する染色体地図（連鎖地図ともいう）に対して，制限酵素切断部位やDNAマーカーの位置や距離を基にして作製された物理的地図がある。

(E) 遺伝的距離が相対的に長いということは，乗換えの起こる頻度が高く，組換えを活発に行う部位が多いことを示す。

研　究

〔文1〕にある「チェックポイント」について説明しよう。細胞周期におけるさまざまな過程は一定の順序で起こらなくてはならない。どこかの段階でいつもより長い時間がかかった場合でも，この一定の順序を壊すわけにはいかない。そこで，細胞周期の制御系はさまざまなチェックポイントで周期を止められる分子のブレーキを利用して，前の過程が完了しないうちに次の過程が始まらないようにしている。

細胞周期には大きく3つのチェックポイントが存在している。1つ目は，S期開始にあるG_1チェックポイントである。ここでは，細胞の大きさは十分か？分裂のための環境条件は満たされているか？ DNAは損傷を受けていないか？などの条件をクリアするかどうかでS期に入っていいかどうかを決める。2つ目は，G_2チェックポイントと呼ばれるもので，G_2期にある。DNA複製は完了したか？細胞の大きさは十分か？など有糸分裂（M期）に入れるかどうかを決定している。3つ目は，紡錘体チェックポイントと呼ばれ，姉妹染色分体が娘細胞に正しく分配されるように，すべての動原体に微小管が結合したかどうかを確かめる。つまり，後期に進んでいいかどうかを決めているのである。

29　2005年度　第3問

解　答

(Ⅰ) 左目の盲斑に結像する像は右目では盲斑以外の部分に結像し，同様に右目の盲斑に結像する像は左目の盲斑以外の部分に結像するから。

(Ⅱ) 外胚葉

(Ⅲ)(A)　1－OO　　2－oo　　3－Oo

(B)　4－e　　5－d　　6－f

(C)　正常なオスはX染色体を1本しかもたないので，O遺伝子かo遺伝子のどちらか一方のみをもち，2つの遺伝子を同時に発現することがないから。

(Ⅳ)(A)　a・d

(B)　オスの子猫：b・e　　メスの子猫：c

(Ⅴ)(A)　3.1×10^2

(B)　両眼のすべての視細胞において，正常な遺伝子の存在するX染色体が不活性化されている可能性が考えられる。

(C)　変異をもつ視細胞によって，約半数ある正常な視細胞による赤色光と緑色光の視覚が妨げられることはないので，赤緑色覚異常の表現型を示さない。

(Ⅵ) 毛色に関しては，メスの子猫では，X染色体の不活性化が引き継がれる場合は元の猫と異なり，引き継がれない場合は同じになる。オスの子猫では，X染色体の不活性化の影響を受けないので，元の猫と同じになる。また，斑の位置などの模様は，色素細胞の到達位置などが個体によって違うので，雌雄ともに元の猫と異なる。

解　説

(Ⅱ) 図3で扱われている神経冠細胞は，交感神経節や副交感神経節の神経細胞にも分化する。

(Ⅲ)(A)　1は「茶色遺伝子がホモ接合」とあるのでOO，2は「黒色遺伝子がホモ接合」とあるのでoo，3は「ヘテロ接合」とあるのでOoである。

(C)　三毛になるためには，X染色体が2本必要であるが，正常なオスはX染色体を1本しかもたない。三毛のオスは，XXYのように異常な染色体構成にならないと出現しない。

(Ⅳ)(A)　茶と白の斑のメス猫の遺伝子型はSSOOまたはSsOOである。ここから生じる配偶子はSOまたはsOである。三毛が子猫に出現するためには，オス猫から劣性のo遺伝子が伝わらないといけない。ただし生まれる子猫が三毛猫のみとは言っておらず，三毛のほかに別のタイプの子猫も出現していいので，白斑に関する遺伝子はSでもsでもいい。よってSSo，Sso（黒と白の斑），sso（黒）となる。

(B) ＊1茶と白の斑のメス猫の遺伝子型はSsOOで考えておく。生まれる子猫の形質が問われているので，親個体を最も多くの種類が出現するヘテロ個体で考えるのが定石である。一方，かけ合わせる＊2黒一色のオス猫はssoであるし，＊3黒と白の斑のオス猫はSsoである。

＊1×＊2→メス子猫では三毛，黒と茶の斑，オス子猫では茶と白の斑，茶一色
＊1×＊3→メス子猫では三毛，黒と茶の斑，オス子猫では茶と白の斑，茶一色
が出現する。

(Ⅴ)(A) 男性ではX染色体が1本であることから，男性の赤緑色覚異常のヒトの割合＝赤緑色覚異常の遺伝子頻度となる。したがって，赤緑色覚異常の遺伝子頻度は$\frac{1}{20}$，正常遺伝子の場合は$\frac{19}{20}$である。ここで正常遺伝子をA，赤緑遺伝子をaとおくと，ハーディー・ワインベルグの法則より，女性の志願者の場合は

$$\left(\frac{19}{20}\mathrm{A}+\frac{1}{20}\mathrm{a}\right)^2=\frac{361}{400}\mathrm{AA}+\frac{38}{400}\mathrm{Aa}+\frac{1}{400}\mathrm{aa}\quad\cdots\cdots①$$

①よりa遺伝子をもつ個体（Aaとaa）の割合は　$\frac{38}{400}+\frac{1}{400}=\frac{39}{400}$

よって，個体数は　$3224\times\frac{39}{400}=314.3\qquad\therefore\ 3.1\times10^2$

(B) 発生の過程で将来視細胞となる細胞すべてで正常遺伝子のあるX染色体が不活性化されてしまうと，遺伝子型がヘテロ接合でも赤緑色覚異常となる。

(C) 両眼では正常な視細胞が約半数あり，ランダムに分布しているため，赤緑色覚異常の表現型を示さない。

(Ⅵ) 2002年に作成された三毛猫の体細胞クローンは，毛色が元の猫とは異なったことが報告されている。これより，当時の実験においては，体細胞のX染色体の不活性化がクローン猫に引き継がれたことがわかる。一方，クローン作成の際には一般にエピジェネティックな変異はリセットされることから，作成方法によってはX染色体の不活性化もリセットされ，三毛のクローンが生じる可能性も無視できない。そのため，〔解答〕では毛色に関してはその両方の可能性を併記した。

また，模様の配置に関しては〔文2〕に基づき解答するとよい。猫の体色のうち「常染色体上にある白斑遺伝子Sと斑なし遺伝子sが色素細胞の移動を制御している」とある。さらに後半に，「移動の経路や到達位置は細胞ごとに厳密に決まっているわけではない」とあるので，同じ遺伝子型の個体でも斑の位置や分布状況は雌雄とも違ってくる。またメスの子猫ではX染色体の不活性化の時期も違ってくるので，斑の位置や大きさが元の猫と違ってくる。

30　2002年度　第2問

解　答

(Ⅰ)(A)　局所生体染色　　(B)　原口背唇部

(C)　(1)・(6)　　(D)　(4)　　(E)　a ―(1)　　b ―(3)　　c ―(1)　　d ―(3)

(F)　(3)

理由：外胚葉の細胞を洗浄したことで，タンパク質Aが細胞の外側から失われてしまうので，本来の発生運命である神経組織へと分化する。

(Ⅱ)(A)　2　　(B)　(3)　　(C)　原索動物　(2)・(5)

(D)　神経管の腹側の脊索付近と本来2つの運動ニューロンが分化する領域との間に雲母片を挿入すると，その領域に運動ニューロンが分化しない。

(別解)　2つの運動ニューロンが分化する一方だけに雲母片を挿入すると，挿入した側では運動ニューロンの分化が起こらないが，反対側では分化が起こる。

(E)　2つの脊索の間にある矢印の領域では，両方からタンパク質Cが拡散し，濃度が高くなりすぎたため，運動ニューロンが分化しなかった。

(F)

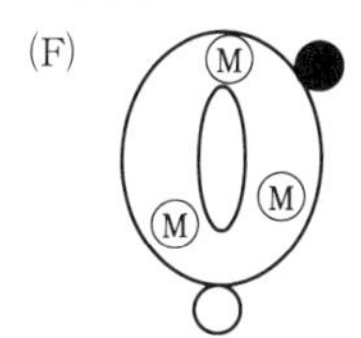

解　説

(Ⅰ)(A)　局所生体染色法では，生体に無害な色素（ナイルブルー，ニュートラルレッド，ビスマルクブラウンなど）を用いて胚を部分的に染め分け，各部位の移動や分化を追跡する。

(E)　東大の得意とする抑制解除の問題である。タンパク質Aは外胚葉が神経に分化するのを抑制する物質（＝表皮に分化させる），タンパク質BはタンパクA質Aと結合することでタンパク質Aによる抑制効果を解除する（＝神経に分化させる）。よってcは表皮，dは神経になる。また，aは胚に本来存在するタンパク質Aの働きで表皮になる。bは形成体から分泌されるタンパク質Bの働きで神経になる。

(Ⅱ)(B)　脊椎骨の形成に伴い退化する。

(C)　脊索は脊椎動物と原索動物が発生の一時期または終生もつ。脊椎動物と原索動物のホヤは幼生の時期だけ脊索をもつが，ナメクジウオは終生もつ。

(D)　雲母片でタンパク質Cの移動を遮断すると運動ニューロンが分化しなくなること

を述べればいい。

(E) 図7のグラフから，運動ニューロンの分化はタンパク質Cの濃度が一定の範囲内になるところでしか起こらないことがわかる。タンパク質Cは脊索から供給されるので，脊索を除去したり，あるいは新たに移植したりすると，タンパク質の濃度分布が変化するため，運動ニューロンの数も変化する。

タンパク質Cの濃度は脊索から遠くなるほど低下していくので，脊索が1個のときは，運動ニューロンの分化に適した濃度になる領域は2ヶ所ある。図8(b)では2つの脊索が十分に離れているため，2つの脊索から拡散したタンパク質Cがそれぞれ2ヶ所ずつ運動ニューロンの分化に適した領域をもつ。図8(c)では2つの脊索が近すぎたため，2つの脊索にはさまれた領域ではタンパク質Cの濃度が運動ニューロンの分化に適した濃度を超えてしまい，運動ニューロンが分化しなかった。

(F) **ポイント**を参照。図8(b)と図8(c)の中間あたりに移植するといい。

31　2002年度　第3問

解　答

(Ⅰ)(A)　色素体―(2)，(6)　　ミトコンドリア―(2)，(5)

(B)　重複受精

(Ⅱ)(A)　(a)　ハチなどの花粉媒介者による受粉を防ぐため。

(b)　(3)・(4)・(6)

(c)　(i)　自家受粉では他家受粉に比べて，ホモ接合体が生じやすく，遺伝的多様性が失われ，生存に不利な遺伝子が発現しやすくなるから。

(ii)　自家受粉では，同種個体が他に存在しないような場所であっても単独で子孫を残すことができるので，他家受粉に比べて繁殖が容易になる。

(B)　(a)　①―WP　②―WP　③―PP　④―WP　⑤―1：1　⑥―1：1

(b)　白花株どうしで交配を行う。生じた個体が白色花のみの場合はPが優性遺伝子で，白色花と紫色花が生じた場合はWが優性遺伝子であると考えられる。

(C)　葉に斑が入る株の花粉を斑が入らない株の雌しべに受粉させる交配と，斑が入らない株の花粉を斑が入る株の雌しべに受粉させる交配を行い，前者で斑入り個体が出現せず，後者で出現すれば母性遺伝をすると判定できる。

(D)　(a)　花粉，種子

(b)　白花の遺伝子をもつ花粉はハチなどによって遠くへも運ばれるが，斑入りの遺伝子は種子の散布される範囲にしか広がらないから。

解　説

(Ⅱ)(A)　(a)「～するのは何のためか」という設問には，もし～をしないとどんなまずいことが起こるかを想定してみるといい。実験1に「ハチが頻繁に飛来する条件のもとで……」とあるので，これを手がかりにして考えれば，花粉媒介者による受粉を防ぐためだということが推測できるはずである。

(b)　これは結構面倒な問題。京都大学が好んで出題するタイプの問題である。手がかりが多いのは実験の(4)～(6)なので，ここから攻めていく。

実験の(4)では雄しべを除去して袋をかけるのであるから，自然状態での受粉をしないようにしている。その結果種子ができなかったとあるので，受粉しないと種子ができないという選択肢(4)は正しい。実験の(5)と(6)ではさらに人為的な受粉を行っていて，自家受粉でも他家受粉でも種子ができたので，選択肢(3)は正しい。この段階で選択肢(1)，(2)，(5)は否定される。自動的に残りは選択肢(6)になる。

実験(3)と(4)からは，雄しべを取り除いても袋をかぶせないと種子ができたのであるから，ハチが花粉を媒介していることがわかる。ただし，この場合は他の個体の花粉だけを媒介し，自家受粉を媒介しないとは言えない。

最後に実験の(1)と(2)にたどり着く。袋をかぶせると種子ができないとあるので，人工受粉やハチの媒介なしでは同じ花の中で受粉が起こらないことを意味している。よって，選択肢(6)が正しい。

(c)　自家受粉ではホモ接合体の割合が高まり，その結果劣性形質が発現する頻度も高くなるので，生存に不利となることが多い。また，遺伝的多様性を失う。自家受粉が有利な点としては，単独でも生殖活動を行うことが可能であるため，繁殖・増殖が非常に容易であるということである。

(B)　(a)　実験２で，紫花株（PP）が出現しているので，表２の①は WP となる。実験３で，白花個体と紫花個体を交配すると，次の世代に白花と紫花の両方が出現しているので，②は WP，③は PP，次世代の表現型の分離比は⑤白花：紫花 ＝ 1：1 となる。P が優性の場合は，種子を採取した白花の遺伝子は WW なので，種子から育った白花は WW，紫花は WP である。よって，④は WP，⑥は白花：紫花 ＝ 1：1 となる。

(b)「最も効果的な組み合わせ」とあるので，１回の交配ですむ組合せを考える。〔解答〕では白花株同士の組合せで考えた。

(C)　母性遺伝は花粉親の遺伝子が次世代に伝わらず，母親の遺伝子のみが次世代に伝わることになる。設問文では，葉に斑が入る性質とあるので，斑入り株の花粉を葉に斑のない株の雌しべに受粉させる交配を行うと，花粉親の形質が遺伝しないので斑入り個体は出現しない。

(D)　(a)　離れた場所に遺伝子を運ぶためのものは，花粉や種子である。卵は移動性に乏しいので適さない。また，被子植物なので胞子も不適当である。

(b)　白花の遺伝子をもつ花粉はハチなどによって，より遠くまで運ばれることができるが，斑入りの遺伝子は母株によって生じた種子の飛散する範囲にしか広がらないことを述べる。

32　2001年度　第2問

解　答

(Ⅰ)(A)　(1)　一次卵母細胞　(2)・(3)　始原生殖細胞・卵原細胞　(4)　先体

(B)　生後は増加せず大部分は退化・消失し，また，排卵に伴い減少する。

(C)　(a)　卵胞液・卵丘細胞

(b)　(3)・(4)

(c)　卵内にはすでにmRNAが合成されていて，mRNA合成阻害を行っても存在するmRNAに基づいてタンパク質が合成されるから。

(D)　(a)―4C　(b)―2C　(c)―C

(E)　卵割では分裂後に娘細胞の成長が起こらず，分裂速度が速い。初期は同調分裂を行う。

(Ⅱ)(A)　クローン

(B)　前者ではすべての細胞が導入した遺伝子をもつが，後者では導入した遺伝子をもつ細胞ともたない細胞が混在する。

(C)　導入した遺伝子が胚自身の遺伝子の途中に組み込まれると，胚自身の遺伝子が分断され，正常なタンパク質が合成されなくなるから。

(D)　細胞の細胞質に存在するミトコンドリアの遺伝子は卵に由来するから。

(E)　卵は刺激を与えないと，発生が開始されないから。

(F)　細胞質分裂が起こると，極体放出が起きて，染色体の一部を欠失した卵が出現する可能性があるから。

解　説

(Ⅰ)(B)　卵巣内の生殖細胞は，減数第一分裂前期の段階で停止した状態で出生を迎える。よってこの後は，排卵にしたがって数を減少させていくだけの過程となる。

(C)　(a)　表1で，卵丘細胞がある場合，再開しなかったのは卵胞液，mRNA合成阻害剤，LHとmRNA合成阻害剤，卵胞液とmRNA合成阻害剤，LHと卵胞液とmRNA合成阻害剤の5条件であるが，そのうち下線をつけた3条件は卵丘細胞がない場合は再開している。さらに，卵丘細胞がある場合，LH単独では＋，卵胞液単独では－なのに，LHと卵胞液では＋であることから，LHが卵胞液の作用を抑制している可能性が考えられる。

リード文をじっくり読むと，LHは減数分裂を再開させる働きがあるので第一分裂を停止するのに必要な要因ではないことがわかる。また，卵丘細胞を除去された卵は，培養液への添加物の有無にかかわらず，減数分裂を再開することから，卵丘細胞が分裂の停止に働いていることが推測される。さらに実験データで，培養液に卵胞液を添加したときの卵と卵丘細胞複合体と卵丘細胞を除去した卵で比較してみると，前者では減数分裂が停止したままであるのに対して，後者では減数分裂が再開していることから，卵胞液と卵丘細胞がそろうと減数分裂が停止していて，卵胞液だけでは不可となっていることを示している。

(b) (3)で，mRNA 合成阻害剤が減数分裂の阻害解除に働くならば，添加により減数分裂が再開するはずである。(4)で，卵丘細胞がないと，卵胞液は分裂停止に作用できないことから，卵に作用するのではなく，卵丘細胞に作用する。

(c) タンパク質合成を阻害すると減数分裂は再開しないが，mRNA の合成を阻害しても減数分裂が再開したことから，mRNA は最初から存在しているとわかる。

(Ⅱ)(B) 2細胞期の割球の一方だけに DNA を入れると，生体を構成する体細胞は遺伝子導入を受けた細胞と受けない細胞の2種類になる。

(C) 外来の DNA がどの部位に組み込まれるかが問われている。導入した遺伝子が，もともとあった遺伝子を途中で分断して入り込むこともありうる。重要なタンパク質をつくる遺伝子部位に組み込まれてしまうと胚の遺伝子の機能を失うことになる。

(D) ミトコンドリアは母親の卵細胞から受け継がれてくる。

(F) 「DNA 複製前の体細胞の核を注入」することで発生開始の刺激を与えてしまうと第二分裂中期で停止していた卵が減数分裂の続きを開始して極体放出を行おうとするはず。複製されていない染色体が正常に配分されることは困難であるから，異常な卵となる可能性が高い。これを防ぐために細胞質分裂の阻害剤を加えるのである。別解として「DNA 複製前の核では，染色体を縦裂させて二分することができないので，DNA を複製させてから細胞質分裂させる必要があるから」も可能だろう。

33　1999年度　第2問

解　答

(Ⅰ)(A)　1－配偶　　2－胞子　　(B)　(3)・(4)

(C)　イネ・ワラビ・スギゴケ　　(D)　(3)・(5)

(Ⅱ)(A)　S_3－×　S_4－○　　(B)　$S_1S_4 : S_2S_4 = 1 : 1$　　(C)　25％

(Ⅲ)(A)　$T_1T_2 : T_1T_3 : T_2T_5 : T_3T_5 = 1 : 1 : 1 : 1$

(B)　T_1T_4

(Ⅳ)(A)　e　　(B)　3－(3)　　4・5－(3)・(4)　　6－(7)

(Ⅴ)　ホモ接合体の個体が生じにくく，多様な遺伝子型の個体が生じやすいため，このしくみをもたない植物と比べて遺伝的に環境への適応性が増大する。

解　説

(Ⅰ)(C)　ワラビはシダ植物，スギゴケはコケ植物，イネは被子植物。植物が高等になるほど胞子体世代の占める割合が大きくなる。よって，胞子体世代の割合が大きい順に，イネ，ワラビ，スギゴケとなる。

(D)　(1)キャベツはアブラナ科，バラはバラ科，(2)エンドウはマメ科，ダイコンはアブラナ科，(3)トマトはナス科，カブはアブラナ科，(4)ハクサイはアブラナ科，ムラサキツユクサはツユクサ科，(5)ナズナはアブラナ科，ジャガイモはナス科である。

(Ⅱ)(A)　遺伝子型 S_3S_4 のおしべに由来する花粉の遺伝子型は S_3 と S_4 であるから，遺伝子型 S_2S_3 のめしべの柱頭で花粉管を伸ばして受精可能なものは遺伝子型 S_4 の花粉のみである。

(B)　遺伝子型 S_2S_4 のおしべ由来の花粉の遺伝子型は S_2 と S_4 である。遺伝子型 S_1S_2 のめしべとの交配なので，S_2 の花粉は受精できず，S_4 のみが受精する。なお，花粉が体細胞分裂で雄原細胞となり，この雄原細胞が体細胞分裂して精細胞になるので，花粉と精細胞の遺伝子型は同じであることに注意。

(C)　受精できる花粉の遺伝子型から考える。遺伝子型 S_2S_3 のおしべ由来の花粉なので，生じる花粉の遺伝子型は S_2 と S_3。遺伝子型 S_1S_2 のめしべと受精可能なものは S_3 の花粉だけ。また，S_2 と b，S_3 と B が完全連鎖しているということから，受精可能な花粉の遺伝子型は S_3B となる。さらに A(a) は S とは独立ということなので，S_3AB，S_3aB の 2 種類の花粉の遺伝子型が考えられる。これは上記の下線部より精細胞の遺伝子型でもある。

　一方，S_1 と B，S_2 と b が完全連鎖し，A(a) は S 遺伝子と独立とあるので，卵細胞の遺伝子型はS_1AB, S_1aB, S_2Ab, S_2abが同じ割合で生じることになる。後は表をつくってひたすら計算するだけである。遺伝子型 AaBB の個体が占める割合とあるのでＳ遺伝子を省略して計算するほうが簡単だが，ここでは全部を示しておこう。

卵細胞＼精細胞	S_1AB	S_1aB	S_2Ab	S_2ab
S_3AB	S_1S_3AABB	S_1S_3**AaBB** *	S_2S_3AABb	S_2S_3AaBb
S_3aB	S_1S_3**AaBB** *	S_1S_3aaBB	S_2S_3AaBb	S_2S_3aaBb

表中で*のついたものが求めるところなので，その割合は

$2/8 \times 100 = 25$ %

(Ⅲ)(A)　おしべの遺伝子型がT_2T_3，めしべの遺伝子型がT_1T_5で，共通の対立遺伝子が存在しないので，普通の一遺伝子雑種の計算（$T_2 + T_3$）（$T_1 + T_5$）をする。

(B)　花粉親Ｙに T_2，T_3，T_5が含まれないことは自明。Ｓ遺伝子と同じくＴ遺伝子もホモ接合体にはならない。

(Ⅳ)(A)　〔文４〕に「それぞれのＳタンパク質は１本のバンドとして観察される」とあるので，ａ～ｅの同じ位置にバンドがあるめしべの遺伝子型をみて共通の遺伝子を見つける。たとえば，バンドａはS_1S_3，S_2S_3，S_3S_4，S_3S_5の個体に共通に出現しているので，これらの個体に共通するS_3由来である。

(B)　S_1S_2のおしべ由来の花粉をS_2S_5のめしべに受粉した場合，受精できるのはS_1花粉だけで，次代の遺伝子型はS_1S_2：S_1S_5＝１：１となる。S_1S_2個体はバンドｃとバンドｄをもち，S_1S_5個体はバンドｂとバンドｃをもつことになる。

(Ⅴ)　自家受精の裏返しとして自家不和合性があると考えればいい。自家受精を繰り返して行うと，ホモ接合体の占める割合が増加することから考えれば，自家不和合性があるとヘテロ接合体の増加が予想される。これは多様な遺伝子の組合せをもつことが可能となり，環境への遺伝的適応の幅が増加してくることを意味する。

研　究

自家不和合について少し詳しく述べておこう。自家不和合とは，自分の花粉と他系統の花粉を雌しべが見分け，自分の花粉を拒絶するしくみのことで，多数の対立遺伝子をもつＳ遺伝子座によって制御される。この染色体の領域には少なくとも２つの遺伝子（花粉で働く認識物質と雌しべで働く認識物質をつくりだす遺伝子）があり，これらが自己・非自己の認識に関わっていると考えられている。これらの複対立遺伝子のそれぞれのセットはＳハプロタイプと呼ばれ，雌しべと花粉が同じＳハプロタイプの物質をそれぞれ発現すると花粉管の拒絶が起こると予想される。アブラナ科では，花粉側の認識物質がSP11という低分子のタンパク質で，雌しべ側はSRKという受容体キナーゼで，両者は同一Ｓハプロタイプに由来し，SP11とSRKは特異的に結合して雌しべ側にSRKリン酸化反応が起こり，花粉拒絶反応が起こると考えられている。

第 4 章　環境応答／恒常性

34

2023年度　第2問

解　答

Ⅰ．A．(1)・(5)

B．１－受動輸送　　２－師部の細胞　　３－葉肉細胞　　４－能動輸送
５－師部の細胞　　６－葉肉細胞

C．オリゴ糖への変換によって，師部の細胞でのスクロース濃度が低下し，葉肉細胞とのスクロース濃度の濃度勾配が維持される。これにより，拡散による輸送が促進され，大量の糖を輸送できる。また，原形質連絡の内径が細いことにより分子量の大きなオリゴ糖の逆流が起こりにくくなる。

D．(4)

E．グラフ：右図

根拠：根のデンプン濃度が低い年には果実が多くついており，その翌年には着花数が0近くになる。よって1・3・5年目は果実の総乾燥重量が大きく，翌年は着花数が減少するため果実の総乾燥重量が小さくなる。

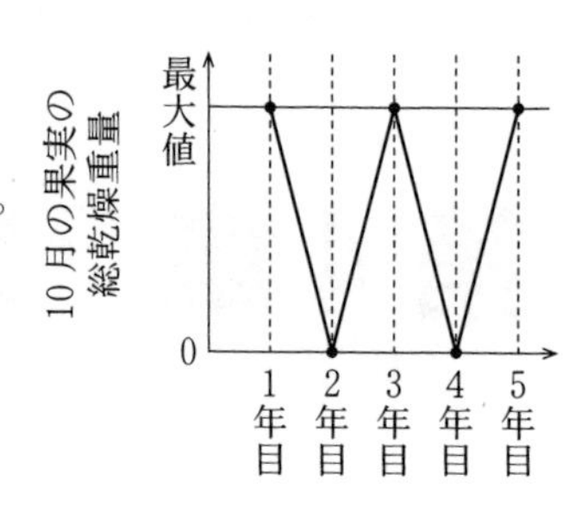

F．(3)・(4)

Ⅱ．G．７－２　　８－６　　９－グルタミン

H．光合成で生成したATPやNADPHを窒素同化に利用するから。

I．(2)・(3)

J．無機窒素成分を地上部に送り酵素を合成し，葉面積を増大させ，光合成速度を高めることができ，植物の成長速度を高めることができる。

K．10－地上部と地下部　　11－促進させる　　12－地下部　　13－地上部
14－地上部　　15－地上部　　16－促進させる

解　説

Ⅰ．A．(1)　正しい。師管および道管は，一般に，頂端分裂組織が分裂・分化することにより生じた一次組織と，形成層の細胞が分裂・分化することにより生じた二次組織から構成される。師管と道管どちらの成立にも形成層が関わっていることから，正しいと判断した。

(2)　誤り。通気組織は地上部から根端へ酸素を拡散供給する組織。トウモロコシのような畑作物のイネ科植物では，冠水などによって土壌中の酸素が不足すると，通気組織が発達する。一方イネは，周囲の環境に左右されず，恒常的に通気組織を発

達させている。

⑶　誤り。木部における水の移動は被子植物では主に道管，裸子植物やシダ植物では仮道管を通して行われる。しかし，コケ植物には仮道管が存在しない。

⑷　誤り。オーキシンは道管を通って極性移動するのではなくPINタンパク質という輸送体によって細胞から排出される。

⑸　正しい。茎では，双子葉植物は環状に配列した維管束を，単子葉植物は散在した維管束を形成しているが，どちらも木部は内側，師部は外側という配置をとる。一方，根における維管束の配置は，木部が中心に位置し，その外側に師部が位置する。単子葉植物では，根の中心部が木部ではなく，柔組織からなる髄で構成され，木部と師部が環状に配列していることがあるが，本問では維管束植物に共通する特徴として，正しいと判断した。

なお，この問題の解答については，大学から以下のように公表されている。

【補足】 ⑸の選択肢では，木化した茎や根について，木部が内側に師部が外側に発達するとした。大部分の植物ではこの配置があてはまるため，⑸は正解であると想定していた。しかし，茎の木部の内側にも師部が発達する植物種や，師部の外側に木部と師部を発達させるつる植物も存在する。こうした例外的な植物を考慮すると⑸の選択肢は正しくない。よって，⑴と⑸または⑴のみを選択した解答のいずれも正解とした。

B．図2－4を参考に考える。葉肉細胞でスクロースがつくられるので，葉肉細胞ではスクロース濃度が高い。よって，［1］には濃度勾配に従った「受動輸送」が入る。スクロース濃度が低いのは師部の細胞で，高いのが葉肉細胞なので，［2］は「師部の細胞」，［3］が「葉肉細胞」となる。原形質連絡の少ない種では，葉肉細胞でつくられたスクロースは細胞質から細胞壁へ移動し，［4］によって師部の細胞へ運ばれる。スクロースの輸送は師部の伴細胞にあるスクロース輸送体により行われる。この輸送体はH^+の濃度勾配を利用してH^+とともにスクロースを共輸送する。H^+の濃度勾配のエネルギーを用いるので能動輸送となる。よって，［4］には「能動輸送」が入る。また，能動輸送なので濃度勾配に逆らってスクロースが輸送されることから，［5］には「師部の細胞」，［6］には「葉肉細胞」が入る。

C．ポイントとしては，スクロースだけを輸送するよりもオリゴ糖を合成した方が大量の糖を輸送できる。また，そのときに，原形質連絡の太さが関係する。この2点を論理的に結び付けていけばよい。次の図を用いて考える。

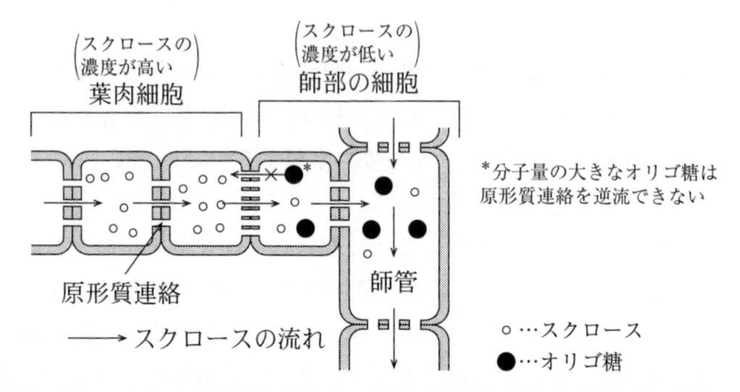

葉肉細胞ではスクロース濃度が高く，原形質連絡を通して師部の細胞へスクロースを受動輸送することが可能となっている。ところがこれが続くと，師部の細胞のスクロース濃度が高くなって，濃度勾配を維持できなくなる。

このとき師部の細胞へ拡散されたスクロースがオリゴ糖に変換されると，師部の細胞におけるスクロース濃度が低下する。また，オリゴ糖はスクロースより分子量の大きな糖であり，内径の細い原形質連絡を通して逆流しにくくなる。

このような輸送方式ではスクロースの輸送方向が一方向に定まるため輸送が効率化する。

D. (1) 誤り。光合成で吸収された ^{13}C のうち一部は呼吸によって放出されるので各器官で検出された ^{13}C の量の合計とはならない。

(2) 誤り。検出された ^{13}C は糖類だけではなく，測定した器官のタンパク質や脂質などの化合物にも由来する。

(3) 誤り。図2－2（左側）を見ると，果実を切除しない場合には，ソースに近い葉，茎よりもソースから遠い果実に優先的に ^{13}C が供給されている。また，果実を全切除した場合，根に最も ^{13}C が多くなっている。よって，ソースから近い距離にある器官へ優先して供給されることにはならない。

(4) 正しい。図2－2（中央）より，果実の切除割合に関係なく葉や茎のデンプン濃度は変わらないことがわかる。一方，根では，果実の切除割合が大きくなるほどデンプン濃度が高くなっている。この実験は果実がさかんに成長する10月に行ったもので，秋には葉や茎よりも根での乾燥重量が増加すると考えられる。

(5) 誤り。図2－2（右側）のグラフで果実を切除する割合が大きいと翌年の個体あたりの着花数が多くなっている。つまり，着花数は秋の葉の増加ではなく，果実量によって決定されることが推測される。

E. 図2－2より，根のデンプン濃度が低いときは果実を多くつけており，翌年の着花数は0近くになることがわかる。Eのリード文に「果実の総乾燥重量は着花数に比例する」とあることから，翌年は果実が形成されないと考えられる。これは，果実がたわわに実るほど（切除割合が小さいほど）根に糖がいきわたらなくなり，翌年の着花数が減少するためと考えられる。よって，果実の総乾燥重量と根のデンプン濃度のグラフは増減が逆の関係となる。図2－3では1年目の根のデンプン濃度はほぼ0となっているので，その年の果実の総乾燥重量は最大となる。2年目は根のデンプン濃度が20％と最大となるので果実の総乾燥重量は0に近い値となる。このような関係を繰り返したグラフを5年目まで描けばよい。

F．果実の総乾燥重量が問われているので着花数を定量化して考えてみよう。この設問にも「果実の総乾燥重量は着花数に比例する」ということ，「果樹Xにつく果実の総乾燥重量の最大値は変化せず」「スクロースの分配と着花数は，図2－2の結果から読み取れる関係に従う」という3つの条件が課されていることに注意する。

Eで得られたグラフの縦軸の果実の総乾燥重量は着花数と同値と考えてよいので1年目の着花数を1000としておこう（これは図2－2（右側）で個体あたりの着花数の最大値が1000であることを利用するため）。果実を$\frac{2}{3}$切除した翌年の着花数が450程度，果実を$\frac{1}{3}$切除した翌年の着花数が100程度であることから，切除割合と着花数のグラフを描いてみてあたりをつけると，着花数＝最大花数×(切除割合)^{2}の二次曲線で近似できると予想でき，果実を半分切除した翌年（2年目）の着花数は250程度である。これは，切除割合にすると$\frac{3}{4}$ほどとなり，3年目の着花数は$1000\times\left(\frac{3}{4}\right)\times\left(\frac{3}{4}\right)=562$程度となり，切除割合にすると$\frac{7}{16}$，同様に計算すると4年目は191，5年目は653程度と予想できる。

Ⅱ．H．窒素同化の反応にはH^+，e^-，ATPが必要となる。H^+，e^-は光合成で生じたNADPHから供給され，ATPも光合成の光リン酸化で生じる。これらの物質が供給されて窒素同化が起こるわけなので，窒素同化の反応は光環境に大きく依存することになる。

Ⅰ．(1)　誤り。クロロフィルは光合成色素で光合成に必要な波長の光を吸収する。ポルフィリン環にマグネシウムが配位した有機窒素化合物であり，タンパク質ではない。

(2)　正しい。フォトトロピンは青色光を受容する色素タンパク質である。

(3)　正しい。フロリゲンは葉で日長を感知して合成されるホルモンで，イネではHd3aタンパク質，シロイヌナズナではFTタンパク質であることが明らかにされた。

(4)　誤り。発芽の促進にはたらくジベレリンはタンパク質ではなく，水溶性の低分子化合物である。

(5)　誤り。NADPHは補酵素であり，タンパク質ではない。補酵素は一般に低分子の有機物からなる。

J．硝酸塩濃度が高い環境では，多くの無機窒素成分を地上部に送って窒素同化を活発に行い，葉面積を増やし，カルビン回路でCO_2の固定にはたらく酵素ルビスコなどを多量に合成して光合成速度を高めることで，植物個体は成長できる。

K．実験3の結果から判断していく。[10]は植物ホルモンAの合成部位である。図2－5の下段右端のグラフから，変異体Yは植物ホルモンAを合成できず，野生型が植物ホルモンAを合成できる。下段の左側から3番目のグラフでは地上部が野生型で地下部が変異体Yであるが，地上部で植物ホルモンAが確認できるので，植物ホルモンAは地上部で合成されることがわかる。また，左から4番目のグラフでは，地上部が変異体Yで地下部が野生型であるが，植物ホルモンAが地上部でも地下部でも検出されているため，植物ホルモンAは地下部で合成され，地上部に移動することがわかる。よって，[10]には「地上部と地下部」が入る。

[11]は低濃度と高濃度の硝酸塩施肥による影響なので，地上部と地下部とも野生型の条件で比較する。下段の左から1番目と2番目のグラフでは高濃度硝酸塩施肥のときに地上部でも地下部でも植物ホルモンAの濃度が高い。したがって植物ホルモンAの合成を「促進させる」が正解。

[12]と[13]はホルモンの移動についてである。これは，[10]の〔解説〕でも述べておいたが少し補足しておくと，下段の左から4番目のグラフにおいて地上部では植物ホルモンAが合成されないはずであるが，地上部の植物ホルモンAの濃度が野生型のときと同じ程度である。このことは，地下部で合成された植物ホルモンAが地上部へ移動したためと考えられる。よって，[12]には「地下部」，[13]には「地上部」が入る。

[14]は，地上部と地下部の乾燥重量の比がどこの植物ホルモンAの濃度とより強く相関するかという内容の問題。図2－5の左側から2～4番目のグラフをみる。左側から2番目と4番目の上段のグラフでは地上部の乾燥重量と地下部の乾燥重量の比が2と大きな値になっており，下段のグラフでは両方とも地上部の植物ホルモンAの濃度が高くなっている。

また，左側から3番目のグラフでは地下部の植物ホルモンAの濃度が0であっても乾燥重量の比は1.5と比較的高い値になっている。よって，乾燥重量の比は，地上部の植物ホルモンAの濃度と強く相関をなしているといえる。よって，[14]には「地上部」が入る。

以上のことを踏まえると，植物ホルモンAは，地上部における成長を促進させるという作用をもつことが推測される。

よって，[15]には「地上部」が，[16]には「促進させる」が入る。

研　究

スクローストランスポーターは細胞膜におけるスクロースの輸送に関わるタンパク質である。多くのスクローストランスポーターは植物の師部にある師管細胞や伴細胞の細胞膜に局在している。

スクロースは葉などの光合成器官（ソース）で生産された後，濃度勾配に従って輸送され，細胞外（アポプラスト）に放出される。このスクロースが師管内部に取り込まれる際，アポプラストよりも師管細胞内部の方がスクロース濃度は高いため，スクローストランスポーターにより濃度勾配に逆らった能動輸送が行われる。この能動輸送は，師管伴細胞の H^+-ATPase によって形成されるプロトン勾配を利用した H^+ との共輸送である。

取り込まれたスクロースは師部を通って植物全体に運ばれ，最終的にスクロースが受容される部位（シンク）まで輸送される。

シンクにおいて師部から細胞外空間にスクロースが放出される過程では，スクロース濃度は師部よりも細胞外の方が低いため，トランスポーターによって濃度勾配に従った受動輸送が行われる。

このように，スクローストランスポーターにはスクロースの能動輸送を行うものと受動輸送を行うものがある。スクローストランスポーターはスクロースとプロトンを同じ方向に輸送するため，スクロースの視点から見ると能動輸送であっても，プロトンの視点から見ると受動輸送ということになり，何に着目するかによって，輸送形態も異なってくるといえる。

35　2022年度　第1問

解　答

Ⅰ．A．１．走光性　　２．オプシン　　３．レチナール　　４．桿体細胞
５．濃度勾配　　６．受動輸送

B．ATPのエネルギーを用いて，濃度勾配に逆らって特定の物質を能動輸送する。

C．青色光を吸収するとチャネルロドプシンが開き，細胞外のナトリウムイオンが細胞内に流入し，その部位で脱分極が起こると活動電位が生じる。

D．行動現象：古典的条件づけ　　条件刺激：部屋A
無条件刺激：電気ショック

E．(2)

F．薬剤Dの投与があるので，恐怖記憶形成時に強く興奮した神経細胞にチャネルロドプシンが発現していて，青色光照射によりこのチャネルが開口し神経細胞が興奮した結果，本来恐怖記憶が想起されない部屋Bでのすくみ行動を示した。

G．(3)

H．実験群2のマウスと同程度の時間のすくみ行動を起こす。

I．(4)

Ⅱ．J．近いとき：円形ダンス　　遠いとき：8の字ダンス

K．2→4→1→3

L．(3)・(4)・(8)

解　説

Ⅰ．A．1は光に対する移動であるから「走光性」が入る。これは光走性とも呼ばれる。視物質であるロドプシンは，オプシンと呼ばれるタンパク質に，ビタミンAからつくられるレチナール物質が結合したものである。2は「オプシン」が，3は「レチナール」が入る。4は網膜上の高い光感度を示す視細胞とあるところから，「桿体細胞」が入る。

チャネルロドプシンは光駆動性のチャネルなので，物質を濃度勾配に従った拡散による受動輸送で通過させる。5は「濃度勾配」が，6は「受動輸送」が入る。

B．「ポンプの持つ機能」ということなので，能動輸送であることはわかる。問Aの語群の語句3つを用いるので，エネルギーという観点からATP，そして濃度勾配に逆らうことを入れて文章を完成させればよい。このレベルの問題は語群などの選択肢を必要とせずに記述できるようにしておきたい。

C．青色光を吸収するとチャネルロドプシンが開き，ナトリウムイオンが細胞内に入

ってくる。すると，神経細胞のその部位で脱分極が起こって活動電位が発生する。

D．パブロフの行った実験は古典的条件づけと呼ばれる。マウスに電気ショックを与えると，生得的な反応として，心拍数の増加などの恐怖反応が生じる。

部屋Aに入れただけでは恐怖反応は生じないが，部屋Aに入れて電気ショックを与えると，部屋Aに入れただけで恐怖反応が起きるようになる。生得的な反応を無条件で起こさせる刺激（無条件刺激）は電気ショックで，部屋Aは中立的な刺激（条件刺激）である。

E．チャネルロドプシン遺伝子の発現がいつ誘導されたのかが問われている。設問に「下線部(ウ)(エ)を考慮する」とあるので，(ウ)の「強く興奮した神経細胞内で転写・翻訳が誘導される」ことをまず考える。これにより，1日目に部屋Aで電気ショックを受けたという記憶形成時の刺激によって，チャネルロドプシン遺伝子の発現が起きたと考えられるので(2)が適切。

F．実験群1や実験群3で1日目に部屋Aで電気ショックを与えて恐怖記憶を形成させた後，2日目に部屋Bに入れたマウスは，すくみ行動をほとんど示さない。しかし，実験群2のマウスでは，1日目に薬剤D存在下で恐怖記憶を形成したため，興奮した海馬の神経細胞で遺伝子 Y が発現し，チャネルロドプシンがつくられたと考えられる。さらに，2日目に青色光を照射すると，その細胞でチャネルロドプシンが開き，神経細胞が興奮したため，本来すくみ行動が起こらない部屋Bにおいても恐怖記憶が想起され，すくみ行動を示したと考えられる。

G．少し整理しておこう。この遺伝子導入マウスでは，記憶形成時に海馬の強く興奮した神経細胞において，チャネルロドプシン遺伝子が発現してチャネルロドプシンがつくられる。この遺伝子が発現するためには，薬剤D存在下でタンパク質Yが調節タンパク質としてはたらくことが必要となる。記憶想起時にこのチャネルロドプシンに青色光が照射されると，ナトリウムイオンが細胞内へ輸送されることで興奮が生じ，記憶の想起が起こる。

部屋Bにおいて遺伝子導入マウスで記憶の想起が起こるためには

①記憶形成時に薬剤Dが存在する→②チャネルロドプシン遺伝子の発現→③チャネルロドプシンに青色光照射→④海馬の神経細胞の興奮→⑤すくみ行動

このようなしくみが起きていることを把握しておく。

実験群4において，部屋Aでは実験群1の部屋Aと同様のすくみ行動がみられる。しかし，部屋Bでは，薬剤Dが存在しないので，上記の②が起こらない。つまり，タンパク質Yが調節タンパク質としてタンパク質Yの応答配列に結合できず，チャネルロドプシン遺伝子の発現が起こらない。よって，青色光を照射してもすくみ行動は起きず，実験群1の部屋Bと同様となると考えられるので，(3)が適切。

H．部屋Bであろうとまったく異なる部屋Cであろうと，実験群2において部屋Bに入れて青色光照射を行ったときと同程度のすくみ行動を示す。

Ｉ．「限られた数の細胞」で「膨大な数の記憶」を担うためには，複数の細胞の組み合わせを用いる必要がある。海馬が９つの神経細胞より構成されているという仮定なので，１個の神経細胞が１つの記憶形成にはたらくとすれば記憶の種類は９種類となる。よって，(2)や(6)は１つの神経細胞だけで行っているので不適。(3)は９個すべての神経細胞を用いており，記憶により差異がないので不適。(1)は３種類とも同じ神経細胞を用いているので膨大な数の記憶を担うには問題がある。また，(5)のように記憶A，記憶B，記憶Cが生じる神経細胞の組み合わせが重複することなく，まったく関連性がない神経細胞の組み合わせとすると記憶D，記憶E，…というようにどんどんその数が増加した場合，その組み合わせは，すぐに不足してなくなってしまう。「膨大な数の記憶」となれば，記憶に関与する神経細胞の一部が重なった(4)のようなものでないと，数を増やせないことになる。この場合１～９の神経細胞はそれぞれ興奮するか（on）興奮しないか（off）のどちらかの状態にあるので組み合わせは $2^9=512$ 通り。よって，神経細胞が１個以上興奮している場合は511通りとなる。

Ⅱ．K．マウスが直線上のトラックを右端から左端まで歩行すると，各神経細胞における活動電位の発生頻度が滞在位置に応じて高い状態になる。図１－４を見ると，最も右端にピークがあるのは神経細胞２，次が神経細胞４，次が神経細胞１，そして最も左端にピークがあるのは神経細胞３である。よって，２→４→１→３という順序になる。

L．電気ショックを受けた部屋と同じ部屋に入れたマウスより，違う部屋でチャネルロドプシンを使って恐怖記憶を想起させたマウスのほうが，すくみ行動の時間が短い理由が問われている。

「すくみ行動」の時間は少なくとも海馬領域全体に分布する神経細胞の組み合わせと，場所細胞の活動頻度によって決定されることが推測される。ここで問Ｉと問Kとが関連してくる。問Ｉでは神経細胞の組み合わせが，問Kでは活動電位の発生頻度が関与している。

２日目に部屋Aに入れたマウスの場合は，恐怖記憶を担う神経細胞は記憶を想起するために適切な組み合わせと，適切な活動電位で興奮している。この結果，「すくみ行動」の時間が長くなると考えられる。一方，実験群２の２日目に部屋Bに入れたマウスの場合は，海馬全体に一定の頻度で与えた青色光照射の刺激によって適切な組み合わせの恐怖記憶を担う神経細胞が刺激されたが，活動頻度が適切でないためすくみ行動の時間が実験群１に比べて短い状態となったと考えられる。つまり，実験群１と実験群２の「すくみ行動」の違いは，場所細胞による空間記憶が想起の強さに関わっていることに着目すればよい。

36　2022年度　第2問

解　答

Ⅰ．A．(3)・(4)

B．(1)—(b)　(2)—(c)　(3)—(b)

C．•二酸化炭素に対する酸素濃度比の上昇（二酸化炭素濃度の低下）

理由：オキシゲナーゼ反応の速度が上昇して，カルボキシラーゼ反応の速度が低下するから。

•温度の低下

理由：カルビン回路ではたらく酵素であるルビスコの反応速度が低下するから。

D．(1)—×　(2)—×　(3)—○　(4)—×

E．光が照射された葉ではアブシシン酸濃度が低下し，気孔の開口が進む。このとき，葉1枚だけの照射では他の葉で合成されたアブシシン酸が全体に輸送されるため，気孔の開口が遅れる。植物体全体への照射では，アブシシン酸の濃度が全体で低下し，速やかに気孔の開口が生じる。

F．呼吸で産生したATPを用いてmRNAを能動的に分解することで，夜間にタンパク質合成で消費されるエネルギーを抑制している。

Ⅱ．G．(3)

H．(c)

I．膜の主成分を糖脂質とすることで，貧リン環境下でも核酸やATPなど，生存に必須の生体物質の生合成にリンを利用できる。

J．1—疎水性　2—親水性　3—体積　4—円筒形　5—親水性

解　説

Ⅰ．A．(1)　アンモニウムイオンを亜硝酸イオンにするのは酸化反応，亜硝酸イオンを硝酸イオンにするのも酸化反応で，化学合成に必要な化学エネルギーを取り出す反応であり，同化反応ではない。

(2)　1分子のグルコースから2分子のピルビン酸が生じるのは同化反応ではなく，異化反応である。

(3)　アミノ酸がペプチド結合によってつながれ，タンパク質が合成される反応は同化反応である。

(4)　やや判断が難しい。同化反応は，分子量の小さい物質から大きい物質が合成される反応である。*O*-アセチルセリンと硫化物イオンが結合し，アミノ酸が合成されているので分子量が大きくなることから，同化反応と判断できる。

B．⑴　砂漠という環境を考えると，日中は極度に乾燥している。このとき気孔を開くと蒸散による水分の損失が大きくなる。そのため，相対湿度の高い夜間に気孔を開く。(b)を選択する。

⑵　一般に，水中環境の二酸化炭素濃度は低いと考えられる。そのため，他の生物が呼吸を行い，水中の二酸化炭素濃度が上昇する夜間を狙って水生植物は気孔を開くと考えられる。よって，(c)を選択する。

⑶　熱帯雨林では，蒸散によって水分が失われるリスクは大きくないが，着生植物は樹上や岩場といった，そもそも土壌がなく水分を獲得しにくい環境で生育している。また，着生植物の中には，吸水機能をもつ通常の根を欠いたものがあることを考えると，着生植物は，CAM 型の光合成を行うことで水分損失を防ぐと考えることができる。このように考えて(b)を選択する。

C．ルビスコは，リブロース 1,5-ビスリン酸（RuBP：C_5）に CO_2 を付加して 2 分子の 3-ホスホグリセリン酸（PGA：C_3）を生じる反応と，リブロース 1,5-ビスリン酸（RuBP：C_5）に O_2 を添加して 1 分子の 3-ホスホグリセリン酸（PGA：C_3）と 1 分子の 2-ホスホグリコール酸（C_2）を生じる反応の両方を行う。CO_2 濃度が O_2 濃度に比べて低いとオキシゲナーゼとしてはたらくため PGA の生成効率が低下する。

また，温度が低い場合，酵素反応が抑制されることでカルビン回路の反応の進行速度が低下する。

D．図２－１には野生型酵素 A と変異型酵素 A'のジスルフィド結合を形成しうるシステイン残基の配置が記載されている。変異型では Cys ②の部分が欠失している。ジスルフィド結合の誘導があると野生型では酵素活性がほぼ 0 にまで低下していることがわかる。変異型では Cys 残基の 1 つが欠失しているので，誘導があっても正常な反応が起こらず，酵素活性の低下が野生型に比べて小さくなっている。ここから，ジスルフィド結合を誘導すると酵素活性が低下することが判断できる。

また図２－２より，暗期の長さが 8 時間以内であれば野生型と変異型で生育に違いはないが，暗期の長さが 16 時間を超えると影響が出てくる。変異型では，24 時間周期のうち 16 時間暗期になると生重量が 30％程度減少し，20 時間暗期になると 70％程度減少していることがわかる。

⑴　酵素 A は光合成に必須であることから，酵素 A のジスルフィド結合は昼間ではなく夜間に形成されると考えられるので誤り。

⑵　Cys ②のない変異型酵素 A'であっても活性が下がっていることから，Cys ②を介したジスルフィド結合によってのみ制御されているわけではないとわかるので誤り。

⑶　明期の時間よりも暗期の時間が長くなるほど変異型の植物の生重量が減少して

いるので正しい。

(4)　24時間明期や16時間明期では，野生型と変異型の生重量が同じであり，光合成活性が常に低下するとはいえないので誤り。

E．図2－4の結果から考えるという条件がついているのを見逃さないこと。この実験はアブシシン酸輸送体欠損変異体Xを用いていることから，アブシシン酸の輸送と光照射の関係について述べることが要求されていることを瞬時につかむ。

図2－4から読み取れることは，気孔開度と光合成速度がリンクしていること，つまり，気孔の開度が上昇すると光合成速度も上昇していることである。変異体Xの葉1枚に照射したときの気孔開度や光合成速度は，野生型の全体に照射したものと一致している。

植物体全体に光を照射すると，アブシシン酸の合成が抑制されるため気孔が開いた状態になる。ところが1枚の葉だけに光を照射すると，その葉ではアブシシン酸は合成されないが，周囲の光照射されない葉でアブシシン酸が合成される。それが輸送体を介して全体に輸送され，気孔の開口が抑制されるので，光合成速度が低下してしまう。

F．夜間に呼吸によって産生したATPによりmRNAが能動的に分解されることを述べる。下線部(カ)に，夜間に呼吸を阻害するとmRNAの消失が誘導されないとあることから，mRNAの分解にはATPが関与していることを推測する。

下線部(カ)では，昼間に光合成を停止させても夜間のmRNAの分解は停止されないとあるので，光合成に由来するエネルギーが分解に利用されるのではないことがわかる。また，シネココッカスという生物において，昼間に転写阻害剤で処理すると死滅するが，夜間に転写阻害剤で処理しても生存にほとんど影響はないとあるので，転写は昼間に起こり，夜間には行われないことが推測される。

Ⅱ．G．(1)　ミトコンドリアの起源は，古細菌ではなく細菌（真正細菌）の好気性細菌なので誤り。

(2)　葉緑体やミトコンドリアでは一部の遺伝子が核ゲノム中に移行しているが，独自のDNAも存在する。「そのすべてを失っている」が誤り。

(3)「ミトコンドリアの共生」とあるが正確には，まず宿主細胞に好気性細菌が取り込まれて共生し，ミトコンドリアとなる。この後にシアノバクテリアが取り込まれて共生したものが葉緑体で，植物細胞の由来となるのでこれは正しい。

(4)　シアノバクテリアの大繁殖により海水中に大量の酸素が放出された。この酸素は大気中にすぐに放出されず鉄イオンの酸化に用いられ，酸化鉄となって海底に沈殿し，縞状鉄鋼層を形成した。少なくとも酸素濃度の低下が起きたわけではないので誤り。

H．「細胞内共生説から想定される系統関係」とあるので，まず最も類縁関係が高いのがシアノバクテリアと葉緑体であるから，(c)が正解である。バクテリアAとバクテリアBは，葉緑体とは直接の関係がないのでより早い段階で分岐している。またバクテリアAとバクテリアBのどちらが葉緑体に近い存在かはわからない。

I．貧リン環境下では，リン脂質の構成成分となるリンが不足してしまう。これを糖脂質で代替するとリンを消費せず生体膜を合成することができる。リンは細胞膜をはじめとする生体膜以外でもDNA，RNA，ATPなどの合成に利用されるので，生体膜合成で節約したリンを用いてそれ以外の生体物質を合成することが可能となる。

J．設問の条件に注意したい。5個の空欄に入れる語句の選択肢の個数が10個もあるにもかかわらず，「語句は複数回選んでもかまわない」という指示は，複数回選ぶ語句が存在することを暗示しているので，同じ語句を複数回用いる可能性を考えて取り組みたい。

1と2は細胞膜の構造について述べた部分である。細胞膜は，リン脂質分子がそれぞれ疎水性の部分を内側に，親水性の部分を外側に向けて並んだ二層構造をとる。よって，1には「疎水性」，2には「親水性」が入る。

脂質が水溶液中でどのような集合体をとるかは，脂質分子の疎水性の部分と親水性の部分の分子内に占める体積の割合に依存する。よって3には「体積」が入る。疎水性部位と親水性部位の比が一定の範囲内にあるときは，分子の形状が円筒形をとるため安定的な二重層構造をとることが可能となる。一方，分子の形状が円錐形の場合には，単独で安定的な二重層構造をとることが難しい。よって4には「円筒形」が入る。

問題では，次にリン脂質の代替となる糖脂質（ガラクト脂質）がMGDGではなく，DGDGである理由を尋ねている。

ジアシルグリセロールにガラクトースが1分子結合したものがMGDG，2分子結合したものがDGDGである。DGDGは，ガラクトース分子1個分だけ親水性部位が大きくなることで，極性が大きくなり，また分子の形状が円筒形に近づくため安定的な二重層構造をとりやすく，リン脂質の代替となったと考えられる。よって，5には「親水性」が入る。

研　究

CAM植物はサボテンのように乾燥した地域に生息するものが多く，夜間に気孔を開き蒸散による水分損失を防ぐことで，乾燥ストレスに適応しているという理解が一般的である。そのため，一見水生植物はCAM型となる必然性に乏しいように思われる。

水生CAM植物の研究はミズニラ科の植物を中心にされており，これらのCAM植物の光合成は乾燥への適応ではなく，水中での溶存炭素に対する競合の回避を目的としていることが報告されている。水中のようなCO_2供給に制約がある環境でも，夜間に表皮を介した拡散や根からの吸収によって，十分な量を取り込むことができるのである。

37　2021年度　第2問

解　答

Ⅰ．A．茎は上方に伸長することで光合成に必要な光を効率的に得られ，根は下方に伸長することで土壌中の水や無機塩類を吸収し，植物体を支持できるから。

B．(1)―×―g，h，i　(2)―×―e，f　(3)―×―c　(4)―×―h
(5)―○

C．オーキシンは弱酸性の細胞壁液相ではイオン化していないため，取りこみ輸送体を介さずに細胞膜を透過できるが，細胞内ではイオン化しているため，排出輸送体を介さないと細胞膜を透過できないから。

D．能動輸送

Ⅱ．E．ジャスモン酸

F．(1)・(2)・(4)

G．(1)

H．風刺激では，細胞小器官のチャネルが開き細胞質基質にカルシウムイオンが流出し，低温刺激では主に細胞膜のチャネルが開くことで細胞外からカルシウムイオンが流入する。

解　説

Ⅰ．A．「重力屈性の性質が，陸上植物の生存戦略上有利である理由」なので，光を十分得て光合成に不利益にならない状況をつくることと，水分が少なく乾燥条件にある陸上で間違いなく水分や養分を土中から陸上の葉に供給できるようにしていることについて述べる。つまり，茎は上方へ伸びることで，光合成に用いる光を効率的に獲得できる。一方，根は地中に深く伸長することで水や無機塩類を獲得できるばかりでなく，植物体をしっかり支持することが可能になる。

B．(1)　誤文。根での屈曲の起こる順序はg，h，iのグラフを比較すると明白である。青色光に対する屈性は刺激開始後1時間までは出現しない。一方，重力や水分に対する屈性は1時間後には出現している。青色光に対する屈性は3つの刺激の中で最も遅く観察できる。

(2)　誤文。刺激の方向に依存したオーキシン分布の偏りがシロイヌナズナの根の屈曲に必須であるということが正しいならば，オーキシン分布に偏りが生じないときには，根の屈曲が起こらないことになる。eとfでオーキシン極性輸送阻害剤を含んだ寒天培地でも青色光屈性と水分屈性は起きていて，しかもオーキシン極性輸送阻害剤を含まないときよりも大きな変化が生じている。このことはオーキシン分布に偏りがない条件であっても青色光屈性や水分屈性が起きていることを表している。

(3) 誤文。cの水分屈性を見ると，刺激源から遠い下側のオーキシン濃度が高くなっている。よって，オーキシンが常に刺激源の近い側に分布するということはない。

(4) 誤文。変異体Aで起こっている遺伝子発現調節異常は根の青色光屈性を促進する効果をもつというところが誤り。hのグラフでは野生型に比べて変異体Aの青色光に対する屈曲角度が小さく，促進する効果は認められない。一方，水分屈性に関しては，変異体Aの屈曲角度が野生型に比べて2～3倍程度になっていることから，遺伝子発現調節異常は屈曲促進の効果をもつと言える。

(5) 正文。

C．本問のポイントは，取りこみ輸送体よりも排出輸送体の偏在制御が重要となる理由である。細胞内に取りこまれたオーキシンは細胞外に排出される。取りこまれるときのオーキシンはイオン化していないため，そのまま細胞膜を透過するが，細胞内ではイオン化しているため，リン脂質二重層からなる細胞膜を透過できず輸送体による排出が行われるのである。これを論理的に述べることになる。

細胞膜の性質として，イオンを通しにくい性質が挙げられる。これは，親水性の物質は細胞膜を透過しにくいからである。イオンなどはチャネルや輸送体を介して移動する。酸素や二酸化炭素などの低分子物質は膜タンパク質を介さずに細胞膜を透過できる。オーキシンも低分子物質であるのでイオン化していないときは輸送体を介さずに細胞内に入ることができる。弱酸性の細胞壁液相ではインドール酢酸（IAA）はイオン化しにくいので，細胞膜を透過して細胞内に移動する。しかし，細胞内ではIAAの大半はイオン化しているため，取りこまれたIAAはこのままでは排出できず，排出輸送体から細胞外に排出される。このため，排出には排出輸送体の関与が大きく，輸送体は細胞膜上の必要部位に偏在している。

D．ポンプのようにエネルギーを消費して行う輸送を能動輸送という。

Ⅱ．E．食害刺激を受けると，システミンによるジャスモン酸の生合成が活性化し，ジャスモン酸による遺伝子発現誘導によって，昆虫の消化酵素を阻害する物質がつくられる。つまり，昆虫の消化液に含まれるタンパク質分解酵素の阻害物質が合成される。この阻害物質を多く含む植物の葉を食べた昆虫は，タンパク質を消化しにくくなり摂食障害を起こす。その結果，昆虫はこの植物を摂食しなくなるので食害を防ぐことができる。

F．葉で合成された同化デンプンはGAPなどに分解されて細胞質基質に運ばれ，いくつかの反応を経てスクロース（ショ糖）が合成される。このスクロースが師管を通り植物体の各組織に転流される。また，葉で合成されたタンパク質はアミノ酸となって師管を通り各部位に転流する。さらにフロリゲンも葉で合成された後，師管を通り茎頂に運ばれて，茎頂分裂組織から花芽が分化する。クロロフィルは葉の中でグルタミン酸から，およそ20ステップの反応によって合成される。また分解も葉の中で起こるので，師管の中を移動することはない。

G．(1)　正文。実験４の組み合わせ処理①で風刺激処理後に接触刺激を繰り返し与え，再度風刺激処理を行うと，風刺激単独の場合と同様に，風刺激に対する反応性が低下している。つまり，風刺激と接触刺激という２つの刺激が同様の機構でカルシウムイオン濃度の変化をもたらしていると考えることができる。

(2)　誤文。図２－５より，シグナル強度には大きな違いがあるが，低温刺激でも風刺激でも，刺激を与えるとすぐに反応しているため，低温刺激よりも風刺激により速く反応するわけではないことがわかる。

(3)　誤文。図２－５より，連続した風刺激処理の後に低温刺激処理を行った場合と，風刺激処理を行わず低温刺激処理のみを行った場合とでは発光シグナル強度に違いがない。風刺激処理をしてもその後の低温刺激処理では，細胞質基質のカルシウムイオン濃度の上昇が起こらないことがわかる。

H．設問文に重要なことが多く記述されているのでそれを活用するとよい。まず，カルシウムチャネル阻害剤Ｘと阻害剤Ｙで阻害した結果を分析すると，図２－６より，風刺激の場合，阻害剤Ｘで処理しても変化はないが，阻害剤Ｙで処理すると発光シグナルが検出されない。阻害剤Ｘは細胞膜に局在するチャネルを，阻害剤Ｙは細胞小器官に存在するカルシウムチャネルを強く阻害することから，風刺激では細胞小器官のカルシウムチャネルが開いて細胞質基質にカルシウムイオンが流出し，細胞質基質のカルシウムイオン濃度が上昇すると考えられる。一方，低温刺激では，阻害剤Ｘのはたらきによって発光が抑制されることから，細胞膜のチャネルが開いて細胞外からカルシウムイオンが流入することで細胞質基質のカルシウムイオン濃度が上昇すると考えられる。

研　究

環境ストレスや病原体などに対する植物の応答過程では，さまざまな刺激によって細胞外や細胞小器官から細胞内へカルシウムイオンが流入する。このカルシウムイオンがシグナル分子としてはたらき，ストレスに対処するための遺伝子を発現誘導する。近年，低温刺激に対する応答には，MCA と呼ばれる細胞膜にあるカルシウムイオンチャネルが関与していることがわかってきた。MCA は，接触，風，浸透圧変化などの機械的刺激に応じて一過的に細胞外のカルシウムイオンを細胞内に透過させるイオンチャネルである。MCA を合成できない突然変異体を用いて低温刺激時における細胞内カルシウム濃度の変化を測定すると，この変異体では細胞内カルシウムイオン濃度の上昇が十分に起きず，MCA が低温ストレス応答に関与していることが示された。

38

2020年度　第2問

解　答

(Ⅰ)(A)　与える前―(2)　(6)　　与えた後―(4)

(B)　マメ科植物のアカツメクサは共生する根粒菌の窒素固定により窒素が供給されるので，リン酸が欠乏したときのみ菌根菌から得るが，ソルガムは，土壌中の無機塩類が不足した場合，リン酸も窒素も菌根菌から得るため。

(C)　休眠中のストライガの種子近くに宿主の根があるときだけ種子が発芽する。

(D)　ストライガの発芽を誘導する活性：ストライガの発芽を誘導する活性を高めることで，宿主が存在しない環境でストライガを高い確率で発芽させることができれば，ストライガは宿主に寄生することができず，効率的にストライガを枯死させることができる。

菌根菌を誘引する活性：菌根菌を誘引する活性を低くすることで，土壌中に残っているこの類似化合物と宿主の根が分泌する化合物Sとの競合を弱め，菌根菌を効率よく根に定着させることができる。

(Ⅱ)(E)　アブシシン酸の作用で気孔が閉鎖し，葉からの蒸散量の減少に伴い気化熱が減少したため。

(F)　(6)

(G)　アブシシン酸濃度が高いと，タンパク質Yのアブシシン酸の作用を抑制する活性が低下するが，タンパク質Xはアブシシン酸濃度が高くても活性が高いまま維持される。

(H)　最も早く葉の光合成活性が低下したのは，タンパク質Yのはたらきを欠失させたシロイヌナズナ変異体である。この変異体では，気孔が早い段階で閉じ，二酸化炭素の取り込みが低下するため，光合成活性が低下する。最も早く萎れるのは，タンパク質Xを過剰発現させたシロイヌナズナの形質転換体である。この形質転換体は，水の供給を制限した後も葉の表面温度が上昇しないことから蒸散を継続的に続けていると考えられ，これにより水分不足で萎れる。

解　説

(Ⅰ)(A)　リン酸が欠乏している場合，ソルガムは菌根菌からリン酸の供給を受ける。一方，菌根菌はソルガムから光合成産物に由来する糖や脂質の供給を受ける。両者は互いに利益を受け取る相利共生の関係にある。

　リン酸が土壌中に十分に存在する場合は，ソルガムはリン酸を菌根菌に頼らず根から自身で獲得できる。一方，菌根菌に対して糖や脂質を与え続けるので，菌根菌だけが利益を受け，ソルガムは不利益を受ける寄生の関係となる。よって，リン酸を与える前は相利共生の関係，与えた後は寄生の関係となるものを選べばよい。

⑴　ゾウリムシとヒメゾウリムシを混合飼育した場合，食物となる細菌を奪い合う種間競争が起きる。

⑵　シロアリは，腸内に生息する微生物がセルロースやリグニンを分解した産物を栄養源として利用する。シロアリは微生物に生活空間を供給するので，相利共生の関係になる。

⑶　カクレウオはナマコの腸内を隠れ家として利用することで外敵から身を守るという利益を得る。一方，ナマコはカクレウオが入り込むことで利益を受けるわけでもなく，不利益を受けるわけでもない。このような関係を片利共生という。

⑷　イヌは吸血ダニが付着することで血を吸われるという不利益を受ける。ダニの方はイヌの血を吸えるという利益を受けるので，寄生の関係になる。

⑸　ハダニは被食される側で，カブリダニは捕食する側なので，被食ー捕食関係になる。

⑹　アブラムシはアリによってテントウムシなどの天敵から守ってもらう。一方，アブラムシの排泄物には多量の糖分が含まれていてそれをアリはもらうという，互いに利益を受け合う相利共生の関係になっている。

(B)　アカツメクサはマメ科植物で，共生する根粒菌の窒素固定によって窒素を得ることができるので，リン酸の欠乏時だけ菌根菌の誘引が必要である。一方，ソルガムはリン酸と窒素の供給を土壌に依存しているため，どちらが不足した場合でも菌根菌の誘引が必要となる。

(C)　化合物Ｓは，不安定で壊れやすく，土壌中を数 mm 拡散する間に短時間で消失するという性質がある。ストライガが宿主から遠くにあった場合，宿主から分泌される化合物Ｓがストライガに達する前に分解されるため誘引の効果はない。したがって，ストライガの種子は宿主となる植物が近傍にあったときに発芽することで，枯死する前に寄生できるという点で有利にはたらく。

(D)　ストライガは発芽しても寄生できないと枯死するので，宿主となる植物が存在しない時期にストライガの発芽を誘導する活性を高めることで，確実に枯死させることができる。

改変した化合物Ｓの類似化合物は本来の化合物Ｓと比べて安定性が高く，作物を栽培している時期にも残っている。このとき，菌根菌を誘引する活性が高いと，宿主の根が分泌する化合物Ｓと競合してしまい，菌根菌が根に効率的に定着できなくなる。これを回避するために菌根菌を誘引する活性は低くする必要がある。

(Ⅱ)(E)　アブシシン酸を投与すると，その作用で気孔が閉じ蒸散速度が低下する。その結果，気化熱が奪われにくくなり葉の表面温度が上昇した。

(F)　実験１より，野生型の個体ではアブシシン酸を投与すると葉の表面温度が上昇しているが，タンパク質Xを過剰発現させた形質転換体ではアブシシン酸を投与しても葉の表面温度が低いままである。このことから，タンパク質Xが過剰発現すると，アブシシン酸の作用が抑制され，気孔が閉鎖されなくなることが推測される。

実験2の図2－4から，野生型のシロイヌナズナでは，水の供給を制限した場合2日目の葉の表面温度は18℃であったが，6日目には22℃まで上昇し，安定する。

タンパク質Xを過剰発現させた形質転換体では，葉の表面温度は実験期間を通して18℃で変化は見られない。タンパク質Yを過剰発現させた形質転換体では，野生型のものより1日遅く葉の表面温度の上昇が見られ，タンパク質Yのはたらきを欠失させた変異体では，野生型のものよりも1日早く葉の表面温度の上昇が起きている。

このことから，タンパク質Yは蒸散量低下までの日数を長くするように作用すると考えられる。つまり，タンパク質Xと同じようにアブシシン酸のはたらきを抑制することで，気孔閉鎖までの時間を長くし，葉の表面温度の上昇を抑制していると考えられる。これを満たす選択肢は(6)である。

(G) リード文に「ストライガでは，タンパク質Xのはたらきにより，気孔が開いたまま維持される」とある。このことから，タンパク質Xは体内のアブシシン酸濃度が上昇してもその活性が高いままに維持されることがわかる。一方，リード文には「タンパク質Yは，体内のアブシシン酸濃度の上昇に応じ，その活性が変化する」ともある。このことは，タンパク質Yはアブシシン酸濃度が上昇すると，アブシシン酸の作用を抑制する活性が低下することを示している。

(H) 最も早く葉の光合成活性が低下するのは，最も早くCO_2の取り込みが低下する個体である。アブシシン酸の作用で気孔が最も先に閉鎖するものを考えればよい。最も早く萎れるのは，体内の水分が少ない状態でも気孔を閉じず蒸散を続けている個体である。

研　究

本問では菌根菌が扱われている。実は陸上植物の90％程度が菌根菌と共生していると言われている。菌根菌は菌糸の構造や生態などにより7つのタイプに大別されることが知られている。代表的なものにアーバスキュラー菌根菌がある。この菌根菌は分布が広く，陸上植物の80％が共生していると考えられている。菌根菌は土壌中から吸収した無機塩類を植物に供給し，植物は光合成で合成した有機物を菌根菌に与えるという相利共生をとる。このため，農業において非常に重要な役割を果たす。

アーバスキュラー菌根菌と植物の共生では植物の分泌するストリゴラクトンが菌根菌を誘引する因子であることが知られている。近年では，このストリゴラクトンが植物体内で枝分かれを抑制するホルモンとして機能することが解明された。なお，ストリゴラクトンはストライガの発芽を誘導することから命名された。ストライガによる農業被害はアフリカなどでは年間1兆円にも上ると言われ，現地の食糧問題を解決するためにも，その対策が待たれている。

39　2019年度　第2問

解　答

(Ⅰ)(A)　1・2．ATP・NADPH

(B)　ア―(6)，イ―(4)

(C)　ウ―(6)，エ―(7)

(D)　質量あたりの葉面積が陽葉より大きい陰葉では，失う水分の量が多い。そのため，乾燥した環境では陰葉の気孔開度が陽葉より小さくなり，二酸化炭素の取り込みが低下し，質量あたりの最大光合成速度が低下すると考えられる。これより，光強度が高く乾燥した環境と考えられる。

(Ⅱ)(E)　(3)

(F)　(1)・(3)　　(別解)　(3)

(G)　3―クロロフィル，4―水

(H)　活性酸素により，光化学系Ⅱの活性中心のD1タンパク質が変性したから。

(I)　(2)・(4)

(J)　*V*遺伝子が発現し，その結果つくられたタンパク質分解酵素により，失活したD1タンパク質が分解され光化学系Ⅱから除去される。その後，正常なD1タンパク質が新たに合成されて他のタンパク質と複合体をつくることで，光化学系Ⅱの能力が復活する。

解　説

(Ⅰ)(A)　光合成ではチラコイド膜でつくられたNADPHとATPを用いて，ストロマで二酸化炭素が還元され，有機物が合成される。

(B)　ア．無機窒素が少ない土壌では，酵素タンパク質が十分合成されないことを考えると，呼吸に関する酵素も光合成に関する酵素も不足することが予想される。呼吸速度，最大光合成速度が低下すると考えられるので(6)のようなグラフになる。

イ．土壌が乾燥した環境では，アブシシン酸が合成されて気孔が閉鎖するため，葉内の二酸化炭素濃度が低くなるので最大光合成速度が小さくなる。一方，気孔を閉じているときでも開いているときと変わらず酵素タンパク質量は一定に保たれているので呼吸速度に変化はない。また，光が弱い範囲では光合成速度は光の強さに依存するので，光飽和点に達するまでは光合成速度に差が見られない。このことを表しているグラフは(4)である。

(C)　ウ．陰葉は陽葉に比べて薄く，面積あたりの葉緑体やミトコンドリアの量が少なくなるので，面積あたりの呼吸速度や最大光合成速度は小さくなる。この場合，グラフは(6)のようになる。

エ．葉の質量あたりに含まれる光合成に関係するタンパク質の量が陰葉と陽葉で変化しないので，呼吸速度は変わらない。陰葉の面積あたりの質量は陽葉の$\frac{1}{2}$であり，面積あたりの最大光合成速度も陽葉の$\frac{1}{2}$であるので，質量あたりの最大光合成速度は陽葉と同じになる。陰葉では陽葉に比べて光補償点や光飽和点が低くなることを考慮すると，グラフは(7)のようになる。

(D)　質量あたりの光合成速度が問われているので，陰葉と陽葉を質量あたりで比較してみる。陰葉は陽葉と比べて質量あたりの葉面積が大きいことから，表面積の大きさに比例して蒸散で失う水分量が多くなる。その結果，土壌が乾燥した環境では陰葉の気孔開度が小さくなり，葉内の二酸化炭素濃度が低くなって最大光合成速度が低下する。

また，陰葉では陽葉と比べて光強度が低い段階で光飽和に達することから，光強度が高い環境条件下では，陽葉は最大光合成速度を高めていけるが，陰葉は頭打ちの状態になる。

よって，質量あたりの最大光合成速度が低下するのは，強光で乾燥した環境条件であると考えられる。解答に際しては，乾燥した環境条件のほかに，光強度が高いということも入れておく必要がある。

(Ⅱ)(E)　下線部(オ)は，葉緑体光定位運動（chloroplast photo-relocation movement）について述べたものである。葉緑体光定位運動とは，光の情報（強さ，入射方向，波長など）に従って葉緑体が細胞内での配置や存在場所を変える現象をいう。一般的には，青色光によって誘導され，それにはフォトトロピンが関与する。

ただし，本問は青色光を受容して起こる現象に関係する可能性を排除できる「植物の光受容体」を選ぶのであるから，(3)のフィトクロムということになる。フィトクロムは赤色光や遠赤色光を受容する光受容体であるから，これが関係ないことがわかるだろう。なお，(2)のクリプトクロムは青色光を受容する光受容体であり，(1)のロドプシンは植物の光受容体ではないので，設問の条件に合致しない。

弱光下では，葉緑体は葉の表面側に集合し，強光下では，葉緑体は光を避けて光と平行な細胞壁面に逃避する。前者を集合反応，後者を逃避反応という。集合反応は光合成の効率を上げ，逃避反応は光による傷害を避けるという生理学的意義がある。特に木漏れ日の多い林床の植物には重要な生理現象である。日当りの良い環境で育った葉では光の強弱にかかわらず，ほとんどの葉緑体が強光下の逃避反応型の分布をしており，葉緑体運動の効果は低いことが知られている。

(F)　(注)　本問については，大学公表の解答において，「(1)，(3)」または「(3)」のいずれの解答も正解とすると発表があった。

(1) 連続した暗期の途中で光中断の実験を行うときに有効な波長は赤色光である。花芽形成はフィトクロムによるので青色光は関与しないというのがこれまでの考えであった。しかし，最近の研究では，シロイヌナズナでは，光を感じて花芽形成を早めているのは主にクリプトクロムと呼ばれる青色光の受容体であることがわかってきている。2019 年現在，高校の教科書にはその記載がほとんどないので，(1)については，青色光が関与していると考えることも，関与していないと考えることもできる。

(2) 光屈性は，フォトトロピンが青色光を受容して，オーキシン輸送タンパク質の分布が変化することで起こる。よって青色光が関与する。

(3) 光発芽は，フィトクロムが赤色光を受容して発芽を促進するようにはたらくので青色光は関与しない。

(4) 気孔の開口は孔辺細胞にあるフォトトロピンが青色光を感知することで起こる。フォトトロピンが青色光を感知すると，プロトンポンプを活性化して H^+ を細胞外に輸送する。これによって膜内外の電位差（外で正，中で負）が大きくなると K^+ チャネルが開き，孔辺細胞内に大量の K^+ が流入して浸透圧が大きくなり，水が細胞内に入り膨圧が大きくなることで気孔が開く。閉じる場合はアブシシン酸を介して行われる。アブシシン酸が孔辺細胞に作用して，浸透圧の低下，水の流出，膨圧の低下が起こることで気孔が閉じる。よって，青色光は，「気孔開閉」のうちの「気孔の開口」の促進に関与している。

(G) チラコイド膜には光化学系Ⅰ，光化学系Ⅱという，２つのシステムがある。光合成色素が吸収して捉えた光エネルギーは，まずこれらの光化学系の中にあるクロロフィルに集まる。3は色素名なのでクロロフィルが入る。

光化学系Ⅱの反応中心のクロロフィルは電子を放出し酸化された状態になるが，これを還元してもとに戻すのは，H_2O から引き抜かれる電子である。つまり，光化学系Ⅱは，H_2O から電子を引き抜く役割をもつ。よって，4には水が入る。

(H) 強光を受けると活性酸素が発生することがリード文にある。その活性酸素によって，D1 タンパク質などの酵素タンパク質に高温や極端な pH にさらされたのと同様の変化が起こることが述べられている。つまり，タンパク質の変性が起こることにより，酵素タンパク質が失活する。この結果，光化学系Ⅱの能力が下がる。

(I) 図２－２からは，正常型植物の場合，タンパク質合成阻害剤を加えると強光照射後の弱光下で光化学系Ⅱの回復能力が非常に低く，タンパク質合成阻害剤を加えないと回復能力が高いことがわかる。つまり，光化学系Ⅱの能力を回復するためには新たなタンパク質が合成される必要がある。

図２－４を見ると，弱光下において，正常型植物では光化学系Ⅱの能力が回復しているが，変異体 V では回復していないことがわかる。つまり，光化学系Ⅱの回

復には，V 遺伝子から合成されるタンパク質分解酵素が必要であると考えられる。

図2－3から，強光を照射した後でのD1タンパク質は正常型植物では時間とともに減少していくが，変異体 V ではD1タンパク質はほとんど減少せず高い値を保っている。タンパク質合成阻害剤を加えているので，新しくタンパク質が合成されないから，D1タンパク質の減少量はD1タンパク質の分解量を反映している。

ここでは，図2－3の実験結果から推察できる適切なものを選ぶので，図2－2と図2－4は考えずに解答する。

(1)～(3)　変異体 V を用いた実験では，強光によって損傷を受けたD1タンパク質の分解が抑制されたので，タンパク質合成が阻害されていてもD1タンパク質は減少しなかったと考えられる。よって，(2)が正しい。(1)については，変異体 V と正常型植物の違いは V 遺伝子が正常かどうかだけであるので，正常型植物でタンパク質合成阻害剤が作用するならば，変異体 V でも同様に作用すると考えられる。したがって，変異体 V にタンパク質合成阻害剤の効果がないというのは誤り。また，D1タンパク質の分解が抑制されている状態でタンパク質合成阻害剤が作用しなかったら，新たにD1タンパク質が合成されてD1タンパク質が増加するはずであるから誤り，と考えることもできる。(3)は，D1タンパク質の合成が起こったという内容が誤りである。

(4)・(5)　正常型植物を用いた実験では，強光下で損傷を受けたD1タンパク質が分解され，さらにD1タンパク質の合成が抑制されたため，D1タンパク質が減少したと考えられる。よって，(4)が正しい。(5)については，正常型植物ではD1タンパク質の分解が抑制されることはないので，分解が抑えられたという内容が誤り。

(J)　ここでは，正常型 V 遺伝子からつくられるタンパク質分解酵素の役割をふまえて解答することが要求されているので，この分解酵素が何を分解しているかを確認しておこう。リード文に，正常型 V 遺伝子からつくられるタンパク質分解酵素は，損傷を受けたD1タンパク質を分解するということが述べられている。

このタンパク質分解酵素が損傷を受けたD1タンパク質を分解し，新たなD1タンパク質が合成されることで光化学系Ⅱの能力が復活すると考えられる。変異体 V では，変性したD1タンパク質を分解する酵素がつくられないため，D1タンパク質の分解が行われず，さらに正常なD1タンパク質の合成が進まないため，光化学系Ⅱの能力の復活が進行しないと考えられる。

さらに，リード文に「光化学系Ⅱは複数種類のタンパク質と[3]からなる構造体」とあることから，光化学系Ⅱの能力の復活にはD1タンパク質が単独に作用するのではなく，他のタンパク質と複合体をつくることで作用すると考えられる。このことも解答に加えるとよいだろう。

研　究

光が強くなり過ぎると，過剰な光エネルギーによって光合成の機構が損傷を受けてしまうことがあり，これを光阻害という。過剰な光エネルギーによって活性酸素などの反応性の高い物質が発生することにより，葉緑体成分が破壊されることが原因である。本問では，光化学系Ⅱでの光阻害を扱っており，これは，光化学系Ⅱ複合体が光によって損傷を受け，その活性が低下することにより起こる。このとき主に損傷を受けるのは，反応中心の D1 タンパク質である。

損傷を受けた D1 タンパク質は分解酵素により選択的に分解され，新規に合成された D1 タンパク質に置換されて，各種の過程を経て成熟化されることにより，機能的な光化学系Ⅱ複合体が再構築される。

40　2018年度　第３問

解　答

(Ⅰ)(A)　(1)―○　(2)―×　(3)―○　(4)―×　(5)―？

(B)　短日条件下で葉をつけたまま低温処理した植物体Ｘに，短日条件下で葉を切り落とし適温で栽培した植物体Ｙを接ぎ木し，適温・長日条件において栽培する。植物体Ｘ・Ｙとも花芽が形成されていれば，春化は花成ホルモンの産生能力の獲得であり，植物体Ｘで花芽が形成され，植物体Ｙで花芽が形成されていなければ，春化は花成ホルモンを受容し応答する能力の獲得であることがわかる。

(C)　(5)

(Ⅱ)(D)　(4)

(E)

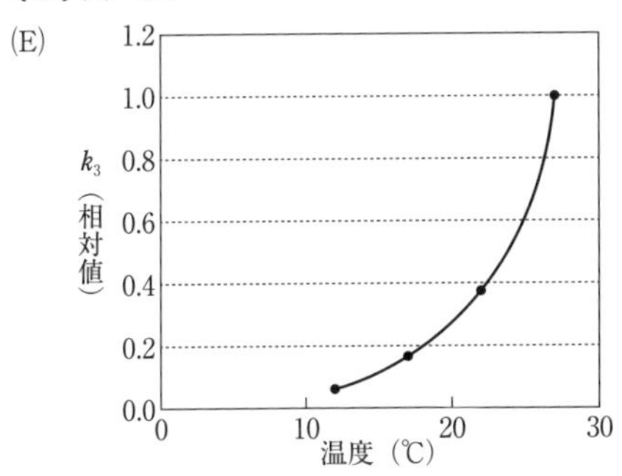

(F)　(3)

(G)　高温条件下では一般に光合成速度が大きくなり，成長に利用できる物質が多く得られる。これを茎や葉柄の伸長に利用する個体が存在した場合，葉をより高い位置につけることができ，光をめぐる生存競争で有利になるため。

解　説

(Ⅰ)(A)　(1)　図３－１の３段目の実験で，低温処理後に形成された葉を培養し，その切り口で細胞増殖させて植物体再生を行うと花芽形成が起こっている。したがって，春化が成立すると，その性質は細胞分裂を経ても継承される。よって，(1)は支持される。

(2)　図３－１の２段目の実験と３段目の実験で比較すると，両者とも一度低温処理を受けた植物体の一部から再生した植物体であるが，①（低温処理の前から展開していた葉）から培養した植物体では花芽形成が起こらず，②（低温処理後に形成された葉）から培養した植物体では花芽形成が起きているので，植物体の一部で春化が成立しても，その性質は植物体全体に伝播されていない。よって，(2)は否定される。

(3)　図3－1の5段目の実験と6段目の実験を比較して考える。5段目の実験で低温処理を受ける前の葉を切り取り培養し，その葉を低温処理してから再生した植物体では花芽形成が起きている。切り取った葉の切り口で細胞増殖が起きているので，低温処理を施している段階で，分裂している細胞が存在していると考えられる。ところが，6段目の実験で葉柄の端を切除すると低温処理した効果が失われてしまうことがわかる。このことは，春化成立には分裂している細胞が低温に曝露されることが必要であることを示している。よって，(3)は支持される。

(4)　図3－1の3段目の実験で低温処理後に生じた葉から再生した植物体で花芽形成が起きている。春化は脱分化しても解消されていないので，(4)は否定される。

(5)　ここで行われた実験は日長変化と花芽形成の有無ということだけで，低温処理時の日長時間を変化させて，春化が成立するまでの時間を測定していない。そのため，「低温処理時の日長によって，春化が成立するまでにかかる時間が異なる」というのはこの実験だけからは判断できない。

(B)　春化について，花成ホルモンを産生する能力の獲得と，花成ホルモンを受容し応答する能力の獲得という2点で検討することが問われている。

短日条件において，葉をつけたまま低温処理した植物体Xと，葉を切り落とし適温で栽培した植物体Yの2つを準備する。そして，XにYを接ぎ木し，適温・長日条件において栽培する。

もし植物体X・Yとも花芽が形成されていれば，花成ホルモンは植物体Xの葉で合成され師管を移動して葉のない植物体Yに達したと考えられる。この場合は，春化による花芽形成能力の獲得は，花成ホルモンの産生能力の獲得であると判断することができる。

一方，植物体Xで花芽が形成され，植物体Yで花芽が形成されていないならば，低温処理を受けた組織や細胞が存在する植物体だけが，ホルモンに対する応答能力を得たことになる。植物体Yは低温処理を受けていないので，ホルモンに対する応答能力が獲得されていないと考えられる。つまり，この場合は，春化による花芽形成能力の獲得は，花成ホルモンを受容し応答する能力の獲得であることがわかる。

(C)　典型的な知識問題である。X染色体を2本もつ哺乳類の雌個体では，どちらかのX染色体が発生初期の段階でランダムに不活性化される。この現象はライオニゼーションと呼ばれている。この不活性化は，クロマチン構造の変化によるものであるので，(5)が適当である。雌個体では，2本のX染色体のうち1本がほぼ全領域にわたってヘテロクロマチン構造をとることで不活性化し，Barr body（バール小体）をつくる。これは2本のX染色体からの過剰な量の遺伝子発現を抑制するためと考えられている。

(Ⅱ)(D)　リード文に「胚軸の伸長は，明所では抑制され，暗所で促進される」とある。さらに，フィトクロム完全欠損変異体では「胚軸は明所でも伸長し，暗所と同じように長くなる」とあるので，フィトクロムが欠如することで明所での胚軸が伸長することがわかる。つまり，通常は，明所ではフィトクロムがPfr型になっていて，これが胚軸の伸長成長を抑制していると考えられるので，(4)が適当である。

(E)　27℃のときのk_3の値が1というのをどのように活用するかがポイントである。また，k_1は温度に依存しないという条件も忘れずに活用しないといけない。なお，図3－4の縦軸の値は「全フィトクロムに占めるPfrの割合」であるが，以下では全フィトクロムの濃度を［Pr］+［Pfr］=1.0として，図3－4の縦軸の値を［Pfr］として扱うこととする。

まず，赤色光の照射下でPfrの割合が一定となる平衡状態では

$$v_1 = v_3$$

$$\Longleftrightarrow k_1[\mathrm{Pr}] = k_3[\mathrm{Pfr}] \quad \cdots\cdots ①$$

が成り立つ。①に，与えられた数値と図3－4のグラフから読み取れる数値を入れていく。

温度27℃のとき　　$k_3=1$，$[\mathrm{Pfr}]=0.2$，$[\mathrm{Pr}]=1-0.2=0.8$

これらを①に代入すると　　$k_1\times 0.8 = 1\times 0.2$　　　$\therefore\ k_1=\dfrac{1}{4}$

①を変形して　　$k_3=\dfrac{k_1[\mathrm{Pr}]}{[\mathrm{Pfr}]}$　$\cdots\cdots ②$

温度22℃のとき，k_1は温度に依存しないので　　$k_1=\dfrac{1}{4}$

また　　$[\mathrm{Pfr}]=0.4$，$[\mathrm{Pr}]=1-0.4=0.6$

これらを②に代入すると　　$k_3=\dfrac{3}{8}$

同様の手順で各温度におけるk_3を求めていくと，17℃では$k_3=\dfrac{1}{6}$，12℃では$k_3=\dfrac{1}{16}$が得られるので，温度を横軸に，k_3を縦軸にとって各点をプロットしていく。グラフは滑らかに下に凸の形状に作成する。ただし，凹凸が正しく判断できない場合は，プロットした点を丁寧に直線で結んでおいても構わない。

(F)　まず，赤色光だけを照射したときの［Pfr］の値をk_1とk_3で表す。［Pfr］が一定となる平衡状態では，①の式が成り立つ。①に

$$[\mathrm{Pr}] = 1-[\mathrm{Pfr}] \quad \cdots\cdots ③$$

を代入すると

$$k_1\{1-[\mathrm{Pfr}]\} = k_3[\mathrm{Pfr}]$$

$[\mathrm{Pfr}]=\dfrac{k_1}{k_1+k_3}$ ……(i)

次に，赤色光と遠赤色光を同時に照射した場合，［Pfr］が一定となる平衡状態では

$v_1=v_2+v_3$

$\Longleftrightarrow k_1[\mathrm{Pr}]=(k_2+k_3)[\mathrm{Pfr}]$ ……④

が成り立つ。④に③を代入して［Pfr］を k_1，k_2，k_3 で表すと

$[\mathrm{Pfr}]=\dfrac{k_1}{k_1+k_2+k_3}$ ……(ii)

ここで k_1 と k_2 は温度の影響を受けないので定数として扱えばよい。

設問(E)より，k_3 の値は温度が上昇すると大きくなっているので，(i)，(ii)の式の形から，温度が高くなるほど［Pfr］は低下する傾向にある。また，(i)と(ii)を比べると，(ii)では分母に k_2 が入っている分だけ温度による k_3 の値の変化が［Pfr］に及ぼす影響は弱くなるので，(3)が適切である。

このことは，下のグラフで考えてみるとわかりやすいだろう。理解しやすいように変数の k_3 を x として扱う。ただし，温度が高くなると，k_3 もこの実験の範囲（12℃～27℃）では上昇しているので，x は温度と考えることができる。また，［Pfr］を y とおいて考える。

赤色光だけを照射したとき：$y=\dfrac{k_1}{x+k_1}$

赤色光と同時に遠赤色光を照射したとき：$y=\dfrac{k_1}{x+k_1+k_2}$

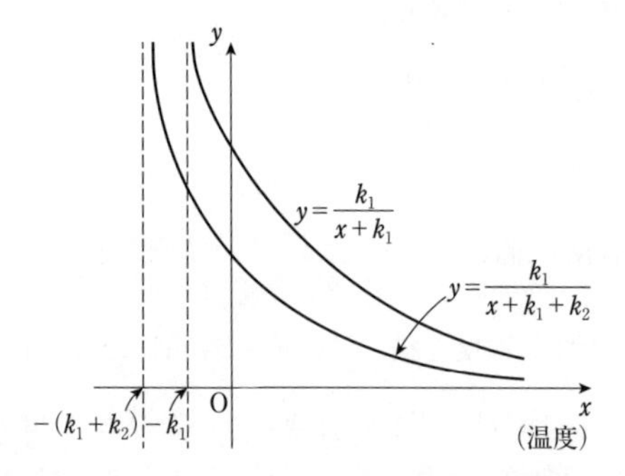

(G) 温度が一定範囲なら，生育環境が高温であるほど光合成量は増加する。光合成産物を資源として，他の植物よりも背丈が高く，葉を高い位置に展開させるような戦略をとれば，強い光を受容できる可能性が高くなるので，光をめぐる生存競争に有利になる。そのため，高温環境下で自然選択により，茎や葉柄を伸長するように進化してきたと考えられる。

研　究

シロイヌナズナの *FT* 遺伝子がコードする FT タンパク質がフロリゲンの実体であることが確認されたのは，2005 年であった。さらに *FT* 遺伝子の相同遺伝子はトマト，カボチャ，コムギ，オオムギなど種を越えて花芽形成促進因子としてはたらくことが確認されている。

本問に出てきた *FLC* 遺伝子がコードする FLC タンパク質は，*FT* 遺伝子の発現抑制に関与している。したがって，花芽形成の誘導には *FLC* 遺伝子の発現抑制が必要となり，一定期間の低温刺激がその引き金となる。

41

2017年度　第2問

解　答

(Ⅰ)(A)　(6)

(B)　(6)

(Ⅱ)(A)　光受容体：クリプトクロム（フィトクロムも可）
植物ホルモン：オーキシン，ジベレリン（ブラシノステロイドも可）

(B)　(1)

(C)　巻きひげ―エンドウ，茎全体―アサガオ

(D)　植物Ｚは双子葉植物なので，茎が特殊化したものであれば，巻きひげの断面には中心部から木部，師部が同心円状に配置しているはずである。しかし，植物Ｚの巻きひげは葉の維管束と同様に表側に木部，裏側に師部があることから，葉が特殊化したものと考えられる。

(E)　(5)

(F)　茎が支柱などに接触すると，刺激が与えられた方向にかかわらず，回旋運動を優先することで支柱に巻きつく。

(G)　•fとgでつる性の獲得が起き，jでつる性の喪失が起きた。
•fとhとkでつる性の獲得が起きた。

解　説

(Ⅰ)(A)　問題文に，電子伝達ではH_2Oからの電子を受けてNADPHが生じるが，自発的な酸化還元反応では逆にNADPHからの電子を受けてH_2Oが生じてエネルギーが放出され，このエネルギーをNADPH 1分子あたりαとするとあるので，この可逆的反応でのエネルギーはαである。つまり，ここに述べられている反応を記述すると次の①のようになる。

$$H_2O + NADP^+ \rightleftarrows \frac{1}{2}O_2 + NADPH + H^+ + \alpha \quad \cdots\cdots ①$$

同様にして，ATP 1分子あたりのエネルギーでは

$$ATP + H_2O \rightleftarrows ADP + H_3PO_4 + \beta \quad \cdots\cdots ②$$

光合成の反応では，光エネルギーの一部が用いられて，12分子のNADPHと18分子のATPから1分子のグルコースが合成されるのであるから，①と②より，1分子のグルコースが生じるときには，$12\alpha + 18\beta$のエネルギーを必要とする。よって

$$12\alpha + 18\beta < \text{光エネルギー} \quad \cdots\cdots ③$$

の関係が成り立つ。

また，呼吸により1分子のグルコースを呼吸基質にすると，最大で38分子のATPがつくられ，残りは熱エネルギーなどの形（これを$\gamma>0$とする）で失われるので

1分子のグルコースから生じるエネルギー$=38\beta+\gamma$

1分子のグルコースをつくるのに必要なエネルギー$=12\alpha+18\beta$

$38\beta+\gamma=12\alpha+18\beta$　より

$38\beta<12\alpha+18\beta$　……④　（$\because\ \ \gamma>0$）

③と④より　　<u>$38\beta<12\alpha+18\beta<$光エネルギー</u>

となり，(6)が正答である。

(B)　光条件が明条件のときには，光合成の光化学系Ⅱで$H_2{}^{16}O$の分解が起こり，その結果$^{16}O_2$が生じる。生じた$^{16}O_2$はそのまま呼吸で消費されるが，生じる量は呼吸で消費される量よりかなり多いと考えられるので，$^{16}O_2$は増加し，培養液中の$^{18}O_2$はほとんど減少しないと考えられる。

光条件が暗条件のときは，培養液中の$^{18}O_2$と$^{16}O_2$の両方が呼吸に用いられるので，どちらも減少していくと推測される。よって，(6)のようなグラフになると考えられる。

(Ⅱ)(A)　植物の光受容体としては，フィトクロム，フォトトロピン，クリプトクロムという色素タンパク質が知られている。この3つの中で茎の伸長抑制にはたらいているのは，フィトクロムとクリプトクロムである。フィトクロムが赤色光，クリプトクロムが青色光を受容して茎の伸長成長を抑制する理由については，赤色光や青色光が当たるということは，周囲に高い植物がないということだから背丈を伸ばすように伸長成長する必要がないので，伸長成長をやめて肥大成長に切り替えるためと考えられている。避陰応答（他の植物の陰から抜け出す応答）する必要がないためである。フィトクロムについては，遠赤色光を受容すると，この避陰応答を生じ，茎の伸長を促進する。これは，他の植物の陰になったところでは，遠赤色光は比較的よく透過され，その割合が高まるからである。

(B)　問題文に，有機物の生産速度は葉の量に比例すること，生産した有機物は葉と各器官に分配されて成長に使われることが記述されている。よって，茎の伸長速度は，葉の量および，光合成によって生産された有機物のうち，茎に分配された量に比例すると考えられる。

自立性植物Xは，茎の長さ・重量比（長さ/重量）が1の植物。一方，つる植物Yは，茎の長さ・重量比（長さ/重量）が4の植物である。この与えられた条件から，茎へ分配される物質量が同じであるならば，つる植物Y（以下Y）は自立性植物X（以下X）の4倍の伸長速度になるといえる。このことを前提条件として，Yの成長戦略を考えるものである。問われているのは，Xの茎の伸長速度をr_X，Yの茎の伸長速度をr_Yとしたときの成長戦略$\dfrac{r_Y}{r_X}$の変化である。

戦略①：茎への物質分配をXの$\frac{1}{4}$に減らして葉への物質分配をXの2倍にするというものである。r_{Y}について考えると，茎への物質分配がXの$\frac{1}{4}$になると，Xと同じ伸長速度になる。一方，葉への物質分配が2倍になると，葉の量および合成される物質量（光合成量）もXの2倍になる。継続的に見ると，物質量は2倍→4倍→8倍→…と指数関数的に増加していく。これにより，葉で合成された物質量のうち茎へ分配されるものも2倍→4倍→8倍→…と増加するので，Yの茎の伸長速度r_{Y}もXの茎の伸長速度r_{X}の2倍→4倍→8倍→…と指数関数的に増加していく。選択肢のグラフは片対数グラフなので，指数関数的な増加は直線で表されるため，①の$\frac{r_{\mathrm{Y}}}{r_{\mathrm{X}}}$の変化を示すグラフは右肩上がりの直線であると考えられる。

戦略②：茎への物質分配も葉への物質分配もXと同じであることから，時間変化が生じても，茎へ分配される物質量のXとYの比は変化しない。よって，②の$\frac{r_{\mathrm{Y}}}{r_{\mathrm{X}}}$は一定値をとると考えられる。

以上より，(1)のグラフが正答である。

(C)　巻きひげで支柱に絡みつく植物としては，エンドウ，ブドウ，ヤブカラシなどがある。一方，茎全体で支柱に巻きつく植物としては，アサガオ，フジ，インゲンなどがある。

(D)　図2－2の植物Zの横断面における大きな木部と師部は主脈で，小さな木部と師部は側脈の維管束に由来する組織である。よって，この図に見られる構造は葉が特殊化した巻きひげである。

(E)　ここでは，どのようにして往復振動が起こるかを考える。往復振動とはxy平面での水平方向の茎の運動である。図2－1を見ると，ある時刻にx軸の＋方向にずれを感知した後ですぐには応答せずに，しばらくしてから応答すると，伸長成長した後に屈曲する。次にしばらく伸長成長した後，x軸の－方向へのずれを感知し，遅れて屈曲する。これが繰り返されることで往復振動が生じるので，(5)が正しい。

(4)のようにずれが十分に大きくないと反応しないとすると，茎の重力方向へのずれがわずかでは，鉛直の上方に伸長するので，往復振動は生じない。

(3)のように茎の先端だけで感知しようとすると，負の重力屈性が起きるので，茎は鉛直上方に向かうため往復振動は生じない。

(2)のように強さに周期的な変動があると，伸長速度だけが変化して往復振動は生じない。

(F)　刺激が与えられた場合，その接触面とは無関係に，成長運動より回旋運動を優先する反応が起こることで，刺激方向に関係なく茎の回旋運動の方向に屈曲する。

(G)　図2－3を丁寧に見て数えていけばよい。たとえばaでつる性の獲得が起きた場合を考えてみよう。そのような場合ならば，種2から種7まですべてつる性となるはずである。しかし，種2，種3，種6がつる性ではないので，cとeとjでつる性の喪失が起きていることになる。この場合，形質変化は4回（a，c，e，j）である。

では，fとhとkでつる性の獲得が起きたとすると，3回の形質変化で条件を満たすので，上のaで起きたとした場合よりも形質変化の回数が少なくなる。よって，3回というのがつる性の獲得やつる性の喪失の最少の回数であり，2回で図2－3にある系統樹の関係を満たすものはない。3回の形質変化については，もう1つの可能性があって，fとgでつる性の獲得が起き，jでつる性の喪失が起きたものである。

42 2015年度 第1問

解答

(Ⅰ)(A) 1－再吸収　2－透過性

(B) (c) 理由：グルコースが尿中に排出されるのは，細尿管（腎細管）で再吸収できる以上のグルコースが腎小体でろ過されたときであるから。

(d) 理由：アブシシン酸が合成されて気孔が閉じるのは，水分が不足したときであるから。

(C) 3－④，4－①，5－⑦，6－⑨，7－⑥，8－⑪，9－⑫，10－⑫，11－⑪

(D) 淡水魚：4.9ミリ mol/L　海水魚：52.3ミリ mol/L

(E) ヒト：水もナトリウムイオンも99％再吸収している。

淡水魚：ナトリウムイオンは98％再吸収するが，水は31％しか再吸収しない。

(F) 水はろ過量に対して66％が排出されるが，ナトリウムイオンは23％しか排出されず，多量の尿を排出すると水の損失が大きくなり，体液中のナトリウムイオンの濃度が増加するため。

(Ⅱ)(A) 父と仔の遺伝子型は仔の生存率に影響を与えない。母マウスの遺伝子型が *ot/ot* の場合，生存率が0になる。

(B) (5)

理由：仔マウスの生存率は母マウスの遺伝子型に依存している。また，オキシトシン受容体が乳腺の平滑筋に存在していることから，オキシトシンが欠乏していることで，乳腺が機能しないと考えられる。

(C) *ot/ot* の遺伝子型の母マウスの仔であっても，人為的に乳を与えると，24時間経過した後でも生存する個体が存在する。

解説

(Ⅰ)(A) グルコース，アミノ酸，各種の無機塩類などの有用物質は細尿管（腎細管）を通過する間に再吸収される。バソプレシンが集合管にある受容体に作用すると水に対する透過性が上昇し，水の再吸収を促進する。

(B) (a) 正文。ヒトの細胞の恒常性は血液の循環によって維持される。たとえば，血糖量，酸素濃度，二酸化炭素濃度などは，血液の循環によって一定の範囲に調節されている。

(b) 正文。左心室の壁が右心室の壁より厚いのは，右心室が肺へ血液を送り出すのに対して，左心室からは全身に血液を送り出すように拍出力が要求され，筋層が発達しているからである。

(c)　誤文。腎臓でグルコースを分泌しているのではなく，細尿管で再吸収できる以上のグルコースがろ過された結果，再吸収されなかったグルコースが尿中に排出されるのである。

(d)　誤文。植物の場合，「水分が過剰になると」ではなく，「水分が不足すると」である。乾燥条件などで水分が不足すると，アブシシン酸が合成され，K^+ が孔辺細胞外へ流出する。その結果，孔辺細胞の膨圧が低下して気孔が閉じる。

(C)　ナトリウムポンプとナトリウムチャネルに関する基本的な空所補充問題。ナトリウムポンプは，ATP を分解した際に得られるエネルギーを用いて，細胞外に Na^+ を，細胞内に K^+ を能動的に輸送する。一方，ナトリウムチャネルは，エネルギーを用いない輸送で，濃度勾配にしたがって Na^+ を輸送する。通常，Na^+ の濃度は細胞内より細胞外のほうが高いので，Na^+ はナトリウムチャネルを介して細胞外から細胞内に移動する。

(D)　淡水魚：表1－1より，淡水魚の1日あたりの糸球体ろ過量は 0.24L/kg であるから，体重 1kg あたり 0.24L がろ過される。一方，1日に原尿中にろ過されるナトリウムイオンの量は，条件より淡水魚の血しょう中のナトリウムイオン濃度が 140 ミリ mol/L なので

140×0.24〔ミリ mol〕　……①

表1－1より　$\dfrac{Na^+ \text{排出量}}{Na^+ \text{ろ過量}}=0.024$　……②

①，②より，Na^+ 排出量は　$140\times0.24\times0.024$〔ミリ mol〕　……（＊1）

また，表1－1より　$\dfrac{\text{尿量}}{\text{糸球体ろ過量}}=0.69$

体重 1kg あたりの1日の尿量は　0.24×0.69〔L〕　……（＊2）

よって，淡水魚の尿中のナトリウムイオン濃度は，（＊1）÷（＊2）より

$(140\times0.24\times0.024)\div(0.24\times0.69)=4.86\fallingdotseq4.9$〔ミリ mol/L〕

海水魚：海水魚の体重 1kg につき1日あたりの糸球体ろ過量は 0.013L，海水魚の血しょう中のナトリウムイオン濃度は 150 ミリ mol/L である。

1日に原尿中にろ過されるナトリウムイオン量は　150×0.013〔ミリ mol〕

また，$\dfrac{Na^+ \text{排出量}}{Na^+ \text{ろ過量}}=0.23$ より，Na^+ 排出量は

$150\times0.013\times0.23$〔ミリ mol〕

体重 1kg あたりの1日の尿量は，$\dfrac{\text{尿量}}{\text{糸球体ろ過量}}=0.66$ なので

0.013×0.66〔L〕

よって，海水魚の尿中のナトリウムイオン濃度は

$(150\times0.013\times0.23)\div(0.013\times0.66)=52.27\fallingdotseq52.3$〔ミリ mol/L〕

(E)　$水の再吸収率 = \dfrac{糸球体ろ過量 - 尿量}{糸球体ろ過量} \times 100$

$$= \left\{1 - \left(\frac{尿量}{糸球体ろ過量}\right)\right\} \times 100 \quad \cdots\cdots ①$$

$$ナトリウムイオンの再吸収率 = \left\{1 - \left(\frac{Na^+ 排出量}{Na^+ ろ過量}\right)\right\} \times 100 \quad \cdots\cdots ②$$

ヒトの場合，①より水の再吸収率は　$(1 - 0.0094) \times 100 = 99.06$〔%〕
また，②よりナトリウムイオンの再吸収率は
　$(1 - 0.010) \times 100 = 99.0$〔%〕
淡水魚の場合，①より水の再吸収率は　$(1 - 0.69) \times 100 = 31$〔%〕
また，②よりナトリウムイオンの再吸収率は
　$(1 - 0.024) \times 100 = 97.6$〔%〕
計算結果より，ヒトでは水もナトリウムイオンも 99%程度再吸収されるが，淡水魚ではナトリウムイオンは 98%程度再吸収されるのに対して水は 31%しか再吸収されない。

(F)　海水魚の $\dfrac{尿量}{糸球体ろ過量} = 0.66$，$\dfrac{Na^+ 排出量}{Na^+ ろ過量} = 0.23$ を比較してみる。このことは，水は糸球体ろ過量の 66%が尿として排出され，ナトリウムイオンは糸球体ろ過量の 23%が排出されることを意味する。海水魚が尿量を増やすと，多量の水が失われる半面，ナトリウムイオンは水と比べて排出される割合が $\dfrac{1}{3}$ 程度なので残りが体内に蓄積されることになり，浸透圧維持が困難になる。

(Ⅱ)(A)　交配 2 では両親とも *ot/ot* で，生まれた仔マウスの 24 時間後の生存率は 0%である。交配 4 では母が *ot/ot* の遺伝子型で，仔は遺伝子型に関係なく 24 時間後の生存率が 0%となるが，交配 3 では母が *OT/ot* の遺伝子型で，生まれた仔は *ot/ot* であっても 24 時間後の生存率は 100%近い。このことから，父や仔の遺伝子型は生存率に影響を与えないが，母の遺伝子型が *ot/ot* のときだけ仔の生存率は 0%となり，他の遺伝子型のときには生存率は 100%に近い値となり，母の遺伝子型が仔の生存率に影響を与えることがわかる。

(B)　実験 1 と実験 3 の結果より，父マウスの保育行動が不足していても母マウスがそれを補償していると考えられるので(6)は不適。(3)・(4)ならば，母マウス自体の生存が難しくなり実験 1 や実験 3 で述べてある種々の行動をとることができないので，これも不適。また，(1)や(2)にあるように仔マウスが死んだ原因が仔マウス側にあるというよりは，設問(A)の解答から母マウス側に何らかの原因があると考える方が妥当である。よって，(1)・(2)も不適。消去法によって(5)が残る。仔の生存率に影響するのは母マウスの遺伝子型で，実験 2 の結果よりオキシトシンの受容体が乳腺の平

滑筋に存在していることから，母マウスの乳が出なかったことによって仔マウスが生後24時間以内に死亡してしまうと考えられる。

(C)　設問(B)で母マウスから乳が出ないために仔マウスが死んだ可能性が妥当なものとして浮上した。これを検証するためには，*ot*/*ot* の遺伝子型の母マウスから生まれた仔に対して，人為的に授乳もしくは *OT*/*ot* の遺伝子型の母マウスから授乳をさせる実験を行う。そして仔の生存率が上昇することの確認を行えばよい。

研　究

〔文2〕のオキシトシンは9個のアミノ酸で構成されるペプチドホルモンである。視床下部の室傍核と視索上核の神経分泌細胞で合成されたオキシトシンは，脳下垂体後葉に輸送され，分娩の刺激等のストレス刺激に応じて血中に分泌される。血中に分泌されたオキシトシンの機能としては，分娩時の子宮平滑筋の収縮と分娩の誘起，乳腺からの乳汁分泌や生殖腺への制御作用などが知られている。

43　2014年度　第2問

解　答

(Ⅰ)(A)　RNA，ATP，コラーゲン，DNA，尿酸

(B)　電子供与反応：$NO_2^- + H_2O \rightarrow NO_3^- + 2H^+ + 2e^-$

電子受容反応：$2H^+ + 2e^- + \frac{1}{2}O_2 \rightarrow H_2O$

（別解）　電子供与反応：$NO_2^- + H_2O \rightarrow NO_3^- + 2[H]$

電子受容反応：$2[H] + \frac{1}{2}O_2 \rightarrow H_2O$

(C)　②

(D)　実験(1)：グルホシネート処理した植物に窒素同化産物を添加する実験を行い，枯死するまでの日数が通常より短くなれば，NH_4^+ の蓄積が原因である。

実験(2)：NH_4^+ を与えた植物と与えない植物をグルホシネート処理する。枯死するまでの両者の日数が同じであれば，窒素同化産物の不足が原因である。

(Ⅱ)(A)　野生型：８日　　変異体 x：12日

(B)　根系１と根系２から地上部へ伝わるシグナルは，根粒数が大きくなるほど増加し，それを受容した地上部は，受容したシグナルに比例して根粒形成を抑制するシグナルを２つの根系に送る。両根系で形成される根粒総数が約80個に到達すると，抑制シグナルの増加により新たな根粒形成が停止し，根粒総数は一定となる。

(C)　段階(1)に関与する場合：ｃ　　段階(3)に関与する場合：ｈ

解　説

(Ⅰ)(A)　窒素を含む有機化合物として，タンパク質，核酸，ATP，クロロフィル，尿素，尿酸などが挙げられる。コラーゲンは動物の結合組織に広く分布する繊維性タンパク質である。グリコーゲン，脂肪，乳酸は，炭素，水素，酸素からなる物質で，窒素を含まない。

(C)　エネルギーを取り出す反応は酸化反応であるので，それを考えると②だけがそれを満たしている。個別に見ていくと，①は窒素固定反応で，ATPのエネルギーを必要とする。②は亜硝酸菌による NH_4^+ の酸化である。NO_2^- はさらに硝酸菌によって NO_3^- に酸化され，植物に吸収される。③や④は還元反応であり，エネルギーが放出されることはない。⑤は植物の窒素同化で，ATPを使って行われるため，適さない。

(D)　実験(1)：グルホシネート処理した上で窒素同化産物を与えると，窒素同化産物が

不足するという条件は回避できる。しかし培地中のNH_4^+の蓄積が進行するはず。そこで通常の日数よりも植物の枯死が短い期間で生じれば，枯死する原因がNH_4^+の蓄積ということになる。

実験(2)：NH_4^+を含んだ培地と，NH_4^+を含まない培地の両方を設定する。両者ともグルホシネート処理し，枯死するまでの日数を調べる。もし，両者に違いがないならば，窒素同化産物の不足が原因になる。

(Ⅱ)(A)　野生型の場合は方眼紙や片対数方眼紙を用いなくてもわかる。20日後と36日後に着目する。20日後の乾燥重量は0.45g，36日後の乾燥重量は1.80gであり，16日間で4倍に乾燥重量が変化しているので，倍加日数は8日と求まる。変異体xの場合は，表2－1からは正確な値が求められないので，この場合グラフを作成して求める。

変異体xの16日後の乾燥重量は0.30gである。これが何日後に2倍の0.60gになるかを求めればよい。その場合，片対数方眼紙を用いてデータをプロットしていくと直線になるので，縦軸が0.60gのところの横軸の値を求めると28日後となる。よって，倍加日数は28－16＝12日 になる。

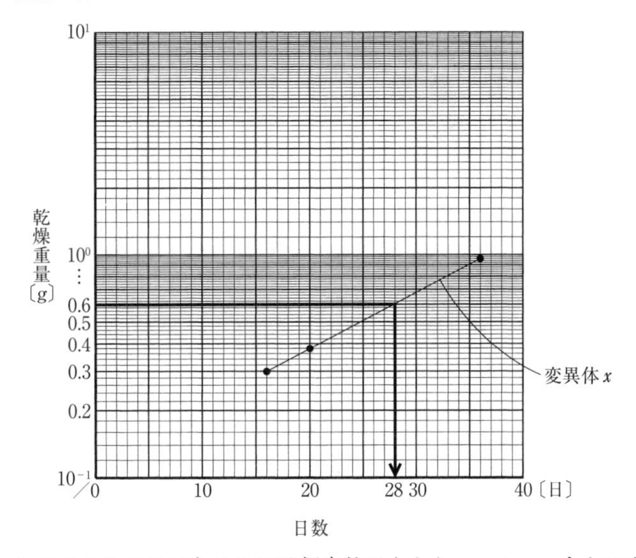

(B)　図2－3の3つのグラフをここでは便宜的に上からa，b，cとしておく。aは2つの根系に根粒菌を同時に感染させた場合で，30日後には根粒の総数が80個程度になっている。bでは根系1に感染させた6日後，根系2に感染させており，cでは根系1に感染させた12日後，根系2に感染させている。このように，根系ごとの感染に時間差がある場合も，実験開始後30日で，根粒の総数はb，cともaと同じ80個程度で一定となっている。

このことから，根系の根粒の個数を感知し，根粒の形成を抑制して一定数にとどめる仕組みがあることがわかる。

これは，図２―３のａのように同時に根粒菌を感染させた場合だけでなく，ｂやｃのようにタイムラグをもたせた場合でも見られることから，根系から地上部に対してのシグナルは常に送られているとわかる。シグナルを受けた地上部では，受けたシグナルに比例して新たな根粒の形成を抑制するシグナルを生成し，根に送るため，根粒数がある一定数に達すると，それ以上は根粒形成されなくなる。

(C)　タンパク質Ｙが段階(1)に関与している場合，野生型（根系１）からは根粒形成を知らせる正常なシグナルが送られるが，変異体 y（根系２）からは正常なシグナルが送られない。このため，地上部からは弱い抑制シグナルが根系に送られるので，根系１と根系２の両方ともが野生型の場合より多い根粒を形成する。さらに抑制シグナルは根系１と根系２の両方に等しく伝わるので，根粒数は等しくなると考えられる。図２―７でｃがそれを満たす。

タンパク質Ｙが段階(3)に関与している場合，根系１，根系２から根粒形成を知らせる正常なシグナルが送られる。根系２は変異体 y であり多数の根粒を形成しているので，野生型の根系１よりも大きなシグナルが地上部に送られる。その結果，地上部では，野生型の場合より強く抑制するシグナルが根系１と根系２に送られる。したがって，根系１では根粒の個数がともに野生型の場合（３個～４個）よりも少なくなる。根系２では，抑制シグナルを受容して根粒形成を停止させる機構が働かないので，ともに変異体 y の場合（30 個程度）の根粒を形成する。これを満たすグラフはｈである。

研　究

マメ科植物であるミヤコグサを材料とした研究で，根粒形成を抑制するシグナル分子をコードすると考えられる遺伝子が最近発見された。シグナル分子の実体は，アミノ酸が 13 個連なったペプチドで，アラビノースという糖鎖が付加されている物質である。人工的に合成したシグナル分子を植物に与えると，根粒の数を減らす働きがあることが確かめられ，糖鎖がシグナル分子の活性に不可欠であることも明らかになっている。また，このシグナル分子は道管の中を移行し，HAR1 という受容体に結合して情報を伝えていることも解明されている。

44　2010年度　第1問

解　答

(Ⅰ)(A)　(1)　体液　　(2)　免疫グロブリン　　(3)　T細胞

(B)　B細胞の分化の過程ではDNAの再編成が行われるため，膨大な種類のB細胞がつくられる。その中にはマラリア原虫のタンパク質に結合する抗体を産生するB細胞も含まれているから。

(C)　(3)・(4)・(5)

(D)　異なる病原体OとPに共通の抗原決定部位が存在し，そこに同じIgG抗体の抗原結合部位が結合したため。

(E)　$Y^{+/+}$マウスではY遺伝子が発現しており，Yを自己と認識するので，Yに対する抗体がつくられず抗体力価が上昇しない。$Z^{-/-}$マウスではZ遺伝子が発現しておらず，Zを非自己と認識するため，Zに対する抗体がつくられ抗体力価が上昇する。

(F)　(3)

(Ⅱ)(A)　(1)・(2)

(B)　胸腺の形成不全のヌードマウスではT細胞の成熟が起こらないので，B細胞は抗体を産生できない。そのため，がん細胞Xを注射してもXに抗体が結合せず，マクロファージによる食作用を促進できないから。

(C)　(4)

理由：マクロファージの食作用は，がん細胞Xに抗体のFabが結合し，その抗体のFcにマクロファージが結合することで，抗体を介してXとマクロファージが結合した場合に活発になるから。

解　説

(Ⅰ)(A)　(3)　続く文に，B細胞のクローン増殖を「調節する」とあるので，B細胞の増殖を促進するヘルパーT細胞と，免疫反応に抑制的に働くと考えられているサプレッサーT細胞が考えられる。ここでは，広くT細胞としておくのがよいだろう。

(B)　〔文1〕の後半で述べられている多様な抗体がつくられるしくみに注目して解答する。B細胞の分化の際に，重鎖はV，D，J，軽鎖はV，Jの遺伝子群からランダムに選び出された遺伝子（DNA）断片の再編成により，膨大な種類の可変部遺伝子がつくられる。その結果，マラリア原虫のつくるタンパク質と結合できる抗原結合部位をもつ抗体を産生するB細胞も生じると考えられる。

(C) 抗体はその可変部にある抗原結合部位と，抗原分子の表面にある抗原決定部位（エピトープ）との間で特異的に結合する。この結合は，水素結合・ファンデルワールス力・イオン結合といった非共有結合による。それぞれの結合は共有結合と比べると比較的弱いが，これらが組み合わさると，強い結合を形成できる。

(D) 下線部(ア)から，抗原の全体の形態や分子構成が違っていても，抗原決定部位の立体構造が同じであれば，同一の抗体と結合することがわかる。つまり，病原体OとPは同一の抗原決定部位をもち，それと相補性のある立体構造をもつ抗体の抗原結合部位が両者に結合したと考えることができる。

(E) $Y^{+/+}$ マウスはヒトのタンパク質Yの遺伝子を発現しているので，このマウスにとってYは自己成分であり，Yに対する抗体産生は抑制されている（免疫寛容）。そのため，Yを注射しても血清中の抗体力価は上昇しない。一方，$Z^{-/-}$ マウスではタンパク質Zをつくることができないので，このマウスにとってZは非自己である。そのため，Zを注射すると，Zに対する抗体がつくられ，抗体力価が上昇する。

(F) 二次応答の理由が問われている。体内に1つの抗原が侵入すると，多様なリンパ球のうちその抗原と結合する抗体をつくる特定のB細胞だけが刺激され，急速に増殖する。その結果，同一の抗体遺伝子をもつB細胞の集団が形成される。そしてこれらが抗体産生細胞へと分化し，侵入した抗原に対する特異的な抗体だけがつくられる。1回目のYの注射によってクローン増殖したB細胞の一部は記憶B細胞として残る。2回目の注射では，記憶B細胞が速やかに増殖するため，Yと結合できる抗体が短時間で多量に産生される。

(Ⅱ)(A) 免疫機能に関するリンパ系器官のうち，胸腺や骨髄を中枢リンパ組織，ひ臓やリンパ節を末梢リンパ組織という。B細胞の多くは，末梢リンパ組織であるひ臓やリンパ節に多く含まれる。

(B) ヌードマウスは胸腺の形成不全を示すマウスのことで，このマウスではT細胞の成熟が起こらないので，抗体が産生されない。ここでのポイントは，ヌードマウスは胸腺の形成不全→T細胞の分化が起こらない→抗体がつくられない→がん細胞Xに抗体が結合しない→マクロファージの食作用が促進されない，という流れである。

(C) 〔文2〕に，抗体のFabは，抗原細胞と結合し，Fcはマクロファージの受容体と結合するとある。このように抗体を介して抗原細胞とマクロファージが結合することで，抗原細胞に対するマクロファージの食作用が促進される。がん細胞Xとマクロファージを正確に介することができるのはFabとFcが結合しているmab 1だけである。

45

2010年度　第3問

解答

(Ⅰ)(A)　(1)　効果　　(2)　シナプス　　(3)　半規管

(B)　(4)　減少　　(5)　増加　　(6)　増加　　(7)　減少

(C)　(a)　外直筋が収縮するとき内直筋が弛緩し，外直筋が弛緩するとき内直筋が収縮することで，眼球の回転を円滑に行うことができる。

(b)　左右の眼の一方の外直筋ともう一方の眼の内直筋を同時に収縮させることで，両眼を同一方向に回転させることができる。

(D)　右側の感覚器の活動が消失しても左側の感覚器の活動は増加するので，左側の神経核Aの興奮性ニューロンの興奮が右側の神経核Bに伝わり，左眼の内直筋と右眼の外直筋へと興奮が伝わるため，左右の眼球はともに右に回転する。

(Ⅱ)(A)　体性感覚野：(3)　　運動野：(2)

(B)　(2)・(4)

(C)　(2)・(5)

(D)　A

(E)　視野の中心付近ほど1つのニューロンが担当する視野の範囲は狭く，周辺部ほど広くなる。

解説

(Ⅰ)(B)　頭を左側に回転させると，下図のように興奮が眼筋に伝わる。

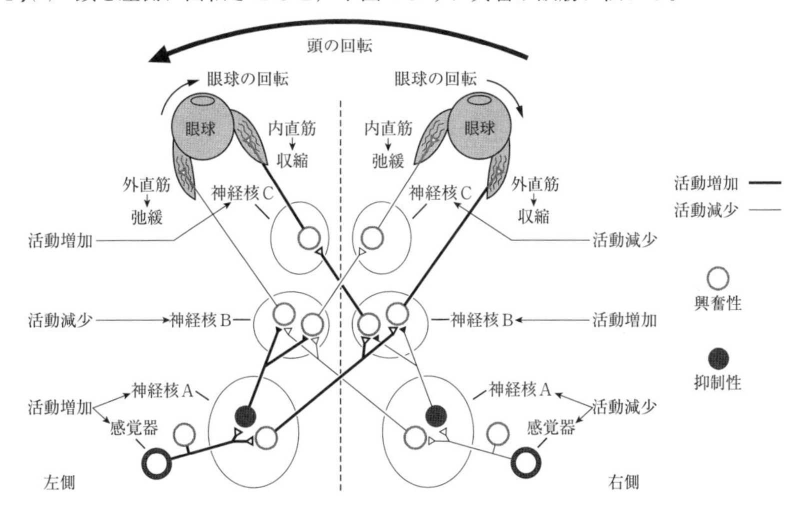

(C) (a) ここでは同じ側にある神経核のニューロンの活動を比較しているので，片方の眼に着目して述べること。「円滑に」は是非解答に含めたい語句である。

(b) ここでは左側と右側にある神経核のニューロンの活動を比較しているので，左右両方の眼に着目して述べること。「同一方向に」がキーワードである。

(Ⅱ)(B) 資料集などで「ペンフィールドの地図」を確認しておきたい。

(C) (2)誤り。図３－２(a)で，視野の面積は，F～2°の部分の面積を１とすると，2°～10°の部分は25－1＝24，10°～40°の部分は400－25＝375である。しかし，この視野に対応する視覚野の領域は(b)で見ると，あまり差がない。したがって，一定の視野面積あたりの視覚野の領域が最も広いのはF～2°である。

(5)誤り。視野を左右に分ける線Ｖは図３－２(b)の右半球では上方と下方の２つに存在するように見えるが，線ＶはＦを通って１本につながっている。

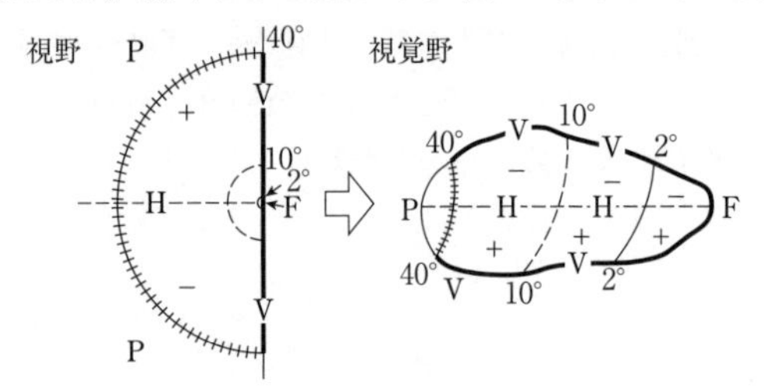

(D) 「○」を見た場合と「×」を見た場合の図からわかることをまとめてみる。

「○」を見た場合：左視野に見える半円は，大脳右半球の視覚野では逆向きの円周となる。このとき，視野の10°と40°のちょうど中間に描いた円周は視覚野では40°側に描かれる。

「×」を見た場合：中心Ｆは変化しない。直線は少しゆがんだ曲線となる。

与えられた図３－５について，次の図①のように記号をおいて考える。まず，QFはＨ上にある。Ｑの位置は視野の10°～40°にあり，10°側に寄っているから，QFは図②のようになる。次にSQとRQは，「×」を見たときの図から判断して直線である。Ｓは視野の40°の円周とＶの交点であるので，SQは図③のようになる。Ｒは，視野の下側にあり40°の円周上で，ＨとＶの中間に近い位置にあるから，RQは図④のようになる。

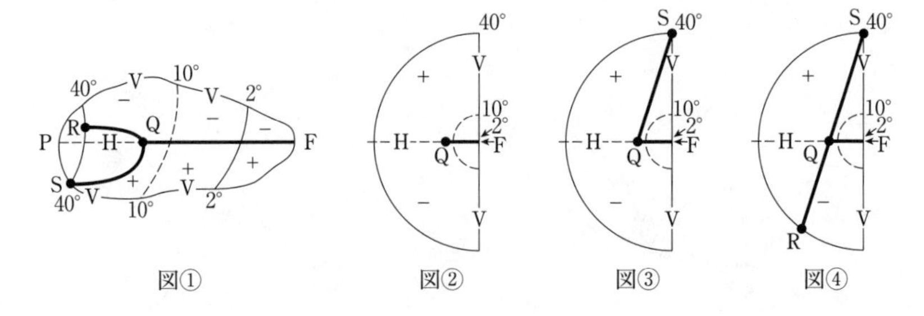

図①　図②　図③　図④

46　2009年度　第2問

解　答

(Ⅰ)(A)　(1)　正　(2)　負　(3)　負　(4)　正

(B)　(a)　インドール酢酸

(b)　ジベレリン，サイトカイニン，アブシシン酸，エチレンから2つ

(C)　茎ではオーキシン濃度の高い下側の伸長速度が大きく，逆に根ではオーキシン濃度の高い下側の伸長速度が小さくなるから。

(Ⅱ)(A)　平衡石〔平衡砂，耳石〕

(B)　アミロプラストの比重を高め，沈降しやすくし，重力を感知しやすくする。

(C)　茎の重力屈性には必要であるが，根の重力屈性には必要ではない。

(D)　細胞の浸透圧調節，老廃物の蓄積，色素などの物質貯蔵などから2つ

(E)　アミロプラストが重力方向に移動し，沈降すること。

(F)　細胞質糸があることで，アミロプラストは細胞質糸を移動して細胞内で重力の向きにしたがって速やかに沈降することができる。しかし，細胞質糸がないと，重力方向が変化してもアミロプラストは移動できない。

(Ⅲ)　(2)・(5)

解　説

(Ⅰ)(B)　(b)　ブラシノステロイド（1979年にアブラナの花粉から単離された）や，ジャスモン酸（1971年に植物病原菌の培養液から単離された）を挙げてもいい。

(C)　図2－1を見て答える。設問にあるように，オーキシン濃度は茎では10^{-1}～10 mg/l，根では10^{-3}～10^{-1} mg/lであり，このオーキシン濃度の範囲では，オーキシン濃度が高くなるほど，伸長速度が茎では増加するが，根では減少する。植物を傾けると，茎でも根でも下側でオーキシンが高濃度になると考えられるので，茎では下側の濃度を10 mg/l，上側の濃度を10^{-1} mg/l，根では下側の濃度を10^{-1} mg/l，上側の濃度を10^{-3} mg/lと想定すればいい。

(Ⅱ)(B)　変異株pは「色素体はデンプン粒を蓄積したアミロプラストにはなっていなかった」とあるところがポイントである。アミロプラストはデンプン粒を蓄積することで比重が高まり，通常の重力でも十分沈降できるようになり，重力刺激に対する反応性を高めているのである。

(C)　変異株sでは，「茎の重力屈性は失われていたが，根は正常に重力刺激に反応した」，「茎と根のどちらにも内皮細胞が形成されず」とあるので，内皮細胞が形成さ

れなくても根の重力屈性には影響がないことがわかる。すなわち，茎の内皮は重力受容器としての機能を担うが，根の内皮にはそのような機能はないと判断できる。

(D)　液胞は，植物細胞の浸透圧調節，クエン酸など有機酸・無機塩類などの物質貯蔵，老廃物の貯蔵などを行う。

(E)　どの程度まで記述するかを考えて書くことになる。(F)で細胞質糸のことを述べるので，ここではふれないで，結果を記述するにとどめる。野生株，変異株p，変異株zの比較なので，アミロプラストが重力方向に沈降していけば重力を感知できることがわかる。

(F)「細胞質糸の有無とアミロプラストの挙動」ということであるから，細胞質糸がある場合とない場合について述べる。細胞質糸があるとアミロプラストは細胞質糸を通って重力方向に沈降できるが，細胞質糸がないと重力方向が変化しても，アミロプラストは正常に移動できず沈降できない。

(Ⅲ)　変異株xは「アミロプラストが発達して正常に重力方向に沈降」するとあるので，重力刺激を感知するためのデンプン粒は合成されていると考えられ，(1)は誤り。液胞が未発達であれば，茎の内皮細胞でアミロプラストが細胞質糸を移動できない可能性はあるが，根のコルメラ細胞は液胞が未発達でもアミロプラストは細胞質基質を自由に動けるので，根が重力屈性を示さないということにはならないから，(3)，(4)は誤り。「光屈性は正常であった」とあるので，(6)は誤り。消去法によって，(2)と(5)が残る。

研　究

一方向からの光刺激とは違って，重力刺激は器官の上側と下側の間で勾配を形成することはなく，植物の各部分はすべて等しい重力刺激を受けている。では，どのようにして植物細胞は重力を感知しているのであろうか？

重力を感知する唯一の方法（あるいはそれに近い方法）は，落下や沈降することのできる物体の動きを利用することである。植物の細胞内重力センサーの候補は多くの植物細胞に存在する大きくて密度の高いアミロプラストである。アミロプラストは動物における平衡石と同様のはたらきをもち，重力センサーとして機能する。これが，どの部分をどのように移動，沈降するかを調べ，重力屈性に異常のある変異体と比較することで，重力感知のしくみを調べることができる。その材料として注目されているのが，本問の材料となったシロイヌナズナである。

47　2008年度　第2問

解　答

(Ⅰ)(A)　1—恒常性〔ホメオスタシス〕　2—間脳視床下部　3—脳下垂体後葉　4—抑制　5—低

(B)　(3)

(Ⅱ)(A)　31.5 mg/分

(B)　126 ml/分

(C)　排泄量：13.5 mg/分　ろ過負荷量：2.52 mg/分

(D)　(3)

(Ⅲ)(A)　6—(1)　理由：インスリンの投与により患者の血糖値が低下し，尿中にグルコースが排泄され始める閾値を下回ったから。

7—(2)　理由：腎細管中のグルコースがすべて再吸収されたので，原尿の浸透圧が低下し，水の再吸収量が増加したから。

(B)　(2)

(C)　(2)・(4)

解　説

(Ⅰ)(A)　4・5　バソプレッシン（バソプレシン）は抗利尿ホルモンともいう。バソプレッシンの分泌が増加すると，水の再吸収量が増え，血しょう（体液）浸透圧が低下するとともに，尿量が減り，尿の浸透圧が上昇する。

(B)　(3)誤り。交感神経の末端からはノルアドレナリンが，副交感神経の末端からはアセチルコリンが分泌され，一般に両者は各器官に拮抗的に作用する。

(Ⅱ)(A)　ある物質が，単位時間に尿中に排泄される量（排泄量）は

　　尿流量（単位時間に排泄される尿量）× その物質の尿中濃度

で求められる。よって　$0.9 \times 35 = 31.5$〔mg/分〕

(B)　問題文より　糸球体ろ過量＝ろ過負荷量÷血しょう中濃度　……①

また，物質Xのような，再吸収も分泌もされない物質では

　　排泄量＝ろ過負荷量　……②

①と②より　糸球体ろ過量＝排泄量÷血しょう中濃度

よって，糸球体ろ過量は　$31.5 \div 0.25 = 126$〔ml/分〕

(C)　物質Yの排泄量は(A)と同様にして　$0.9 \times 15 = 13.5$〔mg/分〕

①より，ろ過負荷量＝糸球体ろ過量×血しょう中濃度であるから，物質Yのろ過負荷量は　$126 \times 0.02 = 2.52$〔mg/分〕

(D)　(C)の結果で，排泄量＞ろ過負荷量となっている。これは，尿中へ排泄された量＞糸球体でろ過された量ということであるから，物質Yは腎細管で分泌されており，分泌量＞再吸収量となっている。

(Ⅲ)(A)　正常血糖値は約 1.0 mg/ml と記憶しておけばいい。

6　図2－2より，血糖値が 2.5 mg/ml（閾値）をこえると，再吸収の限界をこえて尿に糖が排泄される。インスリン投与により血糖値が正常化すると尿中の糖は消失する。

7　腎細管において，水は水チャネルを通って再吸収される。本来はナトリウムポンプで腎細管から血管に再吸収された Na^{+} の浸透圧によって，水が腎細管から血管へ再吸収されるのであるが，糖尿病のように血糖値が高く，グルコースが腎細管に存在する場合は，原尿の浸透圧が高いため水が再吸収されにくく，尿量は多くなる。また，インスリンは血糖値を下げるだけでなく，腎臓でのナトリウムの再吸収を促進させる作用もある。したがってインスリンを加えることで尿量は減少する。

(B)　正常血糖値であればクリアランス（排泄量÷血しょう中濃度）は0であるので，(1)と(3)はあり得ない。クリアランスは血しょう中濃度（血糖値）の逆数に比例するので，正解は(2)。

(C)　インスリンはグリコーゲン合成や，各器官や細胞における糖の消費を促進することで血糖量を減少させる。インスリンが欠乏すると，これらの反応が起こらない。

研　究

糸球体ろ過量（GFR：glomerular filtration rate）を測定するには，クリアランス（排泄量÷血しょう中濃度）を求める。クリアランスを GFR の測定に用いるためには，糸球体で自由にろ過され，腎細管で分泌も再吸収もされないという条件のほかに，無毒で体内で代謝されないという条件も満たす物質を用いる必要がある。イヌリン（inulin）はダリアの塊根中に含まれる果糖の重合体で，分子量 5200 の多糖類であり，上記の条件をすべて満たすので，GFR の測定に用いられる。

実際に GFR を測定する場合，一定量のイヌリンを静脈注射し，その後動脈血しょう中の濃度が一定値を維持するように静脈注射を続ける。イヌリンが体液内で平均化したら，一定時間後に尿と血しょうを採取する。

イヌ・ネコ・ウサギなどの哺乳類では，クレアチニンクリアランスも GFR を測定するのに用いることができる。しかし，ヒトを含めた霊長類では腎細管が少量のクレアチニンを分泌し，再吸収もする。さらに，血しょう中クレアチニン濃度の測定は，それが低濃度のときは不正確である。というのも，クレアチニン測定法では，血しょう中の他の成分も少量測定値に入ってしまうからである。

ところが，クレアチニンクリアランスの値は，イヌリンクリアランスの値とよく一致する。その理由は，腎細管分泌のために排泄量が多くなるが，血しょう中濃度も実際の値より大きく測定され，その結果，2つの誤差が相殺しあうからである。

48　2007年度　第１問

解　答

(Ⅰ)　１－平滑〔内臓〕　２－横紋　３－副交感　４－交感
５－間脳視床下部

(Ⅱ)(A)　右心房
理由：右心房にある洞房結節が心臓の自動性の中心となるペースメーカーとして働くから。

(B)　物質名：アドレナリン　標的器官に作用する物質：ホルモン

(C)　神経伝達物質Ｙ：(2)，アセチルコリン
神経伝達物質Ｚ：(3)，ノルアドレナリン

(D)　特徴：①収縮の頻度が増加する。②収縮・弛緩の振幅が大きくなる。
心臓の機能：①心拍数が増加する。②１回の拍出量が増加する。

(Ⅲ)(A)　１－高　２－低　３－低　４－低　５－高　６－高

(B)　心臓から近い肺に血流を送り出す右心室に比べて，全身に血流を送り出す左心室はより厚い心筋層をもつ必要があるから。

(C)　左心室内圧は右心室内圧より高いために，心室中隔が欠損していると左心室から右心室に血液が流れ，肺循環の血流量は増加するが，体循環の血流量が減少して全身の臓器に供給される酸素が不足する。

解　説

(Ⅱ)(A)　ヒトの場合，右心房と上大静脈の境界に洞房結節という部分がある。ここは自発的な収縮を起こすところで，ペースメーカーとも呼ばれている。単独で自動性をもつのは右心房で心房筋標本ａである。

(B)　副腎髄質に含まれるアドレナリンは心臓の拍動促進に働く。副腎髄質には，ノルアドレナリンからアドレナリンを合成する酵素がある。ノルアドレナリンとアドレナリンの作用は似ているが，各種の効果器ごとに作用に強弱がある。

(C)　実験２では小腸筋標本を用いている。消化器の平滑筋の収縮は副交感神経によって促進され，交感神経によって抑制される。よって物質Ｙを投与すると平滑筋が収縮するので物質Ｙはアセチルコリンである。物質Ｚを投与すると平滑筋が弛緩するので，物質Ｚはノルアドレナリンである。

物質Ｙ（＝アセチルコリン）を心房筋標本ａに投与すると拍動が抑制されるのでグラフは(2)，物質Ｚ（＝ノルアドレナリン）を投与すると活動が強まるのでグラフは(3)である。

(D) 図１－４の投与前のグラフ（一番上に表記されている）と投与後の(3)のグラフを比較して考える。２つの点が違っている。ｉ）収縮頻度が１秒間あたり５回から６回に増加している。ⅱ）収縮の大きさすなわちグラフの振幅が大きくなっている。ｉ）とⅱ）の観察された現象が生理学的にどのような現象をもたらすかを推測して記述する。ｉ）心臓の拍動数増加，ⅱ）血圧上昇や拍出量増加になる。

(Ⅲ)(A) 静脈血が流れているところは血中酸素濃度が低く，動脈血が流れているところは血中酸素濃度が高い。大静脈は全身の組織にO_2を渡してくるので，血中酸素濃度が低い。大静脈→右心房→右心室→肺動脈まではO_2の血中濃度は低い。肺で酸素が供給されるので，肺静脈→左心房→左心室→大動脈はO_2の血中濃度は高い。

(B) 右心室からは比較的心臓から近い肺に血液を送り出すのに対し，左心室からは，経路が長く，抵抗性の大きい全身に血液を送り出す。そのため左心室はより厚い心筋層をもつ必要がある。

(C) ここで難しいのは，心室中隔の穴がふさがらない場合，何がどのように正常な場合と違ってくるのかということである。図１－３で心室中隔を確認すると，右心室と左心室を隔てている部位である。正常な場合は右心室と左心室がしっかり分けてあるので，肺循環と体循環が正常に機能する。これが心室中隔に穴があくと，心室壁の厚さから容易に推測がつくと思うが，左心室内圧＞右心室内圧となり，左心室から右心室へ血液が流入する。この結果，体循環にいくべき血液が肺循環の方に入っていくので，体循環の血液量が減少し，全身の臓器に供給される酸素量が不足する。

研　究

心臓の拍動は受精後 18 日ごろから開始し，死ぬまで片時も停止しない。しかし，全く休みなく活動していると考えるのは誤りである。収縮は心房と心室で交互に行われ，心房の収縮は約 0.11～0.14 秒で，その後毎回 0.66 秒休み，合計すると，24 時間で心房は 3.4 時間～ 4 時間働き，約 20 時間休むことになる。

心室の収縮は心房より長く続き，約 0.27 秒～0.35 秒で，休息は 0.45～0.53 秒である。したがって，心室は 24 時間に 8.5～10.5 時間働き，13.5～15.5 時間休むことになる。

49

2004年度　第2問

解　答

(Ⅰ)　1－味覚芽　　2－髄鞘　　3－ランビエ絞輪　　4－跳躍伝導

(Ⅱ)(A)　びんの位置が選択に影響する可能性を排除するため。

(B)　(a)　Xを含んだ水溶液と蒸留水を同程度摂取しているので，Xを苦味として受容していない。Yの入った水溶液より蒸留水を多く摂取しているので，Yを苦味として受容している。

(b)　(5)

(c)　(6)

(C)　(a)　B系統はPが変異し，C系統はQが欠失している。$(B \times C)F_1$マウスは正常な遺伝子Pと遺伝子Qをそれぞれヘテロにもつので，苦味物質Xに応答できる。

(b)　33：31

(D)　• B系統の遺伝子Pを導入してもXに対する応答は増加しないが，A系統の遺伝子Pを導入すると，Xに対する応答性が増加する。

• A，Bどちらの系統の遺伝子Pを導入してもYに対する応答性が増加しない。

(E)　X－(4)　　Y－(3)

(F)　(a)　遺伝子PはTリンパ球で発現はしないが，Tリンパ球の核内に存在しているから。

(b)　タンパク質Kを捕食し，Tリンパ球に抗原を提示して増殖を促す。

(c)　紡錘体

(d)　Tリンパ球が分裂中期で細胞分裂を停止するため。

解　説

(Ⅱ)(A)　実験が味覚以外の条件（ここではびんの位置）に影響されないことを確かめる必要がある。

(B)　びん1は味物質を含み，びん2は蒸留水である。

(a)　苦味濃度10 mg/lのとき，図3で苦味物質Xに対しては縦軸の値が0.5となっているので，マウスはびん1とびん2から同じ量を摂取しており，びん1の水溶液をとりわけ好んだり，忌避しているわけではない。つまり苦味として物質Xを受容していないことがわかる。一方，物質Yに対しては，縦軸の値が0.5より小さく，びん1の水溶液を忌避しているので，物質Yを苦味物質として受容している。

(b)　マウスは甘い物質を好むので，甘味物質Zの濃度が高くなるにつれて，びん1

から摂取する割合が高くなる。

(c) 図３よりマウスは物質Ｘよりも物質Ｙに対して敏感だから，物質Ｘの苦味を感じない１～10 mg/lではびん２を忌避する。物質Ｘが 1000 mg/l になると，物質Ｙの１mg/lとほぼ同じ程度に苦味を感じるから，びん１とびん２から等しい量を摂取する。つまりどちらもいやだが，水を摂取しないわけにはいかないので，とりあえず両方のびんから半分ずつ摂取する状態になる。

(C) Ｂ系統の遺伝子型は ppQQ，Ｃ系統の遺伝子型は PPqq となる。ただし，Ｐの変異遺伝子をｐ，Ｑの欠失遺伝子をｑとする。

(a) Ｂ系統（ppQQ）とＣ系統（PPqq）との交配でできた（B × C)F_1はＰとＱという２つの優性遺伝子をあわせもつ（PpQq）ので，苦味物質Ｘに応答可能となった。

(b) 遺伝子Ｐと遺伝子ｑ，遺伝子ｐと遺伝子Ｑがそれぞれ連鎖して，組換え価が25％なので，(B × C)F_1（遺伝子型 PpQq）がつくる配偶子の分離比は

PQ：Pq：pQ：pq ＝ 1：3：3：1

よって，F_2の表現型の分離比は

[PQ]：[Pq]：[pQ]：[pq]＝ 33：15：15：1

(D) 図４・図５・図６の縦軸の意味が理解できないといけない。実験３に「形質転換の結果，苦味受容体は細胞表面に出現する。……苦味物質Ｘに応答し，その細胞内カルシウムイオン濃度が上昇する」とある。したがって，苦味物質Ｘの濃度が上昇するにつれて，細胞内カルシウムイオン濃度が高くなれば物質Ｘに応答していると判断できる。

実験の結果，Ａ系統の遺伝子Ｐを導入したときだけ，Ｘに対する応答性が増加している。また，Ａ，Ｂどちらの系統の遺伝子Ｐを導入してもＹに対する応答性は増加しないことがわかる。

(E) 遺伝子Ｐを欠失したＡ系統由来の味細胞は物質Ｘの苦味を受容できないので，忌避が見られず，同じ量ずつ摂取する。また，遺伝子ＰはＹ受容体には関与していないので，物質Ｙへの応答には変化がない。

(F) (a) 要するに遺伝子ＰはＴリンパ球の核の中に存在しているが，発現していないことを言えばいい。

(b) マクロファージがタンパク質Ｋを抗原として提示し，Ｔリンパ球の増殖を促進した。

(c)・(d) コルヒチンで紡錘体の形成を阻害したので，染色体の両極への移動ができなくなった。

50　2003年度　第2問

解　答

(Ⅰ)(A)　(2)・(4)

(B)　核で分解されたか，核から細胞質に運ばれた可能性がある。

(C)　1—(a)　2—(b)　3—(a)　4—(a)

(D)　光合成に有効な赤色光が上層の葉に吸収されるため，下層に届く光には赤色光が少なく，遠赤色光の割合が高い。

(E)　規則的な日長変化は，数日間で正確な季節信号になりうるが，温度は季節による変動が不確実で，数週間以上続かないと信頼できる信号にはならないから。

(F)　(3)・(5)　(G)　5—(6)　6—(12)　(H)　(3)

(Ⅱ)(A)　第1領域—雌しべ　第2領域—雄しべ
第3領域—雄しべ　第4領域—雌しべ

(B)　8—C　9—B

(C)　Aグループの遺伝子だけが発現し，全領域が多数のがくのみの花となる。

解　説

(Ⅰ)(A)　ジベレリンは茎の伸長成長を促進する。変異体 *s—1* は，ジベレリン投与がなくてもジベレリンが過剰に投与されたのと同じ状態になるから，背丈は通常よりも高くなる。よって(2)は矛盾する。変異体 *s—2* はジベレリンによる成長促進がないと考えていいだろう。よって(4)は矛盾する。

(B)　可能性については，どんなものでもいいというわけではない。実証可能なもので，かつその可能性が高いものを答える。ここでは，*S* の産物は分解と移動によって消失したと考えておく。

(D)　群落の下層における発芽の抑制は，下層に到達する光の強さと波長によるものである。特に光発芽種子では光の波長が重要で，赤色光により発芽が促進され，遠赤色光により発芽が抑制される。群落の上層で赤色光がクロロフィルにより吸収されれば，下層には赤色光を除いた光（遠赤色光の割合が高い）が届く。この結果発芽が抑制される。

(E)　日長変化は常に一定の割合で進行し，後戻りすることはないので季節の確実な信号となる。一方，温度は年間を通してみれば季節に対応して変動するが，後戻りが見られる（10月であっても30℃を超えることがあったりする）。この違いには，植物が季節変化を感じるうえでどのような利点があるかが問われているので，規則性が高い日長変化は短時間で，変動の大きな温度変化は時間をかけて吟味することで正確な季節変化を感知できるとしてまとめておけばいいだろう。

(F) 光周性と温度条件が花芽形成にどのように関連しているかが問われている。短日植物のシソを短日条件下においた後に，長日条件下で育てた植物に接ぐと花芽形成が起こるが，低温処理の効果は接木しても情報が移行しないので，(3)・(5)が誤り。

(G) 〔文１〕には「植物の茎頂は花芽の分化まで低温刺激を‘記憶’し……。しかし，低温処理の効果は種子には受け継がれない」とあるので，茎頂で見られる体細胞分裂で増殖する過程まではその記憶が受け継がれてくる。しかし，減数分裂により配偶子をつくり種子ができるところまでは受け継がれない。

(H) 遺伝子Fは花芽形成を抑制する遺伝子で，この遺伝子がつくる産物が花芽形成抑制に働いている。さらに，正常個体では，低温刺激を受けると，遺伝子Fの発現が減少し，その産物も減少するので，花芽形成の抑制解除が起こる。変異体では，低温刺激によりFの発現の減少が一過的なのでその産物の減少も一過的にすぎず，抑制解除が起こらない。よって，「低温刺激の‘記憶’」というのは，“Fの発現抑制が維持されること”である。

(Ⅱ) 〔文２〕に記述された内容をまとめていけばいい。花には４つの領域があり，それらの領域に１つの花器官ができる。花器官の分化にはＡ，Ｂ，Ｃの遺伝子が働く。「第１領域→Ａ→がく，第２領域→ＡとＢ→花弁，第３領域→ＢとＣ→雄しべ，第４領域→Ｃ→雌しべ」「ＡとＣは抑制しあい，同一の細胞では発現しない」「Ｃが花芽分裂組織の成長を抑制」という条件設定である。

(A) がく：Ａ　花弁：Ａ＋Ｂ　雄しべ：Ｂ＋Ｃ　雌しべ：Ｃ
設問では，Ａが機能を失いＣがすべての領域で発現しているので，第１領域→Ｃ→雌しべ，第２領域→ＢとＣ→雄しべ，第３領域→ＢとＣ→雄しべ，第４領域→Ｃ→雌しべ，となる。

(B) 花弁にするにはＡとＢが発現すればいい。

(C) Ａのみが発現すればがくのみが生じることになる。

研　究

花の器官形成と調節遺伝子が問われているので，これについて述べておこう。これらは形態形成を行うホメオティック遺伝子群の働きによって行われる。遺伝子群にはＡ～Ｃがあり，遺伝子群Ａのみが働いて**がく**が，遺伝子群（Ａ＋Ｂ）が働いて**花弁**が，遺伝子群（Ｂ＋Ｃ）が働いて**雄しべ**が，遺伝子群Ｃが働いて**雌しべ**が形成される。この器官形成は植物の茎頂分裂組織で起こる現象である。

遺伝子群Ａの異常によって，遺伝子群Ｃの働く領域が拡大すると，がくと花弁ができない，**雄しべ**と**雌しべ**のみからなる花が形成される。**遺伝子群Ｂの異常**がある場合，**雌しべ**と**がく**のみからなる花ができる。**遺伝子群Ｃの異常**がある場合，遺伝子群Ａの働く領域が拡大し，雌しべと雄しべができない，**がく**と**花弁**のみからなる花ができる。

51　2002年度　第1問

解　答

(Ⅰ)(A)　(1)　T　(2)　B　(3)　免疫グロブリン　(4)　自己免疫
(5)　AIDS〔後天性免疫不全症候群〕

(B)　予防接種：感染力を弱めた抗原を接種することにより，免疫記憶が成立し，同じ抗原が再び侵入したときに二次反応で抗原を排除する。
血清療法：ウマなどに抗原を接種し，その後抗体を含む血清を採取する。抗原の侵入を受けたときにその血清を注射することで抗原を排除する。

(Ⅱ)(A)　糖は呼吸基質としてATP生成に必要である。塩類は細胞内の浸透圧の調節に必要である。

(B)　ウサギCの大食細胞が2時間で食作用により取り込んだ酵母の死菌の数。

(C)　ウサギAの血清には酵母の死菌に対する抗体があり，大食細胞はこの抗体と結合した死菌に対して食作用が強くなるから。

(D)　ウサギAの血清中の抗体の大部分が酵母の死菌と結合して取り除かれるので，酵母の死菌を取り除いた血清では，ウサギBの血清の結果に近くなる。

(E)　白血球を集合させる作用をもつ物質。
〔白血球に対して正の化学走性を起こす物質。〕

(F)　感染が起こった場所に白血球を集合させ，速やかに免疫反応を行い，異物を排除することができる。

(G)　液2の結果より，95℃に加熱すると活性が失われ，液3の結果より，分子量が2000より大きな物質であるので，タンパク質であると考えられる。

解　説

(Ⅰ)(A)　(4)　自己に対する免疫寛容が失われたことによる。リウマチ・膠原病・バセドウ病などが代表。

(B)　予防接種はワクチンを投与して自分の体内に免疫（体液性免疫もあるし，細胞性免疫の場合もある）をつくるので，能動免疫とも呼ばれる。一方，血清療法ではヒト以外の動物（ほとんどはウマ）に病原体や毒素を注射して，予め抗体をつくらせておいて，それを病気などの治療に利用する方法。受動免疫とも呼ばれる。

(Ⅱ)(A)　糖類は代謝の基質にするためで，塩類は浸透圧調節のためであることはすぐに想像がつくであろう。

(B)　実験1に「蛍光色素で一様に色付けした酵母の死菌」という部分がある。これは酵母の死菌数が増加すると蛍光色素の強度（蛍光強度）が増加してくるので，蛍光強度は酵母の死菌数に比例すると考えることができる。そこで図1を見ると，横軸の大食細胞1個当たりの蛍光強度は，大食細胞（マクロファージ）1個が取り込んだ酵母の死菌数を表していることがわかる。

(C) ウサギAの血清には酵母死菌に対する抗体が含まれるが，Bの血清には，酵母死菌に対する抗体はない。図1を見ると，抗体を含むAの血清を用いると大食細胞は多数の酵母死菌を取り込んでいるのに対して，抗体を含まないBの血清ではその取り込みが有意に小さい。これはどうして？ということを考察するのである。大食細胞の食作用が，そのままの酵母死菌より，抗体に結合した状態の酵母死菌を認識することで活発になっていると考えればいい。

(D) (C)が考察問題とすると，こちらは推理問題である。しかし焦る必要は全くない。問題文と実験結果から1つ1つ論理的に考えればいい。「ウサギAの血清を大量の酵母の死菌と混合し，37℃で30分間おいた」とあるのは，“和文生物訳”すると『ウサギAの血清中の抗体を酵母の死菌と結合させた』ということである。「そこから酵母の死菌を取り除いた血清」とあるのは，『酵母の死菌と結合しているウサギAの抗体が除かれた血清』のこと。つまり，この血清は『ウサギBの血清（酵母の死菌に対する抗体を含まない）に近い』と考えることができる。

(E) 図3で液1～液4の結果を見ると，液1（ウサギAの血清で処理した酵母死菌を加えて大食細胞を培養した後の培養液）では1000個の白血球が移動しているのに対して，液2～4では100個程度である。この結果は，液1には白血球に対して正の化学走性を引き起こす物質が含まれている可能性を示唆する。

(F) この問題も含めて，東大では相互の関連性を問う問題がよく出されている。独立に見える問題も，実は最初に問われた内容を活用して次の問題を解答することも多い。前問(E)の作用の意義であるから，それがない場合にどのような不都合が起きるかを想定して答えることになる。大食細胞が出す物質により，白血球が集まってくることで，大食細胞はそのもっている情報をT細胞に伝え，さらにそれらの情報によりB細胞が抗体を産生するように働くことができる。つまり速やかに免疫反応を行う過程で重要な働きを担っている。

(G) 分子量が2000以上で耐熱性に乏しい高分子となれば，タンパク質がまずあげられる。

52　1999年度　第3問

解　答

(Ⅰ)(A)　能動輸送により，淡水中では不足する塩類を吸収し，海水中では余分な塩類を排出するように切り換えて，体内の浸透圧を調節するしくみ。

(B)　本能行動―(2)

(Ⅱ)(A)　母川に回帰するサケを河口で捕獲し，鼻腔をふさいだ群れとそのままの群れに分けて放し，生まれた支流に回帰する割合を比較する。

(別解)嗅覚を破壊したサケとしないサケに分け，Y字型の水路をもつ水槽で，個体の母川と他の川の水をそれぞれ流し，どちらの水路を選択するかを比較する。

(B)　1―ニューロン　　2―シナプス　　3―活動電位　　4―神経伝達物質　　5―増加

(Ⅲ)(A)　7―べん毛　　8―ATP　　9―ミトコンドリア

(B)　卵黄形成期の卵胞から，卵母細胞と濾胞組織を別々に取り出し，それぞれGTHを含む培養液中で培養すると，卵母細胞ではEが検出されなかったが，濾胞組織からは多量のEが検出された

(C)　細胞AはGTHを感受すると，細胞Bに作用してホルモンEの生成を促進する物質を生成・分泌するようになる。この物質が細胞Bに受容されると，細胞BはホルモンEを生成・分泌する。

(D)　MIHが卵母細胞の細胞膜に存在する受容体に結合することにより，卵母細胞の細胞質中で卵成熟を促進する物質の合成が促進される。

解　説

(Ⅰ)(A)　サケやウナギなど淡水と海水を往来する生物はエラの塩類細胞の働きを切り換えて，淡水中では塩分の吸収を，海水中では塩分の排出を能動的に行って体液の浸透圧をほぼ一定に維持する。

(Ⅱ)(A)　サケが外洋から母川の河口に戻るまでは，太陽コンパス，星座コンパス，磁気コンパスを利用するといういろいろな説が現在までにあるが，まだどの考えが正しいかは確定していない。嗅神経に記録電極をあて，母川の水と他の川の水に入れたときの興奮を比較した研究など，過去には嗅覚を手がかりにしたであろう多数の研究がなされている。

(Ⅲ)(A)　精子のべん毛の中片部にはらせん状にミトコンドリアが存在している。運動のエネルギーはATPの分解で生じたものである。ただ，この場合蓄えてあるATPだけではエネルギーが枯渇するので，ATPの分解で生じたADPはクレアチ

ンリン酸によるリン酸転移反応により直ちにATPに再合成され，連続的なべん毛運動を可能にしている。

(B)　実験１や下線部(オ)にもある「卵黄形成期」を入れて説明していく。卵胞全体でEが検出されることは記述されているので，卵母細胞と濾胞組織を分離して培養することを考える。実験１から得られた結論は「卵黄形成期にはGTHが卵母細胞ではなく濾胞組織にはたらいてホルモンEを生成させること」である。よって，濾胞組織と卵母細胞を分離・培養した実験を行えば，前者だけがホルモンを生成することになる。

(C)　GTHを含む培養液中においても，濾胞組織の細胞A・細胞Bはともに単独ではホルモンEをつくることができない。細胞Bは細胞Aを培養した後の液中であれば，細胞AがなくてもホルモンEを生成できること，逆に細胞Aを細胞Bを培養した後の液中で培養してもホルモンEを生成できないことが記述されている。このことから，細胞AはGTHを感受すると，何らかの物質（細胞Bに作用してホルモンEの生成を促進する物質）を細胞外に出して，それを細胞Bが受容することで，細胞BがホルモンEを生成すると考えることができる。

(D)　卵母細胞の細胞膜表面に存在する受容体にMIHが結合すると，細胞質中に何らかの卵成熟を促す物質（この物質は当然MIHとは異なる物質）が合成され，この物質が核に作用して卵成熟を引き起こすことが推測される。なお，この卵成熟を促進する物質はまだ構造が解明されていないので卵成熟促進因子と呼ばれているが，細胞周期のG_2期をM期に進行させるM期促進因子と共通の因子であることがわかっている。

第５章　生態系／進化と系統

53 2020年度 第3問

解 答

(Ⅰ)(A) (2)

(B) (1)二胚葉性 (2)三胚葉性 (3)三胚葉性 (4)三胚葉性 (5)二胚葉性 (6)三胚葉性

(C) 旧口動物では原口がそのまま口になるのに対し，新口動物は原口またはその付近が肛門になり，反対側に口ができる。

(D) 棘皮動物の幼生段階では左右相称の体制であるが，成体になるときに変態して五放射相称となる。

(Ⅱ)(E) (ア)－2・3・4 (イ)－1 (ウ)－4 (エ)－1 (オ)－2

(F) 新口動物では原口が陥入して原腸の先端部に口が形成され，原口またはその付近が肛門となる。珍渦虫が他の新口動物と違って口をもち肛門がないのは，原口が後に塞がれることになるからである。

(Ⅲ)(G) (1)

(H) (4)

(I) 動物門：刺胞動物門

理由：図3－3より，ガストレアは，原腸胚のように外胚葉と内胚葉の分化は見られるが，中胚葉は未分化で，口と肛門の区別が見られず，放射相称の体制をもつ。よって，これらの特徴を有する刺胞動物門が最も近いと考えられる。

解 説

(Ⅰ)(A) 最も簡単にわかるのは，[4]と[5]である。節足動物と線形動物は脱皮を行う脱皮動物である。残りの旧口動物は冠輪動物である。よって，選択肢の(1)と(2)が残る。[2]と[3]を見ると，左右相称動物か体腔の獲得のいずれかが入ることがわかる。[2]ではあるが，[3]ではない動物に珍無腸動物がある。この動物についての手がかりは(Ⅱ)のリード文の下線部(エ)に「珍渦虫と無腸動物は近縁であり（珍無腸動物），これらは左右相称動物の最も初期に分岐したグループである」とあるので，[2]には左右相称動物が入り，[3]には体腔の獲得が入る。体腔は三胚葉性動物に見られる体内の腔所である。ただし，扁形動物では中胚葉によって体腔がすべて埋め尽くされているので無体腔となる。体腔は，中胚葉で囲まれた真体腔，中胚葉が発達しないため胞胚腔が残る偽体腔に分かれる。[1]には選択肢の組み合わせから放射相称動物が入る。

(B) 後生動物のうち，刺胞動物と有櫛動物だけが二胚葉性動物で，他の動物は三胚葉性動物である。(1)イソギンチャクは刺胞動物で二胚葉性動物，(5)クシクラゲは有櫛動物で二胚葉性動物である。他の動物はすべて三胚葉性動物である。

(C)　旧口動物では，原腸胚期に生じる原口が口になり，肛門は後で形成される。神経系は腹側，消化系は背側にできる。新口動物では，原腸胚期に生じる原口またはその付近に肛門ができ，口は後から形成される。神経系は背側，消化系は腹側にできる。

(D)　棘皮動物のウニやヒトデの発生過程を見ると，胞胚期で孵化し，ウニではプルテウス幼生，ヒトデではビピンナリア幼生を経て成体になる。これらの幼生は左右相称であるが，成体になるときに変態し五放射相称へと変化する。棘皮動物の成体は，放射相称であるものが多い。例えば，ヒトデは外観も内部構造も中心から放射している。成体とは対照的に，棘皮動物の幼生は左右相称である。このことが他の証拠とともに，棘皮動物が刺胞動物のような放射相称動物と近縁ではないことを示している。刺胞動物は左右相称を示すことはない。

かなり未知なことが問われている感じがするが，設問にある「発生過程を見るとよくわかる」というところから，棘皮動物の幼生が左右相称であることを述べ，成体へと変化するときに五放射相称へと変化することを述べればよいだろう。

(Ⅱ)(E)　丁寧にリード文を読んでいけば正解に達する。問題の誘導にきちんと乗れるかどうかがポイントである。無腸動物と珍渦虫が別の動物門として見なされる場合なのか，両者が統合されて珍無腸動物門として見なされる場合なのかをきちんと区別して考える必要がある。

(ア)「珍渦虫は新口動物の一員である」という考えなので，旧口動物と新口動物に分岐した後で，統合する前の無腸動物と珍渦虫が，または統合した後にできる珍無腸動物が分岐するものを考える。統合前のものでは4が，統合後のものでは2，3が適切である。

(イ)「旧口動物と新口動物が分岐するよりも前に出現した」とあるので，最初に珍無腸動物が分岐した1が適切である。

(ウ)「珍渦虫と無腸動物は近縁でないとする」とあるので，両者が離れている4が適切である。

(エ)「珍渦虫と無腸動物は近縁であり（珍無腸動物），これらは左右相称動物の最も初期に分岐した」とあるので，珍無腸動物をまず見つける。これが最も初期に分岐しているものとして1が適切である。

(オ)「珍無腸動物は水腔動物（……）にもっとも近縁である」とあるので，珍無腸動物と水腔動物が最後に分かれている2が適切である。

(F)　新口動物では，発生過程で原口またはその付近が将来の肛門となり，その反対側に口が形成される。下線部(ア)から珍渦虫は新口動物の一員であるならば，口と肛門をもつはずである。ところが，珍渦虫は，「口はあるが肛門はない」ため，消化管が形成された後に肛門が塞がってしまうことになる。つまり，原口に由来すると考えられる構造が存在しない。この点が「不自然な発生過程をたどる」ということである。

(Ⅲ)(G)　ヘッケルの考えでは，祖先動物は原腸胚のように原腸を有するので，これによって上下の区別が生じるが，左右の区別が生じないので，放射相称動物がまず出現してから，左右相称の動物が誕生してきたことが推定される。このことはリード文(Ⅰ)にある図3－1の関係と一致している。

一方，ハッジの唱えた単細胞繊毛虫が多核化を経て多細胞化したという考えでは，図3－3の(B)にあるように，この過程で無腸類のような祖先動物が出現したことから，これらの動物は左右相称の動物が最初に出現したことを表している。その後で，放射相称の動物が誕生してきたと考えられる。

(H)「同種の血縁集団として生活し，その中に不妊個体を含む」と設問文にある。(1)～(5)の中で血縁集団となるのは(4)の社会性昆虫のカーストだけで，他の選択肢は血縁集団とは全く関係ないものである。社会性昆虫にはミツバチなどがいるが，このメス個体には女王バチとワーカーが存在する。ワーカーは産卵を行わず不妊個体である。よって，正解は(4)である。

(1)　アブラムシの翅多型は，翅の長さに違いが見られるものである。

(2)　ミジンコは捕食者が存在すると，捕食者が分泌する化学物質（カイロモン）を感受して後頭部にネックティースと呼ばれる防御形態を形成する。これを誘導防御と言う。

(3)　甲虫類にはオスにのみ角や発達した大顎といった武器形質をもつ種が多く見られる。クワガタムシは，幼虫期の栄養条件に依存してオスのみで大顎に際だったサイズ変異が見られる。これをクワガタムシの大顎多型と言う。

(5)　ゾウアザラシのハーレムは一夫多妻の集団を言う。

(I)　図3－3の(A)を見ると，ガストレアは原腸をもつ原腸胚のような状態になっていて，外胚葉と内胚葉の分化はあるが，中胚葉は未分化である。また，原腸陥入して生じた消化管が貫通していない刺胞動物に近いと考えられる。

研　究

ドイツのヘッケルは，鞭毛虫の群体から多細胞生物が生まれたとするガストレア説を主張した。彼は動物の初期発生を基に，後生動物の過去の祖先を想定した。すなわち，動物の発生では，受精卵から始まり，卵割が進むと卵割腔をもつ胞胚となり，その後細胞層が陥入して原腸が形成され原腸胚となるが，後生動物の進化では，襟鞭毛虫のような原生動物から始まり，これが集合して群体を形成し，まず胞胚に相当する中空の祖先型動物ブラステアが生じ，次に嚢胚（原腸胚）に相当するガストレアが生じたと想定した。この考えは修正を加えられながら現在でもほぼ定説の位置を保っている。

（Ⅲ）の(1)で問われている内容である，「ガストレア」の状態に近い動物門は，現生の動物群に当てはめると，原腸胚と相同な刺胞動物と考えることができる。ガストレア説では，海綿動物以外の後生動物はすべてこの刺胞動物を経て進化したとされる。

54　2017年度　第3問

解　答

(Ⅰ)(A)　1—⑪，2—⑩，3—⑤，4—⑦

(B)　(1)—③，(2)—②，(3)—④，(4)—⑤，(5)—①，(6)—②

(Ⅱ)(A)　種A，種Bとも，同種が周辺にいる場合の採餌成功率は単独の場合と変わらないが，別種が周辺にいる場合は採餌成功率が上昇した。

(B)　種Cは，周辺に種AまたはBしかいない場合は，その種の襲い方のみを警戒していればよいが，襲い方の異なる種AとBが存在するときは，両方の襲い方に対応する必要があり，警戒が分散してしまうから。

(C)　(1)・(5)

(D)　(2)・(6)

(E)　口が左に曲がった個体

理由：口が右に曲がった個体が多い場合，口が左に曲がった個体の採餌成功率が高い。そのため口が左に曲がった個体と交配し，口が左に曲がった子を生じたほうが子の生存率が高くなるから。

(F)　(4)

解　説

(Ⅰ)(B)　(1)　片利共生は，一方が利益を得るが他方は利益も不利益も受けない関係であるから③である。カクレウオ（＋）とフジナマコ（0），コバンザメ（＋）とサメ（0）などが代表例。

(2)　寄生は，一方が利益を得て他方が不利益を受ける関係であるから②である。カイチュウ（＋）とヒト（－），ナンバンギセル（＋）とススキ（－）が代表例。

(3)　競争は，互いに不利益となる関係であるから④である。ヒメゾウリムシ（－）とゾウリムシ（－）が代表例。

(4)　中立は，互いに利益も不利益も与えない関係なので⑤である。サバンナのキリン（0）とシマウマ（0），昆虫食の鳥（0）と植物食性の哺乳類（0）などが代表例。

(5)　相利共生は，2種の個体双方にとって互いに利益があるので①である。アリ（＋）とアリマキ（＋），イソギンチャク（＋）とクマノミ（＋），マメ科植物（＋）と根粒菌（＋）などが代表例。

(6)　捕食は，捕食—被食関係と同じ意味である。捕食する側が利益を得て，被食される側が不利益を得るので②である。ライオン（＋）とシマウマ（－），ミズケムシ（＋）とゾウリムシ（－）などが代表例。

(Ⅱ)(A)　図３－１より，種Ａの採餌成功率は，種Ａ単独でも，周辺に種Ａがいた場合でも 20％弱であるが，周辺に種Ｂが存在すると 30％に達している。種Ｂの場合，種Ｂ単独，周辺に種Ｂがいた場合ともに 20％強であるが，周辺に種Ａが存在すると 40％になっている。つまり，同種個体が周辺にいた場合は単独の場合と変わらないが，別種個体が周辺にいた場合は単独の場合よりも採餌成功率が増加している。

(B)　種Ａと種Ｂの両方が接近するとき，それぞれの種Ｃに対する襲い方が種Ａは遠くから突進，種Ｂは至近距離からいきなりというように違ってくる。そのために種Ｃは同時に２種を警戒することが困難になる。

(C)　単一の対立遺伝子が口の曲がり方の決定に関与していて，口を右に曲げる遺伝子が優性なので，それを A，左に曲げる遺伝子を a とする。口が右に曲がった個体には AA と Aa がある。その個体どうしが親になるので

(i)　$AA \times AA$ →すべて〔A〕

(ii)　$AA \times Aa$ →すべて〔A〕

(iii)　$Aa \times Aa$ →〔A〕：〔a〕＝３：１

(i)と(ii)ではすべて右曲がり，(iii)では右曲がり：左曲がり＝３：１となる。

よって，(1)，(5)が正答となる。

(D)　まず，口が右に曲がった個体は種Ｃの左側の鱗をはぎ取り，口が左に曲がった個体は種Ｃの右側の鱗をはぎ取ることを念頭におく。図３－３で，口が左に曲がる個体が多数派を占めた年では，左体側が多くはぎ取られ，右体側がはぎ取られる割合は少ない。逆に口が右に曲がる個体が多数派を占めた年では，右体側が多くはぎ取られていることが多い。これは種Ｃが種Ａの多数派からの襲撃に対する防御に専念したことを意味しているので，(2)が正しい。一方，襲撃する側の種Ａは少数派が高い採餌成功率を示しているので(6)が正しい。

(E)　設問(D)で，種Ａの少数派が高い採餌成功率を示していることを考えると，口が右に曲がった個体が多数派の場合，種Ｃは左側の体側を防御するようになるので，右側の体側がはぎ取られる個体が増える。これを行うのは口が左に曲がった個体であるから，子孫に口が左に曲がった子が生まれるように口が左に曲がったタイプの個体を選択するほうが有利である。

(F)　図３－４を見ると，種Ａ，種Ｂにおける口が左に曲がった個体の割合は，どちらの種も 50％を中心とする数年周期の振動を示している。さらに２種の振動はほぼ同調している。

(1)　採餌成功率の高い個体から生まれた子が鱗を食べるようになるまでに時間がかかるので，その間にもう一方の形質をもつ個体が増加し，その後減少するという周期を繰り返すと考えると，この可能性は不適切とは言えない。

(2)　襲い方が異なる種が共存することや，口の曲がりの左右性があることで，種Ｃ

の種Ａや種Ｂに対する警戒行動を生み，種Ａ，種Ｂの採餌成功率が低下して個体数が減少する。これにより種Ｃの警戒が弱まるので再び種Ａ，種Ｂの個体数が増加する。つまり種Ｃの警戒を介した頻度に依存した自然選択によって振動が起きているという可能性は否定できない。

⑶　種Ａの個体数が種Ｂよりもはるかに多い場合，種Ｃは多数派からの襲撃に備えて防御に専念する。このため種Ａにおける口が左に曲がった個体の割合に応じて防御方法を変えているという考えは否定できない。

⑷　種Ｃの防御方法は多数派に応じて変化する。ここでは，多数派は種Ａなので，種Ａにおいて口が左に曲がった個体の割合が多ければ，種Ｃは体の右側を警戒するようになるので，口が左に曲がった個体の採餌成功率が低くなることが予想され，種Ｂについても，口が左に曲がった個体の採餌成功率に影響を与えることになる。よって，⑷が不適切。

研　究

人間に「利き手」があるように，魚もエサとなる小魚を捕食するとき，獲物の片側から襲う「利き口」があることがタンガニイカ湖に生息する魚の調査で明らかになった。タンガニイカ湖に生息するカワスズメ科の魚について，捕食行動における右利き，左利きの「左右性」がどのように獲得されるのかが調べられた。

対象としたのは「ペリソーダス・ミクロレピス」という，魚の鱗をはぎ取って食べる鱗食魚(りんしょくぎょ)で，この魚は，ほかの魚に同行して泳ぎ，必要に応じてその魚の鱗や皮膚をはがして食べる。鱗食魚はほかの肉食魚と異なり，鱗以外の硬骨が胃内に認められないことから，その特異な食性がうかがえる。ただし，鱗食性は幼魚期に見られるだけで，成魚になると完全な肉食性となる。

本問で取り上げられているのは，アフリカのタンガニイカ湖にいるカワスズメ科の鱗食魚で，被食魚の後方から近づいて，体の側面の鱗をはぎ取って食べる。そのために口が左右どちらかに曲がっている。左に曲がった口は体の右の鱗をはぎ取るのに適している。右のものはその逆である。その数は半々ではなくて，どちらかに偏っている。左口が多くなれば，被食魚は体の右側を警戒するようになるために，右口のほうが有利になり，その数を増す。次には逆のことが起こり，この現象が繰り返される。左利き，右利きの発達の進化の例として興味がもたれている。

55　2016年度　第3問

解　答

(Ⅰ)(A)　1－⑫，2－④，3－⑥，4－⑩，5－⑤

(Ⅱ)(A)　ラッコは深場より浅場のウニを捕食するので，浅場でのウニの分布密度が低下し，ウニによるケルプの捕食が減少した。

(B)　サンゴモは海底の岩盤を薄く覆うだけで，動物が身を隠す場所にはなりにくいが，ケルプは背の高い群落を形成し，魚類や貝類などの隠れ場所となる環境を提供するため生物群集が多くなる。

(C)　(2)

(D)　$\dfrac{2\times10^5〔\text{kcal/day}〕\times365〔\text{day}〕}{30\times10^3〔\text{g}〕\times2〔\text{kcal/g}〕\times0.7}=1,738.0\fallingdotseq1,738$ 頭　……(答)

(E)　(4)

(Ⅲ)(A)　6－S期　7－一定に保たれる　8－$4n$　9－$8n$

(B)　(3)

(C)　調節タンパク質の働きで発現した遺伝子の産物がさらに別の複数の遺伝子発現に関与する調節タンパク質として働く。

(D)　ジャスモン酸類の量：16時間後　ガP幼虫の採餌量：12時間後

(E)　同位相下の場合は植物の化学的防御反応が活発になる時間帯と，幼虫による採餌行動が活発になる時間帯が重なるので採餌が抑制されるが，逆位相下の場合は化学的防御が低下した時期に採餌が活発になるので，幼虫の採餌量が多くなる。

解　説

(Ⅰ)(A)　捕食量に占める同化量の割合を同化効率といい，捕食量＞同化量の関係となるので，$\dfrac{\text{同化量}}{\text{捕食量}}$ の値は＜1となる。よって，同化効率は100％未満の値となる。

自然界における食物連鎖は，1種の動物が2種以上の生物を捕食したり，2種以上の動物に被食されるので食物網を構成している。複雑な食物網を構成している生態系ほど，生物群集の量が安定し，様々な生態系から人間に対して直接・間接にもたらされる恩恵は，生態系サービスと呼ばれ，生物多様性が保全されている生態系ほどそのサービス機能は増加する。

(Ⅱ)(A)　「ラッコが果たした役割を踏まえて」とあるので，ラッコの生態系での役割を考える。X島にはラッコが多数生息していて，ラッコがウニを捕食し，ウニはケルプを捕食するという食物連鎖の関係から考えていけばよい。X島の浅場ではウニが少ないのは，ラッコによって捕食されたためである。ウニの個体数の減少により，ケルプはウニによる被食を免れることができた。しかし，ラッコは浅場にいて，深いところまで潜ってウニを捕食したりしないであろうから，ウニは深場では個体数を増加させてケルプを捕食した結果，深場に行くにつれてケルプは減少したと考えられる。

(B)　ケルプとサンゴモの形状について考える。X島では，ジャイアントケルプ，コンブ，ワカメなどの褐藻類がケルプの森をつくる。ケルプの森は魚類・貝類・甲殻類の餌になるだけでなく，天敵からのシェルター（身を隠す場所）となったり，棲み家や繁殖場所となるので，多様なニッチの生物からなる生態系を構成することができる。一方，サンゴモは海底の岩盤を一面に薄く覆う形状で分布し，ウニの餌となるが，ケルプのような背の高い群落を構成することはないので，魚類・貝類・甲殻類にとっては天敵からのシェルターにも棲み家や繁殖場所にもなり得ない。このため，生物群集の量は少なくなる。

(C)　〔文1〕にあるように複雑な食物網を形成する生態系ほど生態系の機能が増加しているので，図のグラフの横軸の生物多様性が増加していけば，縦軸の生態系機能は増加していく。よって，選択するグラフの候補としては(1)，(2)，(3)が考えられる。問題は，キーストーン種が存在している場合で，生物群集は多様になり生態系機能は非常に高い状態になる。これを満たす図としては(2)が妥当である。

(D)　シャチは1日あたり200,000kcalのエネルギーを必要とするとある。この場合のエネルギー量とは，捕食量（摂食量）から不消化排出量を差し引いた同化量をいう。「1年間のシャチのエネルギー量＝1年間のラッコの捕食で得られるエネルギー量」と考えればよい。

1年間のシャチのエネルギー量は　　$200,000\times365$　……①

捕食されるラッコの個体数をX，ラッコの平均体重は30kg，体重あたりのエネルギー含有量は2kcal/g，同化効率 $\left(=\dfrac{\text{同化量}}{\text{捕食量(摂食量)}}\times100\right)$ は70％より，年間捕食されるラッコの個体数から供給されるエネルギー量は

$$2\,[\text{kcal}]\times30,000\times X\times0.7 \quad \cdots\cdots②$$

①＝②より

$$X=\frac{2\times\dfrac{10^5\,[\text{kcal}]}{[\text{day}]}\times365\,[\text{day}]}{30\times10^3\,[\text{g}]\times\dfrac{2\,[\text{kcal}]}{[\text{g}]}\times0.7}=1,738.0\fallingdotseq1,738\text{頭}$$

(E)　シャチはラッコのみを捕食するので，シャチが定住すると最初にラッコの個体数が減少する。→ウニはラッコによる被食を免れて個体数を増加させる。→ウニによるケルプの被食が増加するので，ケルプの個体数は減少する。よって，(4)が正解で

ある。

(Ⅲ)(A)　体細胞分裂では，S期にDNAの複製が起こり，その後で細胞質が2つに分かれるので，1細胞あたりの核DNA量は変化せず一定に保たれる。しかし，トライコームでは，核および細胞質の分裂が起こらず，核DNAの複製だけが繰り返されるため，$2n$だった核相は2倍，4倍となっていくので，順に$4n$，$8n$へと変化する。

(B)　図3－2において，(a)では明暗条件下でも連続暗条件下でも概日リズムは自律的な24時間周期を持続している。(b)のガP幼虫の採餌量もまた24時間周期の変動を示している。よって，(3)が正しい。

(1)　植物Aのジャスモン酸類の量やガP幼虫の採餌量は個体の活動の結果であるので，「個体の活動には反映されない」が誤り。

(2)　概日リズムに基づく生物の活動が暗条件で活性化するのであれば，連続した暗期からなる連続暗条件下では周期的な変動は見られないはずであるが，(a)・(b)ともそれが見られるので誤り。

(4)　概日リズムが温度による影響を受けるかどうかについては，実験1で温度を変化させた実験を行っていない以上わからない。よって，誤りである。

(C)　ジャスモン酸類によって調節タンパク質が活性化し，これにより数種類の遺伝子が発現し，これらの遺伝子産物が別の複数の転写調節領域に結合することで，発現する遺伝子の数が増加していく。これが繰り返されていくと，発現する遺伝子の数が短時間で急激に増加する。このように最初の1つの反応が引き金となって別の反応を「ドミノ倒し」のように連鎖的に引き起こし，多段階の反応が進行する反応をカスケード反応と呼ぶ。

(D)　図3－2(a)から，植物Aのジャスモン酸類の量は明暗条件下で明期に入ってから4時間後でピークとなっている。これは，連続暗条件でも概日リズムが成立しているので，本来明期であった時間になってから4時間後にピークになるはずである。

次に，図3－3のように逆位相下で生育させた植物AとガP幼虫をそれぞれ連続暗条件下に移した場合，最初の12時間は本来暗期であった時間であるから，明期に入ってから4時間後にジャスモン酸類の量はピークとなるので，12時間＋4時間＝16時間後にピークを迎えるはずである。なお，図3－3は同位相，逆位相とも，上に幼虫，下に植物が描かれているので注意したい。

ガP幼虫の採餌量は，暗期に入ってすぐにピークがある（明期に入ってから12時間後とも考えることができる）。これを図3－3の逆位相のガP幼虫で考えると，連続暗条件に入ってから12時間は本来の明期であり，その後に本来の暗期が訪れるので，12時間後に採餌量のピークがあると考えられる。

(E)　植物AとガP幼虫を共存させると，植物Aの葉は食害にあう。この食害を防ぐために植物Aはジャスモン酸類の分泌を行う。これが化学的防御である。同位相の場合は，共存開始から 12 時間後，36 時間後，60 時間後に幼虫の採餌量がピークになる。一方，ジャスモン酸類の量のピークは共存開始から 4 時間後，28 時間後，52 時間後にある。つまり，ガ P 幼虫の採餌量のピークを迎える前すでにジャスモン酸類の量のピークを迎え，様々な化学的防御が行われるため，幼虫は植物 A の葉の摂食を忌避する。この結果，幼虫からの葉の食害を防ぐことができる。一方，逆位相では，ジャスモン酸類の量のピークがガ P 幼虫の採餌量のピークを迎えた約 4 時間後になるので，幼虫の食害が多くなる。

研　究

生態系において，個体数が少なくとも，生物群集や生態系に及ぼす影響が大きい生物種を，キーストーン種という。

北太平洋のキーストーン種となるラッコの研究報告がなされている。この生態系で，ラッコはウニを捕食し，ウニは主としてケルプ（コンブなどの大型の褐藻類）を食べる。ラッコが多くいる海域では，ウニの個体数は低く抑えられていて，ケルプの森が見られる。しかし，ラッコが少ない海域では，ウニの個体数が増加して，ケルプの森は崩壊した。研究チームは過去 20 年間にわたって，ラッコが減少する原因を調べたところ，シャチが，通常の獲物が減少したためラッコを捕食するようになったことがわかった。これにより，アラスカ西岸でのラッコの個体数が 25％という高い割合で減少していた。

56

2015年度　第3問

解　答

(Ⅰ)(A)　1－リン　　2－セルロース

(B)　温帯落葉樹林は木本が主な生産者で，温帯草原の生産者となる草本に比べて幹や根といった非同化器官が発達し，同化産物がそこに蓄積されるため，純生産量に比べて現存量の割合が草原より大きくなる。

(C)　セルロースやリグニンを分解できる微生物を腸内に共生させ，分解産物を吸収する。

(D)　92％

(Ⅱ)(A)　3－窒素化合物　　4－光　　5－種間競争

(B)　草食獣の摂食により植物の現存量や分布密度が低下し，光をめぐる種間競争が緩和され，光の競争に弱い種も生存できるようになるため。

(C)　(2)・(3)・(5)

(Ⅲ)(A)　(2)

(B)　・アメリカザリガニの捕食により，トンボ幼虫の捕食される量を減らす。
・アメリカザリガニの捕食により，トンボ幼虫の隠れ家となる水草を増やす。

(C)　アメリカザリガニは落葉を捕食しているので，雑木林を管理してため池に流入する餌となる落葉量を減らす工夫をする。

解　説

(Ⅰ)(A)　栄養塩類とは，植物が成長のために取り込む無機塩類の総称のことであり，窒素を含む硝酸塩，リンを含むリン酸塩などが代表である。

植物の細胞には強固なセルロースを主成分とする細胞壁やリグニンが存在し，これを多くの動物は消化できない。なお，リグニンは，セルロースなどと結合して存在し，細胞間を接着・固化する物質である。

(B)　温帯草原はイネ科植物などから構成される群系で，同化器官の割合が非同化器官に比べて高い。一方，温帯落葉樹林はブナ，ミズナラなどからなる群系で，同化産物の一部は成長量となり，幹や根などの非同化器官へと蓄積される。このため，同化器官に比べて非同化器官の割合が非常に大きくなる。この結果，温帯草原と温帯落葉樹林を比較すると，純生産量の差よりも現存量の差の方がずっと大きくなる。

(C)　セルロースやリグニンを分解することのできる生物でも，その生物自身が分解酵素をつくるとは限らない。多くのウシ，ウマなどの植物食性動物やシロアリでは腸内（消化管内）に微生物を共生させ，細菌がセルロースやリグニンを分解し，生じた分解産物を吸収してエネルギーを得ることができる。

(D) 問題文にあるように，純生産量のうちで消費者に摂食される量は，草原では

25％　……①

設問文より，生産者の純生産量に対する一次消費者の純生産量の比率が

2％　……②

よって，①－②の23％が一次消費者の排泄と代謝によって失われるエネルギー量の総和であるから

$(23 \div 25) \times 100 = 92$〔％〕

(Ⅱ)(A) 実験1で，窒素化合物を添加すると1年後には現存量が増加し，植物の種数が少なくなる。また，地面に届く光の強さが弱くなっていることがわかる。この結果は，植物の成長を制限していた要因が窒素化合物から光へと変化したことによる。そのため，光をめぐる（種間）競争が激化して競争に弱い種が排除されて枯死したことで，種数が減少し，現存量が増加していったと考えることができる。

(B) 草食獣が存在することで，その摂食活動が植物の現存量を減少させる。その結果，植物の分布密度の低下により，群落内に入り込む光量が増加するため，光をめぐる種間競争が緩和され，競争力の弱い種であっても生存することができるようになった。

(C) 実験2では，草食獣である家畜を高密度に放牧したとあるので，ウシやヒツジのような動物を高密度に放牧したことを想定してみるとよい。これらの動物が摂食するのは，葉の柔らかい植物や比較的高いところにある植物である。よって，こうしたものは少なくなっているので，(2)・(3)は誤文。ウシやヒツジなどが首を下にして餌を食べている姿を見ている人も多いだろうが，基本的には首を曲げないで食べる方が食べやすいのである。

逆に，食べにくいのはトゲのある植物やタンニンを多く含む植物である。よって，(1)・(4)は正文。タンニンは水溶性のポリフェノール化合物で，タンニンに富んだ植物を摂食すると摂食阻害を引き起こすことが知られている。

また，摂食に強く，成長速度の速い植物が増加している可能性が高いので，(5)も誤文である。

(Ⅲ)(A) ユスリカは節足動物の昆虫類，イトミミズは環形動物，アメリカザリガニは節足動物の甲殻類，トンボは節足動物の昆虫類である。図でaとbが最も近いので，昆虫のユスリカとトンボをここに入れる。ただし，aとbの順序は決まらない。次にこれらの昆虫に近いのは同じ節足動物のアメリカザリガニなので，cがアメリカザリガニ，dはこれら3つの動物から離れている環形動物のイトミミズである。これを満たすのは(2)である。

(B) 「オオクチバスの捕食がトンボの幼虫に与える直接的な負の影響」とは，オオクチバスによるトンボ幼虫の捕食によってトンボの幼虫が減少してしまうことである。

一方，「ある２つの間接的な正の影響」とは，１つは，オオクチバスがアメリカザリガニを捕食することで，アメリカザリガニがトンボ幼虫を捕食することを抑制することである。もう１つは，オオクチバスがアメリカザリガニを捕食することで，アメリカザリガニによる水草の捕食を抑制することである。水草が多くなることでトンボ幼虫の隠れ家が増えて，捕食者から捕食されにくくなる。つまり，水草の環境形成による正の影響を促進するということになる。

(C)　オオクチバスを完全に駆除した後でアメリカザリガニの個体数を駆除以外の方法で減らす方法が問われている。その場合，在来生物への影響が最も少ない方法を図３－２を参考にして考える点に注意する。

アメリカザリガニの捕食者であるオオクチバスがいないので，アメリカザリガニが捕食されることはない。したがって，その個体数を減らすには，アメリカザリガニの餌となるものを減少させればよい。アメリカザリガニはトンボ幼虫，イトミミズ・ユスリカ幼虫，水草，雑木林の落葉を餌としているが，この中で量として最も多いのが落葉であると考えられるので，効果的な方法は森林を管理してため池に流入する落葉を減らすことである。

研　究

（Ⅲ）の(B)に「オオクチバスの捕食がトンボの幼虫に与える直接的な負の影響よりも，（ある２つの）間接的な正の影響の総和の方が強い」という生態系独特の用語の言い回しがある。オオクチバスを駆除すると，トンボ幼虫の捕食が減少するが，トンボ幼虫を捕食するアメリカザリガニが個体数を増加させてしまう。アメリカザリガニはオオクチバスによって捕食されているからである。つまり直接的な負の影響とは，トンボ幼虫がオオクチバスに捕食されること。間接的な正の影響の総和とは，アメリカザリガニがオオクチバスによって捕食を受けることで，トンボ幼虫への捕食が抑制されること，およびトンボ幼虫の利用可能な水草を増加させることである。

57

2012 年度　第 3 問

解　答

(Ⅰ)(A)　1 ―氷期〔氷河期〕　　2 ―すみわけ　　3 ―種間競争〔競争〕

(B)　種とは，自然条件下において交配可能で，子孫を残すことができる集まりであるが，交尾器の形態が異なると交配が困難になるから。

(C)　樹林帯名：夏緑樹林　　代表的樹種：(3)・(5)

(D)　(2)

(Ⅱ)(A)　4 ―陽　　5 ―陰　　6 ―頂上　　7 ―寒冷

(B)　(1)・(4)

(C)　花粉が堆積した層は嫌気条件下にあり，分解者の活動が不活発なので，花粉が分解されずに保存されているから。

(D)　(1)

(E)　オオシラビソは，約 3500 年前は a 線以上の標高の山でのみ生育でき，その後，下限標高が b 線まで下がって現在の分布となったが，標高が a 線以下の山には元々分布していなかったから。

解　説

(Ⅰ)(B)　種とは，個体間において自然状態で交配が行われ，子孫を残すことができる集団をさす。設問文に「交尾器の形態に明瞭な差のある場合」とあるが，通常このような個体間では交配が難しく，子孫を残すことができないと考えられるため，その 2 個体は別種とみなす。

(C)　本州中部において標高 500～1500 m の範囲は山地帯である。山地帯ではブナやミズナラ，カエデ類などの夏緑樹林が分布している。標高 0～500 m の範囲は丘陵帯で，アラカシなどのカシ類やシイ類，タブノキなどの照葉樹林が分布している。標高 1500～2500 m の範囲は亜高山帯で，オオシラビソやコメツガなどの針葉樹林が分布している。亜高山帯の上限は森林限界と言い，これより高いところが高山帯である。

(D)　以下のような過程で，現在の分布域になったと考えられる。

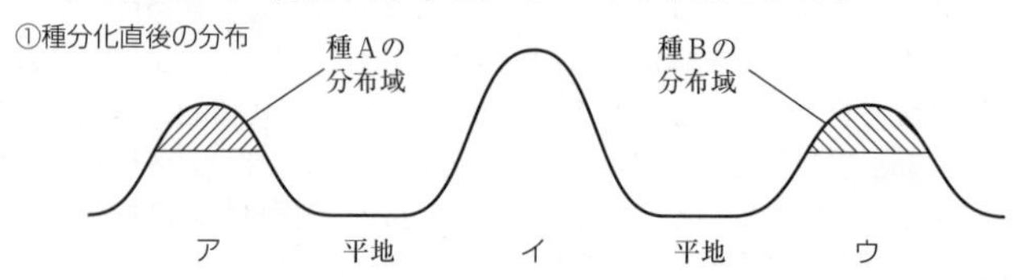

①種分化で生じた種Aと種Bは，比較的低い山地に孤立して生息している。

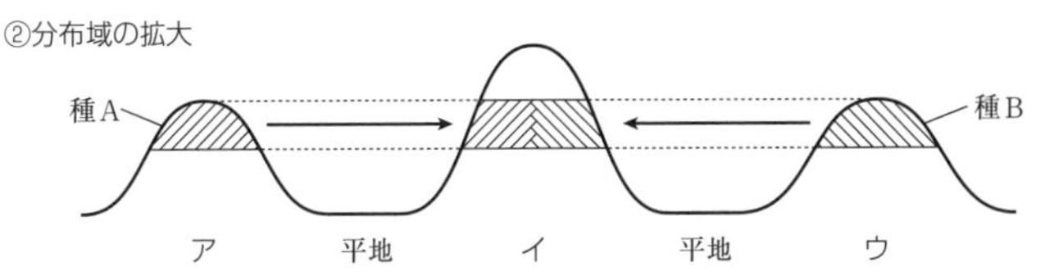

②その後分布域を拡大することで，イの山地の頂上からやや下がった部分の左側半分に種Aが，右側半分に種Bが生息するようになったと考えられる。イの頂上付近は標高が高いので気温が低く，種Aも種Bも寒冷期には生息していなかった。

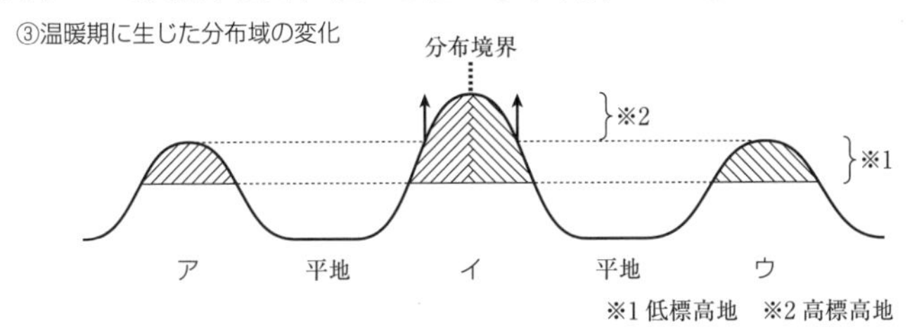

③温暖期になると気温が上昇するため，寒冷期には気温が低すぎて生息できなかった高いところでも生息可能となり，種Aはイの山地の左側を頂上まで，種Bはイの山地の右側を頂上まで，それぞれ分布域を拡大していったと考えられる。

なお，②や③で種AとBが混合せず，分布境界線で仕切られて生息しているのは，〔文1〕にあるように繁殖干渉が起こるためである。

(Ⅱ)(B)　(1)誤り。オオシラビソは亜高山帯に分布する植物である。

(4)誤り。(A)で答えたように，オオシラビソは陰樹なので，極相林で多くみられる。

(C)「湿性遷移の過程にある湿地の周辺」という条件がついているので，花粉分析の対象となる花粉は泥炭層や粘土層の中に堆積していると考える。このような地層では，嫌気条件下（低酸素条件下）にあるため，分解者である土壌微生物のはたらきが不活発で，その地層中の埋土花粉が分解されないで残っている可能性が高い。

(D)　標高100mにつき0.5〜0.6℃温度が変化することを知識として知っておく必要がある。標高が高い方にずれていたとあることから，当時の年平均気温は現在より2℃くらい高かったことになる。

(E)　約3500年前は現在より温暖だったので，頂上がa線より高い山にだけオオシラビソは分布していた。つまり，a線より低い山には分布していなかったと考えられる。その後，寒冷化が起こり，分布の下限もb線まで下がったが，a線とb線の間に頂上のある山では元々オオシラビソが分布していなかったので，生育可能な気候条件となった現在もオオシラビソが分布していない。

58

2011 年度　第 2 問

解　答

(Ⅰ)(A)　(i)　ツルコケモモとコンテリクラマゴケの本体は核相が $2n$ の胞子体なので相同であるが，マルバハネゴケの本体は核相が n の配偶体なので相同でない。

(ii)　シダ植物には維管束が存在するが，コケ植物には維管束が存在しない。

(B)　(1)・(3)

(Ⅱ)(A)　地下茎には節があり芽や葉をつけるが，根にはこれらがない。また，地下茎では木部と師部が接するが，根では離れて交互に並ぶ。さらに，根には根毛・根冠があるが地下茎にはない。

(B)　ウラシマソウ：144°　　マムシグサ：165°

(C)　(i)　144°

(ii)　開度はAとBで同じであるが，らせん状に配列する向きが逆になっている。

(iii)　1－側芽　　2－頂芽　　(iv)　(b)

解　説

(Ⅰ)(A)　(i)　被子植物やシダ植物では核相が $2n$ の受精卵から発生した胞子体が優勢で，被子植物では配偶体は単独で生活できず，胞子体に寄生している。シダ植物では配偶体は葉緑体をもち，単独で生活できる。一方，コケ植物では胞子が発芽して体細胞分裂を行い，1列の細胞からなる原糸体と言う糸状の構造が生じる。さらにこれが発達して核相 n の雌性または雄性の配偶体となる。受精によりつくられた胞子体の細胞は光合成を行えないので，胞子体は雌性配偶体上にあって配偶体が光合成でつくった有機物に依存している。つまり，胞子体が配偶体に寄生している。

(B)　(1)　エンドウの巻きひげは葉が変形したものなので誤り。

(3)　バラのトゲは，樹皮（茎）からでき，葉が変形したものではないので誤り。

(Ⅱ)(A)　地下茎は茎なので，茎と根の構造的な面から考えていけばよい。

(B)　このような問題ではきちんと角度が求まる点を探し出すことから始める。すると(b)では，側芽1の●から側芽6の●までに何周しているかを求めればよいことがわかるはず。1の●から2の●までの右回りの角度を α（$0°<\alpha<180°$）とすると，次の図（左）のように考えることができる。1の●から6の●までに2周（$360°\times2=720°$）しているので

$$5\alpha=720° \qquad \therefore \quad \alpha=144°$$

(c)では連続する●のらせんの向きは(b)と違って左回りになる（●1と●2の位置を見ると，時計回りでは180°を超えてしまうため）。開度を β とすると

$6\beta = 990°$　　$\therefore$　$\beta = 165°$

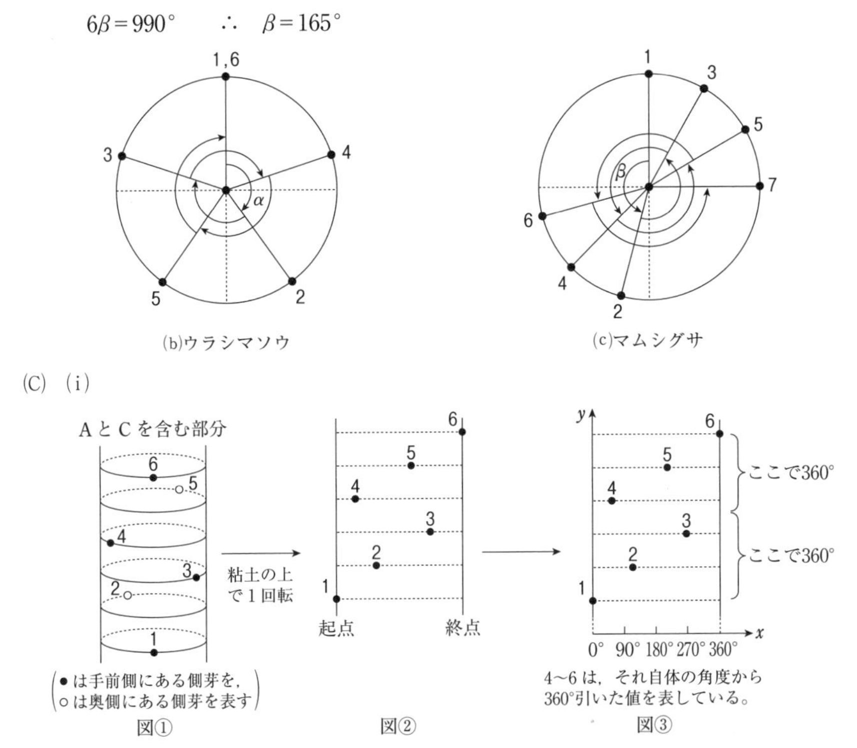

図①のように，側芽1〜側芽6が配置している図を考えると，それを粘土の上で1回転してできる図は図②のようになる。これは，〔文2〕の図2－3(b)のAの部分と同じ形になっている。図②のようにすると，茎の軸を中心として同心円上の点と点のなす角の大きさが2点間の距離に反映されるが，●は同心円上にはないので，開度を読み取るには少し工夫が必要である。ここで，

図③のように x 軸，y 軸をとると，2つの●の開度は2点の x 座標の差として表現できる。●3から●4にかけて360°を超えており，●6で●1と同じ位置に達することに注意する。

これより，図④のような葉序の模式図が得られる。この図④より葉序の開度（X）を問(B)と同じようにして求めると

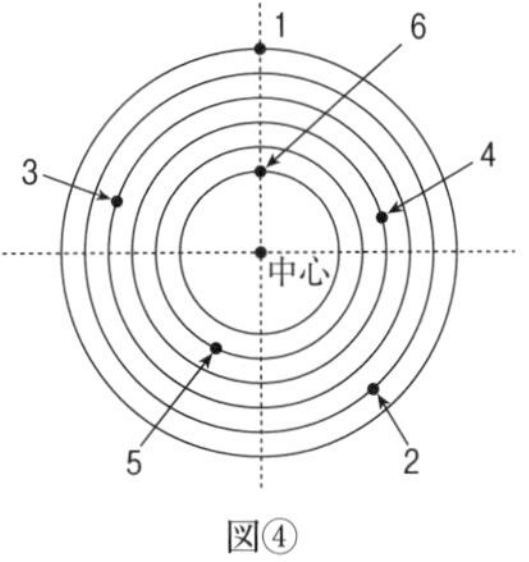

図④

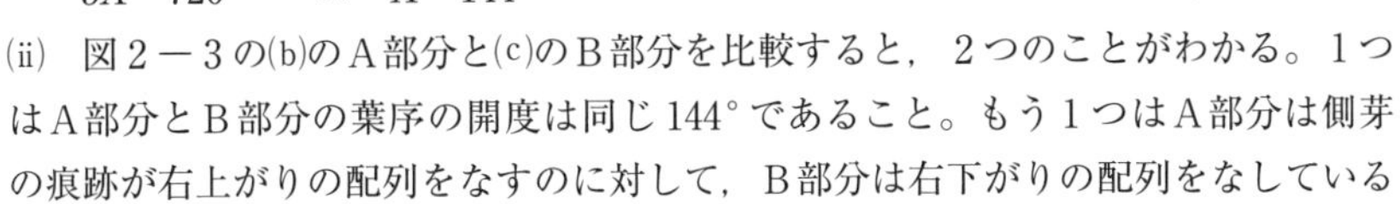

$5X = 720°$　　$\therefore$　$X = 144°$

(ii)　図2－3の(b)のA部分と(c)のB部分を比較すると，2つのことがわかる。1つはA部分とB部分の葉序の開度は同じ144°であること。もう1つはA部分は側芽の痕跡が右上がりの配列をなすのに対して，B部分は右下がりの配列をなしている

ことである。これは，側芽のらせんの向きが逆向きになっていることを表している。

(iii) 図2－3の(b)ではC部分のらせんの向きがA部分とは異なり，側芽に由来するB部分と一致しているので，A部分の側芽が伸長してC部分ができたと考えられる。

次に「花がA部分の［ 2 ］に形成されたため，A部分の成長が終わり，代わりにC部分が形成された」とある。下線部は，頂芽優勢の解除を意味すると考えることができる。つまり，花が形成されたのはA部分の頂芽と推測される。

(iv) (iii)より，下図のような伸長過程が考えられる。花は頂芽部分に形成された後に茎の側方に移動し，＊1に示すように以前側芽が伸長してできたところは頂芽となる。

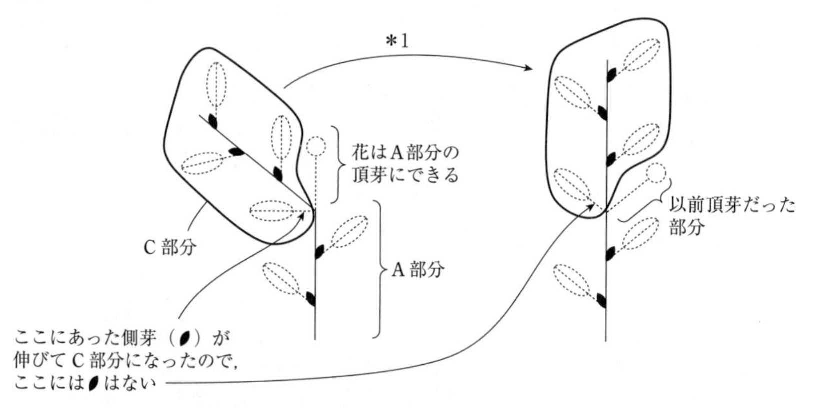

(a) 花がついている部位に側芽があるので誤り。

(c) 花が側芽から形成された形になっているので誤り。

(d) 花と茎が枝分かれして出たところに葉が出ていないので誤り。

研　究

(Ⅰ)の(A)で，シダ植物とコケ植物の体の構造について問われている。コケ植物についてはあまり知らない受験生が多いようなので少し触れておく。

コケ植物は，蘚類（せんるい），苔類（たいるい），ツノゴケ類に分かれる。蘚類にはスギゴケ・ミズゴケなどが含まれ，配偶体は雌雄異株で茎状体・葉状体・仮根からなる。この茎状体には水分の通路となる道束（どうそく）とよばれるものがあるが，これは道管や仮道管とは別の構造体である。苔類，ツノゴケ類は葉状体で，苔類の配偶体は雌雄異株，ツノゴケ類の配偶体は雌雄同株になる。

コケ植物の進化については，2つの説が提唱されている。ここではその1つである「新生説」を紹介する。この説は，コケ植物はアオミドロのような単相植物から進化したとする考えである。単相植物では，複相の細胞は接合子のみで，接合子はすぐに減数分裂を行って単相になってしまうため胞子体はできない。しかし，接合子が発達して胞子体が配偶体に寄生できる状態になった植物があった。それがコケ植物になったという考えである。

59

2009年度　第3問

解　答

(Ⅰ)(A)　(1)　ATP　　(2)　クリステ　　(3)　PCR法

(B)　核とは異なる独自の環状二本鎖DNAをもつ。／内外異質の二重膜をもつ。／半自律的に分裂・増殖する。(などから2つ)

(C)　コード領域で生じる変異は，生存上不利であれば自然選択を受けて除かれるが，Dループで生じる突然変異は，生存に影響がないためそのまま蓄積されるから。

(D)　(1)・(5)

(E)　Y染色体のDNA

(Ⅱ)(A)　A型の遺伝子頻度が高い渡来系集団が九州北部に渡来し，その後東日本に移住するにつれて，遺伝子の交流が起こり，移住した地域においてA型の遺伝子頻度が増加した。

(B)　仮説1では両親ともAB型の場合でもO型の子が生まれる可能性があるが，実際にはAB型の両親からはO型の子は生まれない。

(C)　(4)　$p_\beta{}^2 + 2p_\beta p_o$　　(5)　$2p_\alpha p_\beta$

(D)　(a)　29人　　(b)　0.10　　(c)　18人

解　説

(Ⅰ)(C)　コード領域に起こった変異は，生存上有利あるいは中立であれば保存されるが，生存上不利な場合は自然選択を受けて，集団から淘汰されてしまう。一方，遺伝子をコードしていないDループに生じた変異は，生存上有利にも不利にもならないので，すべてそのまま保存され蓄積されていく。

(D)　受精後，精子由来のミトコンドリアは受精卵の細胞質中で破壊されて排除されてしまうので，卵由来のミトコンドリアのみが子に引き継がれていく。

(1)適切。近年，ヒトのミトコンドリアDNAに組換えが生じている可能性があるという報告もあるが，現段階では，組換えは生じないと考えるのが一般的である。

(2)・(3)不適。Dループには多くの突然変異が蓄積されている。なお，極体は細胞質部分がわずかなので，極体に分配されるミトコンドリアは少ない。

(4)不適。卵母細胞の活性酸素の濃度が精母細胞のそれより高いことはない。

(5)適切。核DNAの場合，5世代さかのぼると$2^5 = 32$人の祖先を考えることになるが，ミトコンドリアDNAの場合は母方の1人の祖先を考えるだけでよい。

(Ⅱ)(A)　A型をあらわす遺伝子の頻度が地理的に均一ではなく，九州地方が高く，そして，関西，関東となるにつれ，頻度が低下していることが図３－１から読み取れる。これは，Ａ型の遺伝子頻度の高い集団が九州北部から中国，四国，そして関西，関東へと勢力を拡大していったことを意味していると考えられる。

(B)　仮説１では，［AB］がAB型，［Ab］がＡ型，［aB］がＢ型，［ab］がＯ型である。AB型にはAaBbという遺伝子型があるが，このAaBbの両親からは，1／16の確率でaabbであるＯ型が出現するはずである。しかし，実際にはAB型の両親からＯ型の子が生まれることはない。これ以外にもAB型（AaBb）とＯ型（aabb）との間ではＯ型の子が1／4の確率で出現するはずであるが，実際にはAB型とＯ型の組み合わせの親からＯ型の子は生じないということを述べてもよい。つまり，片方の親がAB型の場合にはＯ型の子が生じない点について述べてあればよい。

(C)　〔文２〕に「遺伝子頻度が，世代を経ても増減しない」とあるので，ハーディ・ワインベルグの法則が適用できる。よって，この集団における血液型の遺伝子型の頻度は次のようになる。

$$(p_\alpha\alpha + p_\beta\beta + p_o o)^2 = p_\alpha{}^2\alpha\alpha + \underline{p_\beta{}^2\beta\beta} + p_o{}^2 oo + \underline{\underline{2p_\alpha p_\beta\alpha\beta}} + \underline{2p_\beta p_o\beta o} + 2p_\alpha p_o\alpha o$$

　Ｂ型は点線で示された部分，AB型は二重線で示された部分に相当する。よって，Ｂ型の血液型頻度は$p_\beta{}^2 + 2p_\beta p_o$，AB型の血液型頻度は$2p_\alpha p_\beta$となる。

(D)　(a)　仮説１でAB型の血液型頻度は　　$(1 - p_a{}^2)(1 - p_b{}^2)$　……①

　p_aとp_bの値がすでに問題文の中に提示されているが，ここでは，その値を求めるところから考えてみることにする。問題文より，Ａ型の血液型頻度とＯ型の血液型頻度を合計すると$p_b{}^2$となる。表３－３より，Ａ型とＯ型の血液型頻度の合計は

$$\frac{109 + 134}{300} = \frac{81}{100} \qquad \therefore \quad p_b{}^2 = \frac{81}{100}$$

よって　　$p_b = 0.9$　（$\because$　$p_b > 0$）

同様にしてＢ型とＯ型の血液型頻度合計が$p_a{}^2$となるので

$$p_a = \sqrt{\frac{38 + 109}{300}} = \sqrt{\frac{49}{100}} = \frac{7}{10} = 0.7 \quad (\because \quad p_a > 0)$$

この値を上記の①に代入して，AB型の血液型頻度は

$(1 - 0.49) \times (1 - 0.81)$　……②

②に300人をかけると期待される人数である29人が得られる。

(b)　仮説２のＡ型とＯ型の血液型頻度の合計より

$$(p_\alpha{}^2 + 2p_\alpha p_o) + p_o{}^2 = (p_\alpha + p_o)^2 = \frac{81}{100} \quad \cdots\cdots③$$

$p_\alpha + p_\beta + p_o = 1$より，③は

$$(1 - p_\beta)^2 = \frac{81}{100} \qquad \therefore \quad 1 - p_\beta = \sqrt{\frac{81}{100}} = \frac{9}{10} \quad (\because \quad 1 - p_\beta > 0)$$

よって　　$p_\beta = 0.1$

(c)　全く同様にして，p_αを求めると，$p_\alpha = 0.3$が得られる。AB型の血液型頻度は$2p_\alpha p_\beta$なので，期待されるAB型の人数は

$$300 \times 2 \times 0.3 \times 0.1 = 18 \text{人}$$

60　2007年度　第3問

解　答

（Ⅰ）　1－体細胞　　2－減数　　3－自然選択

（Ⅱ）(A)　第二世代の個体1と2が正常なのに，第三世代の個体2が発病しているので劣性遺伝子である。

(B)　遺伝様式：伴性遺伝
根拠：第二世代の個体1が原因遺伝子をもたず，個体2も正常なのに，第三世代の個体2の男性が発病したので，原因遺伝子はX染色体上にある。

(C)　子供が男性の場合：50％　　子供が女性の場合：0％

（Ⅲ）　(1)・(3)

（Ⅳ）(A)　(3)　　(B)　(4)（または(3)）

（Ⅴ）　0.67

（Ⅵ）　(3)・(4)

（Ⅶ）(A)　遺伝暗号の第1塩基や第2塩基が置換すると指定するアミノ酸が変化することが多いが，第3塩基が置換してもアミノ酸が変化しない場合が多く，その変異は自然選択を受けないので置換速度は大きくなる。

(B)　真核生物のDNAにはイントロンとエキソンが交互に存在し，イントロンでの塩基の置換は翻訳されるタンパク質のアミノ酸配列に全く影響しないため，自然選択によって変異が除かれることがない。したがって，イントロンはエキソンに比べて塩基配列の置換速度は大きく，3塩基ごとに置換速度が大きいという法則性に該当しない。

解　説

（Ⅱ）(A)　ここでは劣性個体どうしから優性形質が生まれないという最も基本的な性質を活用する。〔解答〕に示したように第二世代の個体1（正常）と個体2（正常）の間に遺伝病をもつ子供（第三世代の個体2）が出現している。もし，正常個体を劣性，遺伝病を優性と仮定すると，最初に示した基本ルールに反する。

(B)　〔解答〕に示したのがシンプルかと思うが，次のように考えてもいい。第一世代の個体1は原因遺伝子がなく，個体2は劣性ホモ接合体である。常染色体上に原因遺伝子があるならば，子はすべて正常となるが，第二世代の個体3と個体5が発病したので，原因遺伝子はX染色体上にある。

(C)　正常遺伝子をA，遺伝病Sの原因となる対立遺伝子をaとおく。これらの遺伝子はX染色体上にあるので，第三世代の個体6はヘテロ個体であるから，X^AX^a，対立遺伝子をもたない男性は X^AY である。生まれてくる子供は男の子であれば50%の確率で遺伝病Sとなるが，女の子では0%である。

(Ⅲ) (1)は「DNAリガーゼ」→「DNAポリメラーゼ」，(3)はDNAの複製は「細胞分裂の前期」でなく，「間期（S期）」に行われる。

(Ⅳ)(A)　アミノ酸置換数が少ないほど近縁であると考えられる。哺乳類aを基準に考えると，哺乳類bが最も近く，続いて両生類c，魚類dとなる。したがって，系統樹の枝の長さが，(a－b間)＜(a－c間)＜(a－d間) となる(3)が正しい。

(B)　哺乳類aと哺乳類bは分岐後8000万年経過しており，そのアミノ酸置換数は15である。したがって，8000万年でそれぞれ15÷2＝7.5〔個〕ずつアミノ酸が置換したことになる。一方，哺乳類aと魚類dのアミノ酸置換数は80であるから，分岐後に80÷2＝40〔個〕ずつアミノ酸が置換している。分岐後の時間をX年とすると

7.5：8000万＝40：X　より　　X≒4億2700万〔年〕

となり，(4)が正解となる。

しかし，系統樹に基づいて厳密に考えると次のようになる。哺乳類aと哺乳類bは共通祖先から分岐した後にそれぞれ同じ数だけアミノ酸置換が生じていると考えたので，哺乳類aと両生類cの間のアミノ酸置換数と，哺乳類bと両生類cの間のアミノ酸置換数は，理論的には等しいはずである。そこで（哺乳類aと哺乳類b）と両生類cの間のアミノ酸置換数は，平均値をとって，(62＋64)÷2＝63と考える。同様に，（哺乳類a，哺乳類b，両生類c）と魚類dの間のアミノ酸置換数は，(80＋78＋62)÷3≒73.3と考える。したがって，哺乳類aと魚類dは分岐後に73.3÷2＝36.65〔個〕ずつアミノ酸が置換している。よって

7.5：8000万＝36.65：X　より　　X≒3億9000万〔年〕

となり，(3)が正解となる。

(Ⅴ) 8000万 (8.0×10^7) 年でアミノ酸140個中7.5個が置換した。10億 (1.0×10^9) 年で140個中いくつ置換するか，その割合を求めればよい。よって

$$\frac{7.5}{140} : 8.0\times10^7 = X : 1.0\times10^9 \quad \text{より} \qquad X = 0.669 \fallingdotseq 0.67$$

(Ⅵ) (3)のそれぞれが独立にはたらくことができるというところが誤り。

(4)では〔文2〕の下線部(エ)にあるように分子進化の速度は1アミノ酸あたりの置換率として表すので，アミノ酸の数には影響されない。

(Ⅶ)(A)「3塩基ごとに置換速度が大きいという法則性」とは，たとえばタンパク質Yを指定するDNAの塩基配列において，あるところから3番目と6番目と9番目と12番目……の塩基が置換しているのが多いという意味。これは，遺伝暗号の1番目の塩基や2番目の塩基が置換すると別のアミノ酸に変化してしまう可能性が高いが，3番目の塩基では同義置換（同じアミノ酸となる置換）となる可能性が高い

からである。つまり，1番目や2番目の塩基置換は多くがアミノ酸置換を起こしてしまい，そのような個体は集団内に残る確率が低く自然選択を受けて排除されてしまうのである。

(B) 真核生物では，イントロンに起きた置換はアミノ酸置換に結びつかないため，自然選択を受けず残る率が高いので，3塩基ごとに置換速度が大きいという法則は成立しない。

研　究

本問ではアミノ酸の置換速度が問題になったのでその特徴を述べておこう。1）タンパク質遺伝子の置換速度は，より重要な機能を果たしているタンパク質の遺伝子ほど小さい。このことはヒストンH4やアクチンなどの重要遺伝子において塩基対の非同義置換速度が非常に遅い（非同義置換とは，アミノ酸配列が変化する置換のこと。同義置換はアミノ酸配列に変化を及ぼさない置換をいう）ことからもわかる。2）同義置換速度は非同義置換速度と比べて格段に速い。さらに同義置換の速度はどの遺伝子でも大差なくほとんど同じオーダーの範囲に収束する。

61　2006年度　第２問

解　答

(Ⅰ)(A)　3.8％　　(B)　(2)・(3)　　(C)　５分子

(Ⅱ)(A)　植物Ａ：広葉型・(イ)　　植物Ｂ：イネ科型・(ア)

(B)　7.1

(C)　植物Ｂは細長い葉を斜めにつけるので，相対照度の減少が緩やかで葉を下層までつけることができる。また葉面積指数が大きいので，葉の受光面積が大きく，葉を支持する茎の重量の比率が小さいので，群落全体の純生産量が大きくなる。

(D)　40

(E)　葉面積指数が増加すると，葉量の増加に伴い光合成量と呼吸量が増加するが，下層の葉では受光量が十分ではなく，光合成量の増加は一定値に収束する一方，呼吸量は着実に増加するので，純生産量は一定量以上には増加しなくなる。

(Ⅲ)(A)　森林：4.7×10^{-2} kg/年　　草原：2.6×10^{-1} kg/年

草原の現存量の多くは光合成を行う葉であるのに対し，森林では，幹・根などの非光合成器官であるから。

(B)　(3)

(C)　全陸地：1.6×10 年　　全海洋：7.1×10^{-2} 年

生態系の現存量がすべて更新されるのに要する時間を表す。

(D)　陸地では，主たる一次生産者は大型の樹木であり，同化産物の多くが幹や枝などの非光合成組織に長期間現存量として蓄積される。この部分の被食量は小さく，更新に要する時間が長くなる。一方，海洋では，主たる一次生産者は体が小型の植物プランクトンであり，寿命が短く，被食量が大きいため，現存量の更新に要する時間が短くなる。

解　説

(Ⅰ)(A)　$\dfrac{3 \times 10^3 \times 16.8}{8.0 \times 10^3 \times 0.45 \times 365} \times 100 \fallingdotseq 3.83\ \%$

(B)　(1)　この内容は〔文１〕に記述された化学浸透説である。pH４の緩衝液に入れておくと，チラコイド膜内腔の水素イオン濃度が高くなったので，これをpH８の緩衝液に移すと水素イオンがチラコイド膜内腔から一気に流れだすことで共役するATP合成酵素が作動してATPが合成されたということで正しい。

(2)　これではATPがつくられなくなるので誤り。

(3)　チラコイド膜が破れたら，水素イオンの勾配ができないので，ATP合成のエネルギーが供給されなくなるので誤り。

(4) リン脂質二重層は半透性に近くイオンをほとんど通さないので正しい。

(C) 〔文1〕に記述されている内容にあてはめて計算していく。根気強く，そして丁寧に考える。なお，下記の計算の過程では必要なところを記し，酸素などはATP生成に関与しないので省略しておく。

2分子の水が分解→① $\underline{4H^+}$ + $4e^-$

↓

② $\underline{8H^+}$ が蓄積される

①と②で合計12個のH^+ができる。リード文に3個のH^+からATP1分子ができるとあるので，12個のH^+からは4分子のATPができる。また4個の電子が電子伝達系に伝わると，2分子の還元力がつくりだされる。これが6分子のATPに相当する。よって水1分子からは　10 ÷ 2 = 5分子

(Ⅱ)(B) 土地の面積で葉の面積の合計値を割ればいい。

地上15cmまでの葉の生重量：10 + 30 + 60 + 90 = 190 g

生重量1gあたり$60cm^2$なので

葉の面積の合計値：190 × 60 = 11400 cm^2

積算葉面積指数：11400 ÷ (40 × 40) = 7.125

(C) 細長い葉が茎に対して斜めについている→光が群落の下層部まで入る → 同化器官である葉が下層まで分布する → 上層から下層まで光を効率的に利用可能 → 群落の純生産量が大きい。

(D) 図2で地上45 cmの相対照度は10 %，つぎに図4で相対照度10 %のときのみかけの光合成速度は30となる。これに呼吸速度の10を加えればいい。

(E) 群落の上層の葉であれば，強い光が十分供給され十分な量の有機物生成を行うので，多数あった方がいいが，下層になると光合成速度よりも呼吸速度の方が大きくなるところも出現する。このようなところでは，せっかく光合成で合成した有機物を次から次へと消費してしまうため，物質生産という観点から見るとマイナスとなる。

(Ⅲ)(A) 求めるのは，純生産量 ÷ 現存量である。

森林：79.9 ÷ 1700 = 0.047 kg/年

草原：18.9 ÷ 74 ≒ 0.255 kg/年

これらの生態系で違いが生じる理由としては，草原の現存量は生産者が草本で，葉の比率が高く，非光合成器官の割合が少ないが，森林では幹などの非光合成器官の割合が高く，有機物が長年にわたって蓄積しているからである。

(B) 現存量が平衡に達しているというのは，現存量が増減しないということである。これは捕食・枯死などにより失われた量が絶えず供給されてみかけ上変化がないこ

とを意味する。

(C)　現存量 ÷ 純生産量を求めていく。

全陸地：1836.6 ÷ 115.2 ≒ 15.9 年

全海洋：3.9 ÷ 55.0 ≒ 0.0709 年

(D)　陸地の主たる生産者は樹木であり，寿命が長い。このため物質生産されたものが蓄積され，少しずつ更新されていくので，更新に要する時間が長くなる。一方，海洋の主たる生産者は植物プランクトンで小型であり，消費者に大量に捕食されるため現存量の更新に要する時間は短くなる。

研　究

(Ⅲ)で海洋の生態系について問われているので，水界生態系について簡単に述べておこう。水界生態系は湖沼生態系と海洋生態系に大きく分類できる。水中の環境は，水分が十分にあり，温度変化は陸上に比べて小さい。また，水は移動性が高いので，川の流れや海流により生物の分布が広がることが多く，陸上生態系に比べて地域による差が比較的小さいことが特徴である。ただし，淡水湖など他から隔離された環境の場合は，固有種が多く見られる場合がある。

62 2001年度 第3問

解答

(Ⅰ)(A) 生体元素〔生元素〕

(B) 石油や石炭は，光合成によってつくられた有機物を起源として生じたから。

(C) 各段階で呼吸，死滅，不消化排出により失われる部分があるから。

(D) 森林の急速な伐採や石油・石炭などの化石燃料の大量消費。

(E) 好気呼吸は，基質を完全に無機物へと分解するので，多量のエネルギーを遊離させるが，嫌気呼吸では，まだエネルギーをもつ生成物を産生するから。

(Ⅱ)(A) (a) 硝化作用 (b) 硝酸菌（亜硝酸菌も可）

(B) 陸上植物では現存量あたりの無機窒素化合物吸収量は100/120 = 0.83であるのに対して，海洋植物では50/8 = 6.25で，7.5倍になる。よって，海洋植物は陸上植物に比べ，単位現存量あたりの窒素吸収効率が高いと言える。

(C) 陸域では植物の吸収窒素量の10％が動物に移動するが，海洋では90％も移動する。これは，陸上植物では動物が食べることのできる部分は限定されるのに対して，海洋植物では大半が植物プランクトンからなり，全身が動物による捕食の対象となるためである。

(Ⅲ)(A) (a) 窒素固定，アンモニウム塩

(b) x－根粒菌 y－シアノバクテリア〔ラン藻〕（ネンジュモ，アナベナも可）

(B) (2)・(3)

(C) 高温多湿な熱帯林では，微生物による有機物の分解や植物による無機物の吸収が盛んなため，窒素化合物が土壌中に留まる時間は短く，生物体に留まる時間が長いから。

(Ⅳ)(A) 農地で生産された作物は，それが運搬されて都市で消費されるため，分解されて生じる無機窒素化合物が農地に循環して戻ることがないから。

(B) 生育の限定要因となっているリン，カリウムを同時に与えることで，植物の生育促進効果が増大するので，窒素の流れの太さは太くなる。

(C) 赤潮の発生

解説

(Ⅰ)(A) 不可欠元素ともいう。

(B) 化石燃料は過去の生物の遺体が炭化してできたもの。

(C) 呼吸時の排出熱や死亡分解などで，食物連鎖の低次のものから得たエネルギーは失われる。

(E)　好気呼吸では基質が完全に無機物に分解されるので呼吸基質がもっていたエネルギーを多量に遊離することができる。ところが，発酵などに代表される嫌気呼吸は産物にエネルギーを内在する物質をつくるので，呼吸基質のもつエネルギーが効率的に遊離したことにはならない。

(Ⅱ)(B)　設問文で図中の数値を用いて説明することが要求されている。陸域の現存量120億トンに対して吸収量が100億トン，海洋では，現存量8億トンに対して吸収量が50億トンになっている。海洋では，植物が効率よく窒素を吸収することで，少ない現存量でより多くの窒素が動物に移動している。

(C)　窒素の流れを問われている。陸域では植物が吸収した窒素100億トンのうち，動物に移動するのは10億トン（10％）である。海洋では植物が吸収した窒素50億トンのうち，動物に移動するのは45億トン（90％）である。陸域の植物では，動物による捕食の対象となる部分が限定されているが，海洋の植物プランクトンでは全身が動物による捕食の対象となりうる。この結果，植物プランクトンが得た無機窒素化合物の多くが動物に利用されることになるのである。

(Ⅲ)(B)　脱窒（脱窒素作用）の大すじは，NO_3^-→NO_2^-→N_2で，硝酸還元作用の一種でエネルギーを吸収する反応である。ここでは(2)，(3)を選ぶ。

(C)　有機窒素化合物の分解は結局のところ酵素反応であるから，分解速度は温度により規定される。温度が高い熱帯林ではこの分解速度が速いため，生物の遺骸などは速やかに分解される。分解で生じた無機窒素化合物も，すぐに植物に吸収されて成長に利用される。さらに食物連鎖を通して，動物も多数生育可能な条件が整うので，結果として土壌窒素として留まる時間が短く，生物体に留まる時間が長くなる。

(Ⅳ)(A)　たとえば，信州や群馬の高原で栽培・収穫されたレタスなどの野菜は，その地で消費・分解されて土に戻ればいいが，そうではない。高度に発達した流通システムによって大都市に運ばれ，そこで消費される。つまり，レタスなどの野菜に取り込まれ，タンパク質や核酸などの有機窒素化合物となった無機窒素化合物は，これら野菜の生育地と消費地が違うため，生育地の土壌中に戻ることができないことになる。失われた無機窒素成分を補うために窒素肥料を農地にまくのである。

(B)　植物の成長にはＮ（窒素）・Ｐ（リン）・Ｋ（カリウム）の３つの元素が特に重要である。Ｐは核酸・生体膜の構成成分として必要で，不足すると実のつき具合が悪くなる。Ｎが不足すると葉の成長が悪くなる。Ｋは根や茎の成長促進に作用する。Ｎのみを肥料として与えた場合，ＰやＫが限定要因となるので，Ｎは土壌中にあっても吸収されることはない。しかし，肥料として同時にＮ・Ｐ・Ｋを与えると，それまで以上の大きな成長が起こり，Ｎの吸収量も多くなることが予想される。

(C)　単に富栄養化と答えるのではなく，「海洋の環境問題」とあるので，「赤潮」とするのがいい。淡水ならば「水の華」である。

63

2000年度　第1問

解　答

(Ⅰ)(A)　根粒菌　　(B)　有性生殖　　(C)　相利共生

(D)　根粒菌が窒素固定でつくったアンモニウム塩などの無機窒素成分を受け取る。

(Ⅱ)(A)　pの雌とqの雄とを交配したものと，pの雄とqの雌とを交配したものを作成する。前者でF_1が生じなければqが感染群，後者でF_1が生じなければpが感染群，どちらの組合せでもF_1ができればともに感染群である。

(B)　実験結果の3でWに感染していない雌と感染した雄との交配では，F_1が生じないが，実験結果の1で両親がともに感染している場合はF_1が生じるから。

(Ⅲ)(A)　非感染雌が感染雄と交配したときに子孫を生じないため，個体群の全個体が感染していない場合や全個体が感染している場合より，子孫の数が減少する。

(B)　感染雌は雄の感染の有無にかかわらず常に子孫を残せるが，非感染雌は感染雄との交配では子孫が生じないから。

(C)　2.5倍

(Ⅳ)(A)　生殖的隔離

(B)　W感染群とV感染群との間では次世代が得られないので，一方で起きた突然変異はもう一方には伝わらない。この結果，それぞれの感染群で別々に自然選択が繰り返されると両方の集団の遺伝子構成に変化が生じ，やがて別種に分化する。

解　説

(Ⅱ)(A)　**♀**×**♂**，**♀**×♂，♀×♂ではF_1が得られるが，♀×**♂**ではF_1が得られない。これを3つに分けて考える。ⅰ）p，q両群が感染群の場合p群の雌×q群の雄，q群の雌×p群の雄はいずれも**♀**×**♂**となり，この場合はすべての実験でF_1が得られる。ⅱ）p群のみ感染群の場合は，p群の雌×q群の雄は，**♀**×♂で，F_1が得られる。しかし，q群の雌×p群の雄の場合では，♀×**♂**となってF_1が得られない。ⅲ）q群のみが感染群の場合は，p群の雌×q群の雄は♀×**♂**となって，F_1は得られない。しかし，q群の雌×p群の雄は**♀**×♂となってF_1が得られる。

(B)　**♂**の精子が不活性化されており，♀の卵に**♂**の精子が入っても核の合体が起こらないので，F_1が得られない。一方，**♀**×**♂**の交配ではF_1が得られるから，**♀**の卵に不活性化されている**♂**の精子を活性化する因子が存在する。つまり，卵の細胞質の中に活性化因子の存在が推測されることになる。

(Ⅲ)(A)　**♂**の精子は運動性が高く，**♀**との間でしか子どもをつくることができない。

すると，**♂**が♀との交尾に費やしたエネルギーはすべて無駄になってしまう。このような現象は，個体群にとっては無駄なく個体数が増えていくのが最も理想的であることから考えて，個体群全体にとっては不利となる。

(B)　混在群では，**♀**は♂・**♂**の両方と交尾し，♀も♂・**♂**の両方と交尾する。雌は交尾で得た精子を受精嚢に蓄え，体内で卵と受精させる。**♀**では受け入れた精子をすべて使って子どもをつくれるが，♀では，♂の精子と合体したものだけが受精卵になる。つまり♀では**♂**由来の精子が入った卵が無駄になってしまう。結果として，**♀**のほうが多数の子孫を残すという点に関しては有利となる。

(C)　**♂**の精子が♂の精子に比べて1.5倍の頻度で卵に入るとあるので，受精する割合を♂：**♂**＝1：1.5として交配の表をつくって考えてみればいい。

	♂	**♂**
♀	1	1.5
♀	1	1.5

♀では1.5の部分が受精を完了できず子孫を残せないので，F_1世代の個体数は1，一方，**♀**では1＋1.5＝2.5である。

よって，感染個体：非感染個体＝2.5：1となる。

(Ⅳ)(B)　W感染群とV感染群の間では次世代が得られないことを述べておく。それぞれの集団では遺伝子の交流が起こるが，部分集団間での遺伝子の交流は起こらない。この異なる２種の集団では，同一の突然変異が起こる確率は低いので，生じる突然変異が集団間では違ってくることになる。突然変異個体は各集団内で自然選択を受けて，遺伝子構成をそれぞれ変化させていく。これが繰り返されて，隔離された集団間で遺伝子構成が大きく変化していく。この結果，別種へと進化していくことになる。

研　究

リケッチアについて説明しておこう。リケッチアは動物の細胞でしか増殖できない小型のグラム陰性の微生物で，節足動物のダニ，シラミ，ノミなどによって媒介され，*ツツガムシ病，発疹チフスなどを引き起こす。大きさとしては，ウイルスと細菌の中間の大きさとなる。リケッチアは1907年にこれらの属を初めて確立したアメリカの科学者，ハワード・T・リケッチアにちなんで命名された。増殖は宿主の血管内皮系の細胞内で行われ，宿主細胞の代謝低下時に最もよい増殖を示すことが知られている。宿主細胞から取り出して，単独におくと急速に死滅する。

＊　この治療としては，テトラサイクリン，ドキシサイクリン，クロラムフェニコールなどのDNA合成を阻害する抗生物質を投与する。

64

2000年度　第2問

解　答

(Ⅰ)(A)　アブシシン酸

(B)　気孔開度の減少によって光合成速度が低下するので，細胞間隙のCO_2濃度が限定要因になっている。

(C)　(3)

(D)　c＞d＞b＞a

(Ⅱ)(A)　(a)―①　　(b)―③

(B)　下層の葉では相対照度の減少が著しく，光強度が不十分となるため，呼吸速度が光合成速度を上回り，純生産量がマイナスとなる。そのため，下層の葉を枯死・脱落させたほうが草本群落全体では物質生産効率が増加するから。

(C)　高密度になるほど光合成器官が下層で減少し，上層で増加するようになる。

(D)　(1)―(a)　　(2)―(b)　　(3)―(b)　　(4)―(a)

(Ⅲ)(A)　可視光のうち，青紫色光と赤色光をクロロフィルが吸収し，ほとんど吸収されない緑色光が反射・透過されるから。

(B)　群落の下層では光合成に有効な波長の光が届かない。節間を伸ばすことで葉を群落の外部へと展開させ，より多くの太陽光を受けることができるようになる。

(C)　光発芽種子

(D)　(1)・(2)

(E)　群落内では青紫色光と赤色光が届かないため，発芽しても十分な光合成が行えず枯死する。成長可能な条件がそろうまで休眠することでその危険を回避できる。

解　説

(Ⅰ)(B)　実験1の条件では，光は光飽和の状態である。温度は20℃で必ずしも最適温度とは言えないが，それに近い値にあることを考えておく。3つある限定要因の残りはCO_2濃度である。この濃度は，気孔の開度に比例する。気孔を開くほど光合成が活発になるのであるから，この場合の限定要因はCO_2濃度である。

(C)　光が限定要因となる弱光条件では，[H]やATPなどのチラコイドでの産物が比較的少ないと考えられる。すると，光合成速度は，[H]やATPの量によって制限されるので，気孔が全開したとき（CO_2濃度が高いとき）と，気孔が閉じたとき（CO_2濃度が低いとき）の速度差は，強光条件下よりも弱光条件下のほうが小さくなると考えられる。

(D)　(a)強光条件下（光飽和）では気孔を閉じた状態で光合成が行われているので，細胞間隙のCO_2濃度は著しく低下する。(b)弱光条件下で光合成を行っているのでCO_2濃度は(a)よりは高い。(c)暗所では呼吸のみが起こるので，CO_2濃度は(d)の大気中より高くなる。

(Ⅱ)(A)　相対照度の垂直分布である。(a)のような広葉型植物では，光合成器官（葉）が上層に偏って分布するので，相対照度は急激に低下する。群落の高さの2/3程度で50％程度になる。

一方，(b)のようなイネ科型植物の場合は細長い葉が茎に斜めについて根元から上方に向かうので，光は群落の比較的下部まで入り込むことができる。相対照度50％となる高さも群落の高さの1/2以下になる。もっと具体的に言うと，高さが100 cmの広葉型とイネ科型の植物があったとしよう。そのとき群落の最上部に1万ルクスの光が照射された場合，広葉型では，高さ67 cm（2/3）程度で5000ルクスになる。一方，イネ科型の場合は45 cm程度（1/2以下）で5000ルクスになる。この相対照度の変化のグラフは直線ではなくS字型に近い。

(B)　下層の葉は補償点以下で純生産量がマイナスとなっている部分である。純生産量がマイナスになっている部分を切り捨てることで，群落全体の純生産量が増加する点について述べる。

(C)　個体間の間隔を狭めると，下層に達する光は加速度的に減少する。この結果，光合成器官が下部についていても純生産量がマイナスとなるので，枯死・脱離を起こし，光合成器官が上層に偏在するようになる。

(Ⅲ)(A)　物体が何色に見えるかは，その物体にあたった光のうち反射した光や透過した光によって決まる（**ポイント**を参照）。

(B)「光が弱く，青紫色光と赤色光の割合が低下した条件」下なので，植物が利用できる光エネルギーが極端に減少している。これを回避するためには，節間を長くとって背丈を伸ばすことで，他の植物に邪魔されず光を十分得ることができる。また，葉どうしの重なりも少なくできる。

(C)・(D)　フィトクロムを知らない受験生はいないであろうから，問題ないだろう。注意したいのは白色光である。白色光が赤色光も含んでいることに注意しておきたい。

(E)　種子が悪条件下で発芽したら，枯死してしまう。これを避ける戦略と考えればいい。赤色光と青紫色光が群落の上層で吸収されて種子のある地面に届かないときには，発芽しても光合成を効率的に行うことができない。よって，その場合は休眠によって環境が生育に適した条件になるまで待つのである。

第 6 章　総合問題

65

2023年度　第3問

解答

A．1－自然抗体　　2－B細胞　　3－免疫グロブリン

B．⑴・⑵・⑶

C．⑶

D．A型－グリシン　　B型－アラニン

E．⑸

F．1－開始コドン　　2－アンチコドン　　3－ペプチド　　4－キャップ
　5－ポリA鎖（ポリA尾部）　　6－葉緑体　　7－ミトコンドリア
　8－共生（細胞内共生）

G．⑴・⑵・⑹

H．⑶

I．ペプチド4－c　　ペプチド5－h

J．b

K．⑵・⑶

解説

A．新生児は，生まれつきABO式血液型の抗原に対する自然抗体を産生する能力を有しており，生後，食物や生活環境に含まれる細菌にさらされると，これら細菌表面に存在するA抗原，B抗原に類似の抗原に反応して抗A抗体，抗B抗体を産生するようになると考えられている。

　このような抗体は自然抗体と呼ばれ，多くの場合はIgM抗体であることが判明している。これに対して，ABO式血液型以外の他の血液型では，輸血や妊娠によって抗原にさらされてはじめて抗体が生じるが，こちらは免疫抗体と呼ばれ，IgG抗体である。

B．⑴　正しい。遺伝子の266番目のコドンがA型であれば，A型の糖転移酵素活性が検出されている。

⑵　正しい。遺伝子の266番目のコドンがB型であれば，B型の糖転移酵素活性が検出されている。

⑶　正しい。遺伝子の268番目のコドンがA型であるとき，A型の糖転移酵素活性が検出されている。

⑷　誤り。表3－1のAAABというキメラ遺伝子では268番目のコドンがB型であってもB型の糖転移酵素活性が検出されず，A型の糖転移酵素活性がみられる。

C．表3－2でB型の酵素活性が，＋または＋＋＋となっているアミノ酸を見つける。すると，グリシン，アラニン，セリンで酵素活性をもつことがわかる。この3種類のアミノ酸の側鎖の性質を検討する。

⑴　誤り。上記の3つのアミノ酸とも側鎖は電荷をもたない。

⑵　誤り。グリシンとアラニンは疎水性であるが，セリンは親水性である。

⑶　正しい。グリシンの側鎖は —H，アラニンの側鎖は $—CH_3$，セリンの側鎖は $—CH_2OH$ なので側鎖の分子量は小さい。

⑷　誤り。炭素骨格が枝分かれしているバリン，ロイシン，イソロイシンを分岐鎖アミノ酸という。グリシン，アラニン，セリンの側鎖は分岐していない。

D．表3－1を見るとBBBB（B型遺伝子）ではB型の酵素活性を示すが，キメラ遺伝子のBBBAではB型とA型両方の酵素活性を示すことがわかる。また，表3－2でA型とB型の両方の酵素活性が＋になっているアミノ酸残基はグリシンである。よって，A型遺伝子の268番目のアミノ酸残基はグリシンとわかる。一方，B型遺伝子の酵素活性は，表3－2よりアラニンのときだけが＋＋＋と酵素活性が高くなっていることがわかる。これよりB型遺伝子のアミノ酸残基はアラニンとわかる。

E．O型の父親からB型の子供が生まれたことから，父親の遺伝子型はhhBBまたはhhBOであると考えられる。また，A型の母親の遺伝子型にはHHAA，HHAO，HhAA，HhAOが考えられる。この中で父親がhhBBの場合，母親の遺伝子型がHHAAではAB型の子供しか生まれないので不適。またHhAAでもB型の子供は生まれないので不適。よって，父親はhhBBまたはhhBO，母親は，HHAOまたはHhAOなのでこれを満たすのは⑸である。

〔注〕　選択肢にはHHOA，HhOBのように劣性（潜性）遺伝子のOを優性（顕性）遺伝子のAやBの前に記載した表記をとっている。しかし，通常の高校の範囲の遺伝学では優性遺伝子を先に記載するので，〔解説〕ではHHAOやHhBOと表記した。

各選択肢を検討してみよう。

⑴　誤り。父親はAB型，母親はO型となる。

⑵　誤り。父親はB型となる。

⑶　誤り。hhOOの父親とHhAOの母親からB型の子供は生まれない。

⑷　誤り。父親はB型となる。

⑸　正しい。父親はO型，母親はA型となり，B型の子供が生まれる可能性がある。

G．リード文に「リボソームが結合するmRNA量は，そのmRNAから合成されるタンパク質量と比例する」とあることを念頭において考えていく。図3－2－a）から合成されるタンパク質合計量はウイルス感染前を100（相対値）とすると，3時間後，5時間後，8時間後はそれぞれ20，15，10程度と読みとれる。

また，図3－2－b）からウイルス mRNA の割合は感染前は0％，3時間後，5時間後，8時間後はそれぞれ5％，50％，40％程度と読みとれるので，合成される各タンパク質量は次の表の通り。

	感染前	3時間後	5時間後	8時間後
ウイルス mRNA から合成されるタンパク質量	$100\times\frac{0}{100}=0$	$20\times\frac{5}{100}=1$	$15\times\frac{50}{100}=7.5$	$10\times\frac{40}{100}=4$
宿主 mRNA から合成されるタンパク質量	$100\times\frac{100}{100}=100$	$20\times\frac{95}{100}=19$	$15\times\frac{50}{100}=7.5$	$10\times\frac{60}{100}=6$

求めた値より，各選択肢を検討してみよう。

⑴　正しい。ウイルス感染3時間後の時点では，ウイルス mRNA から合成されるタンパク質量は宿主 mRNA から合成されるタンパク質量よりも少ない。

⑵　正しい。宿主 mRNA から合成されるタンパク質量はウイルス感染前より感染3時間後の方が少なくなっている。

⑶　誤り。ウイルス mRNA から合成されるタンパク質量は感染5時間後の方が感染3時間後よりも多くなっている。

⑷　誤り。宿主 mRNA から合成されるタンパク質量は感染5時間後より感染3時間後の方が多い。

⑸　誤り。宿主 mRNA から合成されるタンパク質量は，感染8時間後より感染3時間後の方が多い。

⑹　正しい。ウイルス mRNA から合成されるタンパク質量は，感染8時間後より感染3時間後の方が少ない。

H．図3－4では，グラフの縦軸の値が大きいほど SARS-CoV-2 由来のペプチドが HLA-Ⅰに結合しやすい。すなわち，グラフの縦軸が大きいことは HLA-Ⅰへの親和性が高いことを表している。また，50％の点線と各ペプチドのグラフの交点における濃度が IC_{50} を表している。図3－4における IC_{50} を求めると次のようになる。

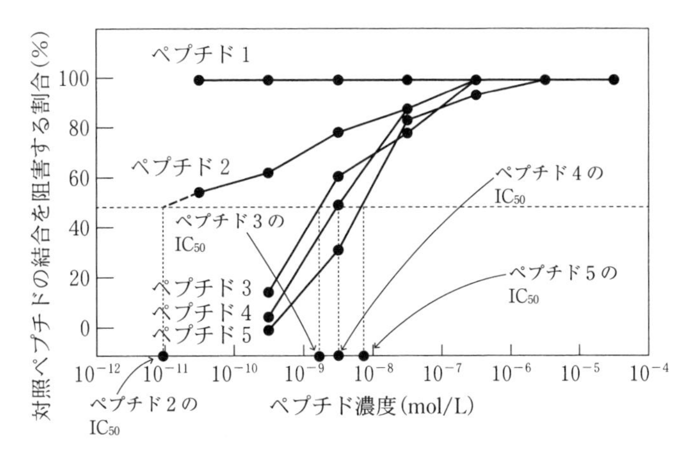

(1)　誤り。上の図よりペプチド3の IC_{50} は 1.0×10^{-9}〜1.0×10^{-8}mol/L である。

(2)　誤り。上の図よりペプチド4の IC_{50} は，1.0×10^{-9}〜1.0×10^{-8}mol/L である。

(3)　正しい。ペプチド1の IC_{50} は上の図より非常に小さく 1.0×10^{-10}mol/L 以下と考えられる。

(4)　誤り。上の図よりペプチド5の IC_{50} は 1.0×10^{-9}〜1.0×10^{-8}mol/L である。

(5)・(6)　いずれも誤り。親和性が高いのは IC_{50} の値が小さいペプチドである。

I．ペプチド3〜5の IC_{50} の値は 1.0×10^{-9}〜1.0×10^{-8}mol/L の範囲にある。表3―3を見るとc・e・hがこの範囲にあることがわかる。小さい方から並べると

e (1.2×10^{-9}mol/L) ＜ c (3.8×10^{-9}mol/L) ＜ h (7.8×10^{-9}mol/L)

となる。

さらに設問Hの〔解説〕にあるグラフから検討してみると，ペプチド3がe，ペプチド4がc，ペプチド5がhに対応することがわかる。

J．図3―4からペプチド1や2の親和性は極めて高く，IC_{50} は 1.0×10^{-10}mol/L 以下である。表3―3にあるaまたはbがそれに相当する。与えられたペプチド2の翻訳領域から翻訳されるアミノ酸はグリシン―ロイシン―イソロイシン―トレオニン―ロイシン―セリン―チロシン―ヒスチジン―ロイシンである。

よって，ペプチドのアミノ酸配列はGLITLSYHLとなるので記号aのアミノ酸配列はペプチド2に対応していることがわかる。よって，ペプチド1に対応するのはbである。

K．スパイクタンパク質Sが翻訳されるときの読み枠は

61-AAU/GUU/ACU/UGG/UUC/CAU/GCU/AUA/CAU/GUC-70

71-UCU/GGG/ACC/AAU/GGU/ACU/AAG/AGG/UUU/GAU-80

81-AAC/CCU/GUC/CUA/CCA/UUU/AAU/GAU/GGU/GUU-90

一方，Jよりペプチド2の翻訳領域は，以下の実線部分である。

61-A/AUG/UUA/CUU/GGU/UCC/AUG/CUA/UAC/AUG/UC-70

71-U/CUG/GGA/CCA/AUG/GUA/CUA/AGA/GGU/UUG/AU-80

81-A/ACC/CUG/UCC/UAC/CAU/UUA/AUG/AUG/GUG/UU-90

破線を引いた下線部はペプチド１の翻訳領域（メチオニンから始まりメチオニンで終わっている９個のアミノ酸配列）である。すると，ペプチド１の読み枠とペプチド２の読み枠は共通していることがわかる。またスパイクタンパク質Ｓの読み枠とペプチド１とペプチド２の読み枠は異なっているので(2)と(3)が適当である。

66　2022年度　第3問

解　答

Ⅰ．A．原腸陥入に伴い，内部にもぐりこんだ原口背唇部は脊索に分化するとともに，形成体としてはたらき，接する外胚葉を神経管へと誘導する。神経管の前端部は脳に，後端部は脊髄に分化する。

B．細胞膜の一部が陥入して，細胞外の物質などを包むように膜の一部を細胞膜から分離させて，細胞内へ物質を取り込む現象。

C．(2)・(3)

D．(3)・(5)

Ⅱ．E．α—(3)　β—(4)　γ—(2)　δ—(5)

F．塩基対間の水素結合の数は，A－T間では2本であるのに対し，G－C間では3本であるため，GC含量が多いほど張力限界値が大きくなるため。

G．(3)

H．送り手細胞のデルタタンパク質が受け手細胞のノッチタンパク質と結合する。その後，送り手細胞のエンドサイトーシスによってノッチ−デルタタンパク質間で張力が生じ，張力が一定以上になると，切断酵素1，2による2段階の切断が行われ，ノッチタンパク質の細胞内領域が核内へ移行することでシグナル伝達が起こる。

解　説

Ⅰ．C．図3－3の条件1と条件2では，細胞株Aにおいて緑色蛍光強度の平均値が同程度になっている。条件1では，受け手細胞株Aも送り手細胞株Bもともに野生型を用いている。条件2では，遺伝子 X を除去した受け手細胞株Aと野生型の送り手細胞株Bを用いている。このことは，ノッチシグナルを受容する受け手細胞において遺伝子 X の機能は必要でないことを示す。よって(2)は適切。

条件3では，野生型の受け手細胞株Aと遺伝子 X を除去した送り手細胞株Bを用いており，細胞株Aにおける緑色蛍光強度の平均値が0に近い値となっている。この条件3と条件1を比較すると，条件1の方が，緑色蛍光強度の平均値が高くなっていることがわかる。このことは，遺伝子 X の機能はノッチシグナルを送る細胞において必要であることを示す。よって(3)は適切。

D．(1)　実験1の細胞株Aではノッチタンパク質が常に一定量発現するように設計されている。細胞株Bでノッチタンパク質の合成が促進されることはないので誤り。

(2)　細胞株Bではデルタタンパク質と赤色蛍光タンパク質の合成が行われている。ここでノッチ抗体がつくられることはないので誤り。

⑶　実験2で使用したノッチ抗体はノッチタンパク質の細胞外領域に結合するものであり，ノッチ抗体の発する青色蛍光を指標にノッチタンパク質の分布を調べている。図3－1からわかるように，切断酵素1で切断されたノッチタンパク質の細胞外領域は，送り手細胞のもつデルタタンパク質に結合したままとなっている。ノッチタンパク質は細胞株Aで発現するが，細胞株Bの細胞内にみられたことから，細胞株Bがこのノッチタンパク質の細胞外領域を取り込んだと考えられるので⑶は適切である。

⑷　細胞株Aと細胞株Bが部分的に融合して細胞株Aの内容物が細胞株Bへと輸送されたのではなく，エンドサイトーシスによって細胞株Aのノッチタンパク質が細胞株Bに取り込まれたと考えるのが妥当。よって⑷は誤り。問Bの内容がここで用いられることになる。

⑸　デルタタンパク質とノッチタンパク質の結合が引き金になり，ノッチタンパク質の2段階の切断が起こる。切断酵素1によって，ノッチタンパク質は細胞内領域と細胞外領域に分かれ，細胞外領域は細胞株Aから離れるので⑸は適切である。

⑹　実験1の条件2より，細胞株Aでは遺伝子Xが除去されていてもノッチシグナルの活性化が起きているので誤り。

⑺　図3－5で，送り手細胞株Bにおける細胞あたりの青色蛍光は，条件1と条件2で1.0と高いが，条件3と条件4で0.05程度に極端に低くなっている。これは，遺伝子Xが細胞株Bによるエンドサイトーシスの結果，細胞株Bにおけるノッチタンパク質の細胞外領域の分布に影響を及ぼしていることになるので，⑺は誤り。

Ⅱ．E・F．2本鎖DNAの解離は，相補的塩基対間で形成される水素結合の数によって決まる。A－T間の2本と比べてG－C間では3本となるので，GC含量が大きいDNAほど解離するには強い力を必要とする。さらにGC含量が同じであれば，その塩基対数（ヌクレオチド対数）が多いものほどより大きな張力に耐えることができる。

G．図3－9では，細胞株Aと固定されたデルタタンパク質との間に張力がかかるが，30pNまで耐えられるDNA「紐」を使用した条件1と12pNまで耐えられるDNA「紐」を用いた条件2では張力が一定以上となり，ノッチタンパク質を活性化できる。しかし，条件3の6pNまでしか耐性がない場合では活性化できないことがわかる。これは，ノッチタンパク質を活性化できる最小の張力が6pNより大きく12pN以下であることを表しているので⑶が適切である。

また条件4と条件5は一種の対照実験であり，条件4のように張力限界値が30pNと十分であるが，DNA切断酵素を培養液に添加するとノッチタンパク質の活性化が起こらない。これは，DNA「紐」を張力センサーとして活用しているため，張力が生じることが必要となるのに，DNA自体が分解されていれば張力が生じないことになる。また，条件5にみられるようにデルタタンパク質をDNA「紐」に結合していないと，ノッチ―デルタタンパク質間の張力が生じないためにノッチタンパク質の活性化が起こらない。このことからノッチタンパク質の活性化には張力が必要であることがわかるので(5)は誤り。

H．実験1～4の結果を整理して考えよう。まず送り手細胞のデルタタンパク質が受け手細胞の細胞膜上にあるノッチタンパク質に結合する。このとき，送り手細胞においてエンドサイトーシスが起こることで，ノッチ―デルタタンパク質間に張力が発生する。張力が一定以上（実験3・4ではDNA「紐」を介した実験を行い，この張力の限界値は6pNより大きく12pN以下となっている）になると，ノッチタンパク質は切断酵素によって2段階に切断される。切り離されたノッチタンパク質の細胞内領域は核内へと輸送されることでノッチシグナル伝達が生じる。これがノッチシグナルの張力依存性仮説である。

67 　2021年度　第3問

解　答

Ⅰ．A．(2)

B．ホルモンは血液によって運搬され，全身の標的細胞で受容されて作用する。性特異的な表現型が性ホルモンの作用のみで決まるとすると，左右で異なる表現型という現象を説明できないため。

C．(5)

D．F1：25％　　F2：38％　　F3：44％

E．(1)

F．雌の誘引に雄の体の大きさが影響しないならば，体の小さな個体であっても精子はつくられる数が多く，雌が産む卵に対して十分である。大きな個体が雌となって多く卵をつくるほうが，小さな個体が雌となって卵をつくるよりも多くの子孫を残すことが期待できる。

G．体の大きさが異なる2匹の雄を透明なガラス板で仕切った水槽にそれぞれ1匹ずつ入れる。2つの空間に分けられた水槽では相手の姿を視認できるが，体の接触や嗅覚情報を得られない。この条件で，体の大きいほうの雄が雌に性転換することを確かめる。

Ⅱ．H．(3)

I．(2)

J．(4)

解　説

Ⅰ．A．雄型の表現型を示す右半身はZ染色体を2本もち，雌型の左半身はZ染色体とW染色体を1本ずつもつとあるので，1個体の中で異なる染色体構成をもつキメラで，雌雄モザイクを形成していると考えられる。原因としては減数分裂の際に卵母細胞から極体の放出が生じなかったためと考えられる。次の図に示すような現象を考えればよい。

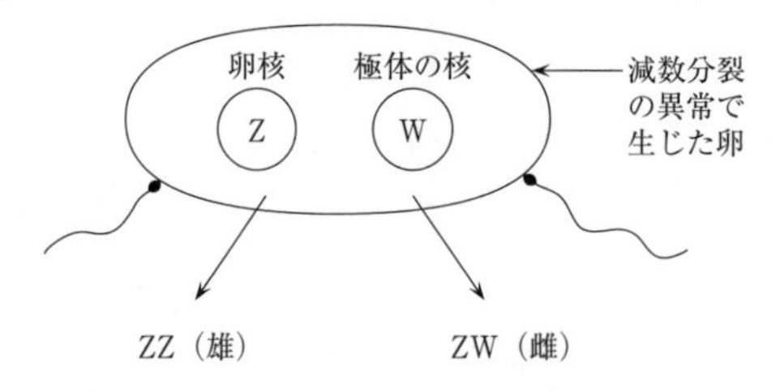

多精受精により卵核以外に極体も受精し，個体内で2つの異なる染色体構成（ZZとZW）が生じて雌雄モザイク体が形成される。

なお設問の文末に，「鳥類では，一度に複数の精子が受精する多精受精という現象がしばしばみられる」という表記がある。出題者からの，これをヒントにしてこの問題を考えよというメッセージが込められていることに気がつかなければいけない。

B．ホルモンは血液によって運ばれて全身にいきわたるので，性ホルモンだけでは，右半身を雄らしく，左半身を雌らしくするという形質の違いが現れることはない。

C．⑴　誤文。一般に雌よりも雄のほうが外見が派手である。雄でありながら外見を雌型にすると目立たなくなってしまう。

⑵　誤文。種にもよるが，見た目が地味なものより派手な雄のほうが雌をひきつけやすい。

⑶　誤文。外見が雌型の個体が通常の雄より攻撃性が高いことはない。

⑷　誤文。他の雄個体が接近してくる可能性はあるが，求愛されることで，この雄個体が繁殖戦略上，有利になることはない。

⑸　正文。

D．受精卵で遺伝子Aの片側のアレルに突然変異が生じたとあるので，この変異個体の遺伝子型をAaとする。Aaの交配で生じたのがF1であるので，F1の遺伝子型の比は

AA：Aa：aa＝1：2：1

両アレルに変異をもつものはaaなので，その割合は

$\frac{1}{4}\times 100=25$〔%〕

F2について，F1の遺伝子型の比より

i）　AA×AA→4AA

ii）　2(Aa×Aa)→2AA，4Aa，2aa

iii）　aa×aa→4aa

よって，F2の遺伝子型の比は　　AA：Aa：aa＝3：2：3

aa個体の割合は　　$\frac{3}{8}\times 100=37.5$〔%〕

整数値で求めるので　　38%

F3について，F2の遺伝子型の比より

i）　3(AA×AA)→12AA

ii）　2(Aa×Aa)→2AA，4Aa，2aa

iii）　3(aa×aa)→12aa

よって，F3の遺伝子型の比は　　AA：Aa：aa＝7：2：7

aa 個体の割合は　$\frac{7}{16}\times 100=43.75$〔%〕

整数値で求めるので　44 %

E．雌から雄に性転換する繁殖戦略上の利点は，多くの子孫を残せることにある。魚類は体が大きいほど多くの配偶子をつくることができるので，小さいときは雌として卵を産み，大きな雄に受精させておく。大きくなってからは雄に性転換して一夫多妻のハレムを形成することで，多くの雌を従え，自分の精子を多く受精させることができる。ハレムの雌がつくる卵と自分の遺伝子をもつ精子とが受精できるよう多くの精子をつくるために，体の大きなものが雄になると考えられる。選択肢(1)～(4)の中で，体の大きさがある点を超えると雄の個体当たりの期待される子の数が急激に増加する(1)のグラフを選べばよい。注意したいのは，雄も雌も体が大きくなると多くの配偶子をつくることができるので，個体当たりの期待される子の数は増加する。よって，雌のグラフは右肩上がりになる。

F．ここではハレムを形成しないでパートナーを変えながら一夫一妻での繁殖をする場合を考える点に注意する。卵に比べて雄のつくる小さな精子は，体の大小に関係なく十分な量をつくることができるので，多くの場合，つくられた精子は受精に関与しないで無駄になってしまう。ハレムでなく一夫一妻の場合，精子の数はあまり重要ではなく，つくられる卵の数が生まれる個体の数を決定する要因となる。

また，雄の体の大きさが雌を誘引するのに影響を与えないので，体の大きい個体が雄である必要はない。むしろ大きな個体が雌となって卵をつくるほうが，小さな個体が雌となって卵をつくるよりも多数の卵をつくれるので，子孫をより多く増やすことができる。

G．体の大きさの異なる 2 匹の雄のカクレクマノミが出会うと，視覚情報によって大きいほうが雌に性転換するとある。このときに接触や嗅覚情報を必要としないことを確かめるので，2 匹のカクレクマノミを相手の姿が確認できる透明な水槽に入れる。その際，ガラス板などの透明な仕切り板を用いて 2 つの空間に隔てておく。このような条件にしておけば，体の接触や嗅覚情報は得られない。これで体の大きいほうが雌に性転換することを確かめればよい。

Ⅱ．H．言語能力に関わる部位は大脳新皮質であり，大脳の表層に位置する。大脳の外側は大脳皮質（灰白質）と呼ばれ，細胞体が集まっている。内側は大脳髄質（白質）と呼ばれ，神経繊維が集まっている。ヒトの大脳皮質は新皮質と，古皮質と原皮質などを含む辺縁皮質からなる。新皮質には，視覚・聴覚などの感覚中枢，各種の随意運動の中枢，記憶・思考・理解・言語などの精神活動の中枢がある。辺縁皮質には欲求や感情に基づく行動の中枢があり，記憶に関わる海馬もこの部位に含まれる。

I．物体の回転像をイメージする能力に男女差が生じるしくみが，Y 染色体上の遺伝子のみ，あるいは，精巣から放出される性ホルモンのみによるものだと仮定する。

「性染色体構成が男性型である人たち」なので，Y染色体上の遺伝子が原因であれば，男性型のスコアをとると考えられる。また，性ホルモンは女性と同じ卵巣をもつので女性型のスコアをとると考えられる。

J．海馬の灰白質の発達が胎児期の性ホルモンの影響を強く受けていると考えられていることを念頭においておく。海馬の灰白質の体積の平均値が女性よりも男性のほうが大きいという報告がある。この件に関して空欄1を考える。体積は海馬の灰白質をつくる細胞体の量と考えることができる。男性の胎児では，海馬に神経細胞が生じる過程で精巣から放出される男性ホルモンによって，女性の胎児よりも細胞増殖（神経細胞の増殖）を起こしやすくなっていると推測される。

しかし，海馬の灰白質が女性の平均より小さい男性では，胎児期に男性ホルモンによる細胞増殖がそれほど起こらなかったためと考えられる。

68　2019年度　第3問

解　答

(Ⅰ)(A)　環境変異，遺伝的変異

(B)　(2)

(C)　(1)

(D)　温帯域では，季節変化が大きく，春型と夏型の表現型が決定される2つの時期では気温や日長などの環境条件が大きく違っているため，不連続に表現型が変化する。

(E)　環境条件として，低温・短日から高温・長日に連続的に変化させていくと，それにともない表現型が連続的に変化し，春型と夏型の中間的な表現型が出現する。

(Ⅱ)(F)　(1)

(G)　世代を経るにつれて，黒色選択群では，熱処理に対する表現型可塑性が小さくなり，緑色化しない個体の割合が増加した。緑色選択群では，熱処理に対する表現型可塑性が大きくなり，緑色への変化の大きい個体の割合が増加し，不連続な可塑性に変化した。

(H)　(2)

(I)　(3)・(5)

解　説

(Ⅰ)(A)　個体間の形質のばらつきを変異というが，遺伝子の違いによる表現型の変異を遺伝的変異という。しかし，同一の遺伝子型をもつ個体の間にも表現型に多少の差が現れる。このような変異を環境変異という。遺伝的変異は遺伝するが，環境変異は遺伝しない。

(B)　ダーウィンが唱えた進化論のうち，主として自然選択説・適者生存の考えで進化を説明する立場，およびそれに基づく思想をダーウィニズムという。

つまり，集団内に生じた変異に自然選択がはたらくことで環境に適した個体が残り，それらの個体間で有性生殖を行うことが多くなり，変異が遺伝するものであればその形質は進化するというものである。(2)が適切である。(1)はラマルクの唱えた用不用説，(3)は木村資生が唱えた中立説である。木村はDNAの塩基配列やタンパク質のアミノ酸配列の変化（分子進化という）について突然変異と遺伝的浮動から説明した。その中に出現する変異には生存に有利でも不利でもなく中立的なものが多数あり，中立的な変異には自然選択がはたらかないので，このような遺伝子は遺伝的浮動により集団全体に広がっていくという考えである。(4)はド・フリースの唱えた突然変異説に関する内容である。染色体が基本数の3倍，4倍などになる変異

を倍数性といい，このような個体を倍数体とよぶ。倍数体による進化は植物ではよく知られている。

(C)　図3－1の縦軸は腹部長に対する頭部長の比であるから，この値が大きいことは頭部に角（つの）を生じさせて捕食者から飲み込まれにくくしていることを表す。横軸のカイロモンの濃度は捕食者の数を反映していると考えられる。

(1)　湖A由来のミジンコ（ミジンコA）も湖B由来のミジンコ（ミジンコB）もカイロモンの濃度が増加すると頭部長の比率が大きくなっている。つまり，捕食者の数に応じてミジンコA，Bとも角を生やすようになっている。よって，(1)が適切である。

(2)　湖AとBでは，カイロモンの濃度に対するミジンコの応答が違っているので，そこに生息する捕食者の種類や数は違っていると考えられる。よって誤り。

(3)　湖Cでミジンコが高濃度のカイロモンに応答する程度が湖AやBよりも小さいのは，捕食者の数が少なく，環境応答が誘導されることがまれであったためと考えられるので誤り。

(D)　同じ生物種の集団の中に，表現型が異なる複数の個体群が存在することを表現型多型という。蛹や幼虫で越冬するアゲハなどでは，春型と夏型の表現型多型がある。これらのチョウでは，春型は蛹で越冬する。夏型は幼虫で冬を越し，春に蛹となる。温帯地方では，気温の変動や日長の変動などが季節の変化とともに起こる。そのため生理機構に閾値はなくても春と夏では表現型が大きく違ってくる。

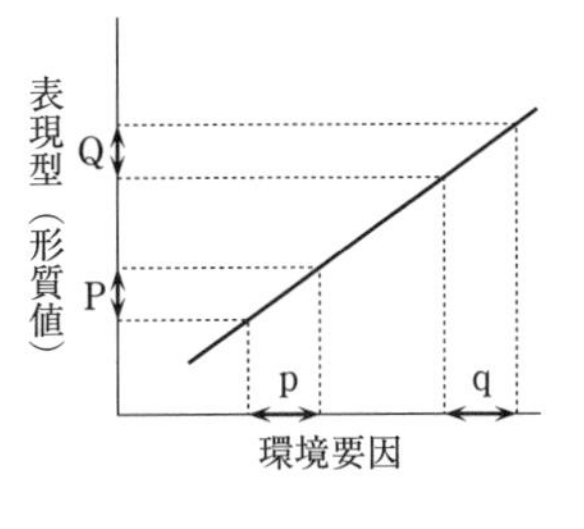

図3－2(b)が体内の生理機構に闘値がないものを表している。図3－2(b)において，経験する環境要因p，qを日長や気温としてとらえ，それが季節によって変化すると，表現型P，Qが出現すると考えればよい。

(E)　ある程度具体的に表現していく必要がある。「環境条件を変動させることで中間型形質が出現する」などとしては，環境条件の変動とはどのようなものかがはっきりせず，十分な解答にならない。それほど突っ込んだ内容でなくても構わないが，読み手を納得させるものでなければいけない。

ここでは，春型と夏型が産んだ卵を多数採取して同じ条件下で孵化させた幼虫を，日長を短日にした場合，長日にした場合，温度を高く設定した場合，低く設定した場合などさまざまな環境条件で飼育したときに，段階的に表現型が変化していけば閾値が存在しないことになる。

春型が育つのは低温で短日の条件であるから，ここから夏型が育つ高温で長日の条件まで連続的に変化させ，表現型に中間型が出現したならば閾値が存在しないといえる。

(II)(F)　(1)　ウォディントンの行った，卵を物質Xに繰り返し曝し続ける実験では，ショウジョウバエの物質Xに応答して中胸を倍化させる形質が世代ごとに選択されていく。逆に言えば，中胸が倍化しない遺伝子をもつ個体が排除されていくことになる。結果として中胸の倍化を促進する遺伝子の遺伝子頻度が高くなっていったために4枚翅を生じやすい形質が進化したので，(1)が正しい。

(2) 中胸が倍化しない個体が排除されているので誤り。

(3) リード文に「物質Xに曝して発生させると，後胸が中胸に変化することにより……翅が4枚……」とあるので，物質Xは後胸を中胸に変化させるはたらきを担う物質であり，直接後胸に翅を生じさせるはたらきを行うことはないと考えられる。よって誤り。

(4) リード文に「物質Xは，遺伝情報を改変することなく発生過程に影響を与える物質である」と記されている。よって，「バイソラックス変異体の原因遺伝子に変異が生じ」とある部分が誤り。

(G) 図3－4(a)を見ると，熱処理を与えた後において，黒色選択群では10世代以降のカラースコアは0に収束している。図3－4(b)より，黒色選択群の13世代目におけるカラースコアは処理温度を変化させてもほとんど変化しない。このことから，黒色選択群では，熱処理に対する表現型可塑性が小さくなる方向に変化し，やがて表現型可塑性が失われ，熱処理に応答できず体色が変化しない形質に固定されていることがわかる。一方，緑色選択群では，表現型可塑性が大きくなる方向に変化し，連続的な可塑性から不連続な可塑性（図3－2(c)のような，形態的にはっきりと区別できる違い）に変化している。緑色選択群では，熱処理に応答して体色が変化する形質に固定されるようになる。

(H) 実験の内容は

- 頸部（頭部と胸部の間）を結紮する→ホルモンαは頭部のみに留まるので胸部や腹部には流れない。胸部・腹部にはホルモンβが流れる。
- 腹部を結紮する→結紮部前側にはホルモンαとホルモンβの両方が流れるが，後側には両方のホルモンがない。

ということになる。

体色の判別は胸部と腹部で行うことから頭部は考えない。このような結紮処理を施して熱処理実験を行うと，緑色選択群の頸部結紮では黒色のまま，腹部結紮では結紮部の前側では緑色とあるので，ホルモンαとホルモンβの両方があるところでは緑色への体色変化をしている。これから(3)は否定されない。また，頸部を結紮した場合は胸部や腹部にはホルモンβが流れているにもかかわらず，緑色にはなっていないことから，ホルモンβだけでは体色変化が起こらないと考えられるので，(2)は否定される。(1)のホルモンαのみが存在する実験はここでは行われていないので否定することはできない。

なお，(1)～(3)は熱処理をせずにホルモンのみで変化が引き起こされることを述べているため，実際には，正確な判断ができない。しかし，体色変化はホルモン α とホルモン β の両方，あるいはホルモン α のみによって引き起こされる可能性があるので(1)と(3)は否定できない。前述の理由で(2)については否定できる。

(4)　ホルモン α だけでは熱処理をしても体色の変化が引き起こされない可能性はあるので否定できない。

(5)　ホルモン β だけでは熱処理をしても体色の変化が引き起こされない可能性はあるので否定できない。

(I)　(1)　熱処理を与えた場合，緑色選択群ではホルモン α の濃度上昇が見られているので誤り。

(2)　ホルモン β は熱処理の有無で濃度の差は認められないので誤り。

(3)　熱処理を加えたとき，ホルモン α の濃度が上昇すると緑色化が起こるので正しい。

(4)　後半の「黒色選択群では熱処理によりホルモン β の濃度上昇が起こっている」という部分が誤り。ホルモン β は熱処理しても濃度差は認められない。

(5)　緑色選択群は熱処理してホルモン α の濃度が上昇することで緑色化を起こすという形質が進化した。一方，黒色選択群は，熱処理してもホルモン α の濃度が上昇しない個体が選択されて，体色が変化しないという形質が進化したので正しい。

研　究

湖A由来のミジンコと湖B由来のミジンコ（以下ミジンコA，Bとする）で，中程度のカイロモン濃度に対して，腹部長に対する頭部長の比が大きく異なっているのはどうしてであろうか。ミジンコBと湖C由来のミジンコでは，カイロモンの濃度が低濃度～中濃度までは近い応答を示すが，高濃度になると応答が異なり，ミジンコBはミジンコAに近い応答を示す。つまり，捕食者が多くなると角を形成するようになる。

与えられたデータが1つしかないので詳しく論じることはできないが，1つの可能性として，以下のように考えることができる。ミジンコBでは，カイロモン濃度が上昇しても，ある濃度までは頭部長の比の値は緩やかな上昇であり，一定濃度以上になると急激に頭部長の比の値が高まっている。これは，カイロモンが一定数以上の受容体に結合することでミジンコBの角形成遺伝子の発現が起こり，それにともない頭部長が大きくなったと考えられる。つまり，表現型可塑性を引き起こすカイロモン濃度の閾値がミジンコAとミジンコBの間で違っている可能性がある。あくまでも1つの仮説ではあるが，データから推測してみるのもよいだろう。

69　2013年度　第2問

解　答

(Ⅰ)(A)　赤色光によって発芽が促進され，遠赤色光で発芽が抑制される。

(B)　1－膨圧　　2－浸透圧　　3－大きく

(C)　葉の温度が低くなっている個体

理由：アブシシン酸不応変異体では，気孔閉口が起こらず，常に蒸散が起きているため，気化熱により葉の表面温度が低下しているから。

(D)　種子の休眠が起こらない

(Ⅱ)(A)　(a)　(2)

(b)　(2)

理由：(2)が正しいとすると，Xがつくられない変異体xでは気孔密度が増大するので，Yは気孔形成を促進するはずである。ところが実際には，変異体yではYが存在しないにもかかわらず気孔密度が増大しているから。

(c)　(4)

(B)　①　光強度　　②　外気CO_2濃度

(C)　外気CO_2濃度0.04％のときのグラフ―(3)　　光強度②のときのグラフ―(8)

解　説

(Ⅰ)(B)　植物細胞では「吸水力＝(細胞内液の浸透圧－細胞外液の浸透圧)－膨圧」が成り立つが，水が流入しているということは，吸水力＞0である。このとき，(細胞内液の浸透圧)＞(細胞外液の浸透圧＋膨圧) が成り立ち，水の流入により細胞は膨らむ。プロトプラストは細胞壁をもたないため，膨圧を無視できる。よって結局のところ，細胞内液の浸透圧が細胞外液の浸透圧より大きくなったことが水が流入した原因である。

(D)　アブシシン酸応答を示さない個体ということは，アブシシン酸が合成されない場合にその個体がどのような反応を示すかを考えてみればよい。アブシシン酸は，種子の発芽を抑え，休眠を維持するはたらきがあるので，アブシシン酸応答を示さない個体では種子の休眠が起こらない。

(Ⅱ)(A)　(a)　孔辺前駆細胞でつくられたタンパク質Xが原表皮細胞の細胞膜タンパク質Yと結合することで，原表皮細胞から孔辺前駆細胞への分化を抑制し，気孔の数が増えすぎないよう調節を行っていると考えられる。

(b)　背理法で考えてみるとよい。(2)の考え方が正しいとした場合，原表皮細胞がX

を受容すると，Yの不活性化により気孔の形成が妨げられることになる。そうすると，Yが機能していない変異体 y でも気孔の形成が妨げられるはずである。しかし，実際は気孔密度が高くなっている。これは(2)の考え方と矛盾していることを意味する。

(c)　ここでは「密度」ではなく「分布パターン」を考える。野生型では，孔辺前駆細胞がXを分泌することで，その近くにある原表皮細胞の分化を抑制していることから，気孔は一定の等間隔で分布すると考えられる。一方，変異体 x や y では，XやYがつくられず，孔辺前駆細胞の近くであっても新たに孔辺前駆細胞が形成されうるので，均等分布からランダム分布に近いパターンへと変化すると考えられる。

(B)　①の場合，図2－2の左側のグラフで①より光強度を大きくすると光合成速度が増加していることから，限定要因は光強度である。②の場合，右側のグラフをみると，外気 CO_2 濃度を0.04％より少し増加させると光合成速度が増加することから，限定要因は外気 CO_2 濃度である。

(C)　外気 CO_2 濃度0.04％のとき：光強度が小さい①の場合は，光合成速度は野生型も変異体 z もチラコイドでつくられる $NADPH_2$ と ATP 量に依存するので，限定要因は光強度となり，両者の光合成速度は変わらない。光強度が大きい②になると，カルビン・ベンソン回路への CO_2 供給量で光合成速度が決まる。図2－3にあるように，変異体 z が野生型よりも気体透過性が高く，多くの CO_2 を供給できると考えられる。そのため，光合成速度は変異体 z のほうが野生型より大きくなるので，(3)のようなグラフになる。

光強度②のとき：この場合，野生型も変異体 z も光飽和に達しているので，光強度は限定要因にならない。外気 CO_2 濃度が0.04％のとき，CO_2 透過性の高い変異体 z のほうが野生型よりも光合成速度が大きい。しかし，外気 CO_2 濃度が増加して，葉に供給される CO_2 濃度が増加すると，今度は光強度が限定要因となり，変異体 z と野生型の光合成速度の差はなくなると考えられるので，グラフは(8)のようになる。

研　究

種子の発芽は赤色光によって促進される。それに対して，光屈性や気孔の開口などは，赤色光ではなく，青色光によって促進される。この理由としては，前者はフィトクロムが関与するのに対して，後者はフォトトロピンという光受容体が関与しているためである。青色光を受容する光受容体には，フォトトロピンとクリプトクロムがあり，ともにフラビン色素と結合した受容体で，300～500nm の波長の光を吸収する。

フォトトロピンが関与する植物の応答としては，光屈性，気孔開口，葉緑体の集合運動と逃避運動がある。弱光条件下では葉緑体は光の入射面に並ぶが，強光条件下では細胞の側面に並ぶ。この定位運動により，弱光条件下では効率よく光を吸収でき，また強光条件下では過剰な光の吸収を避けることができる。また，クリプトクロムが関与する植物の応答として，概日リズムの制御と胚軸の伸長阻害が挙げられる。

70

2007年度　第2問

解　答

(Ⅰ)(A)　師管〔師部〕　(B)　道管〔木部〕　(C)　師管〔師部〕

(D)　光合成速度と呼吸速度が等しく，みかけ上CO_2の出入りがなくなるときの光強度。

(Ⅱ)(A)　第6葉：図2－2で葉の窒素量の減少が始まっているので老化の段階にある。第8葉：出葉後7日以上経過し，窒素量が増加中なので，成熟葉として活動する段階にある。

(B)　第6葉では，葉緑体の光合成装置のタンパク質が分解してアミノ酸となり，師管を通して各部に転流を開始しているから。

(C)　(1)　シンク　(2)　ソース　(3)　ソース　(4)　シンク　(5)　シンク　(6)　ソース

(Ⅲ)(A)　1－貯蔵デンプン　2－ジベレリン　3－従属　4－独立　5－アブシシン酸

(B)　計算式：$(100 - 35) \div (100 - 20) \times 100 = 81.25$ %

答：約8割

解　説

(Ⅱ)(A)　「4つの段階」とは，分化，成長，成熟葉として活動，老化の段階を言う。さらに，分化直後は「葉緑体が未発達」，成長段階では「転流してくる窒素の7割以上が葉緑体の発達に使われる」とある。また，（注2－1）に「出葉後7日程度で完全展開」とあり，以降は成熟葉と考えていい。図2－2から矢印の段階では，第6葉は出葉から30日程度経過していて，葉に含まれる窒素量が減少していることがわかる。これは老化の段階の始まりである。第8葉は出葉後7日以上たち完全に展開した後で，葉の窒素量がまだ増加途中なので，成熟葉として活動する段階である。

(B)　〔文2〕より，「光合成装置に含まれるタンパク質の分解」が第6葉で起きていると思われる。成熟葉である第8葉よりも第6葉の方がアミノ酸が多いのは，第6葉でタンパク質の分解が起こり，それが第8葉に運ばれたと考えることができる。この場合窒素成分のソースの役目を担っているのが第6葉である。

(C)　ソースは「物質を他の細胞へ供給する細胞群」，シンクは「ソースから受け取った物質を利用して成長したり貯蔵したりする細胞群」。炭素について「成長開始から出葉まで」は，光合成ができないので，グルコースなどの呼吸基質を受け取る側なのでシンク，「7日から20日まで」と「20日から40日まで」は，光合成で多量のグルコースのような光合成産物をつくるのでソースである。もう少し細かいことを言うと，同じ炭素(C)でも，「20日から40日まで」は，光合成産物の炭素だけでなく，光合成装置などのタンパク質が分解して生じたアミノ酸がもつ炭素も加わってくるのである。

窒素については図2－1で，出葉後20日までは窒素量が増加しているので窒素を受け取るシンク，20日以降は窒素が減少しているのでソースとして機能している。

(Ⅲ)(B)　図2－3の30日と70日の差を読み取ればいい。茎葉部から運びだされた窒素量は100 − 35 = 65，種子が蓄えた窒素量は100 − 20 = 80であるから

$65 \div 80 \times 100 = 81.25\ \%$

71　2006年度　第3問

解　答

(Ⅰ)(A)　マラリア原虫―ハマダラカ間：片利共生
マラリア原虫―ヒト・ネズミ間：寄生

(B)　X系統とY系統のハマダラカにマラリアに感染したネズミを吸血させたのち，それぞれ未感染のネズミを吸血させ，ネズミが発症するかどうかを調べる。

(Ⅱ)(A)　1―独立　　2―対合　　3―組換え　　4・5―劣性・不完全優性
6―優性

(B)　戻し交配世代は感染性の有無によらず体内のマラリア原虫の総数に有意差がないから，感染性を支配する形質はマラリア原虫の増殖には影響しない。

(C)　複数の原因遺伝子が，同一染色体上の極めて近接した位置にあって完全連鎖している場合。

(Ⅲ)(A)　目的遺伝子がDNAマーカーの近くに位置している可能性を高めるため。
(別解) 目的遺伝子がマーカーを含むDNA断片に含まれる可能性を高めるため。
(別解) 目的遺伝子と各マーカーの間の組換え価に違いをもたせるため。

(B)　3
戻し交配世代の色素沈着ありの個体が，F1世代と同じヘテロ接合体で，色素沈着なしの個体がY系統と同じホモ接合体となるから。

(C)　(2)

(Ⅳ)(A)　8―ヘモグロビン　　9―酸素

(B)　X系統のマラリアを媒介しない形質は優性であるから，X系統を多量に放って増殖させるとハマダラカ集団全体のマラリア媒介力が低下する。

(C)　$\frac{1}{6}$　　(D)　$\frac{1}{5}$

解　説

(Ⅰ)(A)　マラリア原虫はハマダラカの体内で増殖した後で，別の宿主に感染するのでマラリア原虫は利益を受ける。一方，ハマダラカはマラリア原虫が入ってきても影響はほとんどないとされる。マラリア原虫とヒトやネズミとの関係は，マラリアは宿主体内で増殖できるという利益を受けるが，ヒトやネズミではマラリアに感染して，高熱が出るなど，不利益を受ける。

(Ⅱ)(A)　**ポイント**に示したように遺伝子型を置くと，F1世代とX系統の戻し交配世代は xx：xy = 1：1となる。図6より，この戻し交配世代の体内にあるオーシストのうち正常オーシストは0％である。すなわち，戻し交配世代はすべてX系統の形質（オーシストに色素沈着あり）を示したことになる。このことから，X系統の形質（遺伝子x）が優性であることがわかる。また，F1世代とY系統の戻し交配世代はxy：yy＝1：1である。図6より，この戻し交配世代ではX系統の形質（オーシストに色素沈着あり）とY系統の形質（正常オーシスト）を示す個体が1：1であるから，遺伝子xを優性，遺伝子yを劣性と考えると，これも矛盾なく説明できる。もしxが不完全優性であったら，xyがxxとyyのいずれとも異なる形質を示したはずであるから，xは不完全優性ではない。

(Ⅲ)(A)　DNAマーカーと目的の遺伝子座の位置関係を調べることで，目的の遺伝子座を特定する。DNAマーカーと目的の遺伝子座が近い場合は組換えがあまり起こらず，遠い場合は高率で組換えが起こる。この組換えが起こる確率の違いを利用して位置を特定する。

(B)　3つのマーカーの中で，DNAマーカーの組合せが，X系統・個体1・3とY系統・個体2・4に分かれるものを選ぶ。

(C)　F1世代の雌の遺伝子型はxyで，X系統の形質を示す。したがって，オーシストの色素沈着が起こるから，(3)と(4)は誤り。また，X系統には遺伝子Zに由来するタンパク質があり，Y系統にはないことから，このタンパク質は色素沈着を誘導するタンパク質であると考えられる。したがって(2)が正しい。

(Ⅳ)(B)　オーシストに色素沈着を起こさせるX系統の形質はマラリアを媒介しないと〔文1〕の下線部(イ)に記述されている。この形質は優性形質なので，ヘテロのF1であってもマラリア原虫を媒介できない。そこで，マラリア発生地域でX系統のハマダラカを多量に放って増殖させればいいと思われる。

(C)　遺伝子型の比が　$AA:AS:SS=25:10:1$　より，生じる遺伝子頻度は

$25AA \to 50A,\quad 10AS \to 10A,\ 10S,\quad 1SS \to 2S$

Aの遺伝子頻度 $=\dfrac{50+10}{72}=\dfrac{5}{6}$

Sの遺伝子頻度 $=\dfrac{12}{72}=\dfrac{1}{6}$

(D)　新生児が成人になるまでに遺伝子型AAのヒトの一部が悪性マラリアで死亡するので，その割合をXとする。残りの$(1-X)$が成人まで生存できる。遺伝子型SSのヒトは死亡する（致死作用で亡くなる）ので，成人における遺伝子型の分離比は

$AA:AS:SS=25(1-X):10:0$

この場合に生じる遺伝子数は

$25(1-X)AA \to 50(1-X),\quad 10AS \to 10A,\ 10S$

この成人におけるSの遺伝子頻度＝新生児のSの遺伝子頻度　となるので

$$\frac{10}{50(1 - X) + 10 + 10} = \frac{1}{6}$$

$$\therefore \quad X = \frac{1}{5}$$

研　究

1910 年，ヘリックは貧血症患者の血液に細長い赤血球を発見し，これを鎌状赤血球貧血症と名づけた。1949 年にニールはこの鎌状化現象が常染色体上の 1 対の対立遺伝子によるものであることを明らかにした。この遺伝子は不完全優性の対立遺伝子でもある。鎌状の遺伝子をホモにもつヒトは重症患者，ヘテロにもつヒトは軽症ですむ。前者を鎌状赤血球貧血，後者を鎌状細胞形質と区別してよぶ。この症状がマラリアと関連してよく研究されている。マラリアはマラリア原虫が赤血球に寄生することによって起こる病気であるが，鎌状細胞形質のヒトにマラリア原虫が寄生すると，血球内の pH が低下し，酸素分圧が低い毛細血管では約 40 %が鎌状赤血球になる。すると細胞膜の K^+ 透過性が増し，血球内の K^+ 濃度が減少する。マラリア原虫は K^+ 濃度の低い環境では生きられないので，鎌状赤血球中では死んでしまう。鎌状細胞形質者がマラリアに対して抵抗力をもつのはこのような理由による。

72　2005年度　第2問

解　答

(Ⅰ)(A)　(4)　(B)　クロロフィルc　(C)　シアノバクテリア〔ラン藻〕

(D)　(a)　共生説

(b)　葉緑体は核と独立した環状二本鎖DNAとリボソームをもち，遺伝子の転写・翻訳によって半自律的に分裂・増殖できる。

葉緑体は内外異質の二重膜で包まれており，外側の膜は宿主細胞，内側の膜は共生した原核生物に由来すると考えられる。

(Ⅱ)(A)　(a)　光合成に必要なCO_2を葉の気孔を通して大気中から取り込む必要があるが，単純な多層構造では，CO_2が各細胞に行き渡りにくく，内部の細胞は光合成ができず光が無駄になるから。

(b)　海綿状組織（または細胞間隙）

(B)　(a)　オーキシンは幼葉鞘の先端部でつくられ，基部方向へ移動するが，光が当たると陰側に移動して下降するため，その側の伸長が促進され，茎は光の当たる方向に屈曲する。

(b)　オーキシンによる光屈性は，光が当たる側と当たらない側の細胞の伸長速度の差によるので，一列につらなった細胞からなる原糸体が光の方向に伸長していく性質には該当しない。

(C)　胚乳，$3n$

(D)　受精卵には，卵細胞の葉緑体だけが伝わり，精子からは伝わらない。変異した葉緑体をもつ卵からは変異型の葉緑体が伝わり，正常な葉緑体をもつ卵からは正常の葉緑体が伝わる。

(E)　野生株：変異株＝1：1

(Ⅲ)(A)　3－好気呼吸　4－紫外線　5－オゾン

(B)　(2)

解　説

(Ⅰ)(D)　葉緑体とミトコンドリアはそれぞれ原始的なシアノバクテリア類と好気性細菌が共生したものに由来すると考えられている。核とは独立して保有している環状DNAやリボソームは原核生物のものと似ている。

(Ⅱ)(A)　葉が単純な細胞を積み重ねた多層構造ならば，光が十分にあっても内部にCO_2が十分供給されない可能性がある。これを解消しているのが，海綿状組織である。海綿状組織は，気孔が多く分布している葉の裏側に位置し，ランダムに配置することで細胞間隙を生じさせて，そこをCO_2の通り道としているのである。

(B) (a) マカラスムギの幼葉鞘で見られる光屈性は，オーキシンの不均等分布によって起こる成長運動である。光が照射されると，オーキシンは光の反対側に移動して伸長域に移動する。その結果，陰側の伸長域のオーキシン濃度が高くなるので，陰側の伸長成長が促進され，光の当たる方向に屈曲する。

(b) 「コケの原糸体は細胞が一列につらなっている」ということを念頭において考える。マカラスムギではオーキシンの不均等な分布で光屈性が起こるが，コケ植物のように細胞が一列につらなった状態では起こるわけがない。また，オーキシンは伸長成長を促すのが基本である（細胞分裂の促進をしないというわけではないが，基本は細胞壁を緩めて伸長成長を起こす）。一方，コケは頂端細胞が分裂することで成長する。

(D) 葉緑体は細胞質遺伝（母性遺伝）する。つまり，受精卵には卵細胞の葉緑体だけが伝わり，精子の葉緑体は伝わらない。

(E) 葉緑体のリング状構造をつくるFtsZタンパク質は細胞核の遺伝子によって支配されている。つまりこの遺伝はメンデル遺伝と考えていい。FtsZ遺伝子をF，破壊された遺伝子をfとする。変異型と野生型を交配するとFfとなる。これが減数分裂して生じる胞子はF：f＝1：1となる。この胞子が発芽したものが原糸体なので，野生株：変異株＝1：1の割合で出現する。

(Ⅲ)(B) (1) 紅色硫黄細菌は光合成をするが，O_2は発生しないので正しい。

(2) 海洋ではシアノバクテリア類の出現により光合成が行われるようになったのであって，褐藻のような大型の藻類が出現してからではないので誤り。

(3) 化学合成細菌（亜硝酸菌や硝酸菌など）は無機物の酸化で生じた化学エネルギーを用いて炭酸同化を行うので正しい。

(4) 動物が摂取するエネルギーは光合成によって固定されたCO_2（というよりはCO_2が取り込まれてできた有機物といった方が正確であろう）と太陽光エネルギーに由来するので正しい。

研　究

シアノバクテリア類によって放出された酸素から派生する過酸化水素やスーパーオキシドイオンは，地球上の生物がまだバクテリア（細菌）に近い状態であった時代には，極めて有毒なものであった。そのため，バクテリアの中には酸素のほとんどない地中や汚泥の中で生活する嫌気性細菌が出現してきた。破傷風の病原菌やメタン細菌などがこの仲間である。

73　2004年度　第1問

解　答

(Ⅰ)(A)　セルロース

(B)　葉を高張液に浸すと，原形質分離を起こし，細胞膜が細胞壁から離れる。この状態で鋭利なカミソリの刃で細切りすると，細胞膜と細胞壁の間で切断されるものがあるので，絞り出すとプロトプラストが得られる。

(C)　1－全能性　　2－遺伝

(Ⅱ)(A)　細胞融合

(B)　(a)　Sの遺伝子が葉緑体のDNAから切り離されて，核に移行した。

(b)　名称：ミトコンドリア　　機能：好気呼吸

(C)　核にあるSの遺伝子はX由来のものとY由来のものの両方が発現するが，葉緑体にあるLの遺伝子は，どちらか片方が発現する。

(Ⅲ)(A)　小さな分子であるショ糖は溶解度が高く，多量に蓄えると浸透圧の上昇をもたらすが，巨大な分子であるデンプンは水にほとんど溶けないので浸透圧を上昇させることなく蓄えることができ，糖の貯蔵に有利である。

(B)　標識したpSの延長ペプチドだけが切り離されて，残りのSが葉緑体に入った。

(C)　回収した無傷葉緑体の包膜表面には，葉緑体外に残されたpSが混在するので，これをタンパク質分解酵素Aで分解し，無傷葉緑体内に入ったpS由来のポリペプチドのみを検出できるようにするため。

(D)　延長ペプチドはタンパク質に結合することで，そのタンパク質を葉緑体の内部に輸送するためのシグナルとして働く。葉緑体の内部への輸送が完了した後は速やかに切断・除去される。

(Ⅳ)(A)　核DNAのT-DNAに植物ホルモンの遺伝子が組み込まれたため。

(B)　寄生

(C)　(2)・(4)

解　説

(Ⅰ)(B)　高張液に入れるのは原形質分離を起こさせるためで，細胞壁から細胞膜が離れた状態でその隙間にカミソリの刃が通れば，無傷なプロトプラストが得られる。

(Ⅱ)(B)　(a)〔文2〕に，ルビスコタンパク質はラン藻類から維管束植物まで，SとLの2種類のポリペプチドからなること（＊1），植物細胞ではLの遺伝子は葉緑体に，Sの遺伝子は核にあること（＊2）がわかっているとある。ここで問われているラン藻類では，＊1より，S，L2つの遺伝子をもつ。また，＊2より，原核細胞から真核細胞が生じる過程で，S遺伝子が核に移行したことがわかるであろう。

(C) この実験は2種の植物XとYの葉からプロトプラストを得て，細胞融合したものである。図1のSポリペプチドの場合，a～dの体細胞雑種は，Xの3本とYの3本をともにもっている。Lポリペプチドの場合はa～dの各体細胞雑種はXの2本をもつものと，Yの2本をもつもののどちらかである。つまりX由来のLとY由来のLが一緒にはないことがわかる。これより，Sの遺伝子はX由来のものとY由来のものの両方が発現するが，Lの遺伝子はどちらか一方のものが発現している。

(Ⅲ)(A) 水に溶けにくい物質で貯蔵しておけば，浸透圧上昇の不安がない。

(B) 実験1では，^{14}Cで標識したpSを加えた時点では無傷葉緑体内には放射能は検出されていないが，一定時間後には放射能が検出され，無傷葉緑体内にはpSはなくSのみがあったという。この結果は^{14}Cで標識したpSが無傷葉緑体内に取り込まれる際に，延長ペプチドが切り離されてSだけが中に入ったことを示唆する。

(C) 「(タンパク質分解酵素Aは) 包膜を透過できず，葉緑体の内部のタンパク質は分解できない」とあるので，このタンパク質分解酵素Aは葉緑体の包膜の外側に付着しているpSを分解する働きを担う。つまり，回収した無傷葉緑体の外表面や反応液中にpSや延長ペプチドが残っている可能性があるので，これを分解して，検出されたSの放射能が葉緑体内に由来することを示すための処理である。

(D) 実験1・2より，N（アミノ）末端にある延長ペプチドがタンパク質を葉緑体内に輸送するシグナルとして機能している。この実験では，本来タンパク質は単独では葉緑体の包膜を通過できないが，延長ペプチドが結合することで葉緑体内に運ばれることを示している。延長ペプチドは輸送が完了すると切断・分解される。

(Ⅳ)(A) T-DNA中にはオーキシン産生やサイトカイニン産生に必要な遺伝子が含まれている。〔文4〕に「植物細胞の培養には植物ホルモンが必要」とあるので，下線部(キ)の「植物ホルモンを含まない培地でも増殖する植物細胞が生じる」とあるのは，T-DNAに植物ホルモン合成に必要な遺伝子があり，それが植物細胞の核DNAに組み込まれ，植物細胞自身が植物ホルモンを合成したことを示している。

研　究

ルビスコタンパク質は葉緑体のストロマに局在する酵素であり，地球上に最も多量に存在する酵素タンパク質でもある。この酵素はリブロース-1, 5-二リン酸カルボキシラーゼ/オキシゲナーゼ（受験生の多くはRuBPからPGAができる段階で働く酵素と記憶している）のことで，ribulose-1, 5-bisphosphate carboxylase/ oxygenaseと英語で表記したときの頭文字をとって，RuBisCo（ルビスコ）となる。この酵素は，大気中のCO_2とリブロース-1, 5-二リン酸から2分子の3-ホスホグリセリン酸を生成する。また，ルビスコタンパク質は酸素添加酵素としても機能し，大気中のO_2とリブロース-1, 5-二リン酸から1分子の3-ホスホグリセリン酸と2-ホスホグリコール酸を生成する。リブロース-1, 5-二リン酸に対するCO_2とO_2の競争が，正味のCO_2固定を規定している。

74　2003年度　第1問

解　答

(Ⅰ)(A)　背景の色が米粒と異なる場合，どちらの色であっても一定の速度で食べる。
背景の色が米粒と同じ場合，食べ始めるのに4分近くかかる。
背景の色が米粒と同じ場合，食べる速度は増加して，異なる色の場合と同じになる。

(B)　(4)

(C)　同じ羽の模様を連続して与えられないと学習が成立しにくいから。

(Ⅱ)(A)　模型2と3の頻度が低下すると，模型1を学習して反応するようになるから。

(B)　一方の模型の頻度が上昇すると，その模型に対する学習が強化され，正確につつくので数が減少し，逆に数の少なかった模型がつつかれずに増加するから。

(C)　ルリカケスは新しい模型4の羽の模様を学習していなかったから。

(D)　(3)

(Ⅲ)(A)　工業暗化

(B)　集団中のCとcの比率は1：1であるから，無作為に交配が起こるならば，次世代の遺伝子型の比率はCC：Cc：cc ＝ 1：2：1となる。したがって，野生色：黒化色 ＝ 1：3となる。

(C)　菌類と藻類

(D)　集団内の個体に遺伝する変異があり，環境の変化によって形質により生存できる確率に差があり，子孫の数に影響する。

(E)　(3)

解　説

(Ⅰ)(A)　図1で黒丸で示されるもの（背景の色が米粒と異なる場合）では，すぐに食べ始めるところと，食べる速度がどちらもほぼ同じであるところが共通。白丸で示されるもの（背景の色が米粒と同じ場合）では，どちらの色でも食べ始めるのに4分程度かかる。また，白丸の方も食べる速度がしだいに増加し，やがては，黒丸の方とほぼ同じになる。

(B)　テストAだけでは，色がもつ特性が問題になる可能性がある。たとえば，ニワトリは「緑色には反応するが，オレンジ色には反応しないのではないか」などといったクレームが出てくるので，テストBを設定し，食べ方の違いが背景の色の種類ではなく，餌を見つけやすいか見つけにくいかによるものであることを示し，上記の批判に対する反論実証をする。

(C)　同じ羽模様が連続して提示された場合に正しい応答率が増加しているのは，経験を繰り返すことで，模様を学習したことを示す。

(Ⅱ)(B)　本来は隠蔽度の高い模型1は見つけにくい。しかし，模型2と3が食われてしまい，集団内での模型1の頻度が高くなり，映し出される40匹のガの多くが模型1となる。さすがに隠蔽度が高い模型であっても，連続して何度も映されると学習されるので，模型1を学習したルリカケスにつつかれて，その頻度が減少したと考えられる。模型1の頻度の減少に伴い，今度は模型2と模型3の頻度が増す。しかし，これらもやがて学習されてつつかれその頻度が減少していくので，再び模型1の頻度が増加する。図4(a)のグラフの周期的変動はこの繰り返しを意味している。

(C)　模型4は隠蔽度が模型1より劣るのに，模型1より大きな頻度を示しているのは，ルリカケスがこの模型4を学習していなかったためである。なお，この場合は実験3の後に続く実験なので，模型1～3に対してはある程度の学習が成立していると考えていい。

(D)　極度に隠蔽された模型は，ほぼ学習されないと考えられる。そのため他のガは減少するが，その減少のしかたは図4の(a)や(b)を参考に考えればいい。

(Ⅲ)(D)　遺伝性のある変異型（突然変異など）と以前からある遺伝子型との間に環境に対する適応度に差が生じた場合に自然選択が起こる。

(E)　問(Ⅱ)の考え方を参考にして解答にあたる。黒化型は優性遺伝子なので集団内から減少する速度が速いが遺伝子平衡に達するはず。低頻度とは言え，突然変異が生じるので完全に消滅することは自然界ではない。よって(1)は誤り。黒化型は優性形質なのでヘテロ個体が隠れて混じることはない。よって(4)はすぐに誤りとわかる。(2)と(3)が微妙である。〔文1〕の内容から考えると，背景と色の異なる餌はすぐに食べられるので，個体数を増やすとは考えにくい。(3)が妥当であろう。

75　1999年度　第1問

解　答

(Ⅰ)(A)　胃で消化された内容物が幽門を経て十二指腸に送り込まれる現象。

(B)　すい液から分泌されるトリプシンが働きやすいように，胃の内容物を弱アルカリ性にして，小腸内のpHをトリプシンの最適pHに近くする。

(C)　(5)

(D)　1―ランゲルハンス島B細胞　　2―インスリン

(E)　アドレナリン・グルカゴン・糖質コルチコイド・成長ホルモン・チロキシンから2つ

(Ⅱ)(A)　アルギニンかリシンが別のアミノ酸に置換した。または，アルギニンかリシンの右隣のアミノ酸がプロリンに置換した。

(B)　(a)　―グルタミン酸―トレオニン―アルギニン―セリン―グリシン―

(b)　第2文字目である場合，矢印のCより前に終止コドンUGAがあり，その後が翻訳されないため，アミノ酸数が130個のタンパク質が生じないから。

(c)　第3文字目である場合，矢印のCを含むコドンはヒスチジンのコドン，その左側はアルギニンのコドンとなるが，矢印のCの置換によってヒスチジンのコドンがプロリンのコドンに変化することはないから。

(C)　(a)　×　CGAがUGAに変わり，終止コドンになるので，翻訳がここで終了し，タンパク質のアミノ酸数が130以下になる。

(b)　×　CGAがAGAに変わり，同じアルギニンを指定するので，トリプシンの切断点は残る。

(c)　○　CGAがGGAに変わり，グリシンのコドンになるので，トリプシンの切断点が消失し，dとgが連結したアミノ酸数26の断片が生じる。

解　説

(Ⅰ)(A)　食物と一緒に胃液の塩酸が十二指腸に移動していくことが述べてあればいい。食物がないと胃液も分泌されないので，ここは「胃で消化された内容物」と記述しておくといい。「送り込まれる」は「移動する」でもいい。

(B)　塩酸を中和し，トリプシンが作用しやすい環境にすることを述べる。

(C)　胆汁は肝臓でつくられ，胆のうに貯蔵されて濃縮される。胆汁は胆汁色素と胆汁酸からなる。重要なのは胆汁酸で，血液中のコレステロールより生成され，脂肪を乳化して脂肪の消化を助ける。

(Ⅱ)(A)　d 8個とg 18個の和が，kの26個となるので，dとgの境界でトリプシンによる切断の条件が失われた。つまり，突然変異によって 26 個のアミノ酸からなる 1 つの断片 k になったということは，8 番目と 9 番目のアミノ酸の間が，正常型では切断されるが変異型では切断されないことを意味する。正常型ではリシン―X またはアルギニン―X という配列（X はプロリン以外のアミノ酸）が断片 d と g の間にあったが，これが突然変異により失われ，トリプシンが作用しなくなったのである。トリプシンで切断できなくなるにはアルギニンかリシンがこれら以外のアミノ酸に変化するか，X がプロリンに変化するかの 2 通りの可能性が考えられる。

(B)　(b)　矢印の C を 2 番目として塩基を区切ると上流に終止コドンが生じ，アミノ酸数が 130 個よりも少なくなってしまう。

(c)　矢印 C が関与するアミノ酸はヒスチジンで，塩基が置換してもヒスチジンかグルタミンにしかならない。変化の有無にかかわらず，この部分はトリプシンの作用を受けるので，得られるアミノ酸断片のアミノ酸数は変化しない。

(C)　(c)　C が G に置換すると，アルギニンがグリシンに変わる。これによりトリプシンの作用を受けなくなるので，2 つの断片が結合した断片 k が検出でき結果に合致する。

研　究

タンパク質分解酵素としてペプシンやトリプシンがここでは問題になっていた。そもそも，胃や腸を構成する細胞の原形質がタンパク質分解酵素で消化されないのはどうしてか考えてみよう。ペプシンもトリプシンも細胞内では不活性型の酵素前駆体として膜に包まれた分泌顆粒内に存在している。したがって，細胞内では機能しない。ペプシンの場合，胃腺の奥にペプシノゲンの分泌細胞があり，導管の入り口付近に塩酸の分泌細胞がある。

分泌されたペプシノゲンは塩酸によってペプチド鎖の一部が切断されて活性型のペプシンになる。さらに胃壁のある細胞からはムコ多糖類が出され，胃壁自身が粘膜と粘液で覆われているので，ペプシンは胃の細胞表面に接触できず，消化作用を及ぼさない。塩酸は粘膜を通過するが，粘膜との間はアルカリ性の電解質があり，中和される。時として，ストレスなどによる自律神経系の異常が起こると，胃壁の毛細血管が破れ，障壁が崩されると消化作用を受ける。これが胃潰瘍である。

MEMO

MEMO

MEMO

難関校過去問シリーズ

東大の生物

25カ年［第9版］

別冊　問題編

東大の生物25カ年［第9版］　別冊 問題編

第1章　細胞／代謝

1　細菌の呼吸，窒素循環

（2008年度　第3問）

次の文1～文3を読み，（Ⅰ）～（Ⅲ）の各問に答えよ。

〔文1〕

呼吸は，生物が生きていくために必要なエネルギーを，ATPとして獲得する手段である。ヒトの細胞では，呼吸はミトコンドリアで行われる。ミトコンドリアは外膜と内膜に囲まれ，クエン酸回路の酵素を［　1　］に，電子伝達系のタンパク質を［　2　］にもつ。クエン酸回路は，有機物を［　3　］に分解する異化作用の最終段階であり，この回路で取り出された電子が，電子伝達系にわたされる。電子が電子伝達系を流れるとエネルギーが発生するので，このエネルギーを利用してATPが合成される。また，電子伝達系を流れた電子は酸素および水素イオンと結合し，その結果［　4　］がつくられる。このように酸素を電子の受容体とする呼吸を，酸素呼吸とよぶ。

〔文2〕

多くの細菌はクエン酸回路と電子伝達系をもち，ミトコンドリアと同様に，有機物を基質とした酸素呼吸を行うことができる。ところが，細菌がもつ電子伝達系は多様性に富んでおり，細菌の中には，電子の受容体として酸素以外の物質（硝酸や硫酸など）を利用する呼吸を行うことができるものがいる。この呼吸を嫌気呼吸と総称する。さらに，無機物（アンモニアや硫化水素など）から取り出した電子を電子伝達系に流してATPを合成することができる細菌もいる。これが化学合成細菌であり，電子の受容体としてはさまざまな物質が利用される。

化学合成細菌と嫌気呼吸を行う細菌の具体例をみてみよう。土壌には，アンモニア酸化細菌と亜硝酸酸化細菌がいる。前者はアンモニウムイオン（NH_4^+）を亜硝酸イオン（NO_2^-）に，後者は亜硝酸イオンを硝酸イオン（NO_3^-）に酸化して電子を得ることで酸素呼吸を行う。両細菌は常に一緒にいるので，土壌にアンモニウムイオンを入れると一気に硝酸イオンに変換されるようにみえる。このことを硝化作用とよび，また，両細菌をまとめて硝化細菌とよぶ。

土壌中には，脱窒素細菌もいる。この細菌は，有機物を基質として，酸素呼吸と嫌気呼吸の両方を行うことができる。この嫌気呼吸では，硝酸イオンが電子受容体となり，気体の窒素（N_2）が生成される。これを硝酸呼吸とよぶ。窒素ガスは土壌から大気へ放出されるので，硝酸呼吸は脱窒作用ともよばれる。

〔文3〕

土壌をガラス管につめ，上から硫酸アンモニウムの溶液を流すと，下から硫酸カルシウムの溶液が出てくる。これは，土壌中のカルシウムイオン（Ca^{2+}）と溶液中のアンモニウムイオンとが交換することでおこる現象であり，土壌には外から入ってきた正荷電のイオンを保持する能力があることを意味する。一方，負荷電のイオンは土壌にほとんど保持されない。このような土壌の特性から，硝酸カリウムを畑にまいた場合，カリウムの肥料効果は十分に得られるものの，窒素の肥料効果はそれほど得られないということがおこる。これは，雨水が土壌に浸透し下降していく際に，カリウムイオン（K^+）は土壌に保持されるのにたいして，硝酸イオンは地下水系にまで流されてしまうからである。では，硫酸アンモニウムを窒素肥料としてまいた場合には何がおこるのだろうか。土壌には硝化細菌と脱窒素細菌が多数生息するので，硝化作用と脱窒作用もはたらきそうである。このことを，水田を題材に考えてみよう。

水田では，耕耘（こううん）により土壌表面から 20 cm 程度の深さに水漏れを防ぐ層（鋤床層（すきどこそう））を作製し，それより上部の土壌を水と混合して作土層（さくどそう）とし，これを水（田面水（でんめんすい））でおおう。これにより，作土層は空気から遮断される。そのため作土層は，田面水と接する表層だけ（厚さ 1 cm 程度）が好気的状態（酸化層）で，その下層は嫌気的状態（還元層）となっている。作土層の水は鋤床層からゆっくりと漏れ出るため，それに応じて田面水が作土層へ浸透していく（図3－1）。(ア)<u>この状態の水田で，硫酸アンモニウムを窒素肥料として作土層の表面にまいても，その多くはイネに吸収される前に消失してしまい</u>，十分な肥料効果は得られない。

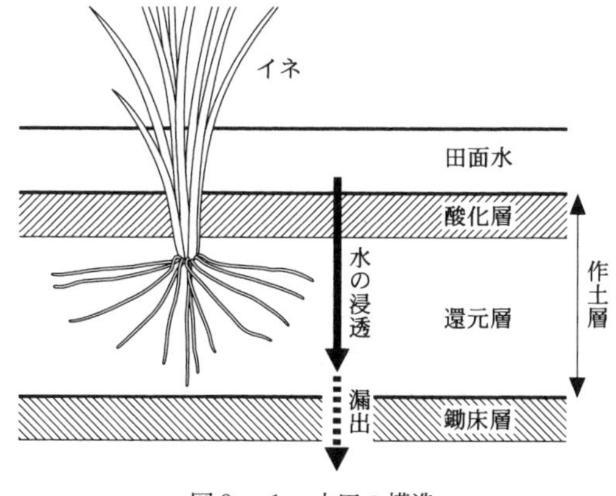

図3－1　水田の構造

自然界には，大気中の窒素をアンモニアに変換する[5]細菌がいる。したがって自然界では，[5]細菌と硝化細菌，脱窒素細菌の活動による，窒素→アンモニア→硝酸→窒素という循環系が機能している。

〔問〕

(I) 文1について，空欄1～4に入る最も適切な語句を記せ。

(II) 文2について，以下の小問に答えよ。

(A) 硝化細菌は，細胞を構成する有機物を無機物から合成して生きている。何からどのように合成しているのかを，1行で答えよ。

(B) アンモニア酸化細菌がアンモニウムイオンを酸化する過程には，アンモニアと酸素分子を結合させる反応が必要である。では，硝化細菌に嫌気呼吸を行う能力があるとして，嫌気的な条件で硝化作用は進行するのだろうか。進行するかしないかを，理由とともに3行程度で答えよ。

(C) 脱窒素細菌は，酸素と硝酸イオンの両方があると，酸素呼吸と硝酸呼吸のどちらを行うのだろうか。それを調べるために，十分量の有機物を含み，硝酸イオンの有無にのみ違いのある液体培地が入った2つの容器に，脱窒素細菌を少量（乾燥重量で1mg）ずつ接種して静置培養し，増殖のようすを比較した。その結果を表3－1に示す。培養開始時の培地には一定量の酸素が溶けていること，ならびに，この細菌の酸素呼吸による酸素消費速度は，酸素が培地に溶けこむ速度よりもかなり速いことに留意して，以下の(a)と(b)に答えよ。

(a) 硝酸イオンのない培地では，培養20時間目から培養44時間目までの間に，細菌はほとんど増殖しなかった。その理由を，2行程度で答えよ。

(b) 硝酸イオンのある培地で，細菌は，培養20時間目と培養44時間目において，酸素呼吸と硝酸呼吸のどちらを行っていたのか。根拠とともに，2行程度で答えよ。

表3－1　脱窒素細菌の呼吸と増殖に対する硝酸イオンの効果

培地中の硝酸イオンの有無	培地（50 ml）中の菌体の乾燥重量（mg）	
	培養20時間目	培養44時間目
なし	25	27
あり	25	63(*)

(*) 気体の生成が泡としてみえた。

(III) 文3について，以下の小問に答えよ。

(A) 空欄5に入る最も適切な語句を記せ。

(B) 水田土壌の酸化層ならびに還元層において，硝化細菌と脱窒素細菌による硝化作用と脱窒作用はおこるのだろうか。以下の(a)～(d)について，おこるなら「○」で，おこらないなら「×」で答えよ。

(a) 酸化層における，硝化細菌による硝化作用

(b)　酸化層における，脱窒素細菌による脱窒作用
(c)　還元層における，硝化細菌による硝化作用
(d)　還元層における，脱窒素細菌による脱窒作用

(C)　下線部(ア)について。なぜそのようなことがおこるのかを，5行程度で説明せよ。

(D)　硫酸アンモニウムは水田のどの部分に与えると，安定してイネに吸収されることになるのだろうか。根拠とともに，2行程度で答えよ。

ポイント

(Ⅱ)(C)　硝酸イオンの有無に関係なく培養20時間目までは増殖に差がなく，それ以降は硝酸イオンの有無によって増殖に差が出ることに注目する。

(Ⅲ)(D)　アンモニウムイオンが硝酸イオンに変化しない条件（場所）を考える。硝化作用や脱窒作用を受けないならば，硫酸アンモニウムのアンモニウムイオンは土壌中に保持され，イネに供給される。

2 細胞小器官の構造と機能，タンパク質の修飾

（2006 年度　第 1 問）

次の文 1 ～文 3 を読み，（Ⅰ）～（Ⅲ）の各問に答えよ。

〔文 1〕

真核生物の細胞内には，膜に囲まれた細胞小器官が多数存在している。これらの細胞小器官は，細胞質基質とは異なる環境を細胞内に作り出し，さまざまな反応の「場」を提供している。核は核膜により仕切られており，染色体や核小体を含んでいる。［ 1 ］と［ 2 ］は二重の膜により囲まれており，［ 1 ］の内部には好気呼吸に関与する酵素類が多く含まれている。植物に特徴的な細胞小器官である［ 2 ］は，さらに葉緑体や有色体に分化している。一重の膜に囲まれた細胞小器官には，ゴルジ体，液胞，小胞体などがあり，それぞれに異なる重要な役割を担っている。これらの細胞小器官が正常に機能するためには，そこで多様な反応に関与するさまざまなタンパク質や RNA が，それぞれの目的の場所に輸送される必要がある。そのため，真核細胞には細胞の内部でさまざまなタンパク質や RNA を運搬するしくみが存在する。

〔文 2〕

リボソームは RNA とタンパク質からなる巨大な複合体であり，遺伝情報の翻訳を担っている。ほ乳類のリボソームは 4 種類のリボソーム RNA と 79 種類のリボソームタンパク質により構成されており，その活性はこれらの構成要素の中でも主にリボソーム RNA により担われていることが明らかになりつつある。リボソームが真核細胞内で合成される過程を見てみよう。まず，(ア)<u>リボソームタンパク質をコードする（リボソームタンパク質のアミノ酸配列を決めている）遺伝子の情報をもとに mRNA（伝令 RNA）が合成され，これらの mRNA は核から細胞質へ運ばれる</u>。細胞質では，mRNA の情報に従ってリボソームタンパク質が既存のリボソームにより合成される。新たに合成されたリボソームタンパク質は，(イ)<u>細胞質から核内へと輸送される</u>。このリボソームタンパク質と(ウ)<u>核内で合成されたリボソーム RNA</u> が核小体で集合することにより，まず大小二つの複合体が形成される。これらの各複合体は，再び核から細胞質へと運ばれ，完全なリボソームとしてタンパク質の合成を行う。このような核内外への物質の輸送は，核膜に存在する［ 3 ］を通して行われている。

〔文 3〕

一重膜に囲まれた細胞小器官の間では，小さな膜の袋（膜小胞）をやりとりすることにより物質の輸送が行われている。酵母はこの輸送のしくみを研究するうえで優れた研究材料であり，酵母の分泌タンパク質である酵素 A については合成されてから以下のような過程を経て分泌されることがこれまでに明らかとなっている。

酵素Aは，小胞体表面に存在するリボソーム上で合成され，小胞体内腔へと取り込まれる。この段階で酵素Aは最初の修飾（小胞体型の糖鎖の付加）を受けるが，小胞体への取り込みとこの修飾とは翻訳と並行して起こるため，修飾を受けていない酵素Aが検出されることはない。続いて酵素Aは小胞体から形成される膜小胞の内部に取り込まれ，小胞体からゴルジ体へと輸送される。ここで，酵素Aはゴルジ体に特異的な糖鎖の修飾を受ける。これにより酵素Aの分子量はゴルジ体で増加するが，この修飾は一様なものではないため，修飾後の酵素Aの分子量は分子ごとに異なったものとなる。そののち，酵素Aはゴルジ体から形成される膜小胞の内部に取り込まれて細胞膜へと運ばれ，最終的に細胞の外へと分泌される。このような輸送のしくみを明らかにする過程では，(エ)細胞小器官間における物質輸送が異常となった酵母の突然変異体が非常に重要な役割を果たした。

（注1）　小胞体内腔では，タンパク質中の特定のアミノ酸残基（アスパラギン残基など）に対し，オリゴ糖が共有結合により付加される。ゴルジ体では，そのオリゴ糖にさらに糖が付加されるなどの修飾を受け，ゴルジ体に特異的な糖鎖が形成される。

〔実験1〕　野生型の酵母細胞を放射性同位体 ^{35}S を含むメチオニン存在下で短時間培養することにより，酵素Aを ^{35}S で標識した。そののち酵母を放射性同位体を含まない培地に移し，0分間または30分間培養したのち，細胞内と細胞外の標識された酵素Aをそれぞれ回収した。回収した酵素Aをゲル電気泳動法により分離した結果を図1に示す。なおこの電気泳動法では，分子量が小さいものほど下側に検出される。また，この実験において酵素Aの標識にかかった時間は細胞小器官間の輸送にかかる時間と比べ十分短いものとする。

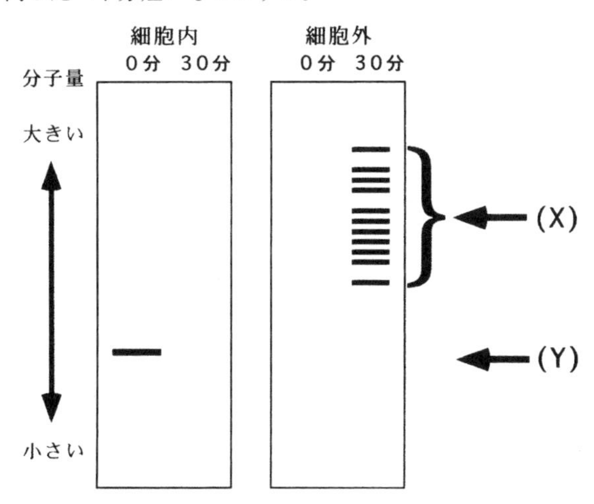

図1　標識された酵素Aの電気泳動パターンの模式図

〔実験２〕 下線部(エ)に関し，生存に必須な遺伝子産物の研究では，高い温度で培養した際にのみ表現型を示す温度感受性突然変異体が用いられる。さて，膜小胞を介したタンパク質の輸送機構に損傷を持つａ，ｂ，ｃの３つの酵母温度感受性突然変異体が得られた。これらの突然変異体は，23℃で培養した場合には膜小胞を介したタンパク質の輸送が野生型と同様におこっていたが，35℃の高温条件下で培養するとその輸送が停止した。23℃で培養したこれらの変異体を，35℃に移して１時間培養したのち細胞内部の様子を電子顕微鏡で観察したところ，以下のような表現型が観察された。

(i) 変異体ａでは，細胞の中に多くの膜小胞が蓄積していた。

(ii) 変異体ｂでは，細胞の中に肥大したゴルジ体が蓄積していた。

(iii) 変異体ｃでは，細胞の中に小胞体が大量に蓄積していた。

また，これらの変異体を35℃で１時間培養したのち，^{35}Sを含むメチオニン存在下で短時間培養して酵素Ａを標識した。そののち放射性同位体を含まない培地に移して35℃で30分間培養し，酵素Ａの分析を行ったところ，いずれの変異体においても細胞外に標識された酵素Ａは検出されなかった。また，これらの変異体ではタンパク質の合成に異常は見られなかった。

（注２） 温度感受性の原因はさまざまであるが，多くの場合は変異を持つタンパク質の高次構造が高温条件下で変化し，正常に機能できなくなることに起因すると考えられている。

〔問〕

(Ⅰ) 文中の空欄１～３に適当な語句を入れよ。

(Ⅱ) 文２について，以下の小問に答えよ。

(A) 下線部(ア)について。真核生物では，タンパク質をコードする遺伝子は多くの場合イントロンにより分断されており，RNAに転写されたのち核内でスプライシングと呼ばれる反応によりイントロン部分が除去され，完成型のmRNAとなる。続いてmRNAは細胞質へと輸送され，タンパク質へと翻訳される。このようにmRNAの合成と翻訳は異なる区画で行われるため，スプライシングを受ける前のmRNAが翻訳されることはない。では，イントロン部分を含むmRNAがスプライシングを受けずに翻訳された場合，どのようなことがおこると考えられるか。以下の選択肢の中から，正しいものを１つ選べ。

(1) イントロンは本来アミノ酸配列を指定していないので，合成されるタンパク質のアミノ酸配列や翻訳の効率に変化はなく問題は生じない。

(2) イントロンは本来アミノ酸配列を指定していないので，合成されるタンパク質のアミノ酸配列に変化はないが翻訳の効率が低下する。

(3) イントロンは本来アミノ酸配列を指定していないので，翻訳がエキソンとイントロンの最初の境界で止まってしまう。

(4) イントロンは本来アミノ酸配列を指定していないので，イントロン部分が翻訳されてしまうことにより異常なタンパク質が作られる。

(5)　イントロンは本来アミノ酸配列を指定していないので，イントロン部分でアミノ酸がタンパク質に無作為に取り込まれてしまうことにより異常なタンパク質が作られる。

(B)　下線部(イ)について。以下のもののうち，細胞質で翻訳されたのち核に輸送されるものはどれか。(1)〜(6)から2つ選べ。

(1)　ペプシン　　(2)　ヒストン　　(3)　免疫グロブリン

(4)　アミラーゼ　　(5)　ケラチン　　(6)　DNAポリメラーゼ

(C)　下線部(ウ)について。ほ乳類の細胞には，きわめて多数のリボソームが存在し（細胞あたり数百万個），リボソームRNAの量は細胞内の全RNA量の8割に及ぶ。一般的に生物はリボソームRNA遺伝子の数を増やすことによってこのような多量のリボソームRNAを確保している。実際，ヒトのゲノムには，それぞれのリボソームRNA遺伝子が100個以上ずつ存在する。一方，それぞれのリボソームタンパク質をコードする遺伝子は1個ずつしか存在しない。リボソームRNAをコードする遺伝子とは異なり，リボソームタンパク質をコードする遺伝子が1個ずつで十分である理由を考察し，2行以内で述べよ。

(D)　リボソームタンパク質の合成には既存のリボソームが必要である。では，最初のリボソームタンパク質はどのように作られたのだろうか。原始生命体において触媒活性を持つ分子がどのように進化したかをふまえ，最初のリボソームタンパク質を翻訳したと推測される翻訳装置の特徴を1行で述べよ。

(Ⅲ)　文3および実験1，2について，以下の小問に答えよ。

(A)　実験2の変異体aでは，培養終了時細胞内部に図1中Xに対応する分子量の標識された酵素Aが蓄積していた。変異体aでは，酵素Aの輸送のどの段階に異常があると考えられるか。理由とともに2行以内で述べよ。

(B)　実験2の変異体b，cに関して，培養終了時細胞内部に蓄積していると思われる酵素Aは，図1中X，Yのどちらの分子量のものであると考えられるか。理由とともにそれぞれ2行以内で述べよ。

(C)　実験2の変異体aと変異体cをかけ合わせることにより，両方の変異を同時に持つ二重変異体を作製した。この二重変異体を35℃で1時間培養したのち，実験2と同様に^{35}Sを含むメチオニン存在下で短時間培養して酵素Aを標識し，そののち^{35}Sを含まない培地に移して35℃でさらに30分間培養した。

(a)　この二重変異体において，培養終了時に細胞内に検出されると予想される標識された酵素Aの分子量について，正しいものを以下の選択肢より選べ。

(1)　図1中Xの位置に検出される。

(2)　図1中Yの位置に検出される。

(3)　図1中XとY両方の位置に検出される。

(4) 図1中XとYの中間の位置に検出される。

(b) この二重変異体の細胞内部の様子を，培養終了後に電子顕微鏡により観察した場合，どの細胞小器官が主に蓄積していることが予測されるか。理由とともに2行以内で述べよ。

ポイント

(Ⅱ)(C) 通常多く使うタンパク質などは遺伝子が多くあるものだが，1個の遺伝子でこと足りるとはどういうことだろう？ これには，多量のmRNAを合成するシステムと，mRNAの合成量は多くなくても十分な量のポリペプチドが合成されるまでmRNAが分解から保護されるシステムがある。多くの場合は後者の機構で調節される。後者の場合，翻訳産物が過剰になれば，すぐに保護が解除され，mRNAが分解されてしまう。

(Ⅲ) 翻訳されてから分泌されるまでの酵素Aの分子量の変化から，Xがゴルジ体で修飾を受けた後の酵素Aで，Yは分子量が小さいので小胞体での酵素Aと見抜く。二重変異体では前の段階にある方の変異が形質として発現することに注意。

3 細胞分裂と酵素の働き

(2001年度　第1問)

次の文を読み，(Ⅰ)～(Ⅳ)の各問に答えよ。

〔文〕

生物が生きていくのに必要な機能の多くは，タンパク質が担っている。(ア)タンパク質はアミノ酸の重合体で，共有結合でつながったアミノ酸の鎖は折りたたまれて立体的な構造となり，酵素活性などの生理機能を発揮する。こうした立体構造は，多くの場合，水素結合などの非共有結合で維持されている。多くのタンパク質の立体構造中には，(イ)規則的な構造が見いだされる。

酵素は，生体内でのさまざまな化学反応の(ウ)触媒として働く。無機触媒とは違って，生体触媒である酵素の反応には，(エ)基質特異性がある。(オ)温度を上げていくとあるところで活性が失われるという現象も，酵素の特徴である。このような現象を変性と呼ぶ。タンパク質の変性温度は，生物が生育する環境を反映していることが多い。たとえば，温泉の湧き出し口近くに生息する細菌のタンパク質には，90℃でも変性しないものがある。

(カ)ある半数体の単細胞真核生物は，25℃の培養で図1のようにふえた。培養温度を25℃から35℃にすると，すぐに細胞のふえる速さが変わった。35℃では，細胞数が2倍になるのに12時間かかった。また，培養温度を15℃にしたところ，細胞数が2倍になるのに20時間かかった。この真核生物の集団をある化学物質で処理し，突然変異をおこさせたところ，15℃と25℃では野生型細胞と同じようにふえるのに，(キ)35℃ではふえる速さが異常な変異型細胞があらわれた。この変異型細胞を25℃でふやし，35℃に移して12時間たってから観察したところ，死んだ細胞はほとんど見

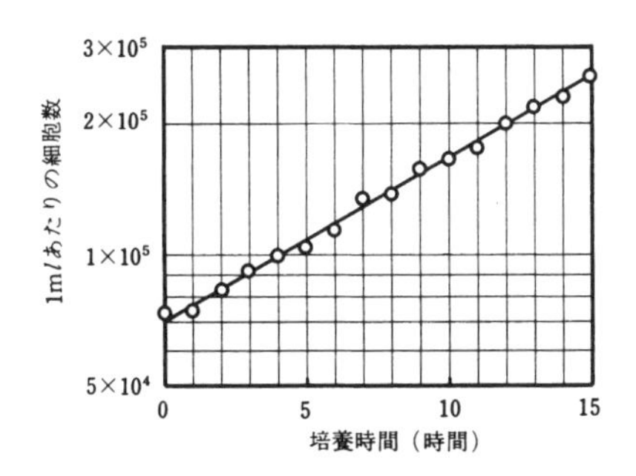

図1　25°Cでの野生型細胞のふえ方の測定結果
細胞数は，15時間目まで1時間ごとに数え，
常用対数目盛りで示した。

られなかった。

変異型細胞の遺伝子などを詳しく解析したところ，細胞のふえる速さが異常になるのは，酵素Aの1つのアミノ酸が他のアミノ酸に置き換わったためであることがわかった。また，この酵素は，X→Y（Xは酵素反応の基質，Yは酵素反応の産物）という反応の触媒として働くことがわかった。変異型細胞では，酵素Aの遺伝子以外に突然変異はおこっていなかった。

野生型細胞の酵素A（野生型酵素A）と変異型細胞の酵素A（変異型酵素A）の活性に対する温度の影響を調べるため，それぞれの細胞から酵素Aをとりだして，次のような実験をおこなった。

〔実験〕 0℃で保存してあった一定量の野生型酵素Aあるいは変異型酵素Aをふくんだ溶液を，それぞれ7本の試験管に入れ，15℃から45℃まで5度おきの温度に保った水槽に10分間置いた。その後，それぞれの試験管に一定量の基質Xを加え，1分間反応させた。試験管に酸を加えて反応を止めてから，生成した物質Yの量を測った。1分間の物質Yの生成量を縦軸に，温度を横軸にして測定値を図にしたところ，図2のようになった。

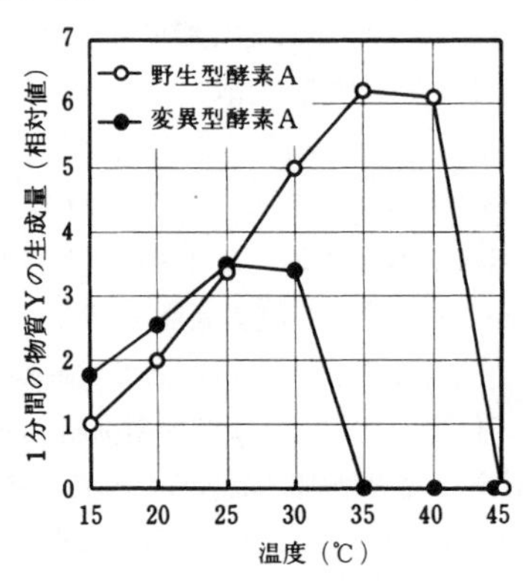

図2 各温度での物質Yの生成量の測定結果

〔問〕

（I） 次の小問に答えよ。

(A) 下線部(ア)について。タンパク質のなかでアミノ酸どうしをつなぐ共有結合を何と呼ぶか。

(B) 下線部(イ)について。タンパク質に見いだされる規則的構造の名称を2つ記せ。

(C) 下線部(ウ)について。触媒とはどのようなものか。1行で述べよ。

(D) 下線部(エ)について。酵素による反応が基質特異性を示すのはなぜか。構造との関係を考慮して，2行以内で述べよ。

(E) 下線部(オ)について。温度を上げていくと，ある温度以上で酵素活性が失われるのはなぜか。1行で述べよ。

(Ⅱ)　下線部(カ)について。次の小問に答えよ。

(A)　この細胞は，一定の時間間隔で分裂する。しかし，この細胞を培養すると，図1に示すように細胞数は連続的にふえ，階段状に2倍ずつふえることはなかった。なぜか。1行で述べよ。

(B)　図1に示すように，この細胞を25℃でt時間（$0 \leqq t \leqq 15$）培養した。細胞数は培養を開始したときの何倍になっているか。tの関数として記せ。

(Ⅲ)　下線部(キ)について。次の小問に答えよ。

(A)　25℃で培養した変異型細胞を35℃に移した。下の(a)，(b)2つの場合について，温度上昇後の細胞数と培養時間の関係をあらわす線として最も適当なものを，図3に示した1～7のうちから選び，それぞれ(a)—8，(b)—8のように答えよ。培養温度は，図3に示した矢印の時点で変えた。

(a)　酵素AはDNAの複製に必須だが，それ以外に影響を与えない場合

(b)　酵素Aは細胞質分裂の完了に必須だが，それ以外に影響を与えない場合

ただし，この酵素は，細胞内でも細胞からとりだした場合でも同じようにふるまうものとする。また，DNA複製が完了していない細胞は，細胞質分裂ができないものとする。

(B)　小問(A)でそのように考えた理由を，(a)，(b)それぞれについて，各4行以内で述べよ。

(C)　DNAを染色した細胞を顕微鏡で観察すれば，細胞内の核の数を数えることができる。変異型細胞の培養温度を35℃に上げてから12時間後に，細胞あたりの核の数を数えた。大部分の細胞で観察される核の数はいくつか。小問(A)の(a)，(b)2つの場合について，それぞれ(a)—8，(b)—8のように答えよ。

(Ⅳ)　図2に示すように，15℃では，変異型酵素Aの活性は野生型酵素Aの活性のほぼ2倍であった。ところが，この温度では，野生型細胞と変異型細胞のふえる速さはほとんど変わらなかった。細胞のふえる速さが，酵素Aの活性の高低によらなかったのはなぜか。2行以内で述べよ。ただし，この酵素は，細胞内でも細胞からとりだした場合でも同じようにふるまうものとする。また，酵素Aは，細胞がふえるのに必須であるとする。

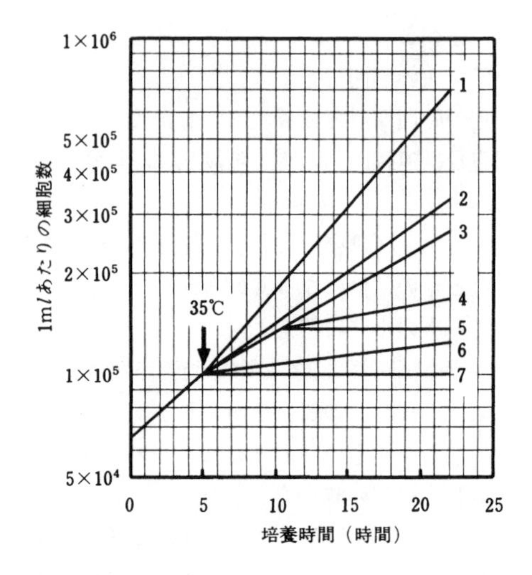

図 3　培養温度を 25°C から 35°C に変化させた時の細胞のふえ方
細胞数は常用対数目盛りで示した。

ポイント

(Ⅳ)　細胞分裂だけでなく多くの生命現象は，酵素反応を含めて多数の因子から構成され，それらの相互作用によって全体の反応が進行していく。これを 1 つの系と考えてみよう。この系が多数の酵素からなると想定した場合，ある酵素の反応速度が増加しても系全体の速度が大きくならなかったならば，この系の中で最も反応速度が遅いものが，系全体の反応速度を決めていることになる。

第２章　遺伝子の働きとその発現

4　クマムシ・線虫における乾燥耐性の獲得と遺伝子発現
（2021年度　第1問）

次のⅠ，Ⅱの各問に答えよ。

Ⅰ　次の文１と文２を読み，問Ａ～Ｅに答えよ。

〔文１〕

水は，ほとんどの生物の体内において最も豊富に存在する分子であり，生命活動の維持に必須である。水は代謝活動を担う化学反応の場を提供するとともに，(ア)生体分子やそれらが集合して形成する生体構造の維持にも重要な役割を果たす。このため，陸上に生息する多くの生物にとって水の確保は最優先課題の１つである。一方で，一部の生物種には，水をほぼ完全に失っても一時的に生命活動を停止するだけで，水の供給とともに生命活動を回復するものが知られている。このような乾燥ストレスに非常に高い耐性を示す動物ヨコヅナクマムシ（図１―１）と，その近縁種のヤマクマムシについて，以下の実験を行った。

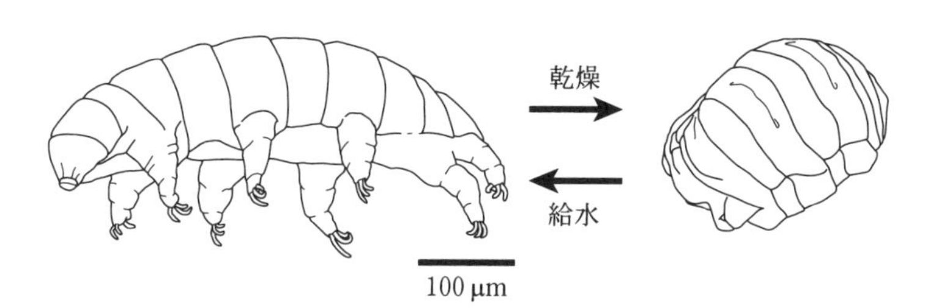

図１―１　ヨコヅナクマムシの乾燥と給水
乾燥すると右のように体を縮めて丸まった状態になる。

実験１　通常条件下で飼育したヨコヅナクマムシとヤマクマムシとを，厳しい乾燥条件に曝露(以降，この操作を「乾燥曝露」と呼ぶ)した後，給水後の生存率を調べたところ，図１―２に示すように種間に大きな違いが観察された。次に，乾燥曝露の前に，ヤマクマムシが死なない程度に弱めた乾燥条件に１日曝露しておくと(以降，この操作を「事前曝露」と呼ぶ)，乾燥曝露後のヤマクマムシの生存率が大きく上昇し，ヨコヅナクマムシとほとんど同じになった。

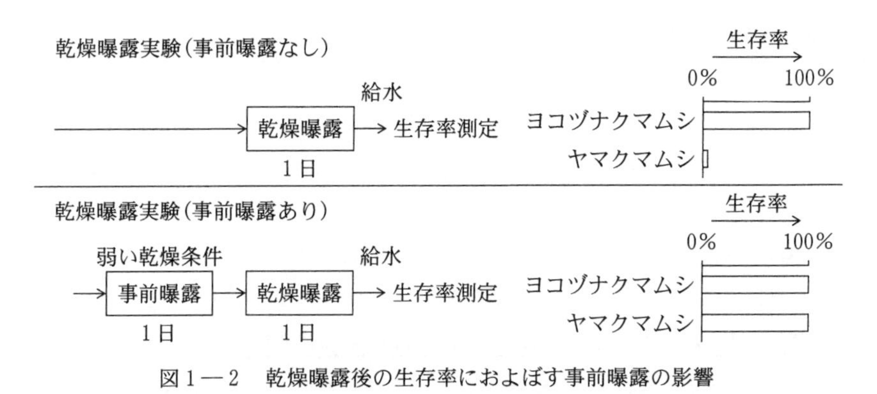

図１―２　乾燥曝露後の生存率におよぼす事前曝露の影響

実験２　ヨコヅナクマムシとヤマクマムシそれぞれに転写阻害剤を投与した後，事前曝露と乾燥曝露とを行い，給水後の生存率を測定した。対照として阻害剤で処理しない条件や，事前曝露のみで乾燥曝露を行わない条件も合わせて解析した。その結果は，図１―３のようになった。また，翻訳阻害剤を用いた場合にも転写阻害剤の場合と同様の結果が得られた。なお，転写阻害剤や翻訳阻害剤の投与によって，mRNA やタンパク質の新規合成は完全に抑制された。

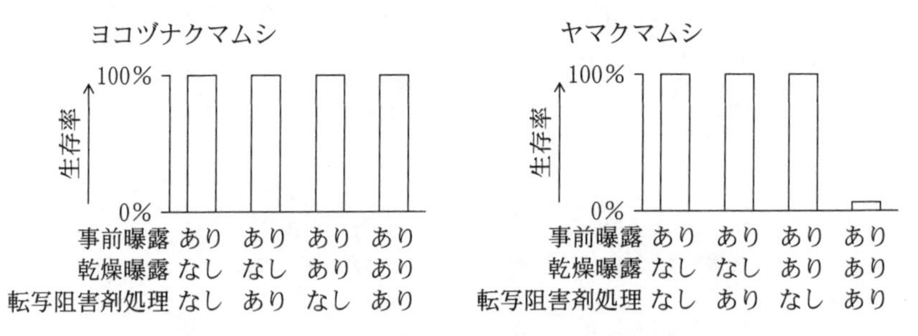

図１―３　生存率に与える乾燥曝露と転写阻害剤の影響

［文2］

3つの遺伝子A，B，Cはクマムシの乾燥ストレス耐性に関わっている。これらの遺伝子のいずれかを欠損させたヤマクマムシについて，事前曝露と乾燥曝露とを行ったところ，野生型に比べて生存率が大きく低下した。野生型ヤマクマムシにおける遺伝子A，B，CのmRNA量について次のような実験を行った。

実験3　ヤマクマムシを3群に分け，1群はそのまま(阻害剤なし)，次の1群には転写阻害剤を投与，最後の1群には翻訳阻害剤を投与した。その後，各群を事前曝露条件に置き，個体中の遺伝子A，B，CのmRNA量を経時的に測定したところ，図1―4の結果を得た。

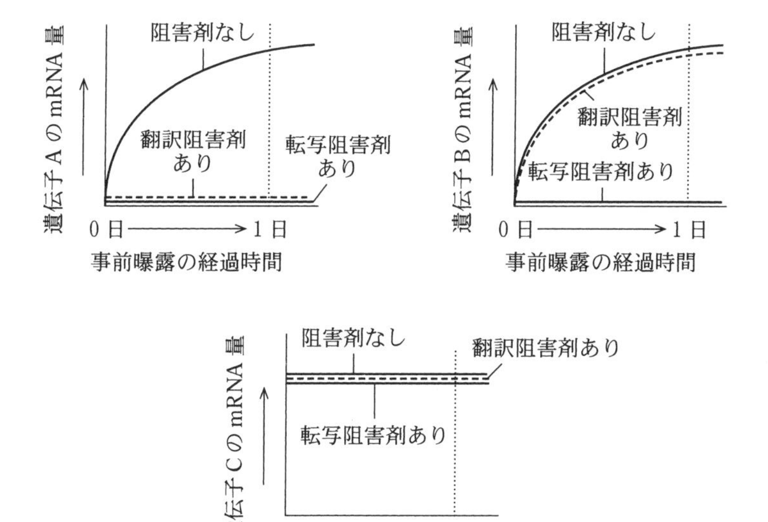

図1―4　事前曝露処理中の遺伝子A，B，CのmRNA量の変化

〔問〕

A　下線部(ア)について，水の存在下で安定化される生体構造の1つに生体膜がある。生体膜の主要な構成成分の特徴に触れつつ，水が生体膜の構造維持および安定化に果たす役割を3行程度で説明せよ。

B　実験１の結果から，ヨコヅナクマムシとヤマクマムシには乾燥ストレス耐性に違いがあると考えられる。実験２の結果と合わせて，ヨコヅナクマムシとヤマクマムシの乾燥ストレス耐性について最も適切に説明しているものを下記の選択肢(1)～(6)から１つずつ選び，ヨコヅナクマムシ−(1)，ヤマクマムシ−(2)のように答えよ。なお，同じものを選んでもよい。

(1)　薬剤への感受性が強いため，転写阻害剤や翻訳阻害剤の投与によって生存率が低下する。

(2)　通常時は乾燥耐性に必要な遺伝子の mRNA とタンパク質を保持しているが，事前曝露時にタンパク質を選択的に分解する。

(3)　乾燥耐性に必要なタンパク質を事前曝露と関係なく常時保持している。

(4)　通常時も乾燥耐性に必要な遺伝子の mRNA を保持しているので，事前曝露時に転写を経ず，速やかに必要なタンパク質を合成する。

(5)　通常時は乾燥耐性に必要な遺伝子を転写しておらず，事前曝露時に転写・翻訳する。

(6)　乾燥耐性に必要な遺伝子が不足している。

C　生体の環境ストレス応答は，環境ストレスの感知から始まる。この情報が核内に届き，最初の標的遺伝子(初期遺伝子)が転写される。転写された mRNA は，次にタンパク質に翻訳され様々な機能を発揮する。翻訳されたタンパク質の中に転写を調節する因子(調節タンパク質)が含まれている場合，それらによって新たな標的遺伝子(後期遺伝子)の転写が開始される。実験３の結果に基づき，遺伝子Ａ，Ｂ，Ｃのうち，乾燥ストレスに対する初期遺伝子と考えられるものをすべて示し，その結論に至った理由を２行程度で説明せよ。

D　遺伝子Ａがコードするタンパク質Ａはヨコヅナクマムシの乾燥耐性にも必須であった。また，乾燥曝露後の生存率が事前曝露の有無によらず０％であるクマムシ種Ｓにも遺伝子Ａが見いだされた。種Ｓにタンパク質Ａを強制的に発現させると乾燥曝露後の生存率が上昇した。ヨコヅナクマムシと，タンパク質Ａを強制発現していない野生型の種Ｓそれぞれについて，事前曝露時のタンパク質Ａの量の変化パターンとして最も適切と考えられるものを次の図中の(1)～(4)から選べ。解答例：ヨコヅナクマムシ−(1)，種Ｓ−(1)。

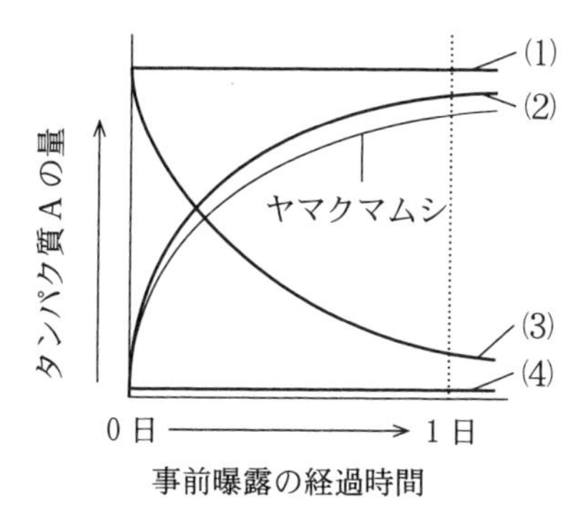

比較のためヤマクマムシにおける変化パターンを細線で示してある。

E　ヤマクマムシの乾燥ストレス耐性を阻害する2種の薬剤としてYとZが見いだされた。事前曝露の前にヤマクマムシを薬剤Yもしくは薬剤Zで処理すると，事前曝露と乾燥曝露とを行った後の生存率が顕著に低下した。薬剤Yで処理した場合，事前曝露時の遺伝子A，BのmRNA量の増加はともに阻害されたが，薬剤Zで処理した場合は遺伝子AのmRNA量の増加のみが阻害された。薬剤Yと薬剤Zそれぞれについて，上記の結果を説明する作用点として可能性のある過程を下記の経路からすべて挙げ，薬剤Y−(1)，(2)，薬剤Z−(1)，(3)のように答えよ。

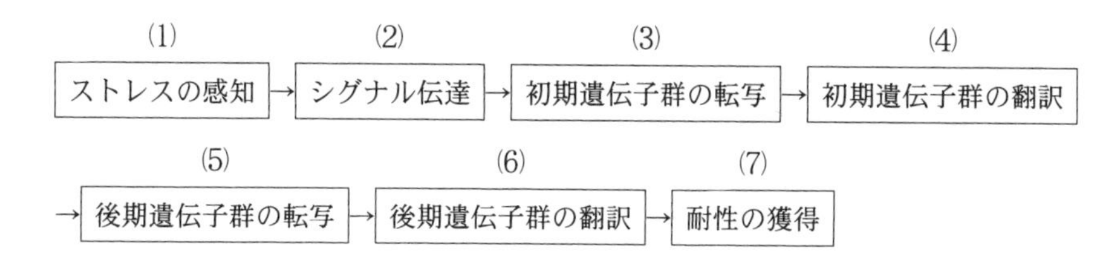

Ⅱ　次の文章を読み，問F～Iに答えよ。

ある種の線虫は4日間の事前曝露を行うと乾燥耐性を示すようになる。この線虫では，事前曝露時に糖の一種であるトレハロースが大量に蓄積し，これが耐性に必須である。トレハロースは，グルコースから作られるG1とG2を基質として酵素Pによって合成される(図1―5)。線虫の変異体Pは，酵素Pが機能を失っておりトレハロースを蓄積しないため，乾燥耐性を示さない。

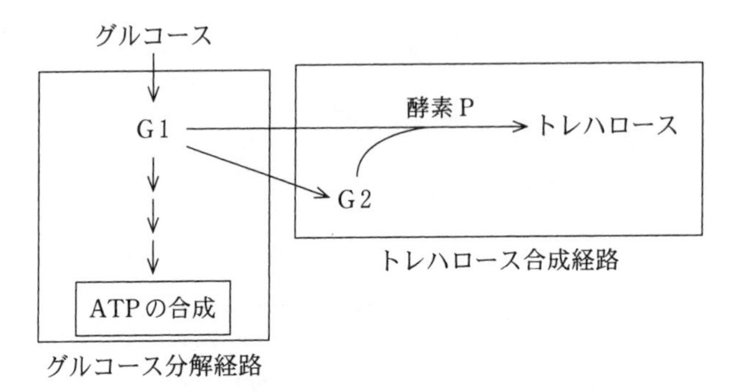

図1—5　グルコース分解経路とトレハロース合成経路

グルコースは，細胞の主要なエネルギー源として分解され，生体のエネルギー通貨とも呼ばれるATPの産生に利用される。この反応は3つの過程，［　1　］，［　2　］，［　3　］に分けられる。［　1　］，［　2　］によって生じた NADH や $FADH_2$ は，ミトコンドリアの内膜ではたらく［　3　］に渡されて ATP 合成に利用される。(イ)グルコース分解の第1段階である［　1　］は，多数の酵素によって触媒される多段階の反応である。その多くは可逆反応であり，一部の不可逆反応のステップについても逆反応を触媒する別の酵素が存在するため，反応を逆方向に進めてグルコースを合成することもできる。この仕組みは，糖が不足した時に他の栄養源からグルコースを合成する際に使用される。線虫はアミノ酸や脂質を原料としてグルコースを合成できることが分かっている。

実験4　この線虫において，乾燥耐性が低下した新たな変異体 X を単離した。さらに，変異体 X から酵素 P が機能を失った二重変異体 P：X も作出した。野生型，変異体 P，変異体 X，および二重変異体 P：X について，事前曝露によるトレハロースの蓄積量を解析したところ，図1—6のようになった。また，各変異体について，トレハロースを産生する酵素 P の個体あたりの活性を，基質である G1 および G2 が十分にある条件下で測定した結果，図1—7のようになった。

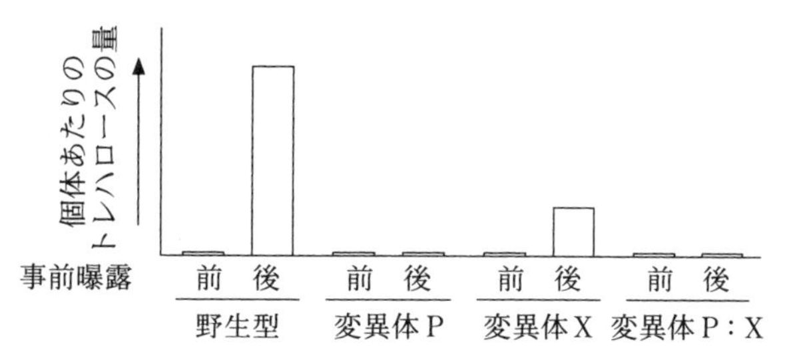

図１―６　各変異体における事前曝露時のトレハロースの蓄積量の変化

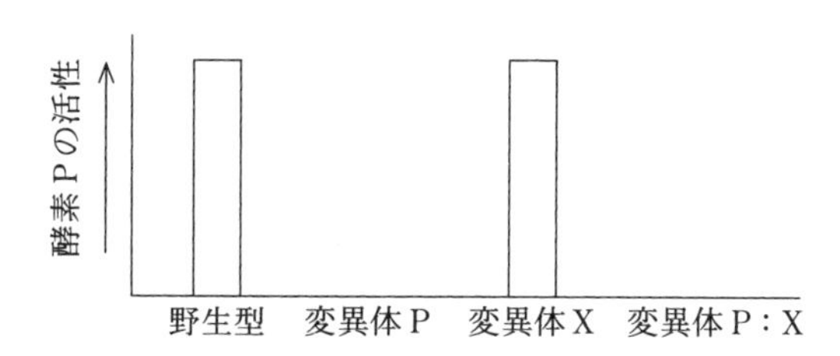

図１―７　各変異体における個体あたりの酵素Ｐの活性

実験５　生体内における物質代謝の挙動を知るためには，放射性同位体で標識した化合物を生物に取り込ませた後，その物質がどのような物質に変化するかを放射線を指標に調べるという方法がある。炭素の放射性同位体である ^{14}C で標識した酢酸を餌に混ぜて線虫に３日間摂取させた。その後，放射標識された物質を解析したところ，野生型でも変異体Ｘでも放射標識された酢酸は検出されず，エネルギー貯蔵物質として知られる脂質の一種トリグリセリドが顕著に放射標識されていた。その後，４日間の事前曝露を行ったところ，野生型では放射標識されたトリグリセリドがほぼ完全に消失し，代わりに放射標識されたトレハロースが顕著に増加した。一方，変異体Ｘでは事前曝露によるトレハロースの蓄積は野生型よりも少なく，事前曝露後も放射標識されたトリグリセリドが残存していた。

〔問〕

Ｆ　文中の空欄１～３に当てはまる適切な語句を答えよ。

Ｇ　下線部(イ)のようにミトコンドリアでは，NADH や $FADH_2$ から得られた電子が最終的に酸素分子に渡される過程でエネルギーが蓄積され，そのエネルギーをもとに ATP が合成される。この反応を何と呼ぶか答えよ。

H　実験４の結果から，変異体Ｘのトレハロースの蓄積量が野生型より低くなる原因として考えられるものを，以下の選択肢⑴〜⑸からすべて選べ。

⑴　変異体Ｘでは，酵素Ｐの発現を促進する遺伝子の機能が失われた結果，酵素Ｐの活性が低下したため。
⑵　変異体Ｘでは，トレハロースの合成が酵素Ｐを介さない代替経路に切り替わり，その代替経路のトレハロース生産量が低いため。
⑶　変異体Ｘでは，基質Ｇ１もしくはＧ２の産生量が低下したため。
⑷　変異体Ｘでは，酵素Ｐの活性を強化する遺伝子が破壊された結果，酵素Ｐの活性が低下したため。
⑸　変異体Ｘでは，基質Ｇ１もしくはＧ２を産生する酵素の量が増加したため。

I　変異体Ｘは遺伝子Ｘの機能を失った変異体であった。実験５の結果から，遺伝子Ｘの役割としてどのようなことが考えられるか，またそれがトレハロースの産生にどう影響するか，以下の語句をすべて用いて２行程度で述べよ。

トレハロース，基質Ｇ１，酵素Ｐ，トリグリセリド，遺伝子Ｘ

ポイント
Ⅰ．C．乾燥ストレスに対する初期遺伝子は，転写阻害剤の存在下では阻害を受けてmRNA量が増加しないが，翻訳阻害剤の存在下では阻害を受けず，mRNA量が増加するはずである。この条件にそってグラフを検討する。
Ⅱ．Ⅰ．実験５では，事前曝露により野生型ではトリグリセリドがほぼ完全に消失し，トレハロースが増加した一方，変異体Ｘではトリグリセリドが残存し，トレハロースの蓄積量が野生型よりも少なくなった。このことから，遺伝子Ｘの産物がトリグリセリドの分解およびトレハロースの合成に関与していると考えられる。また，Ⅱのリード文より，トレハロースがグルコースから合成されることがわかる。これらを元に考察する。

5 融合遺伝子によるがん化と分子標的薬

（2020年度　第1問）

次の(Ⅰ)，(Ⅱ)の各問に答えよ。

(Ⅰ) 次の文章を読み，問(A)〜(E)に答えよ。

遺伝的変異は突然変異によって生み出される。突然変異には，Ⓐ<u>DNAの塩基配列に変化が生じるもの</u>と，Ⓑ<u>染色体の数や構造に変化が生じるもの</u>がある。たとえばⒶにおいて，ある遺伝子上で塩基の挿入や欠失が起こると，［ 1 ］がずれてアミノ酸配列が変化することがある。これによってアミノ酸の配列が大幅に変わってしまった場合は，タンパク質の本来の機能が失われることが多い。それ以外に塩基が他の塩基に入れ替わる変異もあり，これを置換変異と呼ぶ。置換変異の中で，アミノ酸配列の変化を伴わない変異を［ 2 ］，アミノ酸配列の変化を伴う場合を非［ 2 ］と呼ぶ。

Ⓑの一例として，染色体相互転座という現象がある。これは異なる2つの染色体の一部がちぎれた後に入れ替わって繋がる変化で，がん（癌）でしばしば認められる染色体異常のひとつである。図1−1に示したのはある種の白血病で見られる染色体相互転座の例で，2つの異なる染色体の一部が入れ替わることで，本来は別々の染色体に存在している遺伝子XとYが繋がり，融合遺伝子X-Yができる。この融合遺伝子X-Yから転写・翻訳されてできるX-Yタンパク質が，血球細胞をがん化（白血病化）させることが知られている。正常なYタンパク質の本来の働きは酵素であり，アミノ酸のひとつであるチロシンをリン酸化するというリン酸化酵素活性を持つ。この酵素活性は，X-Yタンパク質のがん化能力にも必須であることがわかっている。一方で，もう片方の染色体にできた融合遺伝子Y-Xには，がん化など細胞への影響はないものとする。

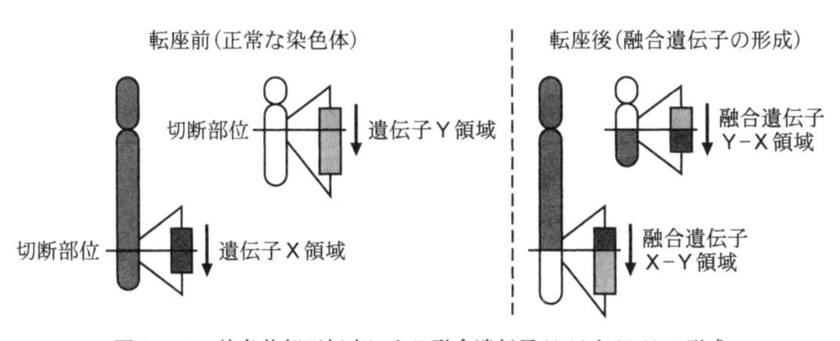

図1−1　染色体相互転座による融合遺伝子X-YとY-Xの形成
矢印は遺伝子が転写される方向を表す。

〔実験1〕 正常な遺伝子Xと遺伝子Yは，Xの4番目のエキソンと，Yの2番目のエキソンがそれぞれ途中（破線部）で切れたのち融合することで，融合遺伝子X-Yとなる（図1－2）。この融合遺伝子X-Yの性質をより詳しく調べるために，人工的な融合遺伝子1～4を作製した（図1－3）。それらの遺伝子から発現したタンパク質の大きさや性質を実験的に調べたところ，図1－3に示すような結果が得られた。

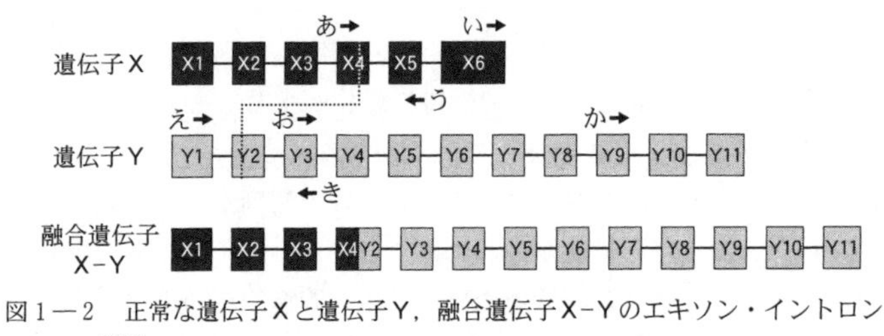

図1－2 正常な遺伝子Xと遺伝子Y，融合遺伝子X-Yのエキソン・イントロン構造

■は遺伝子Xのエキソン，□は遺伝子Yのエキソン，四角内の数字はエキソンの番号，エキソン間の直線はイントロンを表す。

		がん化能力	予想サイズのタンパク質発現	リン酸化活性
X-Y	X1–X2–X3–X4Y2–Y3–Y4–Y5–Y6–Y7–Y8–Y9–Y10–Y11	あり	あり	あり
1	X2–X3–X4Y2–Y3–Y4–Y5–Y6–Y7–Y8–Y9–Y10–Y11	なし	あり	あり
2	X1–X2–X3–X4Y2–Y3–Y4–Y5–Y6–Y7–Y8–Y9	あり	あり	あり
3	X1–X2–X3–X4Y2–Y3–Y4–Y5–Y6	あり	あり	あり
4	X1–X2–X3–X4Y2——Y7–Y8–Y9–Y10–Y11	なし	あり	なし

図1－3 人工的に作製した4種類の融合遺伝子1～4と実験結果

最上段のX-Yは，図1－2に示した融合遺伝子X-Yと同一である。「予想サイズのタンパク質発現」の予想サイズとは，図示している全てのエキソンがタンパク質に翻訳された場合のサイズ，という意味である。

〔問〕

(A) Iの問題文の1と2に入る適当な語句を，それぞれ答えよ。

(B) 白血病細胞中に存在する融合遺伝子X-YをPCR法で検出するために，図1－2のあ～きの中から，最も検出に優れたプライマーの組み合わせを書け（例：あ－い）。

(C) 図1－3に示した結果から言えることとして不適切なものを，以下の選択肢から全て選べ。

(1) 融合遺伝子のエキソンは，遺伝子Xと遺伝子Yに由来するものがそれぞれ最低1個あり，かつ合計が最低8個あれば，その組み合わせに関わらずがん化能力を有する。

(2)　融合遺伝子1にがん化能力がないのは，最初のエキソンであるX1がないために，融合遺伝子の転写・翻訳が起こらないからである。

(3)　エキソンY10とY11はがん化に必要ではない。

(4)　融合遺伝子4にがん化能力がないのは，エキソンY2とY7の間で，RNAポリメラーゼによる転写が停止するからである。

(5)　タンパク質Yのリン酸化活性には，Y3からY6に相当する領域が必要である。

(D)　問(B)で選択したプライマーを用いてPCRを行う際に，実験手技が正しく行われていることを確認するため，陽性対照（必ず予想サイズのPCR産物が得られる）と陰性対照（PCR産物が得られることはない）を設置することにした。陽性対照および陰性対照に用いるPCRの鋳型の組み合わせとして適切なものを，下の表から全て選んで番号で答えよ。

番号	陽性対照	陰性対照
1	融合遺伝子1の配列を含むプラスミド	融合遺伝子3の配列を含むプラスミド
2	融合遺伝子2の配列を含むプラスミド	融合遺伝子4の配列を含むプラスミド
3	融合遺伝子3の配列を含むプラスミド	融合遺伝子2の配列を含むプラスミド
4	融合遺伝子X-Yの配列を持つ白血病細胞から抽出したRNA	融合遺伝子X-Yの配列を持たない白血病細胞から抽出したRNA
5	融合遺伝子X-Yの配列を持つ白血病細胞から抽出したタンパク質	融合遺伝子X-Yの配列を持たない白血病細胞から抽出したタンパク質
6	融合遺伝子X-Yの配列を持つ白血病細胞から抽出したDNA	融合遺伝子X-Yの配列を持たない白血病細胞から抽出したDNA

(E)　図1－4に示した融合遺伝子5は，実験の準備過程でできた予想外の融合遺伝子である。エキソン－イントロン構造は融合遺伝子X-Yと同じであるが，そのタンパク質は図1－3に示した融合遺伝子3から発現するタンパク質よりも小さく，さらにがん化能力を有していなかった。そこでこの融合遺伝子5のDNA配列を調べた結果，X4とY2のつなぎ目に予期しなかった配列の変化が見つかった。融合遺伝子5に起こったDNAの変化として考えられる4つの候補a～dを図1－4に示す。この中から融合遺伝子5として適切なDNA配列を下記の選択肢1～4から選び，その理由を3行以内で述べよ。

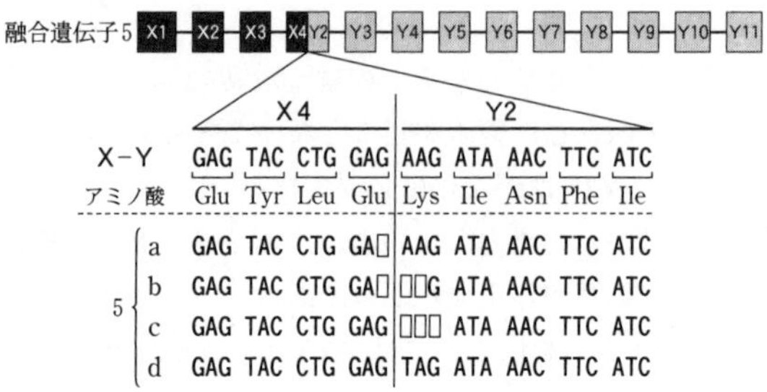

融合遺伝子5 X1 — X2 — X3 — X4 Y2 — Y3 — Y4 — Y5 — Y6 — Y7 — Y8 — Y9 — Y10 — Y11

	X4				Y2				
X−Y	GAG	TAC	CTG	GAG	AAG	ATA	AAC	TTC	ATC
アミノ酸	Glu	Tyr	Leu	Glu	Lys	Ile	Asn	Phe	Ile
5 a	GAG	TAC	CTG	GA□	AAG	ATA	AAC	TTC	ATC
5 b	GAG	TAC	CTG	GA□	□□G	ATA	AAC	TTC	ATC
5 c	GAG	TAC	CTG	GAG	□□□	ATA	AAC	TTC	ATC
5 d	GAG	TAC	CTG	GAG	TAG	ATA	AAC	TTC	ATC

図１—４　融合遺伝子５に起こった変化の候補ａ～ｄとその塩基配列
変化前の融合遺伝子Ｘ—Ｙの塩基配列とアミノ酸配列を上に，変化後の塩基配列の候補ａ～ｄを下に示す。□はその部分の塩基が欠失していることを示す。

1）　ａとｄ
2）　ａとｂとｄ
3）　ｂのみ
4）　ａとｃ

(Ⅱ)　次の文章を読み，問(F)～(L)に答えよ。

融合遺伝子Ｘ-Ｙによって発症する白血病（Ｘ-Ｙ白血病）の治療には(ア)分子標的薬Ｑが使用される。Ｘ-Ｙ融合タンパク質に対しては，分子標的薬ＱがＸ-Ｙ融合タンパク質のチロシンリン酸化活性（以下「リン酸化活性」と称する）部位に結合し，その機能を阻害する。Ｘと融合していない正常なＹタンパク質もリン酸化活性を持つが，(イ)正常なＹタンパク質のリン酸化活性部位は全く異なる構造をしているため，分子標的薬ＱはＸ-Ｙ融合タンパク質にしか作用しない。

一方で，この分子標的薬Ｑは近年，Ｘ-Ｙ白血病以外にも，消化管にできるＳタイプと呼ばれるがんの治療にも効果があることが分かった。このがんＳでは，Ｒという遺伝子に変異が見られる。正常な遺伝子Ｒから転写翻訳されたＲタンパク質はＹタンパク質と同じくリン酸化活性を有する受容体であるが，Ｒ遺伝子に変異が起こった結果，がんＳではＲタンパク質が異常な構造に変化して，［　3　］非依存的に活性化されることが分かっている。

〔実験２〕　分子標的薬ＱがＸ-Ｙ白血病細胞の増殖に与える効果を実験的に確認した。約1,000,000個のＸ-Ｙ白血病細胞を用意し，治療に適切な濃度の分子標的薬Ｑを加えて４週間培養し，経時的に細胞数を数えた。この濃度では，Ｘ-Ｙ白血病細胞の数は３日毎に10分の１に減ることが知られていたことから，図１—５に示した黒線のようなグラフが予想された。しかし実際にはＸ-Ｙ白血病細胞は死滅せず，28日目に500個の細胞が残っていた。これらの生き残った細胞が持つ融合遺伝子Ｘ-Ｙの配列を調べたところ，これらの細胞ではもれなく，エキソンＹ5内に存在する塩基の置換変異により，特定のアミノ酸が1つ変化していることがわかったが，そのリン酸化活性は保たれていた。

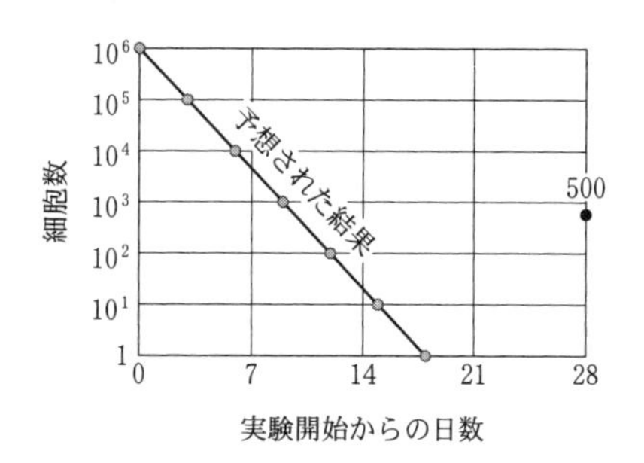

図1―5　分子標的薬QがX-Y白血病細胞の増殖に与える効果

〔問〕

(F)　下線部(ア)に関して，がん治療における分子標的薬全般の説明として最も適切なものをひとつ選べ。なおこの場合の「分子」とは，核酸やタンパク質をさす。

(1)　分子標的薬はRNAポリメラーゼの分解を介して，細胞全体の転写活性を阻害する薬である。

(2)　分子標的薬はがん細胞の増殖や転移などの病状に関わる特定の分子にのみ作用するように設計されている。

(3)　分子標的薬はがん細胞の表面を物理的に覆い固めることで，がん細胞の分裂・増殖を阻害する薬である。

(4)　分子標的薬は細胞表面に出ている受容体にしか効果がない。

(5)　分子標的薬は標的分子が十分に大きくないと結合できないため，小さい分子には効果がない。

(G)　下線部(イ)について，一般に酵素の活性部位はそれぞれの酵素に特有の構造をしており，特定の物質のみに作用する性質を持つ。この性質を酵素の何と呼ぶか。下記の選択肢からひとつ選べ。

基質交叉性，基質反応性，基質指向性，基質特異性，基質決定性，基質排他性

(H)　［ 3 ］に入る適当な語句を，下の選択肢からひとつ選べ。

ビタミン，リガンド，ペプチド，シャペロン，チャネル，ドメイン

(I)　(Ⅱ)の問題文の内容に関する記述として，以下の説明から不適切なものを2つ選べ。

(1)　X-Y白血病細胞が消化管の細胞を誤って攻撃することで遺伝子Rの変異が誘導され，がんSが起こる。

(2)　X-Y融合タンパク質のリン酸化活性部位との結合力を高めれば，より治療効果の高い分子標的薬を作ることができる。

(3) あるがんにおいて，遺伝子Rの変異がなくても，その発生部位ががんSと同じく消化管であれば，分子標的薬Qの効果が期待できる。

(4) X-Y融合タンパク質のリン酸化活性部位と，がんSで見られる変異Rタンパク質のリン酸化活性部位は，タンパク質の構造が類似している。

(J) 実験2で述べたアミノ酸の置換によって，なぜ分子標的薬Qが効かなくなったと考えられるか。「構造」，「結合」という単語を使って2行程度で述べよ。

(K) 実験2においてこのアミノ酸置換を持つ細胞は実験途中で融合遺伝子X-Yに変異が起こって出現したのではなく，もともとの細胞集団の中に存在しており，分子標的薬Qの影響を全く受けずに，4日毎に2倍に増殖すると仮定した場合，最初（0日目）に何個の細胞が存在していたか計算せよ（小数第一位を四捨五入した整数で答えよ）。

(L) (K)の仮定を考慮すると，図1－5の実際の細胞数の増減パターンは下記1～6のどれが最も近いか。X軸，Y軸の値は，図1－5と同じとする。

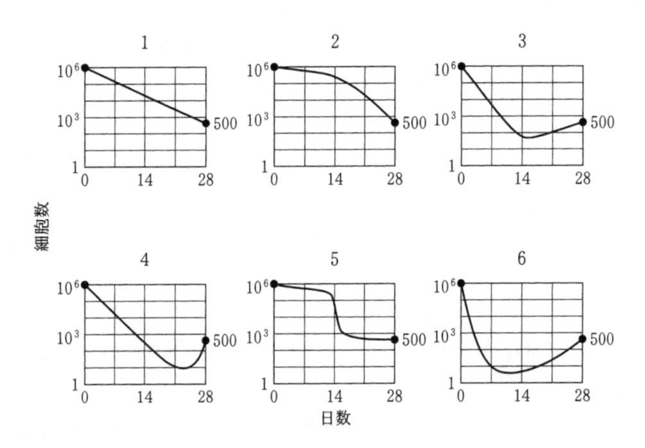

ポイント

(Ⅰ)(C) 図1－3より，融合遺伝子1～4のすべてで予想サイズのタンパク質が発現していることから，すべての融合遺伝子において転写・翻訳は正常に行われていることがわかる。各融合遺伝子について，エキソンの組み合わせとそのがん化能力またはリン酸化活性の有無を比較する。

(E) 融合遺伝子5に由来するタンパク質が融合遺伝子3から発現するタンパク質より小さいことから終止コドンの出現を想定する。終止コドンはフレームシフトや1塩基置換で生じる可能性がある。

(Ⅱ)(K) 図1－5より，実験開始28日目に細胞は500個残っている。アミノ酸置換をもつ細胞は4日毎に2倍になるので，28日後には2^7倍になる。最初の細胞数をa個として方程式をつくる。

6 線虫における分化と遺伝子発現

(2019年度　第1問)

次の(Ⅰ)，(Ⅱ)の各問に答えよ。

(Ⅰ) 次の文1，文2を読み，問(A)〜(D)に答えよ。

〔文1〕

多くの生物の発生は，1個の細胞からなる受精卵から始まる。発生の過程では，細胞分裂が繰り返し起こって多数の細胞が作られ，それらは多様な性質を持った細胞に分化しながら生物の体を作り上げていく。分裂により生じた細胞は親細胞の性質を受け継ぐこともあるが，(ア)他の細胞との相互作用により性質を変化させることもある。発生学の研究によく用いられる生物である「線虫」での一例について，いくつかの実験を通して細胞分化のしくみを考察しよう。

発生のある時期において，生殖腺原基の中の2つの細胞，A細胞とB細胞は，図1—1のように隣り合わせに配置しているが，いずれもそれ以上分裂せず，その後，C細胞とよばれる細胞かD細胞とよばれる細胞に分化する（図1—2(a)）。その際，A細胞，B細胞のそれぞれがC細胞とD細胞のいずれの細胞になるかは，個体によって異なっていて，ランダムに一方のパターンが選ばれるようにみえる。しかしC細胞が2個またはD細胞が2個できることはない。どうしてうまく2種類の細胞になるのだろうか。以下の実験をみてみよう。

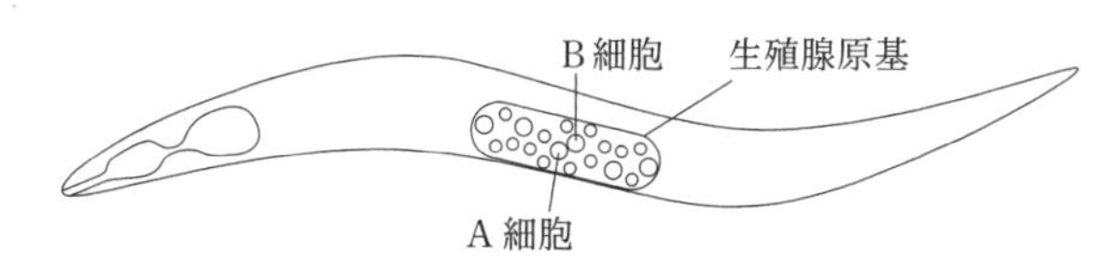

図1—1　線虫の幼虫

〔実験1〕 *X* 遺伝子の突然変異によりXタンパク質が変化した突然変異体線虫が2種類みつかった。ひとつは，Xタンパク質が，X(−) という機能できない形に変化した変異体である（以下これを *X(−)* 変異体とよぶ）。もうひとつは，Xタンパク質が，常に機能してしまうX(＋＋) という形に変化した変異体である（以下これを *X(＋＋)* 変異体とよぶ）。なお，正常型の（変異型でない）XタンパクをX(＋) と書くことにする。*X(−)* 変異体ではA細胞とB細胞がいずれもC細胞に分化した。*X(＋＋)* 変異体ではA細胞とB細胞がいずれもD細胞に分化した（図1—2(b)）。

〔実験２〕 遺伝学の実験手法を用いて，A細胞とB細胞のうち，一方の細胞だけの遺伝子がX(－) を生じる変異をもつようにした（他方の細胞はX(＋) を生じる正常型遺伝子をもつ)。すると，*X(－)* 遺伝子をもつ細胞が必ずC細胞に，*X(＋)* 遺伝子をもつ細胞が必ずD細胞に分化した（図１－２(c))。

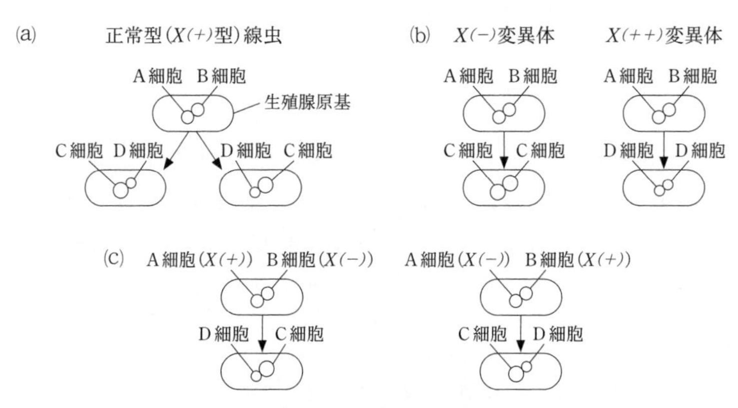

図１―２　線虫のC細胞とD細胞の分化の過程
A 細胞～D 細胞以外の細胞は省略した。

〔問〕

(A) 下線部(ア)について。胚のある領域が隣接する他の領域に作用してその分化の方向を決定する現象を何というか，答えよ。

(B) 文１および実験１，２の結果から，どういうことがいえるか。以下の選択肢(1)～(6)から適切なものをすべて選べ。(注：ここでいう分化とは，もともとA細胞またはB細胞であった細胞が，C細胞に分化するか，D細胞に分化するかということ。)

(1) A細胞とB細胞は相互に影響を及ぼし合いながらそれぞれの分化を決定している。

(2) A細胞とB細胞は他方の細胞とは関係なくそれぞれの分化を決定する。

(3) A細胞はB細胞に影響を及ぼさないが，B細胞はA細胞に影響を及ぼしてA細胞の分化を決定する。

(4) A細胞またはB細胞がC細胞に分化するにはその細胞でXタンパク質がはたらくことが必要である。

(5) A細胞またはB細胞がD細胞に分化するにはその細胞でXタンパク質がはたらくことが必要である。

(6) A細胞またはB細胞がD細胞に分化するには他方の細胞でXタンパク質がはたらくことが必要である。

〔文2〕

C細胞とD細胞の分化に関係するもうひとつのタンパク質として，Xタンパク質に結合するYタンパク質がみつかった。Yタンパク質の機能がなくなる変異体（*Y(−)*変異体）では*X(−)*変異体と同様にA細胞とB細胞がいずれもC細胞に分化した。

〔実験3〕　各細胞でのXタンパク質の量を調べたところ，図1－3(a)のような結果が得られた。

〔実験4〕　各細胞でのYタンパク質の量を調べたところ，図1－3(b)のような結果が得られた。

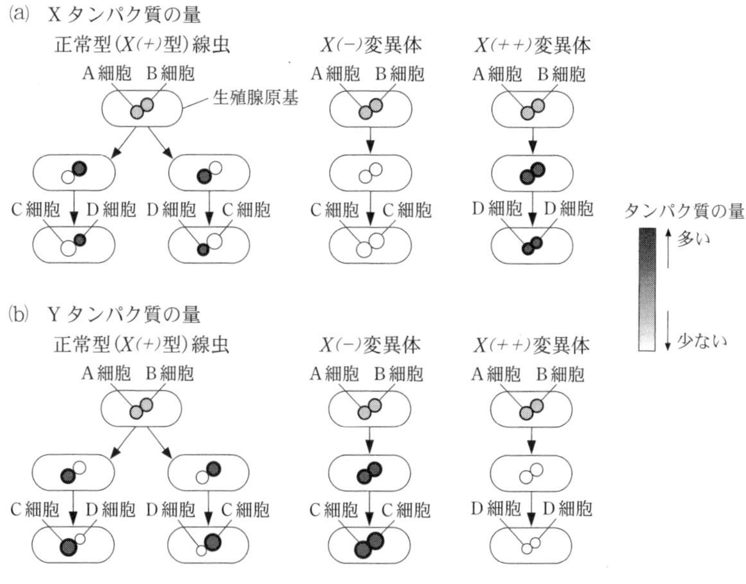

図1－3　各細胞でのXタンパク質(a)とYタンパク質(b)の量の変化
A細胞～D細胞以外の細胞は省略した。

Xタンパク質の細胞の外側に位置する部分にYタンパク質が結合すると，Xタンパク質は活性化され，その情報を核の中に伝え，*X*遺伝子と*Y*遺伝子の発現（転写）を制御する（図1－4）。

〔問〕

(C)　文1，文2の内容と実験1～4の結果から，以下の文中の空欄1～5に入る適切な語句をそれぞれ下記の選択肢①～⑩から選べ。

解答例：1－①，2－②

A細胞とB細胞が生じた直後は，いずれの細胞も同程度のXタンパク質とYタンパク質を発現している。一方の細胞から突き出ているYタンパク質は隣の細胞

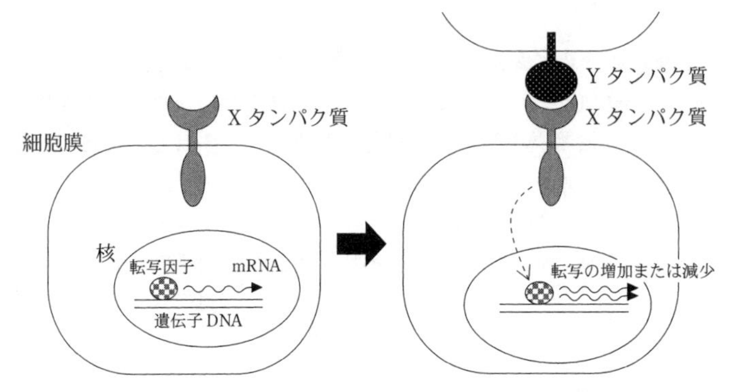

図1—4　Xタンパク質とYタンパク質のはたらきかた

の[1]タンパク質に作用し，そのタンパク質のはたらきを強める。その結果，作用を受けた細胞ではYタンパク質が[2]し，Xタンパク質が[3]する。A細胞とB細胞が生じた直後には，上記の作用がA細胞とB細胞の間で拮抗しているが，一旦バランスが崩れると，Yタンパク質の量は一方の細胞で急激に増えて他方の細胞では急激に減ることになる。Yタンパク質が増加した細胞のXタンパク質は[4]し，その細胞は[5]細胞に分化する。

語句

①　A	②　B	③　C	④　D
⑤　X	⑥　Y	⑦　変　異	⑧　分　化
⑨　増　加	⑩　減　少		

(D)　正常型の線虫で，A細胞とB細胞が生じた直後に一方の細胞をレーザーにより破壊した。このとき，残った細胞はC細胞，D細胞のいずれになると予想されるか。文1，文2の内容と実験1～4の結果をもとに考察し，理由も含めて2行程度で答えよ。

(Ⅱ)　次の文3を読み，問(E)～(H)に答えよ。

〔文3〕

線虫でのもうひとつの細胞分化のしくみをみてみよう。図1—5のように，発生の過程で，腹側の表皮の前駆細胞であるP1，P2，P3，P4，P5が並んでいるが，P3細胞のすぐ上側にE細胞とよばれる細胞が位置している。その後，発生が進むと，P3細胞は分裂して卵を産む穴の中心部分の細胞群（穴細胞とよぶ）になり，その両脇のP2細胞とP4細胞は穴の壁を作る細胞群（壁細胞とよぶ）になる。これらのさらに外側の細胞（P1細胞とP5細胞）は平坦表皮（表皮細胞とよぶ）になる（表1—1(a)）。この発生過程でも，Yタンパク質が隣り合った細胞のXタンパク質を活性化させる機構がはたらくが，これに加え，E細胞から分泌されるZタンパク質による制御もはたらいている。Zタンパク質は離れた細胞のWタンパク質の細胞外の部分に結合し，Wタンパク質を活性化する。この効果は相手の細胞との距離が近いほど強い。

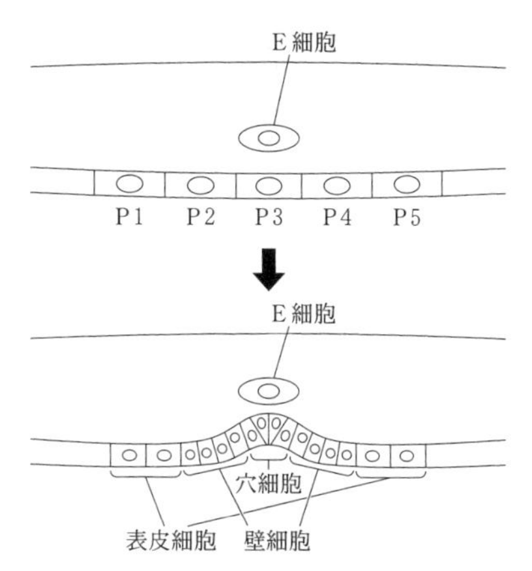

図1―5　卵を産む穴の発生の初期過程。E細胞のまわりの細胞は省略した。

〔実験5〕 P1～P5細胞が分化する前にE細胞をレーザーで破壊したとき，またはE細胞を移動させたとき，発生が進んだあとには，P1～P5細胞は表1―1(b)～(c)のように分化した。

〔実験6〕 *X(−)* 変異体，*X(＋＋)* 変異体で，何も操作せず，あるいはE細胞をレーザーで破壊したとき，発生が進んだあとには，P1～P5細胞は表1―1(d)～(g)のように分化した。

表1―1　X遺伝子の変異およびE細胞の操作と表皮の前駆細胞の分化

	線虫の遺伝子型	E細胞の操作	P1	P2	P3	P4	P5
(a)	正常型	操作なし	表皮	壁	穴	壁	表皮
(b)	正常型	破壊	表皮	表皮	表皮	表皮	表皮
(c)	正常型	P4の上側に移動	表皮	表皮	壁	穴	壁
(d)	*X(−)* 変異	操作なし	表皮	穴	穴	穴	表皮
(e)	*X(−)* 変異	破壊	表皮	表皮	表皮	表皮	表皮
(f)	*X(＋＋)* 変異	操作なし	壁	壁	穴	壁	壁
(g)	*X(＋＋)* 変異	破壊	壁	壁	壁	壁	壁

表中で，「表皮」は表皮細胞，「壁」は壁細胞，「穴」は穴細胞に分化したことを示す。

〔問〕

(E) 正常の発生過程で，E細胞からの影響を直接または間接的に受けて分化が決まると考えられる細胞をP1，P2，P3，P4，P5のうちからすべて選べ。

(F) Xタンパク質がはたらいた表皮の前駆細胞はどのタイプの細胞に分化すると考えられるか。以下の選択肢(1)～(5)からもっとも適切なものを1つ選べ。

(1) 穴細胞　　(2) 壁細胞

(3) 表皮細胞　　(4) 穴細胞および表皮細胞

(5) 壁細胞および表皮細胞

(G) Wタンパク質の活性化により*Y*遺伝子の発現が変化することがわかっている。Wタンパク質の直接の効果により，正常の発生過程においてもっとも顕著にみられる現象は以下のいずれか。文3と実験5，6の結果から考察し1つ選べ。

(1) P3細胞で*Y*遺伝子の発現が増加する。

(2) P3細胞で*Y*遺伝子の発現が減少する。

(3) P2細胞とP4細胞で*Y*遺伝子の発現が増加する。

(4) P2細胞とP4細胞で*Y*遺伝子の発現が減少する。

(H) E細胞から分泌されたZタンパク質の影響を受けて，X，Y，Wタンパク質がどのようにはたらいて表1－1(a)のような穴細胞，壁細胞，表皮細胞の分化パターンが決定するのか。X，Y，Wの語をすべて使って5行以内で説明せよ。

ポイント

(Ⅰ)(C) まず，Xタンパク質とYタンパク質の量に着目する。図1－3(a)より，Xタンパク質はD細胞で多く，図1－3(b)より，Yタンパク質はC細胞で多い。これと，図1－4に示された両タンパク質のはたらきかたから考えていく。

(D) A細胞とB細胞のうちの一方をレーザーで破壊すると，残った細胞では，図1－4にあるような，隣接する細胞からのYタンパク質の作用を受容できないので，Xタンパク質の活性化が起こらない。その結果，*X*遺伝子の発現が減少すると考えられる。

(Ⅱ)(H) Zタンパク質により，P3細胞ではWタンパク質が活性化し，Yタンパク質が増加する。Yタンパク質は隣接するP2細胞，P4細胞に結合してXタンパク質を増加させる。

7 真核生物におけるRNAプロセシング

(2018年度　第1問)

次の(Ⅰ)，(Ⅱ)の各問に答えよ。

補足説明：図1－1，図1－2，図1－6の中，白い四角部分はエキソンをあらわし，山型の実線はスプライシングにより除去される領域をあらわす。

(Ⅰ) 次の文章を読み，問(A)～(D)に答えよ。

真核細胞において，核内でDNAから(ア)転写されたmRNA前駆体の多くはスプライシングを受ける。(イ)スプライシングが起きる位置や組み合わせは一意に決まっているわけではなく，細胞の種類や状態などによって変化する場合がある。これを選択的スプライシングと呼ぶ。選択的スプライシングは，mRNA前駆体に存在する様々な塩基配列に，近傍のスプライシングを促進したり阻害したりする作用を持つタンパク質が結合することによって，複雑かつ緻密に制御されている。例えば，(ウ)哺乳類のα-トロポミオシン遺伝子は，1aから9dまで多くのエキソンを持つが，発現する部位によって様々なパターンの選択的スプライシングを受け（図1－1），これによって作られるタンパク質のポリペプチド鎖の長さやアミノ酸配列も変化する（表1－1）。

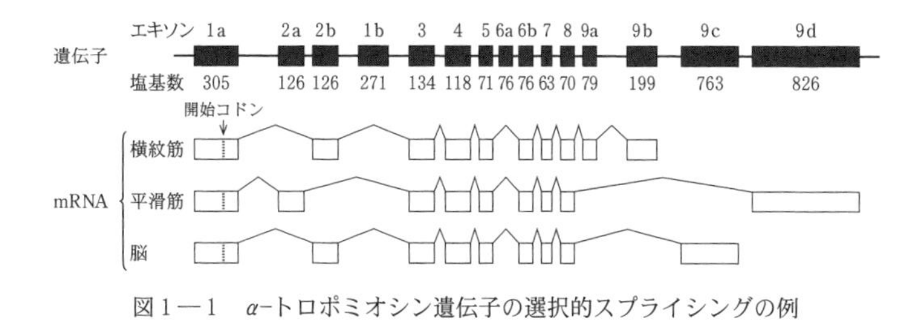

図1－1　α-トロポミオシン遺伝子の選択的スプライシングの例

表1－1　各発現部位におけるα-トロポミオシンタンパク質のポリペプチド鎖の長さ

横紋筋	平滑筋	脳
284アミノ酸	284アミノ酸	281アミノ酸

近年，スプライシングを補正してヒトの遺伝病の治療につなげようとする研究が精力的に行われている。ヒトの5番染色体に存在する*SMN1*（survival motor neuron 1）遺伝子とそのすぐ隣にある*SMN2*遺伝子は，塩基配列がほとんど同じであるが，図1－2に示す通り，(エ)エキソン7内部のある1つの塩基が，*SMN1*遺伝子ではCで

あるのに対し，*SMN2* 遺伝子ではTになっているという違いがある。これにより，*SMN2* 遺伝子から作られる mRNA の約9割では，スプライシングの際にエキソン7が使用されず，スキップされた状態となっている。このようにエキソン7がスキップされた mRNA から作られるタンパク質（Δ7型 SMN タンパク質と呼ぶ）は安定性が低く，すぐに分解されてしまう。一方，*SMN2* 遺伝子から作られる mRNA の残りの約1割では，スプライシングの際にエキソン7が使用され，*SMN1* 遺伝子由来のタンパク質と同じアミノ酸配列を持つタンパク質（全長型 SMN タンパク質と呼ぶ）が作られる（図1－2）。ヒトにおいて，*SMN1* 遺伝子の欠損を原因とする脊髄性筋萎縮症と呼ばれる遺伝病が知られている。最近，(オ)脊髄性筋萎縮症の治療に，スプライシングを補正する作用を持つ人工的な核酸分子Xが有効であることが示され，注目を集めている。

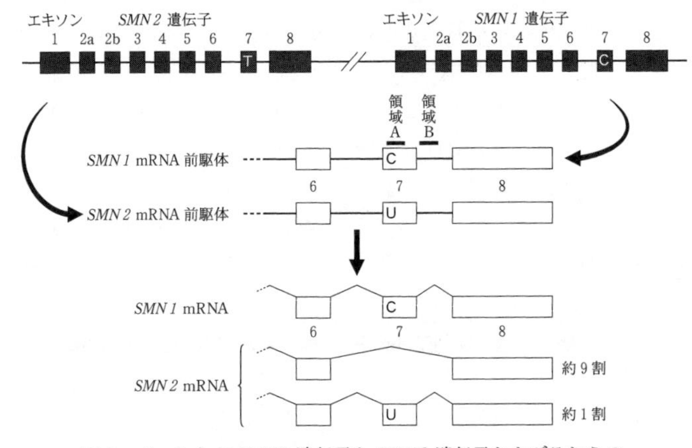

図1－2　ヒトの *SMN1* 遺伝子と *SMN2* 遺伝子およびそれらの転写とスプライシング

〔問〕

(A) 下線部(ア)について。真核生物における転写の基本的なメカニズムについて，以下の語句をすべて用いて3行程度で説明せよ。同じ語句を繰り返し使用してもよい。

基本転写因子，プロモーター，RNA ポリメラーゼ，
片方の DNA 鎖，5′→3′

(B) 下線部(イ)について。異なる塩基配列の6つのエキソン（エキソン1～6と呼ぶ）を持つ遺伝子があるとする。スプライシングの際，エキソン1とエキソン6は必ず使用されるが，エキソン2～5がそれぞれ使用されるかスキップされるかはランダムに決まるとすると，理論上，合計で何種類の mRNA が作られるか答

えよ。ただし，スプライシングの際にエキソンの順番は入れ替わらず，エキソンとイントロンの境目の位置は変わらないものとする。

(C)　下線部(ウ)について。α-トロポミオシン mRNA の開始コドンは，図1－1に点線で示すとおり，エキソン 1a の 192～194 塩基目に存在する。図1－1および表1－1の情報から，平滑筋で発現している α-トロポミオシン mRNA 上の終止コドンは，どのエキソンの何塩基目から何塩基目に存在すると考えられるか答えよ。
解答例：エキソン 1b の 51～53 塩基目

(D)　下線部(エ)および(オ)について。以下の文中の空欄 a ～ e に当てはまるもっとも適切な語句を，以下の選択肢①～⑩から選べ。同じ選択肢を繰り返し使用してもよい。
解答例：a－①，b－②

SMN1 mRNA 前駆体の領域A（図1－2）の塩基配列は CAGACAA であり，スプライシングの制御に関わるタンパク質Yは，この塩基配列を認識して結合する。しかし，*SMN2* mRNA 前駆体の領域Aの塩基配列は［ a ］となっており，ここにはタンパク質Yは結合できない。これらのことから，タンパク質Yには，スプライシングの際にエキソン7が［ b ］されることを促進するはたらきがあると考えられる。

一方，*SMN1* mRNA 前駆体と *SMN2* mRNA 前駆体で共通の領域B（図1－2）には，スプライシングの制御に関わるタンパク質Zが認識して結合する塩基配列が存在する。脊髄性筋萎縮症の治療に有効な人工核酸分子Xは，領域Bの塩基配列と相補的に結合し，タンパク質Zの領域Bへの結合を阻害すると考えられている。これらのことから，タンパク質Zには，スプライシングの際にエキソン7が［ c ］されることを促進するはたらきがあり，人工核酸分子Xは，［ d ］遺伝子のスプライシングを補正することによって，［ e ］型 SMN タンパク質を増加させる作用を持つと考えられる。

①　TAGACAA　②　CATACAA　③　UAGACAA
④　CAUACAA　⑤　使　用　⑥　スキップ
⑦　*SMN1*　⑧　*SMN2*　⑨　Δ7
⑩　全　長

(Ⅱ)　次の文章を読み，問(E)～(H)に答えよ。

近年の塩基配列解析装置の急速な進歩によって，生体内に存在する RNA を網羅的に明らかにする「RNA-Seq」と呼ばれる解析を行うことが可能になった（図1－3）。例えば，今日用いられているある装置を用いて RNA-Seq を行った場合，長い RNA の塩基配列全体を決定することはできないが，それらの RNA を切断することで得られる短い RNA について，数千万を超える分子数の RNA の塩基配列を一度に決定することができる。こうして決定される一つ一つの短い塩基配列を「リード配列」と呼び，DNA に含まれる 4 種類の塩基を表すA，C，G，Tのアルファベットをヌクレオチド鎖の 5′→3′ の順に並べた文字列として表す（塩基配列決定の際に RNA は DNA に変換されるため，UはTとして読まれる）。リード配列を決定した後，そのリード配列の元となった短い RNA がゲノム中のどの位置から転写された RNA に由来するかを決めるためには，コンピュータを用いて，ヌクレオチド鎖の向きも含めてリード配列と一致する塩基配列がゲノムの中に出現する位置を見つける「マッピング」と呼ばれる解析を行う。今日の生物学では，このように膨大なデータを情報科学的に解き明かしていくバイオインフォマティクスが重要となっている。

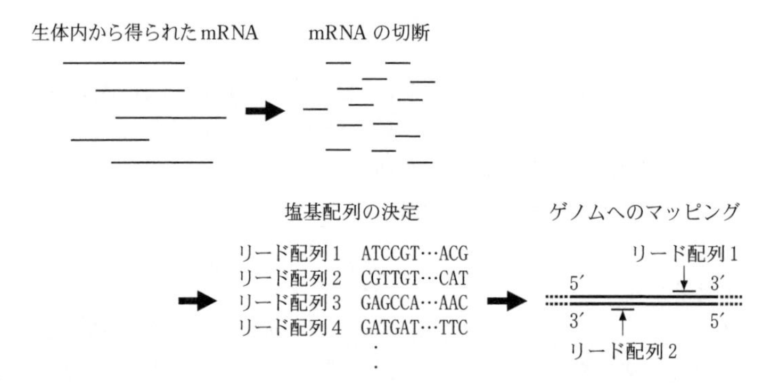

図１－３　mRNA を対象とした RNA-Seq の概略図

〔問〕

(E) ヒトのゲノム（核相 n の細胞が持つ全 DNA）の塩基対数はおよそ $3\times10^{\boxed{f}}$ である。空欄 f に当てはまる整数を答えよ。

(F) 一般に，真核生物の遺伝子から転写された mRNA 前駆体には，スプライシングが起きるほか，アデニンが多数連なったポリA配列と呼ばれる構造が付加される。これを利用して，真核生物の生体内から得られた RNA を，ある塩基が多数連なった一本鎖の DNA が結合した材質に吸着させることで，mRNA を濃縮して解析することができる。その塩基の名称をカタカナで答えよ。

(G) リード配列が「ある特徴」を持つ場合，そのリード配列と一致する塩基配列はゲノムの２つのヌクレオチド鎖の全く同じ位置に出現する（図１－４）。「ある特徴」とはどのようなものかを考え，その特徴を持つ 10 塩基の長さの塩基配列の例を１つ答えよ。塩基配列はA，C，G，Tのアルファベットを 5′→3′ の順に並べた文字列として表すものとする。

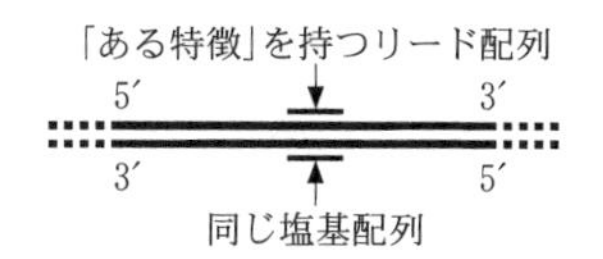

図1―4　「ある特徴」を持つリード配列のマッピング

(H)　真核生物の生体内から得られたmRNAサンプルに対してRNA-Seqを行い，得られたリード配列をゲノムに対してマッピングし，各遺伝子の各エキソン内にマッピングされたリード配列の数を数えた（図1―5）。RNA-SeqにおいてmRNAは短いRNAにランダムに切断され，解析装置に取り込まれて塩基配列が決定されたとする。リード配列は各エキソンの長さに比べれば十分に短い一定の長さを持ち，いずれかの遺伝子のエキソン内の1カ所に明確にマッピングされたものとして，以下の問(あ)～(う)に答えよ。

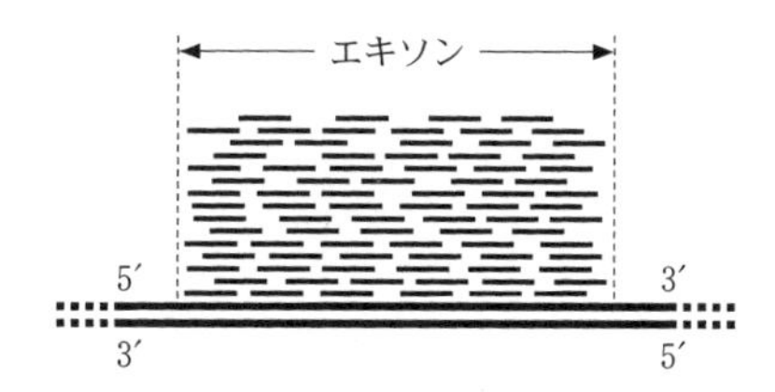

図1―5　ある遺伝子のエキソンに多数のリード配列がマッピングされた様子

(あ)　遺伝子1～6のエキソンの塩基数の合計と，エキソン内にマッピングされたリード配列の数の合計は表1―2に示すとおりであった。このことから，遺伝子1～6のうち，mRNAの分子数が最も多かったものは遺伝子[g]，最も少なかったものは遺伝子[h]であったと考えられる。空欄g，hに入る数字を答えよ。ただし，遺伝子1～6は選択的スプライシングを受けないものとする。

解答例：g―1，h―2

表1―2　RNA-Seqの結果（遺伝子1～6）

	遺伝子1	遺伝子2	遺伝子3	遺伝子4	遺伝子5	遺伝子6
エキソンの塩基数の合計	1000	800	3000	2500	1500	1800
エキソン内にマッピングされたリード配列の数の合計	4500	50	10000	150	7000	9000

(い)　遺伝子7は4つのエキソンを持ち，各エキソンの塩基数と，エキソン内にマッピングされたリード配列の数は表1―3に示すとおりであった。遺伝子7は選択的スプライシングを受け，エキソン2かエキソン3のいずれか，あるいは

両方がスキップされることがある。図1－6に示すように，エキソンが一つもスキップされないmRNAの分子数をx，エキソン2のみがスキップされたmRNAの分子数をy，エキソン3のみがスキップされたmRNAの分子数をz，エキソン2と3の両方がスキップされたmRNAの分子数をwとおく。いまxが0だったとすると，yとzとwの比はこの順番でどのようになるか，最も簡単な整数比で答えよ。

解答例：　3：2：5

表1－3　RNA-Seqの結果(遺伝子7)

	エキソン1	エキソン2	エキソン3	エキソン4
エキソンの塩基数	800	600	400	1000
エキソン内にマッピングされたリード配列の数	16800	3600	3200	21000

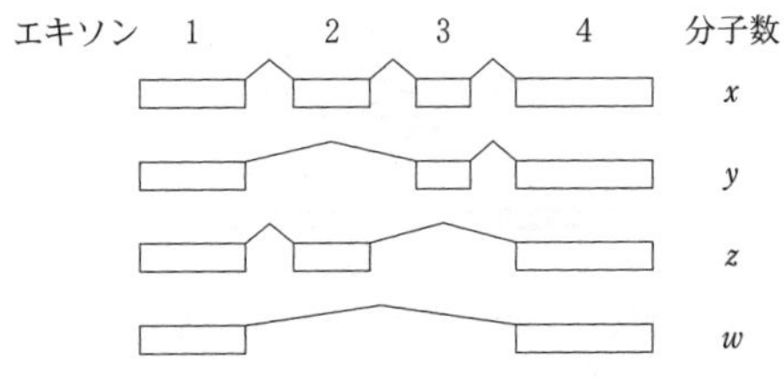

図1－6　遺伝子7の選択的スプライシング

(う)　遺伝子7について，xが0とは限らないとして，x，y，z，wの間に成り立たない可能性がある関係式を以下の選択肢(1)～(6)から2つ選べ。

(1)　$x<y$　　(2)　$x+z<y+w$　　(3)　$x<w$

(4)　$y>z$　　(5)　$y>w$　　(6)　$z<w$

ポイント

(Ⅰ)(C)　平滑筋のα-トロポミオシンは284個のアミノ酸からなるので，mRNAにおけるアミノ酸を指定する塩基は284×3＝852個。開始コドンがエキソン1aの192～194塩基にあたるから，エキソン1aのうちアミノ酸を指定する塩基は305－191＝114個。これと，エキソン2aからエキソン8までの塩基数の合計を求めると772個。これではまだ852個に達しないので，終止コドンはエキソン9dに含まれると考えていく。

(Ⅱ)(H)　(あ)　表1－2に示されているエキソンの塩基数は6種類の遺伝子で異なっているので，塩基数の違いを補正して考える必要がある。そのためエキソン内にマッピングされたリード配列の数の合計をエキソンの塩基数の合計で割って考える。

8 悪性腫瘍と遺伝子解析

（2018 年度　第２問）

次の文章を読み，問(A)～(J)に答えよ。

　オーストラリア南東部のタスマニア島には，タスマニアデビル（図２－１）と呼ばれる体長 50～60 cm の(ア)有袋類が生息する。タスマニアデビルは肉食性で，他の動物を捕食したり，死肉を食べたりして生きている。体長の割に大きな口と強い歯をもち，気性が荒く，同種の個体どうしで餌や繁殖相手をめぐって頻繁に争うため，顔や首などに傷を負うことがしばしばある。

　近年，野生のタスマニアデビルの顔や首の傷口の周囲に，大きな瘤（こぶ）ができているのが見つかるようになった。調査の結果，この瘤は悪性腫瘍（がん）とわかった。悪性腫瘍とは，体細胞の突然変異によって生じた，無秩序に増殖し他の臓器へと広がる異常な細胞集団である。この悪性腫瘍は急速に大きくなるため，これをもつタスマニアデビル個体は口や眼をふさがれてしまい，発症から数ヶ月で死に至る。悪性腫瘍をもつ個体は頻繁に見られるようになり，短期間のうちに野生のタスマニアデビルの生息数は激減した。現在，タスマニアデビルは絶滅の危機に瀕しており，様々な保護活動が行われている。

　タスマニアデビルの悪性腫瘍について，以下の実験を行った。

図２－１　タスマニアデビル

（ウェブサイト「古世界の住人・川崎悟司イラスト集」より）

〔実験１〕　悪性腫瘍をもつ４頭のタスマニアデビルを捕獲し，腫瘍の一部と，腫瘍とは別の部位の正常な体組織を採取し，DNA を抽出した。また，悪性腫瘍をもたないタスマニアデビル４頭を捕獲し，同様に体組織を採取し DNA を抽出した。これらの DNA 検体を用いて，あるマイクロサテライトを含む DNA 領域を(イ)PCR 法によって増幅し，得られた DNA の長さをゲル電気泳動によって解析した。その結果，図２－２に示す泳動像が得られた。マイクロサテライトとは，ゲノム上に存在する数塩基の繰り返しからなる反復配列である。繰り返しの回数が個体によって多様であるが，世代を経ても変化しないことを利用して，遺伝マーカーとして用いられる。正常細胞が悪性腫瘍化した場合にも，このマイクロサテライトの繰り返し回数は変化しないものとする。

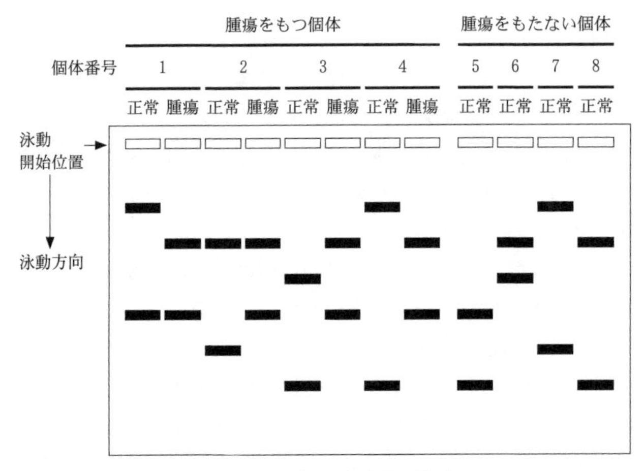

図２―２　ゲル電気泳動の結果

〔実験２〕　タスマニアデビルの悪性腫瘍，および様々な正常な体組織からmRNAを抽出し，それを鋳型として$_{(ウ)}$cDNAを合成し，DNAマイクロアレイ法によって遺伝子の発現パターンを網羅的に調べた。その結果，悪性腫瘍の遺伝子発現パターンは$_{(エ)}$シュワン細胞のものとよく似ており，悪性腫瘍はシュワン細胞から生じたものと考えられた。しかし，正常なシュワン細胞と比較して，悪性腫瘍細胞では，遺伝子XのmRNA量が変化していた（図２－３左）。さらに，正常なシュワン細胞と悪性腫瘍細胞とを，ヒストンのDNAへの結合を阻害する薬剤Yで処理し，同様に遺伝子XのmRNA量を調べた（図２－３右）。

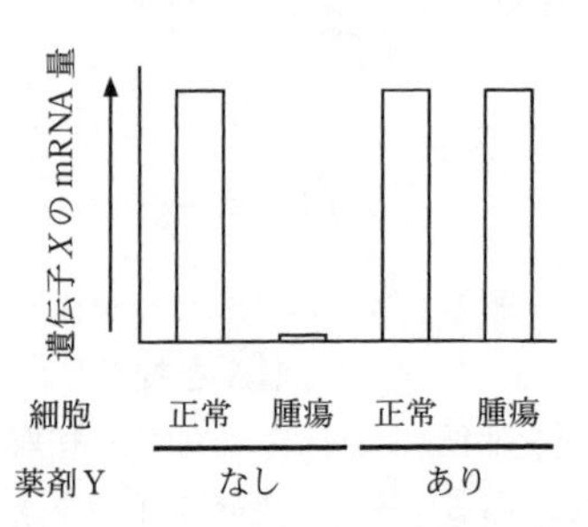

図２―３　正常なシュワン細胞と悪性腫瘍細胞における遺伝子XのmRNA量

〔実験3〕 遺伝子 X はヒトやマウスなどの動物に共通して存在し，同一の機能をもつと考えられた。遺伝子組み換え技術によって，遺伝子 X を取り除いたノックアウトマウスを作製した。遺伝子 X ノックアウトマウスは病原体のいない飼育環境で正常に発育し，タスマニアデビルのような悪性腫瘍の発生はみられなかった。遺伝子 X ノックアウトマウスのシュワン細胞を調べたところ，MHC の mRNA 量と細胞膜上の MHC タンパク質の量は図2－4に示す通りであった。また，(オ)正常なマウスの皮膚を別の系統のマウスに移植すると拒絶されたが，遺伝子 X ノックアウトマウスの皮膚を別の系統のマウスに移植しても拒絶されずに生着した。

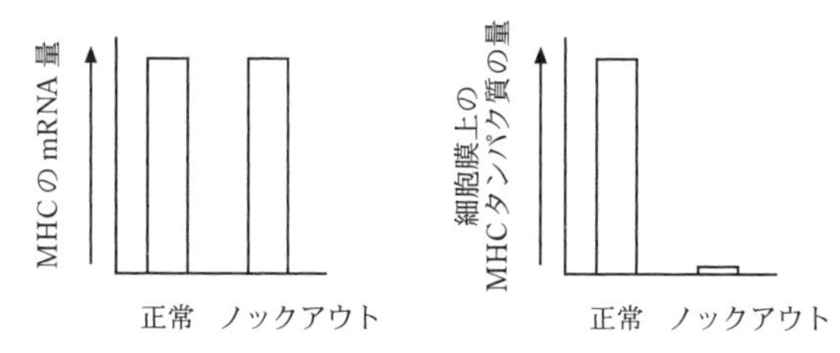

図2－4　正常マウスと遺伝子 X ノックアウトマウスにおける
MHC の mRNA 量と細胞膜上の MHC タンパク質の量

〔問〕

(A) 下線部(ア)について。有袋類はオーストラリア地域に多く生息しているが，他の地域にはほとんど見られない。その理由を3行程度で説明せよ。

(B) 下線部(イ)，(ウ)に用いられる酵素の名称と，それらの酵素の遺伝子は何から発見されたものか，それぞれ答えよ。

解答例：イ－○○（酵素名），△△（酵素遺伝子の由来）

(C) 下線部(エ)について。以下の文中の空欄1～8に適切な語句を記入せよ。

解答例：1－○○，2－△△

哺乳類では，シュワン細胞は末梢神経において，［ 1 ］は中枢神経において，ニューロンの［ 2 ］を包み込む［ 3 ］を形成する。［ 3 ］をもつ［ 4 ］神経繊維では，［ 5 ］の部位においてのみ興奮が生じるため，［ 6 ］が起こる。そのため，［ 3 ］をもたない［ 7 ］神経繊維と比べて興奮の伝導速度が［ 8 ］。

(D) 実験1に用いられた個体のうち，個体7と8はつがいであった。個体1～6のうち，個体7と8の子供である可能性がある個体をすべて選べ。

(E) 実験1の結果から，タスマニアデビルの悪性腫瘍について考察した以下の(1)～(5)のうち，可能性があるものをすべて選べ。

(1) 個体1～4の悪性腫瘍は，それぞれの個体の正常細胞から発生した。

(2) 個体1と2は兄弟姉妹であり，これらの悪性腫瘍は親の正常細胞から発生したものが伝染した。

(3) 個体3と4は兄弟姉妹であり，これらの悪性腫瘍は親の正常細胞から発生したものが伝染した。

(4) すべての悪性腫瘍は，個体1～4のうち，いずれか1頭の個体の正常細胞から発生し，個体間で伝染した。

(5) すべての悪性腫瘍は，個体1～8とは別の個体の正常細胞から発生した。

(F) 実験2の結果から，タスマニアデビルの悪性腫瘍では，遺伝子 X にどのようなことが起きていると考えられるか。薬剤Yの作用をふまえ，2行程度で説明せよ。

(G) 実験3の結果から，遺伝子 X について考察した以下の(1)～(5)のうち，実験結果の解釈として不適切なものを2つ選べ。

(1) 遺伝子 X は，染色体上でMHC遺伝子と近い位置にある。

(2) 遺伝子 X は，MHCの転写に必要ではない。

(3) 遺伝子 X は，MHCの翻訳を制御する可能性がある。

(4) 遺伝子 X は，MHCの細胞膜への輸送を制御する可能性がある。

(5) 遺伝子 X は，MHCの遺伝子再編成を制御する可能性がある。

(H) 実験2と3の結果から考察した以下の(1)～(5)のうち，適切なものを2つ選べ。

(1) 遺伝子 X ノックアウトマウスのシュワン細胞を，薬剤Yで処理すると，遺伝子 X の発現が回復すると予想される。

(2) タスマニアデビルの悪性腫瘍では，MHCのmRNA量が減少していると考えられる。

(3) タスマニアデビルの悪性腫瘍では，細胞膜上のMHCタンパク質の量が減少していると考えられる。

(4) タスマニアデビルの悪性腫瘍を薬剤Yで処理すると，細胞膜上のMHCタンパク質の量が回復すると予想される。

(5) 遺伝子 X ノックアウトマウスの細胞を，薬剤Yで処理すると，別の系統のマウスに移植しても拒絶されるようになる。

(I) 下線部(オ)の結果が得られたのはなぜか，その理由を3行程度で説明せよ。

(J) タスマニアデビルがこの悪性腫瘍によって絶滅しないために，有利にはたらくと考えられる形質の変化は何か。以下の(1)～(6)のうち，適切なものをすべて選べ。

(1) 攻撃性が強くなり，噛みつきによる同種間の争いが増える。

(2) 攻撃性が低下し，穏やかな性質となる。

(3) 同種間では儀式化された示威行動によって争うようになる。

(4) トル様受容体（TLR）による病原菌の認識能力が高まる。

(5) ナチュラルキラー（NK）細胞による異物の排除能力が高まる。

(6) ウイルスに対して抗体を産生する能力が高まる。

ポイント

(D)　図2―2のゲル電気泳動において，泳動開始位置に近い上の方から泳動方向に向かってDNA断片をａ，ｂ，ｃ，ｄ，ｅ，ｆとおいてみる。個体7はａとｅをもっているが，個体8はｂとｆをもっている。その子供は，ａとｅのどちらかとｂとｆのどちらかをもっている。それを満たす個体を考える。

(E)　タスマニアデビルの悪性腫瘍は，ヒトのがんなどと異なり，同種間の噛みつきなどによって感染することを問題文やリード文から読み取れるかどうかがポイントとなる。

(F)　遺伝子 *X* に起きている変化を薬剤Ｙの作用から考えるので，薬剤Ｙのはたらきを考えれば解答できるはず。薬剤Ｙはヒストンの DNA への結合を阻害する。図2―3から，悪性腫瘍細胞における遺伝子 *X* の mRNA 量は，薬剤Ｙを与えないと非常に少ないが，与えると正常細胞と同じになる。悪性腫瘍細胞では，ヒストンがしっかりと DNA に結合して離れなくなっていることに気がつくことがポイントとなる。

9 生体防御，分化と遺伝子発現

(2017年度　第1問)

次の文1と文2を読み，(Ⅰ)と(Ⅱ)の各問に答えよ。

〔文1〕

DNA・RNA・タンパク質はすべて高分子であり，それぞれを構成する単位の並びからなる配列情報を有する。これら3つの配列情報の間には，理論上，図1－1のように9通りの伝達経路が想定できる。しかし，(ア)現存する生物やウイルスにおいては，これらすべての伝達経路が存在するわけではない。

DNA・RNA・タンパク質を介して遺伝情報が発現する過程は，その各段階において様々な制御を受ける。そのような制御の一例として「RNA干渉」があげられる。RNA干渉とは，真核生物の細胞内に二本鎖のRNAが存在すると，その配列に対応する標的mRNAが分解されてしまうという現象である。無脊椎動物や植物などにおいて，RNA干渉は生体防御機構として重要な役割を果たしていることが知られている。

RNA干渉において，長い二本鎖RNAは，まず「ダイサー」と呼ばれる酵素によって認識され，端から21塩基程度ごとに切り離される。こうして作られた短い二本鎖RNAは，次に「アルゴノート」と呼ばれる酵素に取り込まれる。アルゴノートは，短い二本鎖RNAの片方の鎖を捨て，残ったもう片方の鎖に相補的な配列をもつ標的mRNAを見つけ出して切断する。その後，切断された標的mRNAは別のRNA分解酵素群によって細かく分解される。このように，RNA干渉には二本鎖RNAの存在だけではなく，様々なタンパク質のはたらきが不可欠である。

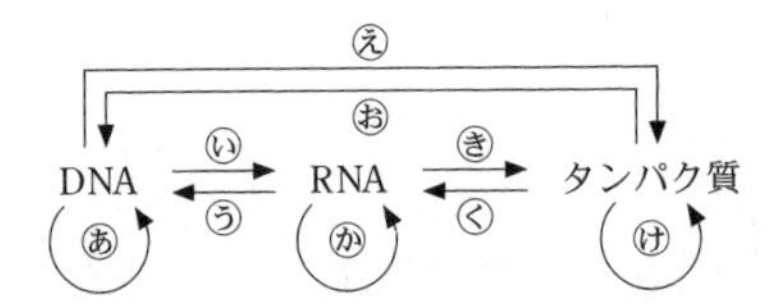

図1－1　DNA・RNA・タンパク質という3つの配列情報間の伝達経路

〔実験1〕　ショウジョウバエ（ハエと略す）のRNA干渉に関わるタンパク質XおよびタンパクY質の機能欠失変異体ハエ（x変異体ハエおよびy変異体ハエと呼ぶ）をそれぞれ作製し，野生型ハエとともに，一本鎖RNAをゲノムとしてもつFウイルスまたは大腸菌を感染させた。その結果，図1－2のような生存曲線が得られた。一方，未感染の場合の14日後の生存率は，野生型ハエ，x変異体ハエ，y変異体ハエのすべてにおいて，98％以上であった。また，感染2日後の時点において，Fウイルスまたは大腸菌に由来する21塩基程度の短いRNAがハエの体内に存在するかどうかを調べたところ，表1－1に示す結果となった。

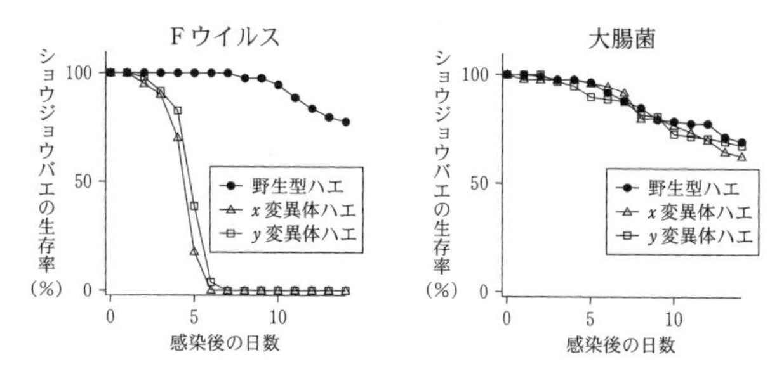

図1－2　Fウイルスまたは大腸菌感染後のショウジョウバエの生存曲線

表1－1　感染2日後のショウジョウバエ体内における短いRNA

	野生型ハエ	x変異体ハエ	y変異体ハエ
Fウイルス由来の短いRNA	有	有	無
大腸菌由来の短いRNA	無	無	無

〔実験2〕　Fウイルスのゲノムには，ウイルス固有のB2と呼ばれるタンパク質をコードする遺伝子が存在する。B2タンパク質の機能欠失変異体Fウイルス（ΔB2Fウイルスと呼ぶ）を作製し，野生型ハエに感染させたところ，野生型Fウイルスと比べてΔB2Fウイルスはほとんど増殖できなかった。一方，x変異体ハエやy変異体ハエにΔB2Fウイルスを感染させた場合は，野生型Fウイルスと同程度の顕著な増殖が確認された。

また，FウイルスのB2遺伝子を取り出し，野生型ハエの体内で強制的に発現させた。すると，そのようなハエにおいては，B2遺伝子を強制発現させていない通常の野生型ハエと比べて，Fウイルスだけではなく一本鎖RNAをゲノムとしてもつ他のウイルスも顕著に増殖しやすくなった。一方，x変異体ハエやy変異体ハエにおいては，その体内でFウイルスのB2遺伝子を強制発現させてもさせなくても，Fウイルスやその他の一本鎖RNAウイルスの増殖の程度に違いはなかった。

〔文2〕

生命科学の研究においては，同じ親から生まれた雄と雌の交配（兄妹交配）を数十世代繰り返すことで得られた近交系（純系）のマウスが広く用いられている。近交系のマウスは集団の中からどの個体をとっても遺伝的にほとんど同じであるため，生命科学研究で大きな問題となりうる遺伝的な個体差を最小化し，実験の精度を向上させることができる。しかし，近交系マウスにおいても，世代を経るたびに一定の頻度で突然変異が生じており，大きな表現型の変化として現れる場合がある。

ある近交系のマウスを兄妹交配しながら飼育していたところ，(イ)血液中の白血球におけるＴ細胞の割合が顕著に少ない数匹の個体が見つかった。これらのマウスは，病原菌のいない清浄な飼育環境では野生型マウスと同程度に発育し，身体のサイズや繁殖能力に問題はなかった。また，(ウ)Ｔ細胞以外の白血球の数には異常はみられなかった。そこで，これらのマウスどうしを交配し，子孫マウス集団中の個体を調べたところ，血液中の白血球におけるＴ細胞の割合が，元の近交系マウスと比べて同程度（表現型Ａ），約1/5（表現型Ｂ），約1/20（表現型Ｃ），という３群に分かれた（図１－３左)。さらに，それぞれの個体の血縁関係と，Ａ，Ｂ，Ｃの表現型を示した家系図（図１－３右）を作成したところ，これらのマウスは飼育の過程で生じた突然変異体と考えられた。

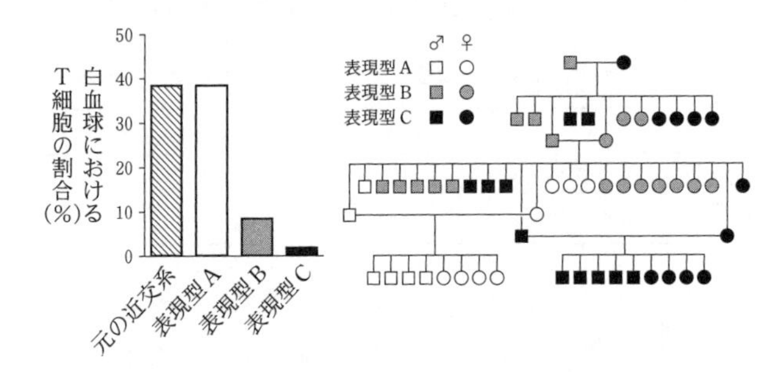

図１－３　マウスの血液中の白血球におけるＴ細胞の割合(左)と家系図(右)

〔実験３〕 血液細胞を死滅させる線量の放射線を照射したマウス（レシピエント）に対し，別のマウス（ドナー）の骨髄細胞を移植すると，ドナー由来の細胞がレシピエントの体内で分化して新たな血液細胞を構成し，キメラマウスができる。表現型Ａ，Ｂ，Ｃそれぞれのマウスから骨髄細胞を採取して表現型Ａの別のマウスに移植した。また，表現型Ａのマウスから骨髄細胞を採取して表現型Ｂのマウスと表現型Ｃのマウスに移植した。作製したキメラマウスについて，血液中の白血球におけるＴ細胞の割合を調べた（図１－４）。

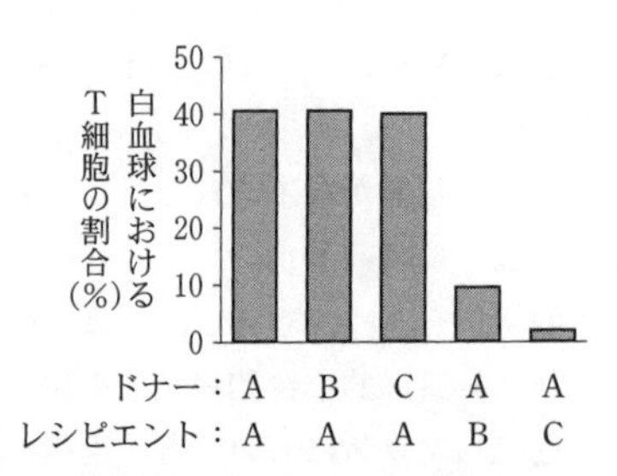

図１－４　キメラマウスの血液中の白血球におけるＴ細胞の割合

〔実験４〕　表現型Cのマウスのゲノムを調べたところ，タンパク質Zをコードする遺伝子Zの塩基配列にアミノ酸置換をもたらす一塩基変異が見つかった。遺伝子Zの機能を調べるため，遺伝子組換え技術を用いて，元の近交系マウスのゲノムから遺伝子Zを取り除いたノックアウトマウスを作製した。遺伝子Zノックアウトマウスの血液中の白血球におけるT細胞の割合は，元の近交系マウスや表現型Aのマウスと同程度であった。

〔問〕

（Ⅰ）　文１について，以下の小問に答えよ。

(A)　図１－１の㋖の過程の基本的な仕組みを，以下の語句をすべて用いて３行程度で説明せよ。同じ語句を繰り返し使用してもよい。

mRNA，tRNA，リボソーム，アミノ酸，コドン，ペプチド結合

(B)　下線部(ア)について。以下の問(a)と(b)に答えよ。

(a)「セントラルドグマ」という言葉は，現在では「遺伝情報はDNA→RNA→タンパク質と一方向に流れる」という概念を指すものとして説明されることが多い。しかし，1956年にフランシス・クリックがセントラルドグマについて記したメモには，以下のように記述されている。

> ３つの要素から成り立つ原理。
> セントラルドグマとは「情報が一度タンパク質分子になってしまえば，そこから再び出て行くことはない」ということ。

DNA・RNA・タンパク質という配列情報間の伝達経路を示す図１－１の㋐～㋘の矢印のうち，このメモにおいてクリックが存在しないと主張したと考えられるものをすべて選べ。

(b)　図１－１の㋐～㋘の矢印のうち，自然界に現存する生物やウイルスにおいて，その存在が確認されていないものをすべて選べ。

(C)　実験１と２の結果から，タンパク質Xとタンパク質Yは，それぞれ何であると考えられるか。以下の選択肢(1)～(6)から１つ選べ。

選択肢	タンパク質X	タンパク質Y
(1)	ダイサー	アルゴノート
(2)	ダイサー	B2
(3)	アルゴノート	ダイサー
(4)	アルゴノート	B2
(5)	B2	ダイサー
(6)	B2	アルゴノート

(D) 実験1と2の結果を考察した以下の文中の空欄1～7に当てはまるもっとも適切な語句を，以下の選択肢①～⑮から選べ。同じ選択肢を繰り返し使用してもよい。

解答例：1―①，2―②

実験1において，野生型ハエと比べて x 変異体ハエや y 変異体ハエでは，[1]の感染に対する生存率が顕著に低下していることから，ショウジョウバエは，もともと[2]の機構を利用して[1]に抵抗していると考えられる。[2]は[3]に対して起こる現象であるので，[1]は一時的に[3]の状態をとるような複製様式，すなわちRNAを鋳型にして[4]を行う複製様式をとっていると考えられる。

また実験2の結果から，FウイルスのB2タンパク質には，[5]がもつ[6]の機構を[7]するはたらきがあると考えられる。

① ショウジョウバエ　② Fウイルス　③ 大腸菌
④ 促　進　⑤ 抑　制　⑥ 維　持
⑦ 一本鎖DNA　⑧ 二本鎖DNA　⑨ 一本鎖RNA
⑩ 二本鎖RNA　⑪ DNA合成　⑫ RNA合成
⑬ タンパク質合成　⑭ RNA干渉　⑮ 抗体産生

(Ⅱ) 文2について，以下の小問に答えよ。

(A) 図1―3から，この変異マウスの遺伝様式を推測することができる。以下の図1―5に示す交配をした場合に，生まれた子マウスが表現型Cの雌の個体である確率を分数で答えよ。

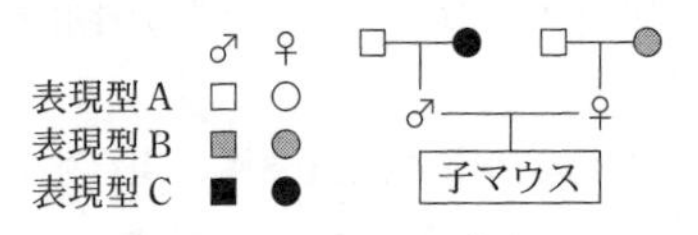

図1―5　変異マウスの交配

(B) 下線部(イ)・(ウ)について。以下の文中の空欄8～15に適切な語句を記入せよ。

解答例：8―○○，9―△△

T細胞は，個々の異物を特異的に認識して排除する[8]免疫系の中心的存在であり，ヒトの生体防御において重要な役割を担っている。そのため，たとえば[9]がT細胞に感染してその機能を低下させると，微生物感染に対する生体防御が大きく損なわれる。一方，[10]免疫系では，[11]などの白血球が貪食（食作用）によって異物を分解する。

[10]免疫系は全ての動物に備わっているが，[8]免疫系は脊椎動物にのみ備わる。

脊椎動物と無脊椎動物では，循環系のしくみも大きく異なっている。脊椎動物では動脈と静脈が［ 12 ］で連絡しており，［ 13 ］血管系と呼ばれる。一方，昆虫などの多くの無脊椎動物では［ 12 ］が存在せず，血液・［ 14 ］・リンパ液の区別がない［ 15 ］血管系となっている。

(C)　実験3の背景と結果に関連する以下の(1)〜(5)のうち，適切なものを2つ選べ。

(1)　すべてのT細胞は，造血幹細胞からつくられる。

(2)　T細胞の核を用いて作製されたクローンマウスは，多様なT細胞抗原受容体を発現し，正常な免疫機能をもつ。

(3)　表現型Cのマウスでは T細胞以外の白血球数は正常であるため，体内に侵入した異物に対する抗体は正常につくられる。

(4)　表現型B，Cのマウスでは骨髄細胞に異常があるため，つくられるT細胞の数が減少している。

(5)　表現型B，Cのマウスでは胸腺に異常があるため，T細胞の成熟が妨げられる。

(D)　実験4の結果から，この変異マウスの原因変異について複数の解釈が考えられる。以下の(1)〜(4)から，実験結果の解釈として不適切なものを1つ選べ。

(1)　遺伝子 *Z* ノックアウトマウスでは，タンパク質Zの発現が消失するが，その機能は別のタンパク質によって補われている。

(2)　実験4で見つかった変異によって，タンパク質Zの構造が変化し，別のタンパク質のはたらきが妨げられる。これがT細胞の減少の原因である。

(3)　実験4で見つかった変異は，T細胞の減少とは何ら関係はなく，原因変異は別に存在する。

(4)　実験4で見つかった変異によって，タンパク質Zの発現が消失する。これがT細胞の減少の原因である。

ポイント

(Ⅰ)(C)　RNA 干渉は，大まかに分けて，ダイサー（酵素）によって二本鎖 RNA が短い 21 塩基程度に切断される段階と，それがアルゴノート（酵素）により一本鎖にされて，残った片方の鎖に相補的な配列をもつ mRNA を切断する段階との2段階からなる。これを図1－2の *x* 変異体ハエと *y* 変異体ハエで起きている現象と併せて考える。

(Ⅱ)(D)　表現型Cのマウスには遺伝子 *Z* に変異があるが，正常なマウスから遺伝子 *Z* を取り除いた個体ではT細胞の割合が変化しない。これと矛盾しているものを考える。

10 生体防御，分化と遺伝子発現

（2016 年度　第 1 問）

次の文を読み，問に答えよ。

〔文〕

生体の様々な組織は，構成する細胞が入れ替わることによって，その構造と機能の恒常性が保たれている。ある細胞が寿命を迎えたり，傷つけられたりすることで失われた場合に，それに相当する細胞を別の細胞から新たに生み出すための仕組みが備わっている。いくつかの臓器・組織には組織幹細胞と呼ばれる未分化な細胞が存在し，分化した機能的な細胞を供給することが知られている。たとえば，(ア)血液中には赤血球やリンパ球などの種々の細胞が大量に存在しているが，それらの多くは数日から数箇月程度で寿命を迎えて死んでいく。失われた分の血液細胞は，骨髄中に存在する血液幹細胞（造血幹細胞）から日々新たに生み出され，補われている。

(イ)小腸の表面にある上皮細胞もまた，寿命が数日程度と短く，一定の速さで常に入れ替わっている。小腸の内壁には，図１－１のように絨毛（じゅうもう）という突起状の構造がある。絨毛どうしの間にはくぼみがあり，組織の断面を観察すると絨毛の頂上から，くぼみの底辺に至るまで，上皮細胞が一連なりに続いている。絨毛部分に存在するのは分化した上皮細胞で，その大部分は物質の吸収等に関わる吸収上皮細胞である。分化した上皮細胞は分裂することはなく，やがて寿命を迎えて死んだ細胞は絨毛の頂上部分から剝（は）がれ落ちていく。一方で，くぼみ部分を構成する上皮細胞の大部分は未分化で，分裂能をもっている。特に，くぼみの底辺部には，分裂能が非常に高く（１日に１回程度分裂する），特徴的な構造を示す細胞があり，それらは CBC 細胞と名付けられている。小腸上皮組織の維持における CBC 細胞の役割を明らかにするために，マウスを用いて以下の実験を行った。

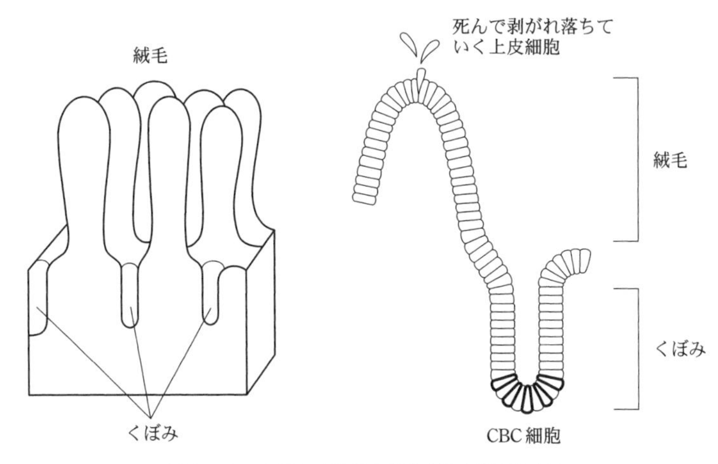

図1―1　小腸上皮組織の構造(左)と断面図(右)

右図で，くぼみの底辺部にある太線で囲まれた細胞がCBC 細胞である。CBC 細胞どうしの間には，別の種類の上皮細胞がある。

〔実験1〕 *Lgr5* という遺伝子は，小腸上皮組織でCBC 細胞にのみ発現している。*Lgr5* 遺伝子の転写調節領域のすぐ後ろに緑色蛍光タンパク質（GFP）をコードする遺伝子をつないだDNA を準備し，これをマウスの核ゲノムに組み込んでトランスジェニックマウスを作製した（図1―2）。なお，ここで用いた「転写調節領域」には *Lgr5* 遺伝子の発現調節に必要なすべての配列が含まれており，その後ろにつないだ遺伝子（ここではGFP をコードする遺伝子）は，本来の *Lgr5* 遺伝子と同一の発現調節をうけると考えてよい。このマウスの生後2箇月，4箇月，14箇月のそれぞれの時点における小腸上皮組織でのGFP の蛍光を観察したところ，図1―3のようであった。

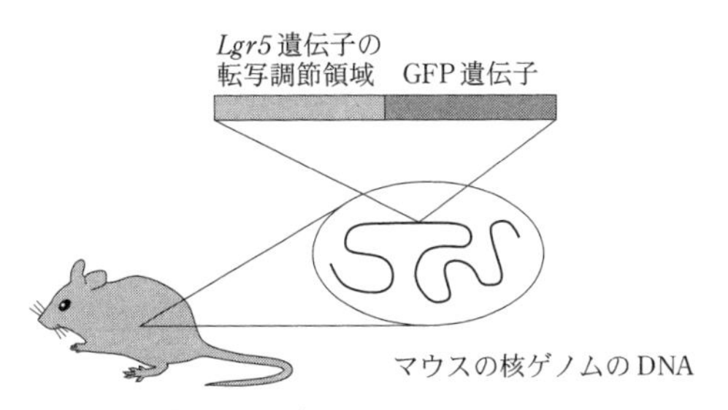

図1―2　実験1で作製したトランスジェニックマウス

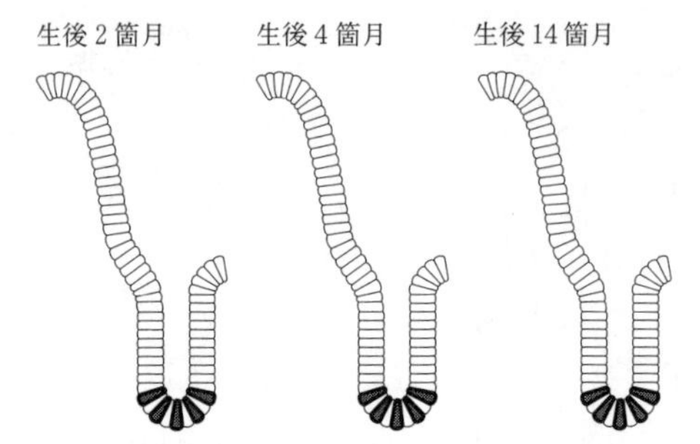

図１－３　実験１で観察された小腸上皮組織での GFP の蛍光の様子

太線で囲まれているのが CBC 細胞，灰色の部分が GFP の蛍光を発している細胞。

〔実験２〕　以下の２種類の DNA を準備し，これらを同一のマウスの核ゲノムに組み込んだトランスジェニックマウスを作製した（図１－４）。

- 実験１で用いたものと同じ *Lgr5* 遺伝子の転写調節領域に，酵素Ｃをコードする遺伝子をつないだ DNA。
- *R* 遺伝子の転写調節領域，領域Ｌ，GFP をコードする遺伝子を，この順につないだ DNA。

ここで，*R* 遺伝子の転写調節領域は，その後ろにつないだ遺伝子をマウスの体内のあらゆる細胞で常に発現させるはたらきをもつ。酵素Ｃは，発現している細胞において，化合物Ｔの存在下で DNA 中の領域Ｌを抜きとり，残った部分をつなぎ合わせるという(ウ)ゲノム DNA の再編成反応を行う。領域Ｌは，転写調節領域と遺伝子の間に存在すると，その遺伝子の転写を阻害する。

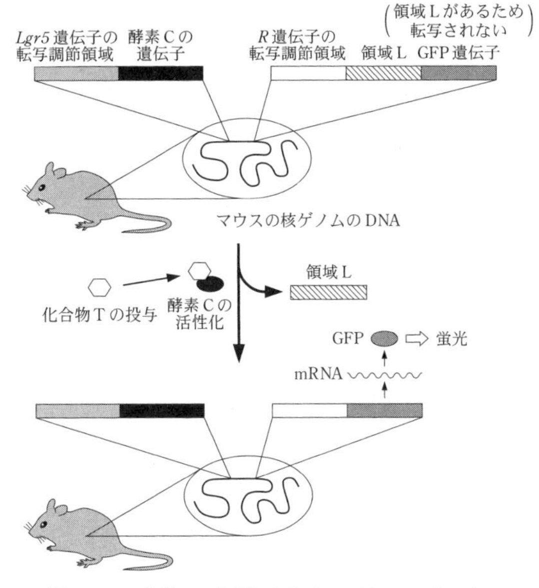

図1―4　実験2で作製したトランスジェニックマウス

〔実験3〕　実験2で作製したマウスに，生後2箇月の時点で化合物Tを投与した。投与直後（0日目），投与後3日目，5日目，60日目，および1年目のそれぞれの時点で，小腸上皮組織におけるGFPの蛍光を観察したところ，図1―5のようであった。化合物Tを投与しなかった場合には，いずれの時点でも小腸上皮組織においてGFPの蛍光は全く観察されなかった。

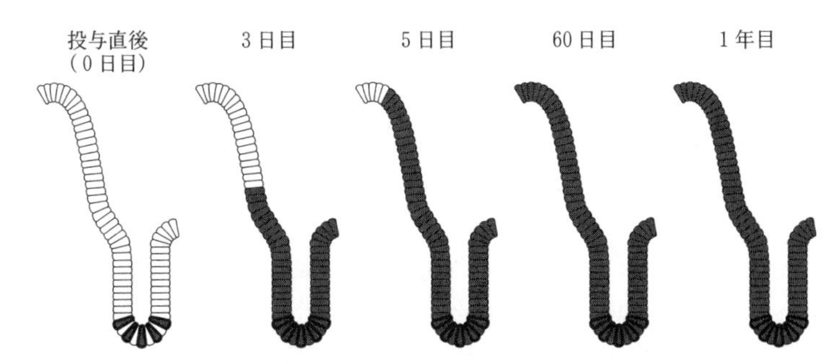

図1―5　実験3で観察された小腸上皮組織でのGFPの蛍光の様子
太線で囲まれているのがCBC細胞，灰色の部分がGFPの蛍光を発している細胞。

〔問〕

以下の小問に答えよ。

(A) 下線部(ア)について。血液や免疫に関する以下の選択肢(1)〜(5)から，内容に誤りのあるものをすべて選び，番号で答えよ。

(1) 血球は胚発生の過程で中胚葉に由来して作られる。

(2) 血小板は血しょうの主要な構成成分である。

(3) 好中球やマクロファージは，異物を取り込んで分解する食作用を示す。

(4) 自然免疫の仕組みは，進化の過程で脊椎動物の登場より後に獲得された。

(5) リンパ球は骨髄で作られたのち，T細胞は胸腺で，B細胞はすい臓のランゲルハンス島で，それぞれ分化・成熟する。

(B) 下線部(ア)について。ある遺伝性の貧血症は，ヘモグロビンの合成異常により正常な赤血球が作られないことで引き起こされる。この貧血症の重症な患者の治療のために，骨髄細胞の移植が行われることがある。一方で，対症療法として，輸血による赤血球の供給が行われることがあるが，これは根本的な治療とはならない。輸血が根本的な治療とはならない理由として考えられることを，骨髄細胞の移植による治療の場合と対比させて，2行程度で説明せよ。

(C) 下線部(イ)について。以下の文章の空欄1〜5に適切な語を入れよ。

食事により摂取した物質を消化・吸収するための中心的な器官が小腸である。小腸で吸収された物質は，腸管にある静脈から［ 1 ］と呼ばれる血管を通じて［ 2 ］に運ばれ，代謝される。［ 2 ］は，［ 3 ］と共に体液の恒常性を保つために必須の臓器である。［ 3 ］は主に水やイオン，尿素などの水溶性物質のろ過・再吸収を行う。これに対して，［ 2 ］で処理された脂溶性の物質は，［ 4 ］を通じて消化管のうちの［ 5 ］に放出され，最終的には便とともに体外に排出される。

(D) 実験1の結果のみから解釈できることとしてもっとも適当なものを，以下の(1)〜(4)の選択肢の中から選べ。

(1) 絨毛部分の上皮細胞は，それ自身が分裂することにより新たに作られると考えられる。

(2) 絨毛部分の上皮細胞は，CBC細胞から新たに作られると考えられる。

(3) 絨毛部分の上皮細胞は，血液幹細胞から新たに作られると考えられる。

(4) 絨毛部分の上皮細胞が，どの細胞から新たに作られているのかを結論づけることはできない。

(E) 実験2の下線部(ウ)について。DNAがいったん切断された後につなぎ合わされることで再編成されるという現象は，ヒトのゲノムDNAでも起こっている。そのような現象を伴って作られるタンパク質の名称を1つあげよ。また，ゲノムDNAの再編成が起こる意義を，そのタンパク質の機能と関連づけて2行程度で説明せよ。

(F)　実験2について。このマウスに化合物Tを投与し，一定の期間ののちに観察を行うとする。以下の(1)～(4)のような細胞が存在する場合に，それぞれの細胞はGFPの蛍光を発するか，発しないか。(1)～(4)の場合について，それぞれ「発する」あるいは「発しない」で答えよ。なお，化合物Tの酵素Cに対する作用は投与と同時に，かつ，その時点でのみ及ぼされ，このときの酵素Cによる反応は100％の効率で起こると考えてよい。

(1)　化合物Tを投与した時点から観察時までの間，常に*Lgr5*を発現している細胞。

(2)　化合物Tを投与した時点から観察時までの間，常に*Lgr5*を発現していない細胞。

(3)　化合物Tを投与した時点では*Lgr5*を発現していたが，その後，観察時までの間に*Lgr5*を発現しなくなった細胞。

(4)　化合物Tを投与した時点では*Lgr5*を発現していなかったが，その後，観察時までの間に*Lgr5*を発現するようになった細胞。

(G)　実験3の結果から，化合物T投与後1年目の時点のCBC細胞はGFPの蛍光を発していたことがわかる。化合物T投与後1年目の時点のあるCBC細胞において，実験2で核ゲノムに組み込んだ*Lgr5*遺伝子の転写調節領域に，そのはたらきを失わせるような変異が生じたとする。このとき，そのCBC細胞ではGFPの蛍光は維持されるか，失われるか。「維持される」あるいは「失われる」で答えよ。また，そのように考える理由を2行程度で説明せよ。

(H)　実験3の結果から，化合物T投与後3日目以降になると，絨毛部分の上皮細胞においてもGFPの蛍光が観察されるようになったことがわかる。このことからCBC細胞の性質についてどのようなことがわかるか。絨毛部分の上皮細胞におけるGFPの蛍光が，化合物T投与後3日目から1年目までのすべての時点で観察されている点を踏まえて，2行程度で説明せよ。

ポイント

(B)　赤血球には寿命があるが，骨髄移植をすると，骨髄に含まれる造血幹細胞で赤血球が生産され続けるという違いに注目する。

(D)　「実験1の結果のみ」とあるところに注意する。

(E)　DNAの再編成はTCR遺伝子でも生じる。

11 代謝，色素体ゲノム，進化

(2016年度　第2問)

次の文1と文2を読み，(Ⅰ)と(Ⅱ)の各問に答えよ。

〔文1〕

植物の細胞には色素体（プラスチド）が存在し，その色素体の1種である葉緑体は，原始的な真核細胞に光合成生物である(ア)シアノバクテリアが[1]して生じたと考えられている。

色素体は植物の成長や環境の変化に応じて分化する。植物の[2]組織や[3]組織などにある未分化の細胞には，原色素体という色素体が存在する。(イ)細胞の分化に伴って原色素体は様々な色素体へと分化する。葉の柵状組織や海綿状組織の細胞には葉緑体が存在し，この葉緑体も原色素体が分化したものである。

色素体には多くの種類のタンパク質が存在するが，その大部分は核DNAにある遺伝子にコードされている。色素体のDNAには百数十個の遺伝子しか存在していない。ここでは，色素体DNAに存在する遺伝子を色素体遺伝子，核DNAに存在する遺伝子を核遺伝子と呼ぶことにする。

色素体には，PEPと呼ばれるRNAポリメラーゼが存在する。(ウ)この酵素は，複数のサブユニットからなるコアとシグマ因子から構成される複合体を形成することで，RNAポリメラーゼとして機能する。コアを構成する各サブユニット（コアサブユニット）は色素体遺伝子に，シグマ因子は核遺伝子にコードされている。色素体DNAにはRNAポリメラーゼの遺伝子として，PEPのコアサブユニットをコードする遺伝子しか存在していない。

PEPのコアサブユニット遺伝子を破壊した植物体が作製され，その植物体における色素体遺伝子の発現が調べられた。破壊株では，多くの色素体遺伝子の転写が大きく抑制されていたが，一部の遺伝子の転写は野生株と同様に起こることから，PEP以外のRNAポリメラーゼの存在が推測された。その後の研究によって，第2のRNAポリメラーゼであるNEPが発見された。

〔実験1〕　核遺伝子にコードされているタンパク質Pについて，図2－1のように一部を削除したタンパク質をコードする遺伝子を核ゲノムに組込んだトランスジェニック植物を作製した。その作製した植物の葉の細胞において，合成されたタンパク質が細胞のどこに局在するかを調べたところ，図2－1の右欄に記載された結果となった。

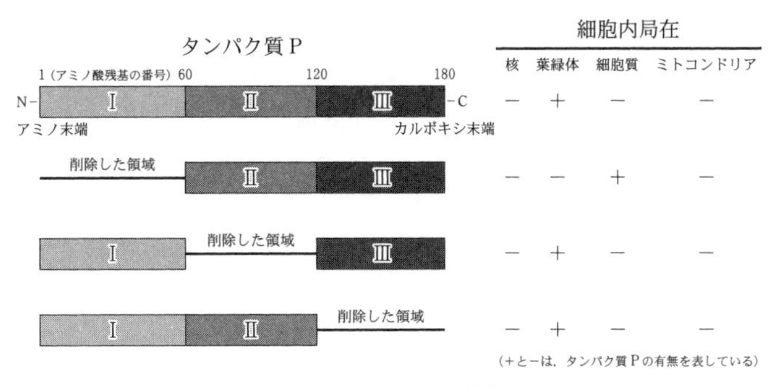

図2―1　発現させたタンパク質Pの模式図と細胞内局在性

〔実験2〕　ある植物の野生株の種子をリンコマイシン（原核生物の翻訳のみを阻害する物質）を添加した培地と無添加の培地で発芽させ，発芽後の植物体を観察した。得られた結果をまとめたのが表2―1である。

表2―1　子葉の形質におよぼすリンコマイシンの効果

調べた項目	リンコマイシン	
	無	有
子葉の緑化	正　常	抑　制
子葉細胞での葉緑体形成	正　常	抑　制

〔文2〕

植物は光合成を行い，光エネルギーを利用して二酸化炭素と水から糖やデンプンなどの有機化合物を合成し，それをもとにして生きている。そのため，植物は［ 4 ］生物と呼ばれる。それに対して，動物は植物が合成した有機化合物を利用して生きている［ 5 ］生物である。しかし，植物でも［ 4 ］で生育できない時期がある。

植物の種子を土に播（ま）くと，種子が発芽して小さな植物体（芽生え）となるが，(エ)この植物体ではまだ葉緑体が分化しておらず，すぐに光合成をして有機化合物を合成することができない。そのため，発芽してすぐの頃は胚や胚乳に蓄えられた貯蔵物質を利用して生きていく必要がある。貯蔵物質を消費し尽くす前に，光合成をする能力を獲得して［ 4 ］による成長に切り替える。

シロイヌナズナの種子は，胚の一部である子葉に脂肪を貯蔵物質として蓄えている。発芽時には，この脂肪を図2―2のような経路で代謝する。図中にあるβ酸化経路とは，脂肪酸の鎖をカルボキシ基側から炭素2個ずつ切り出し，その切り出されたC_2化合物を用いてアセチルCoA（C_2−CoA）を合成する代謝経路であり，糖新生経路は解糖系を逆に動かして有機酸から糖を合成する経路である。

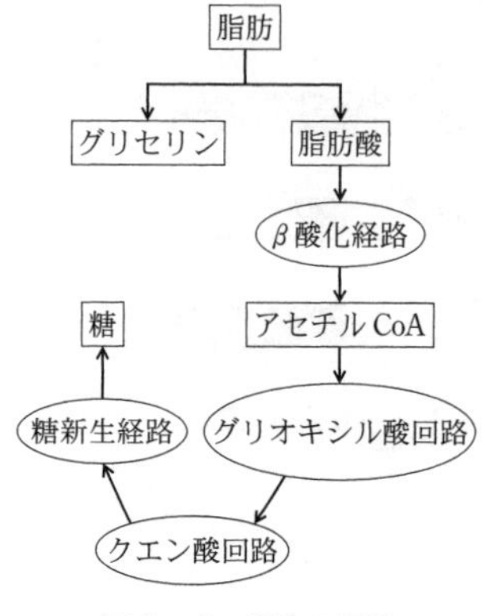

図２－２　脂肪の代謝

〔実験３〕　シロイヌナズナには，貯蔵物質の代謝が異常になった変異体が多数存在する。それらの変異体ｘとｙの種子を，野生株の種子とともに寒天培地（無機塩類のみを含み，ショ糖は無添加）の入ったシャーレに播いて発芽させて，芽生えの様子を観察した。得られた実験結果をまとめたのが表２－２である。

表２－２　芽生えの様子

調べた項目	野生株	変異体ｘ	変異体ｙ
葉の成長	正　常	異　常	異　常
根の伸長	正　常	異　常	異　常

〔実験４〕　変異体ｘとｙの種子を，野生株の種子とともに寒天培地の入ったシャーレに播いて発芽させた。ただし，この実験では培地にショ糖が添加してある。この条件で，脂肪酸の１種であるインドールブタン酸（IBA）を添加した場合と，添加していない場合とで発芽させ，生じた芽生えの根の伸長を調べた。得られた実験結果をまとめたのが表２－３である。

表２－３　根の伸長におよぼす IBA の効果

IBA の有無	野生株	変異体ｘ	変異体ｙ
無	正　常	正　常	正　常
有	異　常	正　常	異　常

〔問〕

（Ⅰ）　文１について，以下の小問に答えよ。

(A)　文中の空欄１～３に入るもっとも適切な語句を答えよ。

(B)　下線部(ア)について。原始の地球には，ほとんど酸素が存在していなかったが，シアノバクテリアの光合成により多量の酸素が蓄積されるようになった。大気における多量の酸素の蓄積は，どのような生物が進化することを可能にしたか。1行程度で答えよ。

(C)　下線部(イ)について。原色素体と葉緑体以外で植物細胞に存在する色素体の名称を1つ答えよ。

(D)　下線部(ウ)について。以下の文中の空欄6と7に入るもっとも適切な語句を答えよ。

PEPのサブユニットであるシグマ因子は，特定の遺伝子の[6]を認識し，これによってPEPは遺伝子の[6]に結合する。PEPが転写を開始するときには，シグマ因子はPEPから解離し，コアは遺伝子DNAの配列をもとに4種の[7]を基質としてRNAを合成する。

(E)　実験1の結果から，タンパク質Pの領域Iは，他の領域IIとIIIにはない機能をもっていると推定される。その機能について，1行程度で述べよ。

(F)　色素体のリボソームは，シアノバクテリア由来の原核生物型のものである。実験2の結果をもとに，色素体遺伝子と葉緑体の形成との関係について，1行程度で説明せよ。

(G)　色素体遺伝子の中には，PEPあるいはNEPによって転写されるタイプがある。表2－4は，PEPのコアサブユニットの1つをコードした遺伝子（*rpoA*）の破壊株と野生株において，いくつかの色素体遺伝子の転写を調べた結果である。なお，*rpoB*は，PEPのコアサブユニットの1つをコードした遺伝子である。以下の(ア)〜(オ)に関する問(a)と(b)に答えよ。

(a)　空欄8と9には，表2－4の中のAとBのどちらが入るか答えよ。

(b)　この結果から，葉緑体が分化する初期の段階では，NEPとPEPはどのような順序ではたらくと考えられるか。各項目に書かれた事象が起こる順序を答えよ。

解答例：(ア)→(イ)→(ウ)→(エ)→(オ)

(ア)　PEPのサブユニット遺伝子が発現し，核遺伝子にコードされたシグマ因子と複合体を形成する。

(イ)　NEPの働きで，タイプ[8]の遺伝子が転写される。

(ウ)　光合成に関わっている遺伝子の発現が起こり，核遺伝子にコードされたタンパク質と協調して光合成機能を発揮する。

(エ)　PEPの働きで，タイプ[9]の遺伝子が転写される。

(オ)　NEP遺伝子が発現する。

表2－4　色素体遺伝子の発現

遺伝子	タイプ	機　能	転写産物量	
			野生株	破壊株
rbcL	A	光合成	＋＋	－
psbA	A	光合成	＋＋＋＋	－
psbD	A	光合成	＋＋＋	－
rpoB	B	転　写	＋＋	＋＋＋
accD	B	脂肪酸合成	＋	＋＋

転写産物がほとんど検出されない場合を－，検出される場合を＋で表し，＋の数は転写産物の量を反映している。

(Ⅱ) 文2について，以下の小問に答えよ。

(A) 文中の空欄4と5に入るもっとも適切な語句を答えよ。

(B) 下線部(エ)について。色素体が葉緑体に分化するときに起こる，色素体の構造と機能の変化に関する，以下の文中の空欄10～12に入るもっとも適切な語句を答えよ。

葉緑体が色素体から分化するときには，色素体の内部に［10］と呼ばれる膜が発達し，その膜には光エネルギーを化学エネルギーに変換する複合体が形成される。複合体は，タンパク質だけでなく，［11］やカロテノイドなどの色素，脂質などによって構成されている。また，ストロマには［12］回路に関わる酵素が集積し，炭酸固定を行う能力も獲得される。

(C) 実験3では，野生株の芽生えは正常に生育したのに対し，変異体xとyでは葉や根に異常が見られ，その伸長が抑制された。ところが，ショ糖を添加した培地を用いて同様の実験を行ってみたところ，変異体xとyの芽生えには異常は観察されず，野生株と同様に生育した。野生株がショ糖無添加の培地でも正常に生育できる理由を2行程度で説明せよ。ただし，説明には以下のすべての語句を必ず用いること。

脂肪，糖，糖新生経路，エネルギー源，炭素源

(D) 脂肪の分解によって生じた脂肪酸はCoAに結合した後，β酸化経路によって代謝され，アセチルCoAに変換される。炭素数16のパルミチン酸だけを脂肪酸として結合している脂肪がβ酸化経路によって完全に酸化された場合，脂肪1分子あたりに合成されるアセチルCoAの数を答えよ。ただし，グリセリンから合成されるアセチルCoAについては，計算に加えないものとする。

(E) 実験4において，IBAがβ酸化経路によって代謝されると，アセチルCoAだけでなくインドール酢酸（IAA）も生じる。このことを踏まえて，変異体xとyでは，β酸化経路が正常に機能しているか判断し，以下の選択肢(1)～(4)からもっとも適切だと考えられるものを1つ選べ。また，変異体yではなぜIBAの添加

によって根の伸長が阻害されるのか，その理由を2行程度で答えよ。

(1)　x と y の両方で，正常に機能している。

(2)　x では正常に機能しているが，y では正常に機能していない。

(3)　x では正常に機能していないが，y では正常に機能している。

(4)　x と y の両方で，正常に機能していない。

ポイント

(Ⅱ)(C)　植物は，脂肪のβ酸化で得たアセチル CoA をエネルギー源として利用し，糖新生で得た糖を細胞壁合成などに利用している。

(D)　アセチル CoA は炭素数が2個なので，β酸化により，脂肪酸の炭素数÷2のアセチル CoA が生じることと，脂肪はグリセリンに3個の脂肪酸が結合していることを踏まえて計算する。

12 被子植物の生殖，自家不和合性の仕組み

（2015年度　第2問）

次の文1と文2を読み，（Ⅰ）と（Ⅱ）の各問に答えよ。

〔文1〕

アブラナ科植物の多くは，(ア)同一個体の配偶子間の受精（自家受精）を防ぐために，同一個体の花粉が柱頭に受粉した際に花粉の発芽を阻害する自家不和合性と呼ばれる仕組みをもっている。この仕組みは，花粉表面に存在する雄性因子（タンパク質X）が，柱頭の細胞表面に存在する雌性因子（受容体タンパク質Y）に結合することにより発動する。タンパク質XとYをつくる遺伝子は，それぞれ1つである。同じ植物種であってもタンパク質XとYにはそれぞれアミノ酸配列の違う複数のタイプが存在し，タンパク質XとYの組み合わせは，株（遺伝的に同一な集団）ごとに異なっている。また，通常は同じ株がつくるタンパク質XとYの組み合わせに限り両者は結合可能である。

アブラナ科に属する植物種Aは，タンパク質XとYによる自家不和合性反応のため，自家受精することができない。一方，A種の近縁種Bは，タンパク質XとYの遺伝子をもっているが，自家不和合性は示さず，自家受精が可能である。また，A種にもB種にも複数の株が存在し，A種の特定の株とB種の特定の株の間で人工的に交配した際に，花粉が発芽するかどうかはタンパク質XとYが結合するかどうかによって決まる。植物種AとBを用いて以下のような実験を行った。なお，実験に用いたA種ならびにB種のすべての株は，特殊な操作によって，タンパク質XとYの遺伝子についてすべてホモ接合となるようにした。

〔実験1〕　A種の2種類の株（A1株，A2株）のそれぞれの花粉を，B種の3種類の株（B1株，B2株，B3株）の柱頭に対しすべての組み合わせで受粉する実験を行った。その結果，A1株の花粉はB1株，B3株の柱頭では発芽したが，B2株の柱頭では発芽しなかった。一方，A2株の花粉はB種のすべての株の柱頭で発芽した（図2－1）。

〔実験2〕　実験1で花粉が発芽しなかったA1株とB2株の組み合わせについて，それぞれのタンパク質XのmRNA（伝令RNA）の塩基配列を比較した。その結果，両者の間でmRNAの長さに違いはなかったが，タンパク質をコードする領域内の4箇所で塩基の違いが見つかった。塩基の違いのある箇所を含む7塩基の配列を表2－1に示す。なお，配列の先頭位置は，mRNA中の翻訳開始コドンAUGのAを1として数えた位置である。

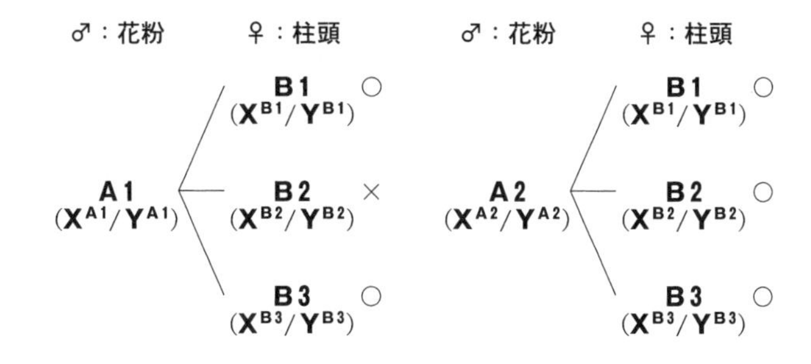

○：花粉は発芽した
×：花粉は発芽しなかった

図２―１　実験１の交配結果

各株がもつタンパク質ＸとＹそれぞれのタイプを括弧内に示す。

表２―１　Ａ１株とＢ２株に由来するタンパク質Ｘの mRNA 塩基配列の比較

７塩基の先頭位置	Ａ１株の配列※	Ｂ２株の配列※
19	UUUGUGG	UUUAUGG
60	UUUCGAA	UUUUGAA
164	GCAGUGC	GCAAUGC
184	GCGUCAA	GCGUAAA

※：塩基の違いがある箇所の７塩基を示す。

表２―２　遺伝暗号表

コドン	アミノ酸	コドン	アミノ酸	コドン	アミノ酸	コドン	アミノ酸
UUU	フェニルアラニン	UCU	セリン	UAU	チロシン	UGU	システイン
UUC		UCC		UAC		UGC	
UUA	ロイシン	UCA		UAA	終止コドン	UGA	終止コドン
UUG		UCG		UAG		UGG	トリプトファン
CUU		CCU	プロリン	CAU	ヒスチジン	CGU	アルギニン
CUC		CCC		CAC		CGC	
CUA		CCA		CAA	グルタミン	CGA	
CUG		CCG		CAG		CGG	
AUU	イソロイシン	ACU	トレオニン	AAU	アスパラギン	AGU	セリン
AUC		ACC		AAC		AGC	
AUA		ACA		AAA	リシン	AGA	アルギニン
AUG	メチオニン	ACG		AAG		AGG	
GUU	バリン	GCU	アラニン	GAU	アスパラギン酸	GGU	グリシン
GUC		GCC		GAC		GGC	
GUA		GCA		GAA	グルタミン酸	GGA	
GUG		GCG		GAG		GGG	

〔実験３〕　花粉の表面にＡ１株由来のタンパク質Ｘをつくらせる人工遺伝子を作製し，形質転換によってＢ２株に導入した（形質転換株）。形質転換株は，その後の操作によって人工遺伝子がホモ接合になるようにし，形質転換株のすべての花粉表面にＡ１株のもつタンパク質Ｘが存在することを確認した。この形質転換株とＢ２株（野生型株）を用いて，相互に交配する実験を行った（表２－３）。

表２－３　実験３の交配結果

♂＼♀	野生型株	形質転換株
野生型株	○	○
形質転換株	×	(a)

○：すべての花粉は発芽した。　×：すべての花粉が発芽しなかった。

〔文２〕

被子植物では，若いおしべの葯(やく)内において花粉母細胞から花粉四分子が形成され，花粉へと発生する。その後，花粉の成熟に伴い不等分裂が生じ，花粉管細胞と雄原細胞が形成される。さらに，花粉管が伸長する時期には，雄原細胞は体細胞分裂を一度行い，２個の精細胞が花粉管内につくられる。一方，めしべの胚珠の中では，(イ)胚のう母細胞が分裂を繰り返し，卵細胞を含む成熟した胚のうが形成される。

柱頭で発芽した花粉からは花粉管が伸長し，助細胞から放出される花粉管誘引物質に導かれ，花粉管は珠孔へと到達する。その後，花粉管が胚のうへと進入する際には，１個の助細胞が崩壊し，２個の精細胞が胚のう内部に放出される。放出された２個の精細胞はそれぞれ，卵細胞，中央細胞と接合する。こうした受精様式を重複受精と呼ぶ。重複受精の結果，(ウ)卵細胞は胚へ，中央細胞は胚乳へと発達し，正常な種子形成が行われることになる。

ある種子植物Ｃ種において，変異ｍのヘテロ接合体から得られる花粉では，50％の割合で花粉管内に２個の精細胞ではなく１個の精細胞に似た細胞がつくられる。こうした異常な細胞をもつ花粉管は，花粉管の内容物を放出するまでの過程に野生型との間で違いはみられないが，胚のう内に放出された精細胞に似た細胞は，卵細胞とも中央細胞とも接合することができず，正常な種子形成を開始することができない。Ｃ種の野生型株と変異ｍのヘテロ接合体を用いて，以下の実験を行った。

〔実験１〕　Ｃ種の野生型株の柱頭に変異ｍのヘテロ接合体から得た花粉を十分量受粉したところ，以下のような結果が得られた。

結果１　75％の胚のうで重複受精が成立し，正常な種子形成が観察された。

結果２　重複受精が成立した胚のうの67％では，進入した花粉管が１本であった。また，残りの胚のうでは２本の花粉管の進入が観察された。

結果３　重複受精が不成立の胚のうでは，すべて２本の花粉管の進入が観察された。

〔実験２〕　あらかじめ助細胞の１つを破壊したＣ種の野生型株の柱頭に，変異ｍのヘテロ接合体の花粉を十分量受粉したところ，以下のような結果が得られた。

結果１　50％の胚のうで重複受精が成立し，正常な種子形成が観察された。

結果２　すべての胚のうで，進入した花粉管は１本しか観察されなかった。

〔問〕

（Ｉ）　文１について，以下の小問に答えよ。

(A)　下線部(ア)について。自家受精について述べた以下の文章(1)〜(3)から，間違っているものをすべて選べ。

(1)　自家受精しない植物種はハチなどの送粉者が他花に花粉を運んでくれるため，自家受精する植物種よりも確実に子孫を残すことができる。

(2)　自家受精する植物種と自家受精しない植物種がそれぞれ小さな個体群を形成している場合に，各個体群が孤立するような大きな環境変化が発生したとする。その際に，自家受精する植物種の方が，自家受精しない植物種よりも短期的に個体群が消滅するおそれが高い。

(3)　自家受精しない植物種の場合，自家受精する植物種よりも子孫の遺伝子型の多様性が高く，環境の変化に対応できる個体の存在する可能性が高くなる。

(B)　表２－１で示されたmRNA塩基配列の違いによって，Ｂ２株がつくるタンパク質ＸはＡ１株が作るタンパク質Ｘに対して違いが生じる。両者の違いについて述べた以下の文章中の，空欄１～５に当てはまる数字，アミノ酸名を表２－２を参照して答えよ。なお，Ａ１株がつくるタンパク質Ｘは89アミノ酸からなることとする。

文章：Ｂ２株で作られるタンパク質Ｘは，Ａ１株でつくられるタンパク質Ｘの［　1　］番目のバリンが［　2　］に，［　3　］番目のセリンが［　4　］にそれぞれ置換され，タンパク質全長がＡ１株に比べてアミノ酸［　5　］個分短くなっている。

(C)　表２－３の空欄(a)について，花粉の発芽はどのようになると予想されるか。すべての花粉は発芽した，すべての花粉が発芽しなかった，半分の花粉は発芽した，の中から選べ。また，そのように予想した理由について，以下の語句をすべて用いて２行程度で記せ。

花粉，柱頭，雌性因子

(D)　Ｂ２株では自家受精が可能なのはなぜか。以下の(1)〜(4)よりもっとも適切な理由を選択せよ。

(1)　Ｂ２株ではタンパク質Ｘの機能が失われているため。

(2)　Ｂ２株ではタンパク質Ｙの機能が失われているため。

(3)　Ｂ２株ではタンパク質ＸとＹの機能がともに失われているため。

(4)　Ｂ２株ではタンパク質ＸとＹの機能がともに正常であるため。

(E)　A種において，タンパク質XとYによる自家不和合性の仕組みが世代を超えて安定に保たれるためには，タンパク質XとYをつくるそれぞれの遺伝子が，染色体上でどのような位置関係にある必要があるか。また，そうした位置関係にあることによって，自家不和合性の仕組みが安定に保たれる理由も，あわせて２行程度で記せ。

(Ⅱ)　文２について，以下の小問に答えよ。

(A)　下線部(イ)について。(イ)の過程で卵細胞が作られるまでの，核あたりのDNA量の変化をグラフに示せ。なお，グラフの横軸には時間経過を，縦軸には核あたりのDNA量をとり，(イ)の過程が始まる前の時点における胚のう母細胞の核あたりのDNA量を２とすること。

(B)　下記の植物種の中から重複受精をする植物種をすべて選べ。

イチョウ　　イネ　　エンドウ　　ゼニゴケ　　ソテツ　　ワラビ

(C)　下線部(ウ)について。卵細胞，胚，胚乳それぞれの核相を記せ。なお，解答は「孔辺細胞：2n」のように記すこと。

(D)　C種の野生型株では，受精した胚のうに進入している花粉管は１本しか観察されない。実験１，２の結果をもとに，C種の野生型株において花粉管が胚のうへ２本以上進入するのを防ぐ仕組みを考察した。以下の文章中の，空欄１～３に当てはまる適切な語を入れよ。

考察：C種の野生型株では，１本目の花粉管の胚のうへの進入により重複受精が成立する。この時［　1　］細胞からの［　2　］物質の放出が続くと，さらなる花粉管の胚のうへの進入が起きてしまう。これを防ぐために，重複受精が成立すると，［　1　］細胞の機能を［　3　］する仕組みが存在する。

(E)　実験１の結果１について。75％の割合で重複受精が成立する仕組みを３行程度で説明せよ。

ポイント

(Ⅰ)(C)　実験１の結果から，A１株由来のタンパク質XとB２株由来のタンパク質Yは結合することで自家不和合性を示すことを読み取る。

(E)　自家不和合性が保たれるためには，タンパク質Xとタンパク質Yが正常に発現する必要がある。これらの遺伝子が常に同じ染色体上にある連鎖が完全であることが要求される。すなわち，２つの遺伝子が完全連鎖するための条件を考えればよい。

13 細胞周期の監視機構，酵素反応

（2014年度　第3問）

次の文1から文3を読み，（Ⅰ）から（Ⅲ）の各問に答えよ。

〔文1〕

(ア)生物において，DNAの遺伝情報はRNAに転写され，さらにタンパク質に翻訳される。また，遺伝情報は細胞増殖に伴って母細胞から娘細胞に伝えられる。細胞が増殖する際に，分裂した細胞が再び分裂を起こすまでの過程を細胞周期という。(イ)細胞周期は，細胞分裂が進行するM期とそれ以外の間期に大別され，間期はさらにG1期，G2期，およびS期に区分される。細胞周期のS期において染色体DNAは忠実に複製されて倍加する。

〔実験1〕　増殖中のヒト培養細胞の集団から，その一部を採取し，DNAと結合すると蛍光を発する色素を用いて染色した。この方法を用いると個々の細胞内のDNA量を蛍光強度として検出することができる。その結果，図3－1に示すようなグラフが得られた。

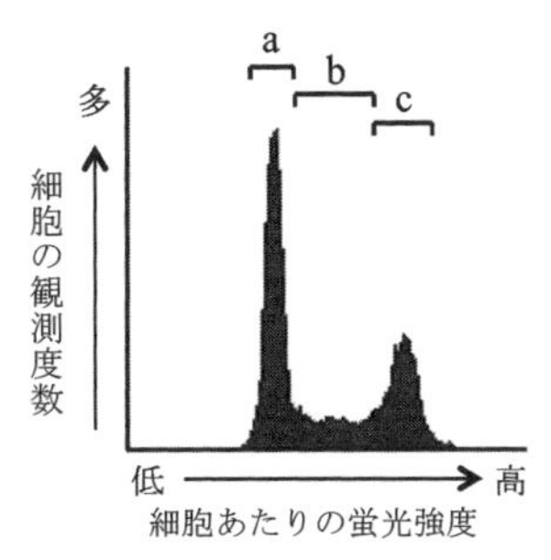

図3－1　細胞あたりの蛍光強度と細胞の観測度数の関係

〔文2〕

細胞周期が正しく進行するには，細胞周期の各段階がそれぞれ誤りなく完全に終了した後に，次の段階に移行する必要がある。たとえば，DNA複製が完了する前に細胞分裂が始まると，生じる娘細胞は完全な染色体DNAを引き継ぐことができず，結果として細胞増殖に重大な影響が出てしまう。このようなことが起こらないように，細胞は，細胞周期の各ステップが完全に終了したかどうか，異常が起きていないかどうかを確認する機構を有している。このような細胞周期監視機構の存在は，最も単純な真核生物の一種である出芽酵母（以後，酵母とよぶ）を用いた実験によって解明された。自然界で酵母は二倍体として存在するのみならず，染色体を一組のみもつ一倍体として生育することもできる。一倍体細胞では，各遺伝子が細胞あたり一つずつ存在するため，遺伝子変異が起こると，その影響が直接，細胞の表現型として現れる。このような性質は，特定の機能をもつ遺伝子を同定するのに有用であることから，実験では主に一倍体の酵母が用いられている。

正常な酵母は，Ｘ線照射によって染色体の２本鎖DNAが切断されると，損傷部位と同じ配列をもつDNAを利用して修復する。このような修復は，主に細胞周期のG2期で起こることが知られているが，これは染色体の損傷を修復する際にDNA複製によって生じたもう一組の染色体を利用するからである。一方，G1期やM期の酵母細胞は，Ｘ線によるDNA損傷を修復することができず，そのほとんどが死滅してしまう。DNA損傷に対する細胞応答の制御には，さまざまな遺伝子が関与することが知られているが，その多くが一倍体酵母細胞を用いた解析によって同定された。

〔実験２〕 盛んに増殖している酵母を寒天培地上に散布してＸ線を照射し，その10時間後に，G2期にある細胞の割合を定量的に計測した。また，Ｘ線を照射してから３日後に，形成されたコロニー（生存した細胞が増殖してできた塊）数をカウントし，細胞の生存率を計測した。その結果，表３－１（上段）に示すように，正常な酵母細胞では，少量のＸ線照射によって，G2期にある細胞の割合が著しく増加し，最終的に50％の細胞が生き残ることがわかった。また，多量のＸ線を照射すると，G2期にある細胞の割合がさらに増加した。一方，DNA損傷を修復する酵素が完全に機能を失っている変異細胞Ａや，未知の遺伝子に欠失がある変異細胞Ｂでは，表３－１（中段，下段）に示す結果となった。

表３－１　Ｘ線照射後の細胞周期分布および細胞生存率の変化

細胞	Ｘ線照射量	Ｘ線照射10時間後にG2期にある細胞の割合(％)	Ｘ線照射３日後に生存している細胞の割合(％)
正常細胞	なし	5	100
	少量	50	50
	多量	70	30
変異細胞Ａ	なし	10	100
	少量	1	2
変異細胞Ｂ	なし	5	100
	少量	20	30
	多量	45	1

〔実験３〕 次に，紡錘体形成を阻害する特殊な薬剤で処理することによって細胞周期を人工的にG2期で停止させた酵母細胞（正常細胞および変異細胞Ｂ）にＸ線を照射し，その後直ちに薬剤を除去して培養を続けた。１～２時間おきに細胞を観察して，細胞周期が再び回り始めG2期から次の段階へ進んだ細胞の割合を調べたところ，図３－２のような結果が得られた。なお，酵母の細胞周期は１周期が約２時間である。

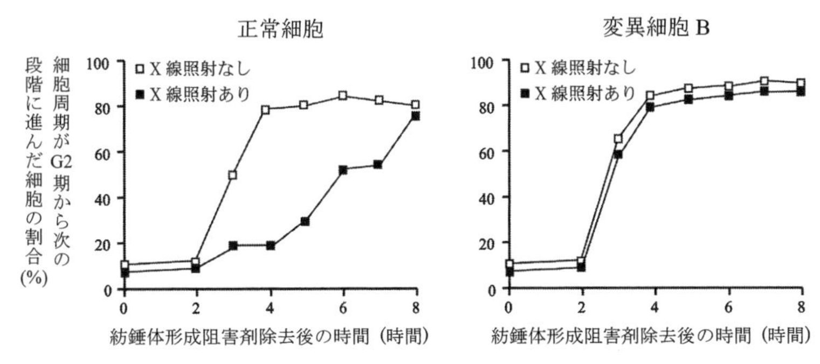

図 3—2　紡錘体形成阻害剤除去後に細胞周期が進行した細胞の割合

X線を照射した細胞および未照射の細胞から得られたデータをそれぞれ■と□で示す。

〔文 3〕

細胞内で，遺伝情報にもとづいて合成されるタンパク質の一部は酵素であり，増殖や分化，代謝など，多彩な細胞機能の調節に重要な役割を果たしている。酵素活性をもつタンパク質は，酵素として働く領域や，その活性を制御する領域など，異なる機能をもつ複数の領域から構成されているものが多い。人工的に遺伝子変異を導入して，タンパク質の特定の領域のみを欠失させることで，酵素タンパク質分子内の各領域が，どのような機能を有しているかを詳細に解析できる。

〔実験４〕　マウスの細胞内に存在するタンパク質Xは，５つの領域（ａ～ｅ）から構成されるタンパク質分子であり（図３－３左上），分子内のどこかに酵素として働く領域をもっている。このタンパク質Xの酵素活性を調節するメカニズムを明らかにするため，細胞内でタンパク質Xと特異的に結合する分子を探索したところ，新たなタンパク質Yが得られた。タンパク質Yは，ふだんは細胞内にほとんど発現していないが，ホルモンZで細胞を刺激すると，その発現量が著しく増加することがわかっている。そこで，タンパク質Yがタンパク質Xの酵素活性にどのような影響を与えるかを調べるため，以下の実験を行った。

まず，タンパク質Xおよびタンパク質Yを，バイオテクノロジーの手法を用いて大腸菌内で大量合成し，別々に精製した。得られた各タンパク質を試験管内に少量ずつ取り分け，タンパク質Xのみが存在する状態，およびタンパク質Xとタンパク質Yの両方が存在する状態で，タンパク質Xの酵素活性を測定した。また同時に，タンパク質X分子内の５つの領域（ａ～ｅ）をさまざまに欠失させた７種類のタンパク質（欠失型タンパク質Ⅰ～Ⅶ）を作製して，同様の実験を行ったところ，図３－３の棒グラフのような結果となった。ただし，反応に用いた各タンパク質の量や酵素活性の測定条件は同一である。また，タンパク質Xのａ～ｅ領域以外の部分に特別な機能はなく，タンパク質Yはタンパク質Xの酵素領域とは直接結合しないことがわかっている。

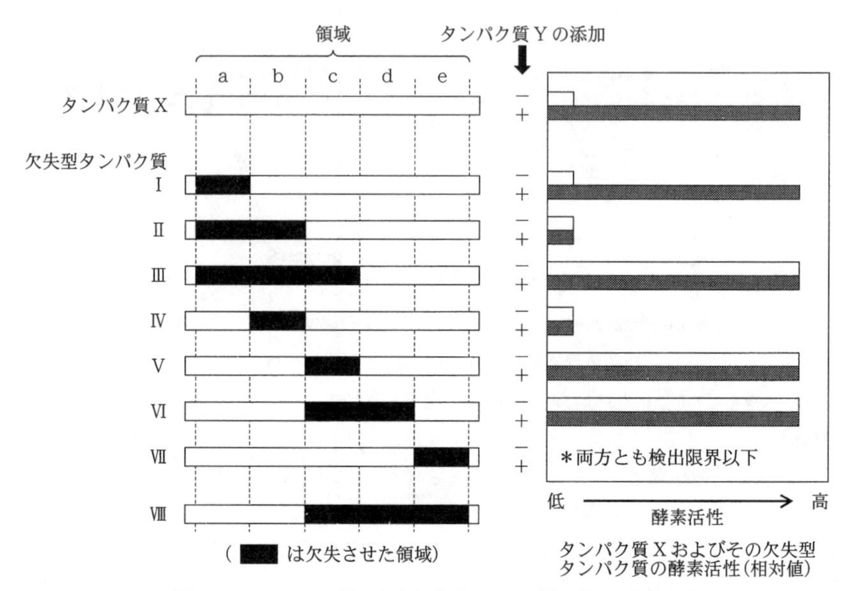

図3－3　タンパク質Xと各欠失型タンパク質の構造（左）
およびタンパク質Y添加による酵素活性の変化（右）
（「＋」および「－」は，タンパク質Yの有無を示す）

〔問〕

（Ⅰ）　文1について，以下の小問に答えよ。

(A)　下線部(ア)について。以下の(1)～(4)の文章のうち，間違っているものをすべて選んで，その番号を記し，それぞれについて，どこが間違っているかを簡潔に説明せよ。

(1)　真核生物の核DNAは，ヒストンとよばれるタンパク質に巻きついた状態で存在している。

(2)　原核生物のRNAポリメラーゼはプロモーターに直接結合するが，真核生物のRNAポリメラーゼは，プロモーター領域に結合し，転写する際に，基本転写因子を必要とする。

(3)　免疫グロブリンの多様性は，主として，免疫グロブリン遺伝子から転写されるRNAが選択的スプライシングを受けることで生み出されている。

(4)　6塩基対の配列を認識する制限酵素を用いて染色体DNAを処理した場合，切断される塩基配列の出現頻度は，計算上，4096塩基対に1回である。

(B)　下線部(イ)について。細胞周期の各期（G1，G2，S，M）の細胞は，図3－1に示す領域a～cのうち，どの領域に含まれるか。G1－○領域，G2－□領域，のように答えよ。

(Ⅱ)　文２について，以下の小問に答えよ。

(A)　表３－１の空欄１および空欄２に入る数字の組合せとして最も適切なものを以下の(1)～(8)から１つ選べ。

	1	2		1	2
(1)	5	5	(2)	5	20
(3)	20	20	(4)	20	80
(5)	50	50	(6)	50	80
(7)	80	5	(8)	80	50

(B)　X線照射後の細胞の生存率が，正常細胞と比較して変異細胞Bで低下しているのはなぜか。表３－１および図３－２で示した実験結果をもとに考察し，３行程度で説明せよ。

(C)　変異細胞Bで欠失している遺伝子が，DNA 損傷修復酵素をコードする遺伝子ではないことを確認するために，どのような実験を行ったらよいか。紡錘体形成阻害剤を利用した実験を考案し，予測される結果とともに３行程度で説明せよ。

(Ⅲ)　文３について，以下の小問に答えよ。

(A)　タンパク質X分子内で酵素としての活性をもつのは，ａ～ｅのうち，どの領域であると考えられるか，記号で答えよ。

(B)　タンパク質Yは，タンパク質Xのどの領域に結合すると予想されるか，記号で答えよ。

(C)　タンパク質X分子内のｃ領域は，酵素活性の調節において，どのような役割を果たしていると推測されるか。最も適切なものを以下の(1)～(6)から１つ選べ。

(1)　タンパク質Xとタンパク質Yの結合を促進する。
(2)　タンパク質Xとタンパク質Yの結合を抑制する。
(3)　タンパク質Xの酵素活性を増強する。
(4)　タンパク質Xの酵素活性を抑制する。
(5)　タンパク質Xの立体構造を安定化する。
(6)　タンパク質Xの立体構造を不安定化する。

(D)　細胞をホルモンZで刺激するとタンパク質Xの酵素活性は，どのように変化すると考えられるか。タンパク質X分子内の各領域による酵素活性の制御メカニズムを含めて，３行程度で説明せよ。

(E)　タンパク質Xと新たに作製した欠失型タンパク質Ⅷ（図３－３；c/d/e 領域を欠失しており，a/b 領域のみからなる）を試験管内で混合した後，タンパク質Yを加えて反応させた。このとき，欠失型タンパク質Ⅷを加えることによって，タンパク質Xの酵素活性にどのような影響が認められるか。次の考察の空欄３と空欄４に入る最も適切な語句を，以下の選択肢(1)～(5)からそれぞれ１つ選んで番号で答えよ。ただし，同じ語句を２度用いてもよい。

考察：加えた欠失型タンパク質Ⅷの量が，タンパク質XおよびタンパクタンパクYの量より十分に多いとき，反応液中のタンパク質Xの酵素活性は，欠失型タンパク質Ⅷが存在しない場合と比較して［ 3 ］。一方，タンパク質Yの量が，欠失型タンパク質ⅧおよびタンパクタンパクXの量よりも十分に多いとき，反応液中のタンパク質Xの酵素活性は，欠失型タンパク質Ⅷが存在しない場合と比較して［ 4 ］。

選択肢：(1) 高くなる　(2) 高くなった後，低くなる
(3) 低くなる　(4) 低くなった後，高くなる
(5) 同等である

ポイント
(Ⅱ)(B) 正常細胞では，DNA が損傷を受けると G2 期で細胞周期を停止するが，変異細胞Bでは，G2 期で停止しない。
(C) 変異細胞Bにおいて，G2 期で停止できないことが原因で生存率が低くなっているならば，紡錘体形成阻害剤を投与することで G2 期の期間を長くすれば，正常細胞と同様の生存率を示すはずである。

14 レトロトランスポゾン，遺伝子重複

（2013年度　第3問）

次の文1と文2を読み，（Ⅰ）と（Ⅱ）の各問に答えよ。

〔文1〕

遺伝情報の流れは，DNA→RNA→タンパク質であり，セントラルドグマとして知られているが，RNA→DNAという流れもある。この流れは，RNAウイルスの1種である(ア)レトロウイルスの研究により，RNAを鋳型としてDNA合成を行う逆転写酵素が発見されたことで明らかになった。レトロウイルスが細胞に感染すると，ウイルス粒子がもっている逆転写酵素によりRNAゲノムから2本鎖DNAが合成され，それが感染細胞の核DNAに組み込まれる。組み込まれたDNAからはRNAが転写され，これを含むウイルス粒子がつくられる。

細胞のゲノムDNA中には，レトロトランスポゾンと呼ばれるレトロウイルス様の配列がもともと存在し，そこから逆転写酵素が産生される。そのためレトロウイルスが感染していなくてもRNA→DNAという遺伝情報の流れが稀に起きる。したがって長い時間を経てレトロトランスポゾンはゲノム中に広がり，挿入された領域によっては(イ)遺伝子の機能に直接影響を与えることもある。

〔文2〕

生物は長い歴史の中で，さまざまな形態を進化させてきた。その進化の原動力の1つが「遺伝子の重複」と考えられている。育種は人為的な選別によって進化を速める1つの方法と考えられる。オオカミから家畜化された飼いイヌには，育種によりさまざまな形態をもった350以上の血統(注1)が存在する。その中に，通常のイヌに比べ，短い脚をもつダックスフントという血統がある（図3－1）。ダックスフントはアナグマの猟犬として育種されたもので，この脚の短さは優性遺伝する。最近，その原因と考えられる遺伝子が発見され，それが遺伝子の重複によってつくられたものであることが，以下の「一塩基多型」（図3－2(A)）を用いた研究からわかってきた。

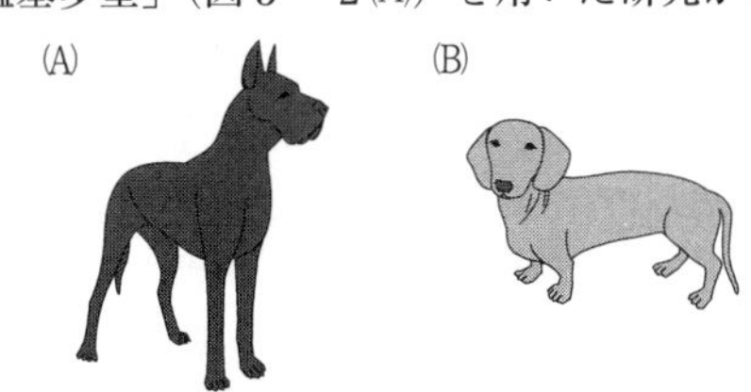

図3－1　(A)　通常の長さの脚をもつイヌ　(B)　ダックスフント

ダックスフントのように脚の短い複数の血統と，通常の脚をもつ複数の血統から，それぞれ多数のイヌを選び出し，それらのゲノムを解析した。その結果，ある染色体上に脚の短さの原因と予想される領域（染色体の一部分）が同定された。そこで，その領域の塩基配列を，脚の短いイヌと通常のイヌとで比較したところ，脚の短いイヌのゲノムにおいて5,000塩基対のDNAの挿入が見いだされた（図3－2(B)と(C)）。挿入DNAの塩基配列を解析した結果，その配列は，同じ染色体上で，挿入箇所から遠く離れた遺伝子の*FGF4*とよく似ていた。そこで，この挿入DNAを*FGF4L*と呼ぶ。

*FGF4L*と*FGF4*の配列をさらに詳細に比較したところ，*FGF4L*の配列（5,000塩基対）は全域にわたって，*FGF4*の遺伝子全長(注2)（6,200塩基対）とほぼ一致していたが，*FGF4*には*FGF4L*にない領域が2箇所あった。一方，*FGF4L*と*FGF4*のmRNA（伝令RNA）は共に5,000塩基程度であり，かつ全く同じアミノ酸配列をコードしていた。以上の結果は，*FGF4L*が重複によってできた遺伝子であり，その発現のしかたがダックスフントの脚の短さの原因であることを予想させる。(ウ)<u>しかしそれを実証するためには，さらに実験が必要である</u>。それに加えて，(エ)<u>*FGF4L*がどのように形成されたか</u>を考察する必要がある。

ゲノムのある特定の領域や遺伝子の個体識別マーカーとして一塩基多型が使われている。一塩基多型とは，個体間にみられる配列上の一塩基の違いのことをいう。そこで一塩基多型に着目して，*FGF4L*の起源を探った。まず，挿入箇所の周辺領域（以下，被挿入領域という）と*FGF4*および*FGF4L*の一塩基多型を調べた（図3－2）。その結果，これらの領域や遺伝子に，互いに強く連鎖した（組換え価が小さい）3つから4つの一塩基多型が見いだされた。このような一塩基多型のセットは「ハプロタイプ」と呼ばれる。ここでは，その塩基を並べたものをハプロタイプの名称とする。図3－2(A)にその例として，被挿入領域のハプロタイプを示す。これらの配列から読み取れるように，被挿入領域のハプロタイプには，TCAG，TTAG，GTTAなどがあった。一方，*FGF4*のハプロタイプは，血統1ではGCGであり（図3－2(B)），ダックスフントの*FGF4*ではATGであったが，*FGF4L*のハプロタイプはACAであった（図3－2(C)）。一般に，このようなハプロタイプは進化の過程で受け継がれると考えられている。(オ)<u>そこで，イヌとオオカミの被挿入領域のハプロタイプと*FGF4*のハプロタイプを用いて，*FGF4L*の起源を探った</u>。

（注1） 血統を，ここでは純系であるとみなす。
（注2） 遺伝子の大きさとは，ここでは転写される領域と定義する。

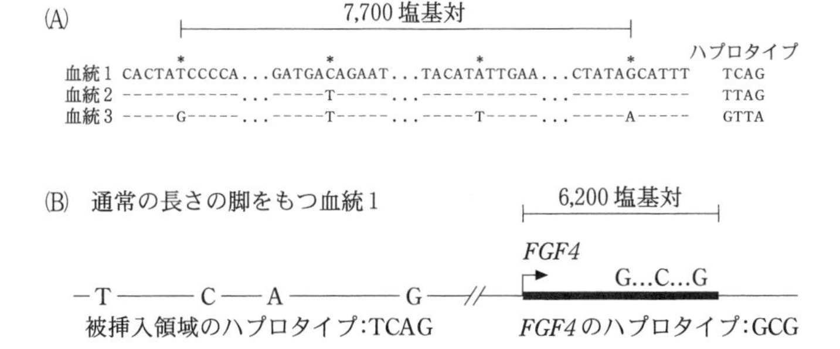

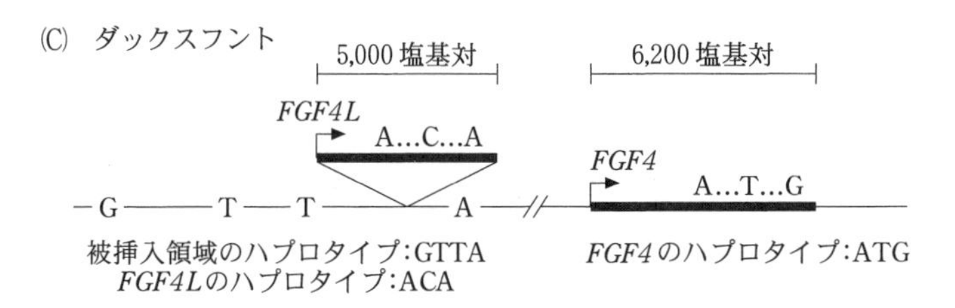

図3―2　一塩基多型とハプロタイプならびに *FGF4L* の挿入位置

(A)被挿入領域の一塩基多型とハプロタイプの例。DNA 鎖の片方の配列を並べて血統間で比較した。星印(*)は一塩基多型の位置である。ハイフン(-)は，血統 1 の塩基配列と同じであることを表し，「...」は塩基配列の省略を表す。

(B)，(C)被挿入領域，*FGF4* と *FGF4L* のハプロタイプ，*FGF4L* の挿入位置。細い線は DNA 鎖，太い線は遺伝子を表す。被挿入領域の DNA 鎖の中に一塩基多型の塩基を，下にハプロタイプを示す。遺伝子の上に一塩基多型の塩基を，下にハプロタイプを示す。*FGF4L* の一塩基多型は，*FGF4* の配列と比較したものである。矢印は転写開始点と方向を示す。

〔問〕

(Ⅰ)　文 1 について，以下の小問に答えよ。

(A)　下線部(ア)について。ヒトに感染し，病気を引き起こすレトロウイルスとしてどのようなものがあるか，1 つ答えよ。

(B)　下線部(イ)について。以下の文章の空欄 1 ～ 3 に適切な語句を入れよ。

真核生物の遺伝子は［ 1 ］と［ 2 ］からなる構造をもち，それが転写されるには，調節領域と［ 3 ］が必要である。転写後，［ 2 ］に相当する部分は切り取られる。したがって，レトロトランスポゾンが［ 1 ］に挿入されると正常なタンパク質が形成されない，あるいは［ 3 ］に挿入されると転写が阻害される，などの影響が通常現れる。なお，レトロトランスポゾンでなくても，任意の DNA 断片はゲノム中の任意の箇所に挿入され得る。もしそれが［ 3 ］の近傍に挿入されると，そのDNAからRNAが転写されることがある。

(Ⅱ) 文2について，以下の小問に答えよ。

(A) 下線部(ウ)について。ある表現型の原因遺伝子であることを実証するためには，その遺伝子が「必要」であること（必要条件）と，その遺伝子があれば「十分」であること（十分条件）を示す必要がある。ここではイヌを使った実験により，*FGF4L*が脚の短さの原因遺伝子であることを示したい。なお，遺伝子操作として，クローニング（単離），ゲノムDNAへの組み込み，欠失は自由に行えると仮定する。

(a) 十分条件を示す実験について述べた以下の文章の空欄4～7に入る適切な語句を，以下の選択肢(1)～(7)から選べ。なお空欄5と6には脚の表現型が入る。

［ 4 ］遺伝子を含むDNA領域をクローニングして，それを［ 5 ］をもつイヌの，任意の相同染色体の一方に組み込む。その染色体をもつ個体の表現型が［ 6 ］になり，かつその遺伝形式が［ 7 ］であることを示せば良い。

(1) *FGF4*　(2) *FGF4L*　(3) 通常の長さの脚
(4) 短い脚　(5) 中間の長さの脚　(6) 優　性
(7) 劣　性

(b) 必要条件を示す実験について，行なう遺伝子操作，ならびに脚の表現型と遺伝形式を含めて，3行程度で述べよ。

(B) 下線部(エ)について。*FGF4L*は*FGF4*からどのような過程で生じたと考えられるか，またそれは体内のどの細胞で起きたと考えられるか，根拠と共に4行程度で述べよ。

(C) 下線部(オ)について。*FGF4*のハプロタイプと，被挿入領域のハプロタイプを調べた結果を表3－1に示す。ダックスフントの血統が樹立される過程で，これらのハプロタイプにほとんど変化がなかったと仮定すると，*FGF4L*の起源はどのように推察できるか。図3－2を参照しながら，以下の考察の空欄8～13に入る適切なハプロタイプを答えよ。ただし，異なる番号が異なるハプロタイプを示すとは限らない。

考察：*FGF4L*のハプロタイプは［ 8 ］であるので，*FGF4L*は［ 8 ］のハプロタイプをもつ*FGF4*を起源とすると考えられる。しかし表3－1では*FGF4L*と同じ個体にある*FGF4*のハプロタイプは［ 9 ］と［ 10 ］なので，*FGF4L*はこれらの*FGF4*から由来したとは考えにくい。

*FGF4L*の起源を探るには，［ 8 ］のハプロタイプをもつ*FGF4*と，被挿入領域のハプロタイプとの関係を考える必要がある。表3－1において，*FGF4L*をもつイヌの被挿入領域のハプロタイプは主として［ 11 ］であるが，*FGF4*のハプロタイプが［ 8 ］と同じ個体でみられる被挿入領域のハプロタイプは，イヌでは［ 12 ］のみであった。

一方，表3－1において，オオカミをみてみると，［ 8 ］のハプロタイプをもつ *FGF4* と同じ個体でみられる被挿入領域のハプロタイプに［ 13 ］があり，かつその出現頻度が高かったことより，このハプロタイプの組合せをもつオオカミ，あるいはそれ由来のイヌの血統で *FGF4L* が形成されたと考えられる。ただし，もしそのイヌの血統があったとしても，現存していない。

表3－1　イヌとオオカミにおける被挿入領域と *FGF4* のハプロタイプ

被挿入領域のハプロタイプ	ハプロタイプの出現頻度(注3)			*FGF4* のハプロタイプ(注4)	
	イヌ		オオカミ	イヌ	オオカミ
	FGF4L 有	*FGF4L* 無			
GTAG	0	1	0	ATG	
GTTA	98	1	29	ATG，GCG	ATG，GCG，ACA
GTTG	0	1	11	ATG，GCG	ATG，GCG
TCAG	0	41	5	ATG，GCG，ACA	ATG，GCG，ACA
TCTG	0	0	8		ATG，ACA
TTAG	2	36	29	ATG，GCG	ATG，GCG，ACA
TTTG	0	20	18	ATG，GCG	ATG，GCG，ACA
	100	100	100		

FGF4 のハプロタイプ	ハプロタイプの出現頻度(注3)		
	イヌ		オオカミ
	FGF4L 有	*FGF4L* 無	
ACA	0	3	20
ATG	62	73	44
GCG	38	24	36
	100	100	100

（注3）*FGF4L* をもつイヌ（*FGF4L* 有），もたないイヌ（*FGF4L* 無），およびオオカミにおける被挿入領域と *FGF4* のハプロタイプについて，多数の個体を用いて調べ，その結果を百分率で示した。

（注4）被挿入領域のハプロタイプごとに，同じ個体でみられる *FGF4* のハプロタイプを列挙して示す。例えば，被挿入領域のハプロタイプ TTTG と同じ個体にみられる *FGF4* のハプロタイプには，イヌでは ATG，GCG があるが，オオカミでは ATG，GCG，ACA がある。

ポイント

(Ⅱ)(A)(b)　短い脚には *FGF4L* 遺伝子が必要であることを，(a)の文章を参考にして述べる。
(B)　〔文1〕にあるように，細胞のゲノム DNA 中にはレトロトランスポゾンがあり，そこから逆転写酵素が産生される。また〔文2〕にあるように，*FGF4* と *FGF4L* から転写される mRNA はほとんど同じ大きさで，コードしているアミノ酸配列も同一である。*FGF4L* の塩基対数は 5000 で，*FGF4* から転写される mRNA とほぼ同じ長さである。

15 イネの品種改良

（2012年度　第2問）

次の文1と文2を読み，（Ⅰ）と（Ⅱ）の各問に答えよ。

〔文1〕

人類は定住し農耕を始めるようになってから，安定的に食糧を得るため，植物の遺伝的改良を行ってきた。現在，私たちが栽培しているほとんどの農作物は，野生植物から出現した優良個体の長年にわたる選抜と，交配や人為的な変異を用いた遺伝的改良によって作出されたものである。このような，同一種の中で農業上区別できる系統を，ここでは品種という。

イネは日本において盛んに品種改良が行われてきた作物の1つであり，これまで数多くの品種が作出されている。その中でもコシヒカリは，現在日本で最も多く栽培されているイネ品種である。近年，コシヒカリの優良形質を受けついだ新品種がいくつも開発されている。以下はその3つの品種の例である。

品種Aは，病気に強い品種とコシヒカリとの交配により，病気に強い形質をコシヒカリに付加した品種であり，(ア)<u>戻し交配とDNAマーカー選抜法という手法を組み合せることによって作出された</u>（図2－1）。DNAマーカー選抜法では，できた雑種のDNAの塩基配列を調べることによって，その個体のもつ多数の遺伝子がコシヒカリ由来であるのか，交配相手由来であるのか，またそれらがホモ接合であるのか，ヘテロ接合であるのかを判別することができる。導入したい形質（病気に強い）に関わる遺伝子をもち，それ以外の多くの遺伝子がコシヒカリ由来となった雑種を選抜し，自家受粉を経て，形質が固定されたものを最終的に新品種とする。

品種Bは，コシヒカリの突然変異体を選抜することによって得られた品種であり，コメの粘りがコシヒカリより強い。コメの粘りは，胚乳に蓄積する2種類のデンプン分子，アミロースとアミロペクチンの割合によって決まり，アミロースの割合が低いとコメの粘りが強くなる。

品種Cは，草丈の低い品種とコシヒカリとの交配により，草丈が低く，倒れにくい形質をコシヒカリに付加した品種であり，品種Aと同じ方法によって作られた。

これらの3つの品種を用いて，以下の実験1～3を行った。なお，3つの品種はいずれも純系であり，病気に強い，コメの粘りが強い，草丈が低いという形質以外の形質は，コシヒカリと同等である。またそれぞれの形質は1遺伝子によって支配され，独立に遺伝するものとする。

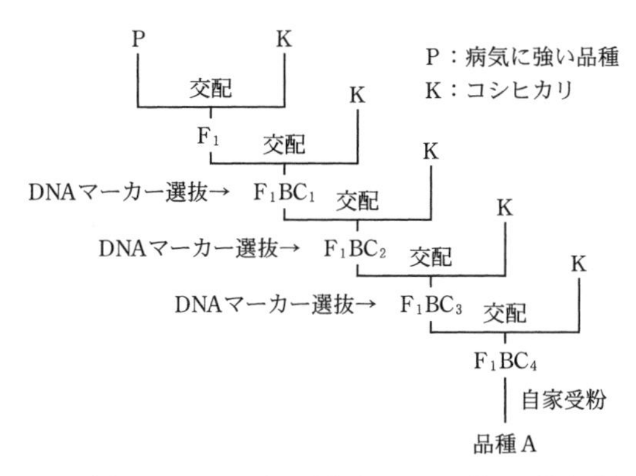

図2―1　戻し交配とDNAマーカー選抜法による品種Aの作出過程。図中の F_1BC_x は，F_1 に戻し交配(backcross)を x 回行った個体である。

〔実験1〕 品種A，B，Cをそれぞれコシヒカリと交配し，F_1 種子を得た。F_1 個体を自家受粉させ，雑種第2代（F_2）における表現型の分離比を調べたところ，それぞれの集団には，病気に強い個体，自家受粉すると粘りが強いコメのみをつける個体，草丈が低い個体が25％の割合で出現した。

〔実験2〕 品種Bとコシヒカリとの交配を，雄親と雌親をそれぞれ入れ替えて行い，2種類の F_1 種子を得た。得られた2種類の F_1，コシヒカリ，品種Bの4つについて，種子の胚乳におけるアミロースの割合を調べたところ，コシヒカリが最も高く，コシヒカリ＞コシヒカリを雌親とした F_1＞品種Bを雌親とした F_1＞品種B，の順で低くなった。

〔実験3〕 図2―2のような交配により作出した1つの個体Qを自家受粉させ，種子集団Rを得た。この種子集団Rを発芽させ，その後の表現型を調べたところ，病気に強く，自家受粉すると粘りが強いコメのみをつけ，草丈が低いという，品種A，B，Cの性質を兼ね備えた個体が出現した。

品種A　品種B
交配　品種C
交配
個体Q
自家受粉
種子集団R

図2―2　種子集団Rの作出過程

〔文2〕

ある植物に他の生物由来の遺伝子を導入して作られた植物を，トランスジェニック植物という。イネでは，土壌細菌であるアグロバクテリウムを用いた遺伝子導入法がよく用いられている。アグロバクテリウムは，自身のもつTiプラスミドの一部を，植物細胞の核のDNAに組み込む性質をもつ。この性質を用いた方法によって，ある遺伝子をイネに導入するために，以下の実験4を行った。図2―3はこの実験の前半部の概要を示したものである。また，図中で示された(イ)，(ウ)，(エ)は，実験説明文中の下線部(イ)，(ウ)，(エ)の操作に対応している。

〔実験4〕 導入したい目的遺伝子を含むDNAを(イ)PCR法によって増幅した。この増幅したDNAに対して，(ウ)酵素反応を行うことによって特定の塩基配列の部位を切断し，目的遺伝子を含むDNA断片を得た。続いて，アグロバクテリウムからTiプラスミドを取り出し，(ウ)酵素反応を行うことによってその一部のDNA配列を取り除き，そこに目的遺伝子を含むDNA断片を(エ)酵素反応によって組み込んだ。次に，この(オ)目的遺伝子をもったプラスミドをアグロバクテリウムに導入し，寒天培地上でアグロバクテリウムを増殖させ，菌体を感染用の溶液に懸濁し，アグロバクテリウム溶液とした。

籾殻（もみがら）を取り外した(カ)イネの種子を殺菌し，(キ)植物ホルモンXを含む寒天培地に置いたところ，(ク)胚の細胞が増殖し，約2週間後に多数のカルスが形成された。それらのカルスを集め，調製したアグロバクテリウム溶液に数分間浸し，水洗した後，培地上で3日間培養することによって，アグロバクテリウムをカルスに感染させた。その後，カルスの表面に増殖したアグロバクテリウムを殺し，(ケ)植物ホルモンXを含む寒天培地で2週間程度培養した。更に培養を続けてもカルスに変化は見られなかったが，カルスを(コ)植物ホルモンXとYを含む寒天培地に移したところ，1週間ほどで(サ)カルスの一部が緑色になり，2週間後にはその周辺から多数の芽が形成された。芽を含む組織を，植物ホルモンを含まない寒天培地上に移植したところ，芽や根が伸長し，植物体へと成長した。この植物のDNAを調べ，目的遺伝子をもったトランスジェニックイネであることを確認した。

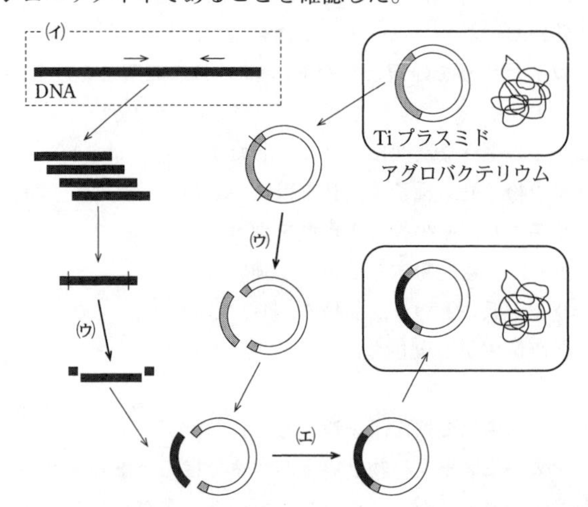

図2—3　遺伝子導入に用いるアグロバクテリウムの調製方法。Tiプラスミドの灰色の部分は，本来アグロバクテリウムが，植物の核のDNAに組み込むDNA領域であることを示す。

〔問〕

（Ⅰ）　文1について，以下の小問に答えよ。

(A)　実験1について。品種Aとコシヒカリとの交配で得られたF_1個体の，病気に対する表現型はどのようになるか，答えよ。

(B)　実験2について。コシヒカリを雌親としたF_1の方が，品種Bを雌親としたF_1よりも，胚乳におけるアミロースの割合が高くなった理由を，被子植物特有の受精様式を考慮した上で，2行程度で述べよ。

(C)　実験3について。種子集団Rの中に含まれると考えられる純系の種子の割合を，分数で答えよ。

(D)　下線部(ア)について。以下の(a)と(b)に答えよ。

(a)　DNAマーカーによる選抜を行わずに，4回の戻し交配によってできた個体（F_1BC_4）を考える。仮に独立に遺伝するn対の遺伝子が存在するとした場合，交配相手とコシヒカリの対立遺伝子がヘテロ接合になると期待される遺伝子対の数を，nを用いた分数で答えよ。

(b)　DNAマーカーによる選抜を行わずに，表現型による選抜によって，品種Aと同等な性質をもつ品種を作出するためには，図2－1で示す過程と比べて，長い年月を必要とする。その理由を2行程度で述べよ。

(E)　品種Cの草丈を低くさせる遺伝子は，1960年代からの急激なコメの増産によって，当時の食糧危機を救ったとされる「緑の革命」で中心的な役割を果たした遺伝子である。この変異はある遺伝子の機能欠損による劣性変異である。一方，コムギにおいて「緑の革命」を主導した草丈の低い品種の作出には，草丈が低くなる優性の遺伝子が利用されている。この違いは，イネが二倍体であるのに対して，コムギが六倍体であることと関連があると考えられる。コムギではイネと異なり，劣性変異が利用されにくい理由を2行程度で述べよ。

（Ⅱ）　文2について，以下の小問に答えよ。

(A)　下線部(イ)，(ウ)，(エ)には遺伝子操作でよく用いられる酵素が使われる。それぞれに最も適切な酵素を以下の(1)～(4)から選び，(イ)―(5)のように答えよ。

(1)　DNA合成酵素　　(2)　DNAリガーゼ

(3)　DNA分解酵素　　(4)　制限酵素

(B)　下線部(カ)について。イネの種子は，種子貯蔵物質の蓄積の様式が，エンドウの種子とは異なっている。その違いを2行程度で述べよ。

(C)　下線部(ク)における胚の細胞からカルスへの変化，下線部(サ)におけるカルスから芽への変化のことをそれぞれ何というか。(ク)―○○○，(サ)―×××，のように答えよ。

(D)　下線部(キ)，(ケ)，(コ)の培地に含まれる植物ホルモンXとYについて正しい記述を，以下の(1)〜(6)からすべて選べ。

(1) Xは離層の形成を促進する。

(2) Xは幼葉鞘（ようようしょう）の先端から基部方向へ移動する。

(3) Xをイネの種子に与えると，胚乳のデンプン分解が促進される。

(4) Yを葉に与えると，老化が抑制される。

(5) Yは果実の成熟を促進する。

(6) Yはイネに病気を引き起こす菌が分泌する物質として同定された。

(E) 下線部(オ)のプラスミドには，目的遺伝子とともに，あらかじめ，ある除草剤に対して耐性となる遺伝子が組み込んである。また，下線部(ケ)と(コ)の培地にはこの除草剤を加えてある。この方法により，トランスジェニック個体を効率よく取得することができる。その理由を2行程度で述べよ。

ポイント

(Ⅰ)(C) 個体Qの候補として，4種類の遺伝子型が考えられる。そのうち，自家受粉させると「病気に強く，自家受粉すると粘りが強いコメのみをつけ，草丈が低い」個体が現れる，という条件に合致するものを選ぶ。

(E) イネで劣性変異が利用されているということは，2本の相同染色体上に存在する草丈を高くする遺伝子に対して，両方ともその働きを失わせている。

16 調節遺伝子の働きと突然変異

（2010 年度　第２問）

次の文１と文２を読み，（Ⅰ）と（Ⅱ）の各問に答えよ。

〔文１〕

DNA の部分的な損傷や複製時の誤りによって塩基配列に変化が生じることを，遺伝子突然変異という。この遺伝子突然変異により，それまでに見られなかった形質が生じ，子孫に遺伝する突然変異体が出現する場合がある。

多細胞生物のからだの形づくりにおいて，本来特定の部位に形成されるはずの器官がつくられず，そこに別の器官が生じる突然変異を［(1)］突然変異という。

がくや花弁などの植物の花器官は［(2)］が進化して特殊化したものと考えられている。これらの花器官の形成では［(1)］遺伝子が調節遺伝子としてはたらいている。シロイヌナズナの場合，花器官ができる領域は４つに区画化される。図２－１の同心円で示すように，外側から，領域１：がく，領域２：花弁，領域３：おしべ，領域４：めしべ，の順に花器官が形成される。この配置は，３種類の調節遺伝子（A，B，C）のはたらきによって制御されている。調節遺伝子 A，B，C は花器官形成において，それぞれはたらく領域が決まっており，その組合せによってどの花器官が形成されるかが決まる。

これまでに，花器官の形成に異常を示すシロイヌナズナの突然変異体が多数得られている。調節遺伝子 A，B，C のそれぞれの機能を失った突然変異体では，表２－１のように，いくつかの花器官の形成に異常を示す。また，調節遺伝子 A，B，C のすべての機能を失った突然変異体では，すべての花器官が［(2)］に［(1)］変異する。

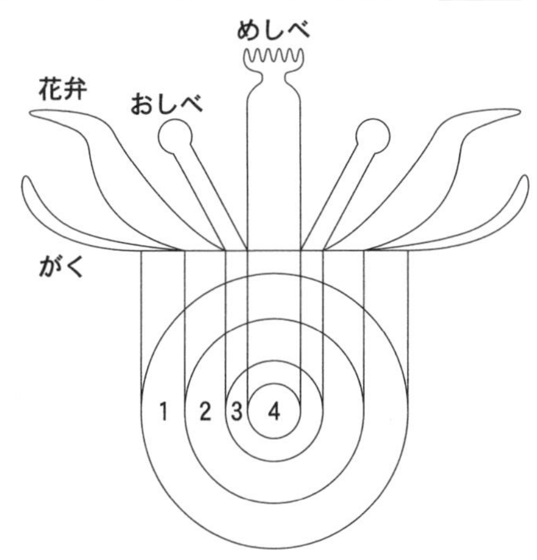

図２－１　花器官が形成される４つの領域

表２－１　花器官形成に異常を示す突然変異体の表現型

変異体の種類	領域			
	1 （が　く）	2 （花　弁）	3 （おしべ）	4 （めしべ）
野　生　型	○	○	○	○
A突然変異体	×	×	○	○
B突然変異体	○	×	×	○
C突然変異体	○	○	×	×

（注２－１）　表中の○は正常な花器官，×は本来つくられるべきものとは異なる花器官が形成されることを示す。

〔文２〕

葉を形成していた茎頂部が花芽を形成するように変わることを花成という。ロシアの科学者チャイラヒャンは，植物がどこで光を感知して花成が誘導されるのかをつきとめた。植物の茎頂部もしくは葉のみに光刺激を与え，どちらの器官が光を感知した時に，花成が誘導されるかを調べた。その結果，葉に光刺激を与えた場合にのみ花成が誘導されたことから，未知の花成誘導因子(ア)花成ホルモンの存在を提唱した。

シロイヌナズナは長日植物であり，遺伝子Ｐの機能が失われた突然変異体（以後，Ｐ突然変異体とよぶ）は，長日条件下で野生型よりも花成時期が遅くなる「遅咲き」表現型を示した。一方，遺伝子Ｐを植物体全体で強制的に発現させた変異体（以後，Ｐ過剰発現体とよぶ）では，長日条件下で野生型よりも花成時期が早くなる「早咲き」表現型を示した。さらに，野生型の台木にＰ過剰発現体の穂木を接ぎ木すると，台木の表現型は早咲きになった。このような，変異体を組み合わせて接ぎ木を行った実験の結果を表２－２に示す。

（注２－２）　この接ぎ木実験では，図２－２のように，台木（白で示す）の茎頂部は切除せず，穂木（灰色で示す）は，Ｙ字型になるように接ぎ木した。また，台木と穂木の植物体全体に光刺激を与えた。

表２－２　接ぎ木の組み合わせと台木の花成時期

台　　木	穂　　木	台木の花成時期
野　生　型	野　生　型	正　　常
野　生　型	Ｐ過剰発現体	早　咲　き
野　生　型	Ｐ突然変異体	(3)
Ｐ過剰発現体	野　生　型	(4)
Ｐ過剰発現体	Ｐ過剰発現体	早　咲　き
Ｐ過剰発現体	Ｐ突然変異体	(5)
Ｐ突然変異体	Ｐ突然変異体	遅　咲　き

図2－2　台木の茎頂部を残す接ぎ木

〔問〕

(I)　文1について，以下の小問に答えよ。

(A)　遺伝情報はDNAからmRNAに写され，次に，そのmRNAの情報に基づきアミノ酸が連結したタンパク質が合成される。これら2つの過程をそれぞれ何というか。また，遺伝情報がDNAからmRNA，さらにはタンパク質へと一方向に流れる原則のことを何というか。それぞれ答えよ。

(B)　グアニンがアデニンへと変化する遺伝子突然変異を人為的に誘発して，トリプトファンのコドン（UGG）に変異が生じた場合，野生型と異なる表現型を示す突然変異体となることが多い。その理由を3行程度で述べよ。

(C)　タンパク質のアミノ酸配列はDNAの塩基配列に対応しているが，その塩基配列に変化が生じても，アミノ酸配列に影響を及ぼさず，表現型にも影響を与えない場合がある。一方，タンパク質のアミノ酸配列からDNAの塩基配列を推定することは，DNAの塩基配列からタンパク質のアミノ酸配列を推定することより難しい。これら2つの事がらは同じ理由による。その理由を，遺伝暗号の特徴を考慮して2行程度で述べよ。

(D)　空欄(1)，(2)に適切な語を入れよ。

(E)　A突然変異体では，領域1から領域4にかけて，めしべ，おしべ，おしべ，めしべの順に花器官が形成された。このことから推測される調節遺伝子A，B，Cの相互の関係について，適切なものを以下の(1)～(5)からすべて選べ。

(1)　調節遺伝子Aは調節遺伝子Bの機能を阻害しており，調節遺伝子Aの機能欠損により，調節遺伝子Bがすべての領域で機能するようになる。

(2)　調節遺伝子Aは調節遺伝子Cの機能を阻害しており，調節遺伝子Aの機能欠損により，調節遺伝子Cがすべての領域で機能するようになる。

(3) 調節遺伝子Ａは調節遺伝子ＢとＣの機能を阻害しており，調節遺伝子Ａの機能欠損により，調節遺伝子ＢとＣがすべての領域で機能するようになる。

(4) 調節遺伝子Ａの機能は，調節遺伝子ＢとＣの機能と関係しない。

(5) 調節遺伝子Ａの機能は，調節遺伝子Ｂの機能に必要である。

(F) ラカンドニアという植物の領域３と領域４では，シロイヌナズナと比べて花器官の形成位置が逆転しており，それぞれ，めしべ，おしべが形成される。これは，調節遺伝子 A，B，C の機能する領域がシロイヌナズナとは異なるためであると考えられている。ラカンドニアの領域１と領域２では，がくが形成されると仮定すると，ラカンドニアではどの調節遺伝子がどの領域で機能すると考えられるか。調節遺伝子 A，B，C についてそれぞれ答えよ。

(G) シロイヌナズナで，領域１から領域４のすべての領域で調節遺伝子Ｂを強制的に発現させると，各領域にはどの花器官が形成されるか。それぞれの領域について答えよ。また，調節遺伝子Ｂを強制的に発現させた後，調節遺伝子Ａと調節遺伝子Ｃの機能を変化させるとすべての領域でおしべが形成されたとする。調節遺伝子Ａと調節遺伝子Ｃの機能をどのように変化させたか。それぞれ答えよ。

(Ⅱ) 文２について，以下の小問に答えよ。

(A) 下線部(ア)について。花成ホルモンの別名を答えよ。

(B) 遺伝子Ｑの機能を失ったシロイヌナズナの突然変異体も，遅咲きの表現型を示す。文２と表２－２中に示したＰ突然変異体やＰ過剰発現体を用いて行った実験を，それぞれＱ突然変異体やＱ過剰発現体を用いて行っても，同じ結果が得られた。一方，接ぎ木をしていないＱ突然変異体の葉で遺伝子Ｐを強制的に発現させると早咲きになった。しかし，接ぎ木をしていないＰ突然変異体の葉で遺伝子Ｑを強制的に発現させても遅咲きのままであった。これら２つの実験から，葉における遺伝子Ｐと遺伝子Ｑの機能はどのような関係にあると考えられるか。２行程度で述べよ。

(C) タンパク質Ｐとタンパク質Ｑのどちらかが花成ホルモンであると考えられた。そこで以下の実験を行った。野生型において，遺伝子Ｐまたは遺伝子Ｑを葉のみで強制的に発現させると早咲きになった。一方，遺伝子Ｐを茎頂部のみで強制的に発現させると早咲きになったが，遺伝子Ｑを茎頂部のみで強制的に発現させても早咲きにはならなかった。これらの結果から正しいと考えられるものを，以下の(1)～(6)からすべて選べ。

(1) タンパク質Ｐは，葉から茎頂部に移動する。

(2) タンパク質Ｑは，葉から茎頂部に移動する。

(3) タンパク質Ｐもタンパク質Ｑも葉から茎頂部に移動する。

(4) 花成を誘導するためには，タンパク質Ｐもタンパク質Ｑも，ともに茎頂部ではたらくことが必要である。

(5)　花成を誘導するためには，タンパク質Pは葉で，タンパク質Qは茎頂部ではたらくことが必要である。

(6)　花成を誘導するためには，タンパク質Pは茎頂部で，タンパク質Qは葉ではたらくことが必要である。

(D)　表2－2の空欄(3)～(5)に適切な語を入れよ。

(E)　短日植物であるイネの遺伝子P′と遺伝子Q′は，長日植物であるシロイヌナズナの遺伝子Pと遺伝子Qにそれぞれ相同な遺伝子である。長日条件下において，イネのP′突然変異体は遅咲きで，P′過剰発現体は早咲きであった。一方，長日条件下において，イネのQ′突然変異体は早咲きで，Q′過剰発現体は遅咲きであった。この実験結果から，長日条件下において，イネの遺伝子P′と遺伝子Q′の機能はどのような関係にあると考えられるか。シロイヌナズナの遺伝子Pと遺伝子Qの機能の関係と比較して2行程度で述べよ。

ポイント

(Ⅱ)(B)〔文2〕と(B)の内容を表にまとめると，次のようになる。

	遺伝子P	遺伝子Q	表現型
野生型	○	○	正常
P突然変異体	×	○	遅咲き
Q突然変異体	○	×	遅咲き
P過剰発現体	◎	○	早咲き
Q過剰発現体	○	◎	早咲き

○…正常　◎…過剰発現　×…突然変異

遺伝子P・Qのどちらか一方が機能を失うと，遅咲きになる。
(ここまでは問題文から読み取れる事実！　そしてここからが考察である)
→遺伝子P・Qの産物には花芽形成を促進させる働きがある。

17 細胞周期，DNA の複製

（2005 年度　第 1 問）

次の文 1 〜文 3 を読み，（Ⅰ）〜（Ⅲ）の各問に答えよ。

〔文 1〕

多細胞生物の成長は細胞分裂を伴うが，体細胞では多くの場合 DNA 複製と細胞分裂が交互におこる。この DNA 複製と細胞分裂の周期を細胞周期とよび，1 回の細胞分裂の終了から次の細胞分裂の終了までの期間が 1 細胞周期となる。細胞周期は，DNA の複製が始まるまでの準備期（G_1 期）→DNA 合成期（S 期）→分裂が始まるまでの準備期（G_2 期）→分裂期（M 期）の順に進行する。M 期での細胞核の分裂は［ 1 ］と核小体が消失して染色体が凝縮していく前期，染色体が赤道面に整列する中期，染色分体が両極に移動していく後期，それらの周囲に［ 1 ］が再形成される終期の順に進行し，次いで細胞質分裂がおこって 2 つの娘細胞が形成される。さらに分裂増殖を続ける場合は，この細胞周期がくり返される。

動物細胞では，前期に中心体が二分されるとともに微小管が伸長して星状体となり，それらが両極となって［ 2 ］の形成が始まる。植物細胞には中心体はないが，［ 2 ］は形成される。いずれの場合でも両極から伸長した微小管は，［ 3 ］に付着して染色体を動かす。中期には，両極からの力がつり合って染色体が赤道面に並ぶが，後期に入ると，対をなしていた染色分体が分かれ，［ 3 ］微小管が短くなることで染色分体は両極に移動する。終期に入ると，細胞核が再形成され，続いて$_{(ア)}$細胞質分裂がおこって，細胞は 2 分割される。

〔文 2〕

S 期の細胞に水素の同位体 ^{3}H を含むチミジンを与えると，^{3}H チミジンは複製中の DNA にとり込まれ，DNA を標識することができる。いま盛んに分裂増殖し，細胞周期のさまざまな時期を進行中の多数の細胞を含む培養液に，^{3}H チミジンを加えて DNA を短時間標識した。その後，細胞を洗浄して細胞外の ^{3}H チミジンを完全に除き，^{3}H チミジンを含まない培養液に戻して，細胞周期を進行させた。$_{(イ)}$4 時間後から，標識されたM期の細胞が観察され始め，5 時間後にはM期の細胞の 50 %が標識されるに至った。その後にM期の細胞は 100 %標識されたものになり，やがて減じて，10 時間後にはその割合は再び 50 %になった。引き続き培養を続けたところ，標識されたM期の細胞は全く見られなくなったが，18 時間後から再び観察されるようになった。

（注 1）　この実験では，細胞を標識した時点で多数の細胞が細胞周期の各時期に一様に分布し，すべての細胞は細胞周期を同じ速度でまわり続けているとする。また，細胞の標識に要した時間は便宜上0時間とし，S期の細胞はすべて標識されたとする。

〔文3〕

窒素の同位体 ^{15}N（窒素 ^{14}N より重い）のみを窒素源として含む培地で，充分に長い期間大腸菌を増殖させ，DNA 中の窒素原子がすべて ^{15}N に置きかわった菌を作製した。この大腸菌を ^{14}N のみを窒素源とする培地に移して増殖させると，DNA 複製の際に ^{14}N が取り込まれる。菌がいっせいに分裂するように調整してから，分裂するたびに大腸菌を採取して，その DNA を取り出して調べた。DNA の二重鎖は重さによって遠心分離で区別できる。(ウ)2回目の分裂直後の遠心分離では，DNA 二重鎖は，重いもの，中間のもの，軽いものの比率が0：1：1になった。

（注2） DNA 二重鎖中の窒素原子がすべて ^{15}N に置きかわったものを重い DNA 鎖，すべて ^{14}N のものを軽い DNA 鎖とする。

〔問〕

（Ⅰ） 文1について，以下の小問に答えよ。

(A) 文中の空欄1～3に入る最も適当な語句を記せ。

(B) 下線部(ア)について。一般的な植物細胞と動物細胞の細胞質分裂の違いについて2行で述べよ。

(C) 細胞を構成する主な構造の中で，一般に動物細胞に比べて植物細胞に特徴的なものを下記の例以外に2つあげ，その構造と主要な機能について各1行で述べよ。

（例） 葉緑体：二重の膜をもつ細胞小器官で，クロロフィルを含み光合成を行う。

（Ⅱ） 文2について，以下の小問に答えよ。

(A) M期の細胞を識別するために染色に用いられる色素を1つあげよ。

(B) 下線部(イ)について。この細胞が細胞周期の G_2 期とM期それぞれを通過するのに要する時間を求めよ。

(C) この細胞が細胞周期の G_1 期を通過するのに要する時間を求めよ。

（Ⅲ） 文3について，以下の小問に答えよ。

(A) この実験で示されたDNA の複製のしくみを何とよぶか。

(B) 下線部(ウ)について。4回目および n 回目の分裂直後の DNA 二重鎖では，これらの比率はどのようになるか。それぞれの場合について

重い DNA 鎖：中間の DNA 鎖：軽い DNA 鎖

の比率を求めよ。

(C) 上記(B)の n 回目の分裂後，再び ^{15}N のみを窒素源とする培地に移し，さらに2回分裂を行わせた。この2回目の分裂直後における

重い DNA 鎖：中間の DNA 鎖：軽い DNA 鎖

の比率を求めよ。

ポイント

（Ⅱ）　チミジンは DNA の塩基チミンとなる物質なので，DNA を合成している S 期の細胞にのみ取り込まれる。つまり，^{3}H チミジンを与えたときに S 期であった細胞だけが標識される。S 期の先頭にあった細胞（S_1）が M 期で観察され始めるまでに要する時間が G_2 期の長さ，S_1 が M 期に入ってから S 期の最後尾にあった細胞（S_n）が M 期に入るまでの長さが S 期の長さになる。この問題では M 期の中間点を S_1 が通過してから S_n が通過するまでの時間で示されている。

18 DNAの複製，レトロウイルス

（2004年度　第3問）

次の文1～文3を読み，（Ⅰ）と（Ⅱ）の各問に答えよ。

〔文1〕

ワトソンとクリックによりDNAの二重らせんモデルが提唱され，すでに50年が経過した。20世紀の中頃から21世紀初頭にかけてのこの50年間において，人類は生命現象に伴うさまざまな神秘を分子レベルで解き明かし，3×10^9対の塩基からなるヒトの巨大なゲノムDNAの化学構造すら明らかにした。DNAに書き込まれた遺伝情報（遺伝子の塩基配列）は，RNAの塩基配列に変換され，さらにタンパク質（アミノ酸配列）に変えられ，生じたタンパク質によりさまざまな生体反応が実行・制御される。このような遺伝情報の流れをセントラルドグマという。したがって，生命現象の最も基本的な仕組みは，設計図としてのDNA情報とそれを具現化するためのセントラルドグマであり，生命体は非常に複雑な化学反応の“るつぼ”といえよう。

細胞中では，通常，DNAは2本の分子がよりあわさり，二重らせん構造を形成している。DNA分子の基本単位はヌクレオチドで，各ヌクレオチドは［1］(Dと略す)，リン酸（Pと略す），塩基という3つの成分から成り立っている。［1］は図8のように2ヶ所でリン酸と結合し，P-D-P-D-P-D-P-D-PというようなDNAのバックボーン構造を作っている。DNAのバックボーンには方向性があり，その一端を5′末端，他端を3′末端という。二重らせん構造を形成する2本のDNA分子は，5′末端，3′末端に関して逆向きである。二重らせんの内側には塩基が位置している。塩基には，アデニン，グアニン，［2］，［3］という4種類があり，それぞれA，G，C，Tという1文字で表記する。［4］とT，［5］と［6］は水素結合を介して対合しており，この対合（塩基対）が遺伝の最も基本的な仕組みである。

なお，水素結合は熱に弱いので，二本鎖DNAの水溶液を高温にすると，2本の分子は解離する。逆に，解離したDNA分子の水溶液をゆっくりと冷やすと，再び塩基対が形成されて二本鎖DNAが再生される。

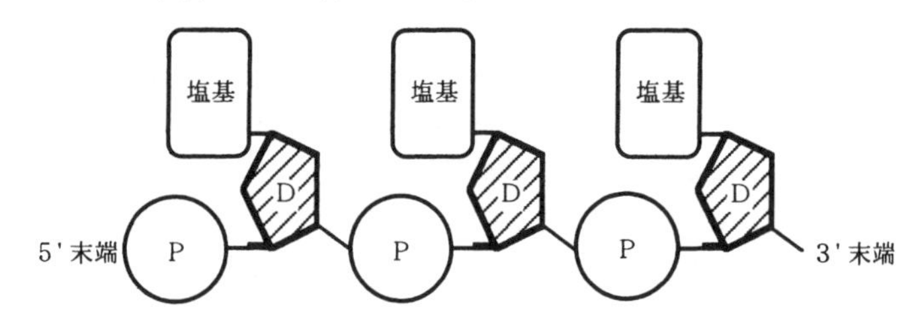

図8　DNA分子の構造の模式図

〔文2〕

細胞の増殖に際し，(ア)DNA は複製され，遺伝情報は親細胞から娘細胞へ正しく伝えられる。このDNA複製の際にも，セントラルドグマは機能するに違いない。しかし，もしそうであるとすると（DNAが複製されるためにはさまざまなタンパク質が必要であることを考えれば），生命の誕生の際にDNAがタンパク質より先にできたのか，それともタンパク質がDNAより先にできたのかという基本的な疑問に突き当たってしまう。実際，この問題は分子生物学者を長い間悩ませてきた。問題の解決の糸口は，酵素に類似した働きがRNAにもあるという発見により与えられた。一方で，RNAが遺伝子として働くことは，RNAでできたゲノムをもつウイルス（RNAウイルス）の存在を通じて，それ以前から知られていた。これらの知見をもとに，現在のDNA/セントラルドグマの時代（DNAワールド）の以前に，RNAが遺伝子やタンパク質の役割をも果たした時代（RNAワールド）があったという有力な考えが提唱されている。RNAワールドがDNAワールドに移行するには，RNAをDNAに変換する分子機構が必要であると考えられる。

ヒトにエイズを引き起こすHIVや白血病を引き起こすHTLV-Iは，レトロウイルスと呼ばれるウイルスである。レトロウイルスの研究から，RNAをDNAに変換する分子機構の存在を支持する実験結果が得られた。

〔実験1〕 精製されたあるレトロウイルスの入った溶液に，ある薬剤Xを加えると，レトロウイルスの外被の膜が溶けて，溶液中の物質がレトロウイルスの中に侵入できるようになる。薬剤Xで処理したレトロウイルス液に，放射性同位体である ^{32}P で標識された活性型ヌクレオチド(注3)を含む適当な緩衝液を加えて37℃で1時間保温した。[1]を成分として含む活性型ヌクレオチドを用いた場合は，^{32}Pで標識された核酸が合成されたが，[7]を成分として含む活性型ヌクレオチドを用いた場合は，核酸の合成は起こらなかった。薬剤Xで処理したレトロウイルス液に，RNA分解酵素を加えて37℃で保温したのちに，[1]を成分として含む活性型ヌクレオチドを加えて同様の反応を行なった場合では，核酸の合成は起こらなかった。

(注3) 活性型ヌクレオチド：連続した3個のリン酸が結合したヌクレオチドで，ATPはその一種である。

〔実験2〕 レトロウイルスとポリオウイルスから精製したRNAを含む水溶液を，95℃で加熱後急冷し，ナイロン膜に結合させた（図9）。実験1で合成した ^{32}P で標識された核酸を精製した。この核酸水溶液を95℃で加熱後急冷し，適当な緩衝液を加え，そこにRNAを結合させたナイロン膜を浸し，プラスチック袋に密封して42℃で一晩保温した。ナイロン膜を適切に処理したのち，ナイロン膜の放射能を測定したところ，(イ)レトロウイルスRNAを結合させた領域Bでは，RNAを結合させていない領域Aやポリオウイルス RNAを結合させた領域Cに比べて，100倍以

上の高い ^{32}P の放射能が検出された。

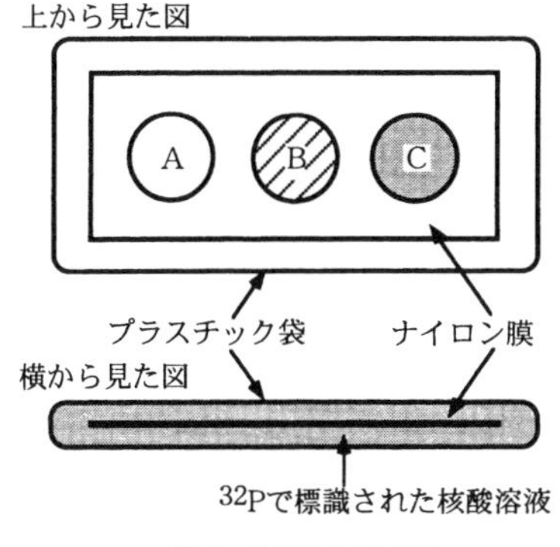

図9　実験2の模式図

A：RNAを結合させていない領域
B：レトロウイルスRNAを結合させた領域
C：ポリオウイルスRNAを結合させた領域

〔文3〕

現在の世界には，それぞれ非常に高い多様性をもったバクテリア，植物，動物といった生物が存在している。また，それ自身は生物とはいえないにしても，生物に寄生して自己を増やすウイルスも多々ある。これらの遺伝情報は基本的に同一のセットの遺伝暗号によりアミノ酸配列情報に変換されることから，(ウ)現存するすべての生物は，同一の起源から生じた生命体の子孫であると推定されている。個体間の小さなばらつきを別にすると，個々の生物種は固有の遺伝情報をもっている。

DNA の塩基配列はさまざまな理由で変化する。ここでは，生殖細胞で起こった親から子へ遺伝可能な突然変異だけを考察することとする。進化の過程で DNA の塩基配列は変化するので，突然変異が進化と密接に関わっていることは確かであろう。しかし，進化は突然変異だけでは説明できない。生じた突然変異の集団中への固定が重要である。通常，同一の突然変異が種を構成している他の個体の当該遺伝子に起こることは，種を構成する集団の数がよほど大きくない限り考えにくい。したがって，進化に際しては，(エ)何らかの過程で，集団を構成するすべての個体の当該遺伝子が，すべて突然変異型に置き換わる機構が存在しなくてはならない。突然変異の出現とその固定が何度も繰り返され，現在見られる種固有の DNA 塩基配列上の大きな変化が作り出されたと考えられる。

〔問〕

(Ⅰ)　文1，文2について，次の小問に答えよ。

(A)　空欄1～7に最も適当な語句を入れよ。解答は，1．タンパク質，2．アミノ酸のように記せ。

(B) 下線部(ア)について。DNA の複製に際し，新しいヌクレオチドは，常に合成されている DNA 鎖の 3′ 末端にしか付加されないことが知られている（図 10 参照）。図 10(b)は図 10(a)よりも複製が少し進んだときの未完成の模式図である。

(a) 6 行程度のスペースを使って図 10(b)を写し取り，図中の新生W鎖と新生C鎖の合成がどのように進行するかを示せ。新しく合成された部分を点線で表し，合成の方向がわかるように矢頭をつけること。

(b) 得られた図を参考にして，W鎖とC鎖のそれぞれに相補的な鎖（DNA 分子）の合成における相違点を 3 行程度で述べよ。

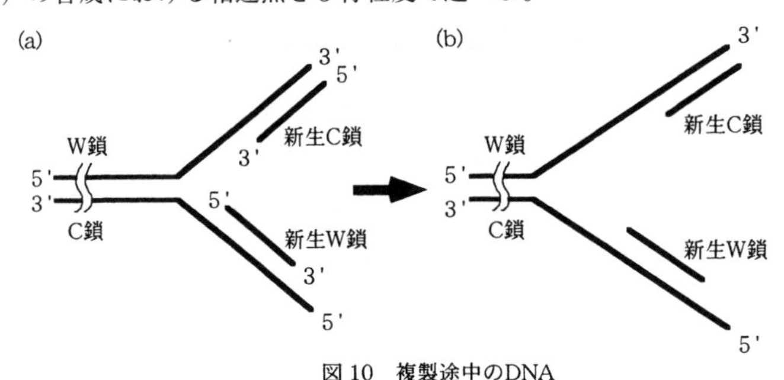

図 10　複製途中のDNA

(C) 実験 1 と実験 2 は，レトロウイルス粒子に含まれる「ある酵素」の性質を調べたものである。この酵素の性質として，実験 1 と実験 2 からわかることを以下の(1)〜(8)からすべて選び，番号で答えよ。

(1) DNA の塩基配列を写し取って DNA を合成する活性がある。
(2) DNA の塩基配列を写し取って RNA を合成する活性がある。
(3) RNA の塩基配列を写し取って DNA を合成する活性がある。
(4) RNA の塩基配列を写し取って RNA を合成する活性がある。
(5) DNA の塩基配列を写し取って DNA を合成する活性はない。
(6) DNA の塩基配列を写し取って RNA を合成する活性はない。
(7) RNA の塩基配列を写し取って DNA を合成する活性はない。
(8) RNA の塩基配列を写し取って RNA を合成する活性はない。

(D) 下線部(イ)について。なぜこのような結果になったのか。ポリオウイルス RNA の塩基配列がレトロウイルス RNA の塩基配列と著しく異なることを踏まえて，3 行程度で説明せよ。

(E) ヒトのゲノム DNA の塩基配列を調べてみると，遺伝子の数はおよそ 3 万個であった（ただし，後述するレトロウイルスや広義のその仲間の遺伝子を除く）。一方，レトロウイルスや広義のその仲間の DNA が，全ゲノム DNA の 50 % 程度を占めていることがわかった。

(a)　どのような仕組みで「レトロウイルスや広義のその仲間」がヒトのゲノムに多数存在するようになったのか，1～2行で考えを述べよ。

(b)　ヒトゲノム中に見出される「レトロウイルスや広義のその仲間」の一個のサイズが平均5000塩基対であると仮定して，ヒトのゲノムDNAに存在する「レトロウイルスや広義のその仲間」の個数を計算せよ。

(Ⅱ)　文3について，次の小問に答えよ。

(A)　下線部(ウ)の記述と矛盾しないものを以下の(1)～(4)からすべて選び，番号で答えよ。

(1)　ヒトとサルは共通の祖先から由来した生物であるが，ヒトとハエはそうではない。

(2)　ヒトのインターフェロン遺伝子で形質転換した大腸菌から，ヒトのインターフェロンを合成できる。

(3)　酵母とハエは共通の祖先から由来した生物であるが，セイタカアワダチソウとヒトは同じ祖先に由来した生物ではない。

(4)　ハエのある種の突然変異体に，ヒトの遺伝子を導入して正常に戻すことができる。

(B)　DNAと同様にRNAにも方向性がある。アミノ酸配列への変換は，5′から3′の方向に行われる。5′-UCUAGUGCGCGCUUUC-3′（1, 5, 10, 15番目の塩基の上に番号）は，遺伝子Xの伝令RNAのヌクレオチド配列の一部で，この中にはロイシン―バリン―アルギニン―アラニン―フェニルアラニンというペプチドに対応するヌクレオチド配列が含まれている。左から10番目のCをA，G，Uのいずれに置き換えても，アミノ酸配列に変化は見られなかったが，左から6番目のUをCに置き換えると，バリンがアラニンに，左から11番目のGをCに置き換えると，アラニンがプロリンに変化した。

(a)　なぜ10番目のCを変化させたときだけアミノ酸配列は変わらなかったのか。1行で説明せよ。

(b)　ここからわかるアミノ酸のコドンをすべて示せ。解答はAUG―メチオニン，GGG―グリシンのように記せ。

(C)　下線部(エ)について。突然変異の固定にはさまざまな要因が考えられる。ここで考える突然変異は，淘汰に特に有利なものではないとすると，どのような機構が考えられるか。1～2行で述べよ。

(D)　種を構成する個体の生息地域が，ある時を境に物理的に隔離されると，その境界を越えて突然変異が伝播する速度は著しく小さくなり，生息地域に特徴的なDNA塩基配列が生じる。このような生息地域依存的なDNA塩基配列の違いは，それが直接病気と関わらなくても，遺伝病の探索や病気にかかりやすい体質の研究に重要である。なぜか。考えを2～3行で述べよ。

ポイント

(Ⅰ) Ⓑで問われているのは日本の生物学者岡崎令治による研究結果である。1968 年に発表されたこの複製機構は不連続複製機構と呼ばれるもの。2 本鎖 DNA が半保存的に複製されるときに，双方の複製はほぼ同時進行する。この事実は新しく合成される DNA 鎖が必ず 5′→3′ の方向であることを考えると奇妙であった。新しい鎖のうちどちらかは，3′ から 5′ の方向に伸びるように見えるからである。

一見 3′ から 5′ の方向に伸びるように見えるのは，＊片側の鎖の合成は，実は 5′ から 3′ へ進む短い DNA 断片が多数できて，できた鎖が DNA リガーゼにより後につなぎ合わせることでできあがるものであることがわかった。このときできる小さな DNA 断片を岡崎フラグメントと呼ぶ。解答にある新生 C 鎖は連続的に合成される鎖でリーディング鎖と呼ばれ，新生 W 鎖（上記下線部＊の鎖）をラギング鎖と呼ぶ。

19 がん遺伝子

（2003年度　第3問）

次の文1と文2を読み，（Ⅰ）と（Ⅱ）の各問に答えよ。

〔文1〕

がんは，遺伝子や染色体の異常によって細胞が無秩序に増殖して起こる病気で，がん原遺伝子やがん抑制遺伝子などに異常が積み重なって発症する。遺伝子の異常としては(ア)1塩基の変異（点突然変異）や数塩基の欠失，(イ)染色体の異常としては一部分の欠失などがよく知られている。

がん原遺伝子は，変異によって活性化してがん化を引き起こすようにはたらく遺伝子で，一対の遺伝子の一方に異常が起これば，がん化を引き起こすことがある。がん化能を獲得したがん原遺伝子は，がん遺伝子と呼ばれる。*ras* 遺伝子は代表的な例で，いろいろながんで点突然変異が見つかっている。正常な *ras* 遺伝子産物には活性状態と不活性状態があり，活性状態では多くの場合，細胞の増殖を促進する役割を果たしている。(ウ)しかし，*ras* 遺伝子に点突然変異が起こると恒常的に活性化した遺伝子産物ができることがあり，細胞のがん化を引き起こす一因となる。

がん抑制遺伝子は，変異によって失活することにより細胞のがん化が引き起こされるような遺伝子である。正常な状態では細胞のがん化を抑制するようにはたらいていると考えることができるので，この名称がある。このようながん抑制遺伝子の概念は，(エ)正常細胞とがん細胞を融合すると融合細胞が正常細胞の表現形質を示すこと，(オ)遺伝性がん患者の細胞には特定の染色体の一部に欠失などの異常がみられることと良く符合する。

がん抑制遺伝子には以上のようなはたらきがあるので，一対の遺伝子の一方に異常が起きて失活した（第1ヒット）だけではがん化は引き起こされず，もう一方にも異常が起きて（第2ヒット）両方失活したときに初めてがん化が引き起こされると考えられる。この考え方を2段階ヒット理論（two-hit theory）と呼ぶ。

初めて実体が明らかになったがん抑制遺伝子は，眼の腫瘍である網膜芽細胞腫の原因遺伝子 *Rb* である。網膜芽細胞腫には，片方の *Rb* 遺伝子の変異が親から遺伝している遺伝性のものと，非遺伝性のものが知られている。(カ)遺伝性の網膜芽細胞腫では，非遺伝性の場合と異なって早期に発症する頻度が高く，両眼に発症する場合があるが，このような発症の仕方も，two-hit theory により説明できる。

〔文2〕

がん抑制遺伝子の中で最も有名なものは *p53* 遺伝子で，ほとんどの種類のがんで高頻度に変異が見出される。一般に，一対の遺伝子の一方は欠失し，他方は点突然変異を起こしている場合が多く，two-hit theory がよくあてはまる。

p53 遺伝子の産物（p53 と記す）は，他の遺伝子の転写を活性化するはたらきをもつタンパク質で，４分子が複合体を形成してはじめて機能することができる。がん細胞で見出される，変異を起こした p53 は，転写を活性化するはたらきを失っている。したがって，(キ)一方の *p53* 遺伝子が正常で他方の *p53* 遺伝子に点突然変異が起きて失活している場合には，変異を起こした p53 が正常な p53 の機能を阻害する可能性もある。そこで，この仮説を検証し，さらに p53 の機能を調べるために以下の実験を行った。

〔実験〕 現在の技術では，任意の遺伝子を培養細胞に導入して発現させることが可能である。そこで，正常 *p53* 遺伝子が完全に欠失したあるがん細胞をシャーレで培養して，正常 *p53* 遺伝子や変異 *p53* 遺伝子を発現させて，生細胞数の変化を経時的に計測した（図６）。もとのがん細胞は，a のような曲線を描いて増殖したが，正常 *p53* 遺伝子を発現させた場合には細胞増殖の抑制が起きた（増殖曲線 b）。(ク)さらに正常 p53 の発現量を増やしたところ，増殖曲線 c のような生細胞数の変化がみられた。しかし，変異 p53 を大量に発現させても，このような現象は観察されなかった（増殖曲線 d）。(ケ)一方，正常 p53 とこの変異 p53 を同時に発現させた時には，増殖曲線 e のような生細胞数の変化が観察された。

細胞が様々な要因によって遺伝子の傷害などのストレスを受けると，p53 の発現の増加と活性化が起こり，p53 の作用によって細胞は間期で停止する。その間に傷害が修復されると，DNA 複製・細胞分裂が再開される。一方，傷害が大きくて修復が不可能な場合には，(コ)上記の実験の増殖曲線 c のような現象が起こる。このような p53 の活性を利用して，*p53* 遺伝子に異常のあるがん細胞に正常 *p53* 遺伝子を発現させることにより，がんを治療しようという試みも報告されている。また一方で，p53 の機能を阻害する薬剤が，放射線などによるがん治療の副作用軽減に有用である可能性もある。例えば，(サ)p53 の機能を一時的に阻害する薬剤を投与したマウスは，致死量の放射線を照射しても生存できたという実験結果が報告されている（なお，この実験では放射線や p53 の機能を阻害する薬剤による発がんは起こらなかった）。p53 の機能を阻害する薬剤を併用することにより，放射線などによるがんの治療をより効果的に進められる可能性もある。

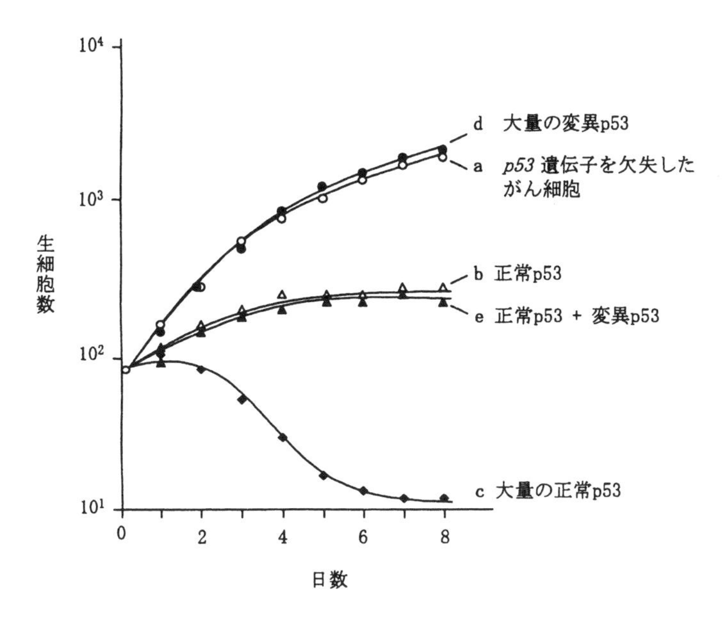

図6　p53を発現させたがん細胞の増殖曲線

〔問〕

（Ⅰ）　文1について，次の小問に答えよ。

(A)　下線部(ア)について。一般に点突然変異によって，遺伝子産物のアミノ酸配列にどのような変化が起こると考えられるか，２通りあげよ。

(B)　下線部(イ)について。染色体の一部の欠失以外で，染色体構造に異常が生じる例を３つあげよ。

(C)　下線部(ウ)について。*ras* 遺伝子の変異はいろいろながんで見出されるが，遺伝子産物の12番目のグリシンや61番目のグルタミンなどのアミノ酸が特定のアミノ酸に変化したものに限定されている。このような現象が観察される理由を述べた次の文(1)〜(5)の中から最も適切なものを１つ選び，番号で答えよ。

(1)　これらの変異によって置き換わった特定のアミノ酸そのものに発がん性があるから。

(2)　12番目や61番目などのアミノ酸に対応するコドンは，突然変異の頻度が高いから。

(3)　これらの変異が起こると，*ras* 遺伝子産物の活性が変化して，がん細胞の増殖に有利にはたらくから。

(4)　これらの変異が起こると，*ras* 遺伝子産物の転写が活性化されて，大量に産生されてしまうから。

(5)　これらの変異が起こって活性化した *ras* 遺伝子産物は，細胞の増殖を抑制できないから。

(D) ある膀胱(ぼうこう)がん患者のがん細胞から取り出したDNAより *ras* 遺伝子の塩基配列の一部を決定し，伝令RNAの配列に直したところ，(a)のようになった。また，ある肺がん患者のがん細胞の場合には伝令RNAの異なる部分で，(c)のようになった。それぞれに対応する領域の正常型 *ras* 遺伝子の配列を(b)および(d)に示してある。ただし，遺伝情報は左から右へ翻訳されるものとする。

(a) 膀胱がんのがん細胞での配列…GGUGGGCGCCGUCGGUGUGGGCA…
(b) 正常細胞での配列　　　　　…GGUGGGCGCCGGCGGUGUGGGCA…
(c) 肺がんのがん細胞での配列　…AUACCGCCGGCCGGGAGGAGUAC…
(d) 正常細胞での配列　　　　　…AUACCGCCGGCCAGGAGGAGUAC…

それぞれ，*ras* 遺伝子産物の何番目のアミノ酸が，どのアミノ酸に変わったものか。遺伝暗号表（表2）を参考にして，膀胱がん：18番アラニン → リシンのように答えよ。なお，がん細胞における *ras* 遺伝子産物の変異は12番目のグリシンと61番目のグルタミンに限定されるものとする。

(E) 下線部(エ)および(オ)の現象を，文中のがん抑制遺伝子の概念を用いて，それぞれ1行程度で説明せよ。

(F) 下線部(カ)のような発症の仕方の違いが生じる理由を，上記の two-hit theory に基づいて1行程度で述べよ。

表2　遺伝暗号表

コドン	アミノ酸	コドン	アミノ酸	コドン	アミノ酸	コドン	アミノ酸
UUU	フェニルアラニン	UCU	セリン	UAU	チロシン	UGU	システイン
UUC		UCC		UAC		UGC	
UUA	ロイシン	UCA		UAA	停止	UGA	停止
UUG		UCG		UAG		UGG	トリプトファン
CUU		CCU	プロリン	CAU	ヒスチジン	CGU	アルギニン
CUC		CCC		CAC		CGC	
CUA		CCA		CAA	グルタミン	CGA	
CUG		CCG		CAG		CGG	
AUU	イソロイシン	ACU	トレオニン	AAU	アスパラギン	AGU	セリン
AUC		ACC		AAC		AGC	
AUA		ACA		AAA	リシン	AGA	アルギニン
AUG	メチオニン	ACG		AAG		AGG	
GUU	バリン	GCU	アラニン	GAU	アスパラギン酸	GGU	グリシン
GUC		GCC		GAC		GGC	
GUA		GCA		GAA	グルタミン酸	GGA	
GUG		GCG		GAG		GGG	

伝令RNAの塩基配列として表記されている。

(Ⅱ)　文2について，次の小問に答えよ。

(A)　なぜ下線部(キ)のような可能性があると考えられるのか。1つの考え方を1行程度で述べよ。

(B)　下線部(ク)について。p53の作用によって細胞に何が起きたと考えられるか，1行で述べよ。

(C)　下線部(ケ)の実験は，下線部(キ)の仮説の実験的検証と考えられる。この結果が何を意味するか，p53の機能発現のしくみに着目して2行程度で述べよ。

(D)　p53のもつ下線部(コ)の機能は，がん抑制遺伝子としてのはたらきに最も重要であると考えられている。その理由を推測し，2行程度で述べよ。

(E)　下線部(サ)について。なぜこのような結果が得られたのか，p53の機能を阻害する薬剤の正常細胞に対する作用に注目して，1行程度で説明せよ。

ポイント

(Ⅰ)　がんの発症にはがん原遺伝子とがん抑制遺伝子が関与しており，これらの異常が蓄積してがんが発症する。*ras* 遺伝子はがん原遺伝子の1つである。変異型 *ras* 遺伝子のつくる産物は *ras* 遺伝子産物の活性が変化したもので，がん細胞の増殖に有利に働く。

がん抑制遺伝子とは変異によって失活するとがん化を引き起こす遺伝子で，正常な状態ではがん抑制に働いている。このため正常細胞とがん細胞を融合すると，正常細胞のがん抑制遺伝子の産物ががん細胞の遺伝子の働きを抑制するのでがん化しない。がん抑制遺伝子は一対の遺伝子の一方に変異が起きてもすぐにはがん化を起こすことはない。両方が失活したときに初めてがん化が引き起こされる。このような考え方を2段階ヒット理論と呼ぶ。

網膜芽細胞腫では，全く正常なタイプを *RbRb* とすると，遺伝性の患者はヘテロの *Rbrb* となる。このため正常な *Rb* 遺伝子を1つしかもたず，第1ヒットだけでがん化が起こるので非遺伝性のものに対して早期に発症する確率が高い。

20 プリオンの本体

(2000 年度　第 3 問)

次の文 1 ～ 4 を読み，（Ⅰ）～(Ⅳ)の各問に答えよ。

〔文 1〕

ヒツジが感染するスクレーピーという中枢神経系の病気が知られている。この病気にかかったヒツジの脳の抽出物をハムスターの脳内に接種すると，病原体は脳内で増殖し，数カ月の潜伏期(注 1)をおいてハムスターは発病する。

種々の方法で測定するとスクレーピーの病原体の大きさはウイルスより小さいことが判明した。もし病原体がウイルスであれば，その増殖に必要な遺伝情報は［ 1 ］または［ 2 ］のどちらかに蓄えられているはずである。たとえば［ 1 ］をもつウイルスは感染した細胞内で，［ 1 ］→［ 2 ］→タンパク質，という遺伝情報の流れにそって増殖する。しかし，この病原体は，ウイルスと異なり，［ 3 ］によっても感染力を失わなかった。その結果から，スクレーピーの病原体は，［ 1 ］も［ 2 ］ももたずに増殖できる特殊な因子（プリオンと呼ばれる）ではないかという考えがでてきた。

スクレーピーを起こすプリオンが，ハムスターの脳から精製され，ある特定のタンパク質であることがわかった。驚いたことに，このタンパク質は正常なハムスターにも存在した。正常なハムスターに存在するこのタンパク質を PrP^{C}(注 2)とし，発病したハムスターに見られるタンパク質を PrP^{Sc} とする。PrP^{Sc} と PrP^{C} のアミノ酸配列は全く同じであったが，両者の立体構造は異なることがわかった（以後，PrP^{Sc} をプリオンの本体とする)。以上から，PrP^{C} と PrP^{Sc} は同一の宿主遺伝子（PrP 遺伝子）からつくられ，PrP^{C} から PrP^{Sc} への変化は，ポリペプチド鎖への［ 4 ］ののちに起こると考えられる。

（注 1）　潜伏期：病原体が宿主に入り込み，十分量の病原体が複製されて症状が出現するまでの期間。

（注 2）　アミノ酸配列は種間で少しずつ異なるが，すべての哺(ほ)乳類がこのタンパク質を発現していると考えられている。

〔文 2〕

ハムスターの脳内で増殖したプリオンを他のハムスターの脳に接種すると，ハムスター由来のプリオンが増殖し，ハムスターは発病した。しかし，マウスの脳で増殖したプリオンをハムスターに接種しても発病しなかった。逆に，マウスにマウス由来のプリオンを接種すると発病したが，ハムスター由来のプリオンを接種しても発病しなかった。

この種間の感染の違いを調べるために，遺伝子組換え技術によりハムスターのPrP遺伝子をもったマウスが作製された。このマウスはマウスのPrP^CとハムスターのPrP^Cの双方を発現する。このマウスにハムスター由来のプリオンを接種したところ，マウスは発病した。またマウス由来のプリオンを接種しても，やはり発病した。このことは，(ア)ハムスターのプリオンはハムスターのPrP^Cと相互作用しやすく，それをPrP^{Sc}に変えていき，一方，マウスのプリオンはマウスのPrP^Cと相互作用しやすく，それをPrP^{Sc}に変えていくことを示している。このようにしてプリオンが増殖するという考えをプリオン説という。

数年前にイギリスにおいて流行した狂牛病は，ウシがヒツジのプリオンに感染したものである。ヒツジからウシへの感染があるなら，当然，ウシからヒトへの感染もあるのではないかという心配がでてくる。狂牛病のプリオンがヒトに感染するかどうかを確かめるために，(イ)科学者たちは，ヒトPrP遺伝子をもったマウスを作製し，そのマウスに狂牛病にかかったウシの脳の抽出物を接種した。その結果，接種されたマウス（寿命は約2年）にはマウスPrP^{Sc}は出現したが，ヒトPrP^{Sc}は検出できなかった。この事実は，潜伏期を2年以内と限れば，[5]は狂牛病にはかからず，[6]はかかる可能性があるということを示している。

〔文3〕

プリオン説をさらに検証するために，PrP遺伝子を欠失したマウスが作製された。2本の相同染色体のいずれにもPrP遺伝子がないマウスの遺伝子型をPrP－/－とする。このPrP－/－マウスは正常に成長した。このPrP－/－マウスおよび野生型のPrP＋/＋マウスの脳内に，マウスのプリオンを接種して経過を観察した。その結果，PrP＋/＋マウスは百数十日後に発病したが，(ウ)PrP－/－マウスは2年近く観察しても発病しなかった。一方，マウスにマウスあるいはハムスターのPrP^Cを大量に発現させると，自然に発病するマウスが現れた。よって，PrP^{Sc}を接種しなくても，個体内でPrP^CからPrP^{Sc}への変化が一定の確率で起こっているらしい。

ヒトには遺伝性のプリオン病がまれに存在する。図2に示したように，遺伝性プリオン病の遺伝形式は，父親から男児への遺伝があることなどから，[7]染色体[8]遺伝と考えられる。この病気の人のPrP遺伝子産物には，アミノ酸の置換が1箇所でみられた。(エ)これと同じ異常をもつPrP遺伝子を発現するマウスをつくると，このマウスはプリオンを接種しなくても発病した。

一方，ヒトのプリオン病の大部分は非遺伝性であり，また特殊な例を除いて，動物やヒトからの感染によるものではないと考えられ，毎年100万人につき約1人の割合で発病する。上に述べたことを考慮に入れれば，ヒト非遺伝性プリオン病については，ヒトのPrP^Cの発現量が[9]し，発病する可能性があげられる。または，体細胞のPrP遺伝子に一定の確率で[10]が生じ，自然発病するという可能性も考えられる。

〔文4〕

ヒトの PrP 遺伝子を導入したマウスにヒトのプリオンが接種された。予想に反して，ヒトのプリオンをこのマウスに感染させるのは，野生型マウスに対するのと同様に容易ではなかった。この実験から，マウス PrP 遺伝子が存在する場合には，ヒト $\mathrm{PrP^{C}}$ が $\mathrm{PrP^{Sc}}$ になりにくいのではないかと考えられた。そこで下線部(イ)に述べた狂牛病の感染実験を再検討するために，(オ)科学者たちは遺伝子組換え技術によって新たに作製したマウスを用いて，感染実験を行った。

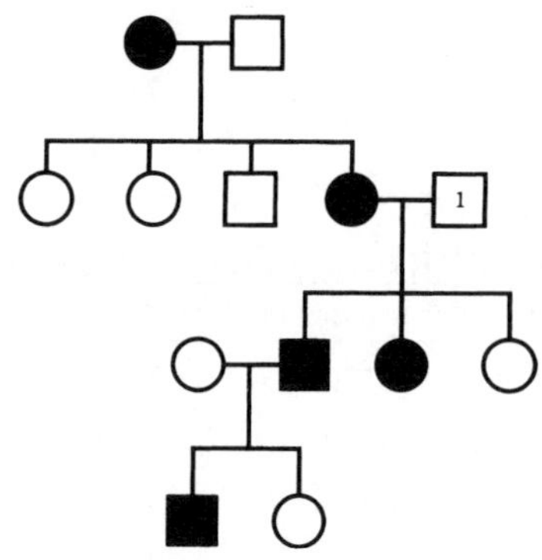

図2　遺伝性プリオン病の家系の例
□と○はそれぞれ正常な男性と女性を，■と●はそれぞれ発病した男性と女性を表す。ただし，図中の[1]で表される男性は病気の原因遺伝子をもたないことがわかっている。

〔問〕

（Ⅰ）文1について。

(A) 空欄1，2，4に，それぞれ最も適当な語句を入れよ。

(B) 空欄3に当てはまるのはどのような操作か。最も適当なものを次の(1)〜(4)のうちから1つ選び，番号で答えよ。

(1) 加熱処理　(2) 紫外線照射　(3) アルカリ処理　(4) 酸処理

（Ⅱ）文2について。

(A) 空欄5と6に，それぞれ最も適当な動物名を入れよ。

(B) 下線部(ア)について。双方の $\mathrm{PrP^{C}}$ を発現しているマウスに，ハムスターのプリオンを接種して発病させた。この発病したマウスの脳の抽出物を，マウスおよびハムスターに接種した。この場合，それぞれについて発病するかどうかを述べよ。

(C) 下線部(イ)について。なぜこのような実験を行ったのか。その理由をプリオン説にもとづいて2行以内で述べよ。

(Ⅲ)　文3について。

(A)　下線部(ウ)について。その理由をプリオン説にもとづいて2行以内で述べよ。

(B)　空欄7と8に，次の(1)～(6)のうちから最も適当なものを選び，それぞれ7―(7)のように答えよ。

(1)　X　　(2)　Y　　(3)　常　　(4)　優　性

(5)　劣　性　　(6)　伴　性

(C)　下線部(エ)について。この実験結果にもとづくと，ヒト遺伝性プリオン病の発病のしくみはどのように説明されるか。2行以内で述べよ。

(D)　空欄9と10に，それぞれ最も適当な語句を入れよ。ただし，空欄9には増加または減少のいずれかを入れよ。

(Ⅳ)　文4の下線部(オ)について。どのようなマウスを作製したと考えられるか。2行以内で述べよ。

ポイント

(Ⅱ)　(B)では〔文2〕の内容をふまえて解く。ハムスターはハムスター由来のプリオンで発病するが，マウス由来のプリオンでは発病しないことが示されている。つまり，同種由来のタンパク質でないと相互作用が起こりにくい。また，マウスの脳内であってもハムスターの PrP^{C} と PrP^{Sc} が相互作用することがわかる。タンパク質が同種のものであれば，異種の脳内でも相互作用が可能となる。

(Ⅲ)　PrP^{C} に PrP^{Sc} が作用した結果，PrP^{C} が変化して，PrP^{Sc} になるというのがプリオン説である。PrP－/－マウスは PrP^{C} をつくれないから，マウスのプリオンを接種されても PrP^{Sc} が生じず発病にはいたらない。

第3章　生殖と発生

21 体細胞の組換え，DNAの修復，細胞周期，がん抑制遺伝子

（2023年度　第1問）

次のⅠ，Ⅱの各問に答えよ。

Ⅰ　次の文1と文2を読み，問A～Mに答えよ。

［文1］

ヒトの生命は，生殖細胞である精子と卵子にそれぞれ［ 1 ］本ずつ含まれる父親由来と母親由来の染色体を受け継いで，［ 2 ］本の染色体をもつ受精卵としてスタートする。生殖細胞の分化の過程では，減数分裂が起こる。減数分裂では，1回のDNA合成に続いて，2回の細胞分裂が起こる。1回目の分裂では，父親由来と母親由来の相同染色体どうしが平行に並んで対合し，染色体DNAの一部が，同一，もしくは，ほぼ同一な配列をもつ染色体DNAの一部によって置き換わる組換え(ア)という現象が起こる。この時，対合した2本の相同染色体の間でDNAの一部が相互に入れ換わる乗換えが起こることが多い。その後，染色体は細胞の赤道面に並び，細胞の両端から伸びる紡錘糸によって引っぱられ，両極に移動する。その後，細胞質は二分され，続いて，2回目の分裂が行われる。減数分裂の全過程を通して，1個の母細胞から［ 3 ］個の娘細胞ができ，娘細胞の染色体数は，母細胞の染色体数の［ 4 ］分の1となる。

［文2］

ヒトの体を構成する細胞のうち，生殖細胞以外の細胞のことを体細胞という。体細胞分裂は，細胞周期(イ)に沿って進行する。細胞周期は，増殖細胞においては繰り返し進行する。ただし，正常細胞では，放射線などによってDNA損傷が生じた場合には，それに応答して，細胞周期の進行が停止する。一方，組換えという現象は，体細胞において，放射線などによってDNAの二本鎖が切断される場合にも起こり，DNA修復に関与する。(ウ)体細胞における組換えでは，減数分裂にお

ける組換えとは異なる点も存在する。まず，鋳型となる染色体が両者で異なる。また，減数分裂における組換えとは異なり，体細胞における組換えでは，乗換えは起こらない。二本鎖切断の入った染色体の切断部位周辺のDNA配列は，鋳型となるもう一方の染色体のDNA配列によって置き換えられるが，この時に鋳型となった染色体ではDNA配列の置き換えは起こらない。

実験1　タンパク質Xは，遺伝性乳がん・卵巣がんの原因遺伝子産物の1つとして知られる。一方，タンパク質Xは，細胞周期の進行に関わるタンパク質と複合体を形成する。そこで，タンパク質Xの細胞周期の制御における役割を調べることにした。タンパク質Xをコードする遺伝子*X*を欠損していないヒト細胞(野生株)と遺伝子*X*を欠損したヒト細胞のそれぞれについて，放射線を照射する前の細胞と放射線を照射後24時間経過した細胞を多数採取した。DNAと結合すると蛍光を発する色素を用いて染色することにより，一つ一つの細胞に含まれるDNA量を計測した。その結果，図1―1のような分布となった。

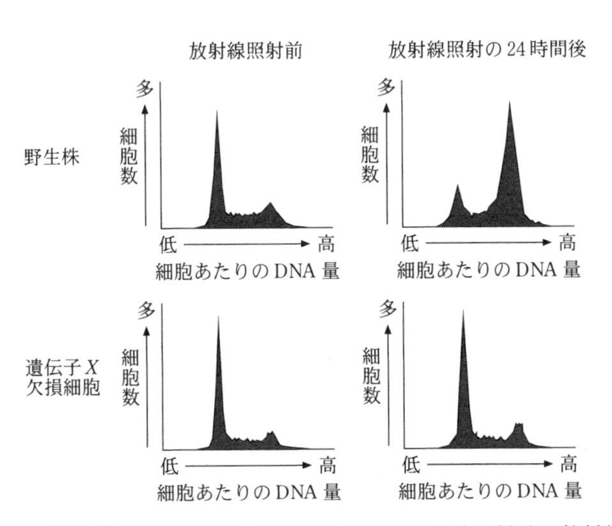

図1―1　野生株と遺伝子*X*欠損細胞における放射線照射前と放射線照射24時間後の細胞あたりのDNA量の分布

実験２　細胞周期の進行とDNA 複製は密接に関連している。タンパク質Xの DNA 複製における機能を調べるために，遺伝子*X*を欠損していないヒト細胞(野生株)と遺伝子*X*を欠損したヒト細胞を用いて，放射性同位元素で標識したDNA 構成成分の細胞内への取り込みを測定することによって放射線照射前後のDNA 合成量を調べた。その結果，図１―２のようなグラフが得られた。

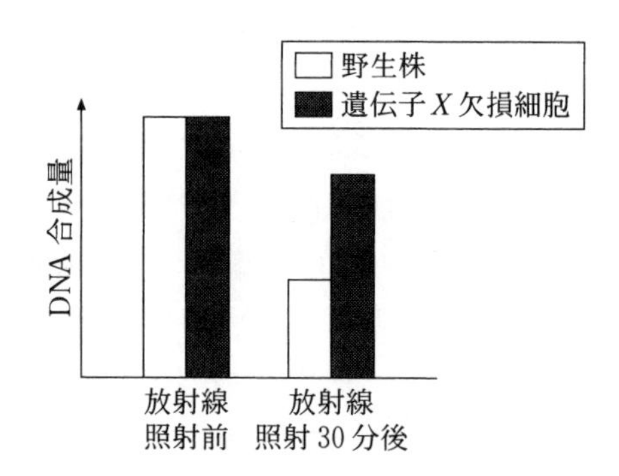

図１―２　野生株と遺伝子*X*欠損細胞の放射線照射前後のDNA 合成量

実験３　タンパク質Yは，タンパク質Xと同様に，遺伝性乳がん・卵巣がんの原因遺伝子産物の１つとして知られる。一方，タンパク質Yは，組換えの中心的酵素と直接結合することも分かっている。そこで，タンパク質Yの組換えにおける役割を調べるために，ヒト細胞を用いて，DNA 二本鎖切断を導入したときの組換えによる修復の発生頻度を測定する実験系を構築した。

この実験系では，配列置換型と欠失型の緑色蛍光タンパク質(*Green Fluorescent Protein*(*GFP*))遺伝子を含むレポーター遺伝子を準備した(図１―３と図１―４を参照)。(エ)配列置換型*GFP-a*遺伝子では，正常*GFP*遺伝子の配列内に存在する制限酵素Mの認識配列内に，変異を複数導入することによって，新たに制限酵素Nの認識配列を生成し，その認識配列内に終止コドンを導入した。欠失型*GFP-b*遺伝子では，5′末端と3′末端の両方に欠失を入れた(図１―３)。なお，制限酵素Mも制限酵素Nも，ヒト細胞では通常発現しない。

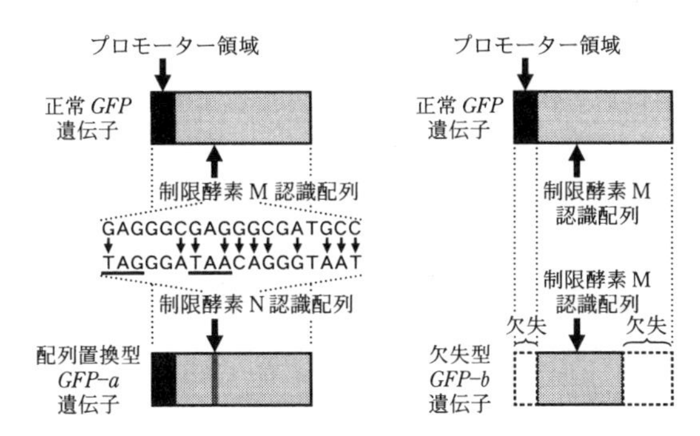

図1―3　配列置換型 *GFP–a* 遺伝子（左）と欠失型 *GFP–b* 遺伝子（右）の構造
制限酵素N認識配列内の下線部（TAG，TAA）は，いずれも終止コドンである。また，欠失型 *GFP–b* 遺伝子において，開始コドンは欠失していない。

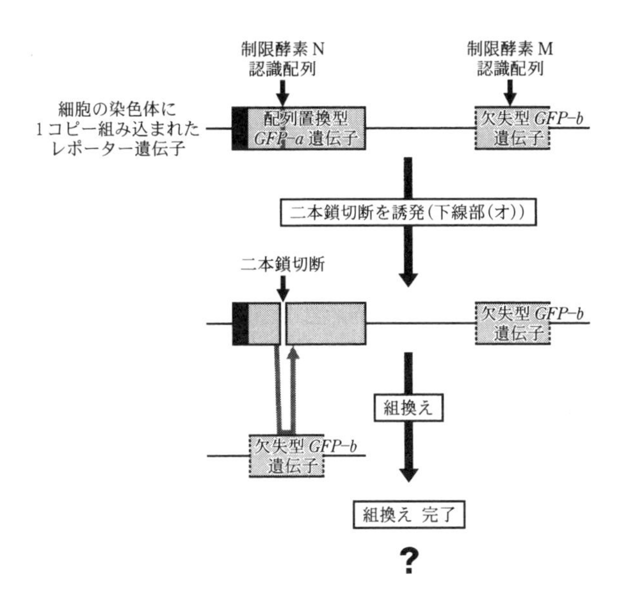

図1―4　組換えの発生頻度を測定する実験系
配列置換型 *GFP–a* 遺伝子，欠失型 *GFP–b* 遺伝子を連結している黒い線は，これらの遺伝子とは関係がない DNA 配列を表している。

この実験系で使用するレポーター遺伝子は，配列置換型 *GFP–a* 遺伝子と欠失型 *GFP–b* 遺伝子が，これらとは関係のない DNA 配列によって直線状に連結された構造をとる（図1―4）。組換えの発生頻度を調べたい細胞に対して，このレポーター遺伝子を導入し，1コピーが安定的に染色体に組み込まれた細胞を準備する。この細胞において，染色体に組み込まれたレポーター遺伝子上の配列置換型 *GFP-a* 遺伝子内の「ある１箇所」に DNA 二本鎖切断を誘発する。(オ)その後，姉妹染色分体(注：DNA の複製時に作られる同一の遺伝子配列を持つ染色体)，あるいは，同じ染色体の中にある相同な配列を鋳型として，組換えによって二本鎖切断が修復されると，細胞は正常な GFP タンパク質を発現し，緑色の蛍光を発するようになる。緑色の蛍光を発する細胞の割合が，その細胞における組換え頻度に相当する。

遺伝子 *Y* を欠損していないヒト細胞(野生株)と遺伝子 *Y* を欠損したヒト細胞を用いて，この実験系で，それぞれの細胞の組換え頻度を測定した結果，遺伝子 *Y* 欠損細胞では，野生株の２割程度まで組換え頻度が低下していた。

実験４　タンパク質Ｙは，組換えによる DNA 二本鎖切断の修復以外に，別の機能も有することが明らかになってきた。遺伝子 *Y* を欠損していないヒト細胞(野生株)と遺伝子 *Y* を欠損したヒト細胞を用いて，３つ以上の中心体を有する細胞の頻度を調べたところ，遺伝子 *Y* 欠損細胞では野生株と比べて，その頻度は明らかに上昇していた。また，遺伝子 *Y* 欠損細胞では野生株と比べて，染色体の数の異常(異数体)が多く見られた。

〔問〕

A　［ 1 ］～［ 4 ］に入る適切な数字をそれぞれ答えよ。

B　下線部(ア)について，減数分裂における組換えの生物学的意義は何か。20字以内で述べよ。

C　下線部(イ)の細胞周期が進行する過程を，次の語群の語句を全て用いて，３～４行で説明せよ。

［語群］　M 期，DNA 量，染色体，G1 期，複製，
微小管，G2 期，分裂，分配，S 期

D　下線部(ウ)について，減数分裂における組換えでは，父親由来と母親由来の相同染色体を鋳型に用いるのに対し，体細胞における組換えでは，DNA 損傷の入っていない姉妹染色分体を鋳型として用いる。体細胞における組換えは，細胞周期のどの段階で起こるか。以下の選択肢(1)～(4)の中から，正しいものを全て選べ。

⑴　G1 期

⑵　G2 期

⑶　M 期

⑷　S 期

E　実験 1 において，放射線照射後の野生株においては，細胞周期のどの段階の細胞が増加しているか。1 つ答えよ(例：◯期)。なお，細胞分裂期にある細胞の割合は，野生株と遺伝子 *X* 欠損細胞との間で差が見られなかったものとする。

F　実験 1 の結果から読み取れるタンパク質 X の機能を，細胞周期の制御を踏まえ，影響を与える細胞周期の段階(例：◯期)を具体的に示しながら，1 行で述べよ。

G　実験 2 の結果から読み取れるタンパク質 X の機能を，細胞周期の制御を踏まえ，影響を与える細胞周期の段階(例：◯期)を具体的に示しながら，1 行で述べよ。ただし，この実験系では，使用した放射性同位元素による DNA の切断や分解は無視できるものとする。

H　実験 3 の下線部㈤において，配列置換型 *GFP–a* 遺伝子や欠失型 *GFP–b* 遺伝子からは，正常に機能する GFP タンパク質は産生されない。それぞれにおいて，正常なタンパク質が産生されない理由を，タンパク質の発現もしくは構造異常の観点から，合わせて 2 ～ 3 行で説明せよ。

I　実験 3 の下線部㈥を実施するためには，実験上，どのような方法をとれば良いか。1 行で簡潔に述べよ。なお，ここでの「ある 1 箇所」とは，図 1 ― 4 に示した二本鎖切断の部位とする。

J　実験 3 の組換えの発生頻度を測定する実験系を示した図 1 ― 4 の中で，組換えによる修復が成功したときに生成されるレポーター遺伝子部分は，どのような構造をとると考えられるか。次の選択肢⑴～⑹の中から，もっとも適切な図を 1 つ選べ。

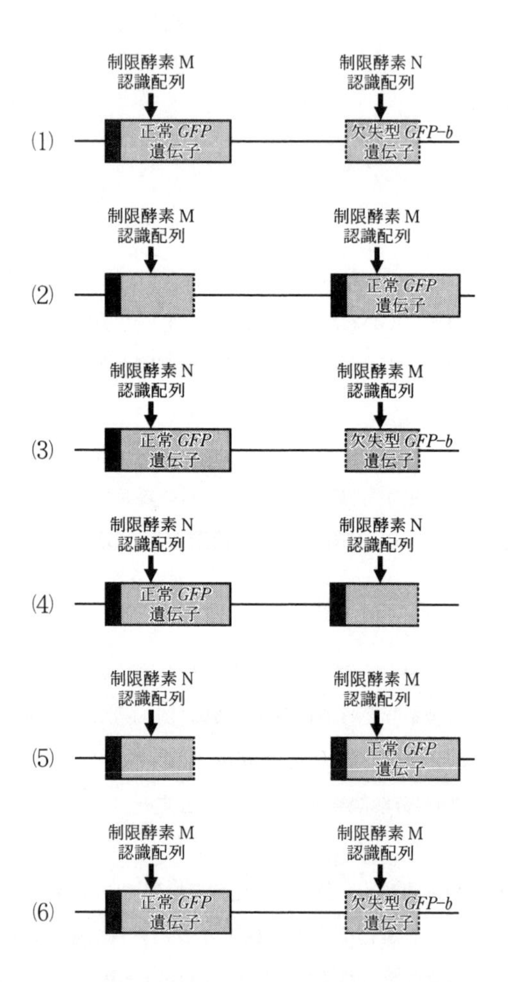

K　ある患者のがん組織の遺伝子解析を行ったところ，遺伝子 *Y* のミスセンス変異(＝遺伝子の DNA 配列の 1 塩基対が変化することによって，アミノ酸の 1 つが別のアミノ酸に置換される変異のこと)が見つかった。この変異については，これまでにヒトにおける病的意義が明らかにされていない。実験 3 で構築した実験系を用いて，このミスセンス変異が組換え修復に与える影響を調べるためには，どのような細胞を準備して，組換え頻度を比較すれば良いか。実験 3 で用いたレポーター遺伝子を導入した遺伝子 *Y* の欠損細胞を材料として用いることを前提として，2 ～ 3 行で答えよ。

L　放射線照射によって細胞内の DNA に二本鎖切断が生じ，その修復に失敗して二本鎖切断が残存した場合，その細胞ではどのような現象が起こるか。10 字以内で答えよ。

M　実験 4 において，細胞内の中心体の数が増えると，染色体の数の異常（異数体）が引き起こされる理由について，中心体の細胞内における役割を踏まえて，2 行以内で説明せよ。

II　次の文 3 を読み，問Nと問Oに答えよ。

［文 3］

近年，がんゲノム医療が医療の現場で実践されるようになった。がんゲノム医療では，がん患者の腫瘍細胞だけでなく，正常細胞のゲノム情報も検査することにより，後天的に発生した遺伝子異常だけでなく，先天的に親から受け継がれた遺伝子異常が見つかることもある。

遺伝子 *Y* は，がん抑制遺伝子であり，一対の遺伝子の片方だけに病的な異常がある（第 1 ヒット）だけではがんは発症しない。もう一方の遺伝子にも病的な異常（第 2 ヒット）が起きて，タンパク質 Y の機能が欠損したときに，初めてがんを発症する。

生殖細胞に遺伝子 *Y* のヘテロ接合型の病的な変異を有する人は，遺伝性の乳がん，卵巣がん，膵臓がんの発症リスクが高いことが知られている。図 1 ― 5 は，生殖細胞に遺伝子 *Y* の病的な変異を有する家系の一例である。

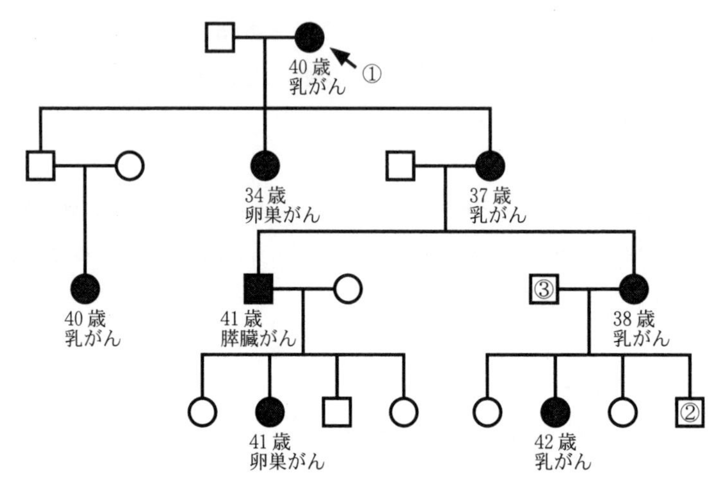

図1―5　生殖細胞に遺伝子 *Y* の病的な変異を有する遺伝性がん家系の一例
四角印は男性，丸印は女性を指す。黒塗りの四角や丸は，がんを発症した人を指し，それぞれの発症年齢と発症したがんの種類が記されている。

〔問〕

N　図1―5の家系において，①番の女性の2人の娘は，いずれも生殖細胞に遺伝子 *Y* のヘテロ接合型の病的な変異を受け継いでいたことが判明している。この2人における正常細胞とがん細胞の違いを，遺伝子 *Y* の状態とタンパク質Yの機能が保たれているかどうか，という観点から，2～3行で説明せよ。

O　図1―5において，②番の男性は，遺伝子検査を受けたことがない。この男性の将来の子どもが生殖細胞の病的な遺伝子 *Y* の変異を受け継ぐ確率は，どれくらいか。次の選択肢の中から，もっとも適当なものを選び，その確率になる理由を2行以内で述べよ。ただし，②番の男性の(将来の)子どもの母親，および，②番の男性の父親(＝③番の男性)における生殖細胞の遺伝子 *Y* は正常であり，②番の男性の母親は，生殖細胞に遺伝子 *Y* のヘテロ接合型の病的な変異を有するものとする。

［選択肢］　0％，1.25％，2.5％，5％，7.5％，10％，
12.5％，25％，50％，75％，100％

ポイント

Ｉ．Ｈ．配列置換型 *GFP-a* 遺伝子については，導入された終止コドンによって何が起こるのかを想像する。欠失型 *GFP-b* 遺伝子については，プロモーター領域の欠失により遺伝子発現が起こらないことから考える。

Ｉ．リード文の内容から考えをまとめる。

Ｋ．ミスセンス変異した遺伝子 *Y* をもつ細胞と組換え修復が正常に行われる細胞を比較する。

22 母体と胎仔のガス交換，キメラマウス

（2014 年度　第 1 問）

次の文１から文３を読み，（Ⅰ）と（Ⅱ）の各問に答えよ。

〔文 1〕

カモノハシなどの［　1　］類やコアラなどの［　2　］類を除く大部分のほ乳類では，胎仔（じ）は胎盤を介して母体から供給される栄養分と酸素に依存して発育する。そのため，胎盤に深刻な異常が生じると，胎仔の発育は停止し死に至る。胎盤で母体の血液が胎仔血管に流れ込むことはなく，赤血球が母体の肺から胎仔の末梢（しょう）組織へ酸素を直接届けることはできない。胎盤で胎仔が酸素を受け取ることができるのは，(ア)母体のもつ成体型ヘモグロビンと胎仔赤血球に含まれる胎仔型ヘモグロビンの酸素結合能が異なるおかげである。

〔文 2〕

マウスの初期胚発生では，胚盤胞期に胞胚腔が形成され，それを囲む栄養外胚葉と，内側に存在する内部細胞塊の，２つの細胞集団が現れる（図１－１）。成熟した胚盤胞が子宮の内壁に着床すると，栄養外胚葉の細胞は胎盤や胎膜を形成するが，胎仔の体細胞や生殖細胞には分化しない。一方，内部細胞塊からは胎盤細胞への分化は起こらず，胎仔の体をつくる三胚葉が派生する。さらに，中胚葉の一部の細胞が生殖細胞へと分化する。胚性幹細胞（ES 細胞）は内部細胞塊から樹立され，その分化能をよく保持している。

また，マウスでは，２つの８細胞期胚を合わせて１つの胚にしたり，８細胞期胚と ES 細胞を合わせて胚に ES 細胞を取り込ませたりすることによって，遺伝的に異なる細胞が混在する個体（キメラとよばれる）をつくることができる。キメラにおける細胞の分布様式は，表１－１に示すように，用いる細胞の組合せによって異なる。

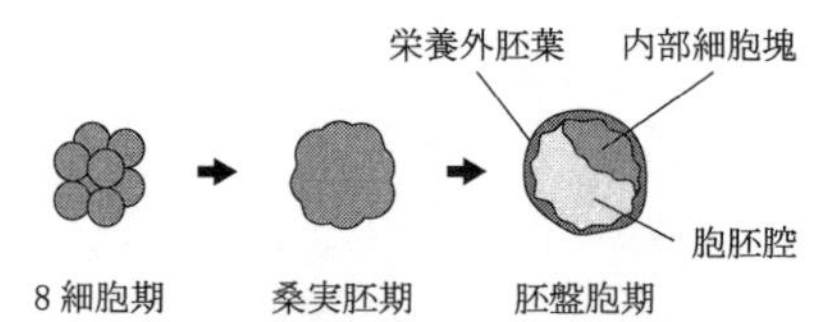

図１－１　マウスの８細胞期から胚盤胞期までの発生を示した模式図

桑実胚期には割球の境界が不明瞭になる。胚盤胞は内部構造を表すために，その断面図を示した。

表1―1　異なる細胞の組合せで作製されるキメラ

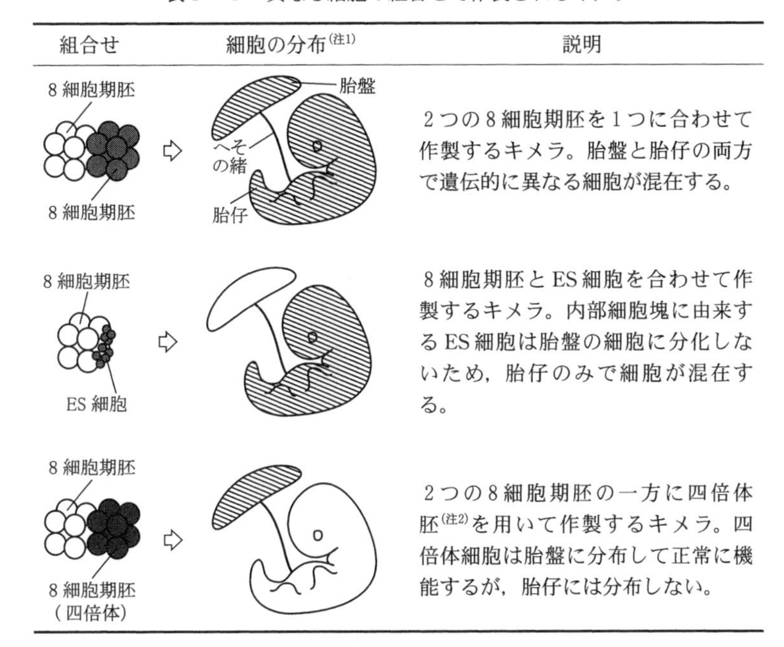

組合せ	細胞の分布(注1)	説明
8細胞期胚 8細胞期胚	胎盤 へその緒 胎仔	2つの8細胞期胚を1つに合わせて作製するキメラ。胎盤と胎仔の両方で遺伝的に異なる細胞が混在する。
8細胞期胚 ES細胞		8細胞期胚とES細胞を合わせて作製するキメラ。内部細胞塊に由来するES細胞は胎盤の細胞に分化しないため，胎仔のみで細胞が混在する。
8細胞期胚 8細胞期胚 (四倍体)		2つの8細胞期胚の一方に四倍体胚(注2)を用いて作製するキメラ。四倍体細胞は胎盤に分布して正常に機能するが，胎仔には分布しない。

(注1)　斜線部分が遺伝的に異なる2種類の細胞からなる。

(注2)　2細胞期胚の割球を人工的に融合して四倍体化した胚を発生させたもの。

〔文3〕

ほとんどの動物は，精子に由来する父由来染色体と卵に由来する母由来染色体をもつ二倍体であり，多くの場合，どちらの染色体上の対立遺伝子もともに発現し得る。しかし，ほ乳類では，父由来染色体と母由来染色体は機能的に等価ではないことが知られている。たとえばある遺伝子座では，常に父由来染色体上の対立遺伝子のみが発現し，母由来の相同染色体上の対立遺伝子は不活性化されて発現しない（この逆のケースもある)。この現象は，親の始原生殖細胞において，その性に応じてオス型あるいはメス型の印が染色体上につけられるために起こるもので，「ゲノム刷り込み」とよばれている。(イ)<u>ゲノム刷り込みのため，ほ乳類の正常な個体発生には，父由来と母由来双方の染色体が必要となる。</u>

ここで，胎盤と胎仔の両方で発現する遺伝子 A に注目し，その個体発生における機能を知るためにキメラ作製を含む以下の実験を行った。なお，遺伝子機能の欠損によってある種類の細胞が正常につくられず組織の形成と機能に異常が生じる場合，正常細胞が混在したキメラを作製すると，失われるはずの細胞種を正常細胞が補い，組織は正常に形成されその機能も回復する。

〔実験1〕　まず，バイオテクノロジーの手法を用いて遺伝子型 Aa のES細胞を作製し（A は野生型，a は機能を完全に欠失させた対立遺伝子とする），このES細胞と野生型8細胞期胚を用いてキメラ個体を作製した。そのうちの1匹のオスと野生型メスマウスをかけあわせたところ，得られた(ウ)第1世代（F1）マウスの10％が遺伝子型 Aa の個体であった。さらに，Aa 個体（F1）と野生型個体のかけあわせから，表1－2の結果が得られた。

表1－2　Aa 個体（F1）と野生型個体のかけあわせで得られたF2胎仔の表現型

かけあわせ	F2胎仔の遺伝子型	
	AA	Aa
♀AA×♂Aa	正常	正常
♀Aa×♂AA	正常	妊娠中期に発生が停止

〔実験2〕　実験1の結果を受け，受精卵の移植実験を行った。F1個体のかけあわせで得られる受精卵を体外に取り出し，異なる遺伝子型のメスマウス（レシピエントとよぶ）に移植して胎仔を発生させたところ，表1－3の結果が得られた。なお，レシピエント自身の卵は受精しないため，それに由来する胎仔は存在しない。また，胚操作によるダメージの影響はないものとする。

表1－3　胚移植実験で得られたF2胎仔の表現型

受精卵を得たかけあわせ	レシピエントの遺伝子型	F2胎仔の遺伝子型	
		AA	Aa
♀AA×♂Aa	AA	正常	正常
♀AA×♂Aa	Aa	正常	正常
♀Aa×♂AA	AA	正常	妊娠中期に発生が停止
♀Aa×♂AA	Aa	正常	妊娠中期に発生が停止

〔実験3〕　実験1，2において発生が停止したF2個体を精査したところ，そのすべてにおいて，胎盤の形態に顕著な異常が見られた。一方，発生が停止する直前の時期の胎仔には形態的な異常が認められなかった。このことから，「発生停止は胎盤の機能が不十分なために起こる二次的な表現型である」との仮説を立て，その検証のためのキメラ作製実験を計画した。キメラ作製実験でこの仮説を検証するには，(エ)発生が停止するはずの遺伝子型の個体において，胎盤のみに正常に機能する細胞を分布させて胎盤の機能を補完した場合の胎仔の表現型を見ればよい。

〔問〕

(Ⅰ)　文1について，以下の小問に答えよ。

(A)　空欄1，2にそれぞれ適切な漢字二文字を入れよ。

(B)　下線部(ア)について。図1－2は，胎盤における二酸化炭素分圧のときの，成体型ヘモグロビンと胎仔型ヘモグロビンの酸素解離曲線である。胎盤では成体型へモグロビンの40％が酸素結合型（酸素ヘモグロビン）であり，胎仔末梢組織における酸素分圧が10mmHgであるとすると，胎仔末梢組織では血液100mLあたり何mLの酸素が放出されるか答えよ。ただし，酸素ヘモグロビン100％の状態の血液がすべての酸素を放出した場合，血液100mLから20mLの酸素が放出されるものとする。また，胎盤と胎仔末梢組織における二酸化炭素分圧の差，胎盤から胎仔末梢組織に達するまでの酸素の放出，および血漿（しょう）に溶解している酸素は無視できるものとする。

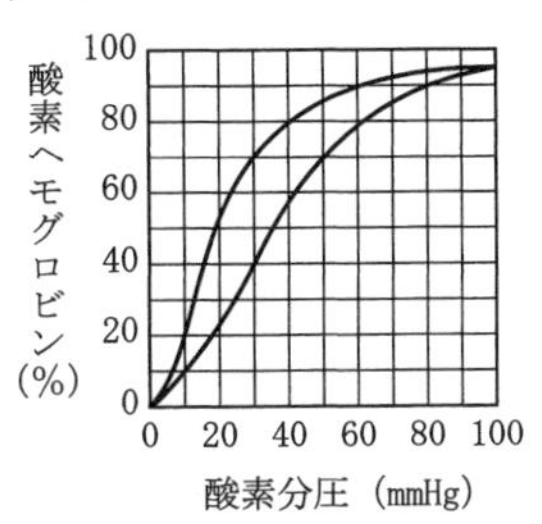

図1－2　ヘモグロビンの酸素解離曲線
2本の曲線のいずれか一方が成体型ヘモグロビンの，他方が胎仔型ヘモグロビンの酸素解離曲線を表す。

（Ⅱ） 文2および文3について，以下の小問に答えよ。

(A) ES細胞と四倍体8細胞期胚を合わせてキメラを作製した場合，どのような細胞の分布が期待されるか。表1－1を参考に，1行程度で答えよ。

(B) 下線部(イ)について。マウスでは，二倍体である体細胞の核をもちいた核移植により，正常なクローン個体を得ることができる。しかし，精原細胞の核を移植してクローン胚を作製した場合には，精原細胞も二倍体であるにもかかわらず正常な個体まで発生するものはまったく得られない。その理由を3行程度で答えよ。

(C) 下線部(ウ)について。以下は，Aa個体がF1世代の10％であったことの理由に関する考察である。空欄3，4に適切な語を入れよ。なお，遺伝子Aの機能は生殖細胞の分化や機能に必要ではないものとする。

考察：かけあわせに用いたオスキメラ個体において，［　3　］の［　4　］％は野生型8細胞期胚に由来する細胞であった。

(D) 実験2により，Aaの表現型を決定する条件について，何が否定されたか。1行程度で答えよ。

(E) どちらも遺伝子型がAaのメス個体とオス個体をかけあわせて得られた遺伝子型aaの個体は，すべてが妊娠中期に発生を停止し胎生致死の表現型を示した。このかけあわせで得られる遺伝子型Aaの個体に予想される表現型と，その理由を，それぞれ1行程度で答えよ。

(F) 下線部(エ)について。表1－1を参考に，このキメラ作製実験に関する次の考察の空欄5～9に当てはまる語の組合せで正しいものを以下の表からすべて選び，(1)～(8)の番号で答えよ。ただし，四倍体胚の遺伝子型も，便宜上それらが由来する二倍体胚の遺伝子型を用いて表すものとする。

考察：遺伝子型[5]のメスと遺伝子型[6]のオスとのかけあわせから得られる8細胞期胚（[7]倍体）と，遺伝子型 AA の8細胞期胚（[8]倍体）を用いてキメラを作製する。妊娠後期まで生き残ったキメラの遺伝子型を解析し，遺伝子型[9]の細胞だけからなる正常な胎仔が確認されれば，胎仔の形態形成や体細胞の生存には遺伝子 A は直接必要ではないことがわかる。

	5	6	7	8	9
(1)	Aa	Aa	二	四	Aa
(2)	Aa	Aa	二	四	aa
(3)	AA	Aa	四	四	Aa
(4)	AA	Aa	四	二	Aa
(5)	AA	Aa	四	二	aa
(6)	Aa	AA	二	二	aa
(7)	Aa	AA	二	四	Aa
(8)	Aa	AA	四	二	aa

ポイント

(Ⅱ)(D)・(E)　実験2において，Aa(♂) の a の精子と AA(♀) の A の卵から生じる Aa の胎仔では，仮親（レシピエント）が AA であっても Aa であっても正常発生する。一方，AA(♂) の A の精子と Aa(♀) の a の卵から生じる Aa の胎仔では，仮親（レシピエント）が AA であっても Aa であっても発生が途中で停止してしまう。これらの結果をもとに考察する。

23 性染色体と性決定様式

(2013年度　第1問)

次の文1から文3を読み，(Ⅰ)から(Ⅲ)の各問に答えよ。

〔文1〕

動物の生殖様式は配偶子の有無により大きく2つに分けることができる。分裂や出芽によって無性生殖を行う動物の例として，(ア)ヒドラやプラナリアが挙げられる。その一方では，卵と精子の受精によって新しい個体がつくり出される有性生殖という様式もあり，雌と雄の2つの性が存在する。一部のミミズや(イ)ヒトデでは両方の様式によって子孫をふやす。

雌と雄の性がどのようにして決まるかには，かなりのバリエーションがある。性染色体による性決定様式には，雄ヘテロ型のXY型や雌ヘテロ型のZW型などがある。前者の例はヒトやニホンメダカであり，後者の例はニワトリである。また，動物によっては性決定がさまざまな外界の要因によって左右されることがある。たとえば，ワニやカメには性決定が発生中の温度に依存するものが知られている。生態系に放出された人工的な化学物質によって(ウ)ホルモンの作用が影響され，性比が偏る事例としては(エ)イボニシなどの貝類が知られている。

〔文2〕

ニホンメダカの発生中の胚に薬剤を投与し，性決定にどのような影響を与えるか調べようと考えた。この実験では性染色体の組み合わせによって決まる遺伝子型としての雌（XX）あるいは雄（XY）と，表現型としての雌（卵巣をもつ）あるいは雄（精巣をもつ）を個体ごとに対応させる必要がある。

ニホンメダカのY染色体は，ヒトと異なり，大きさやもっている遺伝子とその配置がX染色体とほぼ同じである。そのため，染色体のどの部分でもXとYの間で乗換えがおこる。また，YYの個体も生存可能である。Y染色体には雄の形質を決める遺伝子yがあり，この遺伝子の有無により，Y染色体とX染色体が区別される。yの近傍には体の色に関わる2つの遺伝子RとLがある。Rは赤い体色に，Lは白色素胞の形成に関わる。Rの対立遺伝子rと，Lの対立遺伝子lは，どちらも劣性であり，rrでは体色は赤くならず，llは白色素胞をもたない個体となる。白色素胞は受精後2日で現れ，顕微鏡で観察できるが，赤い体色になるかは受精後1ヶ月たたないと判別できない。yはRとLの間に位置する。そこで(オ)これらの遺伝子の連鎖について調べた。

(カ)表現型を利用してふ化（受精後7日）までに性染色体の組み合わせを知ることができる系統1を作製した。この系統を使い，EまたはTという薬剤を含む水で，受精卵を成体まで育てた。この処理によって死亡する個体はなく，Eを与えると遺伝子型としての雄個体（XY）にも卵巣がつくられ，Tを与えると遺伝子型としての雌個体（XX）にも精巣がつくられることがわかった。

〔文3〕

ニホンメダカに近縁な種は東南アジアにも生息する。これらのうちのある種のメダカも性染色体による性決定様式をもつことがわかっていたが，XY型であるかZW型であるかは不明であった。この種でもニホンメダカと同じように処理すると，すべての受精卵が育ち，Eによって雌に，Tによって雄になることがわかった。したがって，この性質を利用すればこのメダカの性決定様式も実験で明らかにできると考えられる。

〔実験1〕　受精卵をEで処理したところ，ふ化したすべての個体が雌になった。これらの複数の雌個体を1匹ずつ隔離して未処理の雄と交配した。それぞれのペア（1対の雌と雄の個体の組み合わせ）から得られた受精卵はすべて生存したので，生まれた個体の性比をペアごとに調べた。

〔問〕

(Ⅰ)　文1について，以下の小問に答えよ。

(A)　下線部(ア)，(イ)，(エ)について。(ア)ヒドラ，(イ)ヒトデ，(エ)イボニシは図1－1の系統樹の空欄となっている1～7のどの分類群に含まれるか。また，この3つの分類群の名称を答えよ。解答は「ア－1－○○」のように組み合わせて記せ。

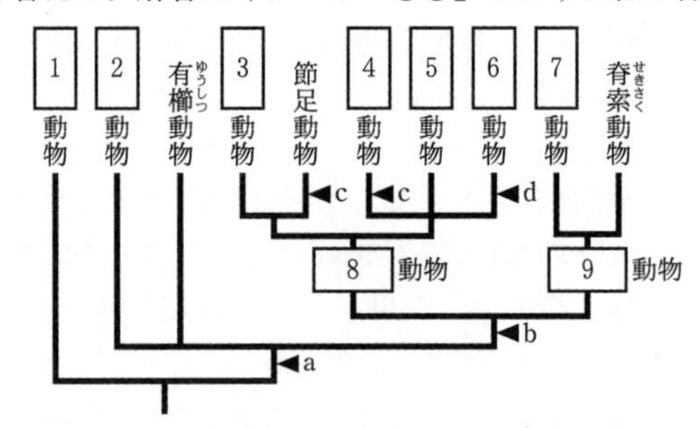

図1－1　動物の系統樹

aは胚葉の獲得，bは左右相称の体の獲得，cは体節構造の獲得，dは外套膜（がいとう）の獲得を示す。

(B)　左右相称の動物は大きく2つに分けられる。図1－1の空欄8と9に当てはまる適切な名称と，［ 9 ］動物の特徴を1行で述べよ。

(C)　下線部(ウ)について。ホルモンの中には，ペプチドホルモンとステロイドホルモンがある。これらがどのように細胞内に情報を伝達するか，違いがわかるように2行程度で述べよ。

(Ⅱ)　文2について，以下の小問に答えよ。

(A)　性染色体にある遺伝子による遺伝は一般に何とよばれるか。名称を答えよ。また，このような遺伝様式を示す他の事例を1つ，生物の種類とその遺伝する形質を組み合わせて答えよ。

(B)　下線部(オ)について。表1－1に，R，y，L の間の組換え頻度を検定交雑で調べた結果を示す。遺伝子型は，性染色体ごとに表記している。なお，乗換えは2回以上おこらないこととする。以下の(a)と(b)に答えよ。

(a)　交配1では，どの2つの遺伝子の間の組換えを調べているか。また，その結果生じた組換え体はどのような表現型をもつか。それぞれ答えよ。

(b)　空欄10〜14に当てはまる遺伝子型を，「$X^{rl}Y^{RL}$」のように答えよ。ただし，空欄10と11，13と14に関しては順不同である。

表1－1　性染色体にある遺伝子の組換え

	調べた個体の遺伝子型	かけあわせた個体の遺伝子型	かけあわせにより生じた全個体数	組換えのおこった個体数	組換え体の遺伝子型
交配1	X^rY^R	X^rX^r	6395	11	10 11
交配2	$X^{rl}Y^{RL}$	12	4478	102	13 14 $X^{rl}X^{rL}$ $X^{rl}Y^{Rl}$

(C)　下線部(カ)について，以下の(a)と(b)に答えよ。

(a)　ふ化する前に，個体の遺伝子型としての性を区別できるためには，系統1の性染色体には少なくともどの遺伝子が必要であり，雌雄はどのような表現型で区別できるか。これについて，XとYそれぞれの染色体の遺伝子型と，雌雄それぞれの表現型を答えよ。

(b)　この方法で予測した場合，系統1では，色の表現型と遺伝子型としての性はどのくらいの確率で一致するか。表1－1の結果を用い，計算して求めよ。なお，乗換えは2回以上おこらないこととする。数値は百分率（%）で表し，四捨五入して小数点第1位まで記せ。

(Ⅲ)　文3について。

実験1で，この種がXY型あるいはZW型の性決定様式をもつと仮定した場合，それぞれどのような結果が期待されるか。以下の考察の空欄15〜18に当てはまる適切な数値を整数で答えよ。なお，ZW型でもEによる処理で表現型としての雌が生じるものとする。

考察：XY型の場合は，交配したペアの総数の［15］%では生まれた個体の［16］%が雄になり，残りのペアでは生まれた個体の50%が雄になる。一方，ZW型の場合は，ペアの総数の［17］%では生まれた個体の50%が雄になり，残りのペアでは生まれた個体の［18］%が雄になる。

ポイント

(Ⅱ)(B)　Y染色体上には雄の形質を決める遺伝子 y の他に，赤い体色にする遺伝子 $R(r)$ と白色素胞の有無に関わる遺伝子 $L(l)$ があり，これらの位置関係は，$R(r)-y-L(l)$ である。また，$R(r)$ と $L(l)$ はY染色体だけでなくX染色体上にも存在する。

(Ⅲ)　薬剤E（おそらくエストロゲン誘導体だろう）を含む水で生育させると，雄個体（遺伝子型XY）であっても卵巣をもつ雌個体（性転換♀）に，薬剤T（おそらくテストステロン誘導体だろう）の場合は，雌個体（遺伝子型XX）であっても精巣をもつ雄個体（性転換♂）になる。ただし，性転換しても，その個体が本来もっている染色体構成は変わらない。

24 背側化因子の働き，原腸形成

（2012年度　第1問）

次の文1と文2を読み，（Ⅰ）と（Ⅱ）の各問に答えよ。

〔文1〕

受精卵の細胞質には，将来の形態形成に重要な影響を及ぼす因子（母性因子）が，しばしば偏りをもって存在する。(ア)イモリの胚を一部縛ったり除去したりする実験は，このような母性因子の分布を知る手がかりとなる。胚発生では，胚の方向性（体軸）の決定が，からだのおおまかな形づくりに重要である。その1つである背腹軸も，ある母性因子が胚内で偏って存在することによって決められている。

図1－1に示すように，アフリカツメガエルの胚では，受精のあと，1細胞期の間に，もともと植物極付近にあった背側化因子が，胚の表層の回転によって，精子進入点から離れる方向に移動する。この因子がある影響を及ぼすことによって，母性因子であるAタンパク質が，胚内で偏って機能する。その後，ある遺伝子が特異的に発現することによって，神経などへの分化を周辺組織に誘導する［　1　］を形成する。なお，［　1　］は，原腸胚の原口背唇部に相当する。

イモリやアフリカツメガエルの胚では，原口背唇部を胚の腹側に移植すると，通常の発生では見られない二次胚ができる。このような二次胚は，胚の背側を決めるタンパク質をコードする伝令RNAを胚に直接注入することでも形成される。ここで，Aタンパク質をコードする伝令RNA（A RNA）を用い，Aタンパク質の機能を調べる目的で次の実験を行った。

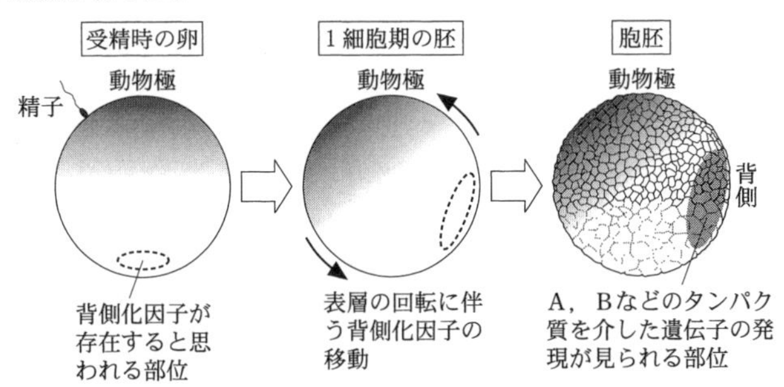

図1－1　アフリカツメガエルの胚における，背側の決定のしくみ

〔実験1〕　アフリカツメガエルの受精直後の胚は，動物半球で表層の色が濃い。しかし，4細胞期胚を動物極側からよく見ると，4つの割球の動物極側の色はすべて同じではなく，やや色の濃い割球と薄い割球が，2つずつあることがわかる。これは，

胚の背腹の向きを反映しており（図１－２，色の濃い方が腹側），背腹方向をこの色の偏りによって判別することができる。この時期に，背側の決定に関わるタンパク質をコードする伝令 RNA を注入すれば，背腹の決定に影響を与えることができる。(イ)図１－２の中央に示すように，A RNA をアフリカツメガエルの４細胞期胚の腹側割球に，ガラス注射針を用いて注入し，初期幼生になるまで発生させたところ，二次胚が形成された。

次に，別の母性因子であるＢタンパク質をコードする伝令 RNA（B RNA）を用意した。B RNA を腹側割球に注入しても，目立った変化はおこらなかったが，図１－２の右に示すように，背側割球に注入すると，背側の構造が小さくなった初期幼生が得られた。このことから，Ｂタンパク質には背側の決定を阻害する効果があることがわかった。なお，別の実験結果から，ＢタンパタンパクはＡタンパク質のはたらきに対して影響を与えるが，ＡタンパタンパクはＢタンパク質のはたらきに影響を与えないことがわかっている。

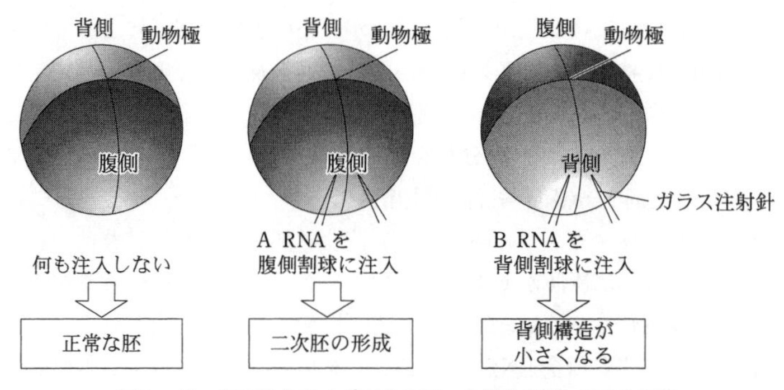

図１－２　アフリカツメガエルの胚への伝令 RNA の注入実験

〔文２〕

原腸形成は，受精後の胚全体で協調的におこる細胞運動である。アフリカツメガエルの胚では，原口背唇部が原口から胚の中にもぐり込むことによって，原腸形成がひきおこされる。もぐり込んだ中胚葉の細胞群は，外胚葉の内側を裏打ちするように伸び，動物極付近に達する。こうして，将来頭になる部分から尾になる部分にかけ，正中線（頭尾をむすぶ線）の背側に沿って中胚葉が配置される。このようにつくられた胚の基本的な構造をもとにして，尾芽胚期には胴部が伸び，胚が丸い形状から細長い形状へと変化して初期幼生へと発生する（図１－３）。

では，中にもぐり込んだ中胚葉の細胞はどのように動くのだろうか。興味深いことに，中胚葉の細胞はおのおの，もぐり込む方向ではなく，もぐり込む方向と直交するように動く。正中線に向けて集まるように細胞が移動することによって，中胚葉の細胞群は全体としてもぐり込みの方向に伸びる（図１－４）。このような中胚葉の細胞運動に，どのようなタンパク質がかかわっているか，最近の研究で徐々に明らかになってきた。原腸形成時の細胞運動に関して，細胞内に存在するCタンパク質の機能を知るため，以下の実験をおこなった。

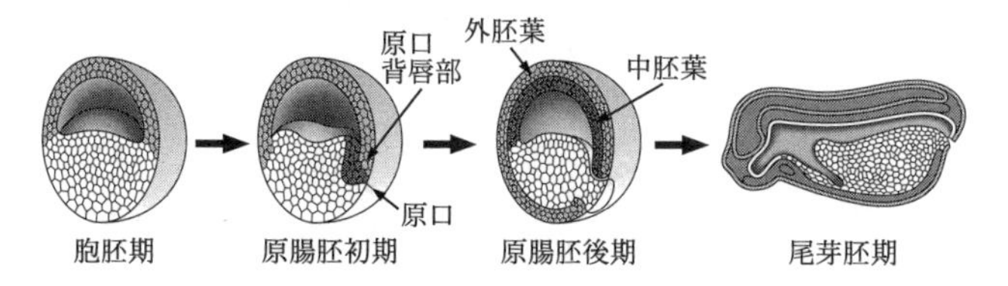

図１―３　アフリカツメガエルの胚の原腸形成とその後の発生(図は正中線に沿った縦断面を示す)

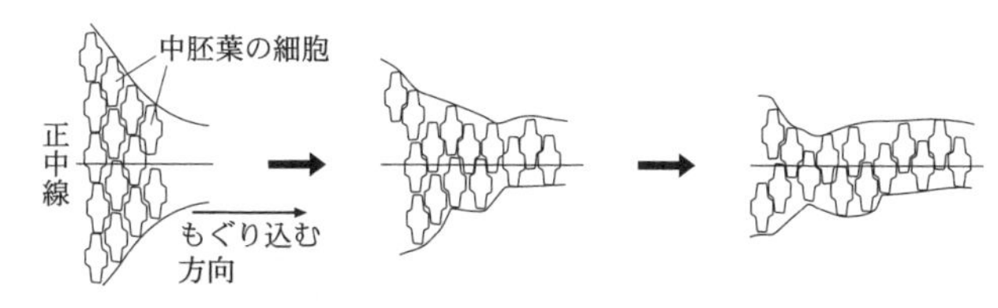

図１―４　原腸形成時の，胚の背側方向からみた中胚葉の細胞運動の模式図

〔実験２〕　アフリカツメガエルの，原口が形成された直後の胚２個からそれぞれ，原口背唇部を含む外胚葉から中胚葉にかけての領域を四角に切り出し，内側どうしを貼り合わせる（図１－５）。この組織片（外植体）を約８時間培養すると，(ウ)外植体は細胞数をそれほど増やさないが，原腸形成を模倣するように形をかえる。この方法を用いると，胚の内部にもぐり込む中胚葉の細胞を，胚を輪切りにすることなく，そのまま観察することができる。

はじめに，Cタンパク質は細胞内のどこに存在するかを調べると，細胞質中で均一に分布せず，細胞膜付近の，ある２か所に偏って存在していた。この２か所の位置は，近隣の細胞で同じ方向性をもっていた。次に，Cタンパク質の働きを阻害するタンパク質であるdnCをコードする伝令RNA（dnC RNA）を，４細胞期の背側割球に，Cタンパク質を阻害するのに十分な量だけ注入した。この胚を用いて図１－５の実験をおこない，外植体を観察すると，(エ)通常胚を用いた外植体ではおこるはずの変形がおこらなかった。また，dnC RNAを注入した胚をそのまま発生させて初期幼生を観察したところ，(オ)体長が通常の初期幼生のものより短かった。なお，dnC RNAの注入で，細胞の分化は影響をうけなかった。

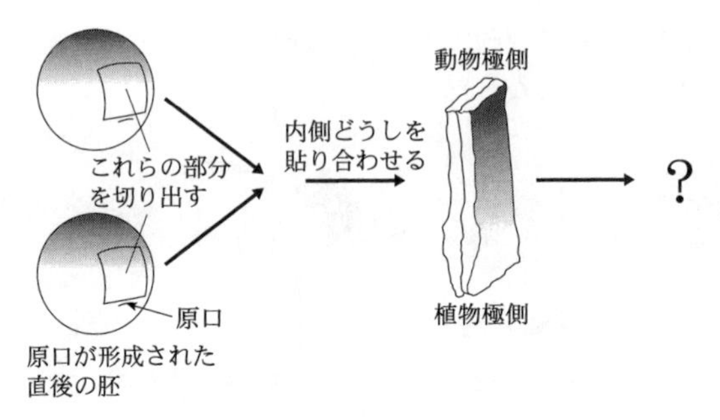

図1—5　実験2の概要

〔問〕

（I） 文1について，以下の小問に答えよ。

(A) 空欄1に適切な語を入れよ。

(B) 下線部(ア)について。2細胞期のイモリ胚を細い髪の毛でくくり，割球を分離すると，2つの割球からそれぞれ完全な個体が発生する場合だけでなく，片方の割球だけが完全な個体に発生し，もう片方の割球は正常に発生しない場合も生じる。これらの結果の違いはなぜ引き起こされるか。灰色三日月環という語を用いて2行程度で述べよ。

(C) 下線部(イ)について。この結果から，Aタンパク質は背側の決定にどのようなはたらきをもつと考えられるか。理由とともに2行程度で述べよ。

(D) 実験1について。一定量のA RNAにB RNAを加えた混合液を，胚の腹側割球に注入した。加えるB RNAの量を少しずつ増やした時に得られる結果として，最も適切なグラフはどれか。以下の(1)～(6)から1つ選べ。

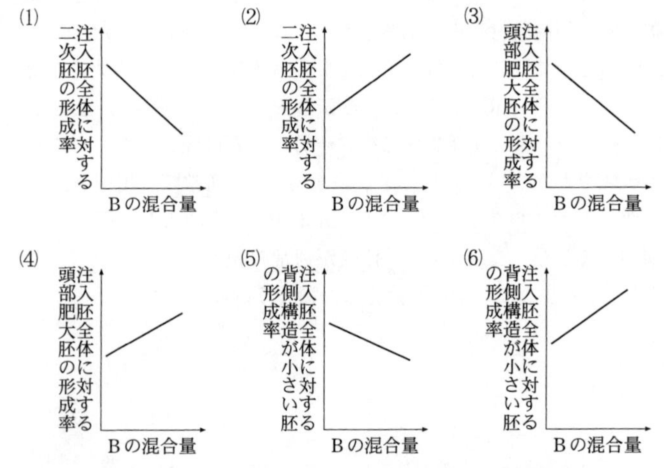

(E) AタンパクとBタンパク質は，ともに胚の背側，腹側の両方に分布する。こ

のとき，文1で触れた背側化因子は，Aタンパク質のはたらきに，結果としてどのような影響を与えると考えられるか。Bタンパク質と関連づけながら，2行程度で述べよ。

(Ⅱ)　文2について，以下の小問に答えよ。

(A)　アフリカツメガエルにおいて，原腸形成によりもぐり込んだ中胚葉の細胞の一部は，棒状の，幼生の体を支える器官へと分化する。この器官の名称を答えよ。

(B)　下線部(ウ)について。培養した外植体は，どのような形になると予想されるか。下の(1)～(5)の中から1つ選べ。

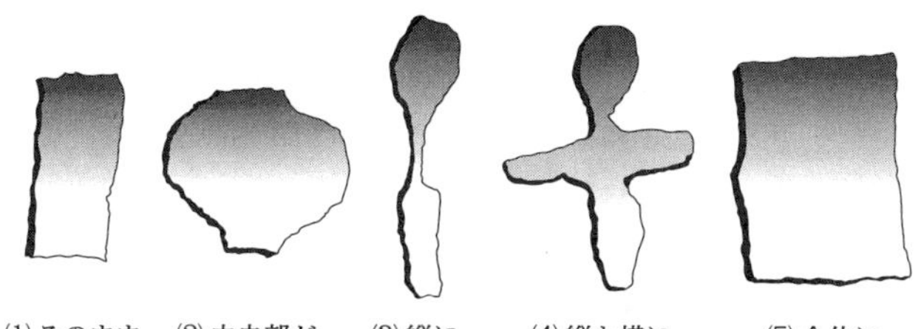

(C)　下線部(エ)について。このような表現型が生じたのはなぜか。可能性として考えられるものを，以下の(1)～(5)からすべて選べ。

(1)　Cタンパク質の阻害によって，中胚葉の細胞にならなくなった。

(2)　Cタンパク質の阻害によって，細胞の運動方向がバラバラになった。

(3)　Cタンパク質の阻害によって，原口背唇部ができなくなった。

(4)　Cタンパク質の阻害によって，原腸形成に必要な細胞が足りなくなった。

(5)　Cタンパク質の阻害によって，中胚葉の細胞が動けなくなった。

(D)　下線部(オ)について。このような表現型が生じたのはなぜか。2行程度で述べよ。

(E)　Cタンパク質をコードする伝令RNA（C RNA）をある量以上胚の背側割球に注入すると，dnC RNAを注入した場合と同様の作用があった。考えられる理由について，Cタンパク質の細胞内における分布と関連づけながら，1行程度で述べよ。

ポイント

(Ⅰ)(C)〔文1〕にあるように，胚の背側を決めるタンパク質をコードする伝令RNAを胚に直接注入すると二次胚が形成される。

(E)　設問文中に「Aタンパク質とBタンパク質は，ともに胚の背側，腹側の両方に分布する」とある。また，図1－1にあるように，背側化因子は特定の部位に偏って存在している。さらに，実験1の最終文に「Bタンパク質はAタンパク質のはたらきに対して影響を与えるが，Aタンパク質はBタンパク質のはたらきに影響を与えない」とある。これらをもとに考察していく。

(Ⅱ)(B)〔文2〕の「中胚葉の細胞群は全体としてもぐり込みの方向に伸びる」がヒント。

25 配偶子形成と受精，精子の鞭毛運動

（2011 年度　第 1 問）

次の文 1 と文 2 を読み，（Ⅰ）と（Ⅱ）の各問に答えよ。

〔文 1〕

ほ乳類の始原生殖細胞は，発生の比較的早い時期に，胚の尿嚢（にょうのう）とよばれる部位に出現する。そして，胚中を移動し，形成中の生殖腺にたどり着く。雄では，生殖腺は腎臓などと同様に［ 1 ］胚葉から分化し，やがて精巣となるが，始原生殖細胞はそこに入っていき，［ 2 ］細胞となる。精巣の中で［ 2 ］細胞は体細胞分裂を繰り返して増殖を続けるが，その一部はやがて分裂を停止し，成長して大きくなる。これが一次精母細胞である。一次精母細胞は減数分裂をおこなって精細胞となる。精細胞は，まだ球形に近い細胞で，それが形を変えて精子となる。精巣から放出された精子は，鞭毛（べんもう）を屈曲運動させることによって雌の生殖器内を遊泳し，卵をめざす。

一方，卵巣内では卵形成が進む。体細胞分裂を停止し，大きくなった一次卵母細胞は第一減数分裂の結果，二次卵母細胞と第一［ 3 ］になる。さらに第二減数分裂で二次卵母細胞は卵と第二［ 3 ］となる。このような卵形成の進行は，生殖腺刺激ホルモンによって制御されている。一般に，ほ乳類では，卵巣内では第二減数分裂の中期で卵形成が停止しており，その状態で排卵され，輸卵管のなかで受精する。受精卵は(ア)卵割を繰り返しながら子宮に到達し，そこで着床する。

ほ乳類に比べて実験が容易な，棘皮（きょくひ）動物のヒトデやウニを用いて，卵形成や，受精後の細胞分裂がどのようなしくみでおこるかを調べた。

〔実験 1〕　産卵期の，ほぼ成熟したヒトデの卵巣を切り出し，よく海水で洗った後，海水中に静置した。そこに，ほ乳類の生殖腺刺激ホルモンに相当する 1-メチルアデニンを加えたところ，卵巣の切り口から，(イ)均一で球形の大きな細胞（一部のものは，小さい細胞で囲まれている）がたくさん放出された。この細胞をすぐに顕微鏡で観察したところ，(ウ)細胞内部に大きな核が観察されたが，やがてそれらの大きな核は見えなくなり，その後しばらくして(エ)細胞が極端な不等分裂をおこした。

〔実験 2〕　ウニの一種であるタコノマクラの卵は比較的透明度が高く，紡錘体などの内部構造を観察しやすい。タコノマクラの受精卵を動かないように海水中で固定し，第一卵割が始まるのを待った。そして核が見えなくなり，紡錘体が形成され始めたころ，細胞に微小な注射針を挿入し，その紡錘体を吸い取って除去したところ，数時間待っても卵は分裂しなかった。一方，紡錘体がほぼ完全に形成された後に，同様に紡錘体を吸い取ったところ，(オ)細胞にくびれが生じ，それが深まり，やがて細胞は 2 つに分裂した。このとき，分裂面はもとの紡錘体の赤道面と一致していた。

〔文2〕

精子の鞭毛は，その先端部にいたるまで，サイン波様の屈曲を周期的に作り出すことで，推進力を生み出している。鞭毛にこのような屈曲運動を引きおこしているのは，鞭毛全体にわたって分布しているダイニンとよばれるタンパク質である。ダイニンはATP（アデノシン三リン酸）を分解して得られるエネルギーを運動に変えるはたらきをしているので，ダイニンが鞭毛全体ではたらき，鞭毛の運動を維持するためには，鞭毛全体にわたって十分な量のATPが供給される必要がある。しかし鞭毛は細長く，しかもミトコンドリアは鞭毛の基部（精子の頭部近辺）のみに局在している。したがって，ミトコンドリアにおける代謝（クエン酸回路と電子伝達系）により生産されるATPが主に用いられる場合には，ATPを鞭毛の先端まで十分量供給するしくみが必要となる。一方，鞭毛内の細胞質基質に存在する解糖系で生産されるATPが主に用いられる場合には，解糖系の基質が，精子の細胞外から鞭毛全体に十分に供給されるしくみが必要となる。マウスとウニを用いて，代謝と鞭毛運動の関係を調べる実験をおこなった。なお，精子において，ATPは鞭毛の運動に使われるエネルギーを得るための反応である，

ATP→ADP（アデノシン二リン酸）＋リン酸

で消費される。また，上の反応で生じたADPから，

2ADP→ATP＋AMP（アデノシン一リン酸）

の反応で，ADPの一部がATPに再生され，さらに消費される。

（注：上記の反応式は一部簡略化してある。）

〔実験3〕　マウスの精子の代謝と鞭毛運動の関係を調べる目的で，精子の培養液に，図１－１の①～⑥の実験条件で，代謝の基質と代謝の阻害剤（薬剤X，薬剤Y）を加える実験を行った。解糖系の基質としてはグルコースを，ミトコンドリアにおける代謝の基質としてはピルビン酸を用いた。グルコースは解糖系でピルビン酸になり，それがミトコンドリアに運ばれて，さらに代謝される。また，薬剤Xはミトコンドリアにおける代謝の阻害剤で，解糖系は阻害しない。薬剤Yは解糖系の阻害剤で，ミトコンドリアにおける代謝は阻害しない。なお，これらの基質や阻害剤は，精子の培養液に加えると，すみやかに精子細胞内に取り込まれることがわかっている。

基質と阻害剤を精子の培養液に加えた直後は，図１－１に示される①～⑥のすべての実験条件において，精子は高い運動活性とATP濃度を示したが，30分後に精子細胞内のAMP，ADP，ATPの濃度を測定したところ，図１－１に示すような結果が得られた。図１－１の最下段には，その時点で観察された精子の運動活性を，高いか低いかで示している。なお，ピルビン酸を基質として用い，ミトコンドリアにおける代謝を調べる実験条件については，精子細胞内に存在するグルコースの影響を除くために，薬剤Yを加えてある。

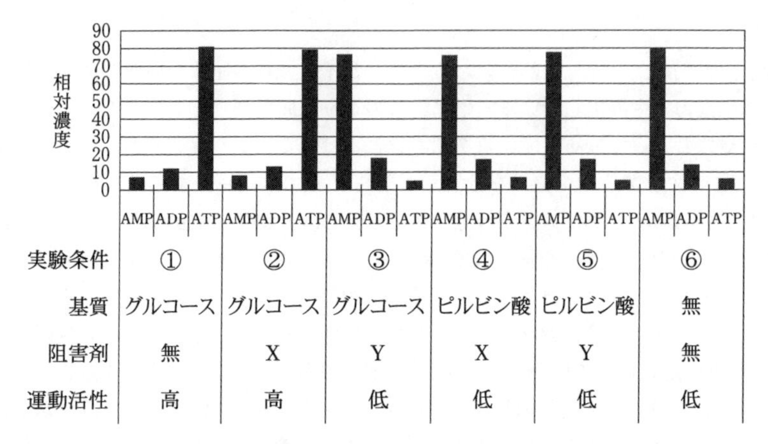

実験条件	①	②	③	④	⑤	⑥
基質	グルコース	グルコース	グルコース	ピルビン酸	ピルビン酸	無
阻害剤	無	X	Y	X	Y	無
運動活性	高	高	低	低	低	低

図1—1　マウス精子の培養液に，代謝基質と阻害剤を加えて30分後の精子細胞内に含まれるAMP，ADP，ATPの相対濃度と精子の運動活性

〔実験4〕　次に，ウニの精子を用いた実験をおこなった。ウニの精子を海水中にけん濁すると，激しい遊泳運動を示した。その運動は15分過ぎても維持されていた。15分後の海水中の溶存酸素量を測定したところ，著しく減少していた。この，15分間海水中で運動させた精子をすりつぶして調べた結果，(カ)細胞中の成分Zの量が減少していた。また，精子や海水中に含まれる，尿酸や尿素のような窒素を含む老廃物の量は増加していなかった。次に，精子をけん濁した海水中に薬剤Xを加えたところ，急激に精子の運動活性が低下するのが観察された。しかし，薬剤Yを加えた場合には，運動活性の阻害はほとんどみられなかった。

〔問〕

(Ⅰ)　文1について，以下の小問に答えよ。

(A)　空欄1～3に適切な語を入れよ。

(B)　下線部(ア)について。ほ乳類における，一般の体細胞分裂と卵割の大きな違いは何か。1行程度で述べよ。

(C)　下線部(イ)について。この細胞は何か。最も適切なものを，以下の(1)～(5)から選べ。

(1)　卵原細胞　　(2)　卵胞細胞　　(3)　一次卵母細胞

(4)　二次卵母細胞　　(5)　卵細胞

(D)　下線部(ウ)について。ここで見られた現象は次のうち，どの変化を見ていることになるか。最も適切なものを，以下の(1)～(5)から選べ。

(1)　間期から分裂期前期が始まる直前までの変化

(2)　分裂期前期から分裂期中期への変化

(3)　分裂期中期から分裂期後期への変化

(4)　分裂期後期から分裂期終期への変化

(5)　分裂期終期から次の間期への変化

(E)　下線部(エ)について。1-メチルアデニンを加えた後に生じる，極端な不等分裂においても，紡錘体が作られるのが観察された。その紡錘体は，細胞のどの位置に出現すると考えられるか。最も適切なものを，以下の(1)～(5)から選べ。なお，図は卵の中心と紡錘体の両極を含む断面を模式的に示したものである。

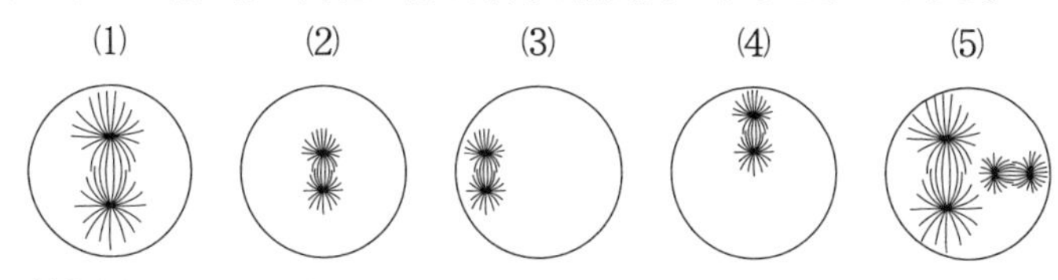

(F)　下線部(オ)について。細胞にくびれを生じさせ分裂させるしくみは細胞のどこにあると推測されるか。最も適切なものを，以下の(1)～(5)から選べ。

(1)　くびれが生じた場所の細胞膜のすぐ内側

(2)　くびれを含む平面の細胞質全体

(3)　紡錘体の極

(4)　紡錘体全体

(5)　赤道面に集まった染色体

(Ⅱ)　文2について，以下の小問に答えよ。

(A)　実験3について。図1－1に示すように，30分後にマウスの精子の運動活性が低い実験条件では，いずれもAMP濃度が最も高かった。その理由を推測して2行程度で述べよ。

(B)　実験3について。図1－1に示された，マウスの精子を用いた実験の結果からの推測として，誤った記述はどれか。以下の(1)～(5)からすべて選べ。

(1)　精子の運動にはグルコースが基質として使われているので，実際の受精環境にはグルコースが存在している可能性がある。

(2)　精子の運動活性が低い条件ではATPを生産する必要がないので，ATP濃度は30分後でも低い。

(3)　精子の運動活性が高い場合でも精子の運動に使われるATPの量は非常に少ないので，ATP濃度は30分後でも維持されている。

(4)　ミトコンドリアの代謝がはたらかなくても，解糖系のみで充分，精子の運動活性が維持される。

(5)　ピルビン酸が与えられても，解糖系がはたらいていないと，精子の運動活性は低いので，精子の運動には解糖系が大きく寄与している。

(C)　下線部(カ)について。細胞中の成分Zは何か。最も適切なものを，以下の(1)～(5)

から選べ。

(1) グリコーゲン　(2) フルクトース　(3) タンパク質
(4) アミノ酸　(5) 脂　質

(D) ウニの精子が，細胞中の成分Zを代謝して遊泳運動のためのエネルギーを得ている理由を，受精の環境がほ乳類と異なることを考慮して，2行程度で述べよ。

(E) ウニの精子では，ミトコンドリアで作られたATPを鞭毛の先端部まで供給するために，ある高エネルギーリン酸化合物を介して，ADPからATPを直接的に合成するしくみをもっている。この高エネルギーリン酸化合物は骨格筋にも存在し，運動の維持のためにはたらいている。この高エネルギーリン酸化合物の名称を答えよ。

ポイント

(Ⅰ)(C) 大きな細胞であること，極端な不等分裂を起こしたことから，(3)と(4)に絞ることができる。ここから先は，下線部(ウ)の「大きな核が観察された」ことをヒントに推測する。

(E) 紡錘体の赤道面とくびれが生じる位置が一致することに着目する。

(F) 収縮環がどこに形成されるかが問われている。また，実験2の結果から消去法で絞り込むことも可能である。

(Ⅱ)(A) 2ADP→ATP＋AMPの反応式を考える。ADPの一部からATPが再生される反応が起こるときには，同時にAMPも生じる。運動活性が高い精子は，活発な代謝によりATPをつくりだしているが，運動活性が低い精子は，代謝が活発ではないので，ATPをつくりだすためには，ATPが消費されて生じたADPからATPをつくる反応が起こる必要がある。

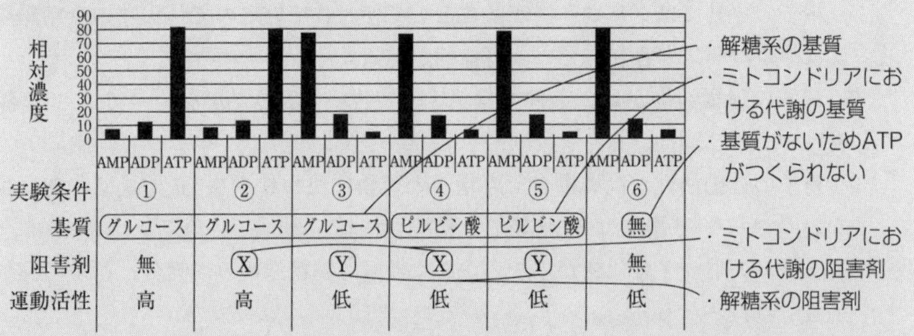

(C) 「細胞中の成分Zの量が減少していた」とあるので，成分Zは代謝の基質であると考えられる。成分Zを分解しても尿酸や尿素のような窒素を含む老廃物の量が増加していないことから，タンパク質やアミノ酸ではない。さらに，解糖系の阻害剤Yの影響を受けないことから，解糖系で分解される炭水化物でもない。

26 酵母のプロテアーゼ，胞子形成

(2011年度　第3問)

次の文1と文2を読み，(Ⅰ)と(Ⅱ)の各問に答えよ。

〔文1〕

プロテアーゼは，基質となるタンパク質の[1]結合に[2]分子を反応させることにより，[1]結合を開裂させる酵素である。ヒトのからだで生じるさまざまな生体反応が，プロテアーゼのはたらきにより営まれている。たとえば，胃液中のペプシンや，すい液中の[3]のようなプロテアーゼは，ヒトが食物からアミノ酸を摂取するためにはたらく。しかし，プロテアーゼは，消化のようにタンパク質を小さく断片化するときだけでなく，活性をもたないタンパク質の一部分を切り離して，活性をもつタンパク質へ変換させるときにもはたらく。このようなプロテアーゼとして，真核細胞の細胞質に存在するプロテアーゼPが知られている。

(ア)単細胞の真核生物である酵母におけるプロテアーゼPのはたらきを知るために，酵母のプロテアーゼPの遺伝子の欠損株を作製したところ，P遺伝子欠損株では，脂肪酸の1種であるオレイン酸の合成に必要なL遺伝子の発現がほとんど見られないことがわかった。細胞質に存在する別の酵素Eの遺伝子の欠損株でも同じ表現型がみられた。そこでL遺伝子の発現を促進する転写因子をコードするT遺伝子に注目し，野生型株，P遺伝子欠損株，E遺伝子欠損株について，T遺伝子に由来する細胞内のタンパク質を調べた。すると野生型株では，遺伝子配列から予測されるとおりのアミノ酸配列と分子量をもつTa，Taに分子Sが共有結合したTa-S，およびTaの一部が失われ分子量が小さくなったTbという，3種類のタンパク質が検出された。P遺伝子欠損株ではTbが検出されず，TaとTa-Sが検出されたが，Ta-Sの細胞内含有量は野生型株と比べて顕著に増加していた。E遺伝子欠損株ではTa-SもTbも検出されず，Taのみが検出された。Ta，Ta-S，Tbの細胞内分布を調べたところ，TaとTa-Sは，細胞小器官の1つである小胞体の膜上に存在するが，Tbは核内に存在することがわかった。

〔文2〕

酵母の二倍体の細胞は，栄養環境が悪くなると減数分裂を行い，4個の一倍体胞子を形成する。胞子は栄養条件が良くなると，発芽して一倍体のまま増殖を開始する。酵母には，T遺伝子に塩基配列のよく似たR遺伝子が存在する。T遺伝子とR遺伝子のはたらきに関連があるか調べるために，次の実験を行った。

酵母の二倍体細胞を遺伝子操作し，T遺伝子の2つの対立遺伝子の片方をHIS3遺伝子（ヒスチジン合成に必須の酵素をコードする遺伝子）と置き換えることにより欠損させ，さらにR遺伝子も同様に，２つの対立遺伝子の片方をLEU2遺伝子（ロイシン合成に必須の酵素をコードする遺伝子）と置き換えることにより欠損させた細胞を作製した。この実験に用いたもとの細胞は，ヒスチジンとロイシン要求性の細胞であるが，作製した細胞はTtRr（大文字は野生型，小文字は遺伝子が置き換えられた型の対立遺伝子を意味する）の遺伝子型をもち，ｔをもつことにより細胞内でのヒスチジン合成が可能となり，ヒスチジンを含まない培地（His(－)培地）で増殖できるようになる。同様にｒをもつことでロイシン合成が可能となり，ロイシンを含まない培地（Leu(－)培地）で増殖できる。

この二倍体TtRr細胞（図３－１(a)）を減数分裂させると胞子嚢（ほうしのう）内に４つの胞子が形成されるが（図３－１(b)），４つの胞子はT遺伝子座の遺伝子型については，Ｔもしくはｔをもつものが２つずつ，R遺伝子座の遺伝子型については，Ｒもしくはｒをもつものが２つずつとなる。これら４つの胞子をそれぞれ１つずつ分離して，それぞれをヒスチジンとロイシンを含む栄養条件の良い寒天培地（完全栄養培地）に植え継ぎ（図３－１(c)），３日間培養することを２つの胞子嚢についておこなった。胞子嚢１，胞子嚢２からの胞子の増殖結果を考察することにより，それぞれの胞子の遺伝子型が判明し，T遺伝子とR遺伝子が細胞の増殖にどのように関わっているかがわかる。

実験の結果，増殖して培地上でコロニーを形成した場合（図３－１(d)１のイ，１のニ，および２のイ～ニ）と増殖できなかった場合（図３－１(d)１のロ，１のハ）がみられた。また，完全栄養培地で増殖した細胞をHis(－)培地とLeu(－)培地に植え継いで増殖を調べたところ，それぞれ図３－１(e)，(f)のような増殖パターンを示した。なお，T遺伝子とR遺伝子はそれぞれ異なる染色体上に存在している。

〔問〕

(Ｉ) 文１について，以下の小問に答えよ。

(A) 文中の空欄１～３に適切な語を入れよ。

(B) 下線部(ア)について。酵母と同じ，単細胞の真核生物は次のうちどれか。正しいものを，以下の(1)～(5)からすべて選べ。

(1) メタン生成菌　(2) 乳酸菌　(3) ゾウリムシ　(4) 大腸菌　(5) ネンジュモ

(C) 実際にL遺伝子の転写因子としてはたらいているのはTa，Ta-S，Tbのうちどれであると考えられるか，答えよ。またその理由を２つ，それぞれ１行程度で述べよ。

(D) 表３－１に示すように，精製したTaまたはTa-Sに対して，精製した酵素E，分子S，酵素Eと分子Sの両者，プロテアーゼPを加えたところ，TaにEとSの両者を加えた場合，およびTa-SにPを加えた場合にのみ変化がみられ，それぞれTa-S，Tbを生成した。一方，Eのみ，またはSのみを加えた場合は，変化が見られなかった。Pの基質となるのはTa，Ta-S，Tbのうちどれか，答えよ。

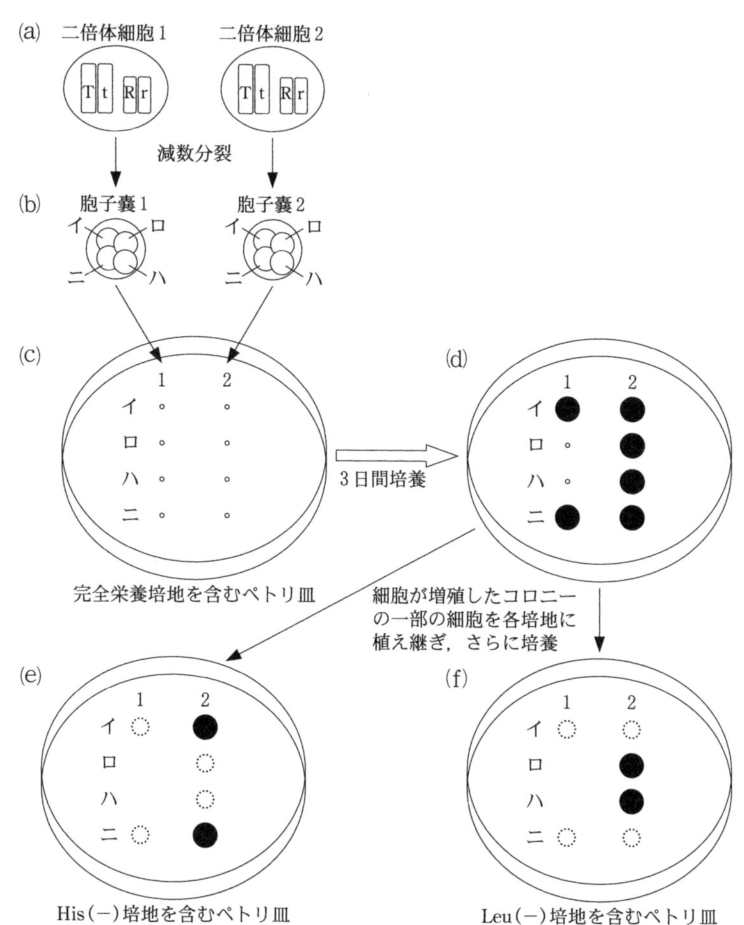

図3－1　二倍体細胞(TtRr)を減数分裂させて得られた胞子由来の細胞の増殖の観察
(b)でそれぞれの胞子嚢に含まれる4つの一倍体胞子をイ～ニとする。(c)，(d)の小さい丸(∘)は胞子，(d)～(f)の黒丸(●)は，胞子が出芽して細胞が増殖したコロニーを示す。(e)，(f)の破線白丸(◌)はHis(－)培地，Leu(－)培地で増殖できなかったことを示す。2個の胞子嚢（胞子嚢1，胞子嚢2）について独立して実験を行い，それぞれ縦1列イ～ニに沿って並べた。(c)～(f)の細胞の位置関係は一致している。

表3－1　TaまたはTa-Sに酵素E，分子S，酵素Eと分子S，プロテアーゼPを加えた後に生じるTの種類

Tの種類	加えた精製物			
	E	S	EとS	P
Ta	Ta	Ta	Ta-S	Ta
Ta-S	Ta-S	Ta-S	Ta-S	Tb

(E) この一連の反応における酵素Ｅと分子Ｓの役割を，それぞれ１行程度で述べよ。

(F) 細胞内のオレイン酸の含量を一定に保つしくみが酵母にあると考えた場合，オレイン酸を培地に過剰に加えたときにおこると予想される反応を，以下の(1)〜(5)からすべて選べ。

(1) プロテアーゼＰの活性が高まる。

(2) 酵素Ｅの活性が低下する。

(3) Ｌ遺伝子の伝令 RNA の量が減少する。

(4) Tb の量が増加する。

(5) Ｔ遺伝子の伝令 RNA の量が増加する。

(Ⅱ) 文２について，以下の小問に答えよ。

(A) 胞子嚢１から得られた完全栄養培地で増殖可能な細胞〔１のイ〕と〔１のニ〕（図３－１(d)）は，His(－)培地でも Leu(－)培地でも増殖不可能であることから，以下の(1)〜(4)のどの遺伝子型をもつと考えられるか。それぞれについて，〔１のイ〕―(5)のように答えよ。

(1) TR　(2) Tr　(3) tR　(4) tr

(B) 胞子嚢１の結果のみを考慮したとき（胞子嚢２の結果は考慮しない），完全栄養培地での酵母の増殖におけるＴ遺伝子とＲ遺伝子の必要性について，考えられる可能性を２行程度で述べよ。

(C) 胞子嚢２からの胞子は，すべて完全栄養培地で増殖できたが，His(－)培地と Leu(－)培地に植え継ぐと，いずれか片側の培地でしか増殖できなかった。このことから胞子嚢２に由来する細胞のうち，〔２のイ〕と〔２のロ〕は，以下の(1)〜(4)のどの遺伝子型をもつと考えられるか。それぞれについて，〔２のイ〕―(5)のように答えよ。

(1) TR　(2) Tr　(3) tR　(4) tr

(D) 胞子嚢１の結果に加えて，胞子嚢２の結果をあわせて考えたとき，完全栄養培地での酵母の増殖におけるＴ遺伝子とＲ遺伝子の必要性について，考えられる可能性を１行程度で述べよ。

ポイント

(Ⅰ)(C) 問題文で，Ta，Ta-S，Tb の細胞内分布について述べられている。転写が行われる場所を考えれば，どれが転写因子であるか見当がつく。

(D)・(E) Ta，Ta-S，Tb がどのような過程を経るのか，酵素Ｅとプロテアーゼ P がいつどのように働くのか，表の結果から読み取る。フローチャートを描いてみるとよい。

(Ⅱ) 図３－１より，Ｔ遺伝子とＲ遺伝子は独立している。減数分裂のしくみを考えれば，胞子嚢１・胞子嚢２の２パターンが形成されるとわかる。

27 初期発生における母性効果因子の働き

（2009年度　第1問）

次の文1～文3を読み，（Ⅰ）～（Ⅲ）の各問に答えよ。

〔文1〕

細胞が分裂をくり返していく過程で，DNAは正確に複製されて，細胞から細胞へと伝えられる。しかし，ごくまれにDNAの［(1)］が変化して形質の変化がひきおこされることがある。このように，DNAの［(1)］が変化したことによって形質の異なる個体が新たに出現することを突然変異という。自然の状態では突然変異の発生率はきわめて低い。しかし，［(2)］や［(3)］などで人為的に処理することにより，突然変異を誘発することができる。発生に影響を与える突然変異をもつ個体の研究は，発生を調節する遺伝子の発見へとつながった。

〔文2〕

初期発生において，未受精卵の中に存在する母親由来のmRNAが，受精後にタンパク質に翻訳されて胚の発生を制御することが知られている。このようなタンパク質は，母性効果因子とよばれている。母性効果因子の中には，胚の(ア)卵割回数を制御するものがある。(イ)卵割は通常の体細胞分裂とは異なる特徴をもつ。(ウ)多くの動物の初期発生では，卵割が特定の回数に達するまでは，ある母性効果因子によって胚自身の遺伝子発現が抑制されていることがわかってきた。

〔文3〕

母性効果因子の中には，キイロショウジョウバエ胚の前後軸パターン（頭部，胸部，腹部）形成に関与するものもある。

母性効果因子PのmRNAは，卵形成時に卵の前方に偏在しているため，胚の中で合成されたタンパク質Pもかたよった分布を示す。

図1－1(a)に，正常な初期胚におけるタンパク質Pの分布，およびその分布にしたがって決定される胚の前後軸パターンを示す。(エ)Pをコードする遺伝子*P*を欠失した母親から生まれた胚は，図1－1(b)のような前後軸パターンとなり，正常に発生できずに死んでしまう。(オ)タンパク質Pを人為的に正常よりも多くしたところ，その胚は図1－1(c)のような前後軸パターンを示した。

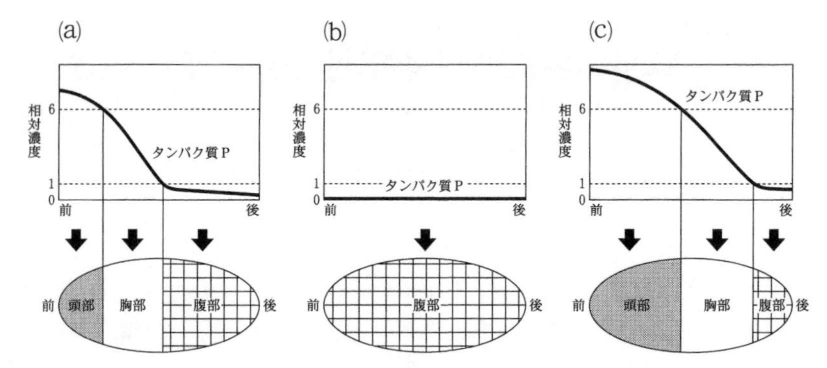

図1－1　キイロショウジョウバエ初期胚の前後軸に対するタンパク質Pの分布（上図）と，そのときの胚の前後軸パターン（下図）。
(a)正常な胚，(b)タンパク質Pをもたない胚，(c)タンパク質Pを正常より多くもつ胚。

母性効果因子Qの mRNA は，図1－2(a)のグラフのように，卵形成時に卵の後方に偏在している。Qをコードする遺伝子 *Q* を欠失した母親から生まれた胚は，腹部構造をもたない。

一方，(カ)<u>母性効果因子Rの mRNA は，卵形成時に卵全体に均一に存在しているが，合成されたタンパク質Rは，図1－2(b)のグラフのように，その分布にかたよりが見られた</u>。Rをコードする遺伝子 *R* を欠失した母親から生まれた胚は，正常な前後軸パターンをもつ。しかしながら，(キ)<u>タンパク質Rを胚の後方で人為的に増やしたところ，胚は腹部形成できなくなった</u>。

(ク)<u>遺伝子 *Q* を欠失した母親から生まれた胚が腹部形成できないにもかかわらず，遺伝子 *Q* と遺伝子 *R* を両方とも欠失した母親から生まれてきた胚の腹部形成は正常であり，胚の前後軸パターンに異常は見られなかった</u>。

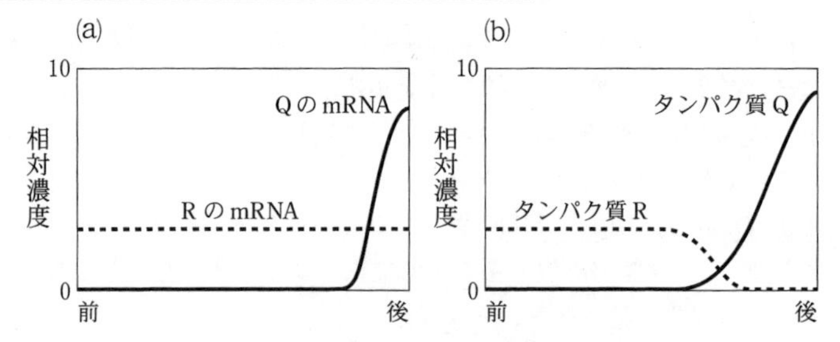

図1－2　正常な卵または胚の前後軸に対する，(a)QおよびRの mRNA 分布，(b)タンパク質Qおよびタンパク質Rの分布。

〔問〕

(Ⅰ)　文1について，以下の小問に答えよ。

(A)　空欄(1)～(3)に入る適切な語句を記せ。

(B)　遺伝する形質が繁殖に有利にはたらいた場合，その形質をもつ個体が他の個体よりも多くの子孫を残すことにより，その形質が集団に広まるという，1850年代に唱えられた説を何というか。

(Ⅱ)　文2について，以下の小問に答えよ。

(A)　下線部(ア)について。(a)ウニ，(b)カエルの卵割様式および卵の種類について，正しい組み合わせを以下の(1)〜(6)からそれぞれ1つずつ選べ。

(1)　等　割—等黄卵　　(2)　等　割—心黄卵
(3)　等　割—端黄卵　　(4)　不等割—等黄卵
(5)　不等割—心黄卵　　(6)　不等割—端黄卵

(B)　下線部(イ)について。卵割について正しく述べたものを，以下の(1)〜(6)から3つ選べ。

(1)　分裂ごとに個々の細胞の大きさは小さくなる。
(2)　分裂ごとにDNAの複製がおこる。
(3)　分裂を経ても細胞の大きさはほとんど変わらない。
(4)　分裂を経ても胚の大きさはほとんど変わらない。
(5)　通常の体細胞分裂と比較して，分裂の進行が遅い。
(6)　1回目の分裂では，細胞あたりの染色体の数が半減する。

(C)　下線部(ウ)について。魚類の一種，ゼブラフィッシュでは，胚に均一に分布するある母性効果因子Xによって，10回の卵割が終了するまでのあいだ，胚自身の遺伝子発現は抑制されているが，その後，発現が開始する。ある実験で，一倍体（単相）のゼブラフィッシュ胚を作製したところ，11回目の卵割が終了した後に，胚自身の遺伝子発現が開始した。これらの結果から得られる妥当な推論を，以下の(1)〜(5)から2つ選べ。ただし，正常のゼブラフィッシュ胚は二倍体（複相）であり，母性効果因子Xの量，胚の大きさ，および卵割のしかたは，一倍体でも二倍体でも同様であるとする。また，胚全体での母性効果因子Xの総量は変化しないものとする。

(1)　胚自身の遺伝子発現が開始するときの胚に含まれるDNA量は，一倍体の胚であっても，二倍体の胚と同じである。
(2)　胚自身の遺伝子発現が開始するタイミングは，胚に含まれる細胞の個数によって決定される。
(3)　胚自身の遺伝子発現が開始するタイミングは，胚に含まれる細胞核の個数によって決定される。
(4)　母性効果因子Xの量を2倍に増やした場合，胚自身の遺伝子発現が開始するまでの卵割回数は1回多くなる。
(5)　母性効果因子Xの量を2倍に増やした場合，胚自身の遺伝子発現が開始するまでの卵割回数は1回少なくなる。

(D) キイロショウジョウバエにおいて，ある母性効果因子Zをコードする遺伝子 Z がある。突然変異により機能を喪失したものを対立遺伝子 z と表記する。胚において，この母性効果因子が機能をもたない場合には，その胚は正常に発生できない。Zz の母親と Zz の父親の交配によって生じた胚のうち，zz の遺伝子型をもつものは正常に発生できるだろうか。理由を含めて3行程度で述べよ。

(Ⅲ) 文3について，以下の小問に答えよ。

(A) 下線部(エ)について。図1－1(b)に示した胚の前後軸パターンから考えられる，タンパク質Pの前後軸パターン形成における役割は何か，次の(1)～(4)からすべて選べ。

(1) 頭部形成を抑制する。　(2) 胸部形成を促進する。

(3) 腹部形成を促進する。　(4) 頭部形成と胸部形成に役割をもたない。

(B) 下線部(オ)について。タンパク質Pはどのようにして胚の前後軸パターン形成に関与すると考えられるか。図1－1(c)の結果に基づいて，2行程度で述べよ。

(C) 下線部(カ)について。RのmRNAの分布とタンパク質Rの分布が異なる理由を説明した次の(1)～(4)について，間違っているものをすべて選べ。

(1) タンパク質Rはタンパク質Qを分解する。

(2) タンパク質QはRのmRNAの翻訳を阻害する。

(3) タンパク質QはRのmRNAの転写を抑制する。

(4) タンパク質QはRのmRNAの転写を促進する。

(D) 下線部(キ)について。この実験から推測されるタンパク質Rの機能を，1行程度で簡潔に述べよ。

(E) 下線部(ク)について。この結果から，前後軸パターン形成においてQとRはそれぞれどのような役割を果たしていると推測されるか，3行程度で説明せよ。QおよびRについて，遺伝子，mRNA，タンパク質を明確に区別して記せ。

ポイント

(Ⅱ)(C) 10回目の卵割を終えた2倍体と11回目の卵割を終えた1倍体で，等しくなっている条件を考える。

(D) 母親が遺伝子 Z をもっていれば，転写が減数分裂に先立って起こるため，zz の胚であっても母性効果因子ZのmRNAを保有している。

(Ⅲ)(A) 図1－1(b)のグラフの読み取りがポイントとなる。相対濃度と形成された部位の関係から考える。

(C) 図1－2から，タンパク質RのmRNAは胚全体に分布しているが，後方にはタンパク質Rがないことがわかる。タンパク質Qの濃度が高い部分でタンパク質Rがなくなっているので，タンパク質Qがタンパク質RのmRNAの翻訳を抑制しているか，タンパク質Rそのものを分解している可能性が考えられる。

28 体細胞分裂と減数分裂，染色体地図

（2008年度　第1問）

次の文1～文3を読み，（Ⅰ）～（Ⅲ）の各問に答えよ。

〔文1〕

細胞分裂が正常に実行されるためには，さまざまなしくみが連携して機能する巧妙なしかけが必要である。たとえば，細胞が1回分裂する全過程を細胞周期というが，1回の体細胞の細胞周期で一度だけDNA複製がおこるようなしかけがある。また，DNA複製によって1対の姉妹染色分体という染色体構造ができるが，分裂中期までにこの対が離れてしまうと，正確な染色体の分配ができなくなる。これを防ぐために，姉妹染色分体が，ある種のタンパク質（姉妹染色分体結合タンパク質）を介して結合し，近接した状態に配置されるしかけがある。

動物の体細胞の細胞周期では，分裂［ 1 ］期に染色体を構成するクロマチンが凝縮して，分裂期染色体が構築される。クロマチンは，［ 2 ］というタンパク質にDNAが巻きついて，ビーズ状になったものである。さらに，間期から分裂期まで核膜近傍に存在する中心体が2つに増え，これを起点として，微小管とよばれるタンパク質の繊維（紡錘糸）からなる紡錘体が形成される。分裂中期までには，染色体の狭窄（きょうさく）部位に存在する動原体に微小管が結合し，この微小管（動原体微小管）を介して両極へ染色体が引っ張られる。(ア)分裂中期では，動原体微小管は姉妹染色分体上でたがいに特定の角度で配置される。そのため，分裂中期に［ 3 ］面に縦列した染色体上の動原体に，両極からの動原体微小管を介した張力が発生し，均衡することになる。細胞にはこの張力の均衡状態を監視するはたらきがあり，動原体微小管において十分な均衡した張力が生じるまでの間，細胞周期を分裂中期に停止するしかけ（紡錘体チェックポイント）が存在する。

全染色体について十分に均衡張力が生じると，細胞内のある種のタンパク質分解酵素が活性化し，動原体部位に多く存在する姉妹染色分体結合タンパク質を分解する。これを契機に姉妹染色分体が両極に向かって移動を開始する。また，動物細胞では，紡錘体の軸に直交するかたちで［ 3 ］面が規定される。その延長上の細胞膜に収縮環とよばれる構造が形成され，細胞をくびり切る［ 4 ］を実行するため，分離した姉妹染色分体のセットがもれなく分配される。このような連携的なしかけによって，姉妹染色分体の［ 5 ］細胞への均等分配が保証される。

〔文2〕

減数分裂は，動物では精子や卵などの配偶子を形成する際にのみ見られる分裂様式である。減数分裂では(イ)DNAの複製の後，2回の連続する染色体分配がおこるため，

二倍体（複相）の生物では最終的に一倍体（単相）の配偶子が形成される。減数分裂の際には，DNA 複製後の姉妹染色分体の連結をへたのち，両親由来の相同染色体が対合し，二価染色体が形成される。(ウ)二価染色体上の動原体に微小管が結合し，減数第一分裂では両極に向かって相同染色体が分離される。この際にも，動原体微小管に生じる張力の均衡を監視するはたらきがあるが，この場合，相同染色体間をつなぎとめているのは，姉妹染色分体結合タンパク質ではなく，乗換えによって形成された(エ)キアズマという構造である。

〔文 3〕

(オ)連鎖した 3 点の遺伝子の形質を用いて，それぞれの遺伝子間の組換え率を測定し，それをくり返すことで，染色体地図を描くことができる。これはモーガンの学派が提唱した「遺伝子間距離と乗換え頻度は比例関係にある」という仮説と，染色体上のいずれの領域においても乗換え（もしくは組換え）が一様に生じることが，前提となっている。しかしながら，(カ)上記の方法で得られた染色体地図と，ゲノム計画で明らかになった染色体上の遺伝子の配置（物理的遺伝子地図）を比較したところ，両者における遺伝子間距離が合致しない領域があることが明らかになっている。

〔問〕

(Ⅰ) 文 1 について。文中の空欄 1 ～ 5 に入る最も適切な語句を記せ。

(Ⅱ) 文 1 と文 2 について，以下の小問に答えよ。

(A) 下線部(ア)に記述された動原体微小管の配置に関して，最も適切と思われる角度を，次の(1)～(4)の中から 1 つ選べ。

(1) 30 度　(2) 60 度　(3) 90 度　(4) 180 度

(B) 下線部(イ)について。体細胞分裂と減数分裂時の DNA 複製と中心体の数の変動のしかたの違いについて，3 行程度で述べよ。

(C) 下線部(ウ)について。動原体の配置はどのようなものであるか，以下の図(1)～(4)から最も適切なものを 1 つ選べ。

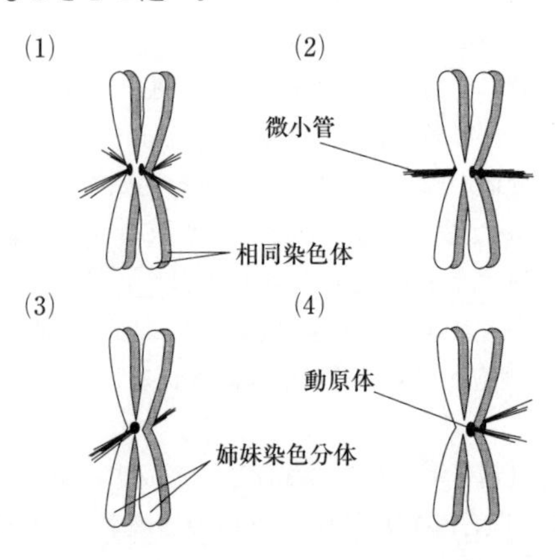

(Ⅲ)　文2と文3について，以下の小問に答えよ。

(A)　下線部(エ)のキアズマ構造の形成が一部の染色体で欠損すると，精子や卵の形成，およびそれらの染色体の組成にどのような影響があると考えられるか，2行程度で説明せよ。

(B)　下線部(オ)のような解析方法を何というか，名称を記せ。

(C)　上記の方法で測定された組換え頻度1％に対し，遺伝子間距離が1cM（センチモルガン）と当初定義された。しかしその後，組換えをもたらす乗換えは，必ず減数分裂期DNA合成のあとにおこることが明らかになった。乗換えが1対の相同染色体で1回おこるケースでは，乗換えが生じない姉妹染色分体が1組存在する。したがって，相同染色体あたり1回の乗換えは，50％の組換え頻度に相当することになる。一方，それほど離れていない遺伝子間で，上記(B)の手法で距離を測定し，それらの結果をつなぎ合わせて染色体地図を作製した場合，キイロショウジョウバエの第3染色体の一方の末端から，他方の末端までは，105cMであった。以上の情報から，キイロショウジョウバエ第3染色体の，染色体1本あたりの平均乗換え回数を計算せよ。なお，計算式を記入のうえ，有効数字は1桁で答えること。

(D)　(C)のように，短区間の遺伝的距離をつなぎ合わせるのではなく，染色体の両方の末端に存在する遺伝子の表現型を用いて，組換え頻度を測定し，大まかな染色体全体長を，その2つの遺伝子の遺伝的距離から推定する方法もあるだろう。実際，キイロショウジョウバエの第3染色体の一方の末端に存在する遺伝子と，他方の末端に存在する遺伝子の間で組換え率を測定したところ，第3染色体の一方の末端から他方の末端までは，44cMであることがわかった。この値は，上記の(C)に示された距離105cMよりかなり短い。「組換え頻度」と「乗換えの回数」という言葉を用いて，その理由を3行程度で述べよ。

(E)　下線部(カ)について。ある染色体領域において，遺伝的な距離が物理的距離に比べて長い場合の説明として，小問(C)と(D)の内容もふまえたうえで，次の文章(1)〜(4)の中から不適切と考えられるものを，すべて選べ。

(1)　その染色体領域内では，組換え頻度が相対的に高い。

(2)　その染色体領域内には，組換え測定に適した表現型を持つ遺伝子の数が少ない。

(3)　その染色体領域内では，組換えを活発に行う部位がまれにしか存在しない。

(4)　その染色体領域内には，遺伝子の働きが抑制される領域が多く存在する。

ポイント

(Ⅱ)(B)　差がつくところであろう。DNA の複製は減数第二分裂前には起こらないが，中心体は染色体を両極に分配することに直接関与しているので，分裂前（第一分裂，第二分裂の両方）に必ず複製されることに気づきたい。

(Ⅲ)(D)　2 つの遺伝子座の間で乗換えが 2 回起こると，組換えが起きていないことになる。遺伝子間の距離が長いと乗換えが起こりやすくなり，その結果として 2 回の乗換えも多くなるため，組換え頻度が小さくなる。

29 視覚，X染色体の不活性化

（2005年度　第３問）

次の文１～文４を読み，（Ⅰ）～（Ⅵ）の各問に答えよ。

〔文１〕

図２に示すように，網膜の視細胞がとらえた視覚情報は，外側膝状体（がいそくしつじょうたい）を通って，脳の後部にある一次視覚皮質に送られる。網膜の中で鼻に近い半分の視細胞からの情報は反対側の脳へ送られ，耳に近い半分からの情報は同じ側の脳へ送られる。網膜に写る像はレンズによって反転しているので，視野の左半分は右眼からの情報も左眼からの情報も右脳で処理され，右半分は左脳で処理されることになる。視野の同じ位置をとらえる左右の眼の視細胞は，一次視覚皮質の同じ位置に情報を送る。

網膜の中心の少し内側に，視神経が束になって眼から出てゆく部分がある。ここは盲点（盲斑）とよばれ，視細胞がないので光を感じない。下の参考図で，眼と紙の距離を15 cm程度に調節し，片眼を閉じて中央の黒い丸に視点を固定すると，(ア)右眼で見たときは右の×が，左眼で見たときは左の×が，ちょうど盲点に入って見えなくなることがある。

×　　　　　　●　　　　　　×

ここに視点を合わせる

参考図

〔文２〕

発生の過程において，一部の細胞は大きく場所を移動する。たとえば脊椎動物では，背中をつらぬく(イ)神経管の背部から神経冠細胞（神経堤細胞）とよばれる一群の細胞が作られ，そこから色素細胞や末梢神経細胞，副腎髄質，顔面の骨などが生じる（図３）。色素細胞は，分裂をくりかえしながら表皮に沿って全身に移動し，１本１本の毛の付け根にある毛母細胞の間に入り込んで，メラニン色素を合成して毛に分泌する（図４）。

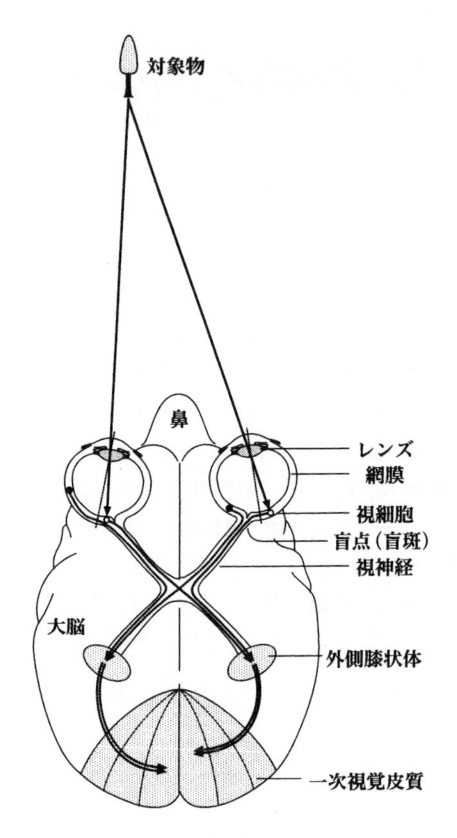

図2　眼と脳の水平断面

視野の同じ位置の像をとらえる2対の視細胞（●と○）の情報経路を示す。

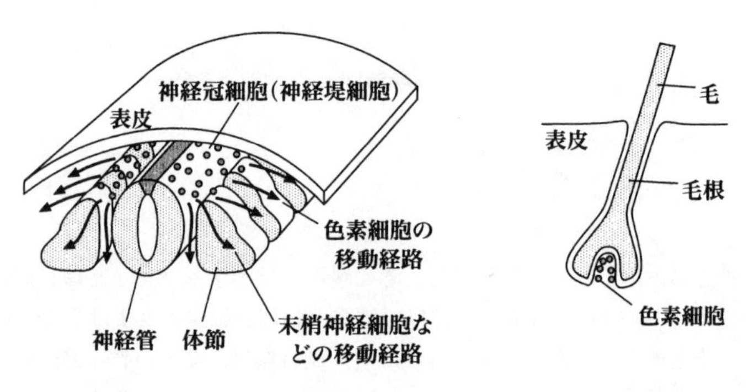

図3　発生中の胚の背部

図4　毛の構造

ネコの体色に関連する常染色体上の対立遺伝子に，白斑遺伝子Sと斑なし遺伝子sがある。この遺伝子は色素細胞の移動を制御しており，遺伝子型がssの場合は色素細胞は体表全体へと広がる。そのため毛は黒一色や茶一色になる。一方，遺伝子型がSSやSsの個体では，色素細胞は体表全体へは広がらない。このため一部の毛は毛根に色素細胞をもたず，白い毛となる。従って，このような遺伝子型をもつ猫の体色は黒と白の斑や，茶と白の斑になる。色素細胞は背側の神経管から広がるため，背中から遠い脚や腹部ほど白くなりやすい。しかし，移動の経路や到達位置は，細胞ごとに厳密に決まっているわけではない。

〔文3〕

多くの動物は父親由来と母親由来の2本が組になった染色体セットをもっている。このうち一部の染色体が3本になると，その染色体上の遺伝子だけ他よりも数が多くなり，伝令RNAに転写される量のバランスが変化してしまう。これは個体に致命的な障害を及ぼすことが多い。たとえば人間は，22組ある常染色体のうち21番染色体以外のどれか1つでも3本になると，胎児はほとんど生きのびることができない。

一方，性染色体は雌雄で本数が異なる場合が多い。たとえばショウジョウバエや多くの哺乳類では，通常はオスではX染色体が1本なのに対し，メスでは2本である。それにもかかわらず重大な支障がおこらないのは，性染色体をもつ生物がさまざまな方法で遺伝子量補正とよばれる調節を行っているためである。ショウジョウバエではオスでだけ，X染色体上の遺伝子が伝令RNAへ転写される活性がメスの2倍に上昇しており，染色体数が半分であることを補っている。一方，哺乳類ではメスでだけ，受精卵が細胞分裂をくりかえして体細胞の数がある程度増えた時点で，それぞれの体細胞がもつ2本のX染色体のうちの1本が凝縮して不活性化し，その染色体上のほとんどの遺伝子が伝令RNAに転写されなくなる。

2本のX染色体のうちのどちらが不活性化されるかは定まっておらず，細胞ごとにランダム（無作為）に決まる。X染色体が3本以上あるような場合も，1本だけが活性を保ち，残りは不活性化される。その後，発生の進行に伴い，それぞれの体細胞はさらに細胞分裂を続けるが，一度不活性化されたX染色体は娘細胞でも引き続き不活性化される。従って哺乳類のメスの体には，父親由来のX染色体が不活性化された細胞群と，母親由来のX染色体が不活性化された細胞群が，斑状に存在することになる。不活性化がおこる時期やその後の細胞分裂の回数の違いにより，斑のサイズには個体差や体の部位による差が生じる。

X染色体上の遺伝子は伴性遺伝とよばれる遺伝形式をとる。ショウジョウバエのメスではX染色体は2本とも活性をもつため，ヘテロ接合の場合の表現型のあらわれ方は常染色体のときと同じである。しかし哺乳類では様相は異なる。

ネコのX染色体上の対立遺伝子に，毛の色が茶色になる茶色遺伝子Oと黒になる黒色遺伝子oがある。メスにはX染色体が2本あるので，遺伝子型には［　1　］，

[2]，[3]の3つの可能性がある。斑なし遺伝子がホモ接合 ss である個体では，茶色遺伝子がホモ接合の[1]の場合には体色は茶一色になり，黒色遺伝子がホモ接合の[2]の場合には黒一色になる。ところがヘテロ接合の[3]の場合には，体色は黒でも茶でも，黒と茶の中間でもなく，黒と茶の斑になる。これはX染色体の不活性化によって，色素細胞の一部では父親由来の対立遺伝子だけが発現し，残りでは母親由来の対立遺伝子だけが発現するためである。

また，白斑遺伝子のヘテロ接合 Ss やホモ接合 SS の個体では，色素細胞の移動の効果が加わるため，茶色／黒色遺伝子が[1]の場合は体色は[4]，また[2]の場合は[5]，[3]の場合は[6]になる。(ウ)この最後の場合が，いわゆる三毛猫(みけねこ)である。

〔文4〕

ヒトの伴性遺伝の例として知られている赤緑色盲（色覚異常）は，X染色体上の，光を感じるタンパク質の遺伝子の突然変異によって生じる。赤緑色盲はありふれた突然変異の一つで，日本では男性の20人に1人が赤緑色盲である。赤緑色盲の遺伝子頻度が男女とも同じで，女性の性染色体について常染色体と同様にハーディー・ワインベルグの法則が成立すると仮定すると，昨年度の東京大学の志願者（男性11,673名，女性3,224名）のうち，概算で男性志願者の約580名が赤緑色盲であり，女性志願者の約[7]名が赤緑色盲遺伝子をもつと推定できる。

父親が赤緑色盲でない場合，その娘は赤緑色盲遺伝子のホモ接合にはならないので，赤緑色盲にはならないという記述をよく見かける。しかしこれは誤りで，(エ)まれにヘテロ接合の女性が赤緑色盲の表現型を示すこともある。また，赤緑色盲の検査は色のついた図形を両眼で見ながら行うが，片眼ずつ検査をするとどちらかの眼が赤緑色盲の表現型を示す女性が少数だが存在する。しかしこのような女性は，両眼で検査をすると赤緑色盲と判定されないことが多い。

〔問〕

（Ⅰ） 文1の下線部(ア)について。

両眼で見ると盲点の存在が意識されない理由を考え，2行程度で述べよ。

（Ⅱ） 文2の下線部(イ)について。

神経管はどの胚葉から作られるか，答えよ。

（Ⅲ） 文3について，以下の小問に答えよ。

(A) 空欄1～3に該当する遺伝子型を答えよ。

(B) 空欄4～6に該当する毛の色を下の選択肢からそれぞれ選べ。

a：黒　　b：茶　　c：黒と茶の斑　　d：黒と白の斑

e：茶と白の斑　　f：黒と茶と白の斑

(C) 下線部(ウ)について，三毛猫はほとんどがメスである。これはなぜか，理由を考え，2行程度で述べよ。

(Ⅳ)　あなたが茶と白の斑のメス猫を飼っているとする。これをどのような毛色のオス猫と掛け合わせれば，三毛猫を産ませることができるか。

(A)　候補になりうるオスの毛色を，以下の選択肢からすべて選んで記号を答えよ。

a：黒　　b：茶　　c：黒と茶の斑　　d：黒と白の斑

e：茶と白の斑　　f：黒と茶と白の斑

(B)　またその場合に，三毛猫以外にどのような毛の子猫が同時に生まれうるかを，オスの子猫，メスの子猫それぞれについて上の選択肢のa～eから選び，記号を列挙せよ。（オス親の候補が複数ある場合は，全部をまとめて列挙せよ。また，オスの三毛猫などごくまれにしかあらわれない毛色の可能性は除外して考えよ。）

(Ⅴ)　文4について，以下の小問に答えよ。

(A)　空欄7に該当する数字を有効数字2ケタで答えよ。

(B)　下線部(エ)について。赤緑色盲遺伝子がヘテロ接合なのに赤緑色盲の表現型を示す女性では，網膜の視細胞がどのようになっている可能性が考えられるか。2行程度で述べよ。

(C)　赤緑色盲遺伝子をもつヘテロ接合の女性は確率的に視細胞の約半分が赤緑色盲の変異をもつにもかかわらず，ほとんどの人が赤緑色盲の表現型を示さない。この理由を考え，2行程度で述べよ。

(Ⅵ)　社会に流布しているイメージでは，クローン人間は元になった人間と全く同じになると考えられがちである。2002年に，三毛猫の体細胞から作られたクローン猫が誕生した。生まれたメスの子猫は元になった猫と全く同じ遺伝子セットをもっているが，毛の模様は元になった猫と同じになると考えられるか，違うと考えられるか。また，メスの三毛猫でなく黒と白の斑や茶と白の斑のオス猫からクローンを作った場合は，どうなると考えられるか。理由とともに2行程度で述べよ。

ポイント

(Ⅲ)　哺乳類では，メスの体細胞がもつ2本のX染色体のうち，1本がランダムに凝縮して不活性化し，転写が行われなくなる。ネコの場合，毛の色が茶色になる茶色遺伝子Oと黒になる黒色遺伝子oがX染色体上にある。これに斑をつくる遺伝子S，s（常染色体上にある）が関与してくる。SSやSsの場合には白斑が出現し，ssの場合には白斑が出現しない。

まずssの白斑が出現しない個体で考えると，遺伝子型OO→茶一色，遺伝子型oo→黒一色，遺伝子型Oo→黒と茶の斑になる。

白斑をつくるSSやSsの場合，遺伝子型OO→茶と白の斑，遺伝子型oo→黒と白の斑，遺伝子型Oo→黒と茶と白の斑（三毛）になる。三毛はX染色体を2本もたないと出現しないので，正常なオス猫にはほとんど見られない。XXYのようなオス猫にわずかに見られる。

30 脊椎動物の発生，誘導と細胞分化

（2002年度　第2問）

次の文1と文2を読み，（Ⅰ）と（Ⅱ）の各問に答えよ。

〔文1〕

イモリ胚では，フォークト（ドイツ）が用いた 1 法などにより胞胚や原腸胚に関して予定運命図が作られている（図4）。それによると，背側の予定外胚葉域から将来，神経組織が生じる。1920年代のシュペーマン（ドイツ）の移植実験により，イモリ初期原腸胚では 2 の作用により神経組織が形成されることがわかっている。このように，ある組織や細胞がほかの組織の発生運命を変える現象を誘導と呼び， 2 のような領域を特に形成体（オーガナイザー）と呼んでいる。カエル胚を用いた最近の研究により，この神経誘導の分子的実体が徐々に明らかになってきた。それによると，外胚葉は本来，神経組織に分化する性質を持っている。しかし，初期胚の胚全体に存在するタンパク質Aが外胚葉の神経への分化を阻害し，表皮への分化を促進している。タンパク質Aは細胞の外側に存在する分泌タンパク質である。原腸胚初期になると，細胞の外側でタンパク質Aと結合してそのはたらきを抑制するタンパク質Bが形成体から分泌される。その結果，形成体に隣接した背側外胚葉でタンパク質Aのはたらきが弱まり，その領域の外胚葉は本来の発生運命である神経組織へと分化すると考えられている。

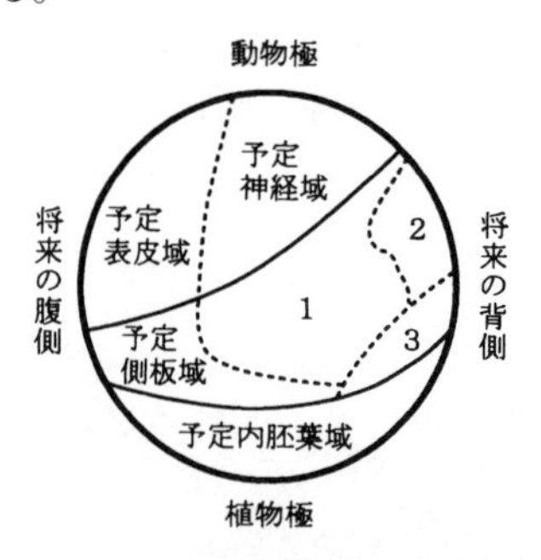

図4　イモリ後期胞胚表面の予定運命図

〔実験1〕　分泌タンパク質であるAとBの機能を調べるために，カエル後期胞胚より動物極周囲の予定外胚葉域の一部（この組織片を外胚葉片と呼ぶ）を切り出して，培養皿の中で培養を行った（図5）。表1に示された様々な条件下で一定の期間培養した後，外胚葉片の中に分化してきた組織を調べた。

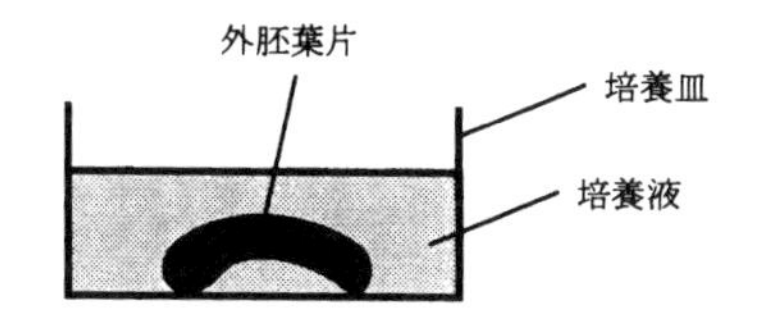

図5　外胚葉片の培養実験の模式図

表1　外胚葉片の培養実験の結果

培養条件	分化してきた主な組織
そのまま培養する	a
充分大きな形成体と接触させて培養する	b
タンパク質Aを充分量加えて培養する	c
タンパク質Bを充分量加えて培養する	d

〔文2〕

神経組織は，発生が進むと管構造（神経管）を作る。神経管は将来，中枢神経系（脳と脊髄）となる。図6(a)は，カエル神経胚に相当するニワトリ胚胴部断面図の一部であり，胚の中央に神経管が存在する。この時期には神経管の腹側に脊索が接している。脊索は胚の前後軸に沿って存在する中軸構造であり，様々な誘導現象に関与する重要な組織であることがわかってきた。脊索をもつ動物群は脊椎動物と[3]である。

将来，脊髄となる神経管組織の中では，既に種々の神経細胞（ニューロン）が分化を始めている。これらのニューロンの分化は，神経管以外の周辺組織からの影響を受けている場合が多い。たとえば，図6(b)のように神経管の腹側では運動神経（運動ニューロン）が分化する。運動ニューロンの分化は，脊索から分泌されるタンパク質Cに依存していることが知られている。タンパク質Cは脊索が神経管と接した領域より供給され，神経管の組織内へ拡散する。その濃度分布は神経管組織内で図7のようになっていると予想される。

〔実験2〕　ニワトリ胚では組織の除去や組織片の移植操作が比較的容易である。脊索と運動ニューロンの分化の関係を調べるため，運動ニューロンが分化する前に，脊索の除去や他の胚から取り出した脊索を移植する実験を3種類行った。運動ニューロンが分化する領域と脊索の位置を調べた結果，図8のようになった。

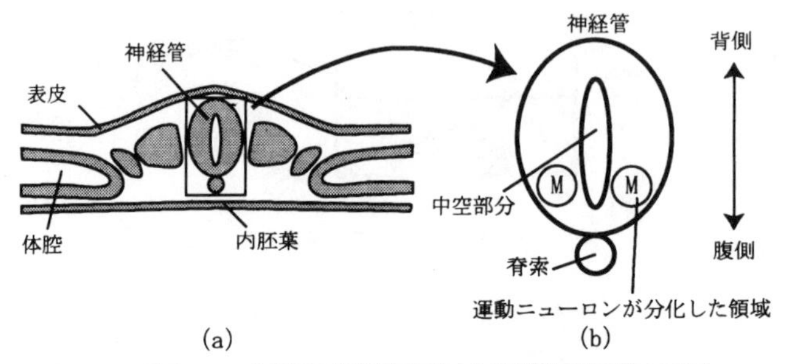

図6　ニワトリ胚の胴部断面図(a)と神経管領域の拡大図(b)

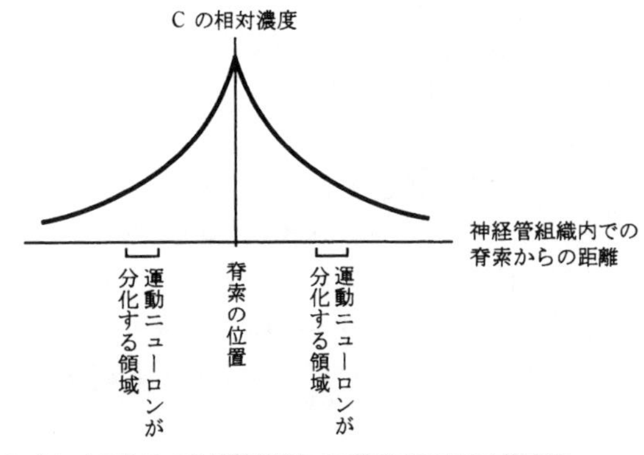

図7　タンパク質 C の神経管組織内での濃度分布を示す模式図

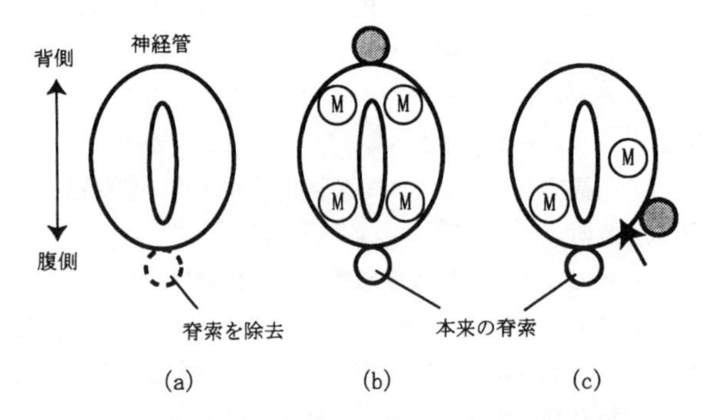

図8　運動ニューロンの分化と脊索の関係を示す模式図

Ⓜ は運動ニューロンが分化した領域を示す

● は新たに移植された脊索を示す

〔問〕

(Ⅰ) 文1について，次の小問に答えよ。

(A) 文中の空欄1に入る最も適当な語句を記せ。

(B) 文中の空欄2に入る最も適当な胚域の名称を記せ。

(C) 図4はイモリ後期胞胚の予定運命図である。予定側板域から生じる組織または器官を次の(1)〜(7)から2つ選び，番号で答えよ。

(1) 内臓筋　(2) 骨格筋　(3) 脊椎骨
(4) 消化管上皮　(5) すい臓　(6) 血　管
(7) 肺

(D) 図4のイモリ後期胞胚を動・植物極を含み紙面に平行な面で切断した時の断面図として，最も適当なものを次の(1)〜(5)から1つ選び，番号で答えよ。ただし，灰色で塗られた領域が組織である。

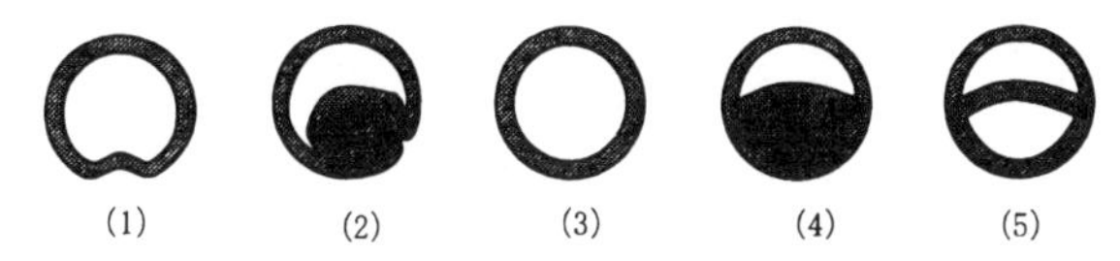

(E) 実験1の培養実験の結果，表1の各条件下で外胚葉片から主として生じた組織a〜dを，以下の(1)〜(5)から1つずつ選び，a—(6)，b—(7)，c—(8)，d—(9)のように答えよ。ただし，用いた培養液には，外胚葉片の発生運命を変えるようなタンパク質はもともと含まれていない。

(1) 表　皮　(2) 骨　(3) 神　経
(4) 脊　索　(5) 筋　肉

(F) 実験1で用いた外胚葉片は，細胞同士の接着を低下させる処理によってばらばらの細胞にすることができる。これらの細胞を培養液でよく洗浄した後，ばらばらのままで培養すると，ある細胞に分化した。どのような種類の細胞に分化したか。以下の(1)〜(5)から1つ選び，番号で答えよ。また，その理由を2行以内で述べよ。ただし，洗浄の過程で取り除かれたタンパク質は，培養の過程で新たに産生されなかったものとする。

(1) 表　皮　(2) 骨　(3) 神　経
(4) 脊　索　(5) 筋　肉

(Ⅱ) 文2について，次の小問に答えよ。

(A) 脊索は，イモリ胚では図4の予定運命図において，1〜3のいずれの領域から生じてくるか。1つ選び，番号で答えよ。

(B) 脊椎動物の脊索は，将来どのような発生運命をたどるか。次の(1)〜(5)から1つ選び，番号で答えよ。

(1) 発達して脊椎骨となる　(2) 脊椎骨を囲む筋組織になる

(3) 退化する　　(4) 神経管の一部となる
(5) 消化管と融合する

(C) 文中の空欄3に入る最も適当な動物群の名称を記せ。また，その動物群に属する動物を次の(1)〜(8)から2つ選び，番号で答えよ。

(1) ヤツメウナギ　　(2) ナメクジウオ　　(3) ナマコ
(4) サ　メ　　(5) ホ　ヤ　　(6) シーラカンス
(7) ウ　ニ　　(8) プラナリア

(D) タンパク質Cが神経管組織内を拡散することによって，運動ニューロンの分化が誘導されることを直接示す実験を行いたい。雲母片を用いた最も適当な実験を考え，その概略と予想される結果を2行以内で述べよ。

(E) 図8(c)の移植の結果，運動ニューロンが分化する領域の数が(b)に比べて減少している。(c)において，矢印で示された領域で運動ニューロンが分化しない理由を図7を参考にして2行以内で述べよ。

(F) 脊索を移植する位置を図8(c)の場合より背側へ徐々に移動させると，運動ニューロンが分化した領域の数が全体で2から3へ変化した。この時の状態を図8の(b)や(c)にならって図示せよ。

ポイント

(Ⅱ)(E)・(F)　脊索から拡散されるタンパク質の濃度によって運動ニューロンが分化する。移植される脊索と本来の脊索との位置関係によって分化する運動ニューロン（M_1〜M_4）の数が違ってくる。次の図1に示したように2個の脊索間の距離が近い場合は，脊索の外側（図の A_1 の右側と A_0 の左側）ではMの分化に適切なタンパク質Cの濃度範囲が存在し，そこに M_1 と M_2 が出現する。これが本問題の図8(c)の場合である。

また下の図3のように，A_0 と A_1 の距離が大きくなると，A_0 と A_1 の間のタンパク質Cの濃度は2つのグラフの和で示され，A_0 と A_1 の間にMの分化に適した範囲が2ヶ所出現する。そこに新たに，M_3 と M_4 という運動ニューロンが出現したと考えることができる。これが，本問題の図8(b)の場合である。(F)では運動ニューロンが3個出現するので，本来の脊索と移植された脊索の位置関係がちょうど図2のようになった場合である。

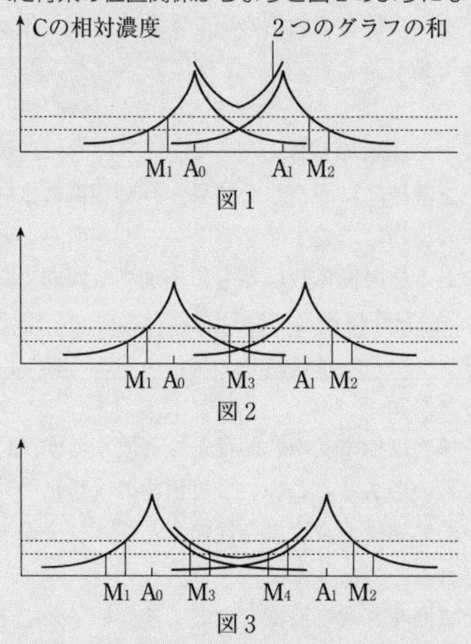

A0：本来の脊索の位置　A1：移植された脊索の位置
M1〜M4：分化した運動ニューロンの位置
点線部：運動ニューロンの分化に有効なCの濃度範囲

31 被子植物のメンデル遺伝と細胞質遺伝

(2002 年度　第 3 問)

次の文１と文２を読み，（Ⅰ）と（Ⅱ）の各問に答えよ。

〔文１〕

地球上にはさまざまな生物種が存在し，集団内で生殖を行って子孫を残している。生殖にあたっては親から子へと遺伝子が伝えられる。遺伝子の化学的本体は DNA である。真核細胞において，DNA は主に細胞核に存在するが，(ア)色素体（葉緑体）やミトコンドリアにも存在する。これらの DNA は体細胞分裂や減数分裂によって生じる娘細胞に分配される。細胞核の DNA 上の遺伝子は基本的にメンデルの法則に従って次世代に伝わる。ところが，色素体やミトコンドリア内の DNA 上の遺伝子はこれに従わない。たとえば，多くの(イ)被子植物の受精過程においては，精細胞由来の色素体にある DNA は分解され消失する。したがって，色素体遺伝子は母方（卵細胞）だけから伝わることになる。このような遺伝を母性遺伝という。

〔文２〕

被子植物においてよく見られる突然変異に白花や斑(ふ)入りがある。ある草原で野外観察を行ったところ，シソ科の植物で紫色の花を多数つける１種が一面に広がって集団をなしていた（これらを紫花株と呼ぶ）。さらに調べたところ，集団内の１箇所に白い花をつける個体がいくつか見つかった（これらを白花株と呼ぶ）。また別の場所では，葉が全体に緑色である通常の個体のほかに，(ウ)葉に白い斑がある個体もいくつか見つかった。この集団を継続的に観察した結果，行動範囲の広いハチが花色の区別なく花粉を運ぶこと，この植物は栄養生殖をしないことが明らかとなった。また，白花株の個体数，葉に斑のある株の個体数はともに増加する傾向にあることがわかった。そして，(エ)数年後には，白花株は最初に発見された場所から遠く離れた場所でもあちこちで見られるようになった。これに対し，葉に斑のある株は，最初に発見された場所の近くに限って見られた。

〔実験１〕　多くの被子植物は他家受粉して種子を形成するが，自家受粉（同一個体内での受粉）が可能なものもある。このシソ科植物の受粉について調べるため，現地で実験を行い，ハチが頻繁に飛来する条件のもとで，種子ができるかどうか調べた。実験と結果は以下のとおりであった。

(1)　つぼみをそのまま開花させて放置したところ，種子ができた。

(2)　花がつぼみのうちに袋をかぶせ，袋の中で開花させて放置したところ，種子ができなかった。

(3)　開花直前のつぼみを開き，雄しべから花粉が放出されていないことを確かめたうえで，雄しべだけをとり除いて放置したところ，種子ができた。

(4)　(3)と同様に雄しべをとり除き，その花にすぐに袋をかぶせて放置したところ，種子ができなかった。

(5)　(3)と同様に雄しべをとり除き，その花の雌しべに他の個体からとった花粉を受粉させてから，すぐに袋をかぶせて放置したところ，種子ができた。

(6)　(3)と同様に雄しべをとり除き，その花の雌しべに同じ個体からとった花粉を受粉させてから，すぐに袋をかぶせて放置したところ，種子ができた。

〔実験2〕　観察した集団の白花株のうち1個体から種子を採取して持ち帰った。持ち帰った種子をまいたところすべてが発芽し，花を咲かせた。開花した個体には白花株と紫花株があった。

〔実験3〕　実験2で得られた白花株と紫花株を1個体ずつ選んで交配したところ，その種子からは再び，白花株と紫花株とが生じた。

〔問〕

(Ⅰ)　文1について。

(A)　下線部(ア)について。下記の反応経路のうち，色素体（葉緑体）とミトコンドリアに存在するものをそれぞれ，次の(1)〜(6)から2つずつ選び，色素体―(7)，(8)，ミトコンドリア―(9)，(10)のように番号で答えよ。

(1)　解糖系　　(2)　水素伝達系*

(3)　アルコール発酵　　(4)　乳酸発酵

(5)　クエン酸回路　　(6)　カルビン・ベンソン回路

(B)　下線部(イ)について。被子植物に特徴的な受精様式をなんというか。1語で記せ。

(Ⅱ)　文2について。

(A)　実験1について，次の小問に答えよ。

(a)　実験1で花に袋をかぶせているが，これは何のためか。1行で述べよ。

(b)　実験1と矛盾しない推論として，以下の(1)〜(6)のうちから適当なものを3つ選び，番号で答えよ。

(1)　種子を形成できるのは他家受粉の場合に限られる。

(2)　種子を形成できるのは自家受粉の場合に限られる。

(3)　自家受粉によって種子を形成できる。

(4)　受粉しないと種子はできない。

(5)　種子が形成されるには，雄しべが花についていることが必要である。

(6)　外部からの助けなしには，同じ花の中の雄しべから雌しべに受粉することはない。

(c)　自家受粉は，植物の生存に不利なことが多いが，場合によっては有利な面もあると考えられる。

(i) 自家受粉が不利である理由を2行以内で述べよ。

(ii) 種子を作って繁殖することを考慮し，自家受粉の有利な点を2行以内で述べよ。

(B) 実験に用いた植物の花色が，一対の対立遺伝子W（白花を発現する遺伝子）とP（紫花を発現する遺伝子）で支配されていると仮定する。なお，対立遺伝子にはAとaのように同じアルファベットを用いることが多いが，ここでは優性・劣性が不明であったためWとPとした。この仮定に基づいて以下の問いに答えよ。

(a) 実験2，3から，種子を採取した野生の白花株の花色に関する遺伝子座の遺伝子型は，Wが優性の場合とPが優性の場合について，それぞれ1つに特定できる。表2はそれぞれの場合について遺伝子型などをまとめたものである。表2の空欄①～④に遺伝子型を，⑤，⑥に比を記入せよ。答は①―XX，⑤―7：8のように記せ。

表　2

	実験2で種子を採取した白花株個体の遺伝子型	実験3の交配で用いた白花株個体と紫花株個体の遺伝子型		実験3の交配で得られた白花株と紫花株の遺伝子型		実験3の交配で得られる白花株と紫花株の比(白：紫)
		白花株個体	紫花株個体	白花株	紫花株	
Wが優性の場合	①	②	③	WP	PP	⑤
Pが優性の場合	WW	WW	WP	WW	④	⑥

(b) 実験3で得られた株を用いて交配実験を行い，WとPのどちらが優性かを判定したい。交配はどのような組み合わせで行ったらよいか，最も効果的な組み合わせを判定基準とともに2行以内で述べよ。

(C) 下線部(ウ)について。葉に斑が入る性質は，多くの植物で母性遺伝することが知られている。観察された植物において，葉に斑が入る性質が母性遺伝するかどうかを交配実験して調べたい。どのような方法で行ったらよいか，判定基準とともに3行以内で述べよ。

(D) 下線部(エ)について。葉に斑が入る性質が母性遺伝するとすれば，下線部(エ)の事実は，斑入りの遺伝子とメンデルの法則に従う白花の遺伝子で，広がり方に違いがあることによって説明できる。これについて以下の小問に答えよ。

(a) 移動性のない植物個体は，生殖活動を通じて自分の遺伝子を離れた場所に拡散させる。被子植物は遺伝子を運ぶために何を作っているか。主なものを2つ記せ。

(b) 白花の遺伝子と斑入りの遺伝子の広がり方が違う理由を2行以内で述べよ。

＊現在は，水素伝達系→電子伝達系となっている。

ポイント

(Ⅱ)(A)　植物のあるものは自家受粉を避ける手段としていくつかの対策を講じている。その1つに自家不和合がある。自家受粉の弊害は遺伝子の多様性の減少をもたらし環境への適応能力を著しく減少させる。この自家不和合というのは，同じ花のつくった花粉が受粉しても，花粉管の成長が途中で止まるなどして胚のう中の卵細胞と受精できない性質を言う。実験1で用いたシソ科の植物は，まさにこのタイプの植物。知っておけば貴重な財産となる。

(D)　メンデル遺伝によるものと母性遺伝による遺伝子拡散の違いは，前者は花粉と種子によって自らの遺伝子を広め，後者では種子のみがその遺伝子を運搬する手段である点にある。種子は特別なものを除けば，花粉に比べて散布される範囲が狭く，その距離は母株の周辺に限定される。

32 配偶子形成と発生

（2001年度　第2問）

次の文1と文2を読み，（Ⅰ）と（Ⅱ）の各問に答えよ。

〔文1〕

ほ乳動物の雌では，(ア)生まれる前あるいは直後に卵巣内の生殖細胞[注1]はすべて減数分裂を開始し，第一分裂前期で停止した状態で存在している。したがって成体の卵巣内の生殖細胞はすべて (1) であり，これ以前の (2) や (3) は存在しない。なおここでは (1) を単に卵と呼ぶことにする。

ほ乳動物では，卵巣内で十分に成長した卵は，卵に種々の物質輸送をおこなう卵丘細胞に周囲をおおわれている。この卵と卵丘細胞の複合体は，卵胞液と呼ばれる液体で満たされた卵胞内に存在する（図4）。生体内では黄体形成ホルモン（LH）の働きで卵は減数分裂を再開するが，(イ)以下に述べる実験の結果（表1）に示されるように，この過程には，複数の要因が関与している。減数分裂を再開した卵は，第二分裂中期で再び分裂を停止し，一般にこの状態で卵胞から排出される。

精子の頭部にある (4) は多くの酵素を含んでおり，これらの酵素は精子の卵への接近を助ける。(ウ)ほ乳動物の卵は，多くの場合減数分裂の第二分裂中期で受精を開始[注2]するが，この時期は動物種によって異なる。ウニのように減数分裂が終了してから受精を開始するものや，ホッキ貝のように第一分裂前期で開始するものもある。第二分裂中期で受精を開始したほ乳動物の卵は，受精開始の刺激によって減数分裂を完了する。マウスでは受精開始後6時間には卵由来の核（雌性前核）と精子由来の核（雄性前核）が観察できる。これら2つの前核が融合すると直ちに(エ)卵割が始まる。多くのほ乳動物ではこれらの過程を実験的に体外でおこなわせることもでき，医療や畜産などに応用されている。

（注1）　生殖細胞：配偶子および配偶子を形成しうる細胞。
（注2）　ここでは精子と卵の細胞膜の融合過程をさすものとする。

〔実験〕　減数分裂の第一分裂を再開する機構を調べるために，ブタの卵巣から十分に成長した卵と卵丘細胞の複合体を取り出して，種々の条件で体外培養した。直径3 cmの培養皿に滅菌した培養液の小滴(約0.2 ml)を入れたものを準備し，37℃，5%二酸化炭素，95%空気，湿度100%の培養器内に24時間静置した。この培養液中に種々の物質を添加し（表1），卵と卵丘細胞の複合体（図4B），または卵丘細胞を取り除いた卵（図4C）を入れ，再び培養器に戻した。48時間後に，第一分裂を再開したか，しなかったかを調べたところ，表1のような結果となった。なお，ここで使用した伝令RNA合成阻害剤は細胞膜を自由に透過できる。

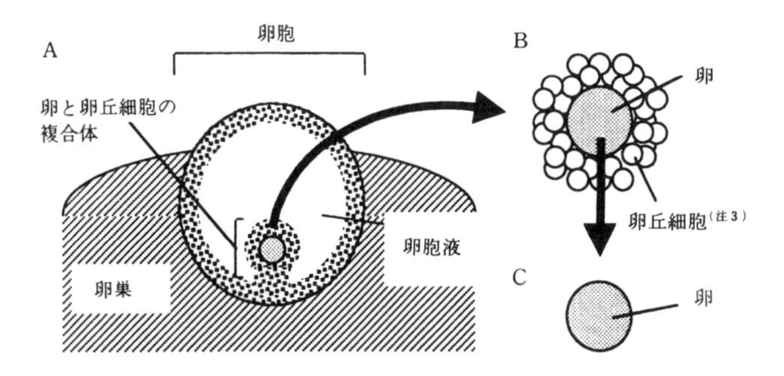

図4　ほ乳動物の卵巣の模式図
ほ乳動物の卵巣内に存在する卵の状態(A)，卵と卵丘細胞の複合体(B)，卵丘細胞を取り除いた卵(C)。
(注3)　ろ胞細胞の一部。

表1　減数分裂の再開におよぼす培養条件の効果

卵の状態	培養液への添加物	減数分裂の再開
卵と卵丘細胞の複合体	なし	＋
	LH	＋
	卵胞液	−
	伝令 RNA 合成阻害剤	−
	LH と卵胞液	＋
	LH と伝令 RNA 合成阻害剤	−
	卵胞液と伝令 RNA 合成阻害剤	−
	LH と卵胞液と伝令 RNA 合成阻害剤	−
卵丘細胞を除去した卵	なし	＋
	LH	＋
	卵胞液	＋
	伝令 RNA 合成阻害剤	＋
	LH と卵胞液	＋
	LH と卵胞液と伝令 RNA 合成阻害剤	＋

＋：再開した。
−：再開しなかった。

〔文2〕

本来その動物が持たない外来の遺伝子を人為的に導入した動物を，トランスジェニック動物とよぶ。ほ乳動物の場合，トランスジェニック動物の作製法としては，(オ)<u>導入したい遺伝子のDNAを微小なガラス管で雄性前核に注入し</u>，胚自身の核内DNAに組み込まれる(注4)ことを期待する方法が多く用いられてきた。この場合，ほ乳動物の核内DNAのうち，遺伝子として機能する部分はごく一部であることを利用している。この方法では，注入したDNAが胚の核内DNAに組み込まれる量や場所を制御することはできない。そのため(カ)導入した遺伝子の発現の有無にかかわらず，この遺伝子とは機能的に関連がない，胚自身の遺伝子の機能が阻害されてしまうことがある。

1997年に英国でヒツジの(キ)体細胞の核を卵の核と入れ換えて，その体細胞を提供した個体と遺伝情報を等しくした［(5)］動物が作られドリーと名づけられた。その翌年には日本人研究者などによって，マウスとウシで体細胞の核を用いた［(5)］動物が相次いで作られた。このときのマウスの［(5)］動物の作製法としては，まず微小なガラス管で減数分裂の第二分裂中期で停止している卵から染色体を除去し，この卵細胞質内に卵丘細胞の核を注入した後に(ク)受精の開始と類似の働きを持つ刺激を与えるという方法が使われた。この操作後の卵を妊娠可能な状態の子宮に移植して出産させた。

これらの成功により，体細胞の核を使って個体を作製できることが証明された。このことは，培養した体細胞にDNAを導入し，核内DNAに都合良く組み込まれた細胞だけを選び出して，その核を使ってトランスジェニック動物を作る方法が可能であることを示している。

（注4） 染色体のDNA鎖が切れ，その切れ目に，注入した遺伝子のDNAが挿入され，再びつながること。

〔問〕

（Ⅰ） 文1について。次の小問に答えよ。

(A) 空欄(1)，(2)，(3)，(4)に最も適当な語句を入れよ。

(B) 下線部(ア)について。ほ乳動物の卵巣内の生殖細胞数は，生後，動物の年齢が進むにしたがってどのように変化すると考えられるか。1行で述べよ。

(C) 下線部(イ)に関しておこなった実験について。表1の実験結果をもとに，以下の問に答えよ。

(a) ブタの卵が卵巣内で減数分裂の第一分裂を停止するために必要なものは何か。2つあげよ。

(b) 以下の文の中から，実験結果より考えて明らかに否定されるものを2つ選び，番号で答えよ。

(1) 卵胞液には伝令RNAの合成を阻害する働きがある。

(2) LHは卵に作用して，減数分裂の再開を促進する。

(3) 伝令RNA合成阻害剤は卵丘細胞に作用して，減数分裂の再開の阻害を解除する。

(4) 卵胞液は卵に作用して，減数分裂の再開を阻害する。

(5) LHは卵と卵丘細胞が存在するときのみ，減数分裂の再開を促進する。

(6) 減数分裂を再開するために，卵丘細胞内で伝令RNAが合成される。

(c)　卵丘細胞を除去した卵の培養液にタンパク質合成阻害剤を加えると，減数分裂の再開が起こらなかった。一方，表1からわかるように，卵丘細胞を除去した卵の培養液に伝令RNA合成阻害剤を加えても，減数分裂は再開する。減数分裂が再開するために，卵内でタンパク質の合成が必要であるのに，伝令RNAの合成が必要ないのはなぜか。その理由として考えられることを2行以内で述べよ。

(D)　下線部(ウ)について。分裂直後の体細胞のDNA量を2Cとしたとき，減数分裂の第一分裂前期(a)，第二分裂中期(b)，減数分裂の完了(c)の3つの状態のDNA量について，それぞれCを用いて(a)―5Cのように答えよ。ただし精子由来のDNAは考えないものとする。

(E)　下線部(エ)について。卵割とそれ以外の体細胞分裂の大きな違いは何か。1行で述べよ。

(Ⅱ)　文2について。次の小問に答えよ。

(A)　空欄(5)に最も適当な語句を入れよ。

(B)　下線部(オ)について。DNAを雄性前核に注入して作製されたトランスジェニック動物と，2細胞期の1つの割球の核にDNAを注入して作製されたトランスジェニック動物の，最も大きな違いは何か。2行以内で述べよ。

(C)　下線部(カ)について。このようなことが起こるのはなぜか。2行以内で述べよ。

(D)　下線部(キ)について。この操作をおこなっただけでは，必ずしもすべての遺伝情報が等しくはならない。その理由として考えられることを1行で述べよ。

(E)　下線部(ク)について。この操作は何のためにおこなうのか。1行で述べよ。

(F)　下線部(ク)について。DNA複製前の体細胞の核を注入した場合は，この操作をおこなうときに，さらに細胞質分裂を阻害する試薬を加える必要がある。その理由は何か。2行以内で述べよ。

ポイント

(Ⅱ)　トランスジェニック動物について

この動物の作製方法は，これまで，導入したい遺伝子のDNAを微小なガラス管で雄性前核に注入し，胚自身の核内DNAに組み込まれることを期待してきたとあるが，これは，ほ乳類のDNAの90％以上がイントロンであることに起因している。遺伝子として機能するのは，10％未満なので，遺伝子を導入しても胚自身にあるエキソン部分を分断しない限りOKと考えていたのである。この方法では，取り出したDNAがどこにどの程度入るかを制御できないので，まさに偶然にまかせていたということになる。

また，いつこの作業を行うかで全く違ったものが出現する。雄性前核の段階で行えば，受精卵の段階で遺伝子導入が完了しているので，個体の全細胞が遺伝子導入細胞となるが，2細胞期の1つの割球に遺伝子を導入すると，遺伝子導入された細胞とそうでない細胞が1個体の半数にそれぞれ分かれることになる。このような動物をキメラ動物または単にキメラと呼ぶ。キメラというのは2種類以上の遺伝的に異なる細胞が混在している個体を指す。

33 世代交代と自家不和合

（1999 年度　第 2 問）

次の文 1 ～ 4 を読み，（Ⅰ）～（Ⅴ）の各問に答えよ。

〔文 1〕

植物は[1]体世代と[2]体世代を繰り返し，世代交代を行う。[1]体世代は(ア)減数分裂によって核内の染色体の数が半減した単相世代である。(イ)これらの 2 つの世代の生活環全体に対する割合は，植物の種類によって異なっている。被子植物の花粉は[1]体世代の細胞であり，核には対立遺伝子が 1 つしかない。花粉に現れる形質は，花粉自身の対立遺伝子によって支配されている場合と，その花粉を生じる個体（おしべ）の対立遺伝子によって支配されている場合がある。この代表的な例が被子植物の自家不和合性であり，(ウ)ナス科やアブラナ科のある種の植物で，自家受粉では子孫がつくられない現象として発見された。

〔文 2〕

ナス科の植物 X の自家不和合性は，S_1，S_2，S_3，…，S_n のような多くの対立遺伝子によって支配されている。図 3 は，遺伝子型 S_1S_2 のおしべ由来の花粉を，S_1S_2，S_1S_3，S_3S_4 の各遺伝子型のめしべにそれぞれ受粉させたときのようすを模式的に示したものである。花粉管（太線）が下の点線まで伸長しているのは受精できることを，途中で止まっているのは受精できないことを表している。この図からわかるように，植物 X ではめしべと同じ対立遺伝子を持つ花粉は受精することができない。すなわち，花粉自身の遺伝子型が自家不和合性を決定している。

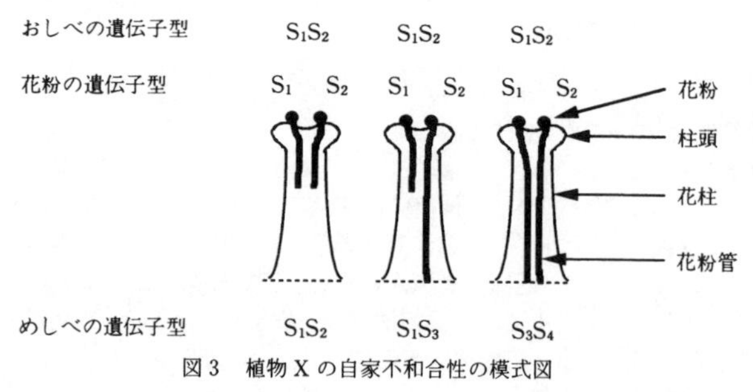

図 3　植物 X の自家不和合性の模式図

〔文 3〕

アブラナ科の植物 Y の自家不和合性は，対立遺伝子 T_1，T_2，T_3，…，T_n によって支配されている。図 4 に示すように，この植物 Y ではおしべの対立遺伝子がめしべの対立遺伝子と 1 つでも一致すれば，そのおしべ由来の花粉はすべて受精できない。すなわち，この自家不和合性は，花粉自身の遺伝子型ではなく，それが由来するおしべの遺伝子型によって決定されている。なお，植物Xとは異なり，植物Yでは自家不和合を示す花粉管はほとんど伸長しない。

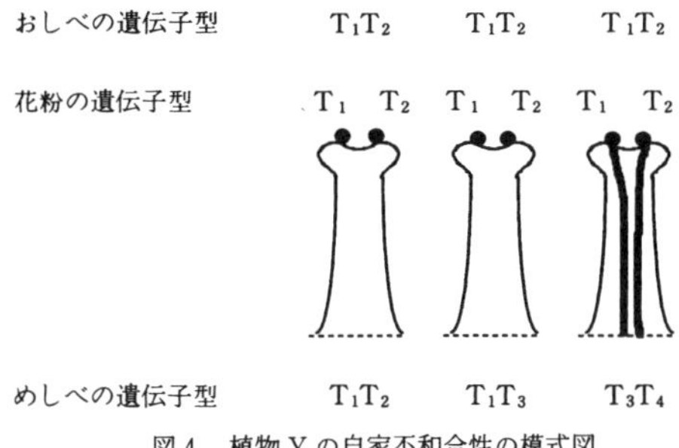

図4　植物Yの自家不和合性の模式図

〔文4〕

自家不和合性を支配する遺伝子は，めしべでもはたらいている。図5は植物Xのめしべの対立遺伝子S_1～S_5からつくられた各Sタンパク質を，特殊な方法により分離・検出した結果である。それぞれのSタンパク質は1本のバンド（図5のa～eの太線）として観察される。

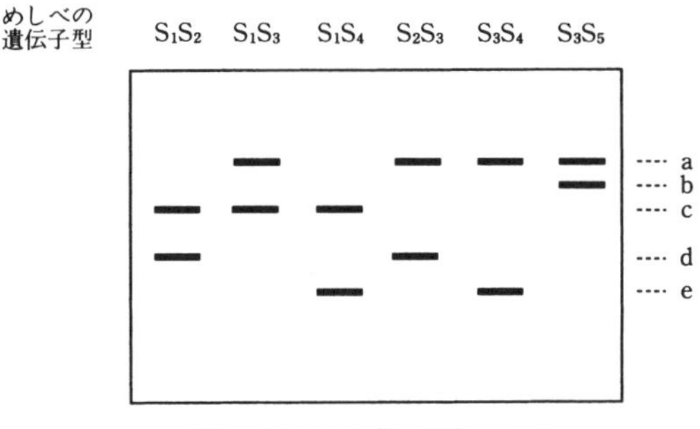

図5　Sタンパク質の分離パターン

〔問〕

（Ⅰ）　文1について。

(A)　空欄1と2に最も適当な語句を入れよ。

(B)　下線部(ア)について。次の(1)～(5)のうち，減数分裂を含む過程をすべて選び，番号で答えよ。

(1)　大腸菌が分裂する。

(2)　ゼニゴケの造精器で精子が形成される。

(3)　スギナの胞子嚢(のう)で胞子が形成される。

(4)　クロマツの葯(やく)で花粉四分子が形成される。

(5)　アサガオの胚珠で胚嚢(のう)細胞から卵細胞が形成される。

(C) 下線部(イ)について。生活環全体に対して[2]体世代の占める割合が大きい順に，次の植物を左から並べよ。

ワラビ，　スギゴケ，　イネ

(D) 下線部(ウ)について。次の(1)～(5)の植物の組合わせのうち，ナス科とアブラナ科の植物を1つずつ含むものを2つ選び，番号で答えよ。

(1) キャベツ，バラ　　(2) エンドウ，ダイコン
(3) トマト，カブ　　(4) ハクサイ，ムラサキツユクサ
(5) ナズナ，ジャガイモ

(Ⅱ) 文2について。

(A) 植物Xの遺伝子型 S_3S_4 のおしべ由来の花粉を，遺伝子型 S_2S_3 のめしべに交配したときに，それぞれの花粉は受精できるか。受精できる場合を○で，受精できない場合を×で表し，S_5―○，S_6―×のように答えよ。

(B) 植物Xの遺伝子型 S_2S_4 のおしべ由来の花粉と，遺伝子型 S_1S_2 のめしべとの交配によって生じる次代の個体についてその遺伝子型と分離比を答えよ。なお，次代ができない場合は，次代なしと記せ。

(C) 植物Xの遺伝子型 S_2S_3AaBb のおしべ由来の花粉を，遺伝子型 S_1S_2AaBb のめしべに交配することを考える。Aとa，Bとbはそれぞれ対立遺伝子であり，Aとaは S 遺伝子とは異なる染色体に存在する。また，S_1 とB，S_2 とb，S_3 とBとが同一染色体上に非常に近接して存在しており，これらの遺伝子間での組換えは起こらないものとする。この交配により，遺伝子型が AaBB となる個体は，次代の全個体の何パーセントになると期待されるか。その数値（%）を答えよ。ただし，次代ができない場合は，次代なしと記せ。

(Ⅲ) 文3について。

(A) 植物Yの遺伝子型 T_2T_3 のおしべ由来の花粉と，遺伝子型 T_1T_5 のめしべとの交配によって生じる次代の個体についてその遺伝子型と分離比を答えよ。なお，次代ができない場合は，次代なしと記せ。

(B) 遺伝子型が不明な植物Yの個体がある。この個体のおしべ由来の花粉を異なる遺伝子型のめしべに交配した。遺伝子型 T_2T_3，T_3T_5 のめしべと交配した場合には種子が生じた。一方，遺伝子型 T_1T_2，T_1T_3，T_2T_4 のめしべと交配した場合には，種子は生じなかった。これらの結果から，交配に用いたおしべの遺伝子型を推定し，T_6T_7 のように答えよ。

(Ⅳ) 文4について。

(A) 植物Xの対立遺伝子 S_4 からつくられたSタンパク質は，図5のどのバンドに相当するか。a～eの中から最も適当なものを1つ選び，記号で答えよ。

(B) 植物Xの遺伝子型 S_1S_2 のおしべ由来の花粉を，遺伝子型 S_2S_5 のめしべに交配

したとき，次代では，どのバンドを持つ個体がどのような分離比で生じるか。次の文の空欄3～6に，次の(1)～(8)の中から正しいものをそれぞれ選び，7－(9)のように番号で答えよ。なお，番号は重複して選択してもよい。また，空欄4と5は順不同である。

[3]とbのバンドを持つ個体と[4]と[5]のバンドを持つ個体が，[6]の分離比で生じる。

(1)　a　(2)　b　(3)　c　(4)　d　(5)　e

(6)　1：3　(7)　1：1　(8)　3：1

(V)　自家不和合性のしくみを持つ植物は，自家受粉では子孫を生じることができない。これらの植物には，このしくみを持たない植物と比較して，遺伝的にどのような特徴があると考えられるか。2行以内で述べよ。

ポイント

(V)　自家不和合性をもつということは，次の世代は親と異なる遺伝子型になることを意味する。このことは，各世代ごとに遺伝子型が再編成されることになり，多様な遺伝子構成からなる個体が混在する集団が形成されることを意味する。一般にこのような集団は環境変化に対して適応能力が高くなるので，種の絶滅というリスクを回避できる。一方，自家受精ができる植物では，現在生育している環境が最適であれば，現環境で生き抜けるように特定の遺伝子をもつ個体への収れん（収束進化）が進行する。しかし，環境変化に対応する能力が低い。ただし，自家不和合性のある植物がない植物より優れているとは言えない。なぜならば，自家不和合性をもつ植物は次世代を残すのに多くの労力を必要とするからである。

第４章　環境応答／恒常性

34 ソースからシンクへのスクロースの輸送

（2023年度　第2問）

次のⅠ，Ⅱの各問に答えよ。

Ⅰ　次の文章を読み，問Ａ～Ｆに答えよ。

被子植物では，光合成によって葉でつくられた炭水化物が植物の体内を移動して，呼吸や器官の成長に使われたり貯蔵されたりする。植物体内での炭水化物の移動を考えるときには，炭水化物を供給する器官のことをソース，炭水化物が受容される器官のことをシンクと呼ぶ。ソースからシンクへの炭水化物の輸送は，多くの植物でスクロースが維管束(ア)の師部を移動することにより行われる。ソースとなる葉では，葉肉細胞でつくられたスクロースが，細胞間をつなぐ原形質連絡を通って葉脈へと運ばれる。葉脈の師部における師管へのスクロースの輸送は，積み込みと呼ばれ，植物種によって異なる方法(イ)で行われる。積み込まれたスクロースは，師管を通ってシンクとなる器官へと輸送される。

ソースとシンクの間の師部を介したスクロースの移動の様子は，炭素の安定同位体[注1]（以下 ^{13}C と表記する）を利用した実験によって明らかにできる。こうした実験の結果から，植物体内にあるシンクとなる複数の器官がソースからのスクロースを競合して獲得していること(ウ)がわかっている。果樹Ｘで個体内のソースとなる葉からシンクとなる器官へのスクロースの移動の様子を明らかにするために，実験１と実験２を行った。

注１　質量数13の炭素で，自然界に一定の割合で安定して存在する。

実験１　常緑性の果樹Ｘでは，図２―１に示すように初夏の５月に花が咲き，夏から果実が成長を始めて翌年の２月から３月に成熟する。８月に⑴果実をすべて切除した個体（全切除），⑵全果実の２／３を切除した個体（２／３

切除)，(3)全果実の1／3を切除した個体(1／3切除)，(4)果実をすべて残した個体(切除なし)をつくった。そして，果実がさかんに成長する10月に一部の葉から^{13}Cを含む$^{13}CO_2$を光合成によって多量に植物へ取り込ませ，その3日後に器官を採取し，根，茎，葉，果実の^{13}C含量と，根，茎，葉のデンプン濃度を測定した。さらに，(1)から(4)と同様の処理をした個体で，翌年の5月に花の数を調べた。この実験の結果を，図2―2に示す。

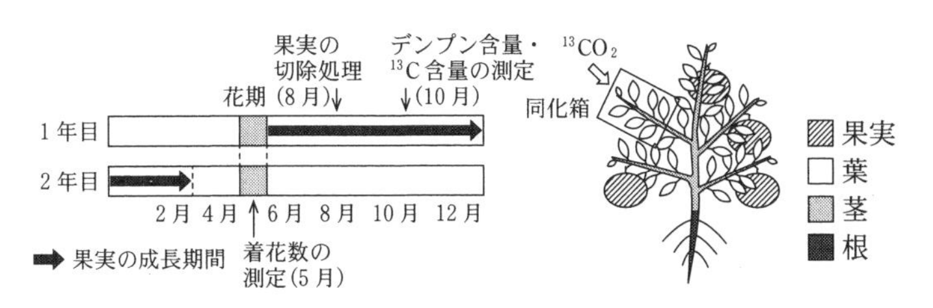

図2―1　果樹Xを使った炭素安定同位体の取り込み実験
(左)開花と果実の成長の時期と測定を行った時期，(右)果実Xの一部の枝を透明な箱(同化箱)に密閉し，^{13}Cを含む$^{13}CO_2$を光合成により植物に取り込ませた。

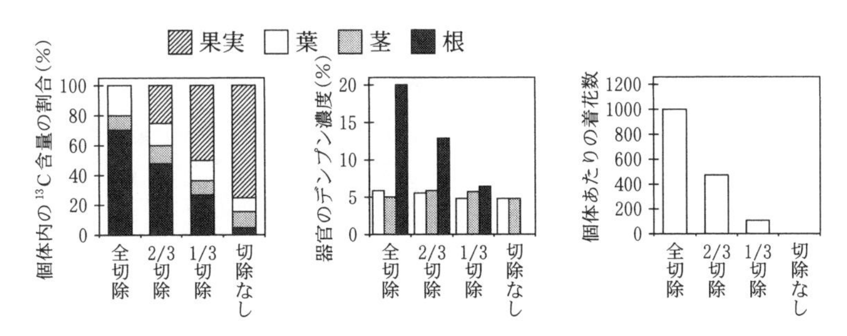

図2―2　果樹Xにおける果実切除が個体の成長に及ぼす影響
果実の切除処理をした個体における(左)炭素安定同位体含量(^{13}C含量)の個体内での割合，(中)器官のデンプン濃度，(右)翌年5月の個体あたりの着花数。左のグラフでは，$^{13}CO_2$を取り込ませた枝での値は除いてある。

実験2　果実をすべて残した果樹Xの個体で，毎年10月に根でのデンプン濃度を5年間，測定し続けた。この実験の結果は，図2―3のようになった。この測定の間，大きな災害や天候不順はなかったものとする。

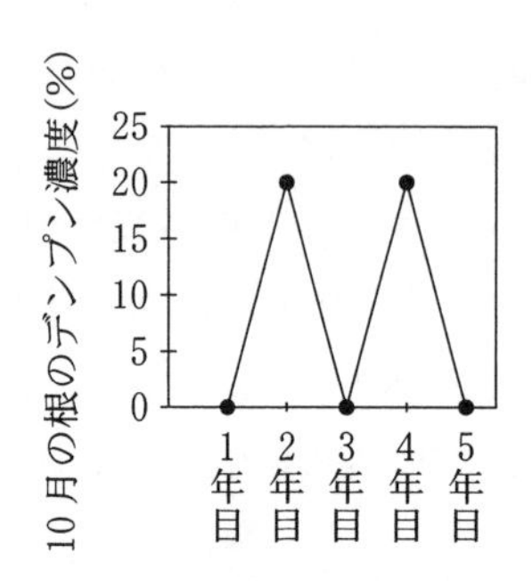

図２—３　果実をすべて残した果樹Ｘの個体における根のデンプン濃度の年変動

グラフ中の１年目は，実験を開始した年とする。

〔問〕

Ａ　下線部(ア)について。維管束を構成する師部と木部に関する記述のうち正しいものを以下の選択肢(1)～(5)から全て選べ。

(1)　師管と道管は，ともに形成層の細胞の分裂によって作られる。

(2)　冠水などによって土壌中の酸素が不足すると，イネやトウモロコシでは維管束に通気組織が発達する。

(3)　木部で水が通る細胞は，被子植物では道管が主であり，裸子植物とシダ植物，コケ植物では仮道管である。

(4)　茎の屈性に関与する植物ホルモンであるオーキシンは道管を通って極性移動をする。

(5)　木化した茎と根では木部は内側に師部は外側に発達する。

Ｂ　下線部(イ)について。炭水化物の積み込みについて，以下の文中の［ 1 ］から［ 6 ］に最もよくあてはまる語句を以下の語群から選べ。ただし，語句は複数回選んでもかまわない。

多くの植物で葉脈を観察すると，師部の細胞と葉肉細胞とが接した部分の面積当たりの原形質連絡の個数が，多い植物の種と少ない植物の種に分けられる。原形質連絡は細胞間の物質の移動を可能にしており，図２—４のように原形質連絡の多い種では，葉肉細胞でつくられたスクロースが原形質連絡

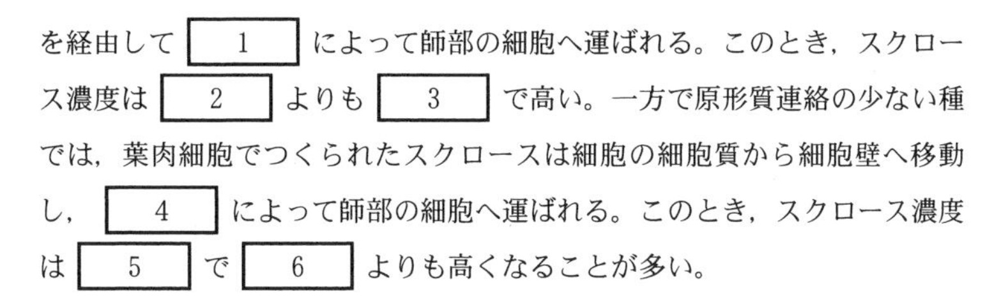
を経由して［ 1 ］によって師部の細胞へ運ばれる。このとき，スクロース濃度は［ 2 ］よりも［ 3 ］で高い。一方で原形質連絡の少ない種では，葉肉細胞でつくられたスクロースは細胞の細胞質から細胞壁へ移動し，［ 4 ］によって師部の細胞へ運ばれる。このとき，スクロース濃度は［ 5 ］で［ 6 ］よりも高くなることが多い。

〔語群〕　細胞質，細胞膜，細胞壁，葉肉細胞，師部の細胞，能動輸送，受動輸送，エンドサイトーシス，エキソサイトーシス，浸透圧，膨圧

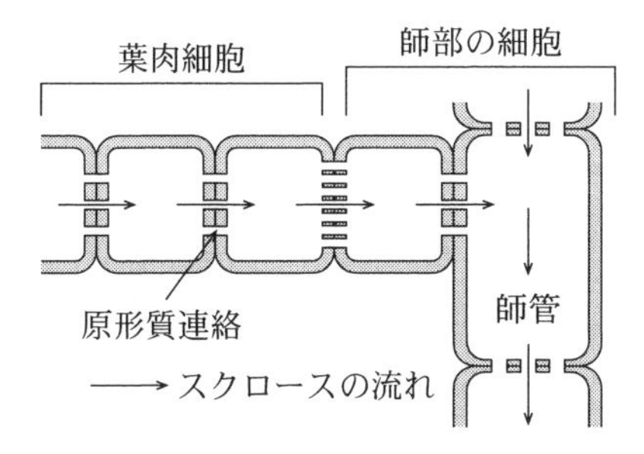

図2―4　葉肉細胞と師部の細胞の間に多くの原形質連絡をもつ種におけるスクロースの積み込みの模式図

C　Bの文中にあるような葉脈で師部の細胞と葉肉細胞の間で多くの原形質連絡がみられる植物のなかには，スクロースにガラクトースが結合したラフィノースやスタキオースといったオリゴ糖を師管で輸送するものがある。これらの植物では，葉肉細胞から移動したスクロースが師部の細胞でオリゴ糖に変換される。また，葉肉細胞と師部の細胞とをつなぐ原形質連絡は，スクロースだけを輸送する植物のものよりも内径が細い。こうした植物はオリゴ糖を合成することで，スクロースだけを輸送するよりも大量の糖を輸送できる。それを可能にする機構について以下の語句を全て用いて3行程度で説明せよ。ただし，ガラクトースの供給は十分にあり，スクロースがオリゴ糖に変換される反応は十分に速く進むものとする。

拡散，原形質連絡，濃度勾配，逆流

D　下線部(ウ)について。実験1を行ったところ，図2―2のような結果を得た。この実験に関連して，以下の選択肢(1)～(5)から正しいものを1つ選べ。

(1)　光合成で吸収された^{13}Cの総量は，各器官で検出された^{13}Cの量の合計とほぼ等しい。

(2)　検出された^{13}Cは，測定した器官に含まれる細胞壁やデンプン，糖だけに由来する。

(3)　光合成で吸収された^{13}Cは，ソースから近い距離にある器官へ優先して供給される。

(4)　果実の切除により，果樹Xでは秋に葉や茎よりも根で乾燥重量が増加する。

(5)　翌年の着花数は，光合成を行う葉が秋に増えることで増加する。

E　実験2を行ったところ，図2―3のような結果を得た。実験2で根のデンプン濃度を測定した10月に，個体についている果実の総乾燥重量の年変化のパターンを予想してグラフに図示せよ。同時に，果実の総乾燥重量を予想した根拠を2行程度で説明せよ。ただし，果実の総乾燥重量は着花数に比例するとする。また，測定を行った5年間で果樹Xにつく果実の総乾燥重量の最大値は変化せず，個体内のスクロースの分配と着花数は，図2―2の結果から読み取れる関係に従うものとする。さらに，グラフ中の1年目は実験を開始した年とする。

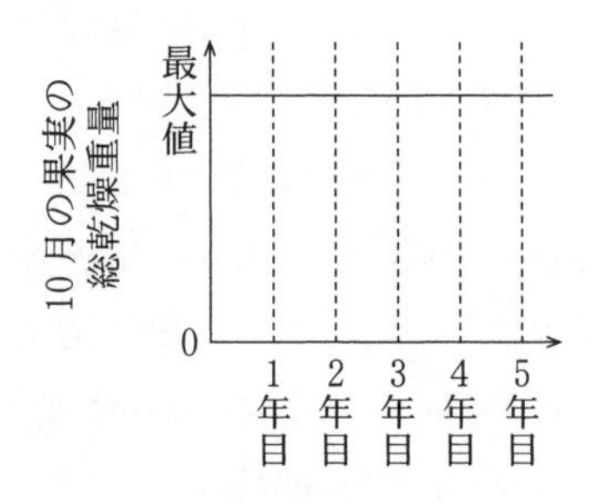

F　果樹Xで8月に果実の半分を切除した個体を複数つくり，10月の果実の総乾燥重量を5年間にわたって測定した。果実の切除は実験を開始した1年

目のみに行い，一度測定に用いた個体は実験から除外した。この実験の結果について推察されることで正しいものを以下の選択肢(1)〜(6)から全て選べ。ただし，果実の総乾燥重量は着花数に比例するとする。また，測定を行った5年間で果樹Xにつく果実の総乾燥重量の最大値は変化せず，個体内のスクロースの分配と着花数は，図2—2の結果から読み取れる関係に従うものとする。

10月の果実の総乾燥重量は，
(1)　2年目より4年目で多い。
(2)　2年目と4年目でほぼ等しい。
(3)　2年目より4年目で少ない。
(4)　3年目より5年目で多い。
(5)　3年目と5年目でほぼ等しい。
(6)　3年目より5年目で少ない。

Ⅱ　次の文章を読み，問G〜Kに答えよ。

窒素は植物を構成する必須元素のひとつであり，土壌から根で吸収される。土壌中の主要な窒素源のひとつである硝酸塩（または硝酸イオン）は植物に取り込まれたあと，窒素同化(エ)によってアミノ酸に変換されてタンパク質(オ)合成の材料となる。タンパク質の一部は生体内で酵素として機能し，植物の様々な代謝反応を円滑に進行させている。植物の成長は，土壌中の利用できる硝酸塩の濃度に強く左右される。これは，光合成速度を高めるために，CO_2を固定する酵素を多量に必要とするからである。

植物は窒素を効率的に利用するために，生育する窒素環境に応答して形態を変える。例えば，土壌中の硝酸塩の濃度に対する応答では，植物ホルモンAを介した仕組みによって，植物の葉や茎（地上部）と根（地下部）の乾燥重量の比が変化する(カ)。植物ホルモンAを介した土壌の硝酸塩への応答を詳しく調べるために，実験3を行った。

実験3　モデル植物であるシロイヌナズナの野生型植物を低濃度と高濃度の硝酸塩を施肥した土壌で育てた。さらに，植物ホルモンAの生合成酵素の遺伝子が欠損した変異体Yを用意し，野生型植物と変異体Yとで地上部（葉，茎）と地下部（根）の接ぎ木実験を行い，それぞれを高濃度の硝酸塩を施肥した土壌で育てた。接ぎ木は複数の植物の器官をその切断面でつなぐ園芸の手法で，切断面の維管束がつながることにより接ぎ木した植物の器官は通常の植物と同様に成長できる。これらの植物で地上部と地下部の乾燥重量と植物ホルモンAの濃度を測定し，図2—5の結果を得た。

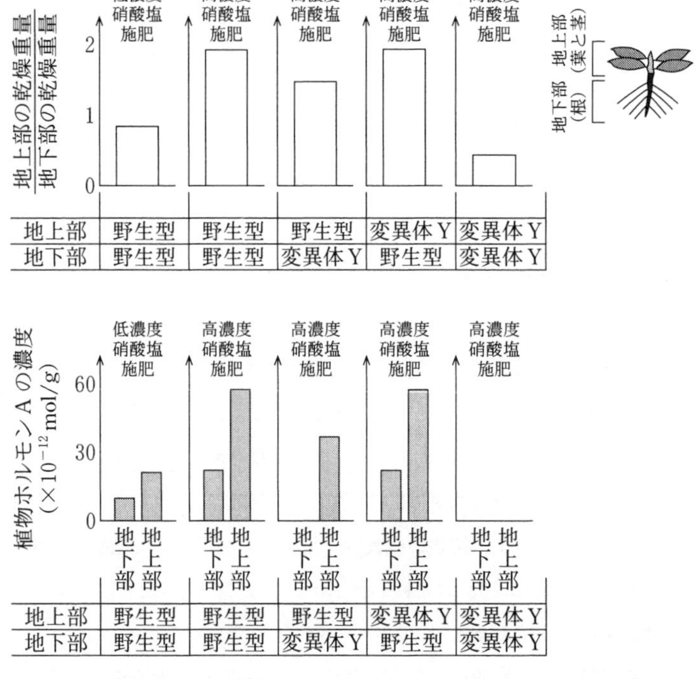

図2—5　実験を行った植物の（上）地上部と地下部における乾燥重量の比と（下）植物ホルモンAの濃度

グラフ下部の表は，接ぎ木した地上部と地下部に使った植物の系統を示している。

〔問〕

G　下線部(エ)について。窒素同化は，硝酸イオンから亜硝酸イオンになる反応と，亜硝酸イオンがアンモニウムイオンになる反応，そしてアンモニウムイオンがアミノ酸に取り込まれる反応の3つからなる。e^-は電子，Piは無機リン酸であるとして，以下の化学式中の［　7　］から［　9　］にあてはまる数字もしくは物質名を答えよ。

$NO_3^- + 2H^+ +$［　7　］$e^- \longrightarrow NO_2^- + H_2O$

$NO_2^- + 8H^+ +$［　8　］$e^- \longrightarrow NH_4^+ + 2H_2O$

NH_4^+ ＋グルタミン酸＋ATP ⟶［　9　］＋ADP＋Pi

H　多くの草本植物では窒素同化の反応は主に葉で行われ，その反応速度は光環境に強く依存する。これらの理由をあわせて１行程度で説明せよ。

I　下線部(オ)について。植物がもつタンパク質について，選択肢(1)〜(5)から正しいものを全て選べ。

(1)　クロロフィルは光合成に必要な波長の光を吸収するタンパク質である。

(2)　フォトトロピンは青色光を受容するタンパク質である。

(3)　花成ホルモンであるフロリゲンはタンパク質である。

(4)　種子発芽に関与する植物ホルモンのジベレリンはタンパク質である。

(5)　電子の受け渡しに貢献する補酵素のNADPHはタンパク質である。

J　下線部(カ)について。図２―５のグラフから土壌中の硝酸塩濃度に応答して地上部と地下部の乾燥重量の比が変化することが読みとれる。高い硝酸塩濃度を施肥したときの地上部と地下部の乾燥重量の比の適応的な意義について，個体の光合成量の観点から以下の語句を全て用いて２行程度で説明せよ。

酵素，光合成速度，葉面積

K　実験３の実験結果について図２―５のグラフをもとに，以下の文中の［　10　］から［　16　］に最もよくあてはまる語句を以下の語群から選べ。ただし，語句は複数回選んでもかまわない。

シロイヌナズナでは，植物ホルモンAの生合成が［10］で行われ，高濃度の硝酸塩の施肥は植物ホルモンAの生合成を［11］。また，植物体内では植物ホルモンAは［12］から［13］の方向へ移動する。さらに，地上部と地下部の乾燥重量の比が［14］の植物ホルモンAの濃度とより強く相関する。以上の結果から，植物ホルモンAは［15］における成長を［16］という作用をもち，地上部と地下部の乾燥重量の比を変化させることが推測される。

〔語群〕 地上部，地下部，地上部と地下部，促進させる，変化させない，抑制させる

ポイント

Ⅰ．E．図2－2から読み取れる2つの点に着目する。果実の切除が多いほど根への転流が多いことから，シンクである果実と根がスクロースについて競合関係にある点が1つ。もう1つは根のデンプン濃度と翌年の個体あたりの着花数が相関する点である。

F．果実の総乾燥重量を着花数と同じと考えて，果実の半分を切除した場合の翌年以降のおおよその着花数を求めていく。

Ⅱ．G．反応式の左右で電荷を合わせる。

35 恐怖記憶の形成と想起，海馬における空間記憶
（2022年度　第1問）

次のⅠ，Ⅱの各問に答えよ。

Ⅰ　次の文1と文2を読み，問A～Ⅰに答えよ。

［文1］

光合成生物にとって，時々刻々と変化する光環境の中で，光の射す方向や強度に応じた適応的な行動をとることは，生存のために必須である。緑藻クラミドモナスは眼点と呼ばれる光受容器官によって光を認識し，光に対して接近や忌避をする［　1　］を示す。近年，この眼点の細胞膜で機能する「チャネルロドプシン」と呼ばれる膜タンパク質に注目が集まってきた。チャネルロドプシンは，脊椎動物の視覚において機能するロドプシンと同じく，生体において光情報の変換にはたらく光受容タンパク質である。ロドプシンは，［　2　］というタンパク質と［　3　］が結合した形で構成されており，光受容過程では網膜上の高い光感度を示す視細胞である［　4　］において主に機能する。光が受容されることにより，ビタミンAの一種である［　3　］が［　2　］から遊離し，そのシグナルが細胞内の他のタンパク質へと伝達された結果，［　4　］に電気的な変化が生じる。一方で，チャネルロドプシンは光駆動性のチャネルであり，青色光を吸収するとチャネルが開き，陽イオン，特にナトリウムイオンを［　5　］に従って細胞外から内へと［　6　］によって通過させる。このチャネルロドプシンを神経科学研究へと応用し，多様な行動を司る神経細胞の働きの解明が進んできた。

［文2］

図1―1で示すように，実験動物であるマウスは，(ア)部屋Aで電気ショックを受け，恐怖記憶を形成することにより，再度，部屋Aに入った際に過去の恐怖記憶を想起し，「すくみ行動」という恐怖反応を示すようになる。一方で，部屋Aとは異なる部屋Bに入った時には，すくみ行動は示さない。脳内では，記憶中枢である海馬という領域の神経細胞が，記憶の形成と想起に関わっていることが

明らかになっており，「記憶形成時に強く興奮した一部の神経細胞が，再度，興奮することにより，記憶の想起が引き起こされる」と考えられている。

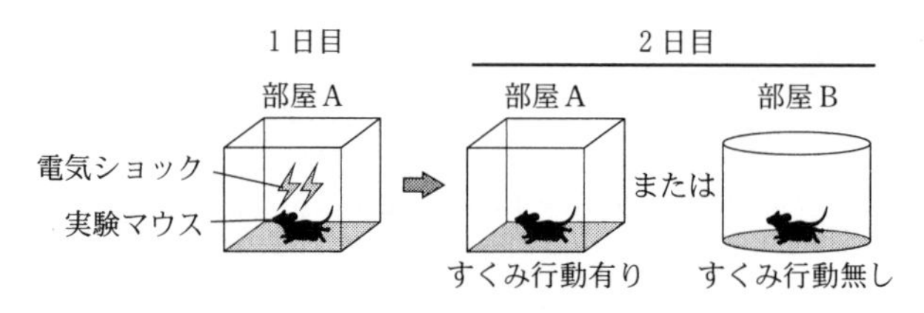

図1―1　恐怖記憶の形成とすくみ行動

さらに，近年では遺伝子組換え技術を組み合わせ，海馬の神経細胞における記憶の形成・想起のメカニズムが詳しく研究されている。例えば，特定の刺激によって興奮した神経細胞の機能を調べるための遺伝子導入マウスが作製された。強く興奮した神経細胞内で転写・翻訳が誘導される遺伝子 X の転写調節領域を利用して，図1―2に示すような人工遺伝子を海馬の神経細胞に導入した。遺伝子 X の転写調節領域の働きで発現したタンパク質Yは，薬剤Dが存在する条件下でのみ，調節タンパク質としてタンパク質Y応答配列に結合し，その下流に位置するチャネルロドプシン遺伝子の発現を誘導することができる。

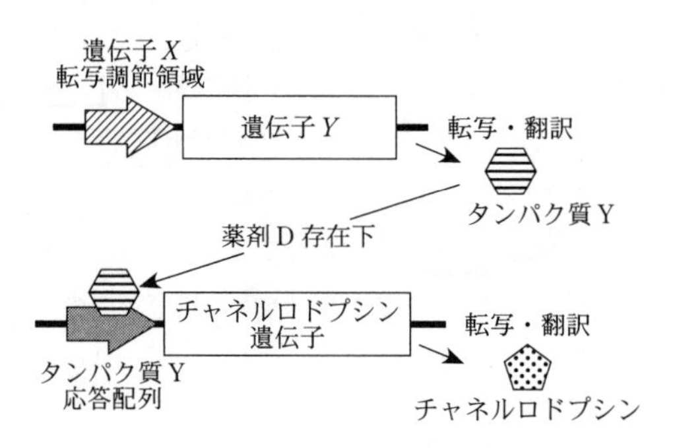

図1―2　海馬の神経細胞に導入した人工遺伝子

図1―2の遺伝子導入を施したマウスを用いて，図1―1と同様の行動実験を行った。1日目に部屋Aで電気ショックを与え，恐怖記憶を形成させた後，2日目に部屋Aまたは部屋Bの中に入れ，その際のすくみ行動の時間を測定した。

その際，薬剤Dと青色光照射の有無の組み合わせにより，図1―3に示す実験群1～実験群4を設定した。「薬剤D投与有り」では1日目の電気ショックを与える前にマウスに薬剤Dを投与した一方，「薬剤D投与無し」では薬剤Dを投与せずに電気ショックを与えた。(エ)投与した薬剤Dは電気ショックを与えた後，速やかに代謝・分解された。また，「青色光照射有り」では，2日目にマウスを部屋Aまたは部屋Bに入れた際に，海馬領域に対してある一定の頻度(1秒間に20回)で青色光照射を行った。一方，「青色光照射無し」では青色光照射は行わなかった。それぞれの実験群における2日目のすくみ行動の時間を図1―3に示す。ただし，(オ)実験群2のマウスは2日目の行動実験では，すくみ行動以外の顕著な行動変化は現れず，恐怖記憶以外の記憶は想起されなかった。

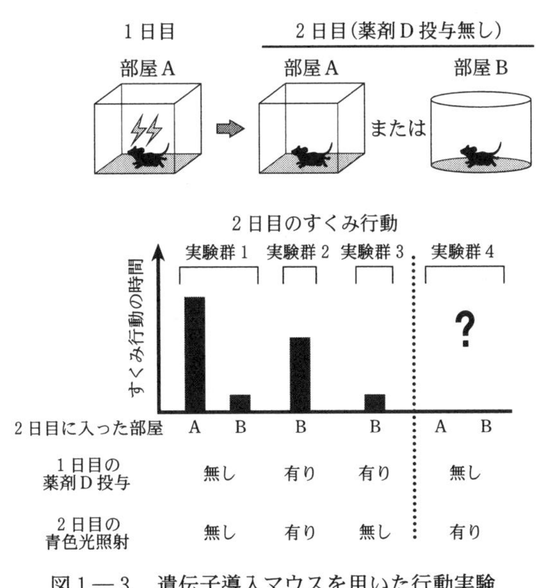

図1―3　遺伝子導入マウスを用いた行動実験

〔問〕

A　[1]～[6]に入る最も適切な語句を，以下の語群の中から1つずつ選べ。

〔語群〕　錐体細胞，光屈性，フェロモン，レチナ，走化性，ペニシリン，ATP，桿体細胞，レチナール，能動輸送，形成体，走光性，オプシン，濃度勾配，受動輸送，吸光性，ミオグロビン，生殖細胞，競争阻害，グルコース

B　生体膜の選択的透過性においてポンプの持つ機能を，生体エネルギーとの関連に触れつつ，問Aの語群で挙げられた語句を3つ用いて1行程度で説明せよ。ただし解答文で，用いた語句3つには下線を引くこと。

C　人為的にチャネルロドプシンを発現させた哺乳類の神経細胞に青色光を照射すると，神経細胞において何が起こると予想されるか，イオンの流れも含めて2行程度で説明せよ。

D　パブロフの行った実験にも共通する，下線部(ア)のような行動現象を何と言うか。また，図1―1に関して，マウスが部屋Aにおいてのみすくみ行動を示す学習課題での，条件刺激と無条件刺激は何かをそれぞれ単語で答えよ。

E　図1―3において，2日目の行動実験後に海馬の神経細胞を調べたところ，実験群2と実験群3のマウスでは海馬領域の一部の神経細胞のみにチャネルロドプシン遺伝子が発現していることが確認された。下線部(ウ)(エ)を考慮すると，どのような刺激に応じてチャネルロドプシン遺伝子の発現が誘導されたと考えられるか，最も適切なものを以下の(1)～(4)の中から1つ選べ。ただし，誘導開始後にチャネルロドプシンが神経細胞内で十分量発現するまで24時間程度かかり，発現後は数日間分解されないものとする。

(1)　1日目よりも前の何らかの記憶形成時の刺激

(2)　1日目に部屋Aで電気ショックを受けたという記憶形成時の刺激

(3)　2日目に部屋Bに入ったことによる記憶想起時の刺激

(4)　2日目の青色光照射による刺激

F　図1―3に示される実験群2のマウスが，部屋Bですくみ行動を示したのは何故か。実験群1と実験群3の部屋Bでの結果を考慮し，青色光照射により何が起こったかに触れながら，理由を3行程度で述べよ。

G　図1―3に示される実験群4のマウスが，部屋A・部屋Bで示すすくみ行動の時間について，最も適切なものを以下の(1)～(6)の中から1つ選べ。ただし，光照射そのものはマウスの任意の行動に影響を与えないものとする。また，すくみ行動の時間の絶対値については，併記した実験群1・実験群2の結果を参考にせよ。

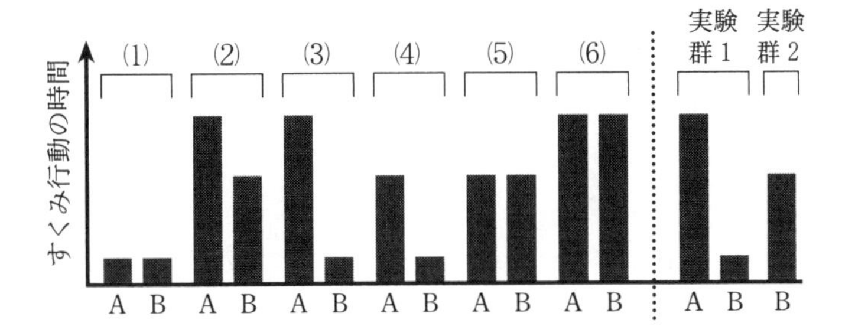

H　実験群2と同様の薬剤D投与有り・青色光照射有りという条件で，部屋Aとも部屋Bとも全く異なる部屋Cにおいて2日目に青色光照射を行うと，実験マウスはどのような行動をどの程度示すと予想されるか，1行程度で述べよ。

I　海馬領域の神経細胞が，「限られた数の細胞」で「膨大な数の記憶」を担うためには，どのような神経細胞の「組み合わせ」でそれぞれの記憶に対応する戦略が最適だと考えられるか。海馬が仮に1～9の異なる9つの神経細胞で構成されていると仮定し，記憶A・記憶B・記憶C...という膨大な数の記憶を担う際の，神経細胞と記憶の対応関係の例として最も適切なものを以下の(1)～(6)の中から1つ選べ。ただし，文2と問Eの実験結果，および下線部(イ)(オ)を考慮せよ。また，太黒字で示された番号が記憶形成時に興奮した神経細胞とする。

⑴ 記憶A 1 **2** 3 4 **5** 6 **7** 8 9
記憶B 1 **2** 3 4 **5** 6 **7** 8 9
記憶C 1 **2** 3 4 **5** 6 **7** 8 9
⋮　　⋮

⑵ 記憶A 1 **2** 3 4 5 6 7 8 9
記憶B 1 2 3 4 5 6 7 **8** 9
記憶C 1 2 3 **4** 5 6 7 8 9
⋮　　⋮

⑶ 記憶A **1 2 3 4 5 6 7 8 9**
記憶B **1 2 3 4 5 6 7 8 9**
記憶C **1 2 3 4 5 6 7 8 9**
⋮　　⋮

⑷ 記憶A **1** 2 3 4 5 **6** 7 8 **9**
記憶B 1 **2** 3 **4** 5 6 **7** 8 9
記憶C 1 2 3 **4** **5** 6 7 8 **9**
⋮　　⋮

⑸ 記憶A **1** 2 3 4 5 **6** 7 8 **9**
記憶B 1 **2** **3** 4 5 6 **7** 8 9
記憶C 1 2 3 **4** **5** 6 7 **8** 9
⋮　　⋮

⑹ 記憶A 1 2 3 4 5 6 **7** 8 9
記憶B 1 2 3 4 5 6 **7** 8 9
記憶C 1 2 3 4 5 6 **7** 8 9
⋮　　⋮

Ⅱ　次の文3を読み，問J～Lに答えよ。

［文3］

マウスを含めた多くの動物は，自身のいる空間を認識し，空間記憶を形成・想起できることが知られている。これまでに空間認識の中心的役割を担う「場所細胞」という神経細胞が海馬領域で発見されてきた。それぞれの場所細胞は，空間記憶の形成後にはマウスの滞在位置に応じて異なった活動頻度（一定時間あたりの，活動電位の発生頻度）を示す。図1－4に，マウスがある直線状のトラックを右から左，または左から右へと何往復も歩行し，この空間を認識した際の5つの異なる場所細胞の活動頻度を示した。

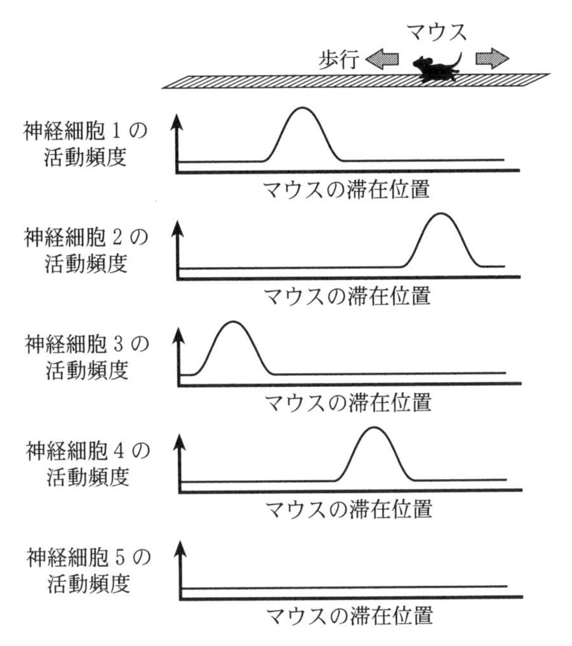

図1—4　マウスの滞在位置に応じた，場所細胞の活動頻度の変化

〔問〕

J　社会性昆虫であるミツバチは，餌場の位置などの空間を認識・記憶し，コロニー内の他個体に伝達する。餌場が近いときと遠いときに示す，特徴的な行動の名称をそれぞれ単語で答えよ。

K　図1—4について，マウスが直線状のトラックを右端から左端まで歩行するのにしたがい，神経細胞1～神経細胞5は経時的にどのような順番で活動頻度の上昇が観察されると考えられるか。3→5→1という形式で順番を示せ。ただし，含まれない番号があってもよいものとする。

L　文2・文3のような実験から，記憶想起における神経細胞の働きの一端が明らかになってきた。図1—3の実験群2で，マウスが部屋Bで青色光照射を受けた際のすくみ行動の時間が，実験群1の部屋Aで観察されたすくみ行動の時間よりも短かったのは何故か。文2では，海馬領域全体にある一定の頻度で青色光を照射した点を考慮し，文3の実験結果をもとに，以下の

⑴～⑶，⑷～⑹，⑺～⑼の中から最も適切と考えられるものをそれぞれ１つずつ選べ。

海馬の神経細胞における記憶想起の過程では，

⑴ 「神経細胞の組み合わせ」(以下，「組み合わせ」と表記)にのみ意味がある。

⑵ 「神経細胞の活動頻度」(以下，「活動頻度」と表記)にのみ意味がある。

⑶ 「組み合わせ」と「活動頻度」の両方に意味がある。

実験群１の２日目において，マウスが部屋Ａに入れられた際，恐怖記憶を担う細胞は記憶想起するために，

⑷ 適切な「組み合わせ」と，適切な「活動頻度」で興奮した。

⑸ 適切な「組み合わせ」と，適切でない「活動頻度」で興奮した。

⑹ 適切でない「組み合わせ」と，適切な「活動頻度」で興奮した。

実験群２の２日目において，一定の頻度で与えた青色光照射の刺激によって，恐怖記憶を担う細胞が刺激された。それらの細胞の興奮は，実験群１の２日目に部屋Ａに入れられた時と比較して，記憶想起するために，

⑺ 適切な「組み合わせ」と，適切な「活動頻度」で興奮した。

⑻ 適切な「組み合わせ」と，適切でない「活動頻度」で興奮した。

⑼ 適切でない「組み合わせ」と，適切な「活動頻度」で興奮した。

ポイント

Ⅰ．C．リード文中の「チャネルロドプシンは光駆動性のチャネルであり，青色光を吸収するとチャネルが開き」に着目する。

D．無条件刺激は学習によらず生得的な反応を引き起こすもの，条件刺激は学習によって後天的に反射を引き起こすものである。

E．遺伝子 *X* の転写調節領域は，記憶形成時に「強く興奮した神経細胞内で転写・翻訳が誘導される」とリード文にあることから考える。

G．実験群４のマウスでは，薬剤Dが投与されていないことから，チャネルロドプシン遺伝子が発現していない。これによって，２日目に部屋Aに入ったときと部屋Bに入ったときとですくみ行動に変化が現れる。

Ⅱ．K．マウスの滞在位置に応じて反応する神経細胞が変化している点に注目する。

L．⑴～⑶　海馬の神経細胞における記憶想起の過程で，「組み合わせ」に意味がないとしたら何が起こるのか，また「活動頻度」に意味がないとしたら何が考えられるかを具体的に考える。

36 光環境に対する生存戦略，シアノバクテリアの膜脂質

（2022 年度　第 2 問）

次のⅠ，Ⅱの各問に答えよ。

Ⅰ　次の文章を読み，問Ａ～Ｆに答えよ。

光合成は生物が行う同化反応(ア)の一種である。光合成は，光エネルギーを化学エネルギーに変換し，無機物から有機物を生み出す反応であり，十分な光が供給される昼間に行われる(イ)。これに対して，光が当たらない夜間には光合成は行われず，光合成に関わる酵素の多くが不活性化される(ウ)。植物では，この不活性化には，実験１で示すような光合成に関わる酵素タンパク質の特定のアミノ酸残基が受ける化学修飾(エ)が関与することがわかっている。このタンパク質化学修飾は，光合成で発生する還元力を利用して，酵素活性を直接的に調節する巧妙な仕掛けだと考えられている。朝が来て植物に光があたると，これらの酵素は再び活性化され，光合成が再開される。このとき，実験２に示すように，光合成能力が最大化されるまでの時間は，植物体への光の照射範囲に影響される(オ)。

光合成を行う原核生物であるシネコッカスの一種では，夜間にメッセンジャー RNA のほとんどが消失する。このメッセンジャー RNA の消失は，薬剤処理によって昼間に光合成を停止させても誘導される一方，夜間に呼吸を阻害すると誘導されない(カ)。また，この種のシネコッカスを昼間に転写阻害剤で処理すると死滅するが，夜間に転写阻害剤で処理しても，その生存にはほとんど影響がない。

このように，光合成生物は昼夜の切り替わりに応答して積極的に生理活性を調節し，それぞれの環境に適した生存戦略を進化させている。

実験１　光合成に必須なシロイヌナズナ由来の酵素Ａについて実験を行った。

酵素Ａタンパク質の末端領域には，周囲の酸化還元状態に依存してジスルフィド結合を形成しうる側鎖をもつ２つのシステイン残基（Cys①およびCys②）がある。酵素活性を調べるため，野生型酵素Ａおよび Cys②を

含むタンパク質末端領域を欠失した変異型酵素A'を作製した。作製した酵素にジスルフィド結合の形成を誘導し，活性を測定したところ，図2—1に示す結果を得た。さらに，野生型酵素Aあるいは変異型酵素A'を発現するシロイヌナズナ植物体を作製し，異なる明暗期条件で30日間生育させて生重量を測定した結果を，図2—2に示した。

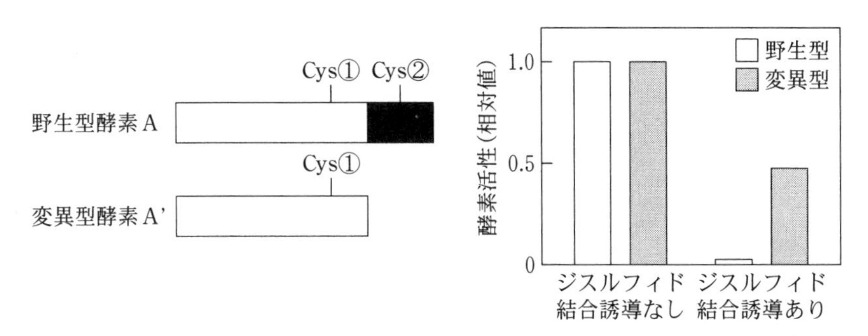

図2—1　光合成に関わる酵素Aのタンパク質の一次構造の模式図(左)と野生型酵素Aおよび変異型酵素A'の酵素活性(右)

変異型酵素A'では，野生型酵素Aのうち，Cys②を含む黒塗りで示す部分が欠失している。棒グラフは，野生型酵素Aのジスルフィド結合誘導なしの条件の値を1.0とした場合の相対酵素活性を示している。

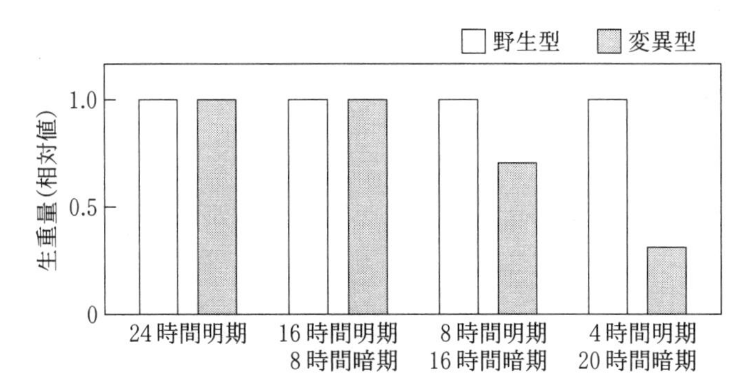

図2—2　野生型酵素Aあるいは変異型酵素A'を発現するシロイヌナズナを異なる明暗期条件で成長させたときの植物体生重量

各条件における野生型酵素を発現するシロイヌナズナの生重量を1.0とした場合の相対生重量を示している。

実験２　暗所に静置していたシロイヌナズナ野生型植物およびアブシシン酸輸送体欠損変異体Ｘに光を照射し，光合成速度と気孔開度を測定した。図２―３のように光合成速度と気孔開度を測定する葉１枚にのみ，あるいは植物体全体に光を照射したところ，図２―４に示す結果を得た。

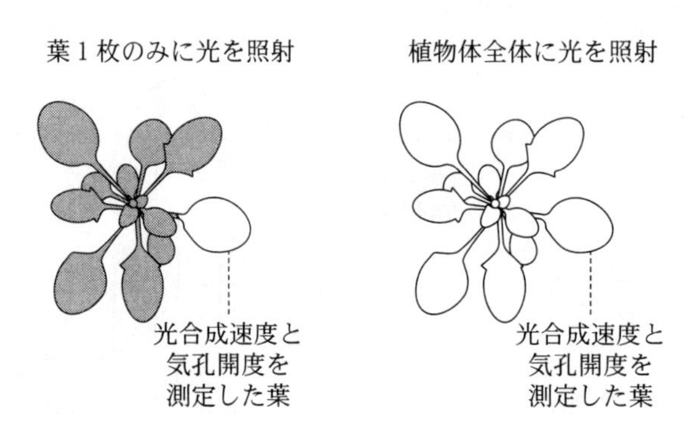

図２―３　シロイヌナズナ野生型植物およびアブシシン酸輸送体欠損変異体Ｘへの光照射方法

植物体の白く示した部分に光を照射して，光合成を活性化した。

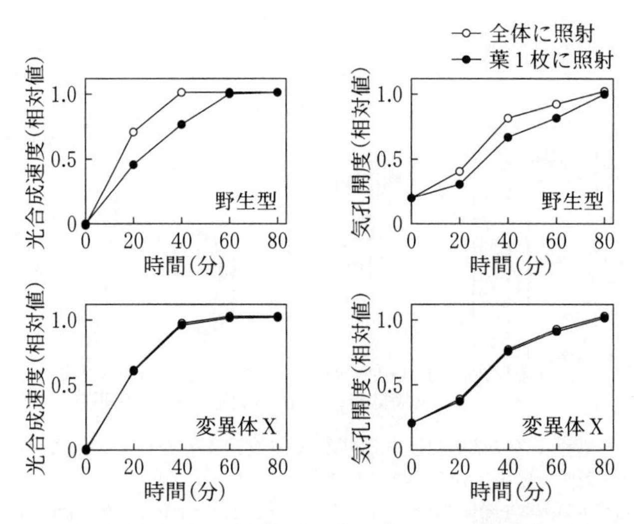

図２―４　シロイヌナズナ野生型植物およびアブシシン酸輸送体欠損変異体Ｘの光合成速度と気孔開度

野生型および変異体Ｘのそれぞれの最大値を1.0としたときの，相対光合成速度および相対気孔開度を示している。

〔問〕

A　下線部(ア)について。以下の(1)～(4)の生物学的反応のうち，同化反応に含まれるものをすべて選べ。

(1)　土壌中のアンモニウムイオンが亜硝酸菌によって亜硝酸イオンに変換され，さらに硝酸菌によって亜硝酸イオンから硝酸イオンが生成される。

(2)　1分子のグルコースから2分子のグリセルアルデヒド3-リン酸が作られ，さらに2分子のピルビン酸が生成される。

(3)　多数のアミノ酸がペプチド結合によってつながれ，タンパク質が合成される。

(4)　細胞内に取り込まれた硫酸イオンが亜硫酸イオンに，さらに亜硫酸イオンが硫化物イオンに変換され，*O*-アセチルセリンと硫化物イオンが結合することでシステインが生成される。

B　下線部(イ)について。一般的な植物は，十分な光が当たっている昼間に二酸化炭素を取り込み，光合成を行う。一方，CAM植物と呼ばれる植物は，二酸化炭素の取り込みを夜間に行うことが知られている。以下の(1)～(3)のCAM植物について述べた文章として正しいものを，(a)～(d)から1つずつ選べ。ただし，(a)～(d)は複数回選んでもかまわない。

解答例：(1)―(a)，(2)―(b)，(3)―(c)

(1)　砂漠に生育するサボテン科の多肉植物

(2)　藻類が繁茂する湖沼に生育するミズニラ科の水生植物

(3)　熱帯雨林の樹上や岩場に生息するパイナップル科の着生植物

(a)　湿度や温度が最適条件に近く，光が十分強い場合には，葉内の二酸化炭素濃度が光合成の制限要因となりうるため，二酸化炭素を濃縮する機構を発達させている。

(b)　日中に気孔を開くと，体内水分が激しく奪われてしまうため，相対湿度が高い夜間に気孔を開いて二酸化炭素を吸収する。

(c)　周辺の二酸化炭素濃度が低いため，他の生物が呼吸を行い二酸化炭素濃度が上昇する夜間に，積極的に二酸化炭素吸収を行う。

(d) 共生している菌類が作り出す栄養分を共有することで発芽・成長し，ある程度育った段階から光合成を行うようになる。

C 下線部(ウ)について。こうした酵素の1つに，二酸化炭素の固定を行うリブロース1,5-ビスリン酸カルボキシラーゼ/オキシゲナーゼ(略してルビスコ)がある。ルビスコが活性化されているときに光合成速度を低下させる要因を2つ挙げ，その理由をそれぞれ1行程度で述べよ。

D 下線部(エ)について。図2―1および図2―2に示された実験1の結果から推察されることについて述べた以下の(1)~(4)のそれぞれについて，正しいなら「○」を，誤っているなら「×」を記せ。

解答例：(1)―○

(1) 酵素Aのジスルフィド結合は，十分な光合成活性を得るため，昼間に積極的に形成される必要がある。

(2) 酵素Aの不活性化は，Cys②を介したジスルフィド結合によってのみ制御されている。

(3) ジスルフィド結合による酵素Aの活性制御は，明期の時間よりも暗期の時間が長くなるほど，植物の生育に影響を与える。

(4) 変異型酵素A'を発現する植物では，光合成活性が常に低下するため，昼の時間が短くなると植物の生育が悪くなる。

E 下線部(オ)について。野生型において，葉1枚のみに光を照射するより植物体全体に光を照射した方が，光合成能力が最大化するまでの時間が短いのは，どういう機構によると考えられるか。図2―4で示した結果から考えられることを，アブシシン酸のはたらきに着目して3行程度で説明せよ。

F 下線部(カ)について。この機構について考えられることを，エネルギーの供給と消費の観点から，以下の3つの語句をすべて使って2行程度で説明せよ。

呼吸，ATP，能動的

Ⅱ　次の文章を読み，問G～Jに答えよ。

葉緑体は植物に特有の細胞小器官であり，原始的な真核生物にシアノバクテリアが取り込まれ，共生することで細胞小器官化した(キ)と考えられている。この考えの根拠の1つが，シアノバクテリアと葉緑体との間で見られる，膜を構成する脂質分子種の類似性である。生体膜を形成する極性脂質には大きく分けてリン脂質と糖脂質が存在し，植物の細胞膜とミトコンドリア膜はリン脂質を主成分としている。これに対して，シアノバクテリアと葉緑体の膜の主成分は糖脂質であり，大部分が，図2―5に示すような糖の一種ガラクトースをもつガラクト脂質(ク)である。

では，なぜそもそもシアノバクテリアは糖脂質を主成分とする膜を発達させたのだろうか。その理由については，貧リン環境への適応(ケ)がその端緒であったという説が有力視されている。遺伝子操作によって図2―5に示すジガラクトシルジアシルグリセロール(DGDG)の合成活性を大きく低下させたシアノバクテリアでは，通常の培養条件では生育に影響はないが，リン酸欠乏条件下では生育が大きく阻害される。また，植物では，リン酸欠乏条件下ではDGDGの合成が活性化され，ミトコンドリアや細胞膜のリン脂質がDGDGに置き換わる(コ)様子も観察される。糖脂質を主成分とする膜の進化は，光合成生物が，光合成産物である糖をいかに積極的に利用してさまざまな栄養環境に適応してきたのかを教えてくれる。

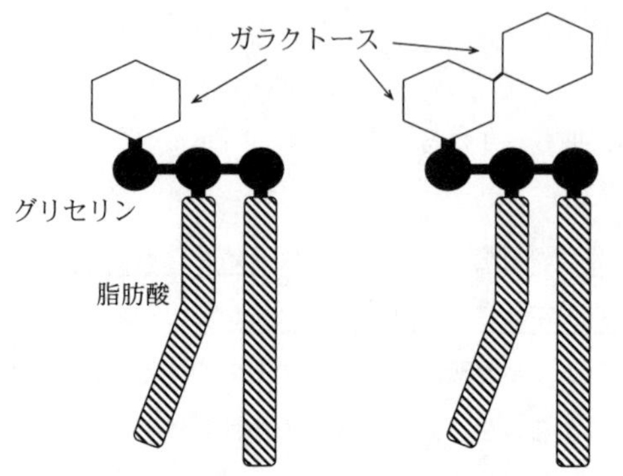

図2—5　シアノバクテリアと葉緑体の膜に多く存在する糖脂質である，ガラクト脂質構造の模式図

黒で塗った領域はグリセリンに，斜線で示した領域は脂肪酸に，白い六角形はガラクトースに由来する部分を，それぞれ示している。

〔問〕

G　下線部(キ)の考えを細胞内共生説とよぶ。この考えに関連した以下の(1)~(4)の記述のうち，正しいものをすべて選べ。

(1)　シアノバクテリアが葉緑体の起源であり，古細菌がミトコンドリアの起源であると考えられている。

(2)　葉緑体やミトコンドリアは，共生初期には独自のDNAをもっていたが，現在ではそのすべてを失っている。

(3)　真核生物の進化上，ミトコンドリアと葉緑体の共生のうち，ミトコンドリアの共生がより早い段階で確立したと考えられている。

(4)　シアノバクテリアの大繁殖による環境中の酸素濃度の低下が，細胞内共生を促した一因であると考えられている。

H　下線部(ク)について。ガラクト脂質の生合成に関わる酵素について分子系統樹を作成した時，細胞内共生説から想定される系統関係を表した図として最も適したものを，以下の(a)~(e)から1つ選べ。ただし，バクテリアAおよびBは，シアノバクテリア以外のバクテリアを示している。

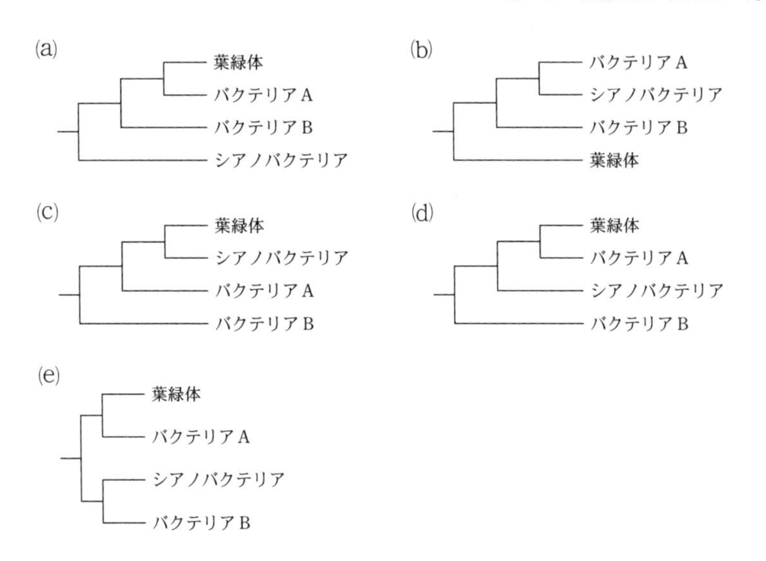

I　下線部(ケ)について。貧リン環境下で膜の主成分を糖脂質とすることの利点を，リンの生体内利用の観点から2行程度で説明せよ。

J　下線部(コ)について。以下の文章は，リン酸欠乏時にリン脂質と置き換わる糖脂質が，モノガラクトシルジアシルグリセロール(MGDG)ではなくジガラクトシルジアシルグリセロール(DGDG)である理由について考察している。文章の空欄を埋めるのに最も適した語句を下の選択肢から選び，解答例にならって答えよ。ただし，語句は複数回選んでもかまわない。

解答例：1—親水性

真核細胞がもつ生体膜は，脂質二重層からなっている。これは，リン脂質分子が［ 1 ］の部分を内側に，［ 2 ］の部分を外側に向けて二層にならんだ構造である。脂質が水溶液中でどういった集合体を形成するかは，脂質分子の［ 1 ］部位と［ 2 ］部位の分子内に占める［ 3 ］の割合に大きく依存し，この比が一定の範囲にあるとき，分子の形が［ 4 ］を取るため，安定的な二重層構造が可能となる。図2—5のMGDGとDGDGの模式図を見ると，DGDGはMGDGよりガラクトース分子約1個分だけ大きい［ 5 ］部位をもっている。この違いによって，

DGDGの分子はMGDGよりも［ 4 ］に近くなり，安定的な二重層構造を取りやすく，リン脂質の代替となりうると考えられる。

選択肢：親水性，疎水性，可溶性，不溶性，面積，体積，長さ，円筒形，
円錐形，球形

ポイント
Ⅰ．C．ルビスコが活性化されているときの光合成速度を低下させる要因としては，ルビスコの基質濃度を低下させることがまず考えられる。問題中に記載されているルビスコの正式名称からCO_2濃度とO_2濃度に着目してみる。また，ルビスコは酵素なので，温度の影響を考えてみる。
E．野生型では植物体全体に光を照射した方が気孔開度の上昇が速いこと，変異体Xではそのような差はみられないことから，他の葉からのアブシシン酸の移動について考察する。
F．指定語句に「ATP」と「能動的」とあることから，呼吸で生成されたATPがこの分解に関与すると考えてみる。
Ⅱ．H．細胞内共生説において葉緑体とシアノバクテリアが最も近縁な存在であることを手掛かりとして考える。

37 植物の環境応答におけるオーキシン・カルシウムイオンの役割

(2021年度　第２問)

次のⅠ，Ⅱの各問に答えよ。

Ⅰ　次の文章を読み，問Ａ～Ｄに答えよ。

生物は環境に応じてその発生や成長を調節する。植物もさまざまな刺激を受容して反応し，ときに成長運動を伴う応答を見せる。成長運動の代表例が屈性であり，刺激の方向に依存して器官が屈曲する現象をいう。(ア)刺激に近づく場合が正の屈性，遠ざかる場合が負の屈性であり，刺激源側とその反対側とで細胞の成長速度が違うために器官の屈曲が生じる。植物が屈性を示す代表的な刺激源には，光，重力，水分などがあり，(イ)実験１～３によって示されるように，根はこれら複数の刺激に対して屈性を示す。

屈性制御にはさまざまな植物ホルモンが関わっており，中でも細胞成長を制御する(ウ)オーキシンが重要な役割を果たしている。植物細胞の形態と大きさとは，細胞膜の外側に存在する細胞壁によって決められる。オーキシンは，細胞壁をゆるめることで，細胞の吸水とそれに伴う膨潤とを容易にし，細胞成長を促進する。オーキシンが細胞壁をゆるめる機構に関しては，組織片を純水に浸した状態でオーキシンを与えると細胞壁の液相が酸性になること，組織片を酸性の緩衝液に浸すとオーキシンを与えなくても組織片の伸長が起こること，などの観察にもとづいて，「オーキシンによる細胞壁液相の酸性化が，細胞壁のゆるみをもたらし，植物細胞の成長が促される」とする「酸成長説」が唱えられてきた。細胞壁液相の酸性化は，古くは，弱酸であるオーキシンが供給する水素イオンによって起こると考えられていたが，現在では，オーキシンによって活性化される(エ)細胞膜上のポンプが，エネルギーを消費して積極的に細胞外に排出する水素イオンによって起こるとの見方が有力となっている。このような修正を受けながらも，「酸成長説」は現在でも広く受け入れられている。

実験1　図2—1に示すように，シロイヌナズナの根の重力屈性を調べるために，シロイヌナズナ芽生えを垂直に保った寒天培地で2日間育てた後，寒天培地ごと芽生えを90°回転させて栽培を続けた。芽生えを90°回転させた直後から定期的に芽生えの写真を撮影し，最初の重力方向に対する根の先端の屈曲角度を計測した。

実験2　図2—2に示すように，シロイヌナズナの根の光屈性を調べるために，シロイヌナズナ芽生えを垂直に保った寒天培地で，2日間暗所で育てた後，光を重力方向に対して90°の角度で照射して栽培を続けた。光照射開始直後から定期的に芽生えの写真を撮影し，重力方向に対する根の先端の屈曲角度を計測した。光源には，根が屈性を示す青色光を用いた。

実験3　図2—3に示すように，シロイヌナズナの根の水分屈性を調べるために，シロイヌナズナ芽生えを垂直に保った寒天培地で，2日間暗所で育てた。その後，根の先端0.5 mmが気中に出るように寒天培地の一部を取り除き，この芽生えを寒天培地ごと閉鎖箱に入れた。これによって，根の先端近傍では，右の四角内に示すように，寒天培地から遠ざかるにつれて空気湿度が低下した。閉鎖箱に移動させた直後から定期的に芽生えの写真を撮影し，重力方向に対する根の先端の屈曲角度を計測した。

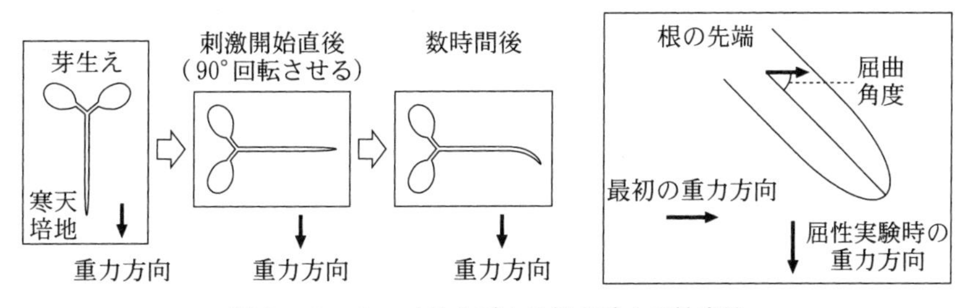

図２―１　シロイヌナズナの根の重力屈性実験
シロイヌナズナ芽生えを90°回転させて根の屈曲を一定時間おきに観察した。右の四角内には，屈曲角度の測定法を示してある。

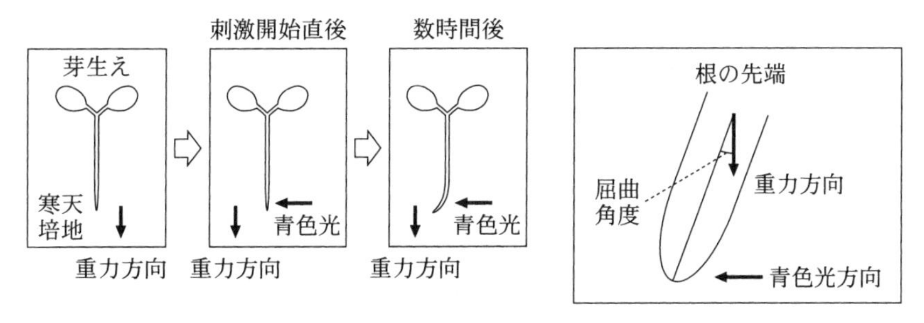

図２―２　シロイヌナズナの根の青色光屈性実験
暗所で育てたシロイヌナズナ芽生えの根に重力方向と90°の方向から青色光を照射し，根の屈曲を一定時間おきに観察した。右の四角内には，屈曲角度の測定法を示してある。

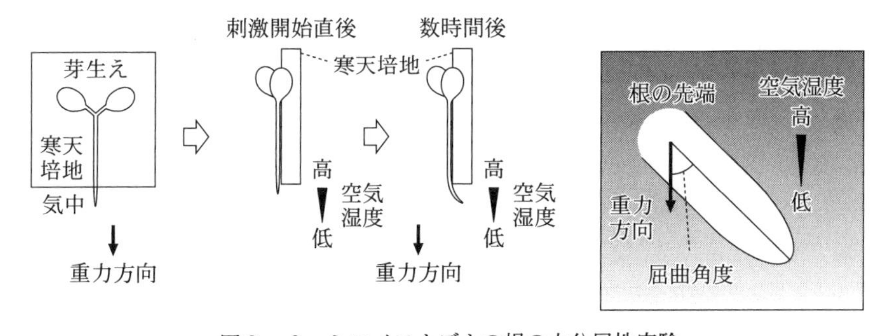

図２―３　シロイヌナズナの根の水分屈性実験
暗所で育てたシロイヌナズナ芽生えの根の先端0.5 mmが気中に出るように寒天培地の一部を切除した後，閉鎖箱に移し，根の屈曲を一定時間おきに観察した。図では閉鎖箱は省略してある。右の四角内には，屈曲角度の測定法を示してある。灰色が濃いほど空気湿度が高いことを示す。

〔問〕

A　下線部(ア)について。重力に対して茎は負の屈性を，根は正の屈性を示す。このような重力屈性の性質が，陸上植物の生存戦略上有利である理由を２行以内で述べよ。

B　下線部(イ)について。図２―４は，実験１～３を行った際の根の先端におけるオーキシン分布の様子（ａ～ｃ），実験１～３を，オーキシンの極性輸送を阻害する化合物（オーキシン極性輸送阻害剤）を含んだ寒天培地で行った場合の結果（ｄ～ｆ），実験１～３を，オーキシンに応答して起こる遺伝子発現調節が異常となった変異体Ａで行った場合の結果（ｇ～ｉ）をまとめたものである。以下の(1)～(5)の記述のそれぞれについて，図２―４の結果から支持されるなら「○」，否定されるなら「×」を記せ。さらに否定される場合には，否定の根拠となる実験結果のアルファベットを解答例のように示せ。ただし，根拠が複数存在する場合にはそのすべてを記すこと。

解答例：「(1)－×－ａ，ｂ」「(1)－○」

(1)　シロイヌナズナの根では，重力，青色光，水分のうち，青色光に応答した屈曲をもっとも早く観察することができる。

(2)　重力屈性，青色光屈性，水分屈性のいずれにおいても，刺激の方向に依存したオーキシン分布の偏りが，シロイヌナズナの根の屈曲に必須である。

(3)　シロイヌナズナの根の屈性においては，オーキシンは常に刺激源に近い側に分布する。

(4)　変異体Ａで起こっている遺伝子発現調節異常は，シロイヌナズナの根の青色光屈性と水分屈性において，屈曲を促進する効果をもつ。

(5)　シロイヌナズナの根は，重力と水分には正の，青色光には負の屈性を示す。

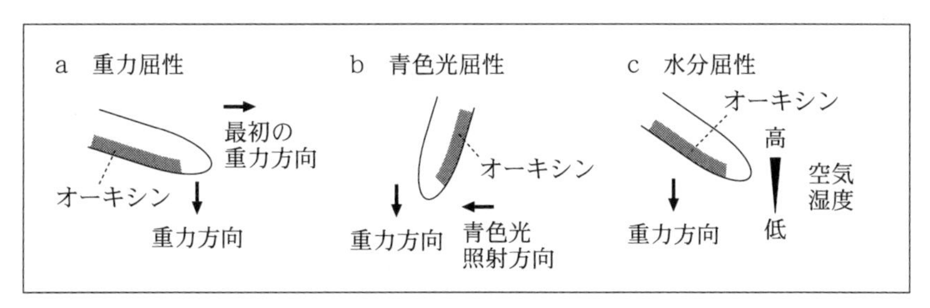

実験1～3における，刺激開始4時間後の根の先端付近のオーキシン分布の様子
▒▒ はオーキシン濃度が高い部分を示す。

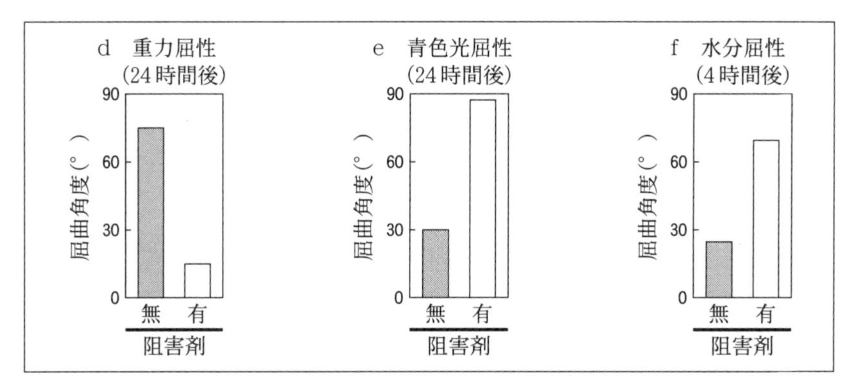

実験1～3をオーキシン極性輸送阻害剤を含んだ寒天培地で行った結果

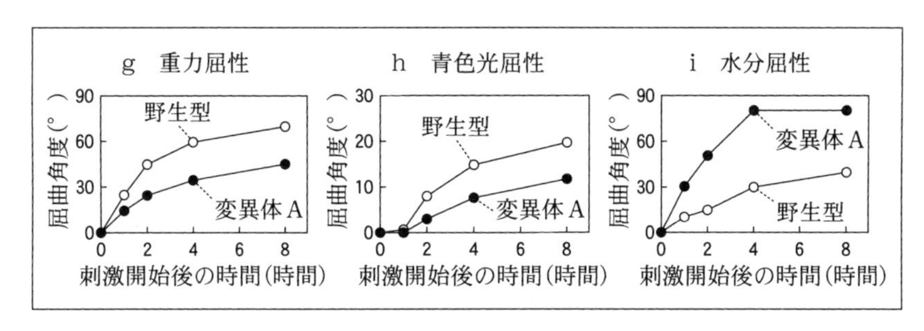

実験1～3をオーキシンに応答して起こる遺伝子発現調節が異常となった変異体Aで行った結果

図2―4　シロイヌナズナの根の屈性実験の結果

C　下線部(ウ)について。天然オーキシンであるインドール酢酸(IAA)は，細胞膜に存在する取りこみ輸送体および排出輸送体によって，極性をもって輸送される。重力屈性などで見られる器官内のオーキシン分布の偏りは，排出輸送体が細胞膜の特定の面に局在することによって形成されると考えられている。では，なぜ取りこみ輸送体よりも排出輸送体の偏在制御が重要となるのか。その理由について，IAA は，弱酸性の細胞壁液相ではイオン化しにくく，中性の細胞内ではイオン化しやすいことと，細胞膜の性質とに着目し，3 行以内で説明せよ。

D　下線部(エ)について。このような輸送の仕組みを何とよぶか。

Ⅱ　次の文章を読み，問Ｅ～Ｈに答えよ。

植物は，劣悪な環境から逃避することはできないが，環境ストレスから身を守るためにさまざまな防御反応を行う。それらの中には，害を受けた部位からシグナル伝達物質が出され，他の部位に伝わることによって引き起こされる防御反応もある。そのひとつが，昆虫などによる食害への防御反応である。食害を受けると，［ 1 ］の生合成が活性化し，［ 1 ］による遺伝子発現誘導によって，昆虫の消化酵素を阻害する物質が作られる。このとき，食害を受けていない葉でも，他の葉が食害を受けてから数分以内に［ 1 ］の生合成が始まることから，食害のシグナルは非常に速い伝播速度をもつことが示唆されていた。最近，このシグナルはカルシウムイオンシグナルであることが示され，毎秒約 1 mm の速さで，(オ)篩(師)管を通って植物体全身へと広がることが明らかとなった。

カルシウムイオンは生体内で多面的な役割を果たしており，植物では上記の食害に加えて，いろいろな刺激を細胞に伝達するシグナル分子としてはたらいている。図２—５および図２—６は，(カ)タバコの芽生えに風刺激，接触刺激や低温刺激を与えたときの，細胞質基質のカルシウムイオン濃度の変化を表している。これらの結果は，植物が，環境から受ける刺激やストレスを化学的シグナルに変換し，成長や発生を調節していることを示唆している。

実験4　遺伝子工学の手法により，カルシウムイオン濃度依存的に発光するタンパク質イクオリン(エクオリンとも呼ぶ)を細胞質基質に発現させた遺伝子組換えタバコを作製した。このタバコの芽生えをプラスチック容器に入れて発光検出器に移し，発光シグナルを記録しながら，以下の処理を行った。

・風刺激処理：注射器を使って子葉に空気を吹きつけた。

・接触刺激処理：子葉を細いプラスチック棒で触った。

・低温刺激処理：芽生えの入った容器に5℃の水を満たした。なお，10℃～40℃の水を満たした場合には，発光シグナルは検出されなかった。

・組み合わせ処理①：風刺激処理後に接触刺激を繰り返し与え，再度，風刺激処理を行った。

・組み合わせ処理②：低温刺激処理後に風刺激を繰り返し与え，再度，低温刺激処理を行った。

以上の結果を図2―5にまとめた。

実験5　イクオリンを細胞質基質に発現させた遺伝子組換えタバコの芽生えを，カルシウムチャネルの機能を阻害する化合物(カルシウムチャネル阻害剤XおよびY)で処理してから，実験4と同じ要領で風刺激および低温刺激で処理した際の発光シグナルを記録した。その結果を図2―6にまとめた。

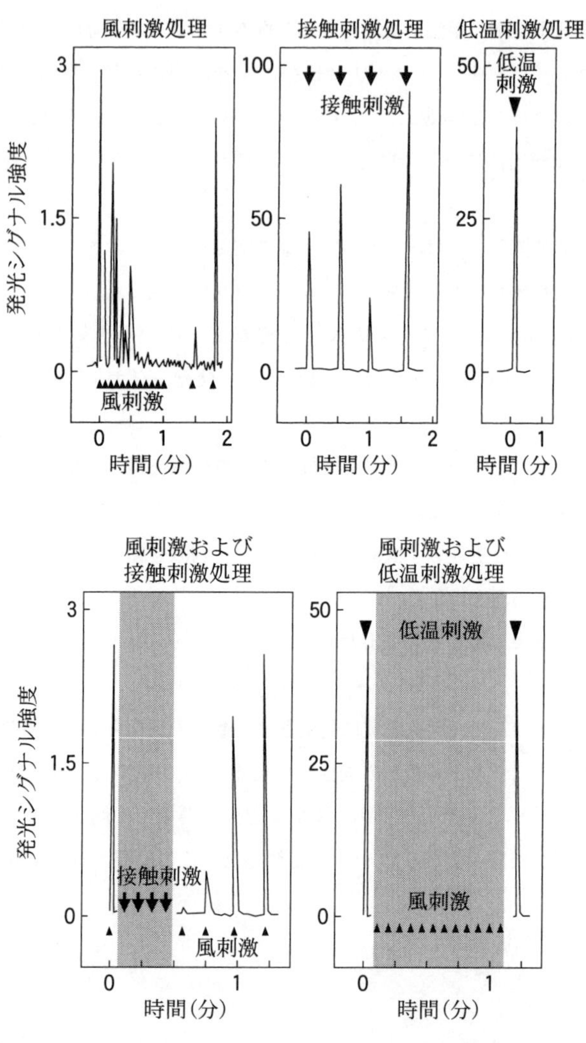

図２―５　遺伝子組換えタバコの芽生えを用いた風刺激，接触刺激，低温刺激処理実験の結果

カルシウムイオン濃度依存的に発光するタンパク質イクオリンを発現させた遺伝子組換えタバコの芽生えに，風刺激，接触刺激，低温刺激処理を行い，発光シグナルを検出した。上向き三角形(▲)は風刺激を，黒矢印(↓)は接触刺激を，下向き三角形(▼)は低温刺激を与えたタイミングを示している。なお，図中の▒部分では，発光シグナルを測定していない。

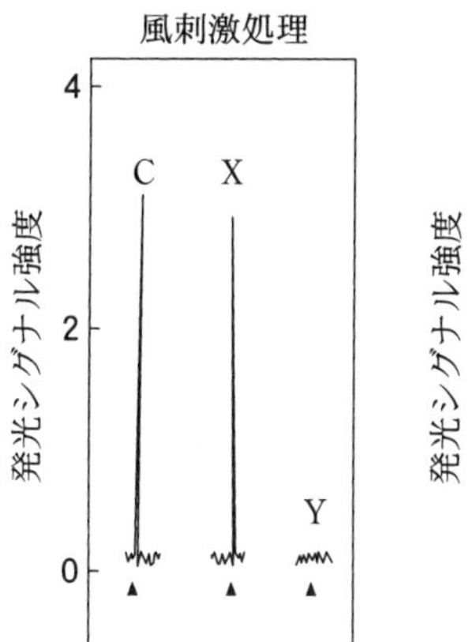

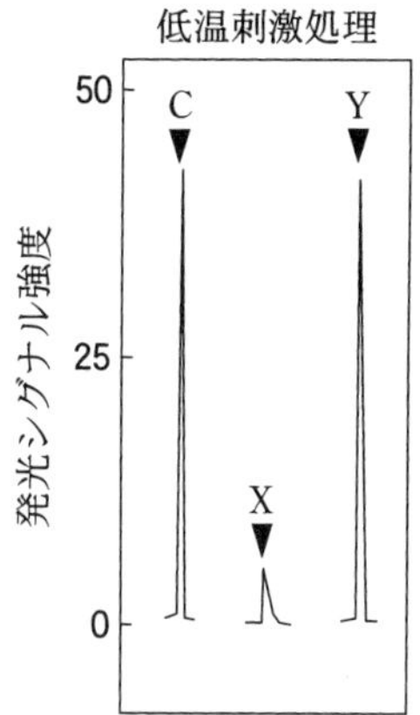

C：対照芽生え
XおよびY：カルシウムチャネル阻害剤処理芽生え

図2―6　風刺激および低温刺激処理時の細胞内カルシウムイオン濃度上昇に対する，カルシウムチャネル阻害剤の影響

カルシウムイオン濃度依存的に発光するタンパク質イクオリンを細胞質基質に発現させた遺伝子組換えタバコの芽生えを，カルシウムチャネル阻害剤で処理した後，風刺激あるいは低温刺激処理を行い，発光シグナルを検出した。上向き三角形(▲)は風刺激を，下向き三角形(▼)は低温刺激を与えたタイミングを示している。

〔問〕

E　文中の空欄1に入る植物ホルモン名を記せ。

F　下線部(オ)について。篩管を通って輸送されるものを，以下の(1)～(4)から全て選び，その番号を記せ。なお，該当するものがない場合には，なしと記せ。

(1)　ショ糖　　(2)　アミノ酸

(3)　クロロフィル　　(4)　花成ホルモン(フロリゲン)

G　下線部(カ)について。図2―5で示した実験4の結果から推察できることとして適切なものを，以下の選択肢(1)～(3)から1つ選び，その番号を記せ。

(1)　風刺激と接触刺激は，同様の機構で細胞質基質のカルシウムイオン濃度の変化をもたらす。

(2)　タバコは，低温刺激よりも風刺激により速く反応して，細胞質基質のカルシウムイオン濃度を上昇させる。

⑶ 連続した風刺激処理は，低温刺激による細胞質基質のカルシウムイオン濃度の上昇を促進する。

H 下線部㈮について。図２―６で使用したカルシウムチャネル阻害剤ＸおよびＹは異なるタイプのカルシウムチャネルに作用し，阻害剤Ｘは細胞膜に局在するカルシウムチャネルを，阻害剤Ｙは細胞小器官に存在するカルシウムチャネルを，それぞれ強く阻害する。図２―６の結果から，風刺激処理と低温刺激処理とで起こる，細胞質基質のカルシウムイオン濃度変化の仕組みの違いを推察し，２行程度で述べよ。

ポイント

Ⅱ．Ｇ．図２―５のグラフでは，細胞質基質のカルシウムイオン濃度を発光シグナル強度として検知している。組み合わせ処理①の結果において，接触刺激を繰り返し与えた後の風刺激による発光シグナルの傾向は，風刺激処理の結果において風刺激を繰り返し与えた後の傾向と似ている。

Ｈ．風刺激処理でも低温刺激処理でも細胞質基質のカルシウムイオン濃度が上昇するが，その上昇が細胞小器官から細胞質基質への流出によるものなのか，細胞外から細胞質基質への流入によるものなのかを考える。

38 寄生植物，蒸散調節

（2020年度　第2問）

次の（Ⅰ），（Ⅱ）の各問に答えよ。

（Ⅰ）　次の文章を読み，問(A)〜(D)に答えよ。

アフリカを中心とした半乾燥地帯における貧栄養土壌での作物栽培に，大きな被害をもたらす寄生植物に，ストライガ（図２－１）というハマウツボ科の一年草がある。ストライガは，自身で光合成を行うものの，その成長のためには宿主への寄生が必須となる。実際に，土壌中で発芽したストライガは，数日のうちに宿主へ寄生できなければ枯れてしまう。ストライガは，ソルガムやトウモロコシといった現地の主要の作物に，どのようなしくみで寄生するのだろうか。その理解のためには，まず，これらの作物と菌根菌との関係を知る必要がある。

ソルガムやトウモロコシは，土壌中のリン酸や窒素といった無機栄養が欠乏した環境において，菌根菌を根に定着させる。(ア)菌根菌は，土壌中から吸収したリン酸や窒素の一部をソルガムやトウモロコシへ与える代わりに，その生育や増殖に必須となる，光合成産物由来の糖や脂質をこれらの作物から受け取っている。

(イ)ソルガムやトウモロコシは，菌根菌を根に定着させる過程の初期において，化合物Ｓを土壌中へ分泌し，周囲の菌根菌の菌糸を根に誘引する。(ウ)化合物Ｓは，不安定で壊れやすい物質であり，根から分泌された後，土壌中を数mm拡散する間に短時間で消失する。このような性質により，根の周囲には化合物Ｓの濃度勾配が生じ，菌根菌の菌糸はそれに沿って根に向かう。

ストライガは，宿主となるソルガムやトウモロコシのこのような性質を巧みに利用し，それらへ寄生する。直径が0.3mmほどの(エ)ストライガの種子は，土壌中で数十年休眠することが可能であり，化合物Ｓを感知して発芽する。その後，発芽したストライガの根は，宿主の根に辿り着くと，その根の組織を突き破り内部へ侵入する。最終的に，ストライガは自身と宿主の維管束を連結し，それを介して宿主から水分や無機栄養，光合成産物を奪い成長する。そのため，ストライガに寄生されたソルガムやトウモロコシは，多くの場合，結実することなく枯れてしまう（図２－１）。

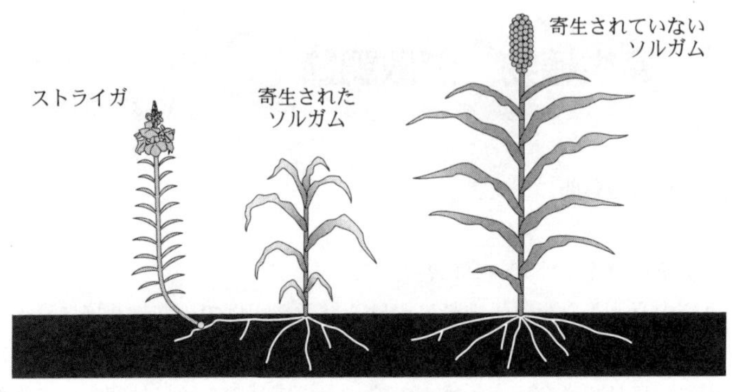

図２—１　ソルガムに寄生するストライガ

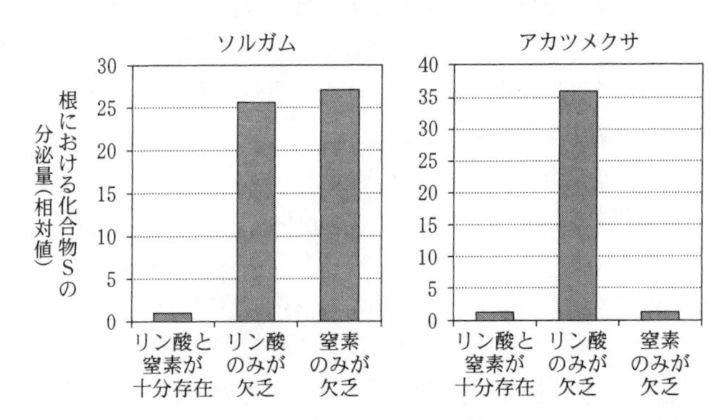

図２—２　無機栄養の欠乏が根における化合物Ｓの分泌量に及ぼす影響
グラフは，根の単位重量当たりの化合物Ｓの分泌量を，リン酸と窒素が十分存在する条件での値を１として示している。

〔問〕

(A)　下線部(ア)について。菌根菌の宿主は，その光合成産物のかなりの量を，菌根菌に糖や脂質を与えるために消費している。ここでは，リン酸のみが欠乏した畑地でソルガムを栽培し，根に菌根菌が定着した後に，土壌へ十分な量のリン酸を与える場合を考える。このとき，菌根菌とソルガムには，リン酸を与える前後で，それぞれどのような種間相互作用がみられるか。以下の選択肢(1)～(6)から，適切な種間相互作用を全て選べ。解答例：与える前—(1)　与えた後—(2)　(3)

(1)　同じ容器内で飼育したゾウリムシとヒメゾウリムシにみられる種間相互作用

(2)　シロアリとその腸内に生息しセルロースやリグニンを分解する微生物にみられる種間相互作用

(3)　ナマコとその消化管を外敵からの隠れ家として利用するカクレウオにみられる種間相互作用

(4)　イヌとその体の表面に付着して吸血するダニにみられる種間相互作用

(5)　ハダニとそれを食べるカブリダニにみられる種間相互作用

(6)　アブラムシとその排泄物を餌にするアリにみられる種間相互作用

(B)　下線部(イ)について。土壌中のリン酸や窒素の欠乏が，ソルガムやマメ科牧草のアカツメクサの根における化合物Sの分泌量に及ぼす影響をそれぞれ調べ，その結果を図2－2にまとめた。根における化合物Sの分泌様式が，両者の間で異なる理由について，無機栄養の獲得戦略の観点から，3行程度で述べよ。

(C)　下線部(ウ)について。このような化合物Sの性質は，ストライガが宿主に寄生するうえで，どのような点で有利にはたらくか。1行程度で述べよ。

(D)　下線部(エ)について。ストライガの種子が存在する土壌において，宿主が生育していない状況で，化合物Sを散布すると，ストライガは発芽するものの，宿主への寄生が成立しないため枯死する。そこで，ストライガの種子が拡散している無機栄養の欠乏した畑地において，作物を栽培していない時期にストライガを枯死させるため，化合物Sの土壌での安定性を高めた類似化合物を開発した。さらに，作物の無機栄養吸収に影響を与えず，ストライガを効率よく，より確実に枯死させるため，この類似化合物を改良したい。以下2つの活性を個別に改変できるとした場合，それらを化合物Sの活性と比較してどのように改変することが望ましいか。2つの活性について，その理由を含め，それぞれ3行程度で述べよ。

【改変可能な活性】ストライガの発芽を誘導する活性，菌根菌を誘引する活性

(Ⅱ)　次の文章を読み，問(E)～(H)に答えよ。

ストライガは，どのようにして宿主から水分を奪うのだろうか。自身の根の維管束を宿主のそれに連結したストライガは，蒸散速度を宿主より高く保つことで，宿主から自身に向かう水分の流れを作り出す。この蒸散速度には，葉に存在する気孔の開きぐあいが大きく影響する。土壌が乾燥して水不足になると，多くの植物では，体内でアブシシン酸が合成され，その作用によって気孔が閉じる。このとき，体内のアブシシン酸濃度の上昇に応じ，気孔の開きぐあいは小さくなっていく。一方，ストライガでは，タンパク質Xのはたらきにより，気孔が開いたまま維持される。この(オ)タンパク質Xは，陸上植物に広く存在するタンパク質Yに，あるアミノ酸変異が起こって生じたものである。シロイヌナズナのタンパク質Yは，体内のアブシシン酸濃度の上昇に応じ，その活性が変化する。ここでは，タンパク質Xやタンパク質Yの性質を詳しく調べるため，以下の実験を行った。

〔実験1〕　遺伝子工学の手法により，タンパク質Xを過剰発現させたシロイヌナズナ形質転換体を作製した。次に，この形質転換体を野生型シロイヌナズナとともに乾燥しないよう栽培し，ある時点で十分な量のアブシシン酸を投与した。しばらく時間をおいた後，サーモグラフィー（物体の表面温度の分布を画像化する装置）を用いて，葉の表面温度をそれぞれ計測し，その結果を図2－3にまとめた。

〔実験２〕　遺伝子工学の手法により，タンパク質Ｙを過剰発現させたシロイヌナズナ形質転換体とタンパク質Ｙのはたらきを欠失させたシロイヌナズナ変異体とを作製した。次に，これらの形質転換体や変異体を，野生型シロイヌナズナやタンパク質Ｘを過剰発現させたシロイヌナズナ形質転換体とともに，乾燥しないよう栽培した。その後，ある時点から水の供給を制限し，土壌の乾燥を開始した。同時に，日中の決まった時刻における葉の表面温度の計測を開始し，その経時変化を図２－４にまとめた。この計測と並行し，タンパク質Ｘやタンパク質Ｙの発現量を測定したところ，各種のシロイヌナズナの葉におけるそれらの発現量に，経時変化は見られなかった。

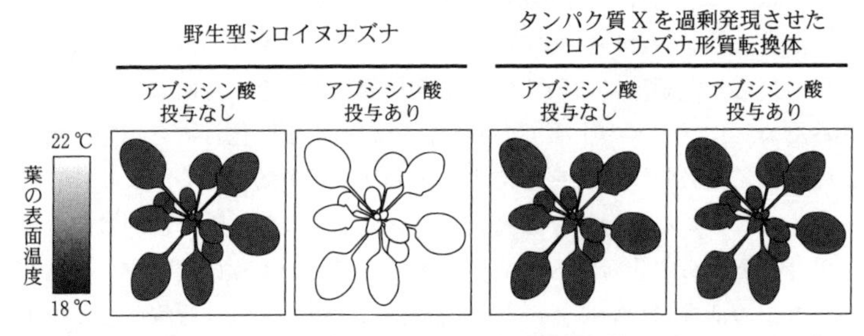

図２－３　野生型シロイヌナズナとタンパク質Ｘを過剰発現させたシロイヌナズナ形質転換体の上からのサーモグラフィー画像

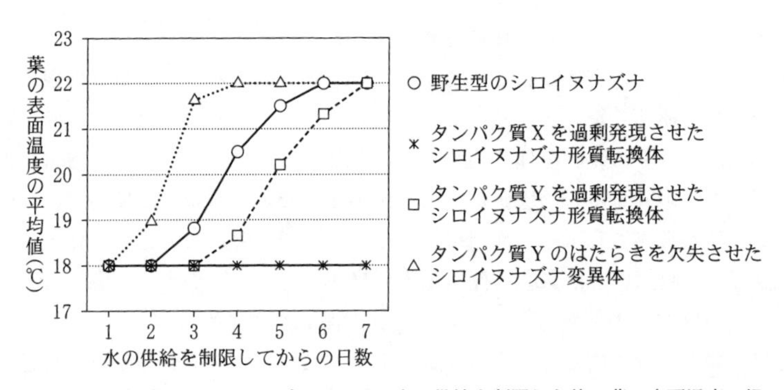

図２－４　各種のシロイヌナズナにおける水の供給を制限した後の葉の表面温度の経時変化

〔問〕

(E)　実験１において，十分な量のアブシシン酸を投与した後に，野生型シロイヌナズナの葉の表面温度が上昇した理由を，１行程度で述べよ。

(F)　実験１，実験２の結果をふまえて，タンパク質Ｘやタンパク質Ｙのはたらきを述べた文として最も適切なものを，以下の選択肢(1)～(8)から一つ選べ。

(1)　タンパク質Xやタンパク質Yは，アブシシン酸の合成を促進する。
(2)　タンパク質Xやタンパク質Yは，アブシシン酸の合成を抑制する。
(3)　タンパク質Xは，アブシシン酸の合成を促進する。一方，タンパク質Yは，アブシシン酸の合成を抑制する。
(4)　タンパク質Xは，アブシシン酸の合成を抑制する。一方，タンパク質Yは，アブシシン酸の合成を促進する。
(5)　タンパク質Xやタンパク質Yは，気孔に対するアブシシン酸の作用を促進する。
(6)　タンパク質Xやタンパク質Yは，気孔に対するアブシシン酸の作用を抑制する。
(7)　タンパク質Xは，気孔に対するアブシシン酸の作用を促進する。一方，タンパク質Yは，気孔に対するアブシシン酸の作用を抑制する。
(8)　タンパク質Xは，気孔に対するアブシシン酸の作用を抑制する。一方，タンパク質Yは，気孔に対するアブシシン酸の作用を促進する。

(G)　下線部(オ)について。実験2の結果をふまえると，タンパク質Yとそれにアミノ酸変異が起こって生じたタンパク質Xとの間には，どのような性質の違いがあるか。体内のアブシシン酸濃度の上昇に伴うタンパク質の活性の変化に着目し，2行程度で述べよ。

(H)　実験2の7日間の計測期間中，4種類のシロイヌナズナはどれも葉の萎れを示さなかった。このとき，最も早く葉の光合成活性が低下したと考えられるものは4種類のうちどれか。また，その後も，水の供給を制限し続けたとき，最も早く萎れると考えられるものはどれか。その理由も含め，それぞれ3行程度で述べよ。

ポイント

(Ⅰ)(B)　図2－2より，ソルガムはリン酸または窒素が欠乏したときに化合物Sを分泌することがわかる。一方，マメ科植物のアカツメクサはリン酸が欠乏したときのみ化合物Sを分泌する。ソルガムとアカツメクサについて，その生態の違いを考察する。

(C)　ストライガの種子が，不安定で壊れやすい化合物Sを感知することは，宿主がごく近いところに存在するという情報を得ることと同義だと考える。

(D)　化合物Sの類似化合物は，宿主に寄生できない環境下でストライガを発芽させ，枯死させることを目的としている。また，菌根菌を誘引する活性については，この類似化合物が土壌中に残存した場合に作物に与える影響を考える。

39 光合成と光阻害

(2019年度　第2問)

次の（Ⅰ），（Ⅱ）の各問に答えよ。

（Ⅰ） 次の文章を読み，問(A)～(D)に答えよ。

葉において光合成反応がすすむ速度は様々な要因の影響を受ける。図2－1は，土壌中の栄養や二酸化炭素，水分，そしてカルビン・ベンソン回路を駆動するために必要な酵素タンパク質が十分存在しているときの，光の強さと二酸化炭素吸収速度との関係（これを光一光合成曲線と呼ぶ）を模式的に示している。光がある程度弱い範囲では，二酸化炭素吸収速度は光の強さに比例して大きくなる。光化学反応から光の強さに応じて供給される［　1　］や［　2　］の量が二酸化炭素吸収速度を決める。

光の強さがある強さ（光飽和点と呼ぶ）を超えると，それ以上二酸化炭素吸収速度が変化しなくなる（図2－1）。このときの二酸化炭素吸収速度を見かけの最大光合成速度（以下，最大光合成速度）と呼ぶ。このとき二酸化炭素の供給やカルビン・ベンソン回路の酵素タンパク質の量が光合成の制限要因となっている。

最大光合成速度が大きければ大きいほど，暗黒下で測定される呼吸速度もそれに比例して大きくなる。その主な理由は次の通りである。最大光合成速度は光合成に関わる酵素タンパク質の量に比例する。こうした酵素タンパク質の中には時間とともに機能を失うものがある。酵素タンパク質の機能を復活させるためにはエネルギーが必要であり，そのエネルギーは呼吸によって供給される。このため，カルビン・ベンソン回路の酵素タンパク質を多く保持し最大光合成速度が大きな葉は，呼吸速度も大きくなる。

タンパク質である酵素は窒素を含むため，(ア)<u>無機窒素が少ない貧栄養の土壌では酵素タンパク質が十分に合成されず，最大光合成速度が小さくなる</u>。

土壌が湿っている環境では葉の気孔は開き気味であるが，土壌が乾燥し，水が十分にない環境となると葉の気孔は閉じられる。この場合，(イ)<u>葉の内部の二酸化炭素濃度が低くなり，最大光合成速度は小さくなる</u>。

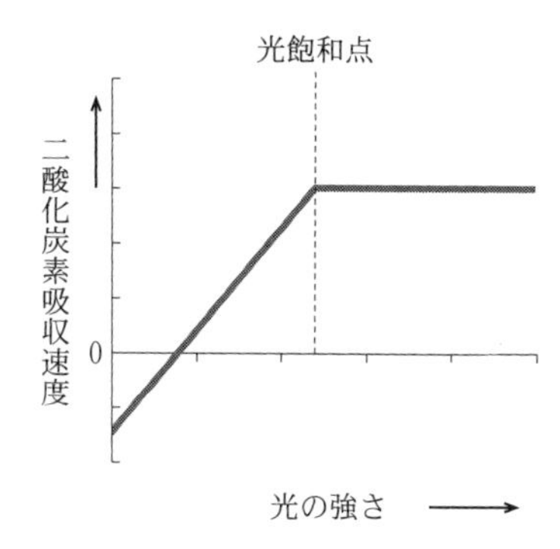

図2－1　光の強さと二酸化炭素吸収速度との関係（光―光合成曲線）

〔問〕

(A)　文中の空欄1と2に入るもっとも適切な分子名を記せ。ただし解答の順序は問わない。

(B)　下線部(ア)，(イ)のときの光―光合成曲線はどのような結果になると予想されるか。図2－1を葉面積あたりの光―光合成曲線（太線）とし，該当する曲線（細線）を重ねあわせて描いたものとして適切と思われるものを，次のページにあるグラフ(1)～(9)からそれぞれ1つずつ選べ。なお，貧栄養のときの最大光合成速度は富栄養のときの半分とする。

解答例：ア―(1)，イ―(2)

(C)　光が弱い環境では，植物は陰葉とよばれる葉を作ることが知られている。陰葉は最大光合成速度が小さいだけではなく，葉も薄くなる。ここではその陰葉の面積あたりの質量と最大光合成速度は陽葉の半分とする。このとき図2－1が(ウ)陽葉の面積あたりの光―光合成曲線，あるいは(エ)陽葉の質量あたりの光―光合成曲線とした際，新たに陰葉についての光―光合成曲線を細線で重ねあわせて描くと，どのようなグラフとなるだろうか。下線部(ウ)と(エ)について，曲線として適切と思われるものを次のページにあるグラフ(1)～(9)からそれぞれ1つ選べ。ただし，葉の質量あたりに含まれる光合成に関係するタンパク質の量は変化しないものとする。

解答例：ウ―(1)，エ―(2)

(D)　薄くて面積あたりの質量の小さい陰葉をどのような光の強さのもとでも作る植物があったとする。この葉の質量あたりの光合成速度が陽葉よりも低下する環境が存在するとしたら，どのような環境だろうか。その理由を含めて3行程度で答えよ。ただし，葉から失われる水の量は葉面積に比例するものとし，葉が重なり合うことはないものとする。

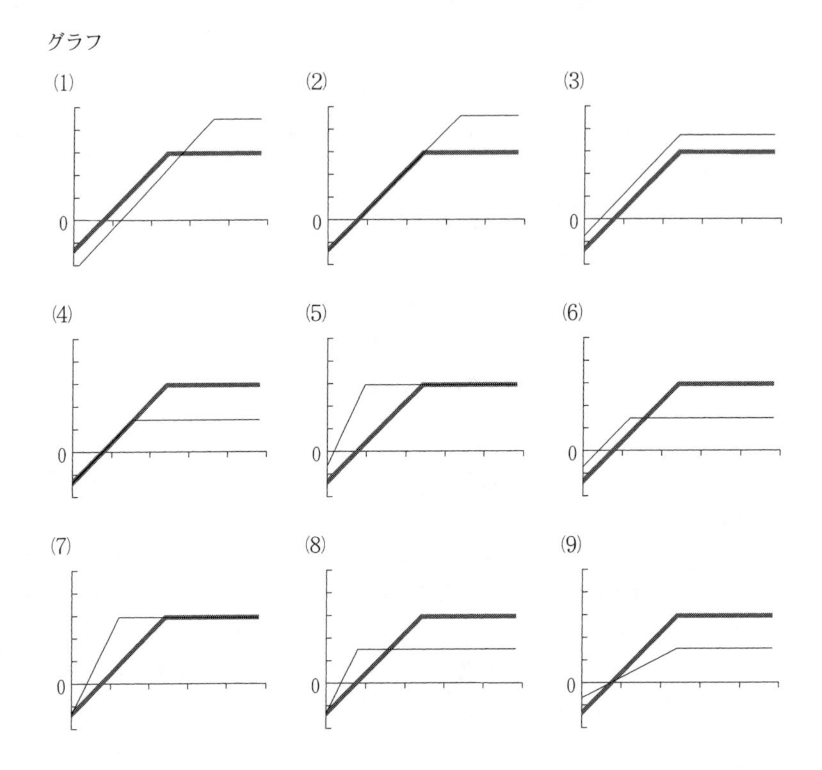

(Ⅱ) 次の文章を読み，問(E)～(J)に答えよ。

円盤のような形をしている葉緑体に目を向けてみよう。(オ)光が弱いときには光を最大限に利用できるように配置される。しかし光が強いときには，光に対して平行となるように配置されて，葉緑体内の酵素タンパク質が強い光を受けて機能を失うのを抑えようとする。

光化学系Ⅱは複数種類のタンパク質と［ 3 ］からなる構造体であり，電子が流れていく最初の段階で［ 4 ］から電子を引き抜く役割をもつ。図２－２に示される実験で葉緑体が(カ)強光を受けると，光化学系Ⅱの能力がいったん低下することがわかる。これを光化学系Ⅱが損傷を受けたという。D1 タンパク質はその光化学系Ⅱの反応中心にあるタンパク質である。損傷を受けても D1 タンパク質の量自体は減らない。しかし強光にあたると葉緑体内に活性酸素が発生する。その活性酸素が D1 タンパク質などの酵素タンパク質に高温や極端な pH にさらされたときのような変化を与えて傷害が起こるのである。弱光の下ではこの損傷は起こらない。

そして葉緑体には光が弱まると，徐々に光化学系Ⅱの能力を復活させるしくみがあることがわかってきた。この能力の復活はタンパク質合成阻害剤を加えた状態では観察されない（図２－２）。

Vと名づけられた遺伝子の変異体が発見され，光化学系Ⅱの能力が復活する過程について次のヒントを与えた。正常型のV遺伝子からは損傷を受けたD1タンパク質を分解する酵素が発現する。正常型植物と変異体Vについてタンパク質合成阻害剤を加えた状態で，強光を継続してあてる実験を行うと，D1タンパク質の量が正常型植物では減少するのに対して，変異体Vでは減少しなかった（図２－３）。一方，タンパク質合成阻害剤を加えない状態で，強光をあてたあとの弱光下での光化学系Ⅱの能力の復活を比較したところ，変異体Vではその復活が非常に起こりにくかった（図２－４）。

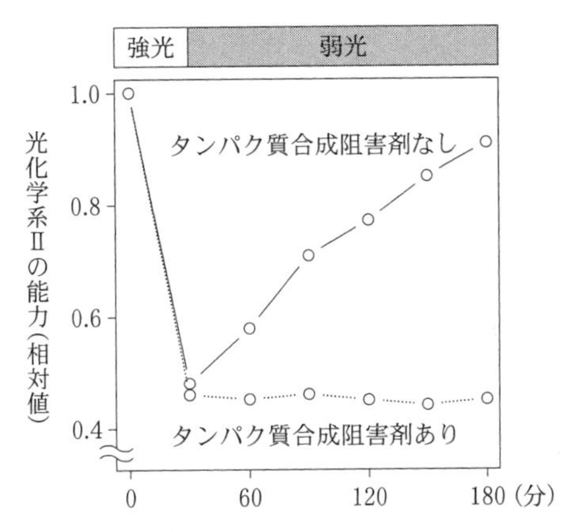

図２－２　正常型植物の光化学系Ⅱの能力に対する強光照射とタンパク質合成阻害剤の影響

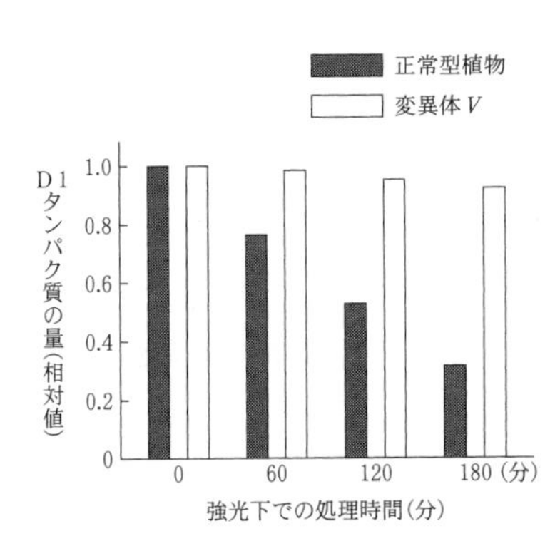

図２－３　タンパク質合成阻害剤を与えて強光を照射した後での正常型植物と変異体V中のD1タンパク質の量

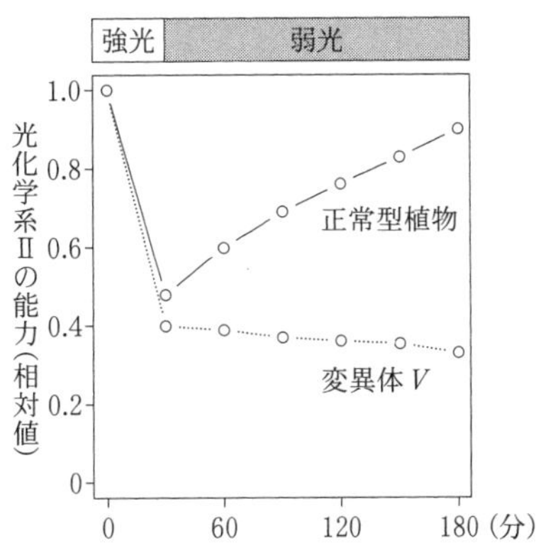

図２－４　強光照射後の正常型植物と変異体Vでの光化学系Ⅱの能力の時間変化

〔問〕

(E) 下線部(オ)について。下線部(オ)の現象には青色光を受け取ることが関係する。この情報によって，下線部(オ)の現象に関係する可能性を排除できる植物の光受容体を以下の選択肢(1)〜(4)から１つ選べ。

(1) ロドプシン　　(2) クリプトクロム

(3) フィトクロム　　(4) フォトトロピン

(F) 青色光がもつ作用として知られていないものを，以下の選択肢(1)〜(4)からすべて選べ。

(1) 花芽形成　　(2) 光屈性

(3) 光発芽　　(4) 気孔開閉

(G) 文中の空欄３と４について。空欄３に色素，空欄４に分子の名前としてもっとも適切な語句をそれぞれ答えよ。

解答例：３－○○（色素名），４－△△（分子名）

(H) 下線部(カ)について。強光を受けるとD1タンパク質の量は変わらないにもかかわらず，光化学系Ⅱの能力が下がる理由を１行程度で述べよ。

(I) 図２－３の実験結果から推察できることとして適切なものを，以下の選択肢(1)〜(5)からすべて選べ。

(1) 変異体 V を用いた試料では，タンパク質合成阻害剤が作用しなかったために強光下で損傷を受けたD1タンパク質が減少しなかった。

(2) 変異体 V を用いた試料では，強光下で損傷を受けたD1タンパク質の分解が抑えられたため，タンパク質合成が阻害されてもD1タンパク質は減少しなかった。

(3) 変異体 V を用いた試料では，D1タンパク質の分解と合成の両方が起こったためにD1タンパク質が減少しなかった。

(4) 正常型植物を用いた試料では強光下で損傷を受けたD1タンパク質が分解され，さらに合成が抑えられてD1タンパク質が減少した。

(5) 正常型植物を用いた試料ではD1タンパク質の分解とタンパク質合成が共に抑えられて，D1タンパク質が減少した。

(J) 正常型 V 遺伝子からつくられるタンパク質分解酵素の役割をふまえ，D1タンパク質に注目して光化学系Ⅱの能力が復活する過程を，３行程度で述べよ。

ポイント

(Ⅱ)(H) 光化学系Ⅱの能力の低下は，光化学系Ⅱの中心にあるタンパク質が損傷を受けることによる。D1タンパク質の量は変化しないので，活性が変化すると考えられる。

(I) 図２－３より，正常型植物では強光下でD1タンパク質が減少するが，変異体 V ではほとんど減少しないことから，正常型植物では損傷を受けたD1タンパク質が V 遺伝子から合成された酵素によって分解されると考えることができる。

40 花芽形成，光受容体

（2018年度　第3問）

次の（Ⅰ），（Ⅱ）の各問に答えよ。

（Ⅰ）　次の文章を読み，問(A)～(C)に答えよ。

植物の発生や成長は，様々な環境要因の影響を受けて調節されている。環境要因の中でも，温度は，光と並んで，植物の発生・成長の調節において，とくに重要な意味をもつ。温度と光で調節される発生現象の顕著な例の一つが，花芽形成である。日長に応じて花芽を形成する植物は多いが，その中には一定期間低温を経験することを前提とするものがある。低温を経験することで，日長に応答して花芽を形成する能力を獲得するのである。これを春化という。花芽形成に春化を要求する植物は，一般に長日性である。こうした植物では，低温の経験の後に適温と長日条件の2つが揃ったときに，花芽の形成が促進される。

植物はどういうときにどこで低温を感じ取り，それはどのように春化につながるのだろうか。これらの問題に関しては，古くから工夫を凝らした生理学的実験が数多く行われている。例えば，(ア)組織片からの植物体の再生を利用した実験や，(イ)接ぎ木を利用した実験により，春化における低温感知の特徴，春化と花成ホルモン（フロリゲン）の関係などについて，重要な知見が得られている。

シロイヌナズナを用いた分子生物学的解析からは，*FLC* という遺伝子の発現の抑制が春化の鍵であることがわかっている。*FLC* には花芽形成を妨げるはたらきがある。低温期間中に(ウ)*FLC* 領域のクロマチン構造が変化して遺伝子発現が抑制された状態が確立し，*FLC* 発現が低くなることで花芽形成が可能となる。

〔問〕

(A)　下線部(ア)について。ゴウダソウは春化要求性の長日植物である。ゴウダソウの葉を切り取って培養すると，葉柄の切り口近傍の細胞が脱分化して分裂を始め，やがて分裂細胞の集団から芽が形成されて，植物体を再生する。この植物体再生と低温処理を組み合わせて，春化の特徴を調べる実験が行われた。この実験の概要と結果をまとめたのが図3－1である。

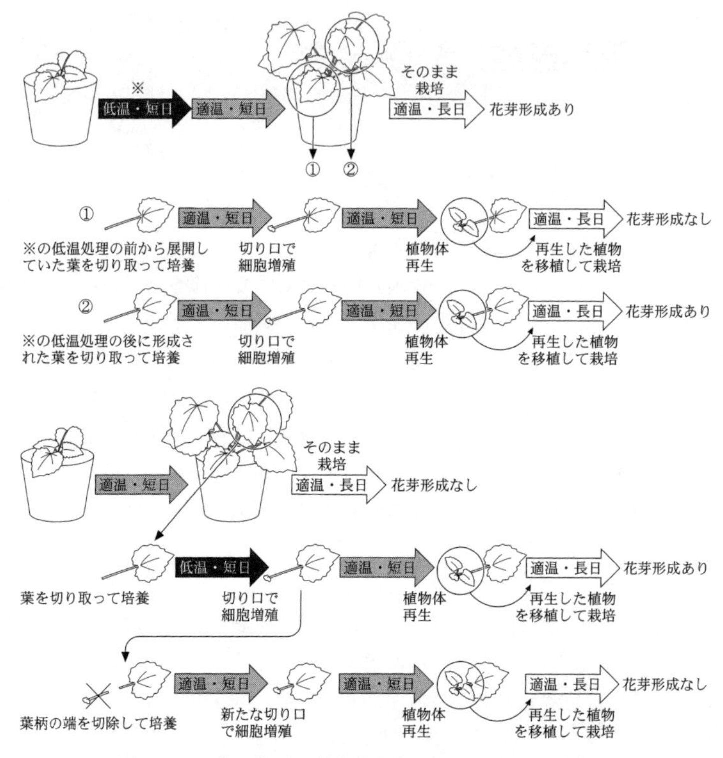

図３－１　ゴウダソウの植物体再生を利用した花芽形成実験

以下の(1)〜(5)の記述のそれぞれについて，図３－１の実験結果から支持されるなら「○」，否定されるなら「×」，判断できないなら「？」と答えよ。

(1)　一旦春化が成立すると，その性質は細胞分裂を経ても継承される。

(2)　植物体の一部で春化が成立すると，その性質は植物体全体に伝播する。

(3)　春化の成立には，分裂している細胞が低温に曝露されることが必要である。

(4)　春化は脱分化によって解消され，春化が成立していない状態に戻る。

(5)　低温処理時の日長によって，春化が成立するまでにかかる時間が異なる。

(B)　下線部(イ)について。春化による花芽形成能力の獲得には，花成ホルモンを産生する能力の獲得と，花成ホルモンを受容し応答する能力の獲得の２つが考えられる。これらそれぞれを判定するための，春化要求性長日植物を用いた接ぎ木実験を考案し，判定の方法も含めて実験の概要を５行程度で説明せよ。なお，図を用いてもよい。

(C)　下線部(ウ)について。春化における *FLC* の抑制と同様の仕組みは，様々な生物の様々な現象に関わっている。以下の(1)〜(6)のうちから，*FLC* 抑制と同様の仕組みが関わる現象として最も適当なものを1つ選べ。

(1)　大腸菌にラクトースを投与すると，ラクトースオペロンの抑制が解除される。

(2)　酸素濃度の高い条件で酵母を培養すると，アルコール発酵が抑えられる。

(3)　エンドウの果実から種子を取り除くと，さやの成長が止まる。

(4)　ショウジョウバエの受精卵で，母性効果遺伝子の mRNA の局在が分節遺伝子の発現パターンを決める。

(5)　雌のマウスで，2本あるX染色体の一方が不活性化されている。

(6)　ヒトのある地域集団で，A，B，AB，Oの各血液型の割合が，世代を経てもほぼ一定に保たれている。

(Ⅱ)　次の文章を読み，問(D)～(G)に答えよ。

植物の成長は，成長に適した温度域における，比較的小さな温度の違いにも影響を受ける。最近，シロイヌナズナの胚軸の伸長に対する温度の影響に着目した研究から，フィトクロムの関与を示す画期的な発見があった。

フィトクロムは，光受容体として光応答にはたらく色素タンパク質である。フィトクロムには，赤色光吸収型の Pr と遠赤色光吸収型の Pfr が存在し，Pr は赤色光を吸収すると Pfr に変換し，Pfr は遠赤色光を吸収すると Pr に変換する。また，Pfr から Pr への変換は，光とは無関係にも起きる。図3－2に示すように，各変換の速度 v_1～v_3 は，Pr または Pfr の濃度（[Pr]，[Pfr]）と変換効率を表す係数 k_1～k_3 の積で決まる。

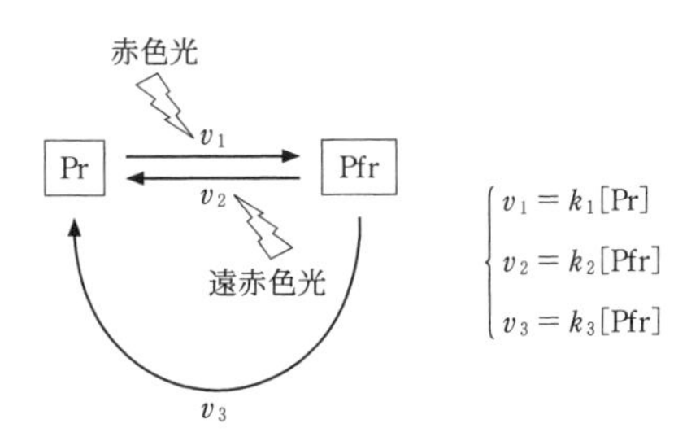

図3－2　フィトクロムの Pr と Pfr の変換

シロイヌナズナの胚軸の伸長は，明所では抑制され，暗所で促進される。これに対して，(エ)フィトクロム完全欠損変異体の胚軸は明所でも伸長し，暗所と同じように長くなることなどから，胚軸伸長の光応答にフィトクロムが関与することはよく知られていた。図3－3に示すように，シロイヌナズナの胚軸の伸長は温度にも応答し，10℃から30℃の範囲の様々な温度で芽生えを育てると，温度が高いほど胚軸が長くなる。この温度応答についてフィトクロム完全欠損変異体を用いて調べてみると，温度の影響がほとんど見られず，どの温度でも胚軸がほぼ一様に長くなったのである。

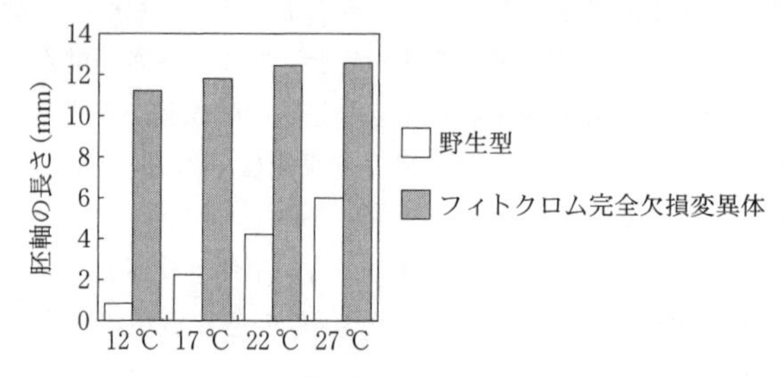

図３―３　シロイヌナズナの胚軸の伸長に対する温度とフィトクロム欠損の影響

さらに精製フィトクロムを用いた試験管内実験によって，Pr・Pfr 間の変換に対する温度の影響も調べられた。光による変換の係数である k_1 と k_2 は，光に依存するが，温度には依存しない。しかし，k_3 が温度に依存するなら，Pr・Pfr 間の変換が温度で変わる可能性があり，この点が検討された。(オ)純粋な Pr の水溶液を，赤色光の照射下，様々な温度で保温して，全フィトクロムに占める Pfr の割合を測定する実験により，図３－４のような結果が得られた。この結果は，温度応答においてフィトクロムが温度センサーとしてはたらくことを示唆するものとして，注目を集めている。

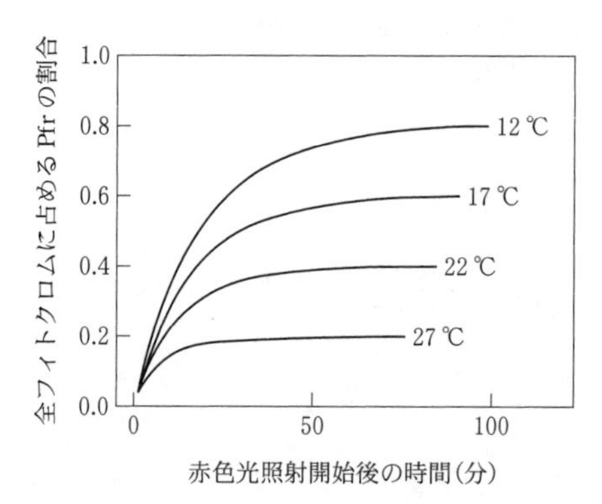

図３―４　各温度における Pfr の割合の変化

〔問〕

(D)　下線部(エ)について。この実験結果から，胚軸伸長の制御において，フィトクロムはどのように作用すると考えられるか。以下の(1)～(4)のうちから，最も適当なものを１つ選べ。

(1)　Pr が伸長成長を促進する。

(2)　Pr が伸長成長を抑制する。

(3)　Pfr が伸長成長を促進する。

(4)　Pfr が伸長成長を抑制する。

(E)　下線部(オ)について。図3－4の情報に基づいて，k_3 と温度の関係をグラフで表せ。なお，横軸に温度を取り，k_3 は 27℃のときの値を1とする相対値で縦軸に取ること。また，大きさは，両軸に付す数字も含めて，10文字分×10行分程度とすること。作図はフリーハンドで構わない。

(F)　下線部(オ)の実験を，赤色光と同時に遠赤色光を照射して行うと，結果はどのようになると予想されるか。以下の(1)～(5)のうちから，最も適当なものを1つ選べ。

(1)　温度によらず，定常状態での Pfr の割合はほぼ0となる。

(2)　温度によらず，定常状態での Pfr の割合はほぼ1となる。

(3)　温度が高いほど Pfr の割合が低い傾向は赤色光下と同じであるが，温度の影響は弱くなる。

(4)　温度が高いほど Pfr の割合が低い傾向は赤色光下と同じであるが，温度の影響がより強くなる。

(5)　赤色光下とは逆に，温度が高いほど Pfr の割合が高くなる。

(G)　高温で伸長が促進される性質は，胚軸だけでなく，茎や葉柄でも見られる。この性質が自然選択によって進化したとすれば，それはどのような理由によるだろうか。自由な発想で考え，合理的に説明できる理由の1つを3行程度で述べよ。

ポイント

(Ⅱ)(D)　フィトクロムは赤色光のあたる明所では Pfr 型に，暗所では Pr 型になる。このうち Pfr 型が活性型である。「フィトクロム完全欠損変異体の胚軸は明所でも伸長し，暗所と同じように長くなる」とあることから，フィトクロム完全欠損変異体では Pfr 型が存在しないため，伸長抑制ができなくなったと考えることができる。

(G)「自由な発想で考え，合理的に説明でき」ればよいのだから，理由に妥当性があればよい。高温下では光合成速度が大きくなるので，他種個体の成長も旺盛になる。そのため，できるだけ速く茎を伸長させて上層に葉を展開できれば，他の植物との光をめぐる競争に勝ち，光を十分受けられるようになり，子孫を残すうえで有利になることなどが考えられる。

41 代謝，植物の環境応答，生物の進化

(2017年度　第2問)

次の文1と文2を読み，(Ⅰ)と(Ⅱ)の各問に答えよ。

〔文1〕

植物や緑藻など，光合成を行う生物は，光のエネルギーを利用してCO_2を固定し，糖をはじめとする有機物をつくることができる。この過程は，大きく2つの段階に分けられる。第一段階では，葉緑体のチラコイド膜にある光化学系が光を吸収して，(ア)H_2Oから電子を引き抜き，この電子を順次伝達しながら，ストロマからチラコイド内腔へとH^+を運ぶ。(イ)電子は最終的に補酵素の$NADP^+$に渡され，NADPHが生じる。また，H^+の運搬によって形成されたH^+濃度勾配に従い，H^+がチラコイド内腔からストロマへ流れ込むときに，これと共役して(ウ)ADPからATPが合成される。第二段階では，第一段階で生産された(エ)NADPHとATPを使って，CO_2を固定し糖を合成する一連の反応が進行する。

光合成でつくられた糖からは，様々な有機物が派生する。光合成生物は，こうして得た有機物を体の素材に用いるほか，一部を基質として呼吸を行い，エネルギーを(オ)ATPの形で取り出していろいろな生命活動に利用する。全体を見ると，光合成生物では，光合成で光のエネルギーを有機物の化学エネルギーに変換し，このエネルギーを呼吸で取り出していることになる。

光合成はCO_2を消費してO_2を発生し，呼吸はO_2を消費してCO_2を発生するため，両者を行う光合成生物では，(カ)気体交換はそれぞれの活性を反映した複合的なものとなる。逆に言えば，気体交換の詳しい分析から，光合成と呼吸の動態を推定することができる。

〔文2〕

植物の体は，光合成器官の葉と，それ以外の器官の茎や根からなる。植物は光合成で得た有機物を，これらの器官の構築に振り向けて成長していく。光合成量を増やしてより早く成長するには，葉への物質分配を高め，葉の割合を大きくした方がよいが，周りの植物と光をめぐって競争している環境では，(キ)茎を伸ばして葉を高い位置で展開するために，茎への物質分配も重要である。自立性の植物では，葉の量に応じて茎を太くしなければ葉をしっかりと支えられないので，このことが茎への物質分配の下限を規定し，葉への物質分配を制約している。これに対し，他の植物などを支柱とする「つる植物」では，自分の茎で葉の重量を支えなくてすむので茎を細くでき，その分(ク)茎への物質分配の下限が緩和されるとともに，分配される物質当たりの茎の伸長

量が増大する。これらの点で，つる植物は早くまた高く成長するのに有利であると言える。

つる植物は，支柱に絡みついたり巻きついたりするために，特別な器官や性質を発達させている。(ケ)巻きひげは絡みつくための器官の代表例で，様々なつる植物に見られる。(コ)巻きひげは，葉または茎が特殊化したものである。(サ)巻きひげなどを使わずに，茎全体で支柱に巻きつくようなつる植物も多い。このようなつる植物では，茎の先端が円を描くように動く回旋運動（図２―１）を，支柱の探索に利用している。(シ)茎が回旋運動を行いながら成長し，(ス)何か支柱になるものに接触すると屈曲して巻きつくのである。巻きひげの形成にせよ，支柱の探索にせよ，相応のコストがかかるはずであるが，(セ)進化上何度もつる植物が出現していることは，成長上の有利さがこのコストを上回る場合が多いことを示唆している。

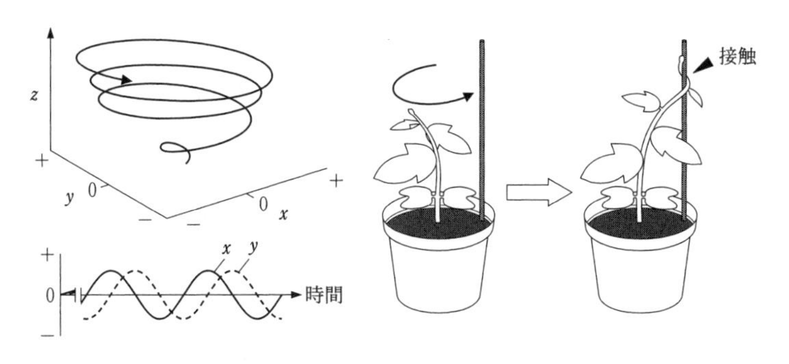

図２―１　つる植物Ｗの回旋運動と支柱への巻きつき

左上は，*xyz* 空間における回旋運動中の茎先端部の軌跡。左下は，茎先端の *x* 座標と *y* 座標の変化が示す，水平方向の往復振動パターン。右は，回旋運動をしていた茎が支柱に接触して巻きつく様子。

〔問〕

（Ｉ）　文１について，以下の小問に答えよ。

(A)　下線部(ア)・(イ)のように，光化学系の電子伝達では H_2O からの電子を受けて NADPH が生じるが，自発的な酸化還元反応では逆に NADPH からの電子を受けて H_2O が生じ，エネルギーが放出される。このエネルギーを NADPH１分子当たり α とする。下線部(ウ)も自発的な反応とは逆であり，自発的には ATP から ADP が生じ，エネルギーが放出される。このエネルギーを ATP１分子当たり β とする。通常，光合成では，２分子の H_2O から始まる電子伝達に伴い，３分子程度の ATP が合成される。下線部(エ)では，１分子のグルコースの合成に相当する反応に，12分子の NADPH と18分子の ATP が使われる。下線部(オ)では，１分子のグルコースを基質とする呼吸により，最大38分子の ATP が合成される。

これらを踏まえると，1分子のグルコースの合成に相当する光合成では，光化学系に吸収された光のエネルギーと α，β について，どのような大小関係が考えられるか。以下の(1)〜(10)から，もっとも適切なものを選べ。

(1) 光エネルギー$<12\alpha+18\beta<38\beta$

(2) 光エネルギー$<38\beta<12\alpha+18\beta$

(3) $12\alpha+18\beta<$光エネルギー$<38\beta$

(4) $38\beta<$光エネルギー$<12\alpha+18\beta$

(5) $12\alpha+18\beta<38\beta<$光エネルギー

(6) $38\beta<12\alpha+18\beta<$光エネルギー

(7) $18\beta<$光エネルギー$<12\alpha<38\beta$

(8) $18\beta<$光エネルギー$<38\beta<12\alpha$

(9) $12\alpha<18\beta<$光エネルギー$<38\beta$

(10) $18\beta<12\alpha<$光エネルギー$<38\beta$

(B) 下線部(カ)について。光合成と呼吸の活性を同時に調べるための実験として，単細胞緑藻の培養液に $^{18}O_2$ を通気し，通気を止めた後に，光条件を短時間に明 → 暗 → 明と切り替えながら，培養液中の $^{18}O_2$ 濃度と $^{16}O_2$ 濃度の変化を測定することを考える。測定開始時点では与えた $^{18}O_2$ 以外に ^{18}O を含む物質は培養液中に存在しないとしたとき，$^{18}O_2$ 濃度と $^{16}O_2$ 濃度はどう変化すると推測されるか。以下の(1)〜(6)から，もっとも適切なものを選べ。

（注） ^{16}O と ^{18}O は酸素原子の安定同位体。天然ではほとんどが ^{16}O。

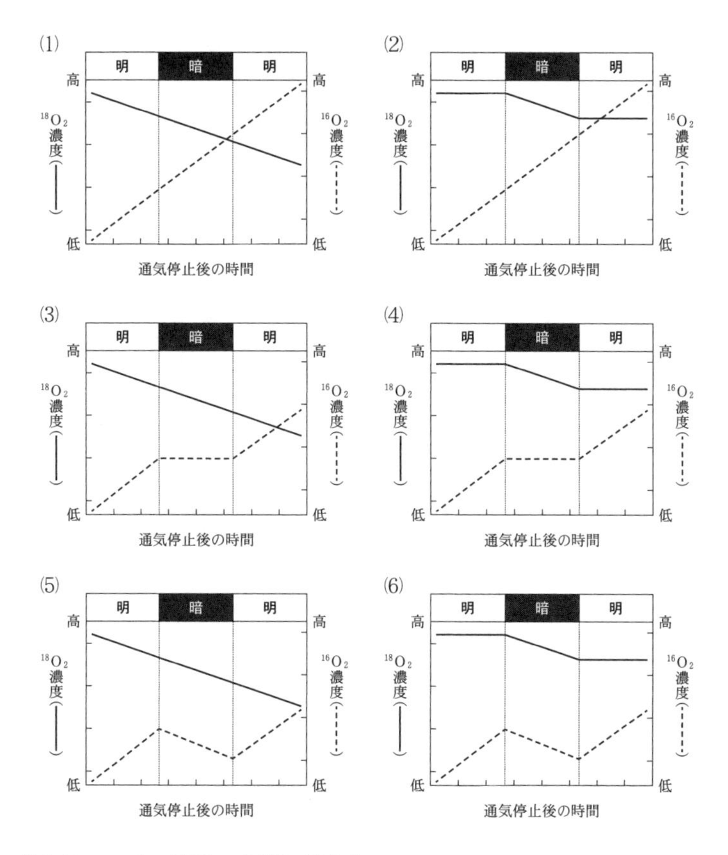

(Ⅱ)　文2について，以下の小問に答えよ。

(A)　下線部(キ)について。茎の伸長は，光などの様々な環境要因や，体内の植物ホルモンによって調節されている。茎の伸長の抑制にはたらく光受容体を1つ，茎の伸長を促進させる作用をもつ植物ホルモンを2つ答えよ。

(B)　下線部(ク)について。植物個体が光合成で有機物を生産する速度は，その時点で個体がもつ葉の量に比例し，生産した有機物は，葉とそれ以外の器官に一定の割合で分配されて，各器官の成長に使われるものとする。今，茎の長さ・重量比（長さ/重量）が1の自立性植物Xと，茎の長さ・重量比が4のつる植物Yを想定し，Yの成長戦略として，茎への物質分配をXの1/4に減らして，葉への物質分配をXの2倍にする場合（戦略①）と，各器官への物質分配をXと同じにする場合（戦略②）の2通りを考える。XとYの茎の伸長速度をそれぞれr_X，r_Yとしたとき，2つの戦略（①と②）でr_Y/r_Xの変化パターンはどのようになるか。戦略①を実線，戦略②を破線で表したグラフとしてもっとも適切なものを，以下の(1)～(6)から選べ。

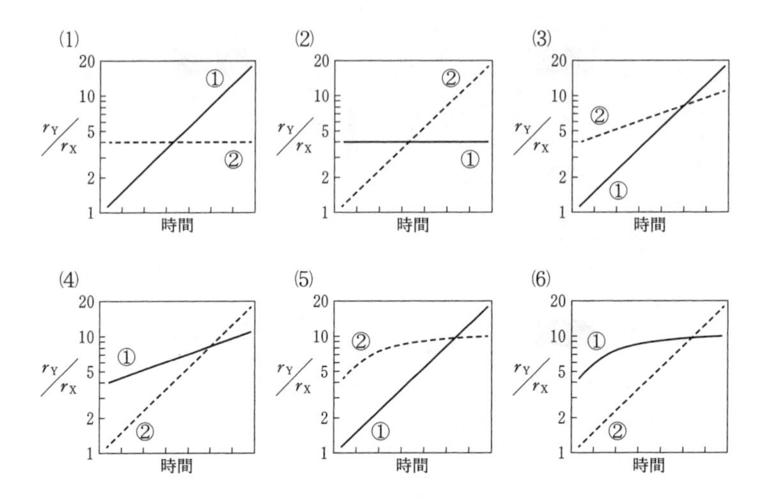

(C) 下線部(ケ)・(サ)について。巻きひげで支柱に絡みつく植物と，巻きひげをもたず茎全体で支柱に巻きつく植物の例を，それぞれ1種ずつあげよ。ただし，種名は，標準的な和名のカタカナ表記とすること。

解答例：巻きひげ—○○，茎全体—△△

(D) 下線部(コ)について。下の図（図2—2）は，植物Zの巻きひげの外観と横断面を示している。Zの巻きひげは茎が特殊化したものなのか，葉が特殊化したものなのか。この図から判断し，根拠とともに3行程度で述べよ。

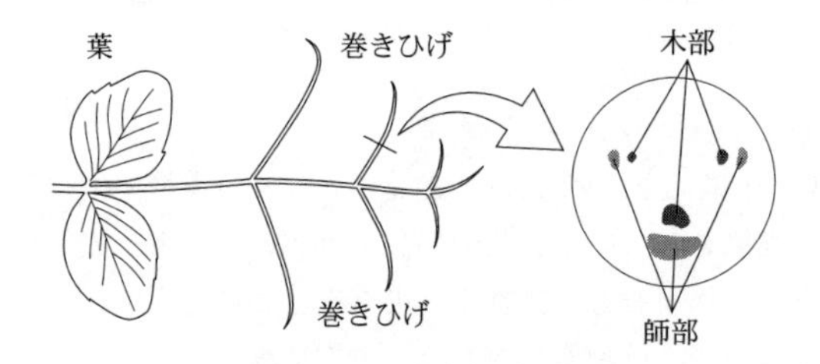

図2—2　植物Zの巻きひげ

左は巻きひげとその周辺部の外観（葉の表側から見たもの）。右は巻きひげ横断面の拡大図（左の図の紙面手前側が横断面の上側になるように示している）。

(E) 下線部(シ)について。最近の研究から，回旋運動に重力屈性が関与することがわかってきている。有力な仮説では，重力屈性は図2—1左下に示すような往復振動を生み，その結果回旋運動が起きるとされる。しかし，茎の重力屈性の基本を，「茎は重力に対して$_a$鉛直上方向に向かおうとする$_b$一定の強さの負の重力屈性を示し，重力と茎がなす角度を$_c$伸長域で感知し，ずれが$_d$わずかでもあると$_e$すみやかに屈曲する」こととすると，この基本通りでは往復振動は生じない。どの点がどのように異なっていたら，往復振動が生じると考えられるか。以下の(1)～(5)から，もっとも適切なものを選べ。

(1)　a の点が異なり，鉛直斜め上方向に向かおうとする。

(2)　b の点が異なり，強さに周期的な変動がある。

(3)　c の点が異なり，茎の先端だけが感知する。

(4)　d の点が異なり，ずれが十分に大きくないと反応しない。

(5)　e の点が異なり，応答に時間的遅れがある。

(F)　下線部(ス)について。植物の屈曲反応には，屈曲の方向が刺激の方向に依存する屈性と，依存しない傾性がある。つる植物の茎が支柱に巻きつくときの屈曲反応は，接触屈性のように見えるが，接触傾性の可能性も考えられる。接触傾性である場合，茎の屈曲が支柱に巻きつく方向に起きるのはどのように説明できるか，２行程度で述べよ。

(G)　下線部(セ)について。下の図（図２－３）は，植物のあるグループについて，DNA の塩基配列情報に基づいて作られた系統樹と，つるに関する形質をまとめたものである。このグループの祖先となった植物はつる性ではなかったとして，グループ内の進化における形質変化の回数を最少とするには，形質の変化がどのように起きたと考えたらよいか。たとえば，「*a* と *b* でつる性の獲得が起き，*c* と *d* でつる性の喪失が起きた。」というように，図中の記号 *a*～*k* を使って答えよ。なお，形質変化の回数が最少となる形質変化の起き方が複数ある場合は，それら全てを答えること。

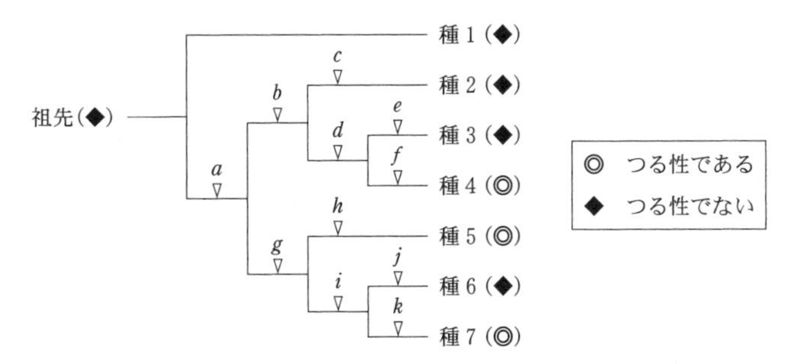

図２－３　植物のあるグループ（種１～種７）の系統樹とつるに関する形質

ポイント

(Ⅰ)(B)　明条件では，光合成で $H_2{}^{16}O$ の分解によって $^{16}O_2$ が発生する。この $^{16}O_2$ の量は，呼吸で消費する酸素量より多いため，明条件で $^{16}O_2$ 量は増加することに注意する。

(Ⅱ)(B)　茎の伸長速度は，葉への物質分配（葉の重量→生産される有機物の総量）と，茎への物質分配（生産される有機物の総量のうち，茎の成長に利用できる量）の両方に比例すると予想できる。

42 動物の恒常性，腎臓の働き，遺伝子形質
(2015年度　第1問)

次の文1と文2を読み，(Ⅰ)と(Ⅱ)の各問に答えよ。

〔文1〕

体内の恒常性を維持することは，生物の生存にとって必要不可欠である。たとえば，水から離れた環境で生息する哺乳類にとっては，水や塩類をいかにして体内に保持するかが重要な課題である。腎臓は不要物質を体内から排出するだけでなく，体内の水・塩環境を整えることにも重要なはたらきをもつ。

ヒトの腎臓では，まず腎小体において血しょう成分がろ過される。続いて，原尿が細尿管（腎細管）を通過する間に有用物質が［ 1 ］され，不要物質が濃縮され排出される。集合管を構成する細胞には脳下垂体後葉ホルモンであるバソプレシンの受容体が存在し，そこにバソプレシンが作用すると集合管の水に対する［ 2 ］が上昇し，［ 1 ］を促進する。ヒトの糸球体で1日にろ過される血しょう量（糸球体ろ過量という）は150 L以上にも及ぶが，1日に排泄(せつ)される尿量は1～2 L程度である。

腎臓で尿をつくる基本的な仕組みは魚類から哺乳類までで共通しているが，ネフロン（腎単位）の構造と機能は動物が生息する環境に応じて多様に変化している。たとえば一般的な硬骨魚類の場合，タイなど海水魚のネフロンと，キンギョなど淡水魚のネフロンには明確な違いが観察される。その違いのひとつが糸球体であり，海水魚の糸球体は一般に淡水魚の糸球体よりも小さい。これは，(ア)海水魚が糸球体ろ過を抑制しているためだと考えられる。海水魚のなかにはアンコウなどのように糸球体を消失した無糸球体腎をもつものもいる。

海水魚がつくる尿と淡水魚がつくる尿の組成にも大きな違いがある。表1－1は，ある種の海水魚と淡水魚，ヒトについて，1日あたりの糸球体ろ過量，1日あたりの尿量と糸球体ろ過量の比，1日あたりのナトリウムイオン（Na^+）の排出量とろ過量の比，ならびに尿の浸透圧と血しょうの浸透圧の比を示したものである。

表1－1　ヒト，淡水魚，海水魚の尿に関するデータ

	ヒト	淡水魚	海水魚
1日あたりの糸球体ろ過量（L/kg）(注)	2.8	0.24	0.013
尿量/糸球体ろ過量	0.0094	0.69	0.66
Na^+ 排出量/Na^+ ろ過量	0.010	0.024	0.23
尿の浸透圧/血しょうの浸透圧	2.9	0.14	1.0

(注)　体重1kgあたりの量を示す。

〔文2〕

哺乳類の生殖は多くのホルモンによって調節されている。そのひとつがオキシトシンとよばれるホルモンで，出産から保育にいたる様々な生殖活動に関わる。子宮平滑筋の収縮はオキシトシン作用のひとつであり，近年では性行動や社会的行動へのオキシトシンの影響も注目されている。以下の実験は，マウスのオキシトシン遺伝子を破壊（ノックアウト）して作用できなくし，その影響を見たものである。なお，オキシトシン遺伝子はマウスの常染色体に存在し，正常なオキシトシン遺伝子を *OT*，破壊されたオキシトシン遺伝子を *ot* と示す。母マウスと父マウスからそれぞれオキシトシン遺伝子をひとつずつ受け継ぐため，両親から正常なオキシトシン遺伝子を受け継いだ仔マウスの遺伝子型は *OT/OT* となる。また，実験に用いたマウスでは，オキシトシン以外の遺伝子に変異は生じていなかった。

〔実験1〕　ヘテロ接合体（*OT/ot*）とホモ接合体（*ot/ot*）を用いて4種類の交配実験を行った。妊娠が確認された後，雄を取り除いて雌だけで飼育した。表1－2は，各交配について10ペアから生まれた仔マウスの遺伝子型と，生まれてから24時間後での仔マウスの生存率を調べた結果である。どの交配でも，親マウスは正常な性行動，妊娠，分娩を示し，生まれた直後にはすべての仔マウスが生存していることを確認した。

表1－2　オキシトシン遺伝子ノックアウトマウスを用いた交配実験結果

親の遺伝子型	交配1 雌（*OT/ot*）×雄（*OT/ot*）			交配2 雌（*ot/ot*）×雄（*ot/ot*）		
仔の遺伝子型	*OT/OT*	*OT/ot*	*ot/ot*	*OT/OT*	*OT/ot*	*ot/ot*
総産仔数	26	42	24	—	—	92
24時間後の生存率	96％	98％	100％	—	—	0％

親の遺伝子型	交配3 雌（*OT/ot*）×雄（*ot/ot*）			交配4 雌（*ot/ot*）×雄（*OT/ot*）		
仔の遺伝子型	*OT/OT*	*OT/ot*	*ot/ot*	*OT/OT*	*OT/ot*	*ot/ot*
総産仔数	—	48	46	—	50	46
24時間後の生存率	—	100％	96％	—	0％	0％

—：この遺伝子型の仔マウスは存在しない。

〔実験2〕　正常マウスを用いてオキシトシンの産生部位を調べたところ，主要な産生部位は間脳視床下部の神経分泌細胞群であった。この細胞群は脳下垂体後葉から血液中へとオキシトシンを放出するほか，脳内の様々な部位に軸索を伸ばしていた。一方，マウスのオキシトシン受容体は1種類で，子宮や乳腺の平滑筋，社会的行動や性行動に関わるニューロンに存在した。

〔実験3〕　実験1に用いたすべての母マウスを調べたところ，妊娠中は巣作りを行い，出産後は仔マウスをなめる，巣に持ち運ぶ，うずくまって授乳しようとするなど，その保育行動に違いは見られなかった。

〔問〕

（Ⅰ） 文1について，以下の小問に答えよ。

(A) 空欄1と2に適切な語句を入れよ。

(B) 恒常性や水分調節に関する(a)〜(d)の文で，正しくないものをすべて選び，正しくない理由をそれぞれ1行程度で述べよ。

(a) 血液を介して必要成分の供給や老廃物の回収を行うことで，ヒトの体を構成する各細胞の恒常性は維持される。

(b) ヒトの心臓では左心室の壁は右心室よりも厚く筋力も大きいが，これは左心室が酸素に富む血液を体循環へと送り出すためである。

(c) 糖尿病患者では，血糖濃度が高いために腎臓でグルコースを分泌し，その結果としてグルコースが尿中に排出される。

(d) 植物の水分環境維持においては，水分が過剰になるとアブシシン酸が合成されて濃度が高まり，孔辺細胞の水が排出されて気孔が閉じる。

(C) ナトリウムポンプとナトリウムチャネルに関する以下の文章の空欄3〜11にあてはまる適切な語句を，以下の選択肢①〜⑫から選べ。なお，選択肢①〜⑫は繰り返し使用してもよい。解答は，「3—①，4—②，」のように書くこと。

ナトリウムポンプは［ 3 ］を加水分解した際に得られるエネルギーを利用し，［ 4 ］に［ 5 ］を細胞外へ，［ 6 ］を細胞内へと輸送する。一方，ナトリウムチャネルは，濃度勾配に［ 7 ］ナトリウムイオンを輸送する。ナトリウムイオンの濃度は［ 8 ］よりも［ 9 ］の方が高い。したがって，ナトリウムチャネルを介して［ 10 ］から［ 11 ］へとナトリウムイオンが移動する。

① 能動的　② 受動的　③ cAMP（環状AMP）
④ ATP　⑤ 逆らって　⑥ したがって
⑦ ナトリウムイオン　⑧ カルシウムイオン　⑨ カリウムイオン
⑩ タンパク質　⑪ 細胞内　⑫ 細胞外

(D) 表1—1に示した淡水魚と海水魚の血しょう中のナトリウムイオン濃度はそれぞれ140ミリmol/Lと150ミリmol/Lであった。表1—1の値をもとに，それぞれの尿中のナトリウムイオン濃度を答えよ。解答はミリmol/Lの単位で表し，四捨五入して小数点第1位まで記せ。

(E) 表1—1から，ヒトと淡水魚では，細尿管（ここでは集合管も含めるものとする）の機能に大きな違いがあることがわかる。細尿管における水とナトリウムイオンの［ 1 ］について，それぞれ1行程度で答えよ。

(F) 下線部(ア)について。海水魚は，体内に過剰となるナトリウムイオンを主として鰓（えら）の塩類細胞から排出している。腎臓でも尿をつくることでナトリウムイオンが排出されるが，実際には糸球体ろ過量ならびに尿量は少ない。恒常性維持の観点から，海水魚が糸球体ろ過量ならびに尿量を抑制する理由について，表1－1にある数値を根拠として2行程度で説明せよ。

(Ⅱ) 文2について，以下の小問に答えよ。

(A) 表1－2に示した交配実験の結果から，父，母，仔それぞれの遺伝子型が仔マウスの24時間後の生存率に与える影響について2行以内で述べよ。

(B) 実験1～3の結果から，仔マウスが生後24時間以内に死亡してしまう原因は何だと考えられるか。以下の選択肢(1)～(6)からもっとも適切だと考えられるものを1つ選べ。また，もっとも適切だと考えた理由について2行程度で説明せよ。

(1) 仔マウスが乳を消化・吸収できなかった。
(2) 仔マウスが腎臓から老廃物を排出できなかった。
(3) 母マウスが腎臓から老廃物を排出できなかった。
(4) 母マウスが低体温であった。
(5) 母マウスから乳が出なかった。
(6) 父マウスの保育行動が不足していた。

(C) (B)で導き出した理由を仔マウスを用いて確かめるとしたら，どのような実験を追加したらよいか。実験と期待される結果を1行程度で答えよ。

ポイント

(Ⅰ)(E)・(F)　結局のところ，水とナトリウムイオンの細尿管での再吸収率を求めることになる。

$$\text{水の再吸収率}=\frac{\text{糸球体ろ過量}-\text{尿量}}{\text{糸球体ろ過量}}\times 100 \quad \cdots\cdots(*)$$

であるから，(＊)は $\left\{1-\left(\frac{\text{尿量}}{\text{糸球体ろ過量}}\right)\right\}\times 100$ に変形できるので，表1－1での「尿量/糸球体ろ過量」を用いれば求められる。同様に

$$\text{ナトリウムイオンの再吸収率}=\left\{1-\left(\frac{Na^{+}\text{排出量}}{Na^{+}\text{ろ過量}}\right)\right\}\times 100$$

となるので，表1－1の「Na^{+}排出量/Na^{+}ろ過量」を利用して求める。また，論理を展開する場合は，根拠を客観的なものとするために数値を用いて説明するとよい。

43 窒素同化，根粒形成の調節

（2014年度　第2問）

次の文1と文2を読み，（Ⅰ）と（Ⅱ）の各問に答えよ。

〔文1〕

植物は，土壌から根を通して，さまざまな無機養分を吸い上げて利用している。この無機養分の中でも主要なものの一つに，無機窒素化合物が挙げられる。

土壌に存在する無機窒素化合物のかなりの部分は，(ア)生物の遺体や排出物に含まれる有機窒素化合物に由来する。有機窒素化合物は，土壌中の微生物のはたらきなどにより分解されて，アンモニウムイオン（NH_4^+）を生じる。ある種の土壌細菌やシアノバクテリア，マメ科植物と共生する根粒菌は，窒素固定により空気中の窒素分子（N_2）からNH_4^+をつくることができる。これもまた窒素化合物の重要な供給源となる。このほか，栽培下では，肥料として窒素化合物が土壌に投入される。

土壌のNH_4^+は，通常，硝化細菌によって，速やかに亜硝酸イオン（NO_2^-）へ，(イ)NO_2^-はさらに硝酸イオン（NO_3^-）へと変換される。植物は一般にNH_4^+とNO_3^-のどちらも吸収できるが，多くの植物にとって，より効率的に利用できるのはNO_3^-の方である。植物体内で，NO_3^-はNO_2^-を経てNH_4^+となる。この(ウ)NH_4^+とグルタミン酸から，グルタミン合成酵素により，グルタミンがつくられる。これは窒素同化の入り口の反応として，きわめて重要である。

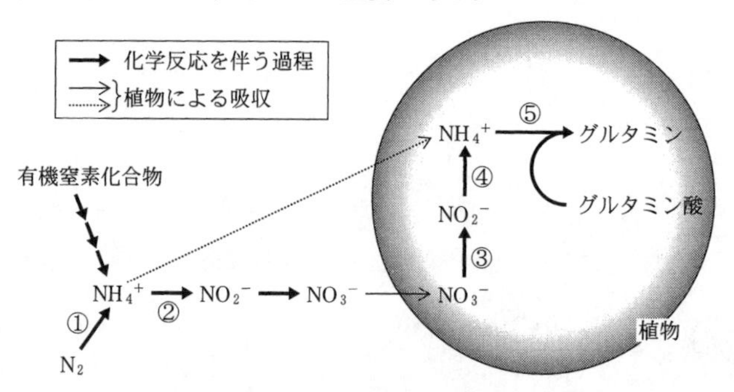

図2—1　植物の窒素同化に至る土壌中と植物体内における窒素化合物の変換の流れ

〔文2〕

マメ科植物の根に根粒菌が感染すると，組織の一部で細胞分裂が引き起こされる。細胞分裂により細胞集塊が形成され，その中に根粒菌が入り込んで増殖する。この細胞集塊は，やがて丸い瘤（こぶ）のような構造体に発達する。これが根粒である。

根粒の中では，根粒菌が窒素固定を行い，N_2 からつくった窒素化合物を宿主の植物に提供する。そのため，根粒をもつマメ科植物は，窒素分の乏しい土壌でも生育できる。一方，宿主の植物は光合成で生産した炭酸同化物を根粒菌に提供する。したがって，根粒は形成するときだけでなく，維持するのにも相応のコストがかかる。マメ科植物は，根粒が増えすぎないよう，根粒数を適正に調節するしくみを備えており，必要な窒素を獲得しつつ，過剰なコスト負担を回避している。この調節に関しては，ダイズやミヤコグサ(注1)などを材料として，活発に研究が行われている。こうした研究により，(エ)根に根粒が形成されると，(1)根が根粒形成を知らせるシグナルを生成して地上部に送る，(2)地上部がこれを受けて新たな根粒形成を抑制するシグナルを生成し根に送る，(3)根がこの抑制シグナルを受けて根粒形成を停止する，という3つの段階からなる機構がはたらいて根粒数を制限することがわかってきている。

（注1）ミヤコグサは小型のマメ科植物で，遺伝学的解析によく用いられる。

〔実験1〕　ダイズの根粒過剰着生変異体 x は，野生型に比べ，数にして10倍以上の根粒を形成する。過剰な根粒形成が植物の成長に与える影響を調べるために，この変異体 x と野生型に根粒菌を感染させ，16日後，20日後，36日後に植物体を回収して，乾燥重量を測定した。結果をまとめると，表2－1のようになった。なお，根粒が十分に発達し，野生型と変異体 x との間で根粒量の違いがはっきりしてきたのは14日後以降であった。

表2－1　ダイズの野生型と根粒過剰着生変異体 x の植物体乾燥重量

	16日後	20日後	36日後
野生型	0.32 g	0.45 g	1.80 g
根粒過剰着生変異体 x	0.30 g	0.38 g	0.96 g

〔実験2〕　発芽直後のダイズの主根を切り取り，発根を促すことによって，根系が大きく2つに分かれた植物体を用意した。図2－2のように，これらの根系を別々の容器に入れ，それぞれに独立に根粒菌を感染させられるようにした。2つの根系に同時にあるいは時間差をつけて根粒菌を感染させ，各根系に生じた根粒の数の変化を調べたところ，図2－3に示すような結果が得られた。

〔実験3〕　ミヤコグサの根粒過剰着生変異体 y は，タンパク質Yの機能を欠損している。変異体 y と野生型のミヤコグサを用いて，図2－4のように茎の基部で接ぎ木を行い，地上部と根が遺伝的に異なる植物体を作出した。この植物体の根に根粒菌を感染させ，十分な時間をおいて，根粒の増加がほぼ止まってから，生じた根粒の数を測定したところ，図2－5に示すような結果が得られた。

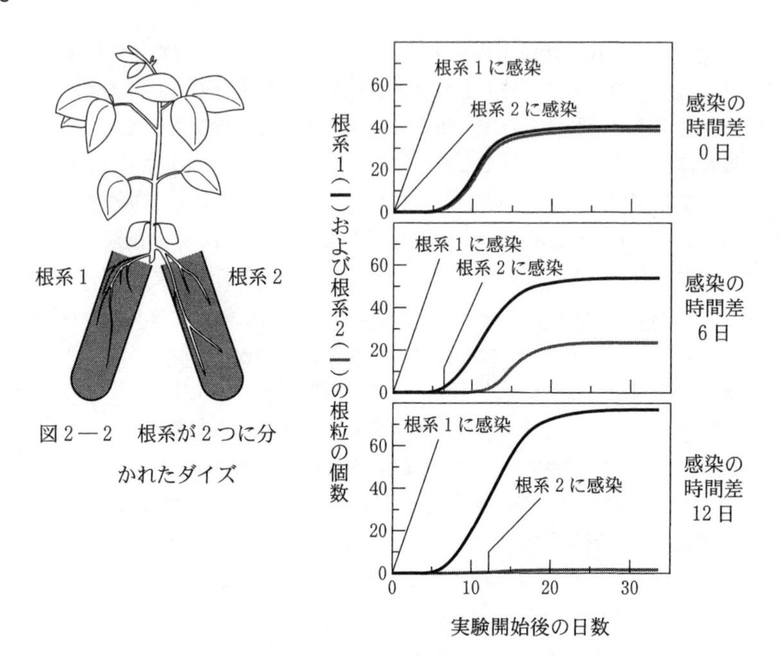

図 2 — 2　根系が 2 つに分かれたダイズ

図 2 — 3　ダイズの 2 つの根系に時間差をつけて根粒菌を感染させたときの根粒数の変化

根系 1 と根系 2 の根粒数をそれぞれ黒色と灰色の曲線で表す。

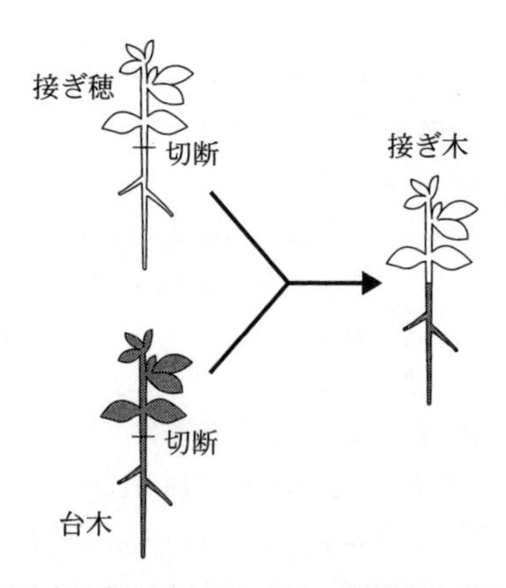

図 2 — 4　地上部と根が遺伝的に異なる植物体を作出するためのミヤコグサの接ぎ木

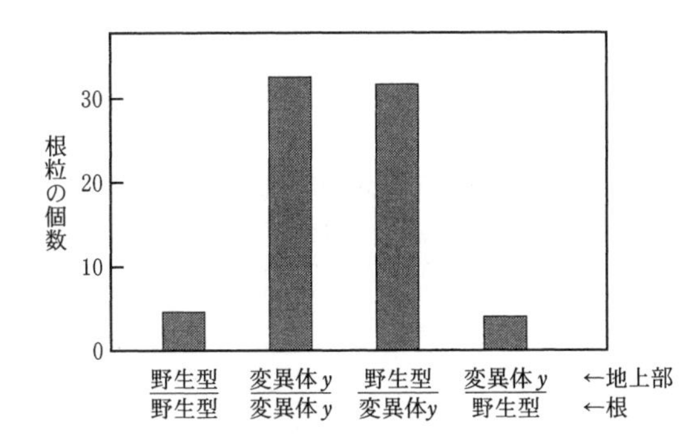

図２―５　地上部と根が遺伝的に異なるミヤコグサにおける根粒形成

〔問〕

（Ｉ）文１について，以下の小問に答えよ。

(A)　下線部(ア)について。次の物質のうち，窒素を含む有機化合物はどれか。該当するものすべてを選び，過不足なく答えよ。

RNA　ATP　グリコーゲン　コラーゲン　脂肪　DNA
乳酸　尿酸

(B)　下線部(イ)について。NO_2^- から NO_3^- への変換は，硝化細菌の硝酸菌による酸化反応で，電子伝達系を動かし，ATP の生産をもたらす。NO_2^- の酸化反応は，まとめて書くと，

$$NO_2^- + \frac{1}{2}O_2 \longrightarrow NO_3^-$$

となるが，実際には電子伝達系に電子を与える反応（電子供与反応）と電子伝達系から電子を受け取る反応（電子受容反応）から成り立っている。この電子供与反応と電子受容反応を，[H] または e^- を用いて，それぞれ反応式で示せ。

(C)　NO_2^- から NO_3^- への反応のほかに，生物がエネルギーを取り出せる窒素化合物の変換反応はあるか。図２―１の反応①〜⑤の中にエネルギーを取り出せる反応があれば，それをすべて選び，番号で答えよ。ない場合は，なしと答えよ。

(D)　下線部(ウ)について。グルタミン合成酵素による反応は，通常，植物の生育にとって必須である。実際，グルタミン合成酵素阻害剤のグルホシネートは，除草剤として用いられている。グルホシネートで植物を処理すると，窒素同化が遮断されるのと同時に，NH_4^+ の蓄積が起きる。高濃度の NH_4^+ は毒性を示すので，グルホシネートが植物を枯らす要因としては，窒素同化産物の欠乏のほかに，NH_4^+ の蓄積の可能性も考えられる。グルホシネートによる除草で，このどちらが植物枯死の直接の引き金になっているかを見極めるためには，どのような実験を行ったらよいか。２通りの実験を考案し，それぞれについて要点を２行程度で述べよ。

(Ⅱ) 文２について，以下の小問に答えよ。

⒜ 実験１について。盛んに成長している植物では，乾燥重量が２倍になるのにかかる日数（ここでは倍加日数と呼ぶ）がほぼ一定している。そのため，植物間の成長速度を比較するには，倍加日数がよい指標となる。表２－１の結果から，野生型と変異体 x のそれぞれについて，16 日後〜36 日後の期間における倍加日数を求め，小数点以下を四捨五入して，整数で答えよ。なお，倍加日数を算出するにあたっては，必要に応じ，最後にある方眼紙または片対数方眼紙を用いよ。

⒝ 実験２では，根粒菌感染の時間差によらず，根系１と根系２の根粒の総数は最終的にほぼ同じで，一定していた。この理由を下線部㋓のしくみにもとづいて考察し，４行程度で説明せよ。

⒞ 実験３の結果は，タンパク質Ｙが根で根粒数の調節にはたらくことを示している。下線部㋓のしくみにもとづくと，Ｙは段階⑴または段階⑶に関わっていると考えられる。このどちらであるかを知るために，図２－６のような接ぎ木を野生型と変異体 y の間で行って，遺伝的に異なる２つの根系をもつ植物体を作出し，両根系に同時に根粒菌を感染させて，根粒形成を調べる実験を計画した。実験に先立ち，野生型どうし，変異体 y どうしの組合せで接ぎ木を行って調べたところ，図２－７⒜に示すような結果が得られた。野生型と変異体 y の組合せの接ぎ木で，根系１が野生型，根系２が変異体 y のときには，どのような結果が予想されるか。Ｙが段階⑴に関与する場合と，段階⑶に関与する場合のそれぞれについて，最も適当なものを図２－７⒝のａ〜ｉの中から１つずつ選んで答えよ。

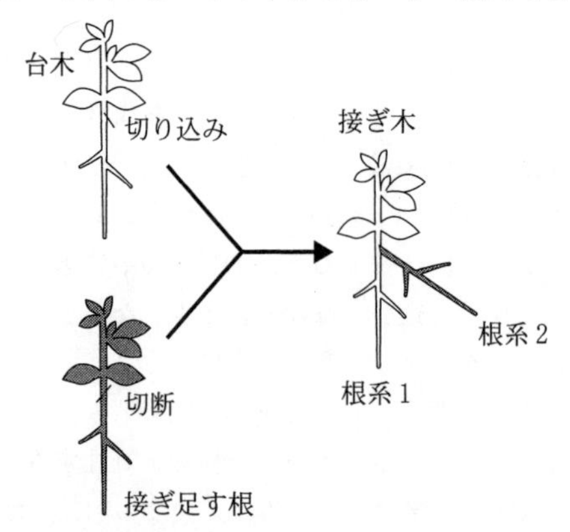

図２－６　遺伝的に異なる２つの根系をもつ植物体を作出するための
ミヤコグサの接ぎ木

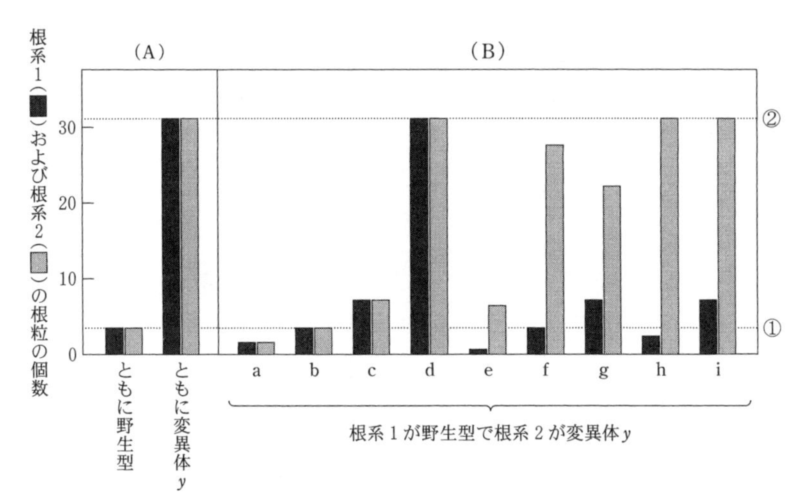

図2―7　遺伝的に異なる2つの根系をもつミヤコグサにおける根粒形成

根系1と根系2の根粒数をそれぞれ黒色と灰色の柱で表す。また比較のために，(A)の野生型どうしの接ぎ木実験における根系当たり根粒数のレベルと，変異体yどうしの接ぎ木実験における根系当たり根粒数のレベルを，水平の点線①と②で示す。

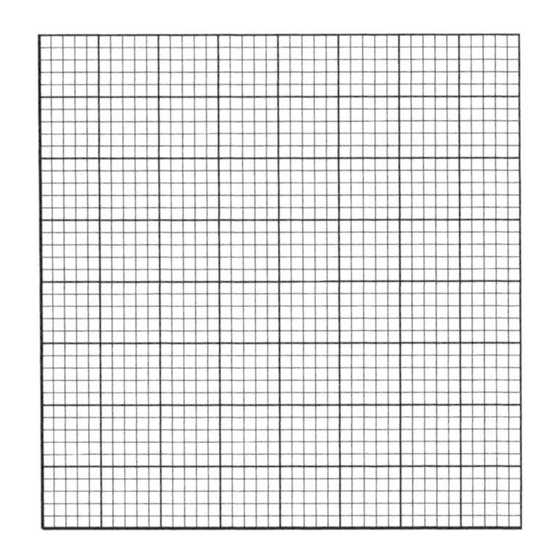

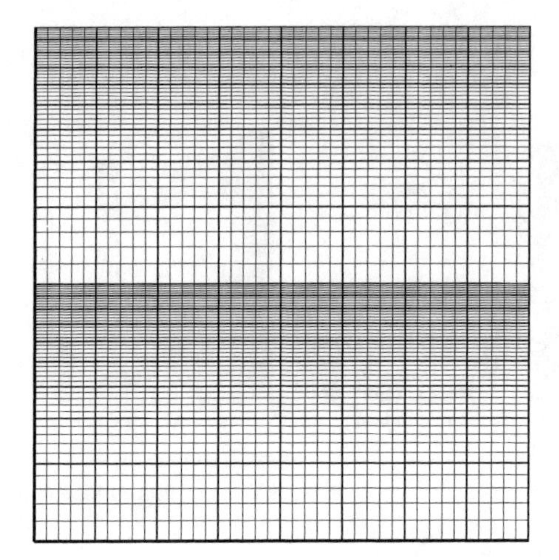

ポイント

(Ⅱ)(B)　根は根粒形成を知らせるシグナルを地上部に送る，という点に注目しよう。図2－3を見ると，感染の時間差がない場合はそれぞれ抑制シグナルを受けて約40個の根粒形成で上限値に達する。時間差がある場合は，根系2に形成される根粒が40個より少なくなるが，根系1と根系2を合わせた根粒の個数は80個程度となる。

44 免疫反応

(2010年度　第1問)

次の文1と文2を読み，(Ⅰ)と(Ⅱ)の各問に答えよ。

〔文1〕

免疫系には，抗体が主役となる［(1)］性免疫と，リンパ球などの免疫細胞が主役となる細胞性免疫がある。

抗体はB細胞で産生される［(2)］(Ig) というタンパク質である。代表的なIgであるIgGという分子は，図1－1に示すように，重鎖と軽鎖というポリペプチドが2本ずつで構成され，ジスルフィド結合で結ばれている。各ポリペプチドは可変部と定常部からなる。Y字型に開いた2つの腕の先端部分に存在する溝状の構造を抗原結合部位とよぶ。(ア)<u>抗原と抗体の結合の強さは，抗原結合部位の立体構造と，抗体と結合する抗原表面の部分（抗原決定部位）の立体構造の相補性により決まる</u>。適切なタンパク質分解酵素を用いると，抗原結合部位の立体構造を変化させずに，抗原結合部位を含む断片（Fab）とそれ以外の断片（Fc）に，IgGを分断できる。ここでは，図1－1に示すように，それぞれの部分をFab，Fcとよぶ。

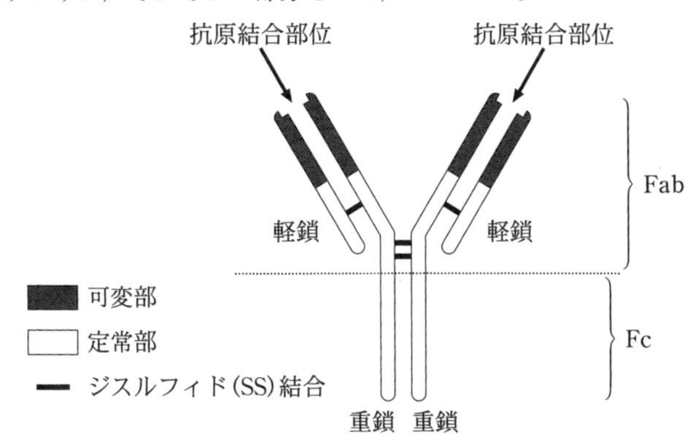

図1－1　IgGの模式図

重鎖の可変部は，V，D，Jとよばれる3つの遺伝子断片にコードされている。未分化なB細胞の染色体には，異なる配列をもつ遺伝子断片が，それぞれ数個～数十個存在する。B細胞が分化するとき，個々のB細胞で，V，D，Jの遺伝子断片が1つずつ選ばれて連結し（DNA再編成），1個のB細胞では1種類の固有のアミノ酸配列が決定される。軽鎖の可変部についても，V，Jの2つの遺伝子断片によるDNA再編成がおこる。その結果，個々のB細胞は異なる抗原特異性をもつ抗体を産生する。

ある抗原に対する抗体を産生することができるB細胞が，生体内で，その抗原と出会うと，増殖（クローン増殖）し，抗体を産生する。このため，その抗原に対する血清中の抗体量が増える。リンパ球の1種である［(3)］は，B細胞のクローン増殖を調節する。

マウスにヒトのがん細胞に対する抗体を産生させるため，次の実験を行った。

〔実験1〕 ヒトの白血球由来のがん細胞Xの表面タンパク質Yと，正常なマウスの白血球の表面タンパク質Zを単一に精製した。YはXにのみ発現しており，正常なヒトの細胞には発現していない。YとZを同じ濃度で生理的食塩水に溶解し，2匹のマウスに，それぞれ2回ずつ同量注射した。経時的にマウスから血清を分離し，一定量のYおよびZに対する，血清中の抗体の反応の強さ（抗体力価）を測定した。その結果，図1―2のように，(イ)Yを注射した場合，1回目の注射で抗体力価は弱く上昇したが，2回目の注射では強く上昇した。一方，Zを注射した場合には，抗体力価はまったく上昇しなかった。

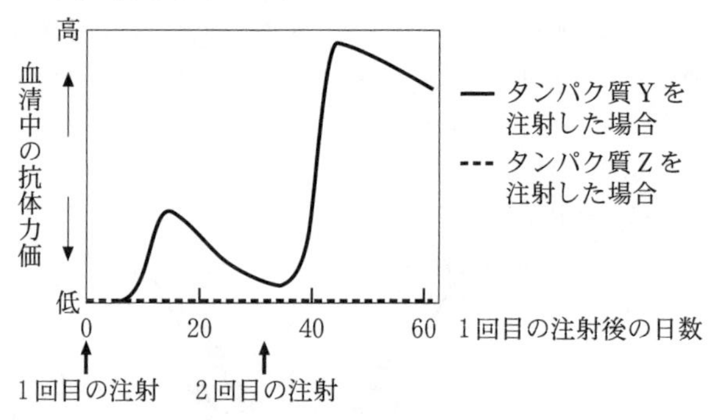

図1―2 タンパク質YとZを注射したマウスの抗体力価の経時的変化

〔文2〕

毒素やウイルスが抗原の場合，抗体が結合するだけで抗原を不活性化することがある。ところが，病原菌やがん細胞が抗原の場合，抗体が結合するだけでは抗原細胞を殺せないことが多い。しかし，たとえば，Fab部分で抗原細胞と結合したIgG抗体のFc部分が，マクロファージの表面にある，Fcに対する受容体と結合すると，抗体を介して結合した抗原細胞に対するマクロファージの食作用が容易になり，抗原細胞が排除されることがある。

がん細胞に対するモノクローナル抗体を用いた，がんの治療が行われている。モノクローナル抗体を作製するには，まず，動物に目的の抗原を注射して，その抗原に特異的な抗体を産生するB細胞を体内でクローン増殖させる。(ウ)B細胞を多く含む器官からB細胞を分離し，無限増殖能をもつミエローマ細胞と融合させる。つぎに，目的の抗原と結合する抗体を産生する融合細胞を1個選び，培養液中で増殖させると，培養液から単一の抗原特異性をもつモノクローナル抗体が得られる。この方法により，実験１においてＹに対して十分に血清中の抗体力価が上昇したマウスから，Ｂ細胞を分離して，Ｙに対するモノクローナル IgG 抗体（mab 1）を作製した。しかし，ヒトのがん細胞Ｘの培養液に mab 1 を大量に加えても，mab 1 はＸの細胞表面に結合するのに，Ｘの増殖は抑制しなかった。

通常は，ヒトの細胞を正常なマウスに注射すると，Ｘのようながん細胞であっても，強い免疫反応がおこって，ヒトの細胞は排除される。しかし，(エ)遺伝的に胸腺の形成不全を示すヌードマウスに，ヒトのがん細胞Ｘを注射したところ，血液中でＸが増殖した。そこで，がん細胞Ｘに対する mab 1 の効果を調べるため，このヌードマウスを用いて，次の実験を行った。

〔実験２〕　ヒトのがん細胞Ｘが血液中で増殖している２匹のヌードマウスに，精製した mab 1 と正常なマウス血清から精製した IgG（正常マウス IgG）を，同じ濃度で生理的食塩水に溶解し，それぞれ，同量注射した。経時的にヌードマウス血液中のがん細胞Ｘの細胞数を計測した結果，正常マウス IgG を注射した場合は，がん細胞Ｘの細胞数は増加していたが，mab 1 を注射した場合は，しばらくすると，がん細胞Ｘは血液中にまったく見られなくなった。

〔問〕

（Ⅰ）　文１について，以下の小問に答えよ。

(A)　文中の空欄(1)～(3)に適切な語を入れよ。

(B)　マラリアはかつて，日本でもよくみられた感染症であったが，1950 年代に撲滅され，現在の日本には常在しない。一方，日本人が海外でマラリアに感染する機会は増えている。マラリアに感染した日本人の血清は，マラリア原虫のタンパク質（抗原）に対して高い抗体力価を示す。ところが，１度もマラリアに感染したことがない日本人の血液中にも，マラリア原虫のタンパク質に結合する抗体を産生できるＢ細胞が，ごくわずかではあるが存在すると考えられている。その理由を３行程度で述べよ。

(C)　下線部(ア)について。抗原決定部位と抗原結合部位の結合様式として正しいものを，以下の(1)～(5)からすべて選べ。

(1)　ペプチド結合　　(2)　ジスルフィド結合　　(3)　ファンデルワールス力
(4)　水素結合　　(5)　イオン結合

(D)　ある１種類の IgG 抗体が，異なる病原体ＯおよびＰのいずれとも，抗原抗体反応によって特異的に強く結合した。その理由を２行程度で述べよ。

(E)　実験１について。２種類の変異マウス，$Y^{+/+}$ マウスと $Z^{-/-}$ マウスに，実験１と同様にＹとＺをそれぞれ注射して，抗体を産生させる場合を考える。ここで，$Y^{+/+}$ マウスはヒトのタンパク質Ｙの遺伝子をマウスの染色体に組み込んで，Ｙを細胞表面に発現させた変異マウスであり，$Z^{-/-}$ マウスは，マウスのタンパク質Ｚを先天的につくれない変異マウスである。$Y^{+/+}$ マウスにＹを注射した場合は，Ｙに対する血清中の抗体力価は上昇しなかった。一方，$Z^{-/-}$ マウスにＺを注射した場合は，Ｚに対する血清中の抗体力価は上昇した。それらの結果が得られた理由を３行程度で述べよ。

(F) 下線部(イ)について。２回目のＹの注射後，抗体力価が著しく上昇した説明として適切なものを，以下の(1)～(5)からすべて選べ。

(1) １回目のＹの注射によりＢ細胞が産生した抗体は，リンパ組織に貯蔵されていた。２回目のＹの注射によりその抗体が一挙に血液中に放出された。

(2) １回目のＹの注射によりＢ細胞が産生した抗体は，血清中に残っていた。２回目のＹの注射によりその抗体自体のＹとの結合が著しく強くなった。

(3) １回目のＹの注射によりクローン増殖したＢ細胞の一部が，記憶Ｂ細胞として残っていた。２回目の注射によりその記憶Ｂ細胞がすばやく増殖したため，Ｙと結合できる抗体の産生量が著しく多くなった。

(4) １回目のＹの注射によりクローン増殖したＢ細胞の一部が，記憶Ｂ細胞として残っていた。２回目の注射によりその記憶Ｂ細胞に DNA 再編成が起きて，Ｙと結合できる抗体の種類が著しく増えた。

(5) １回目のＹの注射によりクローン増殖したＢ細胞の一部が，記憶Ｂ細胞として残っていた。２回目の注射によりその記憶Ｂ細胞に DNA 再編成が起きて，１回目より著しく強くＹと結合できる抗体を産生した。

(Ⅱ) 文２について，以下の小問に答えよ。

(A) 下線部(ウ)について。Ｂ細胞を多く含む器官として適切なものを，以下の(1)～(5)からすべて選べ。

(1) リンパ節　(2) ひ　臓　(3) 脳　(4) すい臓　(5) 胸　腺

(B) 下線部(エ)について。遺伝的に胸腺の形成不全を示すヌードマウスでは，なぜヒトのがん細胞Ｘは排除されなかったのか。３行程度で述べよ。

(C) mab 1 の Fab（mab 1-Fab）と Fc（mab 1-Fc）を作製し，以下の(1)～(4)を，実験２で用いた mab 1 と同じ濃度で，生理的食塩水に溶解した。Ｘが血液中で増殖している４匹のヌードマウスに，実験２と同じ方法で，それぞれ，同量注射した。最も強くＸの増殖を抑制すると考えられるものを，以下の(1)～(4)から１つ選べ。また，その理由を２行程度で述べよ。

(1) 精製した mab 1-Fab

(2) 精製した mab 1-Fc

(3) 精製した mab 1-Fab と mab 1-Fc を等量混合したもの

(4) 精製した mab 1

ポイント

〔文2〕 ヒトのがん細胞Xの表面タンパク質Yに対するモノクローナル抗体（mab 1）をXの培養液に加えてもXの増殖が抑制されなかったのは，マクロファージが存在しない培養液中では，Yにmab 1が結合するだけで，食作用が起こらなかったためである。
(Ⅱ)(C)　がん細胞Xとマクロファージを正確に介する抗体が必要である。

45 前庭動眼反射の神経回路，視野と視覚野の対応関係

（2010年度　第3問）

次の文1と文2を読み，（Ⅰ）と（Ⅱ）の各問に答えよ。

〔文1〕

反射とは，感覚器が受容した刺激が脊髄や脳幹を介して，意識とは無関係に筋肉などの［(1)］器をすばやく反応させる現象である。ヒトの最も単純な反射の1つに膝蓋腱（しつがいけん）反射がある。不意に膝の下の腱がたたかれて，太ももの筋肉が伸展すると，その筋肉の中にある感覚器である筋紡錘（きんぼうすい）が，筋肉の伸展を感知する。その情報は感覚神経を伝わって脊髄に入り，［(2)］を1つだけ介して運動神経に伝達され，同じ筋肉を収縮させて伸展を打ち消すようにはたらく。

一方，前庭動眼反射では，不意に頭が水平方向に回転させられたとき，内耳の感覚器である［(3)］が回転を感知し，その情報が脳幹の神経回路を介して伝達され，視線の方向のずれを打ち消すような眼球運動をひきおこす。これにより，視線の向きが一定に保たれる。図3－1にその神経回路の概略を示す。

この図の中の神経核とは，ニューロンの細胞体が多数集まった部分である。簡単のため，ここでは最小限の数のニューロンを表示している。ニューロンの細胞体からのびる軸索の先端には神経終末が形成され，別のニューロンや眼筋（外直筋と内直筋）へと接続している。また，興奮性ニューロンとは，接続先のニューロンの活動を増加させるニューロンであり，抑制性ニューロンとは，接続先のニューロンの活動を打ち消して減少させるニューロンである。

この神経回路を見て，感覚器→前庭神経核（以後，神経核Aとよぶ）→外転神経核（神経核B）→動眼神経核（神経核C）→眼筋，と信号が伝達される際のニューロンの活動について考えてみよう。太い矢印で示すように，頭が左側（水平面上で反時計回り）に回転させられる場合，左側の感覚器の活動は増加し，右側の感覚器の活動は減少する。すると，この神経回路により，左側の神経核Aのニューロン（神経核Aに細胞体のあるニューロン）の活動は増加し，右側の神経核Aのニューロンの活動は減少する。また，左側の神経核Bのニューロンの活動は［(4)］し，右側の神経核Bのニューロンの活動は［(5)］する。さらに，左側の神経核Cのニューロンの活動は［(6)］し，右側の神経核Cのニューロンの活動は［(7)］する。その結果，左右の眼球がともに右に回転する。

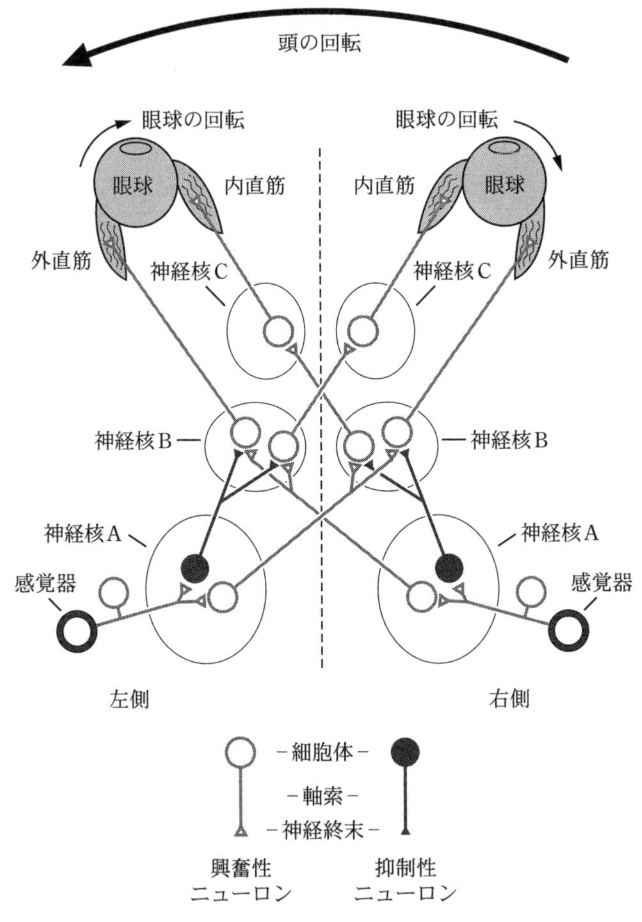

図3―1　前庭動眼反射の神経回路

〔文2〕

感覚器が受容した刺激情報は大脳に伝えられ，処理を受けることで感覚が生じる。例えば皮膚からの情報は，大脳にある皮膚の感覚野（体性感覚野）に伝えられる。この体性感覚野には，皮膚のさまざまな部位からの体性感覚情報を処理する領域が，皮膚の位置関係におおむね対応してならんでいる。ヒトの皮膚の中でも［(8)］や［(9)］については，皮膚の単位面積に対応する脳領域が広いので，高い精度が要求される感覚情報の処理が可能である。

一方，視覚情報は大脳にある視覚野に伝えられる。この視覚野には，視野のさまざまな部分からの視覚情報を処理する領域が，視野の位置関係に対応してならんでいる。

両眼の視野の左側の視覚情報はともに大脳右半球の視覚野に伝えられ，逆に両眼の視野の右側の視覚情報は左半球の視覚野に伝えられる。図３―２は視野の左側と右半球の視覚野の対応関係を示す。

図３―２(a)は視野の左側で，Ｈは視野を上下に分ける線，Ｖは視野を左右に分ける線である。＋は視野の上半分，－は下半分，Ｆは視野の中心，Ｐは周辺部を示す。視野の中心から周辺部へのずれの度合いを，角度（2°，10°，40°）であらわす。一方，図３―２(b)の上の図は，大脳の右半球を左から見たものである。大脳の視覚野（黒く塗りつぶしてある大脳の部分）は，大脳の溝の中に折りたたまれている。図３―２(b)の下の図は，その視覚野を取り出して，大脳半球と前後上下の関係を保ったまま平面に展開して，図３―２(a)の視野に対応する視覚野の領域を模式的に表示したものである。

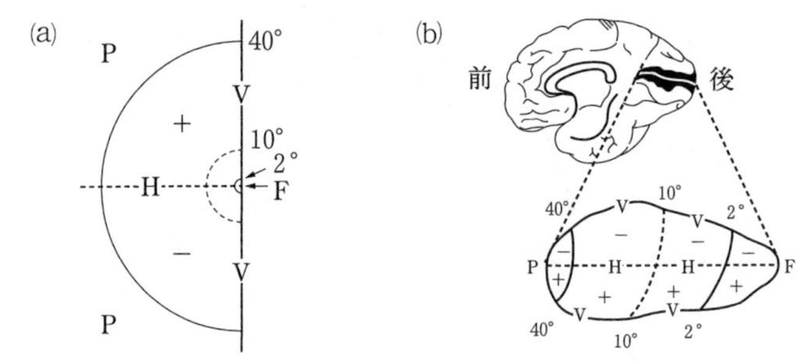

図３―２　視野の左側と右半球の視覚野の対応関係

〔問〕

（Ⅰ） 文１について，以下の小問に答えよ。

(A)　空欄(1)～(3)に最も適切な語を入れよ。

(B)　空欄(4)～(7)に「増加」または「減少」の語を入れよ。

(C)　正常な前庭動眼反射における神経核のニューロンの活動について，以下の(a)と(b)に答えよ。

(a)　左側の神経核Ｂのニューロンと左側の神経核Ｃのニューロンの活動は相反的に増減する。つまり，一方の活動が増加するともう一方の活動が減少し，逆に一方の活動が減少するともう一方の活動が増加する。同様に，右側の神経核Ｂのニューロンと右側の神経核Ｃのニューロンの活動も相反的に増減する。このようなニューロンの活動は眼球に対してどのような作用を及ぼすか。そのときの外直筋と内直筋の挙動とともに１～２行で述べよ。

(b)　左側の神経核Ｂのニューロンと右側の神経核Ｂのニューロンの活動は相反的に増減する。同様に，左側の神経核Ｃのニューロンと右側の神経核Ｃのニューロンの活動も相反的に増減する。このようなニューロンの活動はどのような左右の眼の動きをひきおこすか。１～２行で述べよ。ただし，(a)で述べた増減の関係は保たれているものとする。

(D) 図3－1で，右側の感覚器の活動が消失した場合，頭を不意に左側に回転させられると，左右の眼球はそれぞれどちらの方向に動くか。理由とともに3行以内で述べよ。

(Ⅱ) 文2について，以下の小問に答えよ。

(A) 下の図3－3で，体性感覚野および随意運動を担う運動野は，大脳のどこにあるか。(1)～(4)から最も適切なものを選び，体性感覚野，運動野の順に記せ。

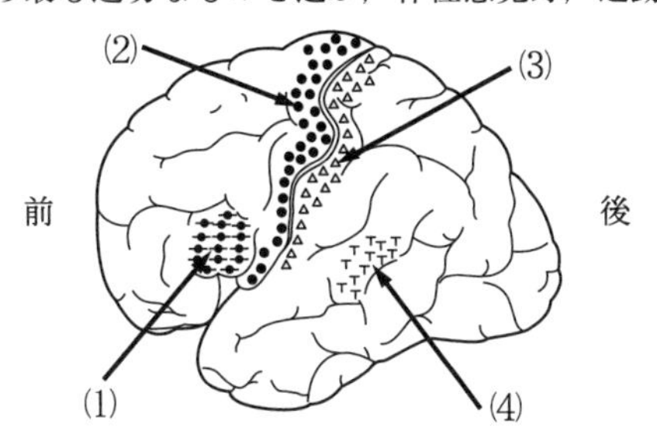

図3―3　大脳の左半球

(B) 空欄(8)と(9)に入る語句として，最も適切なものを次の(1)～(5)から順不同で選べ。

(1) 頭　(2) 唇　(3) 腕　(4) 手の指　(5) 腹

(C) 図3－2について，次の(1)～(5)から誤った記述を2つ選べ。

(1) 視野の40°よりも外側（周辺部）に対応する視覚野の領域が存在する。

(2) 視野の10°から40°までの部分には，視野の一定の広さあたり，最も広い視覚野の領域が対応する。

(3) 視野の下半分には，視覚野の上半分が対応する。

(4) 視野を上下に分ける線Hに対応する視覚野の部分は，大脳の溝の奥に存在する。

(5) 視野を左右に分ける線Vに対応する右半球の視覚野の部分は2つ存在する。

(D) 図3－4は，「○」または「×」という視覚対象を見たときの，視野の左側の視覚情報と，対応する右半球の視覚野の領域を太線で示している。一方，図3－5は，ある視覚対象を見たときの，対応する右半球の視覚野の領域を太線で示している。図3－4を参考にして，この視覚対象として最も適切なものを，A，E，H，T，Yの中から選べ。ただし，アルファベットおよび「○」と「×」の線の太さは考慮する必要がないものとする。

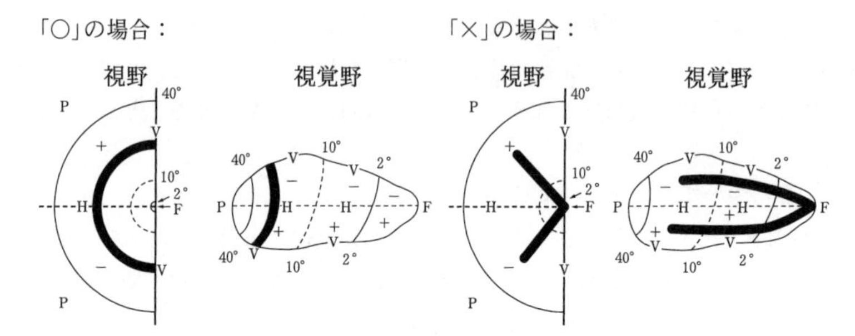

図３―４　視野の左側に見える視覚対象(「○」と「×」)と対応する大脳右半球の視覚野の領域(ともに黒の太線で示す)

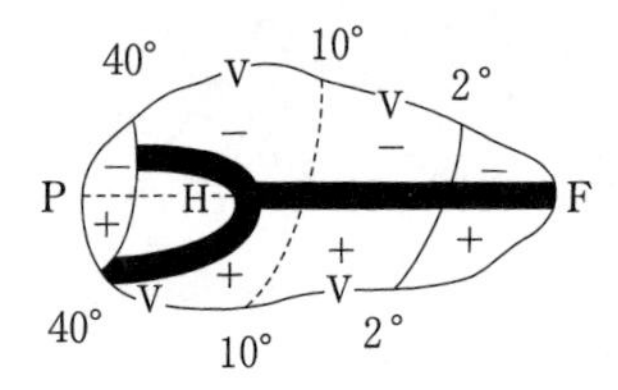

図３―５　ある視覚対象に対応する大脳右半球の視覚野の領域

(E)　大脳の視覚野に多数存在するニューロンは，それぞれが視野の特定部分の情報処理を担当する。視覚対象が視野の中心付近に提示されるとき，周辺部に提示されるときに比べて，より小さな視覚対象を識別することができる。これを可能にするために，ひとつのニューロンが担当する視野の範囲は視覚野内で均一ではなく，ある特徴をもつ。どのような特徴か。２行程度で述べよ。

ポイント

(Ⅰ)(C)　問題文より，左の外直筋と右の内直筋，右の外直筋と左の内直筋は同調して収縮・弛緩していることが読み取れる。

(D)　左側の感覚器の活動は正常である。

(Ⅱ)(B)　知識問題というよりは，個々の「感覚」で解く問題である。

(E)　(C)の(2)を活用するとよい。視野の一定の広さあたりで考えた場合，視覚野の領域が広いのは視野の２°以下の部分，逆に，視覚野の領域が狭いのは視野の周辺部である。

46 植物の重力感知機構

(2009年度　第2問)

次の文1と文2を読み，(Ⅰ)～(Ⅲ)の各問に答えよ。

〔文1〕

動物と異なり自由に動きまわることのできない植物は，さまざまな環境要因の変化（環境刺激）に適応して生きていくために植物独自の機構を発達させている。環境要因の中で代表的なものに光と重力がある。たとえば，光が斜めに差し込む窓際で植物を生育させると茎は光の方向に曲がる。この現象を光屈性という。一方，植物体を横倒しにすると，茎は上に向かって立ち上がってくる。これを重力屈性という。茎は[(1)]の光屈性と[(2)]の重力屈性，根は[(3)]の光屈性と[(4)]の重力屈性を示す。また光と重力は，植物に対してたがいに独立にはたらくことがわかっている。

これらの屈性反応は，環境刺激によって茎や根の片側に成長調節物質がかたより，細胞の伸長速度に差ができることによってひきおこされる。(ア)その成長調節物質として最も重要なものがオーキシンである。図2－1に示すように，オーキシンの作用は器官によって，また濃度によって異なっている。たとえば茎の左側から光が当たり，茎の左側では①，茎の右側では②というオーキシンの濃度差ができたとすると，左側よりも右側の細胞の方がより伸長するので，茎は左側に曲がる。(イ)重力屈性によって茎と根が曲がることも，オーキシン作用のこの特徴から説明することができる。

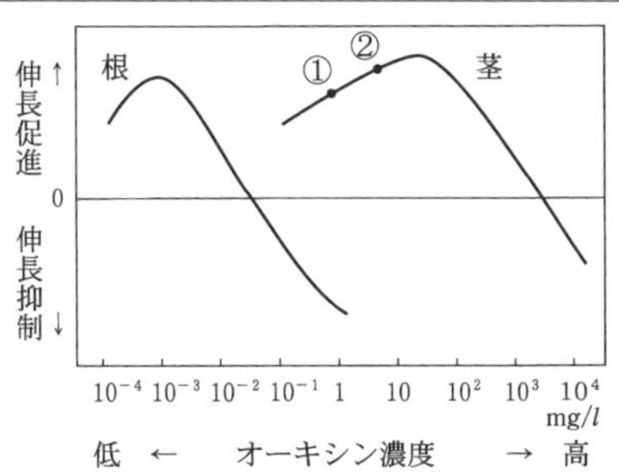

図2－1　オーキシン濃度の茎と根の細胞の伸長におよぼす効果

〔文2〕

植物が重力をどのように感知するかについて，アブラナ科の植物であるシロイヌナズナを材料に用いて研究が進みつつある。図2－2はシロイヌナズナの茎と根（主根）の構造を模式的に示したものである。この中で，茎では内皮細胞，根ではコルメラ細胞に，細胞小器官アミロプラスト（注2－1）が発達している。茎と根の切片を作製してヨウ素染色してみると，植物をどの向きに置いた場合でも，アミロプラストが細胞の中で重力の向きにしたがって沈降しているのが，観察された（図中の黒い点)。このことから，(ウ)アミロプラストが [(5)] としてはたらき，細胞が重力方向を感知する結果，植物体内でのオーキシンの濃度差が生じ，重力屈性が示されるのではないかという仮説が立てられた。

（注２－１） アミロプラスト：色素体と総称される細胞小器官の一種で，とくにデンプン粒を多量に蓄積したもの。

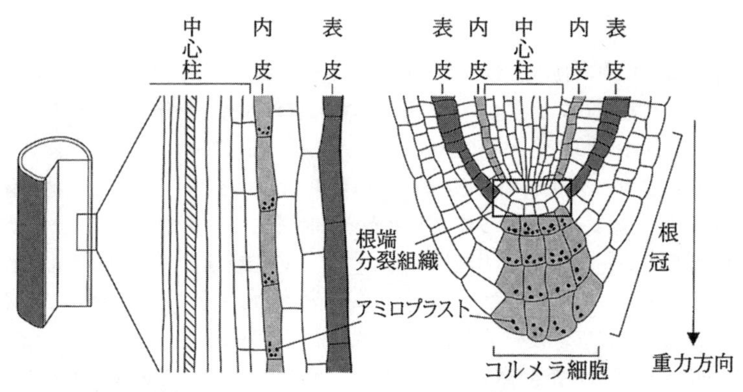

図２－２ 茎（左）と根（右）の組織の模式図

このシロイヌナズナから，茎や根が重力刺激（注２－２）に正しく反応できない変異株ｐ，ｓ，ｚが分離された。これらの変異株は次のような表現型を示した。ただし，いずれも光屈性は正常であった。

（注２－２） 重力刺激：植物体を傾けて，人為的に重力の方向を変えることによって与える。光屈性の寄与を除くために暗所で行う。

⑴ 変異株ｐ

茎と根の重力屈性は，どちらも完全には失われていなかったが，野生株に比べると重力刺激に対する反応が鈍くなっていた。茎でも根でも，色素体はデンプン粒を蓄積したアミロプラストにはなっていなかった。

⑵ 変異株ｓ

茎の重力屈性は失われていたが，根は正常に重力刺激に反応した。茎と根のどちらにも内皮細胞が形成されず，それ以外の組織は正常であった。

⑶ 変異株ｚ

変異株ｓと同様，茎だけが重力屈性を失っていた。茎では内皮細胞が正常に存在しアミロプラストも発達していたが，細胞の下側に沈降していないアミロプラストがしばしば観察された。

これらの変異株の重力屈性異常の原因を調べるための実験の結果，さらに次のようなことがわかった。

変異株ｐでは，デンプンの合成に必要な酵素の１つが失われていることがわかった。

デンプン粒を含まずアミロプラストになることのできなかった色素体は，通常の重力（1 × g）では重力方向に十分沈降できないが，遠心力を加えて通常の5倍の強さの重力環境下（5 × g）におくと野生株のアミロプラストと同様に沈降した。そのとき重力屈性もほぼ正常に示した。

変異株zについては，アミロプラストの挙動を調べるために詳細な顕微鏡観察が行なわれた。野生株でも変異株zでも，茎の内皮細胞には(エ)非常に大きな液胞が発達していた。野生株では液胞を横切る細胞質糸（注2－3）が多数存在し，アミロプラストの多くは細胞内下側の細胞質糸の中に観察された（図2－3左）。一方，変異株zでは細胞質糸がほとんど形成されず，アミロプラストは液胞膜と細胞膜の間に挟まれた状態で，細胞内の下側だけでなく上側や側面にも見出された（図2－3右）。さらに，生きたままの茎の組織を顕微鏡観察しながら，重力に対する植物の向きを変えると，内皮細胞のアミロプラストは，野生株では細胞質糸を通って新しい下面に数分で移動したが，変異株zではほとんど動かなかった。また，根のコルメラ細胞では，野生株でも変異株zでも液胞はあまり大きく発達せず，アミロプラストはいずれの場合も細胞質基質の中を自由に動くことができた。

（注2－3）　細胞質糸（原形質糸）：液胞の内側を横切る細胞質基質の連絡通路。液胞膜でできたチューブ状の通路で，その中をさまざまな細胞小器官が通過する。

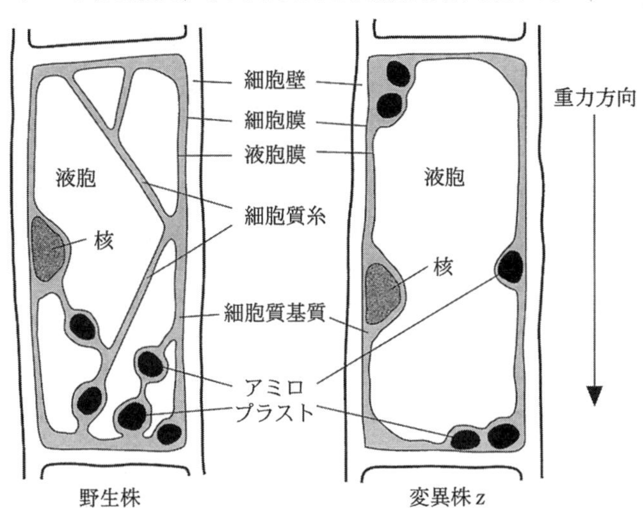

図2－3　野生株（左）と変異株z（右）の茎の内皮細胞

〔問〕

（I）　文1について，以下の小問に答えよ。

(A)　空欄(1)～(4)に「正」または「負」の語を入れよ。

(B)　下線部(ア)について。

(a) オーキシンは植物ホルモンの1種である。どのような化学物質か。化合物名で答えよ。

(b) 植物の成長を調節する植物ホルモンをオーキシン以外に2つ記せ。

(C) 下線部(イ)について。暗いところで植物体を傾けたとき，茎でも根でも重力方向の下側でオーキシンの濃度がより高くなることが古くから知られている。図2－1で，茎と根の組織内のオーキシン濃度が，茎では 10^{-1}～10 mg/l，根では 10^{-3}～10^{-1} mg/l の範囲内にあるとして，茎と根が示す重力屈性が逆になる理由を2行程度で述べよ。

(Ⅱ) 文2について，以下の小問に答えよ。

(A) ヒトの内耳にも，下線部(ウ)と同様のしくみがある。空欄(5)に入る語を記せ。

(B) 変異株pについて。この変異株の解析から，アミロプラストのデンプン粒蓄積は，重力屈性においてどのような役割があると考えられるか。1行で述べよ。

(C) 変異株sについて。この表現型から，茎と根の重力屈性における内皮細胞の必要性についてどのようなことが結論できるか。1行で述べよ。

(D) 下線部(エ)について。植物細胞の液胞には，一般的にどのような機能があるか。2つ記せ。

(E) 野生株と変異株p，zの比較から，茎での重力感知のためにはアミロプラストのどのような挙動が重要であると推定されるか。1行で述べよ。

(F) 変異株zの顕微鏡観察の結果から，茎の内皮細胞における細胞質糸の有無とアミロプラストの挙動の間にどのような関係があると推定されるか。2～3行で述べよ。

(Ⅲ) 植物の重力屈性の機構をさらに理解するために，シロイヌナズナの変異株の探索を続け，茎と根がともに重力屈性を示さない新しい変異株xを得たと仮定する。変異株xでは，茎の内皮細胞でも根のコルメラ細胞でも，アミロプラストが発達して正常に重力方向に沈降し，また光屈性は正常であったとする。この変異株の表現型は，どのような機能を損なっていることが原因と考えられるか。以下の(1)～(6)から，適切なものを2つ選べ。

(1) アミロプラストでデンプンを合成するしくみ

(2) アミロプラストの位置情報を検知するしくみ

(3) 液胞を大きく発達させるしくみ

(4) 細胞質糸を発達させるしくみ

(5) アミロプラストの沈降に応じてオーキシン濃度差を作り出すしくみ

(6) オーキシンに応答して細胞伸長を調節するしくみ

ポイント

　植物の屈性と重力感知機構についての問題。(Ⅰ)はこれが東大の問題かと疑うほど基本的。ここは短時間で解答を作成したい。(Ⅱ)(B)は変異株 p の特徴をまとめてみることがポイント。デンプン粒を蓄積することでアミロプラストの比重を高め，重力刺激に対する反応性を高めている。(E)は(F)を解答する手がかりとなっている。アミロプラストが細胞質糸を使って移動していることを考える。(Ⅲ)は消去法で解答するのが効果的だろう。

47 腎臓の働き

（2008 年度　第 2 問）

次の文１～文３を読み，（Ⅰ）～（Ⅲ）の各問に答えよ。

〔文 1〕

ヒトのからだには，体外の環境が変化しても，体内部の状態や機能を一定に保とうとする性質があり，これを［ 1 ］という。［ 1 ］には，(ア)内分泌系，自律神経系などにおけるフィードバックが大きな役割を果たしている。

ここで水を大量に飲んだ時のからだの反応について考える。飲んだ水は吸収され循環系に入る。そうすると血液は薄められ，血しょう浸透圧は減少する。これにより［ 2 ］に存在する浸透圧受容器が反応し，その結果，［ 3 ］からのバソプレッシンの分泌が［ 4 ］される。バソプレッシンの血中濃度が［ 5 ］い時は，腎臓での水の再吸収が減り，排泄量が増え，尿は低浸透圧となる。摂取された水はこれらの過程をへて尿として排泄され，血しょう浸透圧はごくわずかの変動範囲に保持されるのである。

〔文 2〕

腎臓は，尿をつくり有害な物質や過剰な物質を体外に排出するなどして，内部環境を一定の状態に保つはたらきをしている。尿をつくる単位構造はネフロンとよばれ，糸球体とそれに続く１本の腎細管（細尿管，尿細管）からなる（図２－１）。このネフロンが，１個の腎臓に約 100～120 万個ある。

ネフロンにおいて，血しょう中のある物質が毛細血管から尿へと排泄される過程について考える。血しょう中に含まれる物質は，まず腎臓の糸球体でろ過される。ろ過された物質は，その後，腎細管の上皮を介して再吸収されたり，逆に毛細血管から分泌されたりして，最終的に尿へと排泄される。つまり，(イ)ある物質の尿への排泄量は，ろ過，再吸収と分泌という３つの過程によって決定される。

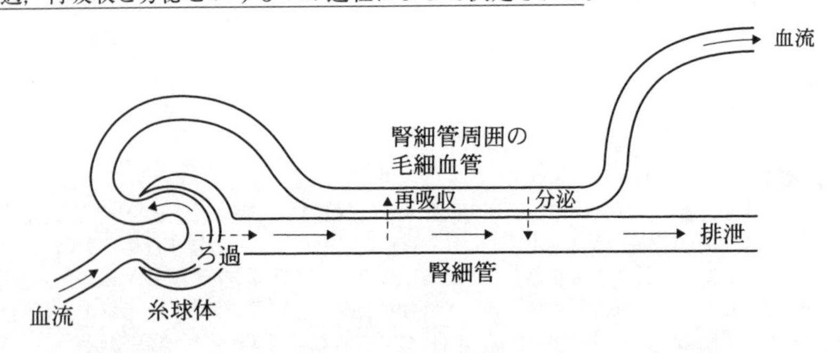

図２―１　ネフロンにおける物質のろ過，再吸収および分泌

〔文3〕

グルコースは，ネフロンでろ過され再吸収されるが，分泌されない物質である。糸球体の毛細血管でろ過されたグルコースは，腎細管の上皮細胞により再吸収され毛細血管に入る。血しょう中グルコース濃度（血糖値）が正常であれば，ろ過されたグルコースはすべて再吸収され，尿中には排泄されない。ところが血糖値が上昇してある値（閾値）をこえると，グルコースは尿中に排泄されるようになる（図2－2）。また，再吸収されないグルコースが腎細管中にあると，浸透圧の効果によって尿量が増える。

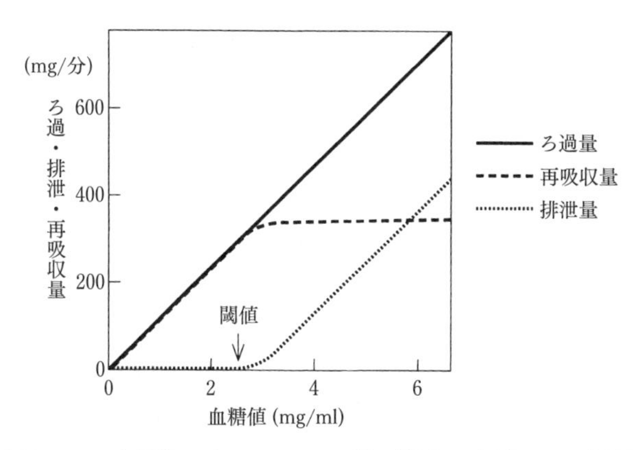

図2－2　血糖値とグルコースのろ過，排泄，再吸収量との関係

〔問〕

（Ⅰ）　文1について，以下の小問に答えよ。

(A)　文中の空欄1～5に入る最も適切な語句を記せ。なお，空欄4には「促進」と「抑制」のどちらか，空欄5には「高」と「低」のどちらか適切な語句を選べ。

(B)　下線部(ア)について。以下の(1)～(4)から誤った記述を1つ選べ。

(1)　内分泌腺から分泌されるホルモンは，血流によって全身に運ばれるが，特定の標的器官にのみ作用をおよぼす。

(2)　交感神経と副交感神経は，多くの場合，器官に対してたがいに反対の作用をおよぼして，そのはたらきを調節している。

(3)　交感神経が興奮すると，その末端からはアドレナリンが，副交感神経ではノルアドレナリンが分泌されて各器官に作用する。

(4)　フィードバックには，負のフィードバックと正のフィードバックがある。

（Ⅱ）　文2について。表2－1は，腎臓における物質のろ過，再吸収，分泌について調べるために行った検査の測定値である。これらの測定値に基づいて下の小問に答えよ。

表２－１

検査項目	測定値
尿流量	0.9 ml/分
物質Ｘの血しょう中濃度	0.25 mg/ml
物質Ｘの尿中濃度	35 mg/ml
物質Ｙの血しょう中濃度	0.02 mg/ml
物質Ｙの尿中濃度	15 mg/ml

(A) 物質Ｘは，糸球体でろ過され，腎細管で再吸収も分泌もされない物質で，また体内で代謝されない。この物質Ｘを静脈に注入し，動脈血しょう中の濃度が一定値を維持するように静脈への注入を続け，その後，一定時間内の尿を採取した。物質Ｘが単位時間に尿中に排泄される量（排泄量）（mg/分）を，尿流量（ml/分）と物質Ｘの尿中濃度（mg/ml）から算出せよ。なお，尿流量とは，単位時間に腎臓から排出される尿量のことである。

(B) 単位時間にろ過されるある物質の量は，ろ過負荷量（mg/分）とよばれ，その物質の血しょう中濃度（mg/ml）に比例する。ある物質のろ過負荷量を血しょう中濃度で割った値は，糸球体ろ過量（ml/分）とよばれ，さまざまな物質に対して共通である。腎細管で再吸収も分泌もされない物質の排泄量は，ろ過負荷量と同じ値となる。以上のことに基づいて，糸球体ろ過量（ml/分）を算出せよ。

(C) 下線部(イ)について。ある物質の排泄量は，ろ過負荷量，腎細管での再吸収量および分泌量で決定される。つまり，排泄量とろ過負荷量を比較することによって，その物質の再吸収や分泌について知ることができる。物質Ｙを静脈に注入し，その後，一定時間内の尿および血しょう中濃度を測定した（表２－１）。物質Ｙの排泄量（mg/分）と，ろ過負荷量（mg/分）を算出せよ。

(D) (C)の結果から考えられることとして，正しいものを以下の(1)～(5)から１つ選べ。

(1) 物質Ｙは，糸球体でろ過されない。
(2) 物質Ｙは，腎細管で再吸収も分泌もされない。
(3) 物質Ｙは，腎細管での再吸収量が分泌量より少ない。
(4) 物質Ｙは，腎細管での再吸収量と分泌量が同等である。
(5) 物質Ｙは，腎細管での再吸収量が分泌量より多い。

(Ⅲ) 文３について，以下の小問に答えよ。

(A) 健常者の空腹時血糖値は0.7～1.0 mg/mlである。ある糖尿病の患者の血糖値を測定したところ4.0 mg/mlであった。この患者に適量のインスリンを投与すると，血糖値は0.9 mg/mlまで低下した。インスリン投与後のこの患者に観察されたグルコースの尿中への排泄量と尿量の推移について，以下の記述の空欄６，７に適切な語句を，下の選択肢(1)～(4)からそれぞれ１つ選べ。また，その理由についてそれぞれ１～２行で説明せよ。

記述：グルコースの尿中への排泄は［ 6 ］，尿量は［ 7 ］。

空欄6　(1)　消失し　(2)　減少し　(3)　増加し　(4)　変化なく

空欄7　(1)　消失した　(2)　減少した　(3)　増加した　(4)　変化しなかった

(B)　ある物質の1分間の排泄量がどれだけの血しょう量に由来するかを示す値は，クリアランス（ml/分）とよばれ，排泄量を血しょう中濃度で割った値として求めることができる。これに基づき，グルコースのクリアランスと血糖値の関係を示したグラフと考えられるものを，図2—3の(1)～(4)から1つ選べ。

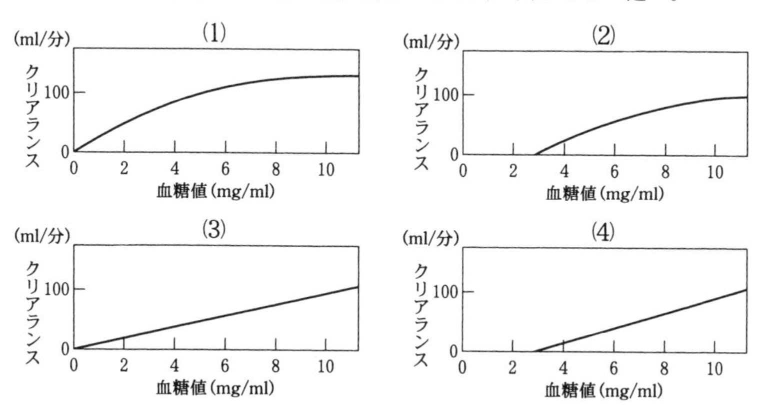

図2—3　グルコースのクリアランスと血糖値の関係

(C)　インスリン欠乏が高血糖を引きおこす際にみられる現象を以下の(1)～(7)から2つ選べ。

(1)　タンパク質合成の促進

(2)　グリコーゲン合成の抑制

(3)　脂肪分解の抑制

(4)　筋および脂肪細胞へのグルコースの取り込みの抑制

(5)　アミノ酸生成の抑制

(6)　糸球体ろ過量の減少

(7)　尿流量の減少

ポイント

(Ⅱ)　排泄量 ＝ 尿流量 × その物質の尿中濃度

　　糸球体ろ過量 ＝ ろ過負荷量 ÷ 血しょう中濃度

などの関係式が読み取れれば，あとは実際の数値を代入していくだけである。有効数字について特に指定されてないので，求めた数値を解答しておけばいいだろう。

(Ⅲ)(B)　クリアランス ＝ 排泄量 ÷ 血しょう中濃度

であることを把握した上で，図2—3の目盛りを読み取っていけばいい。

48 心臓の構造と血液循環

（2007年度　第1問）

次の文1～文3を読み，（Ⅰ）～（Ⅲ）の各問に答えよ。

〔文1〕

私たちのからだには3種類の筋肉がある。これらは，からだを動かすはたらきをもつ骨格筋，心臓を拍動させる心筋，そして小腸や膀胱などの内臓器官の壁を構成し，それらを動かす［ 1 ］筋である。骨格筋と心筋では，筋繊維と呼ばれる細長い細胞が束になっており，その筋繊維の内部には多数の筋原繊維が規則正しく並ぶ。筋繊維を顕微鏡で観察すると，長軸方向に［ 2 ］がみられる。一方，［ 1 ］筋では［ 2 ］はみられない。

骨格筋の運動は，運動神経を介して自分の意思によって制御できる。これに対して，心臓の拍動や小腸などの内臓器官の運動は，自分の意思に関係なく，主に自律神経によって制御されている。自律神経には，［ 3 ］神経と［ 4 ］神経がある。［ 3 ］神経の中枢は中脳，延髄，脊髄にあるのに対して，［ 4 ］神経の中枢は脊髄にあり，いずれも［ 5 ］によってさらに統合的に調節されている。

〔文2〕

心臓と小腸を用いて次のような実験を行った。

〔実験1〕　摘出したマウスの心臓から2つの心房を切り出し，心房筋標本を作製した（心房筋標本aと心房筋標本bと呼ぶ）。心房筋標本を，37℃に保温した人工栄養液を満たした容器内に固定し，栄養液には十分な酸素を通気した。心房筋標本の一端を収縮測定装置に連結し，心房筋標本aおよびbの収縮弛緩反応を測定した（図1－1）。

心房筋標本のうち，心房筋標本aは自発性の律動的な収縮弛緩（自動能）を示したが，心房筋標本bは全く自動能を示さなかった（図1－2）。(ア)次に，ウシの副腎をすりつぶして得た抽出液Xを，心房筋標本aを固定した容器内の人工栄養液に加えると，この投与によって心房筋標本aの自動能は増強された。

〔実験2〕　マウスの腹部から小腸の一部を取り出した後，粘膜部を取り除いて小腸筋標本を作製し，図1－1の装置に固定した。この小腸筋標本の収縮弛緩反応に対する，自律神経末端（終末）から放出される神経伝達物質Yと神経伝達物質Zの作用を調べた。はじめに神経伝達物質Yを小腸筋標本に投与すると筋は収縮し，その収縮は持続した。この収縮している筋標本に，さらに神経伝達物質Zを投与すると，筋標本はすみやかに弛緩した。

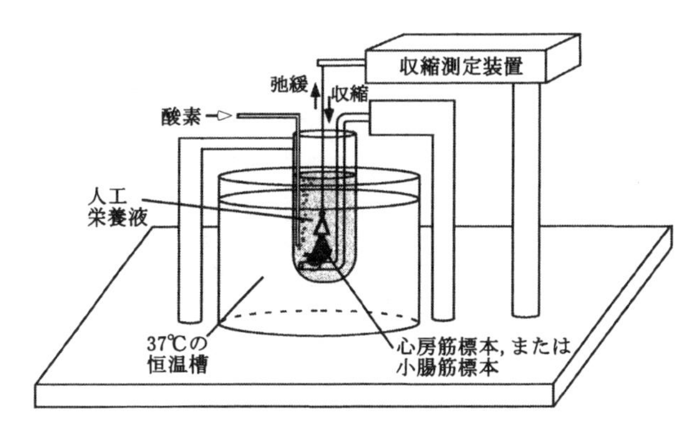

図1―1　心房筋標本と小腸筋標本の収縮測定装置(模式図)

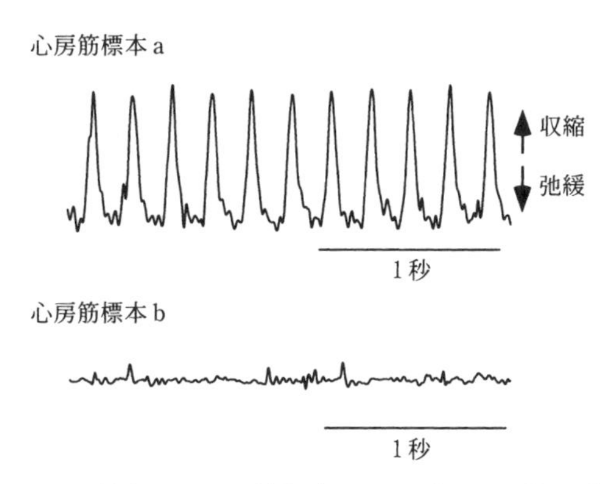

図1―2　摘出した心房筋標本 a および b の収縮弛緩反応

〔文3〕

(イ)心臓は，血液を送り出すポンプとしてはたらき，全身への酸素の供給と，全身からの二酸化炭素の回収に重要な役割をになっている。図1―3はヒトの心臓の断面図を示している。ヒトの心臓は4つの部屋（左右の心房と心室）からなるが，(ウ)左心室壁は右心室壁に比べて厚い。左右の心室をへだてる壁を心室中隔というが，心室中隔には出生まで穴があいており，左右の心室は完全には分かれていない。通常この穴は，出生とともに閉じて心臓の形態は完成する。(エ)しかし，出生後もこの心室中隔の穴がふさがらず，心臓のポンプ機能がそこなわれることがある。

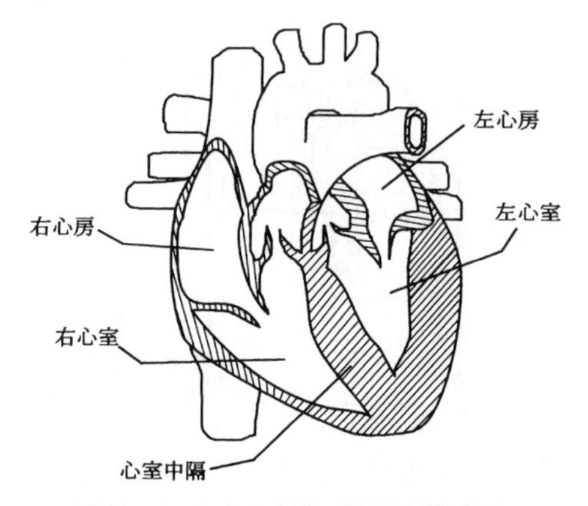

図１―３　ヒトの心臓の断面図(模式図)

〔問〕

（Ⅰ）文１について，文中の空欄１～５に入る最も適切な語句を記せ。

（Ⅱ）文２について，以下の小問に答えよ。

(A)　実験１について。自動能を示した心房筋標本 a は右心房か左心房かを答えよ。また，なぜ心房筋標本 a だけが自動能を生じたのか。その理由を１～２行程度で述べよ。

(B)　実験１の下線部(ア)について。副腎から得た抽出液Ｘに含まれるどのような物質がこの反応を引き起こすと考えられるか。その物質名を答えよ。また，この物質のように，特定の器官で産生され，血液循環を介して他の標的器官に作用する物質は，一般に何と呼ばれているか。その名称を答えよ。

(C)　心房筋標本 a は，通常，次ページの図１－４上段（投与前）のような自動能を示す。いま，実験２の神経伝達物質ＹとＺとを，それぞれ単独に心房筋標本 a に投与した。この時，心房筋標本 a は，神経伝達物質ＹおよびＺに対してどのような反応を示すと考えられるか。図１－４の選択肢(1)～(3)よりそれぞれ選んで記号で答えよ。また，神経伝達物質ＹとＺの名称を答えよ。

(D)　心房筋標本 a の自動能は，ある薬物の投与により，図１－４の投与前の状態から，投与後の選択肢(3)のような状態に変化した。この自動能の変化に見られる２つの特徴を答えよ。また，この薬物を生体に投与した時，心臓の機能にはどのような変化が生じるか。先の２つの特徴と対応させて，それぞれ１行程度で答えよ。

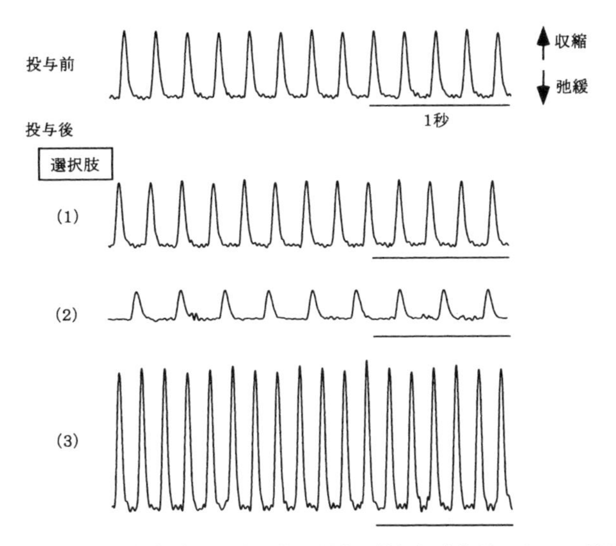

図１－４　心房筋標本ａの自動能に対する神経伝達物質ＹとＺの効果

(Ⅲ)　文３について，以下の小問に答えよ。

(A)　下線部(イ)について。表１－１は，健常な人における，心臓の各部屋と心臓に出入りする血管内の血中酸素濃度についてまとめたものである。空欄１～６にあてはまる状態はなにか。血中酸素濃度を高低に二分し，例にならって血中酸素濃度の状態が高い場合は「高」，低い場合は「低」と記せ。

表１－１　心臓に出入りする血管と心臓における血中酸素濃度の状態

	大静脈	大動脈	肺静脈	肺動脈	右心房	右心室	左心房	左心室
血中酸素濃度の状態	低	高	1	2	3	4	5	6

(B)　下線部(ウ)について。左心室を形成する壁はなぜ右心室を形成する壁に比べて厚いのか。その理由を１～２行程度で答えよ。

(C)　下線部(エ)について。心臓のポンプ機能にどのような障害が生じると考えられるか。心臓内での血液の流れに着目して，以下の語句を用いて３行程度で答えよ。ただし，解答にはすべての語句を少なくとも１回は用いること。

(語句)　全身の臓器，右心室内圧，左心室内圧，血液，体循環，肺循環

ポイント

(Ⅱ)　アセチルコリンとノルアドレナリンについて述べておこう。アセチルコリンは一般の循環血液中には含まれていない。興奮が到達したときだけ神経末端から放出される。すぐにコリンエステラーゼという酵素により分解されるので効果は一時的である。これに対してノルアドレナリンは長い時間にわたって効果が続き，血液中にも含まれている。これはノルアドレナリン作動性繊維の働きが生体の保護と関係が深いためである。

49 味覚，動物の行動

（2004年度　第2問）

次の文1と文2を読み，（Ⅰ）と（Ⅱ）の各問に答えよ。

〔文1〕

ヒトやマウスは，甘味，苦味，酸味など，いろいろな味を感じることができる。味覚の受容は，さまざまな構造をもつ化学物質がそれぞれを受容する分子に結合した結果，味細胞が反応し，この情報が感覚神経を介して脳へ伝えられることによって成立する。味細胞は支持細胞とともに集合してたまねぎ形の構造物を形成しており，これが舌にある舌乳頭の一部の側面に分布している。これを［ 1 ］と呼ぶ。味細胞はその先端を舌の表面に露出し，基底部で感覚神経の末端に接している。

感覚神経は一般に有髄神経繊維であり，その軸索は［ 2 ］で被われている。この部分は電気的絶縁性が強いため，有髄神経繊維では［ 2 ］の切れ目である［ 3 ］でとびとびに興奮が起こる。このような伝導の方法を［ 4 ］という。この結果，有髄神経繊維における伝導速度は，同じ太さの無髄神経繊維よりもずっと大きくなる。

〔文2〕

マウスはその系統により，味覚の受容に違いのあることが知られている。純系の3系統のマウスを用いて，以下の実験を行なった。

〔実験1〕　A系統のマウスは甘味，苦味をともに受容できること，甘味を好み苦味を忌避することが知られている。またここで用いる濃度の範囲では，味の嗜(し)好性は変化しない。A系統のマウス10匹について苦味物質X，苦味物質Yに対する応答を検討した。まず，味物質の水溶液を吸い口のついたびん1に，蒸留水をびん2に入れ，この2本のびんをマウスの飼育かごの別々の場所に配置した。この飼育かごの中でマウスを単独で48時間飼育し，マウスが各々のびんから摂取した水溶液の体積を測定した。(ア)<u>びんの位置を交換した後にさらに48時間飼育し，摂取した水溶液の体積を測定して，結果が同様であることを確認した</u>。10匹のマウスについて得られた実験結果の平均値を図3に示す。この際，「びん1から摂取した水溶液の体積」を「びん1とびん2から摂取した水溶液の合計体積（総摂取体積）」で除した値を算出し，これを図示した。

〔実験2〕　B系統のマウス，C系統のマウスは，ともに苦味物質Xをまったく受容できない。(イ)<u>A系統とB系統，A系統とC系統，B系統とC系統という3通りの組み合わせで両者を交配させて誕生したF_1マウス（それぞれ$(A \times B)F_1$，$(A \times C)F_1$，$(B \times C)F_1$とする）は，すべてA系統のマウスと同様に苦味物質X</u>

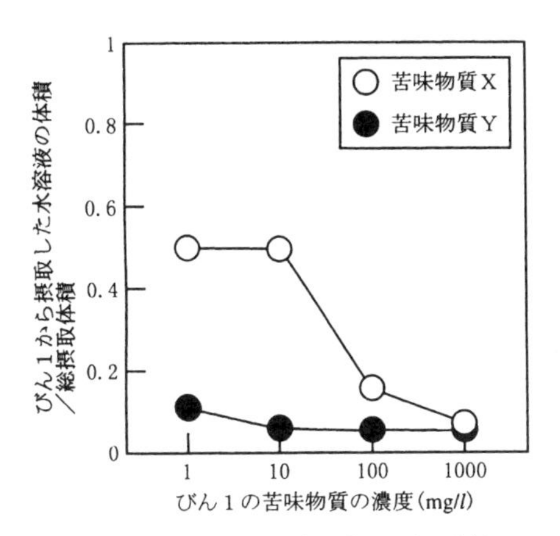

図3　A系統マウスの苦味物質に対する応答
（実験1）

に応答した。次にこのF_1マウスどうしを交配させた。(A × B)F_1どうし，あるいは（A × C)F_1どうしの交配では，「苦味物質Xに応答する個体数」と「苦味物質Xに応答しない個体数」の比は3：1であり，性差は認められなかった。

〔実験3〕 ヒトですでに知られている苦味の受容にかかわるタンパク質（以後「苦味受容体」と呼ぶ）の遺伝子の塩基配列を参考にして，マウスの苦味受容体の候補遺伝子Pを得た。この遺伝子の伝令RNAから推定されるアミノ酸配列を系統間で比較したところ，A系統とB系統のマウス間では3箇所が異なっていた。C系統マウスの遺伝子Pの塩基配列は，A系統のものとまったく同一であった。

ヒトの苦味受容体の遺伝子については，これを味細胞とは無関係の培養細胞に導入して形質転換することにより，細胞が苦味物質に応答できるようになることが知られている。すなわち，この形質転換の結果，苦味受容体は細胞表面に出現する。またこの細胞は，味細胞と同様に苦味物質Xに応答し，その細胞内カルシウムイオン濃度が上昇する。この変化は遺伝子導入をしなかった細胞では観察されない。A系統とB系統のマウスに由来する遺伝子Pをそれぞれこの培養細胞に導入すると，この遺伝子産物は，ともに同様の密度で細胞表面に出現した。これらの細胞及び遺伝子導入をしなかった細胞に苦味物質X，もしくは苦味物質Yを与えて細胞内カルシウムイオン濃度を測定した結果を，図4～6に示す。

〔実験4〕 遺伝子Pの遺伝子断片に蛍光色素を結合させた後，この遺伝子断片を染色体上の相補的な塩基配列の部分に特異的に結合させることにより，遺伝子Pが染色体のどこに位置するかを蛍光によって視覚的に知ることができる。

あらかじめ病原菌に由来するタンパク質Kで免疫したA系統のマウスの脾(ひ)臓細胞

からTリンパ球とマクロファージ（大食細胞）を分け取り，(ウ)両者を混合して培地中に同じタンパク質Kを加えて培養したところ，Tリンパ球が増殖した。タンパク質Kを加えない場合にはTリンパ球は増殖しなかった。Tリンパ球が増殖を開始した後にある薬剤を加え，(エ)分裂中期に見られる染色体の配置と分配に必要な構造の形成を阻害した。この薬剤で処理すると，(オ)多くのTリンパ球の細胞内で染色体が観察されるようになった。上述の方法を用い，遺伝子Pは第6染色体の端に近い部分に存在することがわかった。

〔実験5〕 ゲノム解析の結果，苦味を受容できないC系統のマウスでは，第6染色体上の遺伝子Qの領域で，対立遺伝子の双方に欠失が認められた。この欠失はA系統とB系統のマウスでは見られなかった。C系統のマウスが苦味物質Xを受容できないのは，この遺伝子Qの欠失が原因であった。

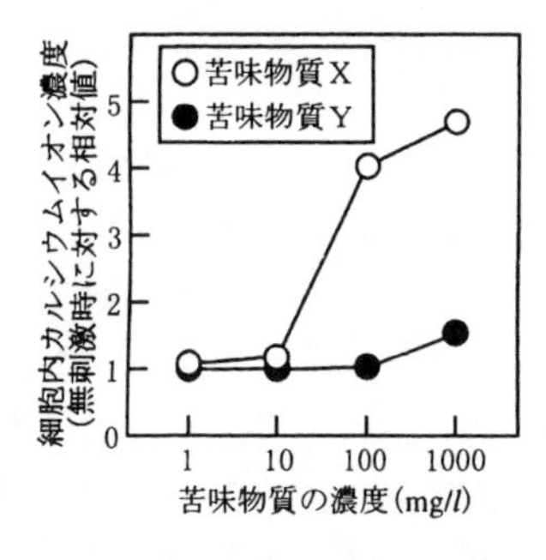

図4　A系統マウスに由来する遺伝子Pで形質転換した細胞の苦味物質に対する応答（実験3）

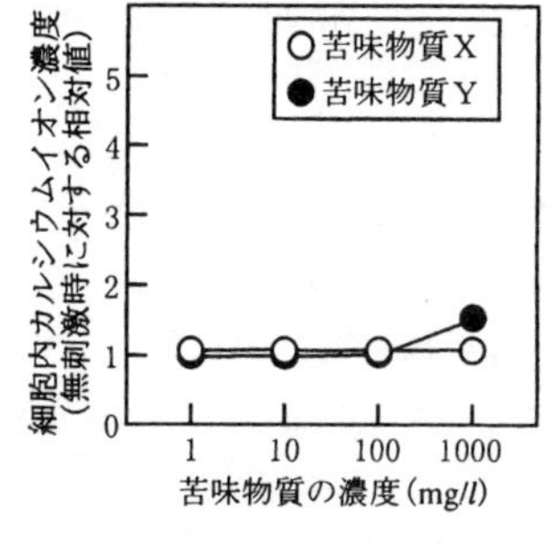

図5　B系統マウスに由来する遺伝子Pで形質転換した細胞の苦味物質に対する応答（実験3）

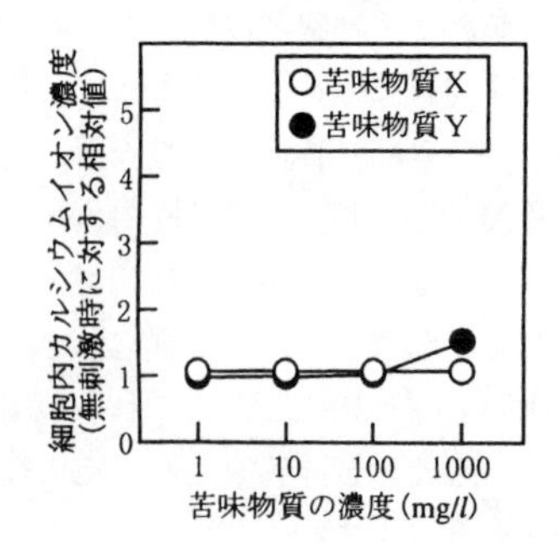

図6　遺伝子を導入していない細胞の苦味物質に対する応答（実験3）

〔問〕

（Ⅰ）　文1について，空欄1～4に最も適当な語句を入れよ。

（Ⅱ）　文2について，次の小問に答えよ。

(A)　下線部(ア)について。これはどのような可能性を排除するための実験操作か。1行で述べよ。

(B)　実験1について。

(a)　苦味物質の濃度が10 mg/lのとき，A系統のマウスは苦味物質X，Yの苦味を受容しているか。苦味物質X，Yのそれぞれについて，理由とともに答えよ。

(b)　びん1に甘味物質Z，びん2に蒸留水を入れて実験1と同様の方法を用いると，甘味物質Zに対するA系統のマウスの応答はどのようになるか。図7に示す(1)～(6)の中から最も適当な結果を選び，番号で答えよ。

(c)　びん1に苦味物質Xを入れて苦味に対する応答の再実験を行う際，あやまってびん2に蒸留水ではなく，苦味物質Yの1 mg/lの濃度の水溶液を入れてしまった。このとき，苦味物質Xに対するA系統のマウスの応答はどのようになると予想されるか。図7に示す(1)～(6)の中から最も適当な結果を選び，番号で答えよ。

(C)　実験2から実験5の内容をふまえ，次の問に答えよ。

(a)　下線部(イ)について。B系統とC系統のマウスを交配させて誕生した(B × C)F_1マウスが，苦味物質Xに応答できるようになったのはなぜか。本文中からわかることをもとに2行程度で説明せよ。

(b)　遺伝子Pと遺伝子Qの組換え価が25 %であると仮定した場合，(B × C)F_1どうしの交配で誕生するF_2マウスにおいて，「苦味物質Xに応答する個体数」と「苦味物質Xに応答しない個体数」の比率の期待値はいくつになるか。

(D)　実験3について。この結果から，苦味受容体の候補遺伝子Pは苦味物質Xの受容体であるが，苦味物質Yの受容体ではないと考えた。図4～6に示した苦味物質に対する応答の違いに着目し，このように判断する根拠を2点あげ，箇条書きでそれぞれ1～2行程度で述べよ。

(E)　A系統のマウスを用いて遺伝子Pを欠失したマウスを作製し，Pの遺伝子産物が苦味物質Xの受容体であることを証明した。遺伝子Pを欠失したA系統のマウスを用いて，実験1と同様の方法で苦味物質X，苦味物質Yに対する応答を調べた。どのような結果が予想されるか。図7に示す(1)～(6)の中から最も適当な結果を選び，X―(7)，Y―(8)のように答えよ。

(F)　実験4について。

(a)　Tリンパ球は，多数の細胞を取得することができ，また種々の処理によって増殖させることが容易であるため，このような実験の材料に使われることが多

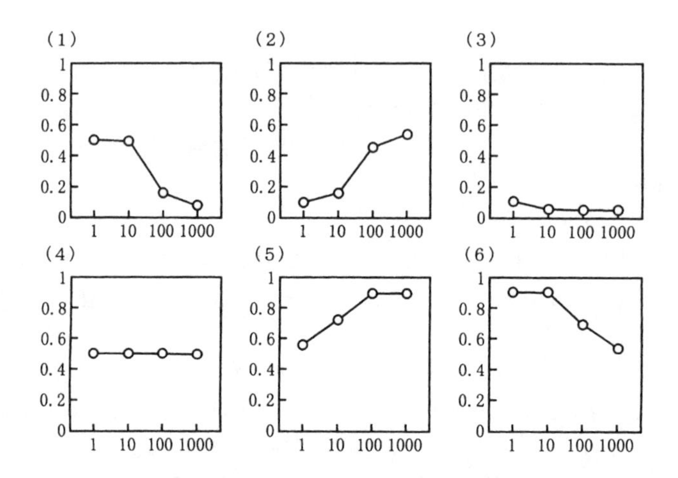

図７　マウスの味物質水溶液に対する応答

縦軸は「びん１から摂取した水溶液の体積」を「総摂取体積」で除した値を，横軸は味物質の濃度(mg/l)を示す。

い。Tリンパ球は遺伝子Pの伝令RNAを含まず，またPの遺伝子産物を有していない。それにもかかわらず，この実験の材料にTリンパ球を用いてもかまわない理由として考えられることを，１行で述べよ。

(b)　下線部(ウ)について。この培養操作におけるマクロファージの役割は何か。１行で述べよ。

(c)　下線部(エ)について。この構造の名称を記せ。

(d)　下線部(オ)について。この薬剤処理によって多くのTリンパ球の細胞内で染色体が観察されるようになった理由として考えられることを，１行で述べよ。

ポイント

(Ⅱ)　マウスの味覚を中心にした出題で，グラフの解釈がカギとなる。味覚の受容は，味物質と受容体の結合により起こる。この受容体形成には２種類の遺伝子が関係する。(B)の物質Ｘと物質Ｙのどちらを苦味として受容するか？という問題では，その物質を含んだ水（びん１）と蒸留水（びん２）でどちらの水を多く摂取しているかで判断する。マウスは苦味を苦手にしているので苦いと判断した方の水を忌避するからである。さらに物質Ｘ受容体の遺伝子はＰである。この遺伝子が変異した（遺伝子ｐ）ものがＢ系統である。一方，Ｃ系統が物質Ｘを受容できないのは，実験５も含めて，遺伝子Ｑを欠失したためである。これらの結果から，苦味物質Ｘの受容と応答には遺伝子Ｐと遺伝子Ｑの２つが働いている。

50 花芽形成，花器官

(2003年度　第2問)

次の文1と文2を読み，(Ⅰ)と(Ⅱ)の各問に答えよ。

〔文1〕

植物の花成は遺伝的なプログラムと環境によって制御されている。現在，花成の制御経路は大きく分けて3つ存在すると考えられている。植物ホルモンのジベレリンを介する経路，光周期依存的な経路，低温依存的な経路である。ジベレリン量の減少した変異体では花芽形成が遅れる。ジベレリンに対する応答に重要な役割を果たす遺伝子Sがある。通常，遺伝子Sの産物は核に存在するが，ジベレリンを投与すると(ア)核から消失する。

限界暗期が10時間の長日植物がある。この植物に6時間の明期と暗期を交互に与えると花芽は［　1　］。明期を12時間，暗期を12時間とすると，花芽は［　2　］。12時間の暗期開始後6時間の時点で1分間の光照射を行うと，花芽は［　3　］。暗期をまったく与えない場合，花芽は［　4　］。光は発芽にも影響を与える。レタスの種子は光によって発芽が促進される。この場合，促進効果があるのは赤色光であり，近赤外光（遠赤色光）は抑制的にはたらく。光発芽種子のあるものは群落の外では発芽するが，(イ)群落の下層では，上層の葉を透過した光が届いていても発芽しない。植物は光の波長を識別しているのである。

茎頂を切り取り培養し，数週間の低温処理を与えると花芽形成が促進される。ただし，花芽への分化が誘導されるのは低温処理直後ではなく，低温処理終了から数週間後である。したがって，低温刺激を受けた植物の茎頂は花芽の分化まで低温刺激を‘記憶’していると考えられる。しかし，低温処理の効果は種子には受け継がれない。低温刺激により，植物の遺伝子の塩基配列に変化は生じないと考えられる。低温刺激の‘記憶’は［　5　］の過程では安定に維持されるが，［　6　］の過程では維持されない。遺伝子Fは花芽形成を抑制している。低温刺激により遺伝子Fの発現は減少し，遺伝子Fの発現抑制が維持される。ある変異体では低温処理による花芽形成の促進が認められない。この変異体では，遺伝子Fの発現は低温刺激により一過的に減少したが，その後再び発現が上昇した。低温刺激の‘記憶’の実体は，［　7　］と考えられる。

〔文2〕

花は4種類の花器官（萼(がく)，花弁，雄しべ，雌しべ）からなり，中心には雌しべが位置する。それぞれの花器官の数や形は種によって異なっているが，花の基本型は萼—花弁—雄しべ—雌しべという順序を持つ（図5）。花には4つの領域が存在し，それぞれの領域にひとつの花器官が形成される。植物の変異体の中には萼が雌しべに転換したり，花弁が萼になるなど野生型と異なった器官に分化するものがある。これらの花の変異体を用いた解析から，花器官の分化は３種類のグループ（A，B，C）の遺伝子により制御されるというモデルが広く支持されている。図５の花では，第１領域でAグループの遺伝子が機能し萼が，第２領域でAグループとBグループの遺伝子が機能し花弁が，第３領域ではBグループとCグループの遺伝子が機能して雄しべが，第４領域ではCグループの遺伝子が機能して雌しべが，それぞれ形成されると考えられている。AグループとCグループの遺伝子は互いに発現を抑制しあい，野生型植物では両者は同一の細胞では発現しない。Cグループの遺伝子は花器官を生み出す花芽分裂組織の成長を抑制し，雌しべへの分化を促進する機能を持っていると考えられる。A～Cグループの遺伝子が野生型と異なる領域で発現すると，その領域では野生型と異なる花器官が分化する。この花の形づくりのモデルに基づいて，花弁だけの花をつくりたいと考えた。そこで[8]グループ遺伝子の欠失した変異体に遺伝子操作を加え，第１～４領域，すべてにおいて強制的に[9]グループ遺伝子を発現させた。その結果予想通り，多数の花弁のみで構成される花となった。花の変異体は，バラやキクなどの園芸種に見られるように，我々のごく身近にも存在している。

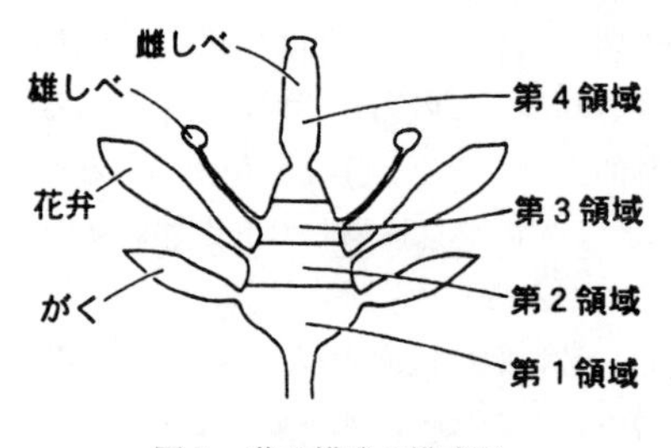

図５　花の構造の模式図

〔問〕

（Ⅰ）文１について，次の小問に答えよ。

(A) 遺伝子*S*の機能に異常を生じた変異体*s—1*と*s—2*がある。遺伝子*S*の機能を失った変異体*s—1*はジベレリンを過剰に投与されたような形質を示し，変異体*s—2*はジベレリンに対して応答しなかった。以上の事実と矛盾すると考えられるものを次の文(1)～(5)よりすべて選び，番号で答えよ。

(1) 遺伝子*S*の産物はジベレリンに対する応答を抑制する。

(2) 変異体*s—1*の背丈は野生型に比べ低い。

(3) 野生型植物にジベレリンを投与すると，遺伝子*S*の産物の機能が抑制される。

(4) 変異体*s—2*の方が変異体*s—1*よりも背丈が高い。

(5) 変異体*s—2*では遺伝子*S*の産物の本来の機能が野生型よりも強くなってい

る。

(B)　下線部(ア)の変化は遺伝子 S の産物に何が起こったためと考えられるか。2つの可能性について1行で述べよ。

(C)　空欄1～4にあてはまる語句を次の(a)と(b)から選び，記号で答えよ。

(a)　形成される　　(b)　形成されない

(D)　下線部(イ)について。光のどのような違いが群落の下層における発芽を抑制したのか2行以内で述べよ。

(E)　花芽を誘導する際の日長処理は数日間で十分であるが，花芽を誘導する低温処理は数週間以上必要である。この違いには植物が季節変化を感知する上でどのような利点があると考えられるか。2行以内で述べよ。

(F)　短日植物のシソを短日条件下においた後，その葉を長日条件で育てた植物に接ぐと，短日を経験していない植物の花芽形成が促進される。一方，低温処理した植物に低温処理を加えていない植物を接いでも，低温処理していない植物の花芽形成は促進されない。次の文(1)～(5)から間違っているものをすべて選び，番号で答えよ。

(1)　葉で日長を感じることができる。

(2)　日長刺激を空間的に隔たった場所へ伝える仕組みの存在が示唆される。

(3)　日長刺激と低温処理により，植物は同一の花成促進物質を葉で合成する。

(4)　茎頂の細胞には低温刺激を受容する仕組みが存在する。

(5)　低温処理により拡散性花成促進物質が合成される。

(G)　空欄5，6に入る最も適切な語句を次の(1)～(12)の中からそれぞれ選び，5―(13)，のように記せ。

(1)　転　写　　(2)　翻　訳　　(3)　成長運動
(4)　核分裂　　(5)　形質転換　　(6)　体細胞分裂
(7)　膨圧運動　　(8)　同　化　　(9)　異　化
(10)　細胞板形成　　(11)　細胞質分裂　　(12)　減数分裂

(H)　空欄7に入る最も適切な語句を次の(1)～(8)の中から選び，番号で答えよ。

(1)　低温刺激による遺伝子 F の一過的発現上昇

(2)　低温刺激による遺伝子 F の一過的発現抑制

(3)　低温刺激後の遺伝子 F の発現抑制の維持

(4)　低温刺激後の遺伝子 F の発現上昇の維持

(5)　低温刺激後の遺伝子 F の発現抑制からの回復

(6)　低温刺激後の遺伝子 F の発現上昇からの回復

(7)　低温刺激による花成ホルモンの合成

(8)　低温刺激の日長刺激への変換

(Ⅱ)　文2について，次の小問に答えよ。

(A) 突然変異によってAグループの遺伝子が機能を失うと，Cグループの遺伝子が4つの領域すべてにおいて発現するようになる。第1～4の各領域にはどのような花器官が分化すると予想されるか。第5領域―がく，のように記せ。

(B) 空欄8，9に入る最も適切な語を，それぞれ記せ。

(C) Cグループの遺伝子が機能を失うと花芽分裂組織が残り，多数の花器官が生じる。Bグループの遺伝子とCグループの遺伝子の両方が機能を失った突然変異体の花は，どのような構造になると予測されるか。1行で述べよ。

ポイント

(Ⅰ) 遺伝子 S の産物がジベレリンを投与すると核から消失したのは，核の中で分解が起きたか，核から移動したかのどちらかと考えられる。遺伝子 S の産物は花芽形成を抑制する物質で，ジベレリンを投与すると，この産物が消えて花芽形成を進める。また，花芽形成には最もゆらぎのない確実な光周性を活用している。温度条件も活用するが，この場合，光周性の場合よりも長い時間かけてその情報が誤っていないものかを確認している。

51 生体防御，免疫反応

(2002年度　第1問)

次の文1と文2を読み，(Ⅰ)と(Ⅱ)の各問に答えよ。

〔文1〕

生体は細菌やウイルスが侵入した際に，この感染から生体を防御するためのしくみを持っている。哺乳動物における細菌感染を例にこのしくみを考えてみよう。感染の初期にはたらく細胞は大食細胞（マクロファージ）と呼ばれる白血球である。この細胞は通常，組織中に存在し，侵入した細菌を貪食することで初期の生体防御に重要な役割をはたしている。さらに，過去に侵入した細菌の種類を記憶し，2回目以降の侵入に対して速やかにこれを排除するしくみが存在する。これには，やはり白血球の一種であるリンパ球が中心的な役割をはたしている。リンパ球には大きく分けて［(1)］細胞と［(2)］細胞という2つのタイプが知られており，それぞれの役割が異なっている。［(1)］細胞は大食細胞から細菌を処理したという信号を受け取り，その情報を変換して［(2)］細胞に伝達する。さらに［(1)］細胞が異物に直接作用してこれを排除することがあり，これを細胞性免疫とよぶ。［(2)］細胞は［(1)］細胞からの指令を受け取ると，増殖して抗体を産生する。抗体は［(3)］ともよばれるタンパク質である。抗体が結合した細菌は大食細胞などの白血球によって速やかに排除される。抗体を介したこのしくみは体液性免疫とよばれる。細胞性免疫や体液性免疫は，生体を防御するためには重要であるが，時として生体に不利な状況を生み出すこともある。自己のタンパク質や細胞に対して抗体が産生されたり，細胞性免疫が発揮されたりするためにおこる［(4)］疾患や，近年増加している花粉症などの原因であるアレルギー反応などはその例である。また近年，あるウイルスが［(1)］細胞に感染して免疫系を破壊することで生じる［(5)］という疾患が世界的に問題となっている。

〔文2〕

大食細胞による異物排除のしくみを知るために以下の実験1を行った。

〔実験1〕　3羽のウサギA，B，Cを用意した。ウサギAには生理食塩水に懸濁した酵母の死菌を1週間おきに4回皮膚下に注射した。ウサギBには生理食塩水だけを同様に注射した。ウサギAとBからは血液を採取して血清を分離した。ウサギCには何も注射せず，大食細胞と白血球の単離にもちいた。

蛍光色素で一様に色付けした酵母の死菌をウサギAの血清と混合し，37℃で30分間おいた。その後，遠心分離機にかけて血清から分離した酵母の死菌を，ウサギCから単離した大食細胞に加えた。これを37℃で2時間$_{(ア)}$培養液中で培養した後，大食細胞1000個について，細胞ごとの蛍光強度を測定した。ウサギBの血清でも同様の実験を行った。図１にはウサギＡとウサギＢの実験の結果をあわせて示した。

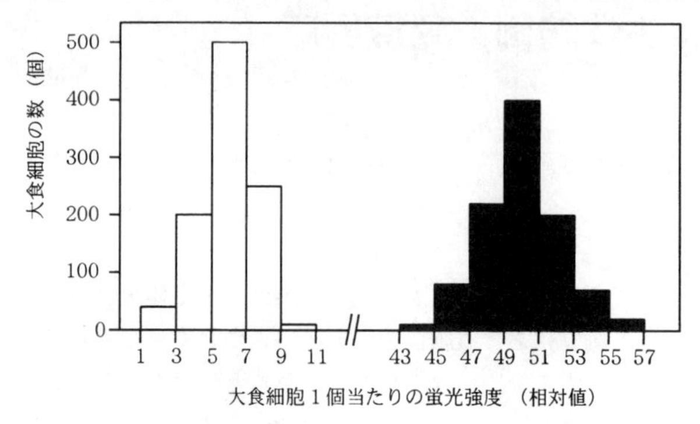

図１　大食細胞の蛍光強度のヒストグラム

■　ウサギAの血清を用いた場合

□　ウサギBの血清を用いた場合

大食細胞から放出される物質の特徴を知るために以下の実験２を行った。

〔実験２〕　実験１と同様にウサギＡの血清で処理した酵母の死菌を加えて大食細胞を培養した。この培養液から酵母の死菌と大食細胞を取り除き，液１として以下の実験にもちいた。図２に示すような，上下に部屋がしきられた装置を４つ準備した。上下の部屋のしきりには，運動性のある白血球が通過可能なごく小さな穴が多数あいている。下の部屋を以下の液１～液４のいずれかでみたし，上の部屋にウサギＣから単離した白血球3000個を含んだ培養液を入れ，37℃で２時間培養した。その後，しきりの下方に移動した白血球の数を数えたところ，図３の結果が得られた。

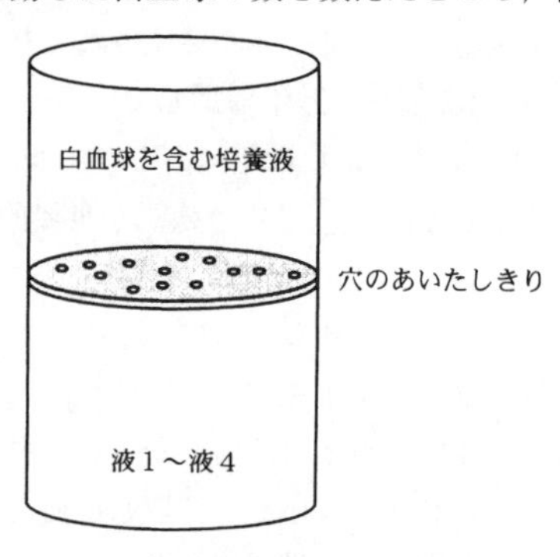

図２　装置の模式図

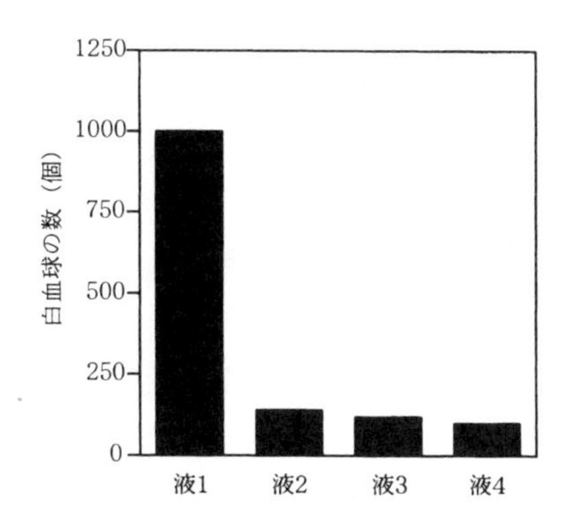

図3　しきりの下方に移動した白血球の数

液1：酵母の死菌と大食細胞を取り除いた培養液
液2：液1を95℃で10分間加熱した液
液3：分子量2000以下の分子だけを通過させる膜で液1をろ過したろ液
液4：未使用の培養液

〔問〕

（Ⅰ）文1について，次の小問に答えよ。

(A) 空欄(1)～(5)に最も適当な語句をいれよ。

(B) 異物に対する生体の反応を利用して，特定の疾患の予防や治療が行われている。この代表例は「予防接種」と「血清療法」である。それぞれの原理を各2行以内で述べよ。

（Ⅱ）文2について，次の小問に答えよ。

(A) 下線部(ア)について。この実験には蒸留水ではなく，適切な糖や塩類を含んだ培養液を使わなければならない。培養液に糖や塩類を加える理由を2つあげよ。

(B) 図1の横軸の「大食細胞1個当たりの蛍光強度」は何を示していると考えられるか。2行以内で述べよ。

(C) 図1でウサギAとBで違いが生じた理由として考えられることを，2行以内で述べよ。

(D) ウサギAの血清を大量の酵母の死菌と混合し，37℃で30分間おいた。その後，そこから酵母の死菌を取り除いた血清をもちいて実験1と同様の実験を行った。結果は図1のどちらのウサギの血清の結果に近くなると考えられるか，理由とともに2行以内で述べよ。

(E) 図3の結果から，大食細胞が培養液中に何らかの物質を放出していることがわかる。この物質は白血球に対してどのような作用を持った物質であると考えられるか，1行で述べよ。

(F) 小問(E)の作用は，生体内での感染防御にどのような意義を持つか，2行以内で述べよ。

(G)　小問(E)で考察した物質は，糖，脂質，タンパク質のいずれであると考えられるか。図 3 の結果をふまえて，理由とともに 2 行以内で述べよ。

ポイント

(Ⅱ)　(B)〜(F)は東大らしい実験データの解釈・考察・推測が求められている。

(B)　大食細胞（以下マクロファージと呼ぶ）1 個あたりの蛍光強度が，マクロファージが取り込んだ酵母の死菌数を表している。そのための前提条件として，酵母死菌 1 個あたりの発する蛍光は同じであることが述べてある。

(C)　結果の違いは酵母死菌に抗体が結合しているかどうかの違いによる。

(D)　ウサギ A の血清中の抗体を酵母の死菌に結合させて取り除くので，この中の血清には酵母死菌に対応する抗体がなくなっている。

(E)　ウサギ A の血清で処理した酵母死菌を加えてマクロファージを培養した液 1 には白血球を誘引する物質が含まれていることを示している。

52 サケの母川回帰

（1999年度　第3問）

次の文1～3を読み，（Ⅰ）～（Ⅲ）の各問に答えよ。

〔文1〕

秋に川で受精したサケの卵は発生後稚魚になり，稚魚は春になると川を下っていく。そして沿岸でしばらく生活したのちに外洋へと回遊の旅に出る。外洋で成長したのち，サケは生まれた川に戻り（母川回帰），産卵する。こうしてサケの一生は再び繰り返される。この一連の行動には，(ア)淡水・海水間の移動に伴う浸透圧調節，神経系による母川回帰・回遊・(イ)産卵などの行動の制御，および内分泌系による生殖機能の調節が必要とされる。

〔文2〕

サケは母川の匂いを記憶し，その匂いをたどって母川回帰する，という(ウ)嗅覚記憶仮説がハスラーによって最初に提唱された。現在でもこの仮説はほぼ支持されているが，脳での匂いの学習・記憶のしくみに関してはほとんど解明されていない。一方，海産動物アメフラシの神経節（脊椎(せきつい)動物の脳に相当する）などでは，多数の研究結果から，学習・記憶に関するしくみの一端が徐々に分かってきている。

脳における情報処理は脳を構成する単位である［　1　］の電気的な信号が次の［　1　］に［　2　］と呼ばれる接合部を介して伝えられるのが基本になっている。［　1　］に生じた［　3　］と呼ばれる電気的信号は軸索を伝導して［　2　］に伝えられ，そこで［　3　］の持続時間に依存した量だけカルシウムイオンが流入して［　4　］の放出（分泌）を引き起こすことにより興奮が伝達される。アメフラシにおいては，ある種のしくみにより［　2　］の軸索末端部側における［　3　］の持続時間が長くなり，その結果［　4　］の放出（分泌）量が［　5　］することが，えら引き込み行動でのある種の学習・記憶の基礎になっていると考えられている。

〔文3〕

母川に帰ってきた(エ)雄サケの輸精管内には，精巣でつくられた精子が蓄えられている。一方，産卵期に入った雌サケの卵巣には，長い「卵黄形成」の過程を経て卵黄が蓄積した卵母細胞がすでに存在している。卵母細胞が受精可能になるには卵黄形成に引き続く「卵成熟」と呼ばれる過程が必須である。卵黄形成と卵成熟の過程は，ともに脳下垂体から分泌される生殖腺刺激ホルモンGTHにより調節されている。

サケの1個の卵母細胞の周りには濾胞(ろほう)組織と呼ばれる細胞層（細胞Aの層と細胞Bの層より成る）が存在しており，これら全体を卵胞と呼ぶ（図6）。サケの卵胞は大型なので，濾胞組織を卵母細胞から分離したり，濾胞組織をさらに細胞Aの層と細胞

Bの層に分けて培養するような実験操作が容易である。

卵黄形成における卵母細胞と濾胞組織の役割を知るために以下の実験1と実験2を行った（図6を参照せよ）。(オ)実験1の結果から，卵黄形成期にはGTHが卵母細胞ではなく濾胞組織にはたらいてホルモンEを生成させることがわかった。ホルモンEは肝臓にはたらき，卵黄の原料となる物質Vを生成させ，それが血流を介して卵母細胞に運ばれて卵黄になる，と考えられている。

卵黄形成が完了して産卵期に入ったサケの卵胞の濾胞組織は，GTHに反応して，ホルモンEではなく，(カ)卵成熟誘起ホルモンMIHを生成するようになる。つまり，産卵期には濾胞組織のホルモン合成系が変化することによって，卵黄形成に使われたのと同じ濾胞組織が今度は卵成熟にはたらくようになるわけである。

〔実験1〕　卵黄形成期の卵胞全体を培養皿に取り出し，GTHを含む培養液中で培養したのち，培養液中のEの量を測定すると，多量のEが検出された。次に，［　6　］。

〔実験2〕　濾胞組織を細胞Aの層と細胞Bの層（単に細胞A，細胞Bと呼ぶことにする）に分離して，Eの生成における各々の細胞のはたらきを調べた。GTHを含む培養液中で細胞Aと細胞Bをそれぞれ別に培養したのち，培養液中のEの量を測定したが，Eは検出されなかった。次に，GTHを含む培養液中で細胞Aを培養したのち，細胞Aを取り除いた培養液の中で細胞Bを培養すると多量のEが検出されるようになった。逆に，GTHを含む培養液中で細胞Bを培養したのち，細胞Bを取り除いた培養液の中で細胞Aを培養するとEは検出されなかった。

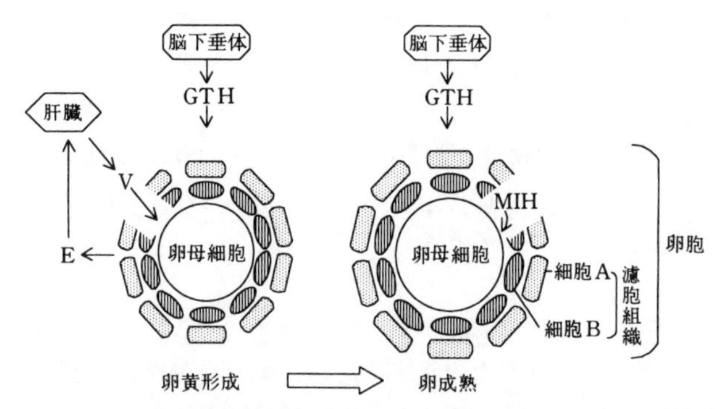

図6　サケの卵胞で卵黄形成と卵成熟が起きるしくみを示した模式図

〔問〕

（Ⅰ）　文1について。

(A)　下線部(ア)について。サケのように淡水と海水の間を移動する魚のえらでは，あるしくみが発達していると考えられる。それはどのようなしくみか。2行以内で述べよ。

(B)　下線部(イ)について。産卵行動のように動物が生まれつきもっている行動を何と呼ぶか。その名称を答えよ。また，そのような行動の例として最も適当なものを次の(1)～(5)の中から1つ選び，番号で答えよ。

(1)　レモンを見ただけでだ液を出す。

(2)　クモやアリが巣作りをする。

(3)　カモのひなが生まれてすぐに見た動くおもちゃについて歩くようになる。

(4)　サルがイモを洗って食べるようになる。

(5)　試験で緊張すると尿意をもよおす。

（Ⅱ）　文2について。

(A)　下線部(ウ)の嗅覚記憶仮説を検証するためにはどのような実験をしたらよいか。2行以内で述べよ。

(B)　空欄1～5に最も適当な語句を入れよ。ただし，空欄5には増加または減少のいずれかを入れよ。

（Ⅲ）　文3について。

(A)　下線部(エ)について。次の文の空欄7～9に最も適当な語句を入れよ。

輸精管の中ではさまざまなしくみにより精子の運動は抑制されている。精子は川の水の中に放出されると，抑制が解除され，運動を開始する。精子は[7]を動かすことによって卵に向かって泳ぐが，運動のエネルギーは，[8]の分解によって得ている。[8]は細胞小器官の1つである[9]において作られる。

(B)　下線部(オ)について。このように考えるもとになった実験1はどのようなものであったと考えられるか。空欄6に入れるべき実験内容を，予想される実験結果とともに3行以内で述べよ。

(C)　実験2の結果から，ホルモンEが生成されるときに細胞A，細胞Bのそれぞれが果たす役割について考えられることを，合わせて3行以内で述べよ。

(D)　下線部(カ)について。MIHを含む培養液で産卵期の未成熟の卵母細胞を培養すると卵成熟が起きたが，MIHを卵母細胞の細胞質に注入しても卵成熟は起きなかった。一方，卵成熟を起こした卵母細胞の細胞質の一部を抜き取って未成熟の卵母細胞の細胞質に注入すると卵成熟が起きた。このことから，卵成熟が引き起こされるしくみについて，MIHの果たす役割に注目しながら2行以内で述べよ。

ポイント

(Ⅱ)(A)　サケの母川回帰について：サケはなぜ生まれ故郷の河川に戻ることができるのだろうか？　驚くべきことに，母川回帰のメカニズムは，現在に至っても定説がないのである。しかし，これまで提唱されてきた複数の学説の中には，科学者の間で有力視されているものがある。その中の１つが嗅覚刷り込み説。

嗅覚刷り込み説とは，母川特有のにおいに対する記憶を頼りに母川に回帰する，と考える説で，例えば鼻詰めされたサケが母川に回帰できなくなるなどの実験・観察結果により，多くの研究者から支持を集めている。また，従来の研究から，刷り込みが，きわめて短時間で，後天的に起こることも明らかになった。最近では，嗅覚のほかに視覚も関与していることが証明されている。サケは，嗅覚以外の方法も併用しながら母川回帰を実現していると考えた方が自然であろう。外洋におけるサケの方向定位のメカニズムに関しては，これまで，太陽コンパス説，磁気コンパス説，海流説などが唱えられてきた。太陽コンパスとは体内時計と太陽の位置・高度から自分の現在位置を推定する方法，磁気コンパスは体内にある磁性体と地磁気から方位を決定する方法。サケに限れば「決定打」に欠け，１つの説に絞り込めないのが実情である。実際には，太陽コンパスや磁気コンパス，時に海流も活用しながら，外洋から母川近くまで回帰しているのかも知れない。

第５章　生態系／進化と系統

53 動物の系統，多細胞生物の成立

（2020 年度　第３問）

次の（Ⅰ），（Ⅱ），（Ⅲ）の各問に答えよ。

（Ⅰ） 次の文章を読み，問(A)～(D)に答えよ。

ヒトも含めた多細胞動物は，後生動物と呼ばれ，進化の過程で高度な体制を獲得してきた。動物が進化して多様性を獲得した過程を理解する上では，現生の動物の系統関係を明らかにすることが非常に重要である。動物門間の系統関係は未だ議論の残る部分もあるが，現在考えられている系統樹の一例を図３－１に示す。この系統関係を見ると，どのようにして動物が高度な体制を獲得するに至ったのか，その進化の過程を見てとることができる。動物進化における重要な事象として，多細胞化，口（消化管）の獲得，神経系・体腔の獲得，左右相称性の進化，旧口／新口（前口／後口）動物の分岐，脱皮の獲得，脊索の獲得などが挙げられる。

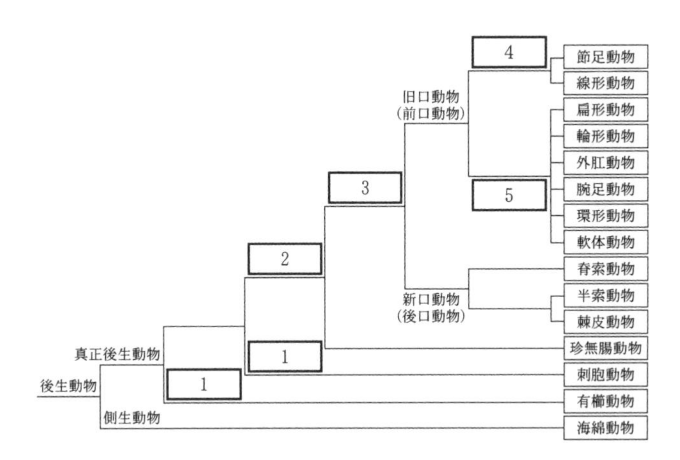

図３－１　動物門間の系統関係

著作権の都合上，図３－１中のイラストを省略しています――編集部

〔問〕

(A)　図３－１の１～５に入る語句として最も適切な組み合わせを下記の(1)～(4)から選べ。

⑴　1：放射相称動物　　2：体腔の獲得　　3：左右相称動物
　　4：脱皮動物　　5：冠輪動物

⑵　1：放射相称動物　　2：左右相称動物　　3：体腔の獲得
　　4：脱皮動物　　5：冠輪動物

⑶　1：左右相称動物　　2：放射相称動物　　3：体腔の獲得
　　4：冠輪動物　　5：脱皮動物

⑷　1：体腔の獲得　　2：左右相称動物　　3：放射相称動物
　　4：冠輪動物　　5：脱皮動物

(B)　動物の初期発生が進行する過程で，一様であった細胞（割球）が複数の細胞群（胚葉）へと分化する。後生動物は，外胚葉と内胚葉からなる二胚葉性の動物と，外胚葉・中胚葉・内胚葉からなる三胚葉性の動物に大別される。下記にあげた動物はそれぞれ，二胚葉性・三胚葉性のどちらに分類されるか。「⑴二胚葉性」のように記せ。

⑴　イソギンチャク　　⑵　カブトムシ　　⑶　ゴカイ
⑷　ヒト　　⑸　クシクラゲ　　⑹　イトマキヒトデ

(C)　旧口動物と新口動物は，初期発生の過程が大きく異なることが特徴である。どのように異なるのか，2行程度で記せ。

(D)　ウニやヒトデなどの棘皮動物は，五放射相称の体制を有するにもかかわらず，左右相称動物の系統に属する。このことは，発生過程を見るとよくわかる。それは，どのような発生過程か，2行程度で記せ。

（Ⅱ）　次の文章を読み，問(E)，(F)に答えよ。

動物の系統関係を明らかにする場合，その動物が持つ様々な特徴から類縁関係を探ることができ，古くから形態に基づく系統推定は行われてきた。しかし，形態形質は研究者によって用いる形質が異なるなど，客観性にとぼしい。近年では，様々な生物種から DNA の塩基配列情報を容易に入手できるようになり，これに基づいて系統関係を推定する分子系統解析が，系統推定を行う上で主流となっている。

1949 年に「珍渦虫（ちんうずむし）」と呼ばれる謎の動物が，スウェーデン沖の海底から発見された（図3－2）。この動物は，体の下面に口があるが，肛門はないのが特徴である。珍渦虫がどの動物門に属するかは長らく謎であり，最初は扁形動物の仲間だと考えられていた。1997 年に，珍渦虫の DNA 塩基配列に基づく分子系統解析が初めて行われて以来，現在までに様々な仮説が提唱されている。当初，軟体動物に近縁だと報告されていたが，これは餌として食べた生物由来の DNA の混入によるものだと判明した。その後，分子系統解析が再度行われた結果，(ア)<u>珍渦虫は新口動物の一員である</u>という知見が発表された。

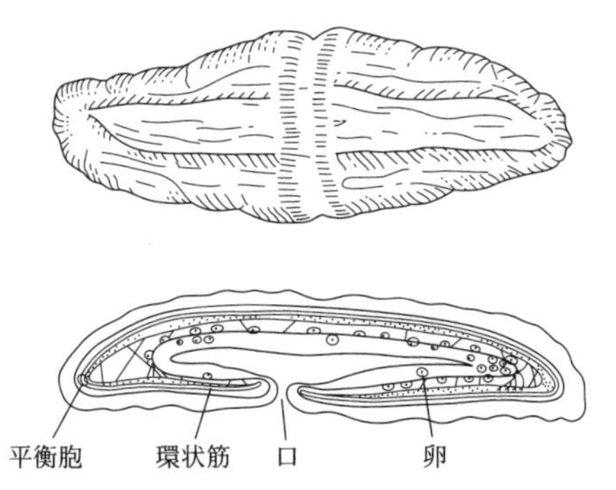

図3－2　珍渦虫の体制．上から見た図(上)と正中断面(下)

さらにその後，扁形動物の一員と考えられていた無腸動物が珍渦虫に近縁であることが示され，両者を統合した珍無腸動物門が新たに創設された。しかし，その系統学的位置については，新口動物に近縁ではなく，「(イ)旧口動物と新口動物が分岐するよりも前に出現した原始的な左右相称動物である」という新説が発表された。また，(ウ)珍渦虫と無腸動物は近縁でないとする説も発表されるなど，状況は混沌としてきた。

2016年，(エ)珍渦虫と無腸動物は近縁であり（珍無腸動物），これらは左右相称動物の最も初期に分岐したグループであることが報告された。しかし，2019年に発表された論文では，(オ)珍無腸動物は水腔動物（半索動物と棘皮動物を合わせた群）にもっとも近縁であるという分子系統解析の結果が発表された。そのため珍無腸動物の系統学的位置は未解決のままである。

〔問〕

(E)　下線部(ア)～(オ)の仮説を適切に説明した系統樹を次の1～4から選び，(ア)－1のように記述せよ。それぞれの仮説に当てはまるものはひとつとは限らない。

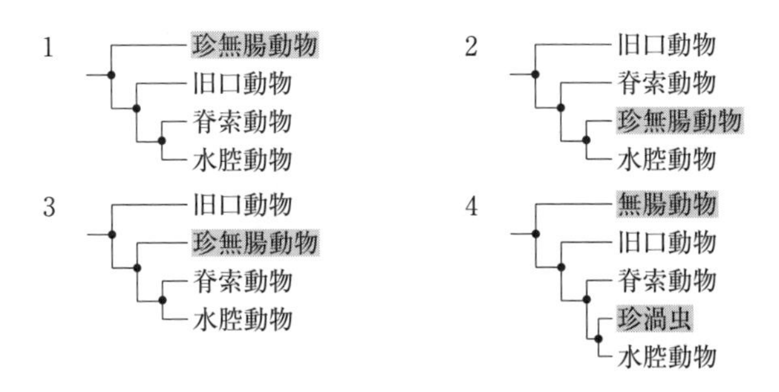

(F)　図3－2下の断面図にあるように，珍渦虫には口はあるが肛門はない。下線部(ア)が正しいとすると，その分類群の中ではかなり不自然な発生過程をたどることになると考えられる。それはなぜか，3行程度で記せ。

(Ⅲ) 次の文章を読み，問(G)〜(I)に答えよ。

多細胞体である後生動物は，単細胞生物からどのような過程を経て進化してきたのだろうか。この点についてはかなり古くから議論があり，これまでに様々な仮説が提唱されている。主として支持されてきたのが，ヘッケルの群体鞭毛虫仮説（群体起源説，ガストレア説）とハッジの多核体繊毛虫仮説（繊毛虫類起源説）である（図3－3）。

ヘッケルの唱えた群体鞭毛虫仮説では，単細胞の鞭毛虫類が集合して，群体を形成し，多細胞の個体としてふるまうようになったものが最も祖先的な後生動物であるとしている。この仮想の祖先動物は「ガストレア」と呼ばれ，多くの動物の初期胚に見られる原腸胚（嚢胚）のように原腸（消化管のくぼみ）を有するとしている。この説では，［　6　］から［　7　］が生じたとしている。

一方，ハッジの唱えた多核体繊毛虫仮説では，繊毛を用いて一方向に動く単細胞繊毛虫が多核化を経て多細胞化したとする。つまりこの説では，［　8　］から［　9　］が派生したとしている。

近年の分子系統学的解析から，後生動物は単系統であることや，その姉妹群が襟鞭毛虫であることが示されている。襟鞭毛虫は群体性を示すことや，後生動物の中で最も早期に分岐した海綿動物には，襟鞭毛虫に似た「襟細胞」が存在することから，現在ではヘッケルの群体鞭毛虫仮説が有力と考えられている。

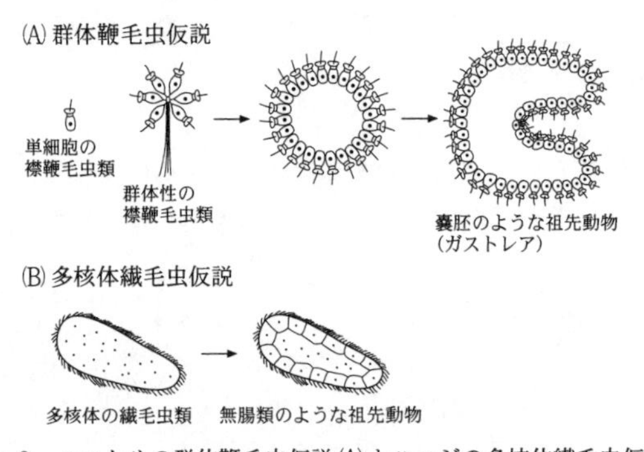

図3－3　ヘッケルの群体鞭毛虫仮説(A)とハッジの多核体繊毛虫仮説(B)

〔問〕

(G)　文中の空欄6～9に当てはまる語句として最も適切な組み合わせを下記の(1)～(4)から選べ。

(1)　6：放射相称動物　　7：左右相称動物　　8：左右相称動物
　　9：放射相称動物

(2)　6：左右相称動物　　7：放射相称動物　　8：左右相称動物
　　9：放射相称動物

⑶　６：放射相称動物　　７：左右相称動物　　８：放射相称動物
　　９：左右相称動物
⑷　６：左右相称動物　　７：放射相称動物　　８：放射相称動物
　　９：左右相称動物

(H)　動物の中には，外肛動物（コケムシ）のように，個体が密着して集団がまるで１個体であるかのように振る舞う「群体性」を示すものが存在している。群体性を示す動物の中には，異なる形態や機能を持つ個体が分化したり，不妊の個体が存在する種も知られる。このように同種の血縁集団として生活し，その中に不妊個体を含む異なる表現型を持つ個体が出現する動物は他にも存在している。その例として最も適切なものを下記からひとつ選べ。

⑴　アブラムシの翅多型
⑵　ミジンコの誘導防御
⑶　クワガタムシの大顎多型
⑷　社会性昆虫のカースト
⑸　ゾウアザラシのハーレム

(I)　ヘッケルの唱えた「ガストレア」が後生動物の起源だとすると，現生の動物門の中で「ガストレア」の状態に最も近い動物門は何か。動物門の名称とその理由を３行程度で記せ。

ポイント

(Ⅰ)(D)　「発生過程を見るとよくわかる」とあることから，ウニの発生過程を踏まえて体制を考える。
(Ⅱ)(F)　「不自然な発生過程をたどる」という意味をしっかり分析する。何がどう不自然なのかについて述べる。
(Ⅲ)(I)　図３－３でガストレアの図を見ると，原腸胚の段階にあることが想定される。体の構造が原腸胚に近い生物を考える。

54 異種個体間の相互作用，遺伝，環境適応

（2017年度　第3問）

次の文1と文2を読み，（Ⅰ）と（Ⅱ）の各問に答えよ。

〔文1〕

生物が様々な異なる環境へ適応して，共通の祖先から数多くの種に多様化することを［ 1 ］という。相互作用している複数種の生物が，互いに影響を与えながら進化することを［ 2 ］という。動物における種間の相互作用としては，行動を介した交渉による直接的相互作用や，同じ餌を利用することで一方の種が他方の種に間接的な影響を与えるものなどがある。生物群集において，ある種が占める生息場所，出現時期や活動時間，餌の種類などの生息条件を［ 3 ］という。食性が共通するなど，［ 3 ］が近い種間では激しい種間競争が生じ，一方の種がもう一方の種を駆逐する［ 4 ］が起こる事がある。しかし，ある食性の動物にとって，同じ食性の他種の存在が有利にはたらく間接的な相互作用も存在することが明らかになってきた。

〔文2〕

アフリカのタンガニイカ湖に生息する魚類には，他魚種の鱗（うろこ）を主食とする種がいる。鱗を食べる魚は，鱗を食べられる魚の後方から忍び寄り，体側から襲いかかって鱗を一度に数枚はぎ取る。魚種AとBはどちらも魚種Cを襲って鱗を食べるが，2種の襲い方は大きく異なる。どちらの種もゆっくり泳ぎながら探索し，種Cを見つけると，種Aは底沿いに忍び寄り，遠くから突進する。種Bはあたかも無害な藻食魚のような泳ぎ方で種Cに近寄り，至近距離からいきなり襲いかかる。種Cは，種AまたはBの接近を常に警戒しているため，種AやBが単独で襲いかかった場合の鱗はぎ取りの成功率は20％程度である。(ア)ところが種AおよびBの採餌成功率は，状況に応じて異なった（図3－1）。

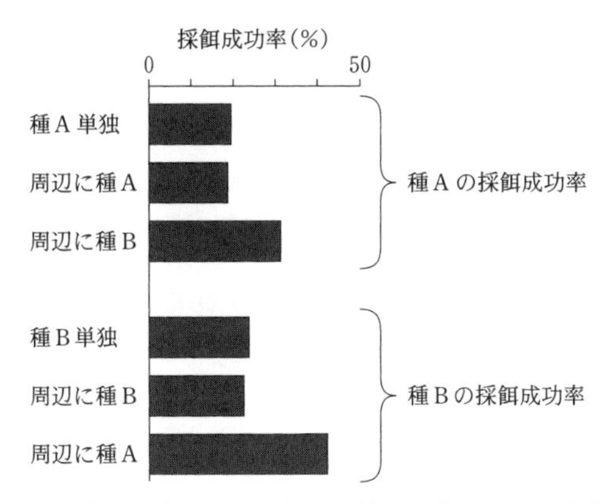

図３―１　鱗を食べる種ＡとＢが種Ｃから鱗をはぎ取ることに成功した割合
単独で襲いかかった場合，種Ｃの周辺に同種もしくは別種がいた場合で比較した。

種ＡやＢの口を観察すると，魚の口は右や左に大きく曲がっていた（図３―２）。口が右に曲がった個体の胃袋からは，種Ｃの左の体側からはぎ取った鱗のみが出現し，口が左に曲がった個体からは右の体側からはぎ取った鱗のみが出現した。つまり，個体ごとに口の曲がりに応じて食べやすい体側からのみ鱗をはぎ取っているのである。

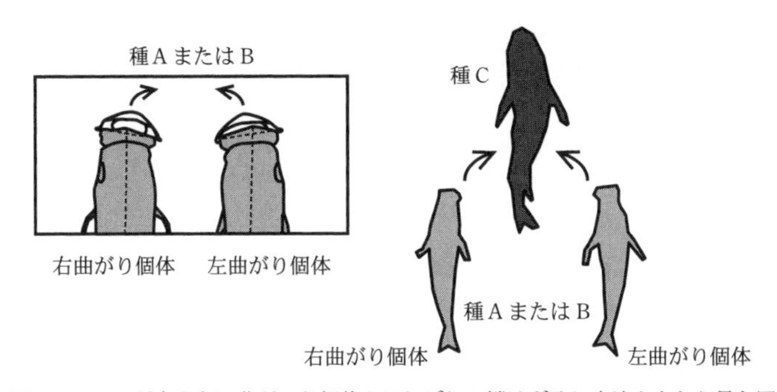

図３―２　口が右や左に曲がった個体とそれぞれの鱗はぎ取り方法を上から見た図

種ＡおよびＢにおいて，口が左に曲がった親どうしの組み合わせから生まれた子は，すべて口が左に曲がった個体となった。口が右に曲がった個体どうし，あるいは右に曲がった個体と左に曲がった個体を親とする子の口の曲がる向きを調べたところ，(イ)<u>単一の遺伝子座にある対立遺伝子に支配される左曲がり劣性のメンデル遺伝をする</u>と考えられた。

個体群中で口が左に曲がった個体と右に曲がった個体がどのような比率で存在するのかを調べるため，種ＡとＣのみが生息する場所で種Ａを十数年間調べたところ，口が左に曲がる個体の割合は40から60％の間を4～5年の周期で変動し，平均はほぼ50％となった。

鱗をはぎ取られた種Cの体にはしばらくの間痕跡が残るため，どちら側の体側から鱗をはぎ取られたかを調べることができる。(ウ)種AとCのみが生息する場所で，種Cに残る痕跡を，右と左それぞれの体側で複数年にわたって数えたところ，年によって結果が異なった（図3－3）。

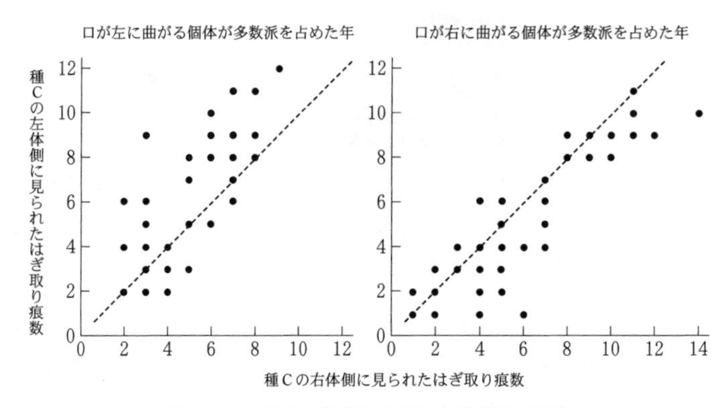

図3―3　種Cの体側に見られたはぎ取り痕数

口が左に曲がった個体が種Aの多数派を占めた年(左パネル)と右に曲がった個体が種Aの多数派を占めた年(右パネル)を比較した。破線は右体側と左体側に見られるはぎ取り痕数が同じであった場合を示す。1つの点は種Cの1個体における値を示す。

〔問〕

（Ⅰ） 文1について，以下の小問に答えよ。

(A)　空欄1～4にあてはまるもっとも適切な語句を，以下の選択肢①～⑬の中から選べ。解答例：1―①，2―②

①　最適条件	②　共　存	③　弱肉強食
④　適者生存	⑤　生態的地位	⑥　食物連鎖
⑦　競争的排除	⑧　間接効果	⑨　生物多様性
⑩　共進化	⑪　適応放散	⑫　収束進化
⑬　食物網		

(B)　2種間の相互作用には，以下の表に記す組み合わせが存在する。2種間の関係を表す語句(1)～(6)それぞれに対応する組み合わせとしてふさわしいものを，表の①～⑤の中から選べ。解答例：(1)―①，(2)―②

(1)　片利共生	(2)　寄　生	(3)　競　争
(4)　中　立	(5)　相利共生	(6)　捕　食

		生物2にとって		
		利　益	不利益	どちらでもない
生物1にとって	利　益	①	②	③
	不利益	②	④	偏　害
	どちらでもない	③	偏　害	⑤

(Ⅱ)　文2について，以下の小問に答えよ。

(A)　下線部(ア)について。採餌成功率が状況に応じてどのように異なったか，図3－1から読み取れる傾向を2行程度で説明せよ。

(B)　図3－1のような結果がもたらされた理由を，鱗をはぎ取られる種Cの行動面から2行程度で説明せよ。

(C)　下線部(イ)がなり立つとして，口が右に曲がった個体どうしが親となる場合，生まれる子の理論上の比率として考えられるものを以下の(1)～(7)からすべて選べ。

(1)　右曲がり：左曲がり＝1：0　　(2)　右曲がり：左曲がり＝0：1
(3)　右曲がり：左曲がり＝2：1　　(4)　右曲がり：左曲がり＝1：2
(5)　右曲がり：左曲がり＝3：1　　(6)　右曲がり：左曲がり＝1：3
(7)　右曲がり：左曲がり＝1：1

(D)　下線部(ウ)について。図3－3に見られたはぎ取り痕数の左右の偏りがもたらされた理由として正しいものを，以下の(1)～(3)から1つ，(4)～(6)から1つ選べ。

(1)　種Cはどちらの体側も守るべく防御を左右均等に配分した。
(2)　種Cは種Aの多数派からの襲撃に対する防御に専念した。
(3)　種Cは種Aの少数派からの襲撃に対する防御に専念した。
(4)　種Aの多数派と少数派は同程度の採餌成功率であった。
(5)　種Aの多数派は高い採餌成功率であった。
(6)　種Aの少数派は高い採餌成功率であった。

(E)　下線部(ウ)について。鱗を食べる魚が配偶相手を選択する際に，口が右に曲がった個体の数が左に曲がった個体の数を大きく上回っている場合は，口が左に曲がった個体はどちらのタイプの個体を選択するのが子の生存に有利となるか答えよ。またその理由を2行程度で答えよ。

(F)　種AとCのみが生息する場所では，種Aにおける口が左に曲がった個体の割合は数年周期の振動を示した。種AとBとCが生息する場所で，種AとBにおける口が左に曲がった個体の割合を十数年間調べたところ，どちらの種においても50％を中心とする数年周期の振動を示し，さらにそれらの振動はほぼ同調した。模式的に示すと図3－4のようになる。この現象に関する考察として不適切なものを，以下の(1)〜(4)から１つ選べ。

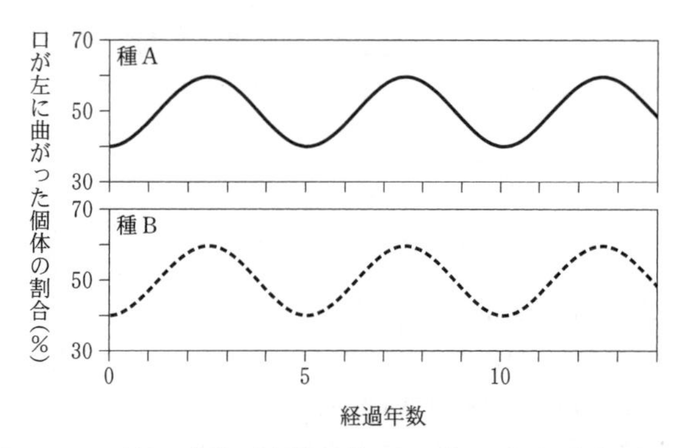

図３―４　口が左に曲がった個体が種ＡおよびＢに占める割合の年変動

(1)　採餌成功率が高い個体の繁殖成功率は高まるが，その子が鱗を食べるようになるまでの時間が，振動周期に影響を及ぼす。

(2)　襲い方が異なる種ＡとＢの共存や，口の曲がりの左右性という種内二型は，種Ｃの警戒を介した頻度に依存した自然選択によって維持されている。

(3)　種Ａの個体数が種Ｂよりもはるかに多い場合，種Ａにおける口が左に曲がった個体の割合に応じて，種Ｃは防御のやり方を変えている。

(4)　種Ａの個体数が種Ｂよりもはるかに多い場合，種Ａにおける口が左に曲がった個体の割合は，種Ｂの採餌成功率を左右しない。

ポイント

(Ⅱ)(B)　周辺に襲い方が異なる種Ａ，種Ｂがいると，種Ｃは同時に２種に対する警戒をしなくてはならなくなる。

(D)　種Ａの口が右に曲がった個体では種Ｃの左体側から鱗をはぎ取り，種Ａの口が左に曲がった個体では種Ｃの右体側から鱗をはぎ取ることに注意する。

55 生態系，植物の化学的防御，概日リズム

（2016年度　第3問）

次の文1から文3を読み，（Ⅰ）から（Ⅲ）の各問に答えよ。

〔文1〕

生態系を構成する生物には，食うもの（捕食者）と食われるもの（被食者）との関係が見られ，また，捕食者はさらに大型の捕食者に食われる被食者にもなる。食う―食われるの関係が一連に続くことを［ 1 ］という。捕食された生物の一部は不消化のまま体外に排出される。捕食量（摂食量）から不消化排出量を差し引いたものが，消費者の同化量となり，その捕食量に占める割合を同化効率と呼ぶ。同化効率は100％［ 2 ］の値をとるため，生産者から高次捕食者までの栄養段階が上がるにつれて，個体数や生物量は［ 3 ］ことが多い。1種の動物は2種以上の生物を食べたり，2種以上の動物に食べられたりしており，自然界における［ 1 ］の関係は，複雑な［ 4 ］を構成している。より多くの種により構成される複雑な［ 4 ］が存在する生態系ほど，生物群集の量は安定し，水の浄化・二酸化炭素の吸収・酸素の生産・生物生産などのサービス機能（生態系機能）は［ 5 ］。

〔文2〕

アラスカ沿岸からアリューシャン列島周辺の海域では，ジャイアントケルプをはじめとするコンブやワカメなどの褐藻類がケルプの森をつくり，多様な魚類・貝類・甲殻類が生活している。そこには，生産者であるケルプをウニが食べ，そのウニをラッコが食べるという［ 1 ］がある。1970年代初頭，アリューシャン列島の地形的によく似た近接する2つの島でウニの生息密度を調べた。6,500頭前後のラッコが生息するX島にはケルプの森が繁茂し，小型のウニが低密度で生息していた。図3－1に示すとおり，(ア)ケルプは浅場ほど繁茂し，深場に行くにつれて減少した。一方，ラッコがほとんど生息していないY島にはケルプが繁茂せず，サンゴモで一面が覆われた海底に，大型のウニが高密度で生息していた。光合成を行うサンゴモはウニの餌となる藻類であるが，ケルプのような背の高い群落を形成することは無く，海底の岩盤を薄く覆うように広がる。(イ)Y島における魚類・貝類・甲殻類の種数や生物群集の量は，多数のラッコが生息するX島よりも少なかった。ケルプの森の生態系におけるラッコのように，(ウ)生態系にはそのバランスを保つのに重要な役割を果たすキーストーン種がいることがある。

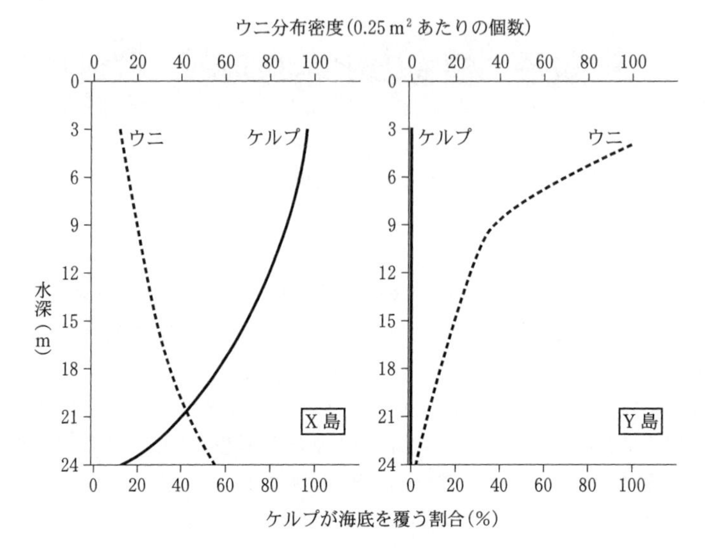

図3—1　2つの島における水深とケルプが海底を覆う割合(実線)，および水深とウニ分布密度(点線)の関係

〔文3〕

野外の植物は様々な植食者（植物を食べる動物）による食害を常に受けるため，食害を回避するためのいろいろな対抗策を講じている。第一の対抗策は，葉を硬くしたり(エ)葉の表面にあるトライコーム（毛状体）を発達させる「物理的防御」である。第二の対抗策は，植食者にとっての毒物や忌避（きひ）物質を体内に蓄積する「化学的防御」である。化学的防御の誘導には，植物ホルモンの一種であるジャスモン酸類のはたらきが重要である。

〔実験1〕　あるアブラナ科の植物Aは，野外においてガP幼虫による食害を受ける。植物Aを，22℃の実験室において12時間明期／12時間暗期の明暗条件下で一定期間生育させた後，連続暗条件下（22℃）に移してさらに生育を続けた。この時，植物A体内のジャスモン酸類の量を4時間おきに測定したところ，図3－2(a)のような結果になった。また，植物Aとは別の実験室において，ガP幼虫を同様の環境下で生育させた時，ガP幼虫の4時間あたりの採餌量の変動は図3－2(b)のようになった。なお，ガP幼虫にはすべての期間を通じて人工餌を与えた。

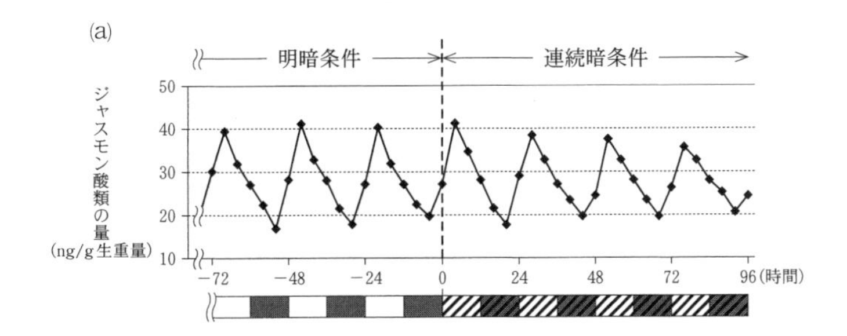

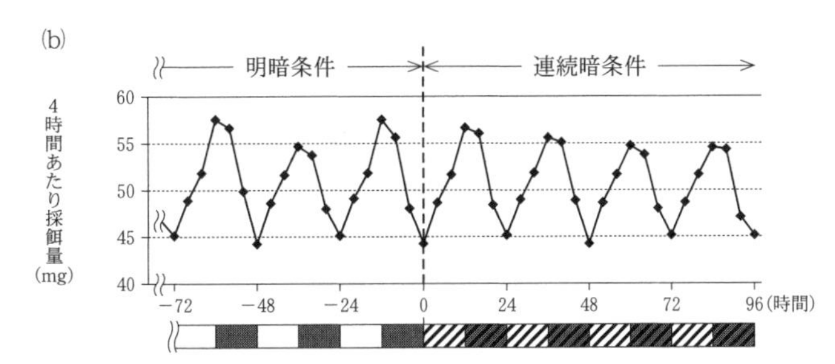

図3―2　植物A体内のジャスモン酸類の量(a)とガP幼虫の採餌量(b)の変動
植物AとガP幼虫は別の実験室で生育させた。グラフの下のボックスは，それぞれ明暗条件下の明期(□)および暗期(■)，連続暗条件下において明暗条件が継続されていたとした場合の明期に相当する時間帯(▨)および暗期に相当する時間帯(▩)を示す。

〔実験2〕 植物AとガP幼虫をそれぞれ別々に，22℃の実験室において12時間明期／12時間暗期の明暗条件下で一定期間生育させた。その際，両者は図3―3のように明暗を一致させた環境（同位相），または明暗が逆転した環境（逆位相）で生育させることとした。その後，植物AとガP幼虫をそれぞれ連続暗条件下（22℃）に移し，24時間経過してから両者を共存させた。共存開始から72時間経過した時点（連続暗条件下に移してから96時間後）で，植物Aの残存葉面積をそれぞれ計測した（図3―4）。また，同位相または逆位相の環境下で生育させた後，植物Aのみを連続暗条件下で96時間生育させた時の植物Aの残存葉面積もあわせて計測した（図3―4）。なお，植物Aと共存させるまで，ガP幼虫には人工餌を与えた。

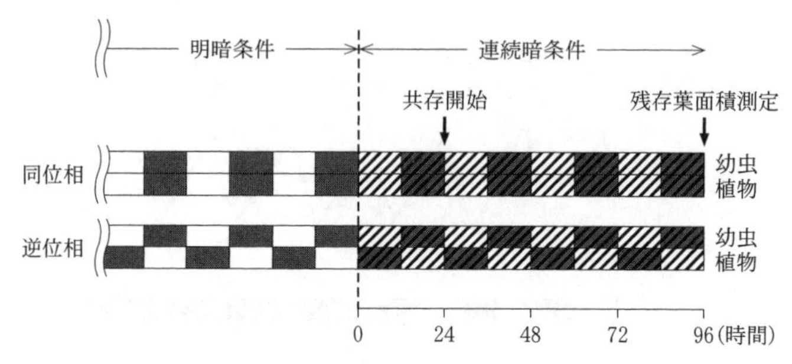

図３―３　植物Ａとガ P 幼虫の生育条件

図中のボックスの表記は，図３―２と同様である。

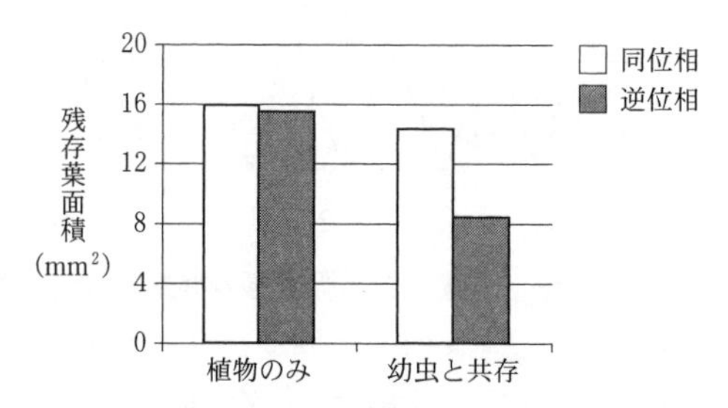

図３―４　共存開始から 72 時間後の植物Ａの残存葉面積

〔問〕

(Ⅰ) 文１について，以下の小問に答えよ。

(A) 空欄１～５にあてはまる適切な語句を，以下の選択肢①～⑮の中から選べ。解答例：１―①，２―②

① 前　後	② 以　上	③ 以　下
④ 未　満	⑤ 増加する	⑥ 減少する
⑦ 変わらない	⑧ 種内競争	⑨ 種間競争
⑩ 食物網	⑪ 生態的地位	⑫ 食物連鎖
⑬ 競争的排除	⑭ 栄養段階	⑮ 生物群集

(Ⅱ) 文２について，以下の小問に答えよ。

(A) 下線部(ア)について。このようになる理由として，浅場ほど光の量が多いことが考えられる。これ以外の理由を，ラッコが果たした役割を踏まえて２行程度で説明せよ。

(B) 下線部(イ)について。このような結果をもたらした理由としては，基礎生産をまかなうサンゴモの生産性がケルプより低いことなどが考えられる。このような餌生物としての特性の違い以外に，理由となりうるケルプとサンゴモの違いを１つあげ，２行程度で説明せよ。

(C)　下線部(ウ)について。下の図は，生物多様性が著しく低い状態から健全な自然界のレベルまで増加するに従い，生態系機能がどのように変化するかを表す概念図である。キーストーン種が存在していることを示すもっとも適切な概念図を以下の(1)～(6)の中から1つ選べ。

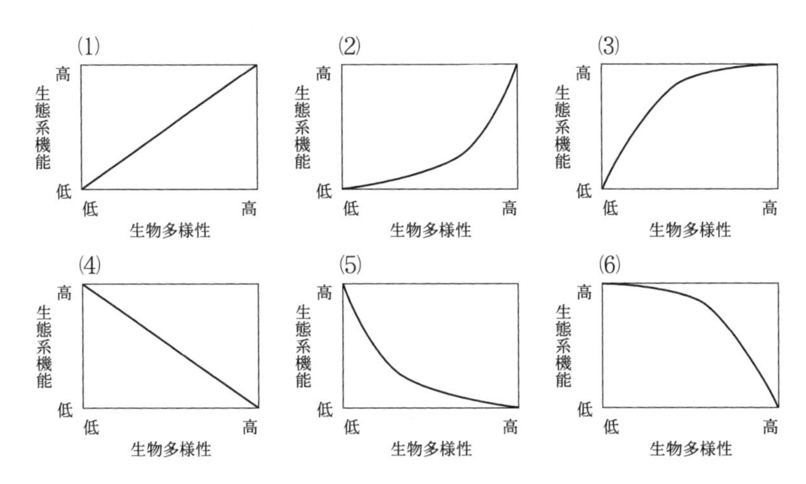

(D)　1990年代に入りアラスカ沿岸からアリューシャン列島のケルプの森の生態系で，シャチがラッコを捕食する様子が初めて目撃されるようになった。平均体重4tのシャチが野外で生活していくのに，1日あたり200,000kcalのエネルギーを必要とする。1頭のシャチがラッコのみを捕食して必要なエネルギーをまかなうとした場合，1年間（365日）で何頭のラッコが必要となるか。計算結果の小数点第一位を四捨五入して整数で答えよ。答えを導く計算式も記せ。なお，ラッコの平均体重は30kg，体重あたりのエネルギー含有量は2kcal/g，シャチがラッコを摂食する際の同化効率は70％とする。

(E)　文2で紹介したX島周辺海域にラッコのみを捕食する数頭のシャチが定住した場合，ケルプの森の生態系を構成する生物種の個体数はどのように推移すると考えられるか。時間経過に伴うケルプ・ウニ・ラッコの個体数（相対値）の推移を示すグラフとして，もっとも適切なものを以下の(1)～(6)の中から1つ選べ。

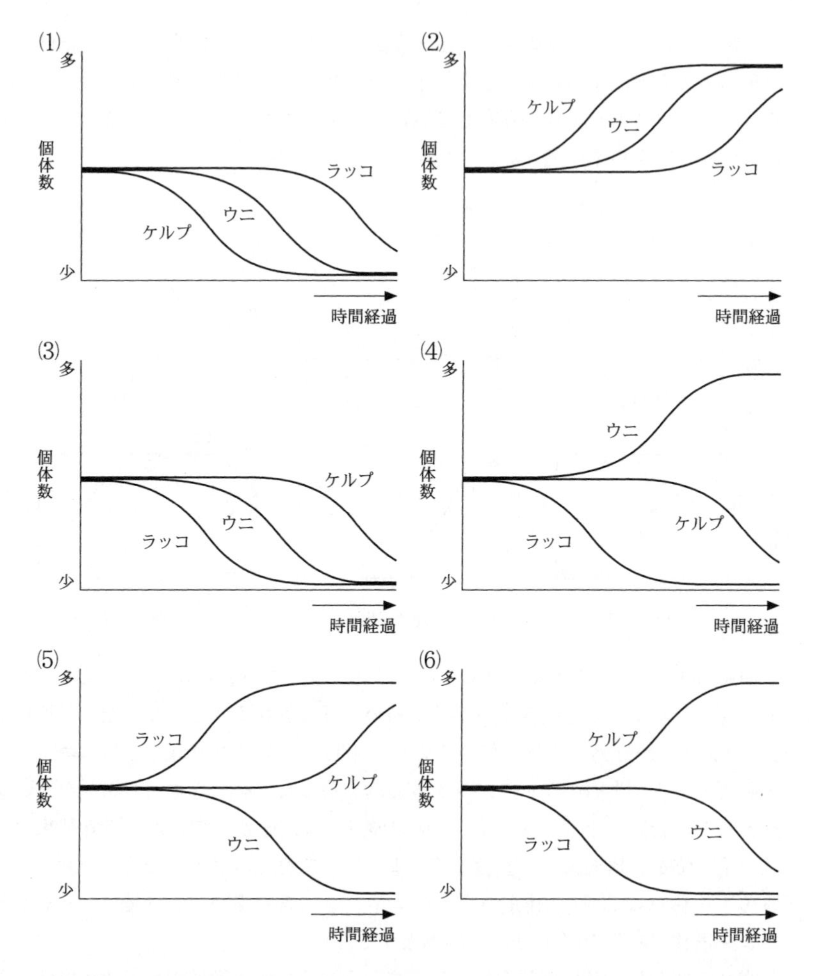

(Ⅲ) 文3について，以下の小問に答えよ。

(A) 下線部(エ)について。多くの場合，トライコームは1つの巨大な細胞である。トライコームと細胞分裂に関する以下の文章中の空欄6～9に当てはまるもっとも適切な語を，選択肢の中から1つずつ選べ。なお，選択肢は繰り返し使用してもよい。

通常の体細胞分裂では，［ 6 ］に核DNAが複製された後に核および細胞質が2つに分裂するため，1細胞あたりの核DNA量は［ 7 ］。しかし，トライコームでは，核および細胞質の分裂がおこらず核DNAの複製だけが繰り返される。その結果，当初 $2n$ だった核相は，順に［ 8 ］，［ 9 ］へと変化する。

選択肢：G1期，S期，G2期，M期，減少する，一定に保たれる，

増加する，$2n$，$3n$，$4n$，$5n$，$6n$，$7n$，$8n$

(B)　図3－2に示す植物A体内のジャスモン酸類の量やガP幼虫の採餌量のように，約24時間の周期で変動する内因的な生物現象を概日(がいじつ)リズムという。図3－2のみから判断できることとして，もっとも適当なものを以下の(1)〜(4)の選択肢の中から1つ選べ。

(1)　概日リズムは細胞レベルでの現象のため，個体の活動には反映されない。

(2)　概日リズムに基づく生物の活動は，暗条件下で活性化する。

(3)　概日リズムは明暗周期が失われても自律的な約24時間周期を持続する。

(4)　概日リズムは周囲の温度変化に影響されない。

(C)　図3－2(a)について。ジャスモン酸類の量の増加に伴い，植物A体内においては様々な化学的防御反応が引き起こされる。当初は限られた数種類の調節タンパク質だけが活性化されるが，ジャスモン酸類の量がピークを迎えてから約6時間の間に，これらの調節タンパク質により直接調節されない遺伝子も含め数百種類もの遺伝子の発現が変動するようになる。発現が変動する遺伝子の数がこのように大幅に増加するためには，どのような遺伝子発現調節の仕組みが必要と考えられるか。2行程度で答えよ。

(D)　実験2について。図3－3のように逆位相下で生育させた植物AとガP幼虫をそれぞれ連続暗条件下に移してから，4時間おきに植物体内のジャスモン酸類の量と幼虫の採餌量を測定した。この時，植物体内のジャスモン酸類の量が最初にピークを迎えるのは，連続暗条件下に移してから何時間後か答えよ。また，ガP幼虫の採餌量が最初にピークを迎える時間についても同様に答えよ。

(E)　図3－4について。同位相下で生育させた植物AとガP幼虫を共存させた場合に比べて，逆位相下で生育させた両者を共存させた場合の方が，植物Aの残存葉面積は大きく減少した。この理由を化学的防御反応と幼虫の採餌活動の関係に注目し，同位相下の場合と逆位相下の場合を比較しながら，3行程度で説明せよ。なお，植物AとガP幼虫の共存は，植物A体内のジャスモン酸類の量の変動には影響を与えないとする。

ポイント

(Ⅲ)(D)　ジャスモン酸の量は明期開始から4時間後にピークを迎えている。ガP幼虫の採餌量は，暗期の開始時に（明期に入ってから12時間後に）ピークを迎える。

(E)　同位相では，化学的防御が最も活発になるときに幼虫の採餌活動が活発になる。逆位相では，ジャスモン酸の減少によって化学的防御が弱まるときに採餌活動がピークになっている。

56 生態系，生物間の相互作用，系統分類

（2015年度　第3問）

次の文1から文3を読み，（Ⅰ）から（Ⅲ）の各問に答えよ。

〔文1〕

地球上には，外観の異なるさまざまな生態系が存在する。陸域での純生産量は，気温や降水量で強く規定され，それに応じて森林や草原などが形成されている。一方，海洋では一般に海水中の栄養塩が乏しいため，窒素や［　1　］などの量が純生産量を決めている。

生態系の特徴を示す代表的な尺度として，純生産量のほかに現存量がある。純生産量は生態系ごとに異なるが，現存量はしばしばそれ以上に異なっている。例えば，(ア)温帯草原の純生産量は，温帯落葉樹林の50％ほどであるが，その現存量は温帯落葉樹林の5％に過ぎない。

また，純生産量のうちで消費者に消費される量も生態系間で大きく異なる。森林では純生産量の5％が消費者に摂食されるのに対し，草原では25％，大きな湖沼では50％が摂食される。こうした違いは，生産者の特徴で説明できる。森林では，(イ)動物の多くが消化できない［　2　］やリグニンなどに富んだ物質が多く生産されるため，消費者に摂食される量が少ない。それに対し，大きな湖沼の生産者である植物プランクトンは，体をささえる支持組織が少なく体も小さいので，動物プランクトンによって摂食されやすい。

〔文2〕

20世紀の後半以降，生物多様性の減少が顕著になっている。その原因はさまざまだが，草原生態系における種の多様性の減少要因としては，窒素肥料の使用量の増加や窒素化合物を含んだ降雨による土壌の富栄養化，そして野生動物の絶滅や著しい増加などが注目されている。

そこで，ある草原において，土壌への窒素化合物の添加と草食獣が，植物群落に与える影響を調べる実験を行った。

〔実験1〕　野外において，以下の4種類の条件の実験区（各5 m×5 m）を設けた。

実験区a：草食獣の摂食が自由に行われる自然状態の区（対照区）。

実験区b：窒素化合物を添加する以外は，実験区aと同じ区（窒素添加区）。

実験区c：草食獣が侵入できないように柵で囲った区（草食獣排除区）。

実験区d：柵で囲って窒素化合物を添加した区（窒素添加＋草食獣排除区）。

実験区の設置1年後に，植物群落の現存量，種数，地面に届く光の強さを調べた。図3－1は，その結果を相対値で表したものである。

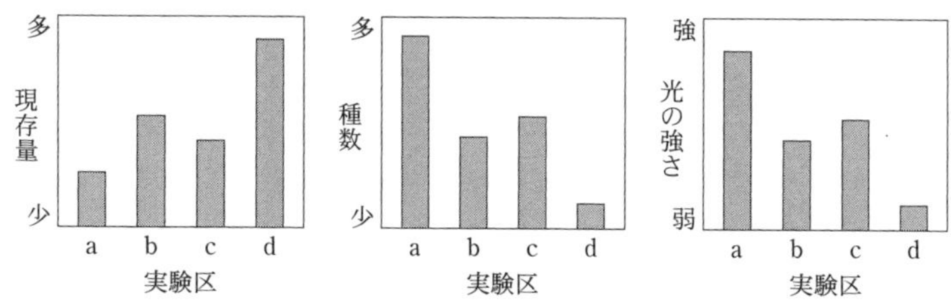

図３－１　それぞれの実験区における植物群落の現存量，種数，地面に届く光の強さ

〔実験２〕 上記の実験では，自然状態での草食獣の密度はそれほど高いものではなかった。そこで，家畜を高密度に放牧した新たな実験区 e を作った。この実験区では，窒素化合物の添加は行っていない。その結果，１年後の植物の現存量は，図３－１の実験区 a（対照区）の値より減少したが，種数は実験区 c（草食獣排除区）と同程度になった。(ウ)しかし，実験区 e と実験区 c の種構成には大きな違いが見られた。

〔文３〕

日本各地でみられる里山は，水田，雑木林，ため池などの組み合わせからなる複合的な生態系で，人間の管理によって長年維持されてきた。雑木林の木は，炭や薪(まき)などの燃料となり，落葉や下草は堆肥にして水田の肥料に使われてきた。また農業用のため池は，水田に水を供給する用途があった。しかし現在では，石油などの普及によりそうした営みが失われ，ササや陰樹的な常緑樹が優占する暗い林になっている。また，外来種の侵入という別の問題もある。特にため池にはさまざまな外来種が繁栄しており，在来の水生昆虫，水草，魚類などを著しく減少させている。

外来種の問題を考えるには，まず，ため池の生態系の構造を明らかにする必要がある。図３－２は，ため池の食物網と生物どうしの関係を表している。ため池の生態系のエネルギー源は，ため池内で生産される植物プランクトンや水草による一次生産物に加え，周囲の雑木林から流入する落葉などの遺体有機物である。落葉はため池内の分解者に消費され，分解者は高次の消費者のエネルギー源になるからである。また水草には，水生昆虫や小魚に隠れ家や産卵場所を提供し，これら生物にとっての環境形成作用の役割もある。一方，ため池に侵入したオオクチバスは，魚類や甲殻類，昆虫を食べる捕食者であり，これら生物の個体数を減らしている。またアメリカザリガニは，昆虫，水草，そして落葉までも食べる雑食者であり，昆虫や水草の個体数を減らしている。

〔問〕

（Ｉ） 文１について，以下の小問に答えよ。

(A) 空欄１と２に適切な語を入れよ。

(B) 下線部(ア)について。温帯草原と温帯落葉樹林を比較したときに，現存量の違いの方が純生産量の違いよりも大きいのはなぜか。消費者による摂食以外の観点から，２行程度で述べよ。

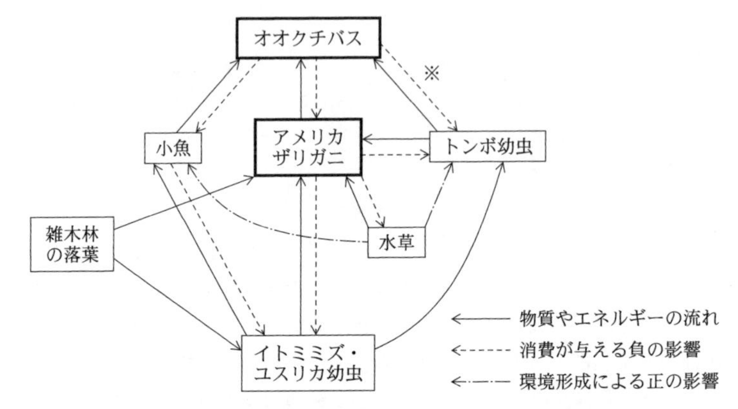

図３－２　ため池の生態系における生物間の相互作用

太枠の種は外来種を示す。植物プランクトンと動物プランクトンは省略している。

※は，〔問〕の(Ⅲ)(B)を参照のこと。

(C)　下線部(イ)について。シロアリは，［　2　］やリグニンを分解する酵素を合成できないが，これらを消化してエネルギーを得ることができる。その理由を１行で述べよ。

(D)　草原において，生産者の純生産量に対する一次消費者の純生産量の比率が２％であったとする。このとき，一次消費者の排泄（せつ）と代謝によって失われるエネルギー量の総和は，摂食したエネルギー量の何パーセントであったと考えられるか。小数点以下四捨五入で答えよ。

(Ⅱ)　文２について，以下の小問に答えよ。

(A)　実験１から，窒素化合物を添加すると植物の種数が減少することがわかった。下記の文は，その仕組みを考察したものである。文中の空欄３～５に当てはまる語を入れよ。

考察：窒素化合物の添加により，植物の成長を制限している要因が，［　3　］から［　4　］へと変化した。そのため，［　4　］をめぐる［　5　］が激化し，［　5　］に弱い種が排除され，種数が減少した。

(B)　(A)で考察した，窒素化合物の添加により種数が減少する効果は，草食獣がいると緩和されることが図３－１から読み取れる。緩和される理由について，２行程度で述べよ。ただし，草食獣による排泄（せつ）物や遺体の影響は無視できるものとする。

(C)　実験２の下線部(ウ)について。種構成の違いについての説明として不適切なものを，以下の(1)～(5)からすべて選べ。

説明：実験区ｅでは，

(1)　トゲのある植物が多かった。

(2)　葉の柔らかい植物が多かった。

(3)　丈の高い植物が多かった。

(4)　タンニンを多く含む植物が多かった。

(5)　成長の遅い植物が多かった。

(Ⅲ)　文3について，以下の小問に答えよ。

(A)　図3－2の無脊椎動物の系統関係は，下記のように表すことができる。a～d に当てはまる生物名の組み合わせを，以下の(1)～(6)から選べ。ただし，生物名の順番はa～dの順番に対応している。

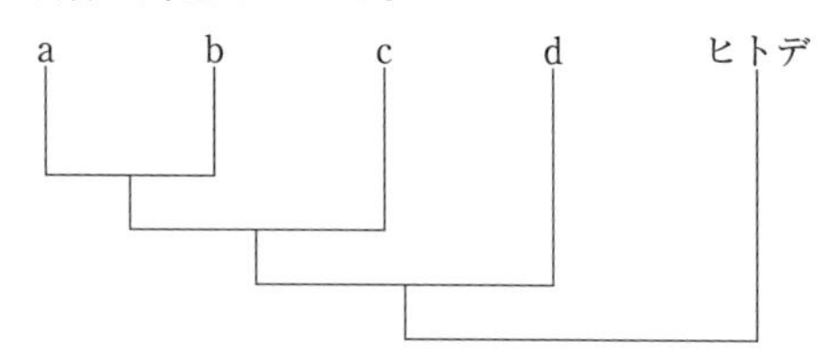

(1)　ユスリカ，イトミミズ，トンボ，アメリカザリガニ

(2)　ユスリカ，トンボ，アメリカザリガニ，イトミミズ

(3)　ユスリカ，トンボ，イトミミズ，アメリカザリガニ

(4)　ユスリカ，イトミミズ，アメリカザリガニ，トンボ

(5)　トンボ，アメリカザリガニ，ユスリカ，イトミミズ

(6)　トンボ，アメリカザリガニ，イトミミズ，ユスリカ

(B)　図3－2のため池でオオクチバスを駆除すると，長期的にはトンボの幼虫がさらに減少する可能性がある。そのようなことが起こるのは，オオクチバスの捕食がトンボの幼虫に与える直接的な負の影響（図の※で記した矢印）よりも，ある2つの間接的な正の影響の総和の方が強い場合である。その2つの影響について，それぞれ1行で答えよ。ただし，小魚やアメリカザリガニが，ユスリカの幼虫やイトミミズに与える影響は無視できるものとする。

(C)　在来の生物群集を復元するには，オオクチバスに加えてアメリカザリガニの影響を軽減する必要がある。しかし，アメリカザリガニは罠（わな）による駆除を試みても，個体数を十分減らすことは難しい。図3－2の相互作用をもとに，在来生物への影響がもっとも少ないと考えられる駆除以外の有効な方法を，その理由とともに2行程度で述べよ。ただし，オオクチバスは完全に駆除できていると仮定する。

ポイント

(Ⅱ)(B)　図3－1の実験区b（窒素添加区）と実験区d（窒素添加＋草食獣排除区）を比較して考える。

57 ルリクワガタとオオシラビソの分布域の変化

（2012年度　第3問）

次の文1と文2を読み，（Ⅰ）と（Ⅱ）の各問に答えよ。

〔文1〕

180万～160万年前頃[(注1)]に始まり，現在に至る新生代第四紀は，寒冷な時期と温暖な時期が繰り返される，気候変動の大きい時期であった。たとえば，最終［ 1 ］はわずか1万数千年ほど前まで続いていた。この気候変動に合わせて，生物は生存に適した気候帯へ，分布域を変化させたと考えられている。その過程で，環境の変化に適応できなかった種や一部の個体群が絶滅したり，分断・隔離された集団が種分化をおこしたり，というようなことがしばしばおこったと推察される。

本州・四国・九州の山岳地帯の樹林には，ルリクワガタ属という小型のクワガタムシの仲間（図3－1）が分布し，現在までに10種が記載されている。このうち，図3－2に水平分布を示した種A，種B，種C，種Dは，長らく1つの種として扱われてきた。最近になって，これらの種は近縁ではあるものの，(ア)交尾器（雌雄が交尾する時に結合する部分で，交尾時以外は腹部に格納されている）の形態が互いに異なり，遺伝子の塩基配列等によっても互いに識別できる4種であることが明らかになった。図3－2の分布域は，それぞれの種の分布確認地点の最も外側の点をなめらかな線で結んだものである。

種A～種Dの分布域は基本的に重ならない。2種の分布域の間に平地の空白地帯を挟む場合もあるが，生息に適した樹林が連続しているような地域に境界がある場合には互いに隣り合うように分布している。これらの種は気候変動にともなって隔離されて種分化し，その後分布を拡大して，現在のような分布状態になったと推定される。これらの種の分布境界線は，しばしば，図3－3に示したように分水嶺（ぶんすいれい）に近い高地に存在している。そのような境界域を詳しく調べると，幅1kmにも満たない混生地帯をはさんで2種が接している場合がある。したがって，種A～種Dは，互いに分布域が接触しても，混ざり合って生息することがない関係だと推定される。

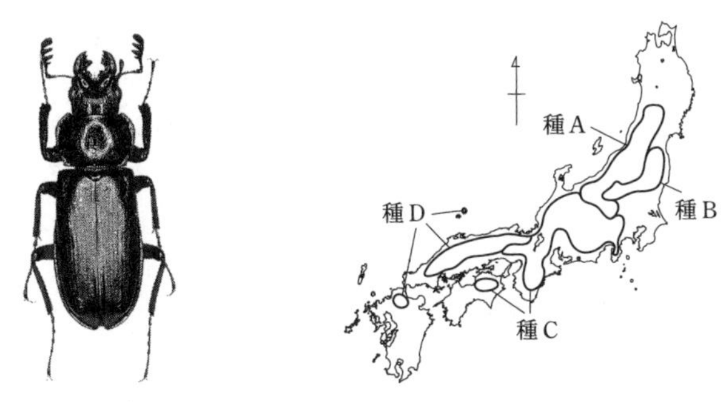

図3―1　ルリクワガタ属の種A(雄)　　図3―2　種A～種Dの水平分布域

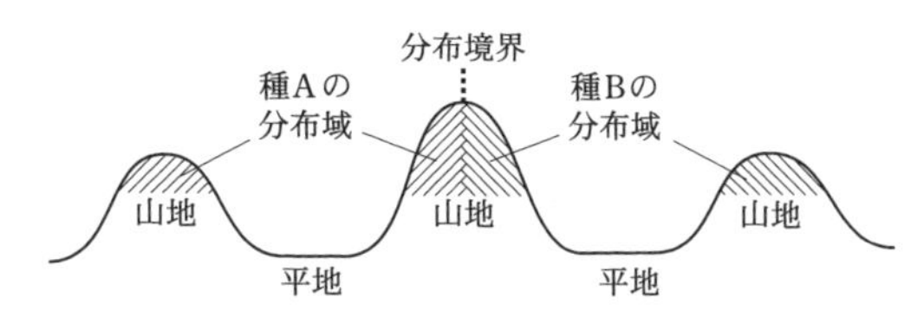

図3―3　種Aと種Bの分布境界付近の模式図。種A～種Dの分布境界付近は同様の状態になることが多い。

種A～種Dでは，1つの容器に異種の雌雄を入れておくと，しばしば交尾をしようとする。しかし，種間交配では交尾が成立する割合は低く，子ができることも稀で，たとえ雑種個体が生じたとしても，多くの場合，生存能力や生殖能力が低い。このような種間交配のために子孫の数が減少することを「繁殖（生殖）干渉」といい，種A～種Dの例のように，近縁な2種が混ざり合って生息することができない原因のひとつと考えられている。

これ以外にも，近縁な種どうしの生息域が隣接しているものの，混ざり合わない現象としては［　2　］が知られ，餌やすみかをめぐる［　3　］を避ける効果があると考えられている。

（注1）　2009年になって，第四紀の始まりは約260万年前だとする新しい説が広く認められるようになった。

〔文2〕

オオシラビソという高木に成長する樹木は，本州中部～東北地方の山岳地帯に広く分布する一方で，分布を欠く山も多くみられる。(イ)オオシラビソの生育に適していると考えられる標高の範囲であるにもかかわらず，この種が分布しない理由については，現在の気候条件や，種としての水平分布域の変遷などからさまざまな説が唱えられてきた。しかし，気候的にみて分布が可能ではないかと思われ，周囲にも分布が認められるような山でも，オオシラビソが分布しないこともあり，他にも原因があることが予想されていた。

そこで，本州中部～東北地方の多数の山についてオオシラビソの出現状況を調べる研究が行われた。その結果，オオシラビソの分布する山の頂上の標高と，それらの山でのオオシラビソの分布の下限標高との間に，次のような関係が認められた。図３－４(A)の黒丸（●）は，オオシラビソが分布する山の緯度と頂上の標高を示しており，ａ線（実線）はそれらの緯度１°ごとの下限を結んだものである。一方，白丸（○）は，それらの山においてオオシラビソが分布している最低標高の地点の緯度と標高を示しており，ｂ線（破線）はそれらの緯度１°ごとの下限を結んだものである。ａ線とｂ線は，緯度によらず標高差300～400ｍを保ってほぼ平行である。また，(ウ)ａ線より頂上の低い山には，その頂上の標高がｂ線を超えていても，オオシラビソは全く分布していないことがわかった。オオシラビソのほか，シラビソ，トウヒ，コメツガなどの樹種においても同様の図を作成すると，ａ線とｂ線は，やはり標高差約300～400ｍをもってほぼ平行になるので，ａ線とｂ線の標高差はこれらの樹種に共通の特徴であると思われた。

しかし，ハイマツでは，同様の図を作成すると，図３－４(B)に示すように，ａ線とｂ線の標高差はオオシラビソなどにくらべて非常に小さかった。ハイマツは高標高地に生える代表的な低木で，他のマツ類と同様に［ 4 ］樹としての性質が強く，オオシラビソやトウヒなどの高木は反対に［ 5 ］樹の性質を示す。

ハイマツは，気候的には許容範囲であったとしても，これらの高木林が優占する場所には生育することがむずかしい。図３－４(B)に示すように，ハイマツの分布がしばしば山の［ 6 ］付近に限られるのは，このような他の高木との関係が影響していると考えられる。ハイマツは一般的にオオシラビソよりも［ 7 ］な気候に生育するが，両方の種が生育可能な気候の範囲もある。そのような範囲の場所では，［ 5 ］樹であるオオシラビソが最終的な競争的強者となる。しかし，気候的な制約から高木の生育しにくい［ 6 ］付近の環境下では，比較的低標高であってもハイマツが生育する場合がある。

(エ)中部地方の山岳地域（標高1000～2000ｍ）で地層中の植物の花粉分析（地層の年代を化学的手法で推定し，年代ごとに植物の花粉を同定する）が行われている。その結果，中部地方では，(オ)約3500年前にはオオシラビソを含む複数の樹種の垂直分布が現在より約300～400ｍ，標高の高い方にずれており，その後，現在の垂直分布に近づいたことが明らかになった。

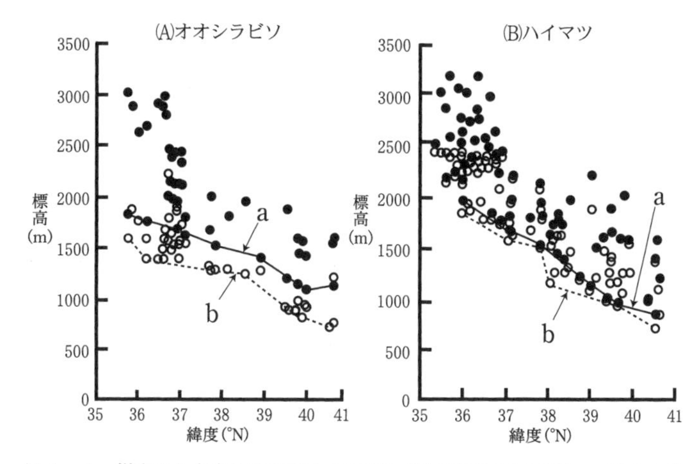

図3—4　樹木の分布する山の頂上の標高と分布下限標高の関係。a線とb線は，緯度を35°，36°，・・・というように1°ごとに区切り，それらの間の最低標高の黒丸と白丸を，それぞれ結んだものである。

〔問〕

（I）文1について，以下の小問に答えよ。

(A) 空欄1～3に適切な語を入れよ。

(B) 下線部(ア)について。昆虫の複数の集団を比較すると，外見が非常に似通っていて生態もよく似ているが，交尾器の形態に明瞭な差のある場合がある。このような集団どうしは通常，別種として扱われる。その理由を，種の概念と関連づけて，2行程度で述べよ。

(C) 種A～種Dの垂直分布は，おおむね標高500～1500mの範囲にあり，それは，ほぼ1つの植物群系の分布域に相当している。その群系の樹林帯名を答えよ。また，その樹林帯に生育する代表的樹種として適切なものを以下の(1)～(7)からすべて選べ。

(1) アラカシ　(2) ガジュマル　(3) ミズナラ　(4) シイ
(5) ブナ　(6) タブノキ　(7) トドマツ

(D) 種Aと種Bは，最初はそれぞれ孤立していたが，その後，分布域を接するようになったと考えられる。現在の分布状態から，これらの種の種分化および分布域の形成過程として最も適切なものを，以下の(1)～(4)から1つ選べ。

(1) 寒冷期に，高標高地に孤立して種分化し，温暖期に，低標高地へ向かって分布を広げて現在のようになった。

(2) 寒冷期に，低標高地に孤立して種分化し，温暖期に，高標高地へ向かって分布を広げて現在のようになった。

(3) 温暖期に，高標高地に孤立して種分化し，寒冷期に，低標高地へ向かって分布を広げて現在のようになった。

(4) 温暖期に，低標高地に孤立して種分化し，寒冷期に，高標高地へ向かって分布を広げて現在のようになった。

(Ⅱ) 文2について，以下の小問に答えよ。

(A) 空欄4～7に適切な語を入れよ。

(B) 下線部(イ)について。オオシラビソの生育に適していると考えられる気温の範囲であるにもかかわらず，この種が分布しない理由を，以下の(1)～(5)のように考察してみた。この中から，理由として適切でないものを2つ選べ。

(1) オオシラビソは，暖温帯の気候下では生育できない。

(2) オオシラビソは，冬季の積雪量が非常に多い山では生育できない。

(3) オオシラビソは，強風の吹きやすい山では生育できない。

(4) オオシラビソは，遷移の途中に多く出現し，極相に達するとほとんど消滅する。

(5) オオシラビソは，生育に適している気温の範囲全域に，まだ分布を広げられていない。

(C) 下線部(エ)のような花粉分析は，湿性遷移の過程にある湿地の周辺で掘削を行い，地層中を調査することが一般的であるが，この理由を2行程度で述べよ。

(D) 下線部(オ)より推定される，調査地での約3500年前の気候として，最も適切なものを以下の(1)～(6)から1つ選べ。

(1) 平均気温は，現在より約2℃高温であった。

(2) 平均気温は，現在より約2℃低温であった。

(3) 平均気温は，現在より約4℃高温であった。

(4) 平均気温は，現在より約4℃低温であった。

(5) 平均気温は，現在より約6℃高温であった。

(6) 平均気温は，現在より約6℃低温であった。

(E) 文2で述べられた一連の研究の結果，下線部(ウ)のようなオオシラビソの分布の特徴には，過去の分布変遷が関わっていると考えられるようになった。下線部(オ)を考慮して，下線部(ウ)のような分布の特徴が生じた理由を2行程度で述べよ。

ポイント

(Ⅰ)(D) 種Aと種Bは最初はそれぞれ孤立して種分化した。また，寒冷期は気温が低く，標高の低いところでしか生息できなかったと考えられる。

(Ⅱ)(A) 5 〔文2〕の第4段落に「オオシラビソが最終的な競争的強者となる」とある。これは，オオシラビソが極相林を構成する種であることを意味する。

58 陸上植物の生活環と構造

（2011年度　第2問）

次の文1と文2を読み，（Ⅰ）と（Ⅱ）の各問に答えよ。

〔文1〕

図2－1は一般に見られる被子植物の構造を示す模式図である。葉が茎につく位置を節（せつ）といい，節と節の間を節間（せつかん）という。被子植物の体は，花と根を除き，1つの節間と，節につく葉および側芽からなる単位が，繰り返し規則的に積み重なった構造となっている。新しい茎や葉は頂芽の中にある頂端分裂組織から発生し，次第に発達して完成した形となる。その過程で，図2－1に示すように，葉と茎の間に1つの側芽が発達する。側芽にも頂端分裂組織があり，新しい茎や葉を作りだす能力をもっている。側芽が伸長することにより側枝が形成される。

1つの節に1枚の葉がつく場合には，葉が茎の周囲に，らせん状に配列する。葉のつき方の規則性を葉序（ようじょ）といい，連続する2つの葉が，茎の軸を中心としてなす角度（0°以上，180°以下）を開度という。花もまた頂芽や側芽の頂端分裂組織から発生するが，花が形成されると頂端分裂組織の活動が終わる。つまり，花は頂端分裂組織が最後に形成する器官である。地球上に存在する被子植物は，(ア)<u>繰り返し規則的に積み重なった構造を基礎とし，節間と節，葉および側芽の形態をさまざまに変化させることで，30万種とも50万種ともいわれる多様性を実現している</u>。

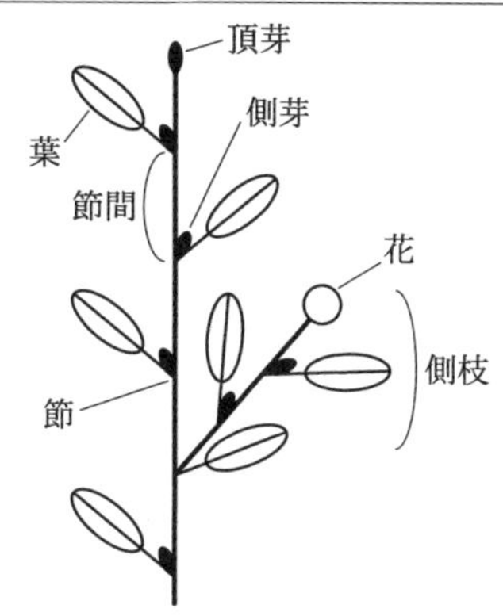

図2－1　被子植物の構造の模式図

〔文2〕

(イ)<u>地下にある茎を地下茎とよぶ</u>。地上にある茎（地上茎）と見かけは異なっているが，構造は共通である。たとえば，サトイモ科のウラシマソウという植物は，節間が短くなり肥大して栄養を貯蔵する地下茎（イモ）をもっている。ウラシマソウの地下茎には多くの葉がつき，それぞれの葉のつけ根に１個の側芽を形成する。そこで，葉が枯れた休眠期のイモを観察すると，側芽の位置を葉の位置とみなすことにより，葉序を調べることができる。図２－２(a)はウラシマソウの地下茎を茎頂側から観察した写真で，図２－２(b)はその模式図である。頂芽を中心とし，その周囲にらせん状に配列する側芽の位置を示している。また，図２－２(c)は同じ方法で，同じサトイモ科のマムシグサの地下茎の葉序を模式的に示した図である。

一方，樹木の枝のような地上茎においては，茎の太さがおおむね均一であり，節間が長いため，葉序を観察することは難しく，観察には工夫が必要である。

(a)

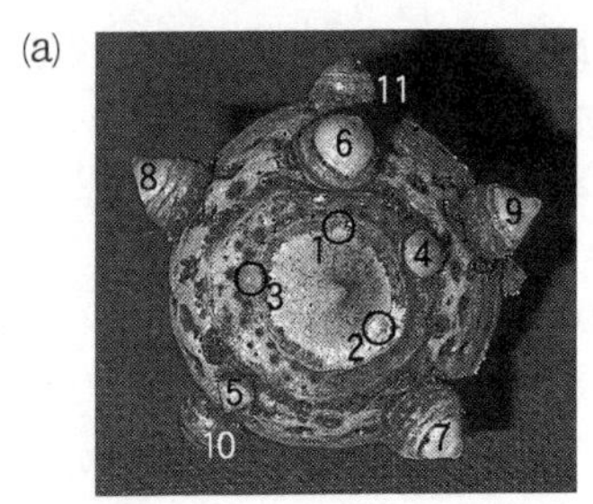

(b)

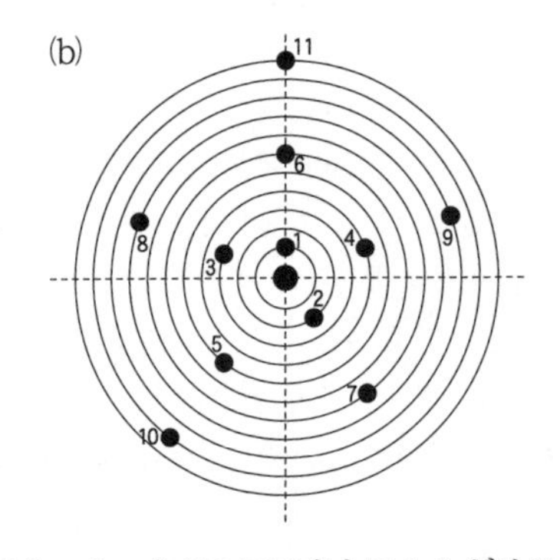

(c)

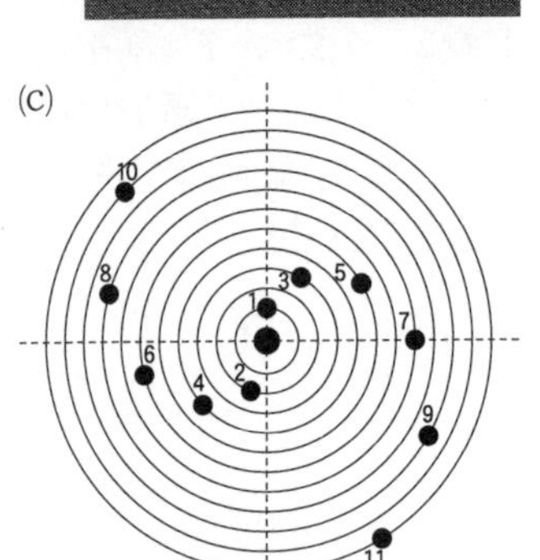

図２－２　ウラシマソウとマムシグサの地下茎の葉序。(a)ウラシマソウの地下茎。(b)ウラシマソウの地下茎(a)の葉序の模式図。(c)マムシグサの地下茎の葉序の模式図。同心円は節を，中央の黒丸(●)は頂芽を，その他の黒丸(●)は側芽を，数字は茎頂に近いものからの側芽の順序を示す。破線は補助線である。

〔実験1〕　ある落葉樹の地上茎の葉序を調べる目的で，図2－3(a)のような枝分かれした枝を，AとCを含む部分と，B部分とに分けて切り取った。それぞれを平らな粘土の上で1回転させたところ，図2－3(b)，(c)のような痕跡が得られた。ここで，黒丸（●）は側芽の痕跡，白丸（○）はB部分を切り取った痕跡，四角（□）は花の落ちた痕跡である。なお，枝の太さは均一なものとし，1回転の起点と終点に縦線を引いている。

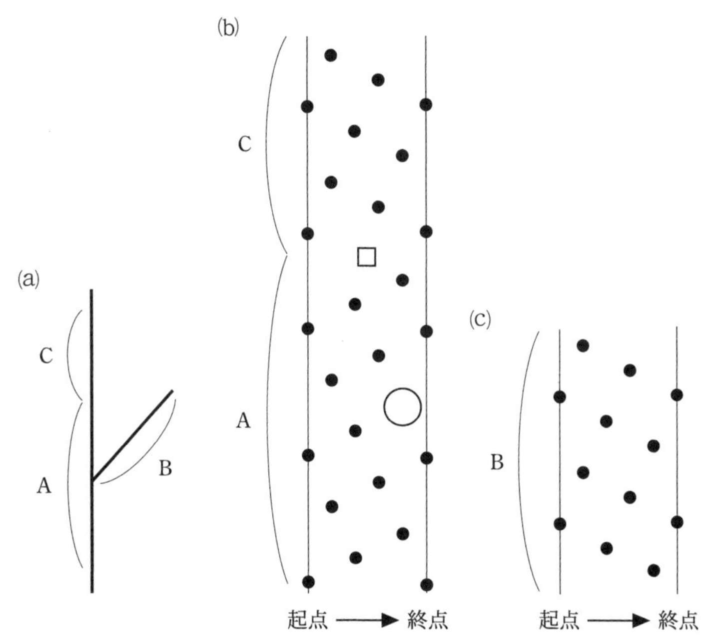

図2－3　地上茎の葉序の調査　(a)葉序を調べた枝の模式図。(b)AとCを含む部分を転がして得られた痕跡。(c)B部分を転がして得られた痕跡。

〔問〕

（I）　文1について，以下の小問に答えよ。

(A)　文1は被子植物について述べているが，図2－4に示すように，シダ植物やコケ植物のなかにも，茎のような軸とその周囲に規則的に配列する葉からなる体をもつものがある。これについて，以下の(i)，(ii)に答えよ。

(i)　生活環に注目すると，図2－4に示したツルコケモモ（被子植物）とコンテリクラマゴケ（シダ植物）の体は相同であるが，それらとマルバハネゴケ（コケ植物）の体は相同ではない。その理由を2行程度で述べよ。

(ii)　シダ植物とコケ植物の，このような体の構造について，おもな違いを，1行程度で述べよ。

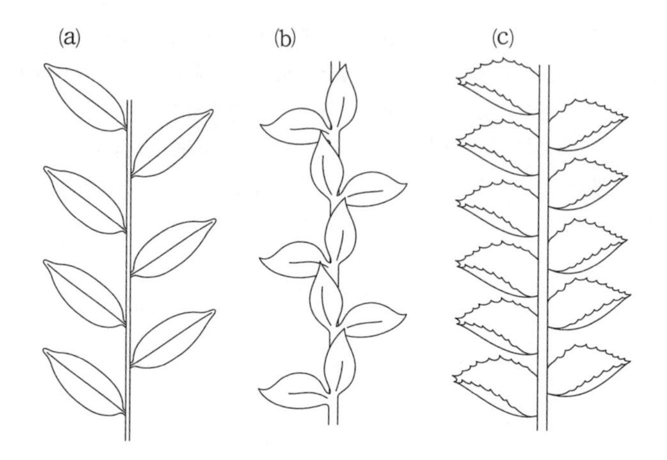

図２―４　植物体の形態の比較　(a)ツルコケモモ（被子植物）
(b)コンテリクラマゴケ（シダ植物）　(c)マルバハネゴケ（コケ植物）

(B)　下線部(ア)について。誤った記述を以下の(1)〜(5)から２つ選べ。

(1)　エンドウの巻きひげは枝分かれしており，茎が変形したものである。

(2)　サボテンのトゲは束になって規則的に配列しており，葉が変形したものである。

(3)　バラのトゲは茎に不規則についており，葉が変形したものである。

(4)　イチジクの実は中に多くの花があり，茎が変形した部分を含んでいる。

(5)　ウメの芽鱗（がりん）（冬芽を包んでいる鱗状のもの）はらせん状に配列しており，葉が変形したものである。

(Ⅱ)　文２について，以下の小問に答えよ。

(A)　下線部(イ)について。地下茎は根とどのように区別できるか。形態的な相違点を３つ，あわせて２行程度で述べよ。

(B)　図２－２について。ウラシマソウとマムシグサの葉序について，それぞれの開度を整数で求めよ。

(C)　実験１について。以下の(i)〜(iv)に答えよ。

(i)　Ａ部分の葉序の開度を整数で求めよ。

(ii)　Ｂ部分の葉序がＡ部分の葉序と共通な点，異なっている点について，あわせて１行程度で述べよ。

(iii)　Ａ部分とＣ部分の接続部には，花が落ちた痕跡（□）が見いだされた。これについて次のように考察した。空欄１，２に「側芽」または「頂芽」の語を入れよ。

考察：図２－３(b)において，Ｂ部分を切り取った痕跡の位置が，Ａ部分の側芽のらせんに完全に合致しているから，Ｂ部分はＡ部分の側芽が伸長してできた側枝である。この関係により，(ii)の異なっている点が生じたとすると，見かけ上A部分と直線的に連続しているC部分は，A部分の［ 1 ］が伸長してできたと捉えられる。つまり，花がA部分の［ 2 ］に形成されたため，A部分の成長が終わり，代わりにC部分が形成されたと考えられる。

(iv)　A部分とC部分の接続部についての(iii)の考察を正しくあらわしている模式図を，図2－5の(a)～(d)から1つ選べ。点線は，すでに落ちた葉と茎，花をあらわしている。ただし，葉序の開度は無視してよいものとする。

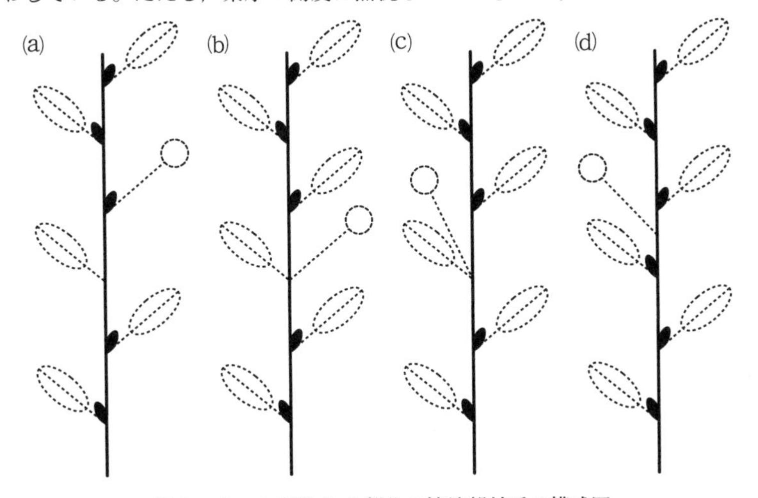

図2－5　A部分とC部分の接続部付近の模式図

ポイント
(Ⅰ)(A)(i)　被子植物・シダ植物とコケ植物の体を生活環の違いから述べよとあるので，普段私たちが見ているもの（植物体本体）が，被子植物・シダ植物とコケ植物でどう違うのか，「生活環に注目」して述べる。なお，生物が生まれてから死ぬまでにたどる道筋を生活史といい，生活史を，生殖細胞を仲立ちとして環状に表したものを生活環と言う。
(Ⅱ)(A)　地下茎と根の形態的な相違点とあるので，実際に観察した場合を想定して述べればよい。ジャガイモの芋の部分（地下茎の発達した部分）を日当たりのよいところに置くと，緑色の芽が節々から出てくることなど，身近な具体例から考えるのも一つの手である。
(B)　求める開度をαとおく。同一円周上で回転すると考え，そこで明確に定まる角度を見つけ，方程式を立ててαを求める。ウラシマソウの場合，●1から●6までの角度は5αである。マムシグサの場合，●1から●7までの角度は6αである。

59 ミトコンドリアDNA，集団遺伝

（2009年度　第3問）

次の文1と文2を読み，（Ⅰ）と（Ⅱ）の各問に答えよ。

〔文1〕

私たちの遺伝子には，私たちの生物としての歴史が書き込まれている。今日，ヒト（ホモ・サピエンス）の起源と進化に関する研究では，遺伝子の研究が大きな役割を果たしている。そのなかで注目されたのが，(ア)細胞小器官のひとつであるミトコンドリアである。

ミトコンドリアは，好気的呼吸によってエネルギーを［(1)］という物質として取り出す働きをしている。ミトコンドリアの内部に突出する多数のひだは［(2)］と呼ばれ，ここに［(1)］を合成する酵素が存在する。一方，中央の部分はマトリックスと呼ばれ，ここには核DNAとは異なるミトコンドリアDNAが存在する。ミトコンドリアDNAの分子は，ひとつの細胞に数百から数千個と多数含まれるので，DNA分子が数多く必要だった従来の方法でも，分析が比較的容易であった。今日では，高温でも機能を失わないDNAポリメラーゼを用いてDNAを人工的に増幅する手法である［(3)］によって，微量のDNAでも分析できる。

ミトコンドリアDNAに突然変異が蓄積する速度は，核DNAに比べて5～10倍ほど速い。特に，遺伝子をコードしていないDループとよばれる領域では，(イ)コード領域よりも多くの突然変異が発見されている。そのため，突然変異を目印にして集団の関係を調べるのによく用いられる。

また，ミトコンドリアDNAは，母親由来のミトコンドリアDNAしか子供に伝わらない母性遺伝で子孫に伝わる。(ウ)このミトコンドリアDNAの遺伝様式は，ヒト集団の起源や系統関係を調べるのに適している。現在のヒト集団を広く調べたところ，現代人のもつミトコンドリアDNAは，約10万年から20万年前のアフリカにいた女性に由来する可能性が示された。その結果は，化石の研究によるアフリカ単一起源説とよく一致している。

〔文2〕

ミトコンドリアDNA以外のヒトの遺伝子にも，私たちの進化の歴史が刻まれている。身近な遺伝的多型であるABO式血液型も例外ではない。たとえば，現代の日本人集団では，A型をあらわす遺伝子の割合（遺伝子頻度）について，九州・四国・本州における，図3－1のような地理的勾配が観察される。(エ)これは現在の日本人を形成した祖先集団の影響であると考えられる。

ヒトのABO式血液型は1900年に発見された，最も古くから知られる血液型であ

る。発見当初，ABO 式血液型は，独立した2対の対立遺伝子 A，a と B，b によって決定する，という説が有力だった。それぞれ，遺伝子 A と遺伝子 B が優性である。これを仮説1とする。(オ)しかし，仮説1では AB 型の親から生まれる子供の血液型の出現頻度をうまく説明することができない。

そこで，別の仮説（仮説2）が提唱された。仮説2では，3つの複対立遺伝子 α，β，o があると考える。遺伝子 α と遺伝子 β は，それぞれ遺伝子 o に対して優性であるが，遺伝子 α と遺伝子 β の間に優劣はない。それぞれの仮説における，各血液型に対する遺伝子型を表3－1に示す。

この2つの仮説の妥当性を検証するために，集団の血液型頻度から各遺伝子の遺伝子頻度を計算してみよう。まず，仮説1で遺伝子 a の遺伝子頻度を p_{a} とすると，遺伝子 A の遺伝子頻度は $1-p_{\mathrm{a}}$ となる。同様に，遺伝子 b と B の遺伝子頻度は，それぞれ p_b および $1-p_b$ である。一方の仮説2における3つの遺伝子 α，β，o の遺伝子頻度を，それぞれ p_α，p_β，p_o とすると，それらの3つの合計は1になる。それぞれの遺伝子頻度が，世代を経ても増減しないと仮定すると，表3－2に示したようにA型の血液型頻度は，仮説1では $(1-p_{\mathrm{a}}{}^2)p_b{}^2$，仮説2では $p_\alpha{}^2+2p_\alpha p_o$ となる。(カ)それぞれの仮説から導かれる血液型頻度と，実際のヒト集団の血液型頻度を比較することで，2つの仮説の妥当性を検証できる。多くのヒト集団で血液型の調査がなされた結果，今日では仮説2が広く認められている。

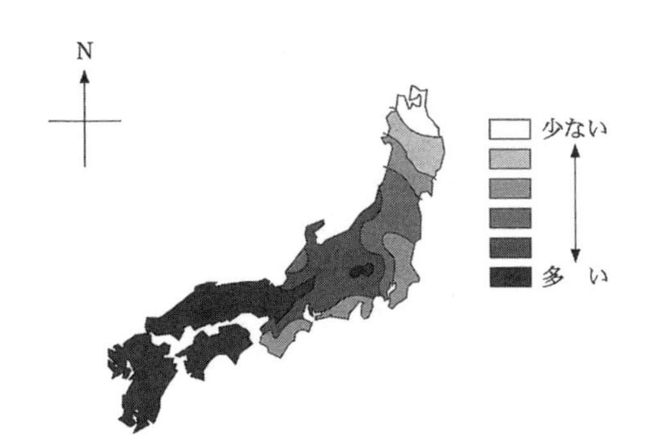

図3－1　現代（20世紀中頃）の九州・四国・本州における
A型をあらわす遺伝子の頻度の地理的勾配

表3－1　ABO 式血液型と仮説1および仮説2における遺伝子型

血液型	仮説1による遺伝子型	仮説2による遺伝子型
O型	aabb	oo
A型	Abb，$AAbb$	$\alpha\alpha$，αo
B型	aaBb，aaBB	$\beta\beta$，βo
AB 型	$AaBb$，$AaBB$，$AABb$，$AABB$	$\alpha\beta$

表3－2　仮説1および仮説2における各ABO式血液型の頻度

血液型	仮説1による血液型頻度	仮説2による血液型頻度
O型	$p_a{}^2 p_b{}^2$	$p_o{}^2$
A型	$(1 - p_a{}^2) p_b{}^2$	$p_\alpha{}^2 + 2p_\alpha p_o$
B型	$p_a{}^2 (1 - p_b{}^2)$	(4)
AB型	$(1 - p_a{}^2)(1 - p_b{}^2)$	(5)

〔問〕

(Ⅰ) 文1について，以下の小問に答えよ。

(A) 空欄(1)～(3)に入る最も適切な語句を記せ。

(B) 下線部(ア)について。ミトコンドリアや葉緑体などの細胞小器官の起源は，原始的な真核生物の細胞内に共生した原核生物だという説がある。その説を支持すると考えられる事実を2つ答えよ。

(C) 下線部(イ)について。ミトコンドリアDNAにおいてコード領域よりも，Dループで多くの突然変異が発見された理由として考えられることを，2行程度で述べよ。

(D) 下線部(ウ)について。ヒト集団の起源や系統関係を調べるためには，祖先でおこった突然変異を子孫が共有することを目印として，個体間や集団間の関係を解析する。母性遺伝というミトコンドリアDNAの遺伝様式が，ヒトの系統解析に適している理由について，以下の(1)～(5)の中から適切なものをすべて選べ。

(1) ヒトのミトコンドリアDNAは組換えを考慮しなくてよいので，遺伝的変異が突然変異にのみ由来するため。

(2) 卵のミトコンドリアDNAの分子数は，精子のそれよりも多いので，突然変異が蓄積しにくいため。

(3) 卵形成過程の極体放出により，突然変異をおこしたDNAが除去されるので，卵のミトコンドリアDNAには突然変異が蓄積しにくいため。

(4) DNAを傷つける活性酸素の濃度が，卵母細胞では精母細胞よりも高いので，ミトコンドリアDNAの突然変異が卵で多くおこるため。

(5) たとえば5世代さかのぼったとき，核DNAは最大32人の祖先に由来するが，ミトコンドリアDNAでは1人の祖先に由来するため。

(E) ミトコンドリアDNAでは父方の遺伝情報について調べることができない。ヒト集団について，父系の系統関係を調べる対象として，最も適しているものを1つ答えよ。

(Ⅱ) 文2について，以下の小問に答えよ。

(A) 下線部(エ)について。日本列島には，もともと縄文系集団が住んでいたが，弥生時代のはじめに，大陸に由来する渡来系集団が九州北部にあらわれた。現代の日本人はこれらの遺伝的に異なる2つの集団に，おもに由来すると考えられている。

このことから，A型をあらわす遺伝子の頻度が現代において地理的に均一ではなく，図3－1のような地理的勾配を示す理由として，どのようなことが考えられるか，2行程度で述べよ。ただし，もともとの縄文系集団においては，A型をあらわす遺伝子の頻度は地理的に均一だったとする。またABO式血液型の遺伝子型によって生存や生殖に有利・不利はないものとする。

(B)　下線部(オ)について。AB型の親から生まれる子供の血液型について，仮説1では説明できない現象がみられる。どのような現象か，1～2行で述べよ。

(C)　表3－2の空欄(4)と(5)それぞれに入る血液型頻度について，p_α，p_β，p_oを用いて答えよ。

(D)　下線部(カ)について。ある集団で各ABO式血液型の個体数を調査したところ，表3－3のデータを得た。仮説1では，A型の血液型頻度$(1-p_a{}^2)p_b{}^2$と，O型の血液型頻度$p_a{}^2p_b{}^2$を合計すると$p_b{}^2$となる。表3－3のデータから，この集団における遺伝子bの遺伝子頻度は0.9と推定できる。同様に，B型とO型の血液型頻度を合計した値から，遺伝子aの遺伝子頻度は0.7と推定される。

(a)　仮説1から期待されるAB型の人数は，この集団では何人になるか。有効数字2桁で答えよ。

(b)　同様に，A型とO型の血液型頻度を用いて，仮説2の遺伝子βのこの集団における遺伝子頻度を計算し，有効数字2桁で答えよ。

(c)　仮説2から期待されるAB型の人数は，この集団では何人になるか。有効数字2桁で答えよ。

表3－3　あるヒト集団におけるABO式血液型の個体数

血液型	個体数（合計300人）
O型	109
A型	134
B型	38
AB型	19

ポイント

(Ⅰ)(C)　遺伝子をコードしている領域と遺伝子をコードしていない領域の対比で記述する。遺伝子をコードする領域であれば，突然変異が生じると生存に大きな影響を及ぼす。

(Ⅱ)(C)　〔文2〕に「遺伝子頻度が，世代を経ても増減しない」とあるので，ハーディ・ワインベルグの法則が成り立つ。したがって，遺伝子型の頻度は$(p_\alpha\alpha+p_\beta\beta+p_o o)^2$の展開で求められる。この遺伝子型の頻度は(D)の(b)・(c)でも活用する。

60 分子進化による進化速度

（2007年度　第3問）

次の文1と文2を読み，（Ⅰ）～（Ⅶ）の各問に答えよ。

〔文1〕

(ア)生物の形や色などの個々の形質は，対応する遺伝子によって受け継がれ，決定されている。多くの生物は，両親から受け継いだ1対の遺伝子を有している。しかし，これら対をなすそれぞれの遺伝子は必ずしも同一とは限らない。このような遺伝子を対立遺伝子と呼ぶ。すなわち，生物の形質はさまざまな対立遺伝子によって決定されている。対立遺伝子は，大昔の祖先型の遺伝子から進化してきたと考えられている。出発点となる祖先型の遺伝子が子孫に伝わる間に，突然変異により新しい対立遺伝子が生じ，その結果，何種類もの対立遺伝子が受け継がれてきた。突然変異の多くは，(イ)DNAの複製時におこる塩基配列の偶然の変化であり，予測することは不可能である。細胞分裂には，個体が成長する時の［ 1 ］分裂と，配偶子形成時に染色体数が半減する［ 2 ］分裂があるが，これらにおいて，最終的に配偶子に伝わった突然変異だけが子孫に受け継がれる。このような突然変異の蓄積により生物は進化してきた。突然変異は，生物の生存または繁殖に影響しない（中立的）か有害な場合がほとんどであり，有益な突然変異は少ない。突然変異はある頻度で常に起こっている。しかし，生存または繁殖に有害な対立遺伝子は，［ 3 ］により取り除かれていくため，その種類は増えつづけるわけではない。

中立的な突然変異により生じた対立遺伝子が，生物の集団内に蓄積されるかどうかは，偶然的な効果によっている。通常，このような中立的な突然変異により生じた新しい対立遺伝子は，出現した後の数世代の間に消失する。しかし，ある確率で，古い対立遺伝子が新しい対立遺伝子に置き換わる。この確率は，生物集団の大きさで決まる。このことから，一定の大きさの生物集団では，中立的な突然変異による分子進化（注3－1）は一定速度で起こる，ということができる。

（注3－1）　分子進化：遺伝情報をになうDNAの塩基配列やいろいろなタンパク質のアミノ酸配列に関する進化。

〔文2〕

近年，さまざまな生物のゲノム配列が決定され，DNAの塩基配列やタンパク質のアミノ酸配列を生物間で比較することが盛んに行われている。その結果，多様な生物種で類似した塩基配列をもつ遺伝子が見つかった。このような遺伝子は相同遺伝子と呼ばれ，共通の祖先に由来する，同じような構造や機能をもつ遺伝子であると考えられる。

複数の種において，相同遺伝子のDNA塩基配列やコードするタンパク質のアミノ酸配列を比べると，多くの場合，置換が起こっている。このような置換のほとんどは中立的な突然変異によるものであり，タンパク質の機能をまったく変化させないか，変化させてもわずかである。したがって，(ウ)中立的な突然変異により生じる，ある配列内で起きる塩基またはアミノ酸の置換の数は，進化の過程で，生物が異なる種に分岐してからの年数に正比例すると考えられる。通常，(エ)あるタンパク質の分子進化の速度は，一定年数あたりにおける1アミノ酸あたりの置換率として表すことができる。また，(オ)進化の過程でタンパク質のアミノ酸が置換する速度は，タンパク質によって異なり，さらに同一のタンパク質のアミノ酸配列内でも一様ではない。

〔問〕

（Ⅰ）　文1の空欄1～3に入る最も適切な語句を記せ。

（Ⅱ）　文1の下線部(ア)について，以下の小問に答えよ。

(A)　単一の遺伝子の変異により引き起こされる，あるヒトの遺伝病Sについて調べたところ，下のような家系図が得られた（図3－1）。遺伝病Sの原因となる対立遺伝子は，優性遺伝子と劣性遺伝子のどちらであるかを，その根拠とともに2行程度で述べよ。ただし，第一世代の個体1と第二世代の個体1と6は，遺伝病Sの原因となる対立遺伝子をもっていないとする。

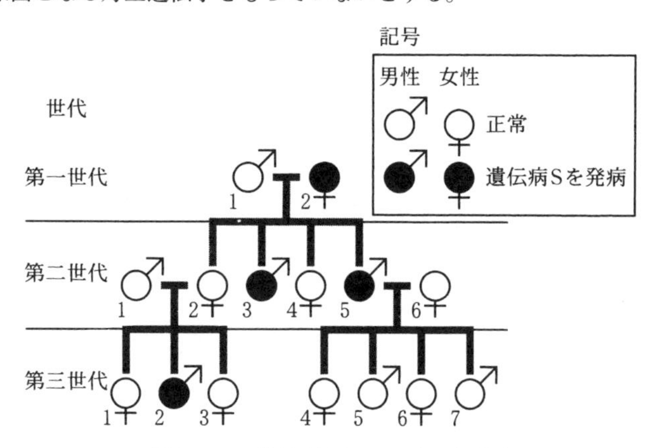

図3－1　遺伝病Sについての家系図

(B)　この遺伝病Sのような遺伝様式を何と呼ぶか記せ。また，その遺伝様式になると判断した根拠を2行程度で述べよ。

(C)　第三世代の個体6と遺伝病Sの原因となる対立遺伝子をもっていない男性との間に子供が生まれたとする。生まれた子供が遺伝病Sになる確率を，子供が男性の場合と女性の場合について，それぞれ記せ。

（Ⅲ）　文1の下線部(イ)について。以下の(1)～(5)から正しくないものを2つ選べ。

(1) DNA 複製は，DNA リガーゼが鋳型鎖に相補的な塩基をもつヌクレオチドをつぎつぎに結合させることによって進行する。

(2) DNA 複製時以外に紫外線などにより DNA が損傷を受けた場合，生物はその損傷を修復することができる。

(3) DNA 複製は，細胞分裂の前期に行われ，引き続いて起こる核分裂，細胞質分裂によって細胞は分裂する。

(4) DNA 複製は，原核生物では１つの起点から，真核生物では複数の起点から進行する。

(5) DNA 複製において，遺伝子の DNA の塩基配列に変化を生じる突然変異は遺伝子突然変異と呼ばれる。

(Ⅳ) 文２の下線部(ウ)について，以下の小問に答えよ。

(A) 生物の類縁関係を模式的に表した図を系統樹と呼ぶ。４種類の生物種ａ～ｄの進化系統関係を明らかにするために，あるタンパク質Ｘのアミノ酸配列を互いに比較し，アミノ酸の違いを数で表した（表３－１）。そして，この表をもとに系統樹を作成した。

生物種ａ～ｄを表す系統樹として最も適切なものはどれか。下の(1)～(4)から１つ選べ。ただし，系統樹の枝の長さは生物の進化の時間とは直接対応しないものとする。

表３－１　タンパク質Ｘのアミノ酸置換数

	哺乳類ａ	哺乳類ｂ	両生類ｃ	魚　類ｄ
哺乳類ａ	—			
哺乳類ｂ	15	—		
両生類ｃ	62	64	—	
魚　類ｄ	80	78	62	—

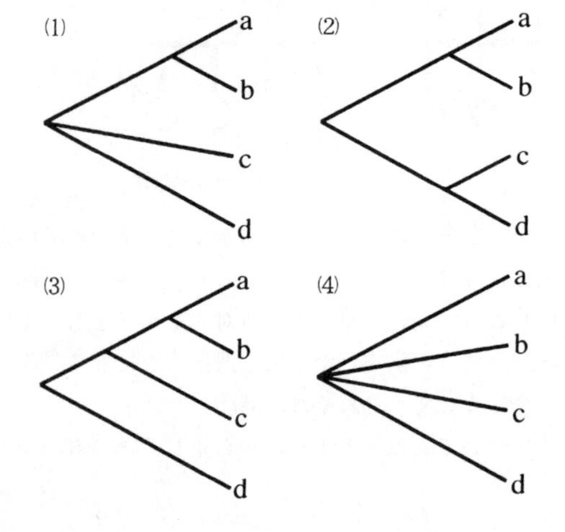

(B)　化石を用いた研究から，哺乳類 a と哺乳類 b とは今から約 8000 万年前に共通祖先から分岐したと推定されている。哺乳類 a の祖先と魚類 d の祖先とが共通祖先から分岐したのはおよそ何年前と考えられるか，(1)〜(4)から最も適切なものを１つ選べ。

(1)　2 億 3000 万年前　　(2)　2 億 9000 万年前

(3)　3 億 9000 万年前　　(4)　4 億 3000 万年前

(Ⅴ)　文２の下線部(エ)について。表３－１のタンパク質 X は 140 アミノ酸からなるタンパク質であり，哺乳類 a と哺乳類 b とは今から 8000 万年前に分岐したとする。タンパク質 X の分子進化の速度を，10 億年あたりにおける１アミノ酸あたりの置換率として計算し，有効数字２桁で答えよ。ただし，２つの系統間のアミノ酸置換数は，分岐後の２つの系統におけるアミノ酸の置換の合計であることに留意すること。

〈補足説明〉〔問〕(Ⅳ) B，(Ⅴ)
ここでいう「分岐」とは，それぞれの祖先が共通祖先から分かれたことを意味する。

(Ⅵ)　文２の下線部(オ)について。以下の(1)〜(5)から正しくないものを２つ選べ。

(1)　酵素では，基質と結合する基質結合部位のアミノ酸が置換すると，酵素としてのはたらきが損なわれるため，基質結合部位のアミノ酸の置換速度は一般に非常に小さい。

(2)　フィブリンは前駆体である血液凝固因子フィブリノーゲンからつくられるが，その際切り出されて捨てられるフィブリノペプチドのアミノ酸の置換速度は，フィブリンの置換速度に対して大きい。

(3)　インスリンは２本のポリペプチドが２か所で結合したものであるが，それぞれが独立にはたらくことができるため，どのアミノ酸も同じ置換速度を示す。

(4)　分子量の大きなタンパク質は，多くのアミノ酸で構成されているため，アミノ酸の置換する速度も一般に大きい。

(5)　視覚に頼っている動物では，目の水晶体をつくっているクリスタリンのアミノ酸の置換速度は小さいが，洞穴にすむ視力を失った動物では置換速度が大きくなっている。

(Ⅶ)　生物の分子進化に関連する以下の小問に答えよ。

(A)　原核生物種の系統関係を調べるために，原核生物の複数の種において，あるタンパク質 Y の相同遺伝子の塩基配列を比べたところ，３塩基ごとに置換速度が大きいという法則性があった。その理由を３行程度で述べよ。

(B)　真核生物の複数の種において，あるタンパク質 Z の相同遺伝子の塩基配列を比べたところ，塩基配列の置換速度が小さい領域と大きい領域が交互に存在していた。また，問(Ⅶ)―(A)の３塩基ごとに置換速度が大きいという法則性は，置換速度が小さい領域だけにあてはまった。その理由を合わせて４行程度で述べよ。

ポイント
(V) 分子進化を考えるうえで，アミノ酸の置換数はある種に分岐してからの年数に比例するということは重要。さらに，タンパク質の分子進化の速度は一定年数あたりにおける1アミノ酸あたりの置換率として表すので，多数のアミノ酸からなる分子量の大きなタンパク質が分子量の小さなタンパク質に比べて置換速度が大きいことにはならない。140個のアミノ酸からなるタンパク質が8000万年で7.5個の置換が見られた場合，10億年あたりの置換率は，$7.5 \div 140 \div (8.0 \times 10^7) \times 1.0 \times 10^9$ で求めることができる。

61 植物群落の物質生産と光合成

(2006年度　第2問)

次の文1～文3を読み，(Ⅰ)～(Ⅲ)の各問に答えよ。

〔文1〕

(ア)植物体の構成成分やエネルギー源となる有機化合物は，光合成により大気中の二酸化炭素から光エネルギーを利用して合成される。太陽光は広いスペクトルをもつが，このうち光合成に利用できる可視領域の400～700 nmの光は地表に届く太陽光エネルギーの45％を占め，アンテナ複合体とよばれるクロロフィルとタンパク質の複合体で集められ，反応中心とよばれる特別なクロロフィルに渡される。

光合成の電子伝達系は葉緑体のチラコイド膜とよばれる袋状の膜に存在する。電子伝達にともなってチラコイド膜を横切る水素イオンの移動が起こり，チラコイド膜内腔（袋状の膜の内側の可溶性の区画）の水素イオン濃度が上昇する。その結果，膜の内外でpH勾配が生じる。チラコイド膜にはATP合成酵素が存在し，その酵素内部の特別な通路を水素イオンが濃度勾配に従って流れ，ATPが合成される。(イ)すなわち，ATPの生産は水素イオン濃度勾配の解消と共役している。

光合成の電子伝達系では2種類の光化学系（光化学系Ⅰと光化学系Ⅱ）が光エネルギーを吸収して，ATPと還元力（X・2H）の生産を行う。水の分解反応では，それぞれの光化学系が光エネルギーを吸収して，2分子の水を1分子の酸素，4個の水素イオン，そして4個の電子に分解する。このとき，4個の電子は電子伝達系に渡され，4個の水素イオンはチラコイド膜内腔に蓄積する。さらに，その4電子が電子伝達系を伝わっていく間に，8個の水素イオンがチラコイド膜内腔に取り込まれる。このようにして，電子伝達反応にともなってチラコイド膜内腔の水素イオン濃度が上昇する。また，電子は電子伝達系をへて最終的に補酵素Xに渡されて，2個の電子あたり1分子の還元力（X・2H）を作りだす。一方，チラコイド膜のATP合成酵素は，3個の水素イオンをチラコイド膜外部にくみ出すごとに1分子のATPを生産する。

このようにして，電子伝達系により作り出されたATPおよび還元力（X・2H）のエネルギーは，葉緑体のストロマに存在する炭酸固定系によって利用され，これによって二酸化炭素から有機化合物が合成される。

〔文2〕

野外では多くの場合，植物は集まって群落を構成しており，植物群落における葉の集まり（葉群）を光合成生産の単位と見なすことができる。葉群の光合成速度は個々の葉の光合成速度の和である。しかし，それぞれの葉が受ける光の強さはその位置や

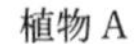

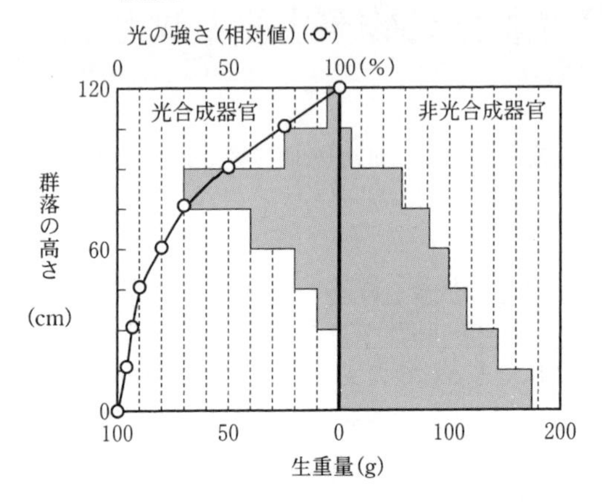

植物B

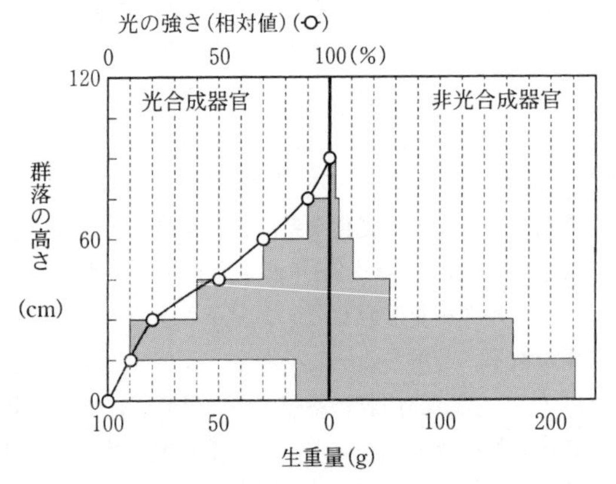

図2　2つの異なる植物A，植物Bの群落について，40 cm 四方の区画を設け，群落内の高さごとの相対的な光の強さを測定し，層別刈取法を行って得られた結果をもとに作成した生産構造図

向きによって大きく異なるため，葉群内の葉がみな同じような光合成速度をもつわけではない。群落内の光環境と葉（光合成器官）や茎・花など（非光合成器官）の分布を高さ別に調べた（層別刈取法）ものを生産構造図という。図2は植物Aと植物Bの群落について調べた生産構造図である。

また，土地面積あたりの葉面積を葉面積指数という。一般に，ある高さにおける相対的な光の強さの対数と，群落最上部から光強度を測定した点までで積算した葉面積指数（積算葉面積指数）は直線関係にある。ただし，その関係は植物の群落によって異なっている（図3）。(ウ)生産構造図や葉面積指数と光の強さとの関係を描くことで，その植物群落がどのように光を利用しているかがわかる。

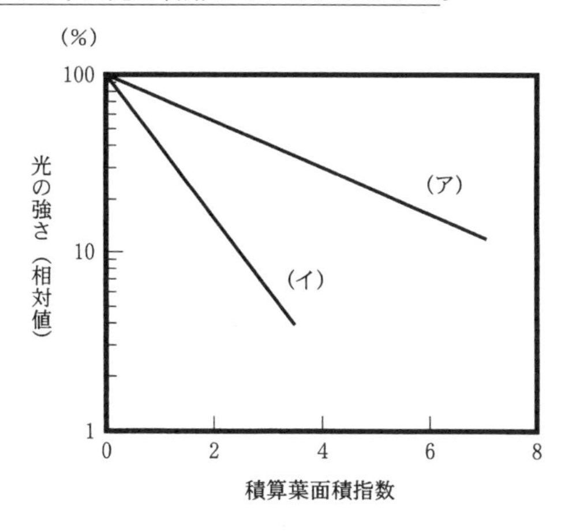

図3　光の強さと積算葉面積指数の関係

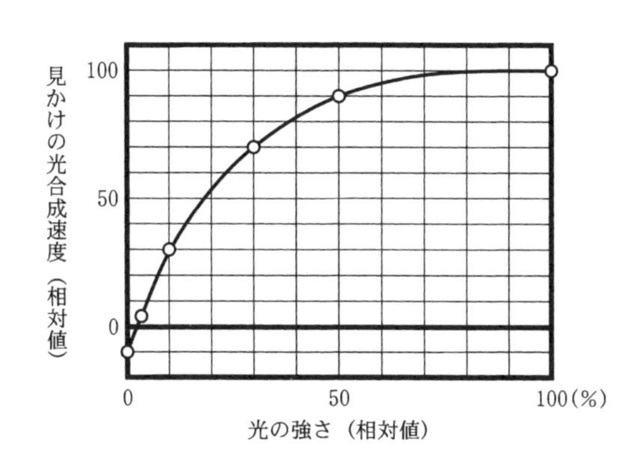

図4　植物Aの光―光合成曲線

〔文3〕

表1は，地球上のさまざまな生態系における植物の現存量と純生産量の推定値で，有機化合物の乾重量で表されている。地球全体では，1.8×10^{15} kgの一次生産者が存在し，毎年1.7×10^{14} kgの有機物が生産されていると推定されているが，地球の全表面積のほぼ30％を占める陸地で約3分の2が，ほぼ70％を占める海洋で約3分の1が生産されている。

表1　地球上の主要生態系の植物の現存量と純生産量の推定値

生態系	面積 (10^6 km^2)	その生態系の全現存量 (10^{12} kg)	その生態系の全純生産量 (10^{12} kg/年)
森　　林	57	1700	79.9
草　　原	24	74	18.9
荒　　原	50	18.5	2.8
農 耕 地	14	14	9.1
沼沢・湿地	2	30	4.0
湖沼・河川	2	0.1	0.5
全 陸 地	149	1836.6	115.2
浅 海 域	29	2.9	13.5
外 洋 域	332	1.0	41.5
全 海 洋	361	3.9	55.0
全 地 球	510	1840.5	170.2

〔問〕

（Ⅰ）文1について，以下の小問に答えよ。

(A) 下線部(ア)について。植物体がすべて有機化合物から成り立っていて，1.0gの有機物を合成するのに16.8kJのエネルギーが必要であるとする。

ある地域の純生産量が3.0kg/m^2・年であり，地表に到達する太陽の光エネルギーの放射が8.0×10^3kJ/m^2・日とする。光合成に有効な可視領域の放射のうち何パーセントが純生産として利用されるか，有効数字2桁で答えよ。

(B) 下線部(イ)について。以下の(1)〜(4)から，これを説明するうえで，正しくないものをすべて選び，番号で答えよ。

(1) チラコイド膜を暗所でpH4の緩衝液に長時間浸すことで，チラコイド膜内腔をpH4にした。その後，ADPとリン酸を含むpH8の緩衝液に移すと，ATPが合成された。

(2) 水素イオンの濃度勾配を解消する脂溶性の弱酸である2,4-ジニトロフェノールでチラコイド膜を処理すると，ATP合成は抑制されずに電子伝達系だけが阻害された。

(3) 電子伝達系の活性には，袋状の構造が破れていないチラコイド膜が必要であるが，ATP合成にはチラコイド膜の状態は関係ない。

(4) チラコイド膜を構成する脂質二重膜は，水素イオン(H^+)，OH^-，K^+やCl^-などのイオンを透過させない。

(C) 光合成の電子伝達系によって1分子の水が分解されるとき，生産されるエネルギーはATP何分子に相当するか計算せよ。ただし，1分子の還元力（X・2H）を作り出すのに必要なエネルギーは，3分子のATP生産に相当するものとし，還元力（X・2H）のエネルギーも加えて計算すること。

(Ⅱ)　文2について，以下の小問に答えよ。

(A)　図2の植物A，植物Bの群落をそれぞれ何型とよぶか。また，それらは図3の(ア)，(イ)のどちらに相当するかを記せ。

(B)　図2の区画において，植物Bの葉1.0 gあたりの平均葉面積は60 cm^2であった。植物Bの群落の最上部から地上15 cmの高さまでの積算葉面積指数を求め，有効数字2桁で答えよ。

(C)　下線部(ウ)について。図2，図3から植物Bの型の群落における光合成は，光を利用するうえでどのような特徴を持っていると言えるか。3行程度で述べよ。

(D)　図4は植物Aの光―光合成曲線である。この植物Aの地上45 cmの高さにおける相対的な光合成速度を求めよ。ただし，図4における光の強さ（相対値）は，図2におけるそれと一致するものとする。

(E)　一般に葉面積指数の増加は光合成器官である葉の面積の増加を意味するため，葉面積指数が大きい群落ほど光合成による生産速度が大きいことが期待される。しかし，実際の植物群落では最適な葉面積指数が存在する。その理由を3行程度で述べよ。

(Ⅲ)　文3について，以下の小問に答えよ。

(A)　表1で，現存量1 kgあたりの純生産量を森林と草原について計算し，有効数字2桁で答えよ。また森林と草原について，現存量1 kgあたりの純生産量に違いが生じる理由を2行程度で述べよ。

(B)　表1で，それぞれの生態系において植物の現存量が平衡に達している場合，現存量あたりの純生産量は何を意味していると考えられるか，以下の(1)～(4)から1つ選べ。

(1)　その生態系内の植物の現存量に対する植物の1年間の成長の割合。

(2)　その生態系内の植物の現存量に対する植物の1年間の枯死量の割合。

(3)　その生態系内の植物を構成する有機物が1年間で更新される回数。

(4)　その生態系を構成する有機物が1年間で更新される回数。

(C)　表1の全陸地と全海洋について，現存量を純生産量で割った値を計算し，有効数字2桁で答えよ。また一般の生態系で問(B)と同様の前提の場合，現存量を純生産量で割った値は何を表していると考えられるか，1行程度で述べよ。

(D)　全陸地と全海洋について現存量を純生産量で割った値を比較し，その違いが何によるものなのか，全陸地・全海岸それぞれで主たる一次生産者の種類とその構造的特徴，および問(C)の解答をふまえて理由を考察し，5行程度で述べよ。

ポイント

（Ⅱ） 生産構造図の見方と光合成量を通しての植物群落の物質生産と環境に関する総合問題である。

(B) 積算葉面積指数といういかめしい名前がついているが，要するに，一定面積上にある葉の面積の合計値を土地面積で割ったものを言う。調査区画の中に葉が何層ついているかを示す値である。

(D) 図 2 から地上 45 cm の高さの相対照度を求めて，その値を図 4 に用いて光合成速度（みかけではなく，真の光合成速度）を求めるものである。

(E) 植物は単に葉をつけてもダメだということを述べている。光合成をするために葉をつけるが，光があまり入らない環境下では葉をつけたとしても，葉は光合成だけでなく呼吸も行うので，呼吸による有機物の分解が光合成による有機物の合成速度を上回るところでは，葉をつけるだけ赤字に（有機物の出費が多く）なることを示唆している。

62 炭素・窒素物質循環

（2001年度　第3問）

次の文1～4を読み，（Ⅰ）～（Ⅳ）の各問に答えよ。

〔文1〕

生物は，少数の例外をのぞいて，(ア)太陽の光エネルギーを生命の維持に利用している。緑色植物は，光合成によって，光のエネルギーを利用して二酸化炭素と水から有機物を合成する。有機物の形をとったエネルギーは，食物連鎖の過程でさまざまな仕事をし，最終的には熱エネルギーとなって地球外へと失われる。一方，物質も生物間を移動していく。(イ)植物は草食動物に食べられ，草食動物は肉食動物に食べられる。また，動物の死骸や排泄物，あるいは枯れた植物などは微生物により無機化合物や簡単な有機化合物に分解され，よく象徴的にいわれるように「再び土にかえる」。そして，その物質を利用してまた新たな生命が育まれる。生物が利用している物質は，30～40種類の元素からなり，これらは［ 1 ］と呼ばれる。すべての［ 1 ］は，生物と無生物の間を循環している。これが物質循環である。

地球上の物質循環は光合成生物の出現によって大きく変化し，地球環境と生物は相互作用をしながら変化してきた。(ウ)原始大気の主成分であった二酸化炭素は，光合成の基質として使われ，現在では大気のわずか0.035％を占めるに過ぎない。代わって光合成の副産物である酸素の量が増大し，これは好気呼吸の発達をうながした。(エ)好気呼吸の効率的なエネルギー獲得様式は，生命に新たな進化の可能性をひらいた。また，酸素量の増大はオゾン層の形成をもたらした。オゾン層によって紫外線から保護されるようになった生物は，ここに初めて本格的に陸上への進出を果たしたと考えられている。一方，大気中の窒素分子の量は，地球の歴史を通して大きくは変化しなかった。窒素はアミノ酸やヌクレオチドの合成に不可欠な元素であり，窒素分子から放電などにより有機窒素化合物が生成され，原始生命の誕生につながったと考えられる。

〔文2〕

窒素は自然界において，窒素分子，無機窒素化合物，有機窒素化合物の3つの形をとっている。自然界での窒素の循環について，現在考えられている概略を示したのが図5である。植物は無機窒素化合物を吸収してアミノ酸やタンパク質などの有機窒素化合物を作り，それを動物が利用する。枯れた植物，動物の遺体や排泄物などを従属栄養微生物が分解する。有機窒素化合物が分解されると，アンモニウム塩が生じる。(オ)アンモニウム塩は植物によって直接利用されるか，あるいは生物作用によって亜硝酸塩を経て硝酸塩に酸化される。酸素の少ない環境下ではアンモニウム塩のままのこともある。以上が自然界での窒素の主要な循環経路で，図5では太い矢印で示している。

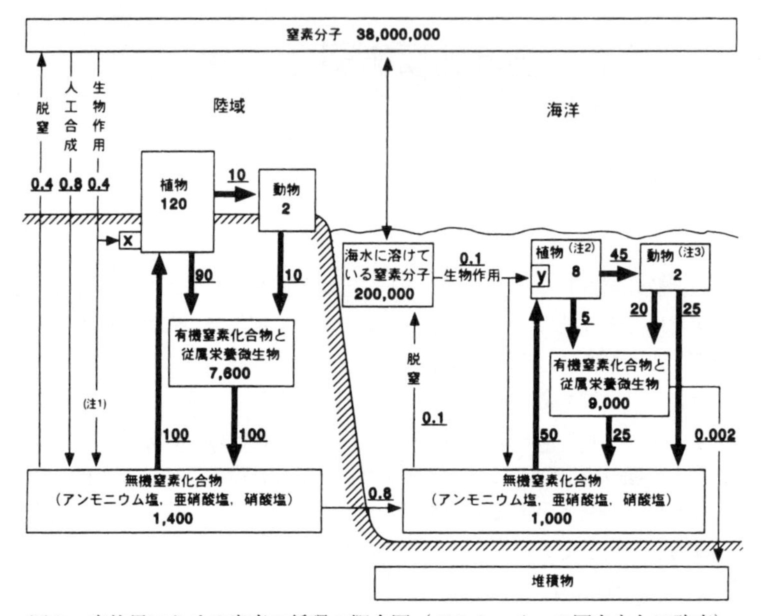

図5　自然界における窒素の循環の概念図（デルウッチェの図をもとに改変）
数字は億トン窒素，下線のついた数字は年間の推定移動量を示す。原典では移動量のすべてが示されてはいないが，循環がよくわかるように推定値を入れた。
（注1）アゾトバクターなどの一部の生物の働きによる。
（注2）大部分が植物プランクトンからなる。
（注3）大部分が動物プランクトンからなる。

〔文3〕

大気と海水中には大量の窒素分子が存在し，それぞれ図5に示された太い窒素循環につながっている。つまり，(カ)窒素分子からも，生物作用で無機窒素化合物を作るしくみがある。しかし，窒素分子を利用できる生物は限られていて，自然界では窒素分子からつくられる無機窒素化合物の量は，陸域と海洋で合わせて，年間に窒素換算で0.5億トン程度と推定されている。これは図5に示された太い窒素循環で移動している量に比べると著しく少ない。自然界にはまた(キ)生物により無機窒素化合物を窒素分子にもどす脱窒の働きがある。脱窒により窒素分子にもどる量は年間に0.5億トン程度と考えられ，窒素分子から無機窒素化合物が生物作用により生産される量とほぼ等しい。

〔文4〕

窒素循環の中で，人や家畜も大きな役割を果たしている。たとえば，陸域の動物に含まれる窒素のうち，30～50％が人と家畜のものである。陸上の植物では，窒素は大部分が森林の樹木に含まれており，農作物に含まれるのは5％程度である。この農作物を育てるために，人は窒素分子からアンモニウム塩を人工的に合成して肥料として農地にまいている。その窒素量は1970年には世界中で年間0.3億トンだったものが，1989年には0.8億トンに増え，窒素分子から生物作用でできる無機窒素化合物の年間量を超えている。一方，人は無機窒素化合物から窒素分子に人工的にもどすことはしていない。

農地にまかれた窒素肥料のうち，農作物に吸収されるのはごく一部で，ほとんどが農地に残り，やがて雨に洗われて地下水や河川・湖沼に入り，沿岸海域にまでその影響は及ぶ。農業地帯の地下水は無機窒素化合物を高濃度で含むようになる。(ク)肥料としては，窒素以外にも生育の限定要因になりやすいリンやカリウムも同時に用いられる。通常，植物に利用されなかったリンは不溶性リン酸塩として土壌に吸着されるが，一部は吸着されずに湖沼や沿岸海域に流れ出す。

〔問〕

(Ⅰ)　文1について。次の小問に答えよ。

(A)　文中の空欄1に当てはまる最も適当な語句を入れよ。

(B)　下線部(ア)について。人は，直接生命の維持に用いるエネルギーの他に，産業活動などで石油や石炭のエネルギーを使っている。これも，結局，太陽のエネルギーを使っていることになるが，それはなぜか。1行で述べよ。

(C)　下線部(イ)について。食物連鎖の段階を1つ経るごとに上位の生物の利用できる物質とエネルギーは減少してしまう。それはなぜか。1行で述べよ。

(D)　下線部(ウ)について。現在，大気中の二酸化炭素濃度が上昇し，地球温暖化の危険が指摘されているが，二酸化炭素濃度の上昇の原因は何か。1行で述べよ。

(E)　下線部(エ)について。好気呼吸は嫌気呼吸に比べてなぜ効率的なのか。理由を2行以内で述べよ。

(Ⅱ)　文2について。次の小問に答えよ。

(A)　下線部(オ)について。次の問に答えよ。

(a)　自然界でアンモニウム塩を硝酸塩へ変える生物作用を何というか。

(b)　また，それを進めている生物名を1つあげよ。

(B)　動物に対する植物の現存量は，陸域では60倍なのに対して海洋では4倍にすぎない。これは海洋の植物の窒素吸収効率が高いことに起因していると考えられる。このことを図中の数値を用いて3行以内で説明せよ。

(C)　無機窒素化合物から植物を経た動物への窒素の流れは，陸域と海洋で大きく異なる。窒素の流れに，なぜそのような違いが生じるかを3行以内で述べよ。

(Ⅲ)　文3について。次の小問に答えよ。

(A)　下線部(カ)について。次の問に答えよ。

(a)　自然界で大気中の窒素分子を生物が直接利用することを何というか。また，その際に窒素分子からつくられる無機窒素化合物名は何というか。

(b) 図5のxで窒素分子を直接利用している生物名を1つあげよ。この生物は植物と共生している。同じくyでの生物名を1つあげよ。

(B) 下線部(キ)について。脱窒について最も適当と思われるものを2つ選び番号で答えよ。

(1) 脱窒で使われる基質はアンモニウム塩である。

(2) 脱窒で使われる基質は硝酸塩である。

(3) 脱窒をする生物は一部の細菌である。

(4) 脱窒をする生物は一部の土壌動物である。

(5) 脱窒によって生物はエネルギーを獲得する。

(C) 図5は地球全体を示したものであり，地域によってはそれぞれの区分の窒素の現存量の割合が図5とは異なっている。たとえば，熱帯林では「有機窒素化合物と従属栄養微生物」と「無機窒素化合物」の区分の現存量は少なく，大部分が「植物」と「動物」の区分に含まれる。なぜそうなるか，その理由を考えて2行以内で述べよ。

(Ⅳ) 文4について。次の小問に答えよ。

(A) 陸域には大量の無機窒素化合物が存在しているにもかかわらず，窒素肥料を人工合成して農地にまくのはなぜか。その理由として考えられることを2行以内で述べよ。

(B) 下線部(ク)について。窒素のみを肥料として与えたときと，リンやカリウムをともに与えたときで，無機窒素化合物から植物への窒素の流れの太さはどのようにちがうと考えられるか。理由とともに2行以内で述べよ。

(C) 陸域に人工肥料をまくことでおこる海洋の環境問題を1つあげよ。

ポイント

(Ⅱ)(B) 東大の問題では図の数値やデータを用いて説明や解釈をするものが多い。ここでは，そのデータの何を用いて問われている内容にどのように答えるかを考えてみよう。動物に対する植物の現存量が陸域では60倍であるのに対し，海洋では4倍に過ぎない。このことは海洋植物の窒素吸収効率が高いことに起因する。これを図中の数値を用いて説明するのであるから，ストック（現存量）とフロー（吸収移動量）の2つの視点から説明することになる。陸域はストックが120億トンに対してフローが100億トンなので，(フロー)÷(ストック)をTとして表すと

$T_{陸域}$ = フロー(F)/ストック(S) = 100/120 = 0.83

海域はストックが8億トンに対してフローが50億トンであるから

$T_{海域}$ = 50/8 = 6.25

よって $T_{海域}/T_{陸域}$ = 7.5倍 となる。これが，まずデータを用いての単位現存量あたりの窒素吸収率が海洋の方が大きいことの裏づけである。(C)でその理由が問われている。陸域では腐食連鎖からスタートするのに対して，海洋は生食連鎖が中心で，しかも生体のほとんどの部分が捕食の対象となっていることが，この差をもたらしていると推測する。

63 生物の相互作用，共生進化

（2000 年度　第 1 問）

次の文１～４を読み，（Ⅰ）～（Ⅳ）の各問に答えよ。

〔文１〕

自然界において生物は，(ア)自分と同じ種の個体だけでなく，自分とは異なる種の個体とも，さまざまな相互作用を行いつつ生活している。微生物の中には，動植物の細胞内に入り込んで生活しているものさえいる。このような場合には，２つの種の間の密接な相互作用が，(イ)何らかの意味で双方に利益をもたらしている例が多い。(ウ)マメ科植物と［　1　］の関係は，その一例である。昆虫類の中には，細胞内にすみついた微生物を，卵の細胞質を通じて子孫に伝え，世代を超えて維持している種も少なくない。

〔文２〕

オナジショウジョウバエ（キイロショウジョウバエの近縁種）には，ある種のリケッチア（真核細胞の中でしか増殖できない特殊な細菌）に感染した個体のいることが知られている。このリケッチアをWと呼ぶことにする。Wはオナジショウジョウバエの細胞質で増殖するが，核へは入らない。また，Wは卵の細胞質を通じて次世代へ伝えられるだけで，他の感染経路をもたないことがわかっている。この昆虫のWに感染した雌と雄をそれぞれ**♀**と**♂**，非感染の雌と雄をそれぞれ♀と♂で表すことにする。このWの次世代への伝えられ方を知る目的でいくつかの実験を行い，次のような結果を得た。

実験結果

1．**♀**×**♂**の交配からは，♀×♂の交配とほぼ同数の雑種第一代（F_1）が得られた。**♀**×**♂**の交配により得られたF_1はすべてWに感染しており，雌雄の比はほぼ1：1であった。

2．**♀**×♂の交配からは，♀×♂の交配とほぼ同数のF_1が得られた。**♀**×♂の交配により得られたF_1はすべてWに感染しており，雌雄の比はほぼ1：1であった。

3．♀×**♂**の交配からは，F_1が得られなかった。

〔文３〕

生物は，自分の子孫（遺伝子）をできるだけ多く残そうとしている。Wは，オナジショウジョウバエ（宿主）を一種の「乗り物」に使って，自らの子孫を増やすことで，宿主との相互作用から利益を得ている。他方，(エ)Wに感染した宿主もWとの相互作用から利益を得ている。なぜなら，〔文２〕の実験結果から推測できるように，W感染個体を含むオナジショウジョウバエの個体群では，(オ)♀は♀よりも多くの子孫を残せるからである。

ところで，オナジショウジョウバエの雌には，複数の雄と交尾し，得た精子を受精囊(のう)に貯えておく性質があり，雄には複数の雌との間に交尾をくり返す性質がある。しかし，実際に卵に入れる精子は1個だけであり，2個以上の精子が卵に入ることはできない。このため，受精をめぐって，複数の雄に由来する多数の精子の間に競争が起こる。また，いくつかの実験から，♂のつくる精子は♂の精子よりも，運動性の高いことが示されている。(カ)精子間に競争があることを考えると，♂の精子の運動性が高いことは，W感染個体が感染によって得る利益をさらに大きなものにしている。

〔文4〕

オナジショウジョウバエはWの他に，よく似た性質のリケッチアVに感染する。しかし，これら2つのリケッチアに同時に感染することはない。それぞれWおよびVに感染したオナジショウジョウバエの間で交配実験を行った。その結果，W感染雌とV感染雄の間にも，V感染雌とW感染雄の間にもF_1は得られず，次世代が得られたのは，交配した雌雄が同じリケッチアに感染している場合だけであった。同じ種でありながら，異なるリケッチアに感染することによって，W感染群とV感染群の間には［ 2 ］が生じたと考えられる。

〔問〕

(Ⅰ) 文1について。

(A) 空欄1に，最も適当な微生物名を入れよ。

(B) 下線部(ア)について。広く，同種の動物個体間にみられる現象のうちで，種内の遺伝的多様性を高めているものは何か。最も重要な現象を1つ記せ。

(C) 下線部(イ)について。異種生物間のこのような関係を一般に何というか。

(D) 下線部(ウ)について。マメ科植物は［ 1 ］との相互作用によって，どのような利益を得ているか。1行で述べよ。

(Ⅱ) 文2について。

(A) それぞれが複数の雌雄からなるオナジショウジョウバエの2つの群，pとqがある。pとqのうちの，少なくとも一方は，W感染群（すべてがW感染個体）であることがわかっている。どちらが感染群であるか，あるいは双方ともが感染群であるかを最も簡単に判別するためには，2つの交配実験を行えばよい。それらはどのような交配実験か。また，どのような結果が期待できるのか。合わせて4行以内で述べよ。

(B) ♂の精子は，卵に入っても卵核と合体できないように不活性化されていることがわかった。そうすると，♀のつくる卵の細胞質には，不活性化された♂の精子を再活性化する因子が含まれていると考えられる。なぜそのように考えられるか。

〔文2〕の実験結果を参照して，2行以内で述べよ。

(Ⅲ)　文3について。

(A)　下線部(エ)について。一部の個体がWに感染することは，オナジショウジョウバエの個体群全体にとっては，むしろ不利にはたらくと考えられる。その理由を2行以内で述べよ。

(B)　下線部(オ)について。**♀**が♀よりも多くの子孫を残せると考えられる理由を2行以内で述べよ。

(C)　下線部(カ)について。♀，♂，**♀**，**♂**が同じ数だけ存在するオナジショウジョウバエの個体群があり，内部で任意に交配を行わせた。集団としてみたときに，**♂**の精子は♂の精子に比べて1.5倍の頻度で卵に入ったものとすると，F_1世代では，感染個体の数は非感染個体の数の何倍になるか。

(Ⅳ)　文4について。

(A)　空欄2に，最も適当な語句を入れよ。

(B)　異なるリケッチアに感染したオナジショウジョウバエは，［　2　］の結果，長い期間の後には，互いに形態も性質も異なる別種へと分化すると予測される。どのようなしくみで別種へ分化すると予想されるか。そのしくみを3行以内で述べよ。

ポイント

(Ⅲ)の(B)は「W感染個体」および「W非感染個体」にとって有利か不利かということを考えているが，(Ⅲ)の(A)では「個体群全体」にとって有利か不利かを考えている点に注意する。「個体群全体」にとっては，「個体群全体の個体数」が問題となるが，「個体」にとっては，たとえ個体群全体の個体が減少したとしても自分の遺伝子をうけつぐ個体が増加すれば有利となるのである。つまり，W感染個体は感染個体を増やすことが目的ではなく，あくまでも自己の遺伝子をうけつぐ個体を増やすことが目的なのである。

64 光合成，植物の生産構造

(2000 年度　第 2 問)

次の文 1 ～ 3 を読み，（Ⅰ）～（Ⅲ）の各問に答えよ。

〔文 1〕

光合成とは，植物などが太陽光のエネルギーを用いて二酸化炭素と水から有機物を合成する反応である。光合成の反応に使われる二酸化炭素は，空気中から葉の表皮に存在する気孔を通して取り込まれる。気孔の開き具合は環境条件によって左右され，空気中の湿度が低下した際などに気孔が閉じる。また，植物ホルモンの 1 種である [1] を与えた場合にも気孔が閉じることが知られている。

〔実験 1〕　ある植物を温度 20 ℃，相対湿度 80 % の温室の中で太陽の光が十分当たる条件において生育させた。ある晴れた日の朝に気孔を観察すると，気孔は十分開いた状態であった（「全開」状態とする）。この条件下で植物にある処理を行うと，他の状態は変えずに気孔の開き具合のみを，完全に閉じた状態（「閉」状態）や，半分ほどの開き具合になった状態（「半開」状態）に変えることができた。それぞれの状態で，太陽の光が十分に当たる生育条件での光合成を測定すると，光合成速度は気孔の開き具合に従って変動し，「閉」の状態の葉では「全開」の状態のときに比べて大きく低下し，「半開」の状態では「全開」と「閉」の状態の中間であった。

〔文 2〕

太陽の直射光が当たれば，植物の光合成は多くの場合，光飽和の状態となるが，植物群落内においては，個々の植物が成長すると葉の重なりが多くなり，群落内の下層ほど受光量が低下する。このことが植物群落内における，光合成器官である葉と，光合成能力に乏しい茎や花（ここでは非光合成器官とする）の垂直的な分布構造にも影響を及ぼしている。

〔実験 2〕　葉の形状や，つき方が異なる 2 種の草本がある。それらの草本を用いて単一種からなる 2 つの群落(a)，(b)を作り，それぞれに 1 m × 1 m の方形の枠を設定した。その方形枠内の群落を上部から 10 cm ごとに，順次，層別に刈り取り，光合成器官と非光合成器官に分けて乾燥重量を測定した。その結果を群落別に示したものが図 1 である。

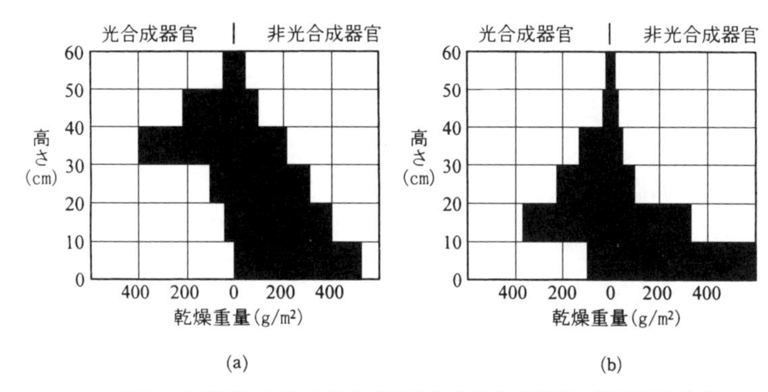

図1　各群落における光合成器官と非光合成器官の層別重量分布

〔文3〕

(ア)植物の葉における主要な光合成色素であるクロロフィルが主に青紫色光と赤色光をよく吸収するために，群落の下層では光の量だけでなく，光の質も群落の外に比べて変化している。ある植物を光以外の条件は同一にして，(イ)太陽光そのままの条件，および，(ウ)群落の中のように光が弱く，青紫色光と赤色光の割合が低下した条件，の2種類の光条件に移して育てた。すると，下線部(ウ)の条件で育てた植物は下線部(イ)の条件で育てた植物に比べ，(エ)節間が長くて背の高い形状となった。この節間の伸びは下線部(イ)の条件に移すと止まった。また，この植物の種子の発芽実験を行ったところ，(オ)下線部(イ)の条件では発芽したが，下線部(ウ)の条件では発芽しなかった。

〔問〕

(Ⅰ)　文1について。

(A)　空欄1に最も適当な語句を入れよ。

(B)　光合成の速度に影響を与える外界のいろいろな要因のうち，実験1の生育条件で光合成の限定要因となっているのは何か。そう考えた理由とともに2行以内で述べよ。

(C)　実験1と同様の光合成速度の測定を，「閉」状態でも光が限定要因となる弱光（ただし光補償点以上とする）においても行った。気孔が閉じるにつれて起こる光合成速度の変化は，このような弱光下では，十分な強さの太陽光下に比べてどのようになると考えられるか。最も適当なものを次の(1)～(5)のうちから1つ選び，番号で答えよ。

(1)　気孔が閉じた際の速度の低下の割合は，太陽光下での測定のときに比べ大きくなる。

(2)　気孔が閉じた際の速度の低下の割合は，太陽光下での測定のときと同程度である。

(3)　気孔が閉じた際の速度の低下の割合は，太陽光下での測定のときに比べ小さくなる。

(4) 気孔が閉じると，速度は0まで落ちる。

(5) 気孔が閉じると，速度は増加する。

(D) 気孔が「閉」状態となっている葉の中（気孔とつながっている細胞間の隙(すき)間）の二酸化炭素濃度を測定した。葉に太陽光が当たっているときの濃度(a)，光が限定要因となる強さの光（ただし光補償点以上）が当たっているときの濃度(b)，光が当たっていないときの濃度(c)，および大気中の二酸化炭素濃度(d)に関して，それらの濃度が高い順にa＞b＞c＞dのように記せ。

(Ⅱ) 文2について。

(A) 図1の(a)，(b)各々の群落の中で光が減衰していく様子を示した図（最上層を100としたときの光の強さを高さごとに示したもの）として最も適当なものを次の①～④のうちから選択し，(a)—⑤，(b)—⑥のように答えよ。

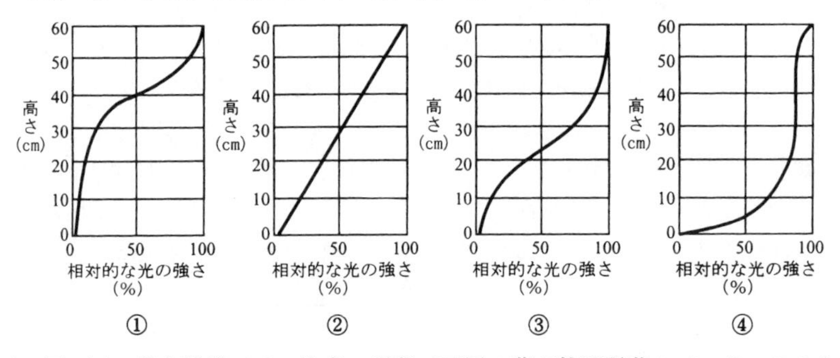

(B) 図1(a)の草本群落では，生育の過程で下層の葉が枯死脱落している。このように下層の葉が枯死することにより，物質生産の効率が上がると考えられる。それはなぜか。3行以内で述べよ。

(C) 図1(b)の草本群落について。同じ条件のもとで個体間の間隔を狭め，高密度で栽培を行うと，光合成器官の垂直的な分布構造に違いが見られた。どのような違いか。1行で述べよ。

(D) 次の(1)～(4)に示すような形態上の特徴を有する草本の群落は，図1(a)，(b)の群落のどちらにより近い分布構造を示すと考えられるか。それぞれ，(5)—(a)のように答えよ。

(1) 広く大きな葉を茎から水平につける。

(2) 上層では葉が茎周辺に集中して斜めにつき，下層ほど葉がより水平につく。

(3) 地面から直接細長い葉が斜めに伸びる。

(4) 地面から直接出た葉柄の先に傘(かさ)が開いたように葉を展開する。

(Ⅲ) 文3について。

(A) 下線部(ア)の事実から，植物の葉が人に通常緑色に見える理由を2行以内で説明せよ。

(B)　下線部(ウ)の条件で下線部(エ)のような形状をとることが，群落内ではこの植物個体にとってどのような利点となると考えられるか。2行以内で述べよ。

(C)　下線部(オ)のような特徴を示す種子を何というか。

(D)　下線部(オ)の発芽実験において，下線部(ウ)の条件に置いた種子を次に示す条件(1)〜(4)に移した。発芽する条件をすべて選び，番号で答えよ。

(1)　白色（可視）光を当てる。　　(2)　赤色光を当てる。

(3)　近赤外光を当てる。　　(4)　暗所に置く。

(E)　下線部(オ)のように下線部(ウ)の条件で発芽しないことは，この種子にとってどのような利点となると考えられるか。2行以内で述べよ。

ポイント

(Ⅲ)　太陽光には短波長側→長波長側にむかって，紫色→青→緑→黄→橙→赤という光が混在している。この光が植物の葉にあたると，葉の中のクロロフィルが青紫色や赤色の光を吸収するので，青紫色と赤色の光が減少し，葉にあたった後の光（透過光や反射光）では緑〜黄が多く残る。ヒトの網膜で受容される光は葉で反射した光であったり透過した光で，それらが緑色を中心とした波長の光から構成されているため，葉は緑色に見える。ちなみに，白く見える物体は可視光線のほとんどを反射あるいは透過するものであり，黒い物体は可視光線をほとんど吸収するものである。

第６章　総合問題

65 ABO式血液型の決定に働く酵素，新型コロナウイルスの表面タンパク質

（2023年度　第３問）

次の文１～３を読み，問Ａ～Ｋに答えよ。

［文１］

ヒトのABO式血液型は，赤血球膜上にある糖タンパク質の糖鎖構造で決定される。Ａ型のヒトはＡ型糖鎖を持ち，Ｂ型のヒトはＢ型糖鎖を持つ。また，AB型のヒトはＡ型糖鎖とＢ型糖鎖の両方を持っている。図３―１に示すように，Ａ型のヒトではＨ型糖鎖にN–アセチルガラクトサミンが付加されてＡ型糖鎖が形成され，Ｂ型のヒトではＨ型糖鎖にガラクトースが付加されてＢ型糖鎖が形成される。Ａ型とＢ型の糖鎖を形成するABO式血液型糖転移酵素（以下，糖転移酵素）は，354アミノ酸残基からなるタンパク質である。Ａ型のヒトはＡ型糖鎖を形成するＡ型糖転移酵素（以下，Ａ型酵素）を，Ｂ型のヒトはＢ型糖鎖を形成するＢ型糖転移酵素（以下，Ｂ型酵素）を持ち，AB型のヒトはＡ型糖転移酵素とＢ型糖転移酵素の両方を持っている。またＯ型の糖転移酵素遺伝子からは，活性を持たない糖転移酵素が産生される。

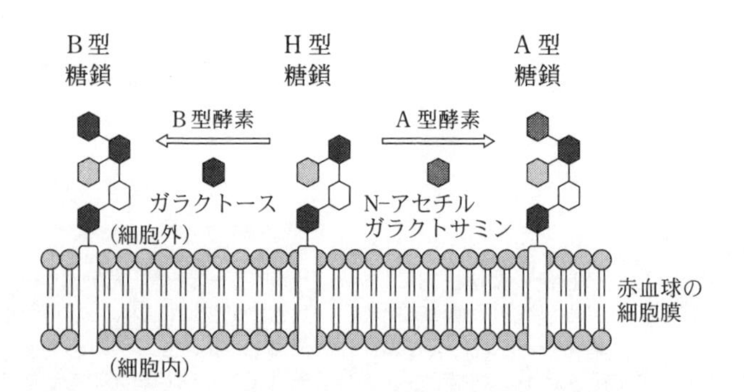

図３―１　ABO式血液型を決める糖転移酵素による糖鎖付加反応の模式図

A　以下の文中の空欄に適切な語句を，以下の語群から選択して記入せよ。

解答例：1—○○，2—△△

新生児は，生まれつきABO血液型の抗原に対する［　1　］を産生する能力を持っている。［　2　］による［　1　］の産生は，T細胞を必要とせず［　3　］遺伝子の再構成は行われない。

［語群］　免疫グロブリン，自然抗体，B細胞，T細胞，樹状細胞，食細胞

B　A型のヒトはA型酵素をコードするA型遺伝子を持ち，B型のヒトはB型酵素をコードするB型遺伝子を持つ。A型酵素とB型酵素を比較すると，176番目と235番目と266番目と268番目のアミノ酸残基が異なっている。この4ヶ所について，A型とB型の，どちらかの遺伝子型を持つキメラ遺伝子を作製した。それぞれのキメラ遺伝子から産生される糖転移酵素の活性を測定した結果を表3—1に示す。例として，AABBと表記したキメラ遺伝子は，176番目と235番目のコドンがA型，266番目と268番目のコドンがB型の塩基配列である。表3—1の結果から，キメラ遺伝子の糖転移酵素活性についての記述として，適当なものを以下の選択肢(1)～(4)から全て選べ。ただし，酵素活性AはA型糖鎖を，酵素活性BはB型糖鎖を，酵素活性ABはA型糖鎖とB型糖鎖の両方を産生できることを示す。また酵素活性A(B)は，主にA型糖鎖を産生するがB型糖鎖もわずかながら産生できることを示す。

(1)　266番目がA型遺伝子の塩基配列であれば，必ずA型の酵素活性をもつ。

(2)　266番目がB型遺伝子の塩基配列であれば，必ずB型の酵素活性をもつ。

(3)　268番目がA型遺伝子の塩基配列であれば，必ずA型の酵素活性をもつ。

(4)　268番目がB型遺伝子の塩基配列であれば，必ずB型の酵素活性をもつ。

表3―1　各キメラ遺伝子を発現させたヒト培養細胞で検出された糖転移酵素活性

キメラ遺伝子 (176，235，266，268番目)	糖転移酵素活性
AAAB	A
AABA	AB
AABB	B
ABAA	A
ABAB	A(B)
ABBA	AB
ABBB	B
BAAA	A
BAAB	A
BABA	AB
BABB	B
BBAA	A
BBAB	A(B)
BBBA	AB
AAAA(A型遺伝子)	A
BBBB(B型遺伝子)	B

C　B型遺伝子の268番目のアミノ酸残基について，野生型以外の19種類の置換変異体を作製した。これらの置換変異体と野生型遺伝子を含め20種類のB型遺伝子のすべての場合について，糖転移活性を測定する実験を行った。表3―2に，作製したB型遺伝子の持つ268番目のアミノ酸残基の種類と，産生された酵素活性を測定した結果を示す。B型の酵素活性を持つ糖転移酵素のアミノ酸残基に共通する性質について，最も適当なものを以下の選択肢(1)～(4)から1つ選べ。

(1)　側鎖が持つ正電荷

(2)　側鎖の疎水性

(3)　側鎖の大きさ

(4)　側鎖の分岐構造

D　表3―1と表3―2から考えられるA型遺伝子とB型遺伝子の268番目のアミノ酸残基として，最も適当なものをそれぞれ答えよ。

解答例：A型―○○，B型―△△

表3－2　作製したB型遺伝子の268番目のアミノ酸残基と，産生された糖転移酵素の活性

アミノ酸残基			糖転移酵素活性	
日本語名	3文字表記	1文字表記	A型	B型
アラニン	Ala	A	−	＋＋＋
アルギニン	Arg	R	−	−
アスパラギン	Asn	N	−	−
アスパラギン酸	Asp	D	−	−
システイン	Cys	C	−	−
グルタミン	Gln	Q	−	−
グルタミン酸	Glu	E	−	−
グリシン	Gly	G	＋	＋
ヒスチジン	His	H	−	−
イソロイシン	Ile	I	−	−
ロイシン	Leu	L	−	−
リシン	Lys	K	−	−
メチオニン	Met	M	−	−
フェニルアラニン	Phe	F	−	−
プロリン	Pro	P	−	−
セリン	Ser	S	−	＋
トレオニン	Thr	T	−	−
トリプトファン	Trp	W	−	−
チロシン	Tyr	Y	−	−
バリン	Val	V	−	−

表中の＋は酵素活性の高さを示す。＋＋＋は＋より高い酵素活性を持つ。

E　活性を持たない糖転移酵素を産生するO型糖転移酵素遺伝子のホモ接合型のヒト(遺伝子型はOO)は，A型糖鎖とB型糖鎖のいずれも持たない。しかしながら，A型酵素もしくはB型酵素を持っていても，H型糖鎖を持たない場合はO型となる。H遺伝子はH型糖鎖を産生する活性を持った酵素をコードし，h遺伝子は活性を失った酵素をコードする。あるO型の父親とA型の母親から，B型の子供が生まれた。以下の選択肢(1)～(5)から，両親の持つH型糖鎖産生酵素と糖転移酵素の遺伝子型として最も適切なものを1つ選べ。

(1)　父親はHhAB　　母親はhhOA
(2)　父親はHHBB　　母親はHhAA
(3)　父親はhhOO　　母親はHhOA
(4)　父親はHhOB　　母親はHHAA
(5)　父親はhhBB　　母親はHHOA

［文２］

タンパク質合成は，リボソームが mRNA に結合し， 1 を認識することによってはじまる。mRNA の連続した３つの塩基からなるコドンが，１つのアミノ酸に対応している。各コドンと塩基対形成する 2 をもつ tRNA が mRNA に結合することで，塩基配列がアミノ酸に変換される。リボソームが１コドンずつずれるごとに，コドンに対応する 2 を持った tRNA が結合する。tRNA によって運搬されたアミノ酸どうしは， 3 結合によって連結される。真核生物のほとんどの mRNA の 5′ 側の末端には 4 とよばれる構造が，3′ 側の末端には 5 とよばれる構造が付加されており，いずれの構造も翻訳を促進する。一方で， 6 や 7 などの細胞小器官では，細胞質のリボソームとは異なるリボソームを用いて翻訳反応を行っており，mRNA も 4 や 5 の構造を持っていない。 6 や 7 は，それぞれシアノバクテリアと好気性の細菌に構造と機能の点でよく似ており，これらの生物が別の宿主細胞に取り込まれて 8 するうちに，細胞小器官となった 8 説が広く受け入れられている。

細胞内のリボソームは，核から合成された mRNA のみでなく，ウイルス由来の mRNA や mRNA ワクチンなどの外来の mRNA も翻訳する。SARS-CoV-2 は，新型コロナウイルス感染症(COVID-19)の原因となるウイルスである。SARS-CoV-2 ウイルス粒子が細胞に取り込まれた後，宿主細胞に導入されたウイルス RNA を鋳型にして，ウイルス由来の mRNA(ウイルス mRNA)が新たに合成される。その後，ウイルス mRNA を鋳型にしてリボソームが翻訳を行い，ウイルスタンパク質が合成される。

F　空欄に最も適切な語句を記入せよ。

解答例：１―複製，２―合成

G　SARS-CoV-2 を宿主細胞に感染させたのち，３，５，８時間経過した後に，宿主細胞内で新しく合成される宿主タンパク質とウイルスタンパク質の合計量を測定した結果を，図３―２―a に示す。また，リボソームが結合する宿主 mRNA とウイルス mRNA の割合を解析した結果を，図３―２―b に示す。ウイルス感染後の細胞に関する記述として，適当なものを以下の選択肢(1)~(6)から全て選べ。ただし，リボソームが結合する mRNA 量は，その

mRNA から合成されるタンパク質量と比例するものと考えよ。

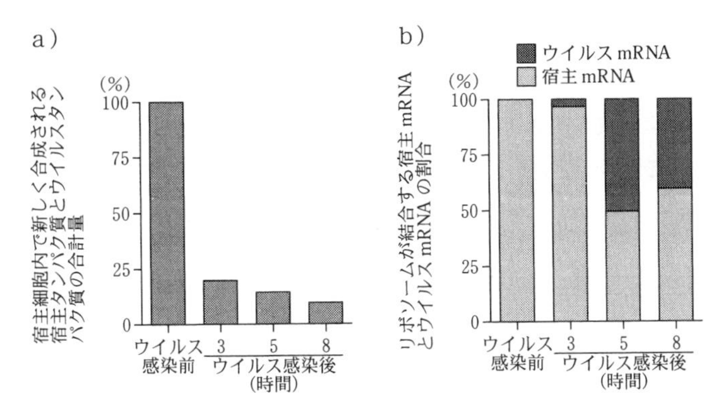

図 3 ― 2　宿主細胞内で合成されるタンパク質量とリボソームが結合する mRNA 量
a）宿主細胞内で新しく合成される宿主タンパク質とウイルスタンパク質の合計量を，ウイルス感染前を 100 % とした相対値で示す。b）リボソームが結合する宿主 mRNA とウイルス mRNA の割合を示す。

⑴　感染 3 時間後にウイルス mRNA から合成されるタンパク質量は，宿主 mRNA から合成されるタンパク質量より少ない。

⑵　感染 3 時間後に宿主 mRNA から合成されるタンパク質量は，ウイルス感染前と比較して低下する。

⑶　ウイルス mRNA から合成されるタンパク質量は，感染 5 時間後より感染 3 時間後が多い。

⑷　宿主 mRNA から合成されるタンパク質量は，感染 5 時間後より感染 3 時間後が少ない。

⑸　宿主 mRNA から合成されるタンパク質量は，感染 8 時間後より感染 3 時間後が少ない。

⑹　ウイルス mRNA から合成されるタンパク質量は，感染 8 時間後より感染 3 時間後が少ない。

［文 3］

ヒト白血球型抗原（HLA）は，主要な組織適合性遺伝子の産物であり，「自己」と「非自己」の識別などの免疫反応に重要な役割を果たす。図 3 ― 3 に示すように，ウイルスが細胞に感染すると，ウイルス由来のペプチドが樹状細胞の膜にあるクラス I のヒト白血球型抗原（HLA-I）の表面に提示される。HLA-I の表面に提示されたペプチドは，細胞障害性 T 細胞膜にある T 細胞受容体によって認識される。ある型のHLA-Iを発現する細胞にSARS-CoV-2を感染させた後，HLA-Iに結合したSARS-CoV-2由来のペプチドを複数同定した。同定したペプチドとHLA-Iとの親和性を測定する方法として，一定濃度の対照ペプチドとの競合結合試験がある。一定濃度の対照ペプチドに対して，様々な濃度の目的のペプチドを加えた後，HLA-Iに結合している対照ペプチド量を測定し，対照ペプチドの結合を50％阻害するペプチドの濃度をIC_{50}とする。

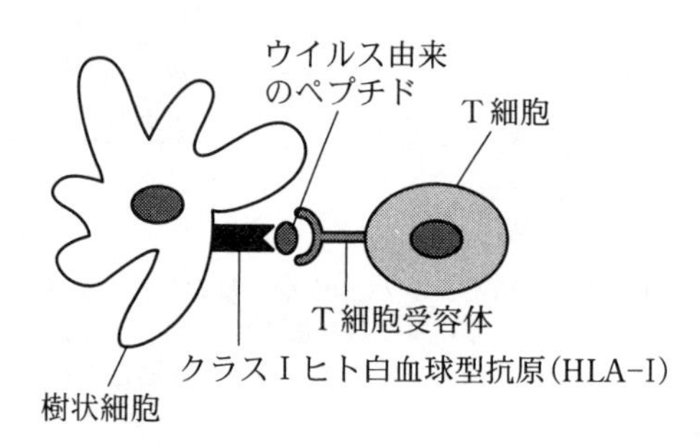

図3―3　T細胞受容体によるHLA-Iに結合したペプチドの認識

H　図3―4はHLA-Iに結合したSARS-CoV-2由来のペプチドについて，HLA-Iとの親和性を測定した結果である。ペプチド1～5に関する記述として，最も適当なものを以下の選択肢(1)～(6)から1つ選べ。

(1)　ペプチド3のIC_{50}は，1.0×10^{-8} mol/L以上である。
(2)　ペプチド4のIC_{50}は，1.0×10^{-8} mol/L以上である。
(3)　ペプチド1のIC_{50}は，1.0×10^{-10} mol/L以下である。
(4)　ペプチド5のIC_{50}は，1.0×10^{-10} mol/L以下である。
(5)　HLA-Iとの親和性は，ペプチド3よりペプチド1の方が低い。
(6)　HLA-Iとの親和性は，ペプチド2よりペプチド4の方が高い。

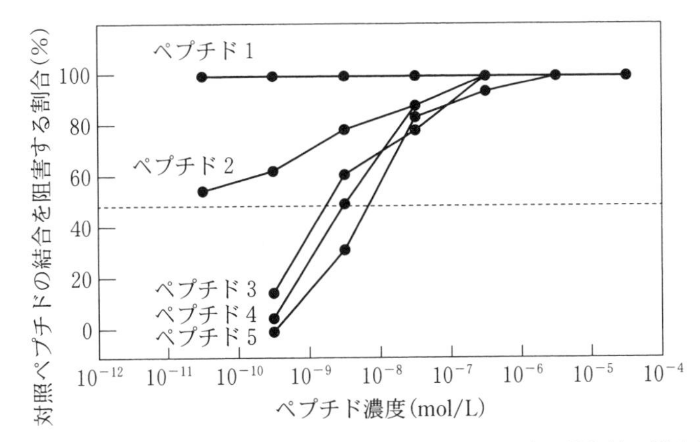

図3―4　SARS-CoV-2由来のペプチドのHLA-Iに対する親和性の測定結果
対照ペプチドの結合が阻害された割合と個々のペプチド濃度の関係を示す。

I　図3―4に示すペプチド1～5を含めて，HLA-Iに結合したSARS-CoV-2由来のペプチドとHLA-Iとの親和性を測定した結果を表3―3に示す。ペプチド4とペプチド5に対応するペプチドを表3―3の記号a～kから選択し，その記号を記載せよ。

解答例：ペプチド4―x，ペプチド5―y

表3―3　同定されたペプチドのIC_{50}

記号	ペプチドの アミノ酸配列	IC_{50}(× 10^{-10} mol/L)
a	GLITLSYHL	< 1
b	MLLGSMLYM	< 1
c	FGDDTVIEV	38
d	STSAFVETV	260
e	ELPDEFVVVTV	12
f	YLNSTNVTI	120
g	SLEDKAFQL	200
h	KAFQLTPIAV	78
i	ELPDEFVVV	4600
j	FASEAARVV	4950
k	LEDKAFQL	38910

ペプチドのアミノ酸配列を1文字表記で示す。アミノ酸の1文字表記については，表3―2と表3―4を参考にせよ。

J　SARS-CoV-2は，宿主細胞表面のアンジオテンシン変換酵素2(ACE 2)

タンパク質に結合してヒト細胞に侵入する。SARS-CoV-2のウイルス粒子の外側に存在するスパイクタンパク質SがACE2に結合し，ウイルス粒子は細胞に取り込まれる。以下は，スパイクタンパク質Sの翻訳領域のうち，開始コドンから数えて61番目のコドンから90番目までのコドンの塩基配列である。この領域は，ペプチド1とペプチド2を合成するためにリボソームが翻訳する領域を含んでおり，下線部はペプチド2の翻訳領域である。ペプチド1に対応するペプチドを表3—3の記号a～kから選択し，その記号を記載せよ。

61-AAUGUUACUUGGUUCCAUGCUAUACAUGUC-70

71-UCUGGGACCAAUGGUACUAAGAGGUUUGAU-80

81-AACCCUGUCCUACCAUUUAAUGAUGGUGUU-90

表3—4　コドン暗号表

UUU フェニルアラニン	UCU	UAU チロシン	UGU システイン
UUC Phe(F)	UCC セリン	UAC Tyr(Y)	UGC Cys(C)
UUA	UCA Ser(S)	UAA 終止コドン	UGA 終止コドン
UUG	UCG	UAG	UGG トリプトファン Trp(W)
CUU ロイシン	CCU	CAU ヒスチジン	CGU
CUC Leu(L)	CCC プロリン	CAC His(H)	CGC アルギニン
CUA	CCA Pro(P)	CAA グルタミン	CGA Arg(R)
CUG	CCG	CAG Gln(Q)	CGG
AUU イソロイシン	ACU	AAU アスパラギン	AGU セリン
AUC Ile(I)	ACC トレオニン	AAC Asn(N)	AGC Ser(S)
AUA	ACA Thr(T)	AAA リシン	AGA アルギニン
AUG メチオニン Met(M)	ACG	AAG Lys(K)	AGG Arg(R)
GUU	GCU	GAU アスパラギン酸	GGU
GUC バリン	GCC アラニン	GAC Asp(D)	GGC グリシン
GUA Val(V)	GCA Ala(A)	GAA グルタミン酸	GGA Gly(G)
GUG	GCG	GAG Glu(E)	GGG

K　ペプチド1とペプチド2に関する特徴として適当なものを，以下の選択肢(1)～(5)から全て選べ。表3—4にコドン暗号表を示す。

(1)　ペプチド2は，スパイクタンパク質Sと同じ読み枠で翻訳される。

(2)　ペプチド2は，スパイクタンパク質Sと異なる読み枠で翻訳される。

(3)　ペプチド1は，スパイクタンパク質Sと異なる読み枠で翻訳される。

(4)　ペプチド1は，スパイクタンパク質Sと同じ読み枠で翻訳される。

(5)　ペプチド1とペプチド2は，異なる読み枠で翻訳される。

ポイント

C．表3－2より，B型の酵素活性をもつのは，アラニン，グリシン，セリンの3種類である。これらに共通する特徴を考える。

D．B型遺伝子の268番目のアミノ酸残基はアラニン，グリシン，セリンのいずれかである。表3－2でグリシンではA型とB型の両方の酵素活性が現れていること，アラニンではB型の酵素活性が＋＋＋と高いことに注目して考えてみる。

G．各mRNAから合成されるタンパク質量の比較には，タンパク質の合計量とリボソームが結合するmRNA量を相互参照する必要がある。具体的には，ウイルスmRNAから合成されるタンパク質量を図3－2の3時間後，5時間後，8時間後の値より求める。宿主mRNAから合成されるタンパク質量も同様に時間を追って求めて結果を比較する。

I．図3－4から，ペプチド3～5のIC_{50}は1.0×10^{-9}～1.0×10^{-8}mol/Lの範囲にあるとわかる。単位に注意して取り組む。

K．スパイクタンパク質Sの読み枠は開始コドンから数えて61番目のコドンから始まることを念頭に，ペプチド1とペプチド2の読み枠を考える。

66 ノッチシグナルの伝達，ノッチシグナルの張力依存性仮説

（2022年度　第3問）

次のⅠ，Ⅱの各問に答えよ。

Ⅰ　次の文章を読み，問A～Dに答えよ。

脊椎動物の中枢神経系が形成される過程(ア)において，神経幹細胞が多様なニューロンへと分化することが知られている。正常な個体発生では，全ての神経幹細胞が一度にニューロンへと分化してしまい神経幹細胞が予定よりも早く枯渇することがないように調節されている。ここではノッチシグナルと呼ばれる以下のシグナル伝達経路が重要なはたらきをしている。

リガンドである膜を貫通するタンパク質（デルタタンパク質）が，隣接する神経幹細胞の表面に存在する受容体（ノッチタンパク質）を活性化する。デルタタンパク質により活性化されたノッチタンパク質は，酵素による2段階の切断を経て，細胞内へとシグナルを伝達する（図3—1）。最初に細胞外領域が膜貫通領域から切り離され，次に細胞内領域が膜貫通領域から分離する。切り離されたノッチタンパク質の細胞内領域は核内へと輸送され，それ自身がゲノムDNAに結合することにより標的遺伝子の転写を制御する。標的遺伝子の機能により，ノッチシグナルが入力された細胞は未分化な神経幹細胞として維持される。

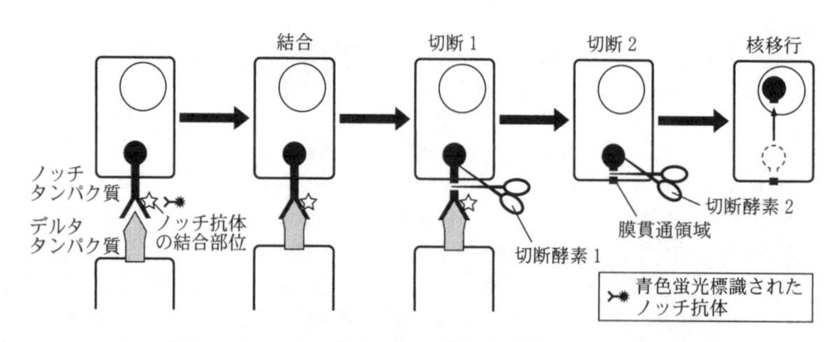

図3—1　ノッチタンパク質が活性化される過程

リガンドであるデルタタンパク質との結合が引き金となり，ノッチタンパク質の2段階の切断が起こる。最終的に細胞内領域が核内に輸送され，標的遺伝子の転写を制御する。ノッチタンパク質の細胞外領域にある星印は，実験2で使用するノッチ抗体（ノッチタンパク質を認識する抗体）の結合部位を示している。

ノッチシグナル伝達の活性化機構を明らかにするために，次の一連の実験を行った。

実験1　ショウジョウバエなどのモデル動物においては，エンドサイトーシス(イ)に関わる遺伝子の突然変異体が，ノッチシグナルの欠損と同様の発生異常を示す。このことから，エンドサイトーシスに関連する一連の遺伝子がノッチシグナルの伝達に必要であることが推測された。ノッチシグナルの送り手の細胞(デルタタンパク質を発現する細胞)と，受け手の細胞(ノッチタンパク質を発現する細胞)のどちらにおいてエンドサイトーシスが必要であるか調べるために以下の実験を行った。

初期条件ではノッチタンパク質とデルタタンパク質のどちらも発現しない培養細胞を用いて，次のような2種類の細胞株を作製した。

受け手細胞株A：改変したノッチタンパク質が常に一定量発現するように設計した。改変したノッチタンパク質の効果により，入力されたノッチシグナルの量に依存して，緑色蛍光タンパク質が合成される。緑色蛍光タンパク質は核に集積するように設計されているため，核における緑色蛍光強度を測定することにより，ひとつひとつの細胞に入力されたノッチシグナルの量を知ることができる。なお，全ての細胞は同様にふるまうものとする。

送り手細胞株B：デルタタンパク質とともに，赤色蛍光タンパク質が常に一定量合成されるように設計した。なお，デルタタンパク質と赤色蛍光タンパク質は全ての細胞において同程度に発現するものとする。

細胞株AとBを混合して培養し，ノッチシグナル伝達におけるエンドサイトーシスに関連する遺伝子の必要性を検証した(図3—2)。それぞれの細胞株において，エンドサイトーシスに必須な機能を有する遺伝子Xの有無を変更してから，2種類の培養細胞株を一定の比で混合した。混合状態での培養を2日間行った後に，多数の細胞株Aにおける緑色蛍光強度を測定した(図3—3)。なお，図3—3に示す結果は，4つの実験条件における多数の細胞の測定値の平均を，条件1の値が1.0になるように標準化したものである。培養容器中の細胞数は4つの実験条件間で同一であったものとする。

条件１：野生型(機能的な遺伝子Xが存在する状態)の受け手細胞株Ａと，野生型の送り手細胞株Ｂを使用した。

条件２：遺伝子Xを除去した受け手細胞株Ａと，野生型の送り手細胞株Ｂを使用した。

条件３：野生型の受け手細胞株Ａと，遺伝子Xを除去した送り手細胞株Ｂを使用した。

条件４：遺伝子Xを除去した受け手細胞株Ａと，遺伝子Xを除去した送り手細胞株Ｂを使用した。

受け手細胞株Ａ
(核における緑色蛍光強度を指標に
ノッチシグナルの入力量を測定できる)
送り手細胞株Ｂ(赤色標識)
(デルタタンパク質を発現)
シグナル量＝100
シグナル量＝20
シグナル量＝80
シグナル量＝0

図３―２　ノッチシグナルの受け手細胞株Ａと送り手細胞株Ｂの模式図
細胞株ＡとＢの２種類を混合して培養した。細胞株Ｂだけが赤色蛍光タンパク質で標識されているため，２種類の細胞株を識別することが可能である。細胞株Ａの核における緑色蛍光強度の測定値を指標にノッチシグナルが入力された量を評価する。

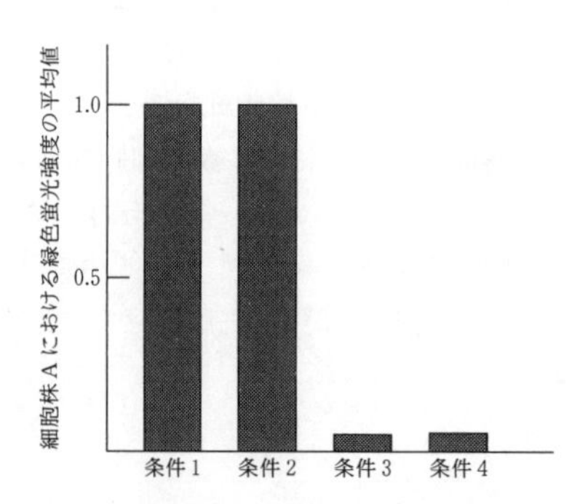

図３―３　ノッチシグナル伝達における遺伝子Xの必要性を調べた実験の結果

実験2　実験1を行なった細胞について，緑色蛍光強度の測定後に固定し(生命活動を停止させ)，青色蛍光分子で標識したノッチ抗体を用いて免疫染色実験を行った。使用した抗体はノッチタンパク質の細胞外領域に結合する(図3—1)。青色蛍光を指標にノッチタンパク質の分布を観察した。

その結果，ノッチタンパク質を発現している受け手細胞株Aの表面において一様に青色蛍光が観察されるだけではなく，送り手細胞株Bの内部においてもドット状(点状)の青色蛍光が観察された(図3—4)。実験1と同様の4つの実験条件において，送り手細胞株Bにおける細胞あたりの青色蛍光のドットを数え，多数の細胞での計測数の平均を得た。なお，測定値は，条件1の値が1.0になるように標準化した(図3—5)。

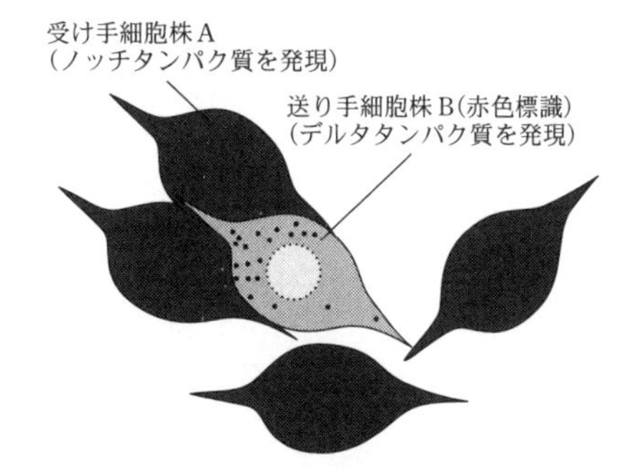

図3—4　ノッチタンパク質を認識する抗体を用いた免疫染色像
青色蛍光分子で標識したノッチ抗体の分布を黒い色で表示している。

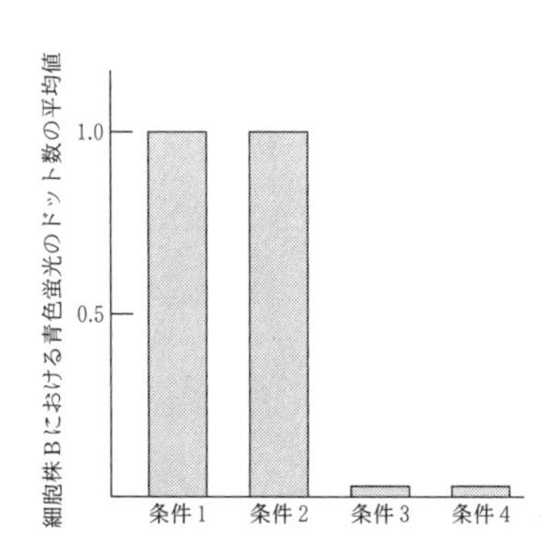

図3—5　ノッチ抗体を用いた免疫染色実験の結果

〔問〕

A　下線部(ア)に関して，両生類の中枢神経系が発生する過程を2行程度で説明せよ。ただし，「形成体」，「脊索」，「外胚葉」，「誘導」，「原口背唇部」の語句を必ず含めること。また解答文で，用いた語句5つには下線を引くこと。

B　下線部(イ)に関して，エンドサイトーシスとはどのような現象か，2行程度で説明せよ。

C　ノッチシグナル伝達における遺伝子Xの必要性を調べた図3—3の実験結果について，以下の(1)～(5)の選択肢から適切な解釈をすべて選べ。

(1)　遺伝子Xの機能は，ノッチシグナルを受容する細胞において必要である。

(2)　遺伝子Xの機能は，ノッチシグナルを受容する細胞において必要でない。

(3)　遺伝子Xの機能は，ノッチシグナルを送る細胞において必要である。

(4)　遺伝子Xの機能は，ノッチシグナルを送る細胞において必要でない。

(5)　遺伝子Xの機能は，ノッチシグナル伝達には関係しない。

D　問題文と実験1と2の結果を元に，以下の(1)～(7)の選択肢から適切な解釈をすべて選べ。

(1)　細胞株Bにおいてノッチタンパク質の合成が促進された。

(2)　細胞株Bがノッチ抗体を合成した。

(3)　細胞株Bがノッチタンパク質の細胞外領域を取り込んだ。

(4)　細胞株Aと細胞株Bが部分的に融合し，細胞株Aの内容物が細胞株Bへと輸送された。

(5)　細胞株Aにおいてノッチタンパク質が切断されたために，ノッチタンパク質の細胞外領域が細胞株Aから離れた。

(6)　細胞株Aにおける遺伝子Xの機能により，ノッチシグナルが活性化し，ノッチタンパク質を細胞外へと排出した。

(7)　遺伝子Xはノッチタンパク質の細胞外領域の分布に影響しない。

Ⅱ　次の文章を読み，問Ｅ～Ｈに答えよ。

Ｉの実験により，ノッチシグナルの伝達とエンドサイトーシスとの関係がわかった。しかし，エンドサイトーシスがノッチシグナルの伝達をどのように制御するのかは長年解明されず，様々な仮説が提唱されてきた。現在受け入れられている仮説のひとつが「ノッチシグナルの張力依存性仮説」(ウ)である。この仮説では，エンドサイトーシスにより発生する張力が，ノッチシグナルの活性化に不可欠であると考えられている。ノッチシグナル伝達における張力の重要性を検証するために次の実験を行った。

実験3　DNAは4種類のヌクレオチドが鎖状に重合し，2本の鎖が対合した二重らせん構造をとる。望みの配列のDNA鎖を容易に化学合成できる利点により，DNAを「紐」あるいは「張力センサー」として活用することができる。例えば，図3―6のように，DNAの「紐」が耐えられる，張力限界値(引っ張り強度)を測定することが可能である。ある値を超える力がかかると，DNAの「紐」の一方の端が基盤から離れる。上向きに引き上げる力の大きさを少しずつ大きくし，DNAの「紐」の一端が基盤から離れる直前の力の大きさ(pN：ピコニュートンを単位とする)を張力限界値と見なすことができる。同一構造の多数の分子についての測定結果を統計的に処理することにより，特定の構造のDNA分子の張力限界値を求めることができる。

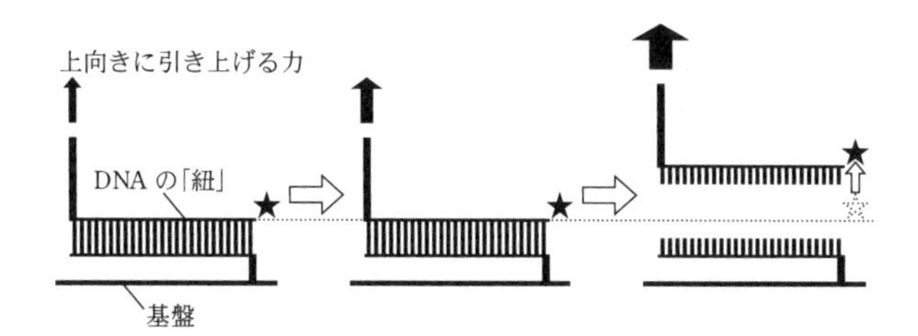

図3―6　DNA「紐」の張力限界値の測定原理
DNA「紐」を上向きに引っ張り上げる力を徐々に大きくしていき，「紐」の端点(星印)が基盤から大きく離れる直前の力の大きさをもとに張力限界値を求めた。

同様の測定方法により，図3—7のようなGC含量(DNAを構成する塩基に占めるグアニンとシトシンの割合。GC%)と塩基対の数が異なる様々な構造のDNA「紐」について，張力限界値を測定したところ，値の大きさは次の順になった。

(1)＜ α ＜ β ＜ γ ＜ δ

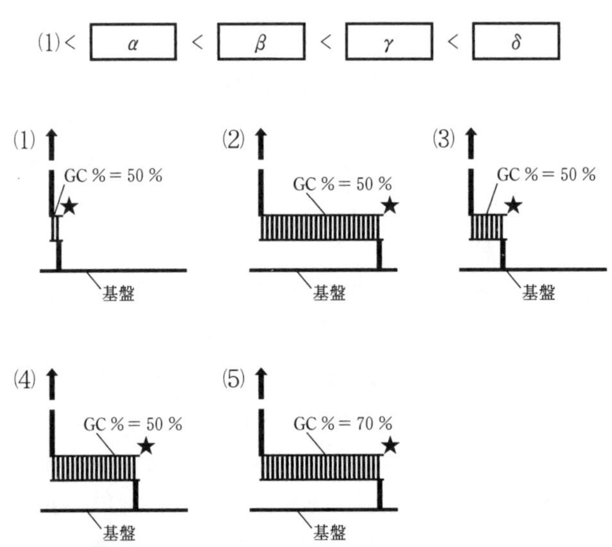

図3—7　DNA「紐」の張力限界値に対する塩基組成や塩基対の数の影響
それぞれのDNA「紐」の構造は等しい縮尺で描いてあり，DNA「紐」の中の縦線の本数は相対的な塩基対の数を示している。

実験4　実験1で作成した野生型の受け手細胞株Aを，張力限界値が異なるDNA「紐」に結びつけたデルタタンパク質の上で培養した(図3—8)。DNA「紐」を介してデルタタンパク質を培養容器の底に固定し，その上で細胞株Aを2日間培養した。培養中の細胞はたえず微小な運動を続けているために，細胞株Aと固定されたデルタタンパク質との間に張力がかかる。実験条件ごとに張力限界値が異なるDNA「紐」を使用し，ノッチシグナル伝達量を反映する緑色蛍光強度を測定した。5つの実験条件における多数の細胞の測定値を平均し，条件1の値が1.0になるように標準化した(図3—9)。

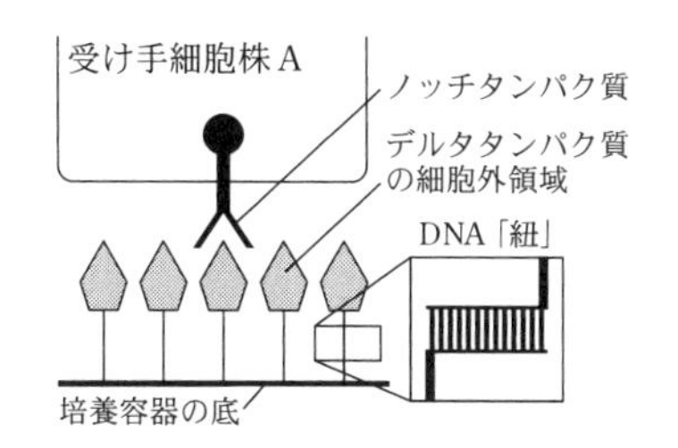

図3―8　ノッチ―デルタタンパク質間の張力が，ノッチシグナル伝達に与える影響を評価する実験の原理

実験条件

条件1：30 pNまで耐えられるDNA「紐」を使用する。

条件2：12 pNまで耐えられるDNA「紐」を使用する。

条件3：6 pNまで耐えられるDNA「紐」を使用する。

条件4：30 pNまで耐えられるDNA「紐」を使用し，かつ，培養液にDNA切断酵素を添加する。ただし，DNA切断酵素は細胞内には入らないものとする。

条件5：デルタタンパク質をDNA「紐」に結合せず，培養液中に溶解した状態にする。

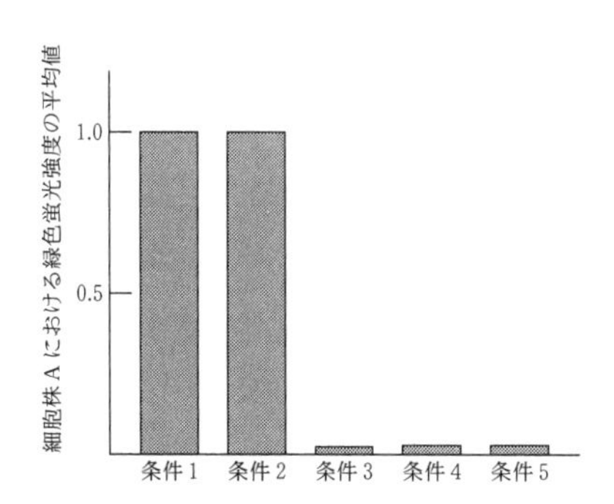

図3―9　ノッチ―デルタタンパク質間の張力が，ノッチシグナル伝達に与える影響を評価する実験の結果

〔問〕

E　α～δに当てはまる番号を図3―7の(2)～(5)からそれぞれ選べ。

F　DNA「紐」は塩基対の数が等しい場合でもGC含量の違いにより張力限界値が異なる。塩基の化学的性質に触れながらその理由を2行程度で述べよ。

G　図3―9に示す実験4の結果について，以下の(1)～(5)の選択肢から正しい解釈をすべて選べ。

(1)　ノッチタンパク質を活性化できる最小の張力は30 pNよりも大きい。

(2)　ノッチタンパク質を活性化できる最小の張力は12 pNよりも大きく，30 pN以下である。

(3)　ノッチタンパク質を活性化できる最小の張力は6 pNよりも大きく，12 pN以下である。

(4)　ノッチタンパク質を活性化できる最小の張力は6 pN以下である。

(5)　細胞株Aにおいて，ノッチシグナルが活性化するためには張力は必要でない。

H　図3―1に示す一連の過程に着目し，実験1～4の結果を踏まえて下線部(ウ)「ノッチシグナルの張力依存性仮説」の内容を4行程度で説明せよ。ただし，「受け手細胞」「送り手細胞」「張力」「切断」の語句を必ず含めること。また解答文で，用いた語句4つには下線を引くこと。

ポイント

Ⅰ．C．条件1と条件2の比較によって，受け手細胞における遺伝子 *X* の機能の必要性がわかる。また，条件1と条件3の比較によって，送り手細胞における必要性がわかる。
D．リード文と図3－1から，実験2で「標識したノッチ抗体」が検出された部位ではノッチタンパク質の細胞外領域が存在することを読み解く。このノッチタンパク質の細胞外領域がデルタタンパク質と結合することでエンドサイトーシスが起こると推測してみる。
Ⅱ．E．図3－7の⑴～⑸の水素結合の数を求める。水素結合の数はGC対では3本，AT対では2本より，⑴では塩基対が2本あってGC%が50%なのでGC対が1つ，AT対が1つ。よって水素結合の数は合計3×1+2×1=5本。⑵では塩基対が25本，GC%が50%なので3×12.5+2×12.5=62.5本となる。同様にして⑶～⑸の値を求めればよい。
F．塩基の化学的性質とあるので，水素結合の数に注目して考える。
G．図3－9で，緑色蛍光強度は条件1と条件2では変わらないが，条件3では極端に低下している。これは，条件1と条件2ではノッチシグナルが受け手細胞株Aに伝わったが，条件3，つまり6pNまでの張力がかかった状態では，ノッチシグナルが受け手細胞株Aに伝わらないことを意味している。
H．ノッチ－デルタタンパク質間の張力と送り手細胞で起こるエンドサイトーシスを関連づけて考える。

67 脊椎動物の性決定，男女の性差と脳

（2021 年度　第 3 問）

次のⅠ，Ⅱの各問に答えよ。

Ⅰ　次の文章を読み，問Ａ～Ｇに答えよ。

脊椎動物の個体の性は，雄か雌かの二者択一の形質だと考えられがちであるが，実際には，そう単純なものではないことが明らかになってきた。たとえば鳥類では，(ア)図３－１に示したキンカチョウのように，左右どちらかの半身が雄型の表現型を示し，もう一方の半身が雌型の表現型を示す個体がまれに出現する。また魚類や鳥類の中には，ブルーギルやエリマキシギのように，(イ)雌のような外見をもつ雄がある頻度で現れる種が存在する。魚類の中にはさらに，(ウ)精巣と卵巣を同時にもち，自家受精を行うマングローブキリフィッシュという種や，キンギョハナダイやカクレクマノミのように，(エ)性成熟後に雌から雄に，あるいは雄から雌に性転換する種も存在する。

図３－１　右半身が雄型の表現型を示し，左半身が雌型の表現型を示すキンカチョウ

〔問〕

A　下線部(ア)のキンカチョウの体の様々な細胞で性染色体構成を調べてみたところ，雄型の表現型を示す右半身の細胞の大部分は，通常の雄と同様にZ染色体を2本有しており，雌型の表現型を示す左半身の細胞の大部分は，通常の雌と同様にZ染色体とW染色体を1本ずつ有していた。このようなキンカチョウが生まれた原因として，最も可能性が高いと考えられるものを以下の選択肢(1)〜(6)の中から選べ。なお，鳥類では，一度に複数の精子が受精する多精受精という現象がしばしばみられる。

(1)　減数分裂中の精母細胞で，性染色体に乗換えが起きた。

(2)　減数分裂の際に，卵母細胞から極体が放出されなかった。

(3)　第一卵割に先だって，ゲノムDNAの倍化が起こらなかった。

(4)　第一卵割の際に，細胞質分裂が起こらなかった。

(5)　2細胞期に，いずれかの細胞で性染色体が1本抜け落ちた。

(6)　性成熟後に，左半身の大部分の細胞でZ染色体がW染色体に変化した。

B　従来，脊椎動物では，個体の発生・成長の過程で精巣あるいは卵巣から放出される性ホルモンによって，全身が雄らしく，あるいは雌らしく変化すると考えられてきたが，図3—1に示したキンカチョウの発見は，その考えに疑問を投げかけることになった。このキンカチョウの表現型が，なぜ性ホルモンの作用だけでは説明できないのかを3行程度で説明せよ。

C　下線部(イ)の雄個体は，外見は雌型でありながら，精子を作り，雌と交配して子孫を残す。このような雄個体の繁殖戦略上の利点として，最も適切なものを以下の選択肢(1)〜(5)の中から選べ。

(1)　通常の雄よりも見た目が派手なので，雌をより惹（ひ）きつけやすい。

(2)　通常の雄よりも見た目が地味なので，雌をより惹（ひ）きつけやすい。

(3)　通常の雄よりも攻撃性が高く，雄間競争に勝ちやすい。

(4)　他の雄個体から求愛されることがある。

(5)　他の雄個体から警戒や攻撃をされにくい。

D　下線部(ウ)について，マングローブキリフィッシュの受精卵(1細胞期)で，常染色体上の遺伝子Aの片側のアレル(対立遺伝子)に突然変異が生じたとする。この個体の子孫F1世代(子の世代)，F2世代(孫の世代)，F3世代(ひ孫の世代)では，それぞれ何%の個体が遺伝子Aの両アレルにこの変異をもつか。小数第1位を四捨五入して，整数で答えよ。ただし，マングローブキリフィッシュは自家受精のみによって繁殖し，生じた突然変異は，生存と繁殖に有利でも不利でもないものとする。

E　下線部(エ)について，キンギョハナダイのように一夫多妻のハレムを形成する魚類の中には，体が大きくなると雌から雄に性転換する種が存在する。ハレムを形成する種が性転換する意義を示したグラフとして，最も適当なものを以下の(1)～(4)から選べ。ただし，魚類は体が大きいほどより多くの配偶子を作ることができるものとする。

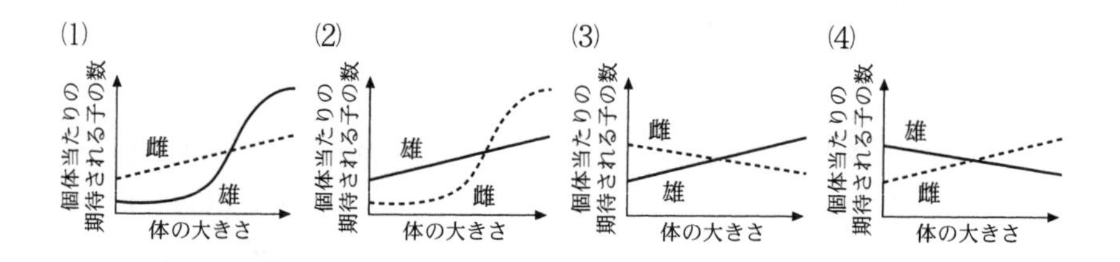

F　下線部(エ)について，ハレムを形成せず，パートナーを変えながら一夫一妻での繁殖を繰り返すカクレクマノミは，成長に伴って雄から雌に性転換することがある。カクレクマノミでは，雄の体の大きさは雌を惹きつける度合いには影響せず，体が大きいほどより多くの配偶子を作ることができるものとして，この種が成長に伴って雄から雌に性転換することの繁殖戦略上の利点を，3行程度で説明せよ。

G　2匹の雄のカクレクマノミが出会うと，体の大きい方が雌に性転換する。その際，体の接触や嗅覚情報は必要なく，視覚情報のみによって性転換が引き起こされることが知られている。そのことを確かめるためにはどのような実験を行えばよいか，3行程度で説明せよ。

Ⅱ　次の文を読み，問Ｈ～Ｊに答えよ。

ヒトの性についても，男性か女性かの二者択一で捉えられがちである。脳機能についても例外ではなく，男性は体系立てて物事を捉える能力や空間認知能力に長けた「男性脳」をもち，女性は共感性や(オ)言語能力に長けた「女性脳」をもつと言われることがある。しかし実際は，男女の脳機能の違いは二者択一的なものではなく，男女間でオーバーラップする連続的な違いであることが明らかになっている。たとえば，(カ)空間認知能力の中で，男女の違いが最も大きいと言われる「物体の回転像をイメージする能力」についてテストしたところ，図３―２に示すように，32％の女性が男性の平均スコアを上回った。男女の違いを平均値だけで比べると，このような事実を見逃してしまいがちである。

また，男性の脳の中には女性よりも大きな部位がいくつかあり，逆に女性の脳の中にも男性より大きい部位がいくつかあると考えられてきた。個々の部位の大きさを男女の平均値で比較すると，確かに差が認められるものの，(キ)男性で大きいとされる全ての脳部位が女性よりも大きい男性はほとんどおらず，女性で大きいとされる全ての脳部位が男性よりも大きい女性もほとんどいないことが，最近の研究によって示された。このように，機能の面でも構造の面でも，脳の特徴を「男性脳」か「女性脳」かの二者択一で捉えることはできないのである。

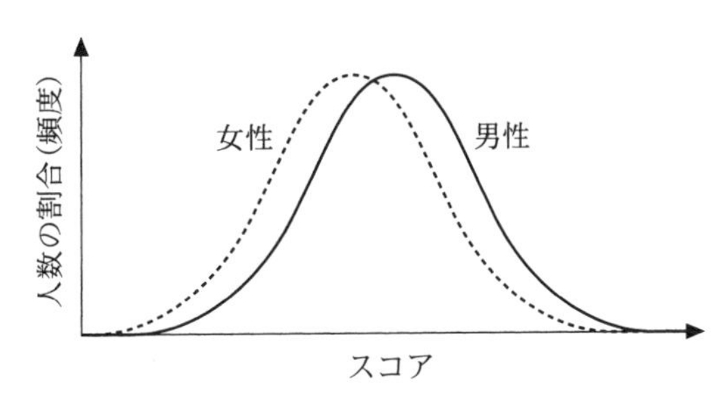

図３―２　物体の回転像をイメージする能力のスコア分布

〔問〕

H　下線部(オ)の言語能力に深く関わる脳の部位に関する説明として，最も適切なものを以下の選択肢(1)〜(4)の中から選べ。

(1)　言語能力に最も深く関わる部位は大脳辺縁系であり，大脳の表層に位置する。

(2)　言語能力に最も深く関わる部位は大脳辺縁系であり，大脳の深部に位置する。

(3)　言語能力に最も深く関わる部位は大脳新皮質であり，大脳の表層に位置する。

(4)　言語能力に最も深く関わる部位は大脳新皮質であり，大脳の深部に位置する。

I　下線部(カ)の「物体の回転像をイメージする能力」に男女差が生じる仕組みはまだ明らかとなっていない。仮に，脳内で恒常的に発現するY染色体上の遺伝子のみ，あるいは，精巣から放出される性ホルモンのみにより，この男女差が生じるとする。その場合，身体の表現型は典型的な女性と同じで卵巣をもつ一方で，性染色体構成が男性型である人たちのスコア分布は，図3―2中の男性と女性のスコア分布のいずれに近くなると考えられるか。最も適切なものを以下の選択肢(1)〜(4)の中から選べ。

(1)　Y染色体上の遺伝子が原因：男性，性ホルモンが原因：男性

(2)　Y染色体上の遺伝子が原因：男性，性ホルモンが原因：女性

(3)　Y染色体上の遺伝子が原因：女性，性ホルモンが原因：男性

(4)　Y染色体上の遺伝子が原因：女性，性ホルモンが原因：女性

J　下線部(キ)について，海馬の灰白質の体積の平均値は，女性よりも男性の方が大きいという報告がある。しかし，実際には，海馬の灰白質が女性の平均値よりも小さい男性も少なくない。これらの報告や事実について考察した以下の文中の空欄に当てはまる語句として，最も適切な組み合わせはどれか。

海馬の灰白質の発達は，胎児の時期の性ホルモンの影響を強く受けると考えられている。男性の胎児では，海馬に神経細胞が生じる過程で，精巣から放出される男性ホルモンの影響によって女性の胎児よりも［　1　］を起こしやすいが，小さい海馬の灰白質をもつ男性では，胎児期に［　1　］が［　2　］と考えられる。

(1)　1：アポトーシス，　2：より促進された
(2)　1：アポトーシス，　2：それほど起こらなかった
(3)　1：細胞増殖，　　　2：より促進された
(4)　1：細胞増殖，　　　2：それほど起こらなかった
(5)　1：軸索の伸長，　　2：より促進された
(6)　1：軸索の伸長，　　2：それほど起こらなかった
(7)　1：軸索の分岐，　　2：より促進された
(8)　1：軸索の分岐，　　2：それほど起こらなかった

ポイント

Ⅰ．E．一夫多妻のハレムを形成する魚類では，雄ができるだけ多くの配偶子をつくるほうが多くの子孫を残すことができる。つまり，体の大きさがある一定以上となった場合に雄個体からの期待される子の数が急激に増加するようなグラフを選べばよい。
F．卵の数に比べて精子の数は非常に多い。他の条件がない限り，一般的に次世代の個体数は卵の数によって決定される。「繁殖戦略上の利点」とは，どのように性転換することが，多くの子孫を残すことにつながるかということである。
G．体の大きさが異なる2匹の雄をガラスの水槽に入れると，体の大きいほうが雌に性転換する。このとき，視覚情報のみによって性転換が引き起こされることを確かめるためには，接触や嗅覚による情報を得られない状況を設定すればよい。

68 環境変異，遺伝的変異

（2019年度　第3問）

次の（Ⅰ），（Ⅱ）の各問に答えよ。

（Ⅰ） 次の文章を読み，問(A)～(E)に答えよ。

生物の形質の変異は(ア)遺伝子によって決められるか否かで大きく2種類に分類されるが，これらの変異がどのように生物の進化に寄与するか，古くから考えられてきた。(イ)ダーウィンの唱えた進化学説（ダーウィニズム）は，現在においても多くの生物学者に支持されている。一方，ラマルクが唱えた用不用説は，環境条件の変化により生じた獲得形質が遺伝することを仮定している。現在，一般的には「獲得形質の遺伝」は否定されているが，実際の生物にみられる現象を見渡すと，獲得形質が遺伝あるいは進化するように見える事例が多く知られる。環境条件に応答して表現型を変化させる性質は「表現型可塑性」と呼ばれ，ほぼすべての生物に備わっている。この表現型可塑性にも環境応答の様式に変異があり，そこに選択がかかることで可塑性そのものが進化することが知られている。

〔事例1〕 ミジンコの仲間の多くは，捕食者であるボウフラ（カの幼虫）が存在すると頭部に角（つの）を生じ捕食者から飲み込まれにくくすることで，被食を免れるという可塑性を進化させている。角の形成にはエネルギーが必要であり，産卵数の減少や成長率の低下などの代償が生じる。そのため，捕食者の非存在下では角は形成せず，捕食者が存在するときにのみ，(ウ)捕食者の分泌する化学物質（カイロモン）に応答して角を形成する。図3－1は，ある地域の異なる湖A，B，Cから採集したミジンコについて，腹部に対する頭部長の比（≒角の長さ）がカイロモンの濃度に依存してどのように変化するかを実験した結果である。

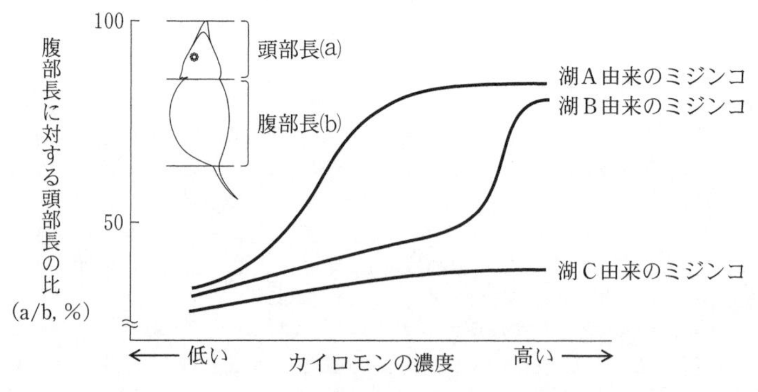

図3－1　カイロモンの濃度に応じたミジンコの頭部長の変化

〔事例2〕　環境要因と生物の表現型（形質値）との関係は大きく分けると図3－2のように，可塑性のないもの（図3－2(a)），環境要因に対して連続的に変化するもの（図3－2(b)），環境要因の変化に対してあるところで急激に形質値を変化させる，すなわち不連続に表現型が変化するもの（図3－2(c)）に分類できる。同種であっても環境条件によって複数のタイプの表現型が出現するものを「表現型多型」と呼ぶ。表現型多型の代表的な例に，社会性昆虫のカースト多型，バッタの相変異，アブラムシの翅多型などがある。表現型多型を示すものには，図3－2(c)のように，体内の生理機構に閾値（いきち）が存在することによって，表現型を急激に変化させるものがいる一方で，(エ)体内の生理機構に閾値は備わっていないが，その生物が経験する環境要因が不連続であるために，結果として表現型多型が出現することもある。

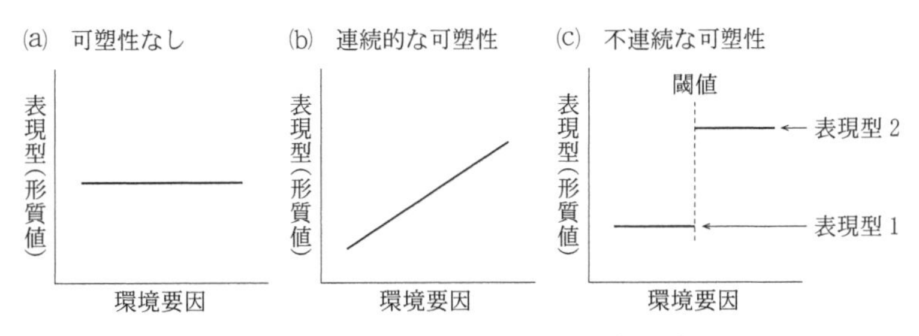

図3－2　環境要因と表現型（形質値）の関係

〔問〕

(A)　下線部(ア)について。これら2つの変異の名称を記せ。

(B)　下線部(イ)について。ダーウィニズムとはどのような説か。もっとも適切なものを以下の選択肢(1)～(4)から1つ選べ。

(1)　よく使う器官は発達し，使用しない器官が退化することにより生物の形質進化が起こる。

(2)　集団内に生じた変異に自然選択がはたらくことで，環境に適した個体の生存・繁殖の機会が増え，その変異が遺伝すればその形質は進化する。

(3)　遺伝子の突然変異は大部分が自然選択に対して有利でも不利でもなく（中立的），突然変異と遺伝的浮動が進化の主たる要因である。

(4)　生物の形質は，遺伝子が倍化することにより，新たな機能が生じることによって進化する。

(C)　下線部(ウ)について。図3－1に示すように，湖によって「カイロモンの濃度」と「腹部長に対する頭部長の比（≒角の長さ）」の関係が異なることから，各湖に生息するミジンコと捕食者についてどのようなことが考えられるか。以下の選択肢(1)～(3)からもっとも適切なものを1つ選べ。

(1) 湖Aおよび湖Bでは，捕食者の数に応じてミジンコは角を生やす。

(2) 湖Aと湖Bはミジンコの捕食者の種類や数は同じだった。

(3) 湖Cにはミジンコの捕食者が湖A，湖Bより多かった。

(D) 下線部(エ)について。温帯域で1年に2度出現するチョウは，生理機構に閾値はないが表現型多型（春型・夏型）を生じる。なぜ，閾値がなくても多型が生じるのか，その理由を2～3行で記せ。

(E) 温帯域で1年に2度出現するチョウの表現型多型の生理機構に閾値がないことを示すために，環境条件を操作する飼育実験を計画した。どのように環境条件を操作し，どのような結果が得られれば表現型多型の生理機構に閾値がないことが示せるか，2～3行で記せ。

(Ⅱ) 次の文章を読み，問(F)～(I)に答えよ。

20世紀の中ごろに活躍した発生学者のコンラート・H・ウォディントンは，環境刺激によって引き起こされる形質変化について選択実験を行った。ショウジョウバエの卵を物質Xに曝（さら）して発生させると，後胸が中胸に変化することにより（中胸が倍化することにより）翅が4枚ある表現型（バイソラックス突然変異体に似る，図3－3）がある頻度で生じる。物質Xは，遺伝情報を改変することなく発生過程に影響を与える物質である。ウォディントンはショウジョウバエの発生中の卵を毎世代，物質Xに曝して生育させ，「中胸が倍化したハエ」を交配，産卵させ，再び卵を物質Xに曝すことを繰り返した。これを約30世代繰り返した後では，物質Xに曝した場合の「中胸が倍化したハエ」の出現率が上がり，卵を物質Xに曝さずとも，「中胸が倍化したハエ」が羽化することもあった。この現象は遺伝的同化と呼ばれ，環境条件に引き起こされる可塑性が進化した例として知られる。

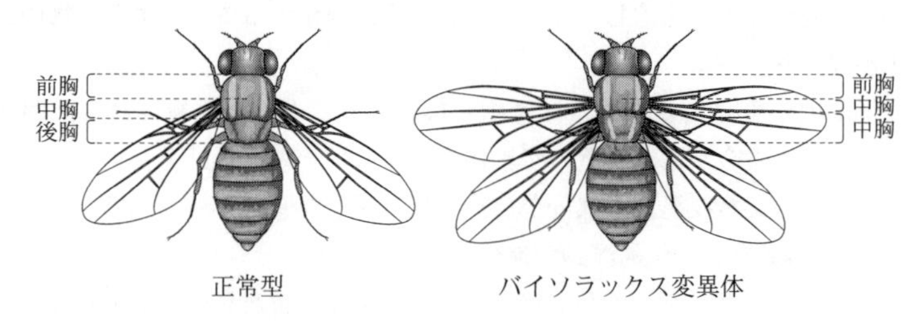

図3－3　ショウジョウバエの正常型とバイソラックス変異体

〔実験１〕　タバコスズメガの幼虫の体色は緑色をしているが,「黒色変異体」という突然変異系統の幼虫は黒色を示す。この黒色変異体の４齢幼虫に30℃以上の熱処理を与えると，５齢幼虫で緑色化する個体が出現する。この熱処理による緑色化の程度にはばらつき（バリエーション）があるため，熱処理に対する応答性の違いに基づいて下記の３群に分け，更にそれぞれの群の中で交配・選択を行い，13世代累代飼育を行った。体色のバリエーションはカラースコア０～４で評価できる（黒色０，正常型同様の緑色４）。

- 緑色選択群：熱処理を与えたとき，緑色への変化の大きい個体を選択
- 黒色選択群：熱処理を与えたとき，体色変化の少ない個体を選択
- 対照群：熱処理を与え，体色に関係なくランダムに選択

各世代における，熱処理に応答した体色の変化を図３－４(a)に示す。また，13世代目の各選択群における処理温度とカラースコアの関係を図３－４(b)に示す。

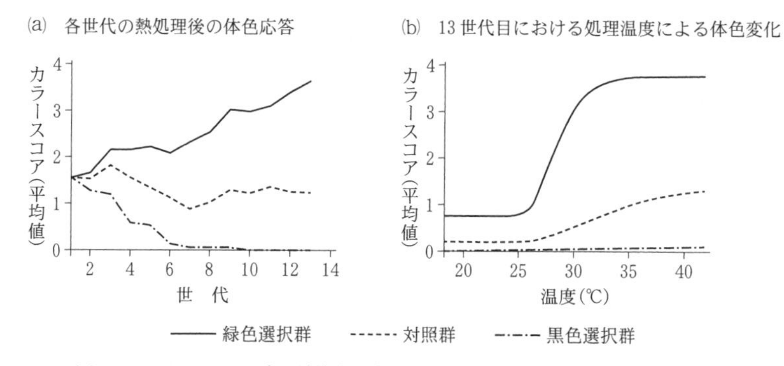

図３―４　タバコスズメガ幼虫の熱処理による体色応答に関する選択実験

〔実験２〕　タバコスズメガ幼虫の熱処理による体色変化には，昆虫の脱皮や変態を制御するホルモンαとホルモンβが関与すると予想された。ホルモンαは頭部に存在する内分泌腺から，ホルモンβは胸部にある内分泌腺から分泌される。熱処理による緑色化にこのどちらのホルモンが有効に働くのかを調べるため，熱処理前に腹部または頸部（頭部と胸部の境界）を結紮（けっさつ）する実験を行った（図３－５）。ホルモンは体液中に分泌され全身を巡る液性因子であるため，結紮すると結紮部位を越えて移動できなくなる。実験の結果を，図３－５の表に示す。ただし，頭部の皮膚は胸部・腹部とは性質が異なり，体色の判別はできないものとする。また，ホルモンαとβは他方の分泌を制御する関係ではないことがわかっている。

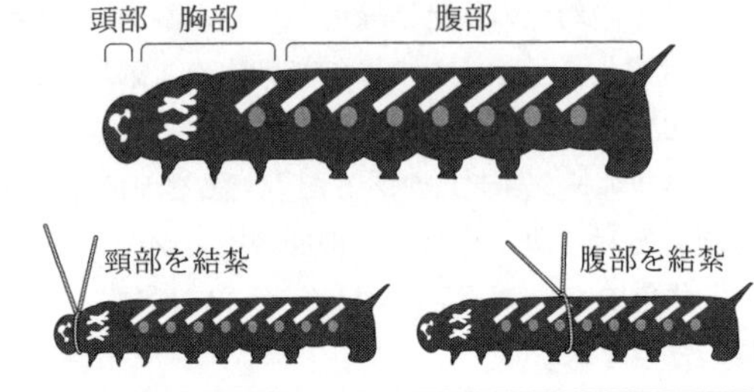

	頸部を結紮	腹部を結紮
緑色選択群	黒色のまま	結紮部の前側は緑色，後側は黒色
黒色選択群	黒色のまま	黒色のまま

図３－５　体色変化(胸部・腹部)に関与するホルモンの同定のための結紮実験

〔実験３〕 ホルモンαがこの体色変化に寄与することを検証するため，ホルモンαを幼虫に投与する実験を行った。その結果，選択群や熱処理の有無にかかわらず，投与量に応じて緑色化が起こった。また，各選択群の熱処理の有無による個体内のホルモンαの濃度変化を調べた結果，緑色選択群に熱処理を加えたときにホルモンαの濃度の上昇がみられ，黒色選択群では上昇は認められなかった。一方，ホルモンβは各選択群や熱処理の有無で濃度の差は認められなかった。

〔問〕

(F) ウォディントンが行ったショウジョウバエの選択実験にみられる現象を説明する文章として，もっとも適切なものを以下の選択肢(1)～(4)から１つ選べ。

(1) 毎世代，物質Ｘに応答して中胸が倍化する個体が選択されると，中胸倍化を促進する遺伝子の遺伝子頻度が世代を経るに従い高くなったため，中胸が倍化し４枚翅を生じやすい形質が進化した。

(2) 毎世代，物質Ｘに応答して中胸が倍化する個体が排除されたため，４枚翅を生じやすいという応答性が進化した。

(3) 物質Ｘは翅の発生を誘発する物質であるため，後胸にも翅を生じさせた。

(4) 物質Ｘにより，バイソラックス変異体の原因遺伝子に変異が生じ，世代を経て広まった。

(G) 実験１において，黒色選択群と緑色選択群ではそれぞれどのように表現型可塑性が変化したか。図３－４の結果を見て３行程度で説明せよ。

(H) 実験２の結紮実験の結果のみにより否定されることを以下の選択肢(1)～(5)から１つ選べ。

(1) ホルモンαさえあれば，体色の変化は引き起こされる。

(2) ホルモンβさえあれば，体色の変化は引き起こされる。

(3)　ホルモン α と β がともにあるときにのみ，体色の変化は引き起こされる。

(4)　ホルモン α のみでは熱処理による体色の変化は引き起こされない。

(5)　ホルモン β のみでは熱処理による体色の変化は引き起こされない。

(I)　実験3から，熱処理による体色の変化の可塑性の変遷について考えられることとして適切なものを以下の選択肢(1)〜(5)からすべて選べ。

(1)　緑色選択群でも黒色選択群でも熱処理を与えたときにホルモン α の濃度上昇が起こらない。

(2)　タバコスズメガの幼虫では，熱処理を与えると体内のホルモン β の濃度が上昇することで緑色化が引き起こされている。

(3)　実験1開始前の黒色変異体である程度の緑色化が起こっているのは，熱処理によりホルモン α の濃度が上昇したことによるものである。

(4)　緑色選択群では熱処理によりホルモン α の濃度上昇が起こり，黒色選択群では熱処理によりホルモン β の濃度上昇が起こっている。

(5)　黒色選択群は熱処理を与えてもホルモン α の濃度上昇が起こらないような個体が選択され，結果として熱処理により体色が変化しないという形質が進化した。

ポイント

(Ⅰ)(D)　温帯域では，季節によって気温や日長などの環境条件が大きく異なる。この結果，生理機構に閾値が存在しなくても，春と夏では表現型が変化すると考える。

(Ⅱ)(G)　黒色選択群は，図3－4(a)のカラースコア（平均値）を見ると，変動の幅が小さく，6世代を過ぎるとほぼ0になっていることから，表現型可塑性を失ったと考えることができる。一方，緑色選択群は，世代を経るにしたがってカラースコア（平均値）の上昇が見られる。つまり表現型可塑性が高まっていることがわかる。

(H)　実験2の「結果のみ」から否定されることを選ぶ点に注意。当然，実験3の結果は用いないことになる。図3ー5において，体色の判別をする部分にどのホルモンが存在しているかを考える。緑色に変化した部分にはホルモン α とホルモン β の両方が存在しているが，体色変化にはたらいたのは，α と β の両方，または α のみ，β のみの，いずれの可能性があるだろうか。

69 気孔の分化と開閉の仕組み，光合成速度
（2013 年度　第 2 問）

次の文１と文２を読み，（Ⅰ）と（Ⅱ）の各問に答えよ。

〔文１〕

葉の表皮には，気孔と呼ばれる小さな穴が多数存在する。気孔は，葉の内部と外界とを結ぶ気体の通り道として，大きな役割を担っている。環境が変化すると，それに応じて気孔の開きぐあいが変わり，気体の出入りが調節される。

気孔の開閉に関わる環境要因の中でも，とくに重要なものに光がある。一般に気孔は，暗い環境で閉じ，明るい環境で開く。光照射で速やかに誘導される気孔開口は，特定の色素タンパク質による光受容を介する。この色素タンパク質は，(ア)光に依存した種子の発芽に関与する色素タンパク質とは種類が異なり，それを反映して，光応答の特徴も，気孔開口と発芽とで大きく異なる。

水分もまた，気孔の開閉を左右する。水分の変化を気孔開閉に結びつける仲介役を果たすのは，アブシシン酸である。水分が不足すると，それが刺激となって植物体内のアブシシン酸濃度が高まり，このアブシシン酸の作用によって気孔が閉じる。

気孔は構造的には１対の孔辺細胞に挟まれた隙間であり，気孔の開閉は孔辺細胞が変形することによる。(イ)この変形に先立つ孔辺細胞の生理的変化については，ツユクサなどを材料に用いてさまざまな実験が行われ，概略が明らかにされている。近年では，シロイヌナズナの突然変異体を利用した解析も進んでいる。

〔実験１〕　ツユクサの葉から表皮を剝ぎ取り，これを細胞壁分解酵素で処理して，孔辺細胞のプロトプラストを得た。このプロトプラストを，その体積に比べてはるかに量の多い，やや高張の培養液に浮かべ，直径が変化しなくなるまで，暗所でしばらく静置した。その後，プロトプラストに光を照射したところ，膨らんで直径が増大した。

〔実験２〕　アブシシン酸に応答した気孔閉口が起きない突然変異体（アブシシン酸不応変異体）を探し出す目的で，突然変異を誘発したシロイヌナズナを多数育て，アブシシン酸を投与した。アブシシン酸投与後に，サーモグラフィー（物体の表面温度を測定・画像化する装置）により葉の温度を調べ，その結果に基づいて，アブシシン酸不応変異体の候補株を選抜した。

〔文２〕

葉の発達と成長にともない，原表皮細胞（未分化で運命の決まっていない表皮系の細胞）の中から，孔辺細胞のもととなる細胞（ここでは便宜的に孔辺前駆細胞と呼ぶ）に分化するものが現れ，この孔辺前駆細胞から最終的に１対の孔辺細胞が形成さ

れて，気孔ができあがる。こうした孔辺前駆細胞および孔辺細胞の分化過程の制御により，気孔の分布パターンと密度は適正に調節されている。

シロイヌナズナでは，気孔の密度が増大した突然変異体がいくつか知られている。そのうちの一つxでは，孔辺前駆細胞で発現し細胞外へ分泌されるタンパク質Xがつくられなくなっている。また別の変異体yでは，原表皮細胞で発現する細胞膜タンパク質Yがつくられなくなっている。さらにYがXと特異的に結合し得ることもわかっている。これらの結果は，(ウ)XとYが一緒にはたらいて気孔の形成を制御していることを示している。

突然変異など何らかの原因で気孔の密度が大きく変化すると，植物にさまざまな影響が現れる。なかでも植物の成長にとって重要なのは，光合成が受ける影響である。(エ)光合成速度は環境条件に依存するが，(オ)特定の環境下では気孔の密度の影響をとくに強く受ける。

〔問〕

（Ⅰ）文1について，以下の小問に答えよ。

(A) 下線部(ア)について。レタスなどの光発芽種子の発芽に見られる光応答の特徴を，光の波長（色）との関係から1行程度で説明せよ。

(B) 下線部(イ)について。次の文章は，実験1の結果からの考察を述べたものである。空欄1～3に適切な語句を入れよ。

考察：光照射により孔辺細胞のプロトプラストが膨らんだのは，水が流入したことを示している。一般に植物細胞への水の流入が起きるのは，［ 1 ］と細胞外の［ 2 ］の和より細胞内の［ 2 ］が［ 3 ］なったときである。この実験の場合，細胞外の［ 2 ］は一定とみなせ，細胞壁がないプロトプラストでは［ 1 ］が無視できるので，水の流入の原因は細胞内の［ 2 ］が［ 3 ］なることであると考えられる。

(C) 実験2について。アブシシン酸不応変異体を見つけるには，野生型と比べて葉の温度がどうなっている個体を選び出したらよいか，答えよ。また，その理由を2行程度で述べよ。

(D) 実験2で単離されたアブシシン酸不応変異体が，気孔閉口だけでなく，全てのアブシシン酸応答を示さないとしたら，どのような表現型が考えられるか。気孔閉口の異常とは直接の関係がない表現型を1つ答えよ。

（Ⅱ）文2について，以下の小問に答えよ。

(A) 下線部(ウ)について，以下の(a)～(c)に答えよ。

(a) 気孔の形成の制御におけるXとYの役割はどのようなものと考えられるか。次の(1)～(4)から最も適切なものを選んで答えよ。

(1) 原表皮細胞が孔辺前駆細胞に分化するのを促す。

(2) 原表皮細胞が孔辺前駆細胞に分化するのを妨げる。

(3) 孔辺前駆細胞から孔辺細胞が形成されるのを促す。

(4) 孔辺前駆細胞から孔辺細胞が形成されるのを妨げる。

(b) Yは細胞外のXの有無を感知して，その信号を細胞内に伝える役割を果たしていると推定される。次の2つの方式(1)と(2)のうち，X-Yの信号伝達の説明として<u>不適切なもの</u>はどちらか，答えよ。また，その理由を2行程度で述べよ。

(1) Xがないとき，Yは活性をもたない。Xを受け取ると，Yは活性化し，細胞内で反応を引き起こす。この反応の開始が，X感知の信号となる。

(2) Xがないとき，Yは活性をもち，細胞内で一定の反応を引き起こしている。Xを受け取ると，Yは不活性化し，反応が止まる。この反応の停止が，X感知の信号となる。

(c) 変異体xとyでは，野生型と比べて，気孔の密度だけでなく，分布パターンも変化していた。どのような傾向の変化か。XとYのはたらき方から考え，次の(1)〜(6)から最も適切なものを選んで答えよ。なお，集中分布は特定の部位に密集して分布すること，均等分布はほぼ等間隔で一様に分布すること，ランダム分布は単純な確率に従ってランダムに分布することである（図2－1）。

(1) 集中分布に近いパターンから，均等分布に近いパターンへの変化。

(2) 集中分布に近いパターンから，ランダム分布に近いパターンへの変化。

(3) 均等分布に近いパターンから，集中分布に近いパターンへの変化。

(4) 均等分布に近いパターンから，ランダム分布に近いパターンへの変化。

(5) ランダム分布に近いパターンから，均等分布に近いパターンへの変化。

(6) ランダム分布に近いパターンから，集中分布に近いパターンへの変化。

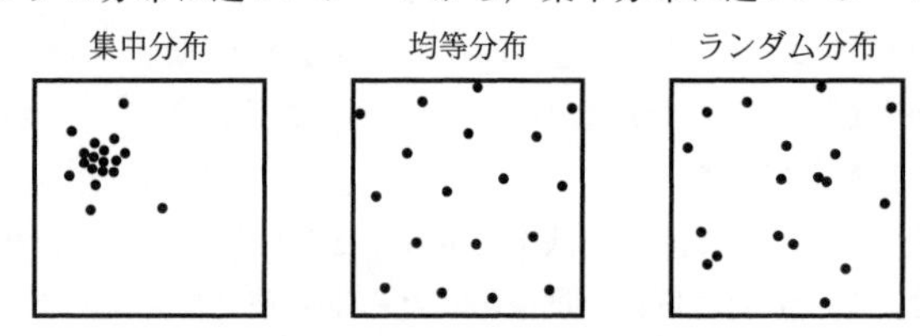

図2－1　分布パターンの模式図（全体の密度が同じになるように描いたもの）

(B) 下線部(エ)について。野生型のシロイヌナズナにおける，見かけの光合成速度（葉面積当たりのCO_2吸収速度，以下では単に光合成速度という）と光強度および外気のCO_2濃度との関係を，葉の温度を一定に保てる装置を用いて，同一の温度条件で調べたところ，図2－2に示すような曲線が得られた。外気のCO_2濃度が0.04％で光強度が①のときと②のときのそれぞれについて，光合成の限定要因が何か，答えよ。

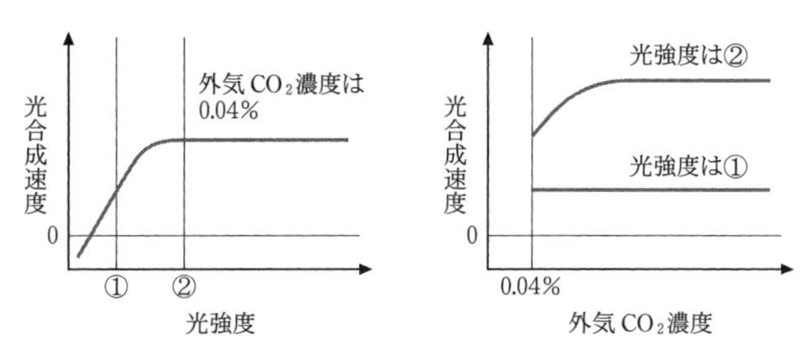

図2－2　野生型における光強度および外気 CO_2 濃度と光合成速度との関係

(C)　下線部(オ)について。今ここに気孔の密度が野生型の2倍程度に増大した突然変異体 z がある。この変異体を用いて，いろいろな光強度のもとで葉の気体透過性（表皮を横切る気体移動の起きやすさを葉面積当たりで示したもの）を測定してみると，図2－3のようにどの光強度でも野生型より高くなっていた。次にこの変異体の光合成速度を，光強度を変えたり外気の CO_2 濃度を高くしたりした条件で測定し，野生型と比べようと思う。どのような結果が予想されるか。外気 CO_2 濃度0.04％のときの光強度－光合成速度のグラフを次ページの(1)～(6)から，光強度②のときの外気 CO_2 濃度－光合成速度のグラフを次々ページの(7)～(12)から，それぞれ最も適切なものを選んで答えよ。なお，測定は，葉の温度を一定に保てる装置を用いて，すべて同一の温度条件で行うものとする。また，各グラフ中の灰色の曲線は野生型の光合成速度を示す。

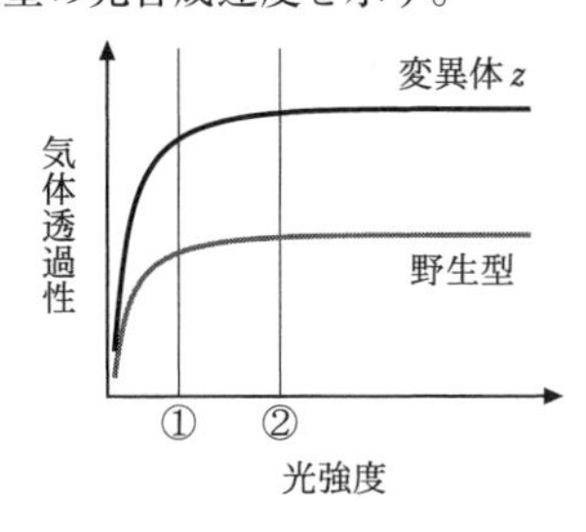

図2－3　外気 CO_2 濃度が0.04％のときの光強度と気体透過性の関係

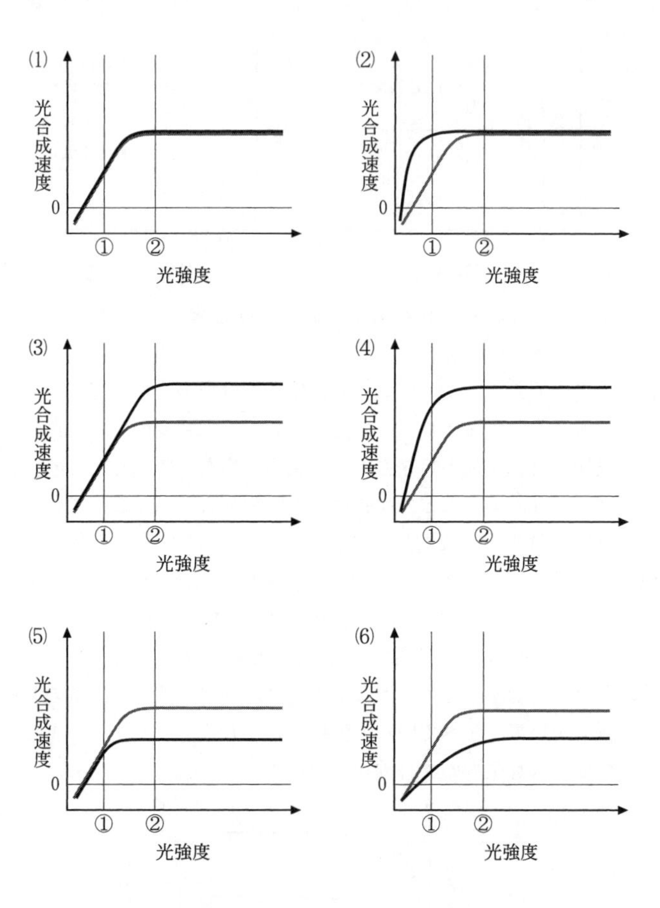
(1)
光合成速度
0
①
②
光強度
(2)
光合成速度
0
①
②
光強度
(3)
光合成速度
0
①
②
光強度
(4)
光合成速度
0
①
②
光強度
(5)
光合成速度
0
①
②
光強度
(6)
光合成速度
0
①
②
光強度

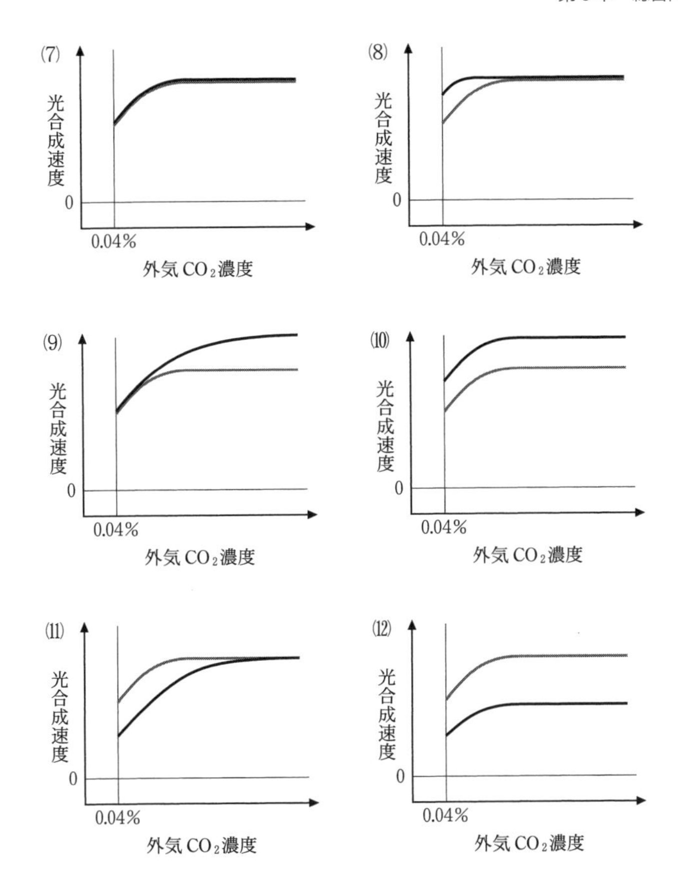

ポイント

(Ⅰ)(B)　植物細胞で膨圧が生じるのは細胞壁をもつからである。プロトプラストでは細胞壁が分解されている。

(C)　蒸散の役割に着目する。実験2では，サーモグラフィーを用いて葉の表面温度を調べている。

(Ⅱ)(A)(a)・(b)

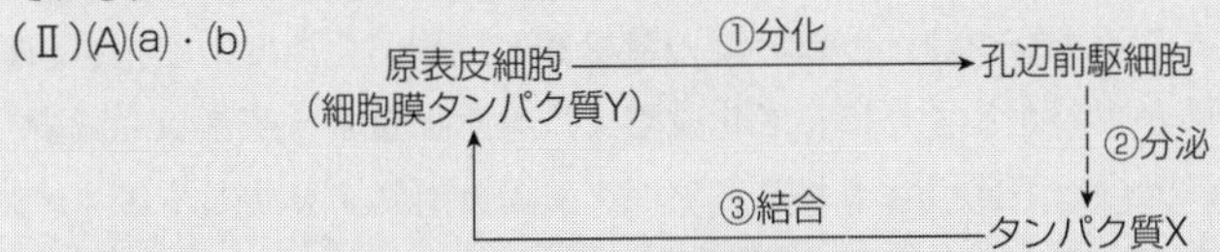

Yは「細胞膜」タンパク質なので，Xの受容体としてはたらく。

(c)　〔文2〕にあるように，野生型では気孔の分布パターンは適正に調節される。また，原表皮細胞は周囲にXがあると，孔辺前駆細胞に分化できない。

(C)　各条件において，そのときの限定要因が何かを考える。

70 植物の生育

（2007年度　第2問）

次の文1～文3を読み，（Ⅰ）～（Ⅲ）の各問に答えよ。

〔文1〕

植物の生育は，植物個体中のソースとシンクの機能に基づく分業により支えられている。ソースとは，物質を他の細胞へ供給する細胞群のことであり，シンクとは，ソースから受け取った物質を利用して成長したり貯蔵したりする細胞群のことである。ソースからシンクへの物質の移動は転流と呼ばれ，これを仲介するのが維管束系である。

葉と根の関係を考えてみよう。葉は光合成で炭酸同化を行い，その同化産物の一部を(ア)スクロースの形で根に供給する。一方，根は土壌より無機窒素化合物を吸収し，(イ)それをそのまま葉に供給したり，(ウ)根でアミノ酸に同化してから葉に供給したりする。このように，葉は根に対して炭酸同化産物のソースとなっており，根は葉に対して窒素化合物のソースとなっている。葉と根はこうして獲得した炭素と窒素を使って必要な成分を合成して成長していく。この合成に必要なエネルギーを得るために，葉も根も炭酸同化産物を呼吸基質とした好気呼吸を行う。この呼吸は一日中行われるので，昼間に蓄積された炭酸同化産物は夜間に消費される。再び蓄積が始まるのは，葉に(エ)補償点以上の強さの光が当たる明るさになってからである。

〔文2〕

イネは栄養成長期に十数枚の葉を順次つける（注2－1）。(オ)1枚の葉の一生には，4つの段階がある。すなわち，茎頂分裂組織からの分化の段階，成長の段階，成熟葉として活動する段階，老化の段階である。分化直後の葉は，葉緑体が未発達である。葉の成長段階では，転流してくる窒素の7割以上が葉緑体の発達に使われる。葉緑体の成熟は，出葉した葉の先端部分より始まり，完全展開時に葉全体におよぶ。これ以降を成熟葉と呼び，葉は盛んに光合成を行う。ある時期がくると葉緑体の光合成装置が分解され，炭酸同化速度が低下していく。これが老化の段階である。図2－1は，栄養成長期の後期にあるイネがつけた1枚の葉の窒素量と炭酸同化速度の変化を観察した例である。この図からわかるように，老化段階では葉が保持する窒素量も減少している。その理由は，光合成装置に含まれるタンパク質の分解により生じるアミノ酸に何らかの動きが起きているからである。何が起きているかを知るための観察結果が，図2－2と表2－1である。図2－2は，イネの生育にともなう第5葉～第9葉の窒素量の変化を観察した結果である。また，図2－2の矢印の時点において第6葉と第8葉の師管から採取した液のアミノ酸濃度を測定した結果が，表2－1である。

（注2－1）　種子は発芽すると，まず子葉を生じる。その次に生じる葉が第1葉で，以後順に第2葉，第3葉と呼ぶ。相対的に数字の小さい葉を下位の葉，大きい葉を上位の葉と呼ぶ。葉の原基は，それより下位の葉が作る鞘状構造の中に形成される。葉の伸長とともに鞘状構造の外に出た時点を出葉と呼び，それ以上伸長しなくなった時点を完全展開と呼ぶ。第6葉以降（栄養成長期の後期）では，出葉後7日程度で完全展開する。

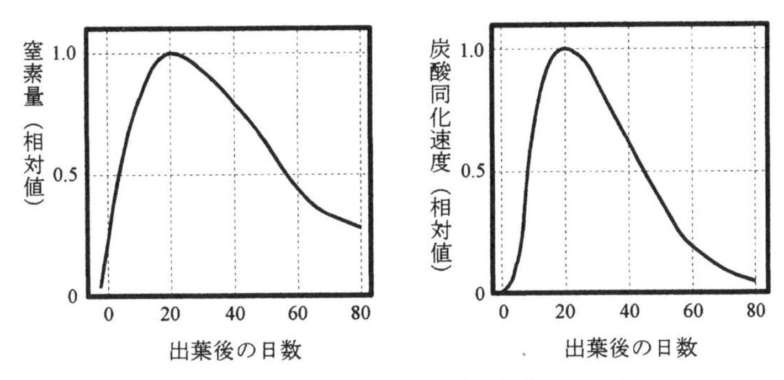

図2－1　イネの葉の一生における窒素量と炭酸同化速度の変化

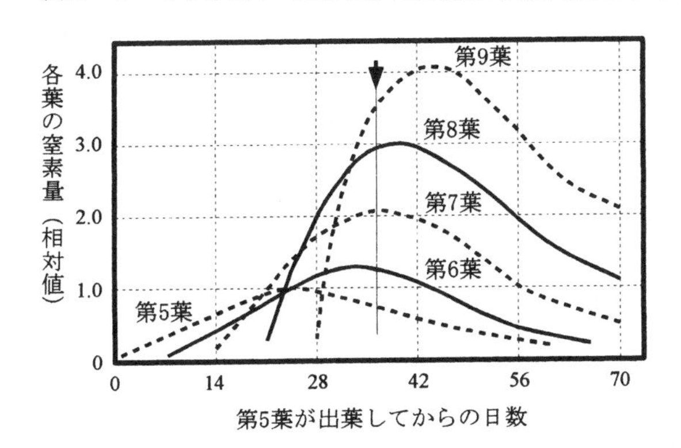

図2－2　イネの生育にともなう第5葉～第9葉の窒素量の変化

矢印は，表2－1に示される師管液を採取した時点をあらわす。

表2－1　図2－2の矢印の時点における第6葉と第8葉から採取した師管液のアミノ酸濃度（全アミノ酸を合算した値）

葉	全アミノ酸の濃度(%)
第6葉	1.7
第8葉	0.83

〔文3〕

最後に，イネの一生におけるソースとシンクの移り変わりを考えてみよう。

イネの種子は，胚乳に［　1　］と貯蔵タンパク質を蓄積している。発芽時には胚から［　2　］が分泌され，これに応答して胚乳中の［　1　］と貯蔵タンパク質がそれぞれ糖とアミノ酸に分解される。胚はこれらを栄養素として利用する。すなわち，胚は胚乳をソースとして［ 3 ］栄養的に生育している。この生育は第3葉が完全展開するまで持続し，以後は，葉での炭酸同化と根での窒素吸収に依存した［ 4 ］栄養に移行する。栄養成長期のイネは，下位葉から上位葉への窒素の転流を繰り返しながら，十数枚の葉を成長させる。

茎頂分裂組織が穂に分化すると生殖成長が始まる。生殖成長期の初期には，葉から転流されてくる窒素を用いて花の形成と茎の伸長が進行する。花が開き受粉すると，種子を構成する胚と胚乳が形成される。以後は胚乳が主要なシンクとなる。炭素に関しては，上位の数枚の葉がソースとなり，炭酸同化産物の転流がおこる。窒素に関しては，(カ)すべての葉や茎がソースとなり，それまでに蓄えていた窒素の大部分が転流される。炭素と窒素を十分に蓄積して成熟した胚乳は，胚とともに種子となる。この種子は，［ 5 ］の作用により休眠する。

〔問〕

（Ⅰ） 文1について，以下の小問に答えよ。

(A) 下線部(ア)について。スクロースの転流を仲介する維管束系の組織は何であるかを記せ。

(B) 下線部(イ)について。無機窒素化合物の転流を仲介する維管束系の組織は何であるかを記せ。

(C) 下線部(ウ)について。アミノ酸の転流を仲介する維管束系の組織は何であるかを記せ。

(D) 下線部(エ)について。光の補償点の定義を2行程度で述べよ。

（Ⅱ） 文2について，以下の小問に答えよ。

(A) 図2－2について。矢印の時点において，第6葉と第8葉は，下線部(オ)に示される4つの段階のいずれであるか。その根拠とともに，それぞれ1～2行で答えよ。

(B) 表2－1について。師管液中の全アミノ酸濃度が第6葉で第8葉よりも高くなっているのは，第6葉で何が起きているからか。2行程度で述べよ。

(C) 図2－1に示した葉は，下表（表2－2）の各生育時期において，炭素ならびに窒素に関して，ソース，シンク，あるいはソースとシンクの機能を果たしている。表2－2の空欄(1)～(6)では，ソースあるいはシンクのどちらのはたらきが主となるかを答えよ。

表2－2　図2－1に示した葉の各生育時期における機能

	成長開始から出葉まで	出葉から出葉後7日まで	7日から20日まで	20日から40日まで
炭　素	(1)	ソースとシンク	(2)	(3)
窒　素	(4)	シンク	(5)	(6)

(Ⅲ)　文3について，以下の小問に答えよ。

(A)　空欄1～5に入る最も適切な語句を記せ。ただし，空欄2と5には，植物ホルモンの名称を記せ。また，空欄3と4には，独立と従属のどちらか適切なものを記せ。

(B)　下線部(カ)について。図2－3をもとに，完熟した種子（穂の分化後70日の段階における種子）が蓄えた窒素のうち，茎葉部から転流してきたものはおよそ何割であるかを，計算式を示して答えよ。ただし，穂の分化後30日までは花の形成の期間である。また，種子の形成期には，茎葉部から穂へ転流される窒素はすべて種子に蓄えられるものとし，茎葉部から根への転流も無いものとする。

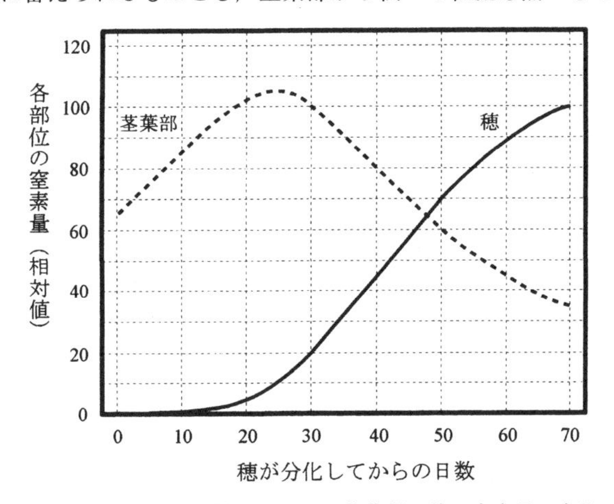

図2－3　種子の成熟にともなう茎葉部と穂の窒素量の変化

ポイント

(Ⅱ)　ソースとシンクについて

初めて耳にした受験生も多いと思う。一応の説明がなされているがぴんとこない人もいるだろう。ソースは送る側，シンクはそれを受け取る側である。1つの器官はソースにもなりうるし，シンクにもなりうる。図2－1にあるようにイネの葉は出葉後20日までは，葉の中の窒素量が増加しているのでシンクとして機能している。20日から40日までは（図では80日まであるが）窒素量が減少に転じている。これはタンパク質がアミノ酸に分解されて別の葉やその他の器官に転流した結果である。ソースやシンクはあくまでも相対的なもので，一方でN成分を受け取っておいて，それを流出している場合，出て行く方が多いか，それとも入り込む方が多いかで，前者がソース，後者がシンクと考えればいい。

71 マラリアとハマダラカ

（2006年度　第3問）

次の文1～文4を読み，（Ⅰ）～（Ⅳ）の各問に答えよ。

〔文1〕

マラリア症は，病原体であるマラリア原虫（原生動物）が蚊の一種であるハマダラカによって媒介される感染症である。この感染症の特徴はハマダラカによる吸血によって病気が伝わることであり，図5に示すような生活環にしたがって，マラリア原虫がほ乳類などの動物とハマダラカの間を循環しながら増殖する。ハマダラカ体内では，マラリア原虫は有性生殖期を経たのちにオーシストとなり，ひとつのオーシストからは数百のスポロゾイトが生み出される。そのスポロゾイトはハマダラカの唾液腺に侵入することによって初めて感染性を得る。(ア)感染したヒトやネズミは場合によっては致死となるが，媒介するハマダラカ自身はマラリア原虫が体内に侵入しても，寿命や生殖能力に影響をうけない。

ここに，異なる二系統のハマダラカがあり，それぞれX系統とY系統とする。これらの系統は観察されるすべての表現型について純系であり，また外見からは区別がつかない。これらの系統を用いて，以下の実験をおこなった。マラリア原虫をネズミに感染させ，十分な量のマラリア原虫の増加が血中に観察されたのち，このネズミをそれぞれ数十匹のX系統とY系統のハマダラカに吸血させた。一週間の後，一部のハマダラカの腹部を解剖したところ，X系統とY系統ともに体内に多くのオーシストが観察された。しかし，X系統ではそのすべてのオーシストにおいて黒い色素の沈着がみられた。(イ)別の実験から，Y系統のハマダラカはマラリア原虫をネズミに媒介することができるが，X系統はその能力をもたないことがわかり，色素沈着がその原因であると考えられた。

マラリアに感染したヒトやネズミを吸血したハマダラカ体内では雌雄のガメートが受精してザイゴートとなり，それが分化してオーシストとなる。オーシスト内部で作られた大量のスポロゾイトは，ハマダラカが吸血したときにヒトやネズミの血中に送り込まれ，新たな感染を引き起こす。

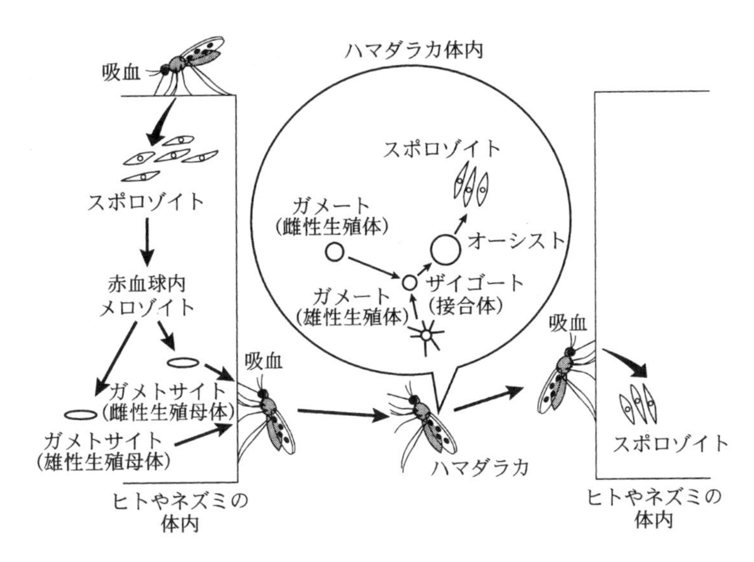

図5　マラリア原虫の生活環

〔文2〕

X系統のオスとY系統のメスを交配し,次の世代を得た（F1世代)。このメスと，X系統またはY系統のオスを交配することによって,さらに次世代を得た(戻し交配世代)。ハマダラカはメスのみが吸血することから,必然的にマラリア原虫を媒介するのもメスである。この戻し交配世代のメスに,マラリア原虫が感染したネズミを吸血させ,文1の実験と同様に体内のオーシストを観察し,黒い色素の沈着していない正常なオーシストの割合(図6)を調べた。また同時に，(ウ)ハマダラカの体内に存在しているマラリア原虫の総数（正常オーシスト数+色素沈着オーシスト数)（図7）も調べた。

この実験において，色素沈着の表現型を支配する遺伝子座が二つ以上あると仮定すると，それらの遺伝子座は別々の染色体もしくは同一の染色体上に存在する場合が考えられる。前者ではそれぞれの対立遺伝子が[1]の法則にしたがい分離し，後者では染色体の[2]により乗換えが生じ，連鎖している対立遺伝子の組み合わせが変化し，その結果[3]が起こる。このような場合，戻し交配世代の表現型はばらつきを示すことが多い。よって図6から考えると，オーシスト色素沈着の形質は(エ)ひとつの遺伝子座によって支配されていると考えられた。さらに，オーシストに色素沈着がおきる形質が[4]または[5]であるならば，図6のX系統を用いた戻し交配の実験において正常なオーシストをもつハマダラカ個体も観察されるはずであり，よってX系統の対立遺伝子由来の形質が[6]であると考えられる。

（注3）　遺伝子座とは染色体やゲノムにおける遺伝子の位置のことであり，二倍体における対立遺伝子の遺伝子座は同一である。

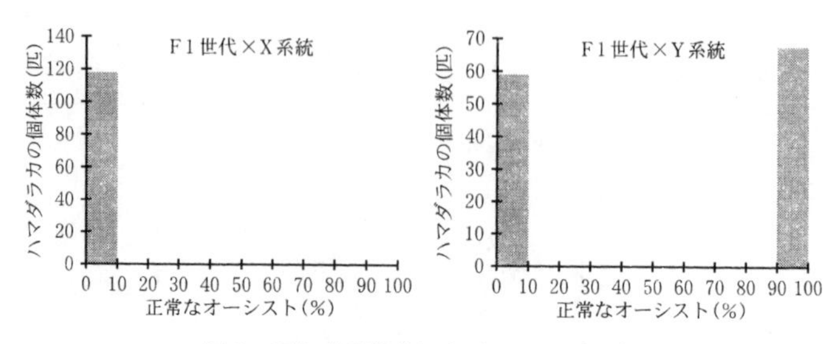

図6　戻し交配世代におけるハマダラカ個体中の正常オーシストの割合

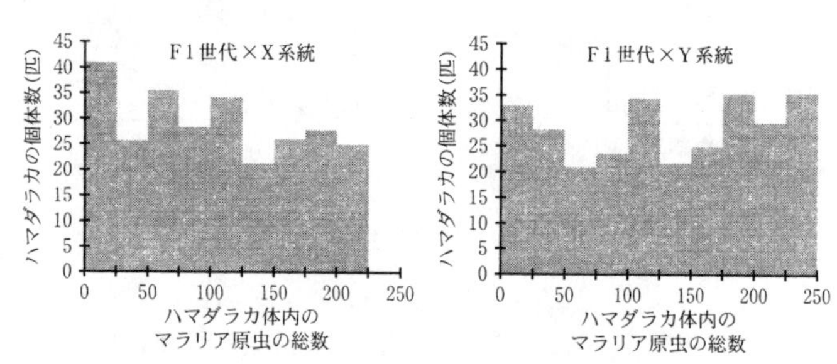

図7　戻し交配世代のハマダラカの体内に存在しているマラリア原虫の総数

〔文3〕

ハマダラカでは最近ゲノム解読がほぼ終了し，さまざまな手法により表現型と遺伝子の機能の関係を調べられるようになった。そのひとつに，DNAマーカーを用いた手法がある。このDNAマーカーには，ゲノム中に数塩基の短い配列が反復したマイクロサテライトとよばれるものが主に利用され，系統ごとにその反復回数が異なる。その反復回数の違いを検出することによって，そのDNAマーカー近傍の染色体領域がどちらの系統由来のものか判別できる。

いま，ハマダラカのX系統における色素沈着を支配する遺伝子座が，染色体のどこに存在するかを調べるために，DNAマーカーを使った以下の実験をおこなった。別の実験から，ハマダラカがもつ一対の性染色体と二対の常染色体のうち，その遺伝子座は2番染色体に位置することがわかり，(オ)2番染色体上に存在する三種類のDNAマーカー（マーカー1，マーカー2，マーカー3）を用意した。文2の実験において，F1世代のメスとY系統のオスを交配することによって得られた戻し交配世代のハマダラカの体細胞からDNAを抽出し，各DNAマーカーの塩基配列の長さをゲル電気泳動法により判別し，オーシストの色素沈着の表現型との相関を調べた。同時にもとのX系統とY系統に加えF1世代も調べ，それらの代表的な実験データを図8に示した。なお，同じDNAマーカーの組み合わせを示すハマダラカは，色素沈着に関していずれも同じ表現型を示したものとする。これらの結果から，これらのDNAマーカーのうち［　7　］の近くに，X系統における色素沈着を支配する遺伝子座があると考えられた。実際に調べたところ，ある遺伝子 Z が関わっていることが明らかになった。(カ)Y系統の遺伝子 Z には，X系統には存在しない一塩基挿入が見つかり，これによりY系統ではこの遺伝子 Z 由来のタンパク質が存在しないことがわかった。

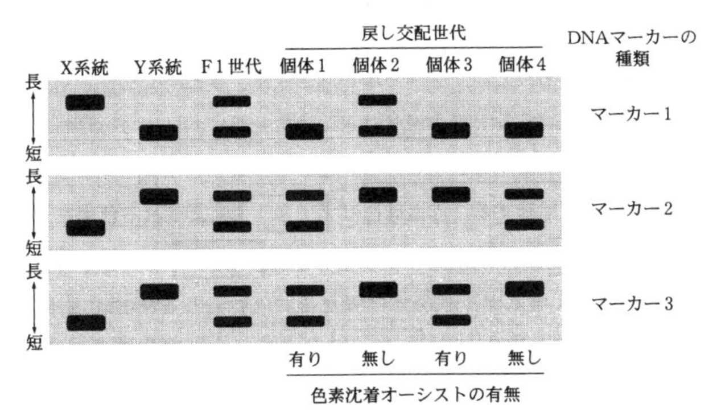

図8　ゲル電気泳動法による各DNAマーカーの長さの判別

〔文4〕

マラリア原虫をもったハマダラカがヒトを吸血すると，マラリア原虫のヒトへの感染が起こる。(キ)マラリア症の患者は定期的な発熱により体力を奪われ，悪性マラリアの場合には死に至ることもある。ヒトに感染したマラリア原虫は赤血球に侵入して爆発的に増殖する。赤血球には［　8　］とよばれる色素タンパク質が存在し，［　9　］の運搬をおこなっている。［　8　］の遺伝子には正常型の対立遺伝子 A と，塩基が1か所だけ置き換わった変異型の対立遺伝子 S がある。対立遺伝子 S から生じる［　8　］分子は，その立体構造が正常型と異なっており，赤血球の形態異常の原因となる。遺伝子型 SS の人は赤血球の形態異常を特徴とするかま状赤血球貧血症となり，貧血や循環器障害などの重篤な症状を示して生存が困難になる。遺伝子型 AS の人では片方の対立遺伝子が正常なため，通常ではかま状になる赤血球は少なく，症状も軽い。マラリア原虫は遺伝子型 AS の人の赤血球内部では増殖しにくく，遺伝子型 AS の人は遺伝子型 AA の人よりもマラリア抵抗性が高いことが知られている。(ク)このため，かま状赤血球貧血症は悪性マラリアが発生する地域で多く見られる。

〔問〕

（Ⅰ）文1について，以下の小問に答えよ。

(A) 下線部(ア)について。マラリア原虫ーハマダラカ間およびマラリア原虫ーヒト・ネズミ間における，それぞれの生物間の相互関係をあらわす語句を答えよ。

(B) 下線部(イ)について。どのような実験をすればこのようなことが明らかとなるか，2行以内で述べよ。

(Ⅱ) 文2について，以下の小問に答えよ。

(A) 空欄1～6に適当な語句を入れよ。

(B) 下線部(ウ)について。ハマダラカにおけるマラリア原虫の感染性を支配する遺伝形質について，図7からわかることを2行以内で述べよ。

(C) 下線部(エ)について。仮にこの形質が複数の遺伝子座によって支配されているとするならば，それはどのような場合か。2行以内で述べよ。

(Ⅲ) 文3について，以下の小問に答えよ。

(A) 下線部(オ)について。これらのDNAマーカーは染色体上において互いに十分に離れて存在するものを選んだ。その理由を考え，1行以内で述べよ。

(B) 空欄7に適当なDNAマーカーの番号を入れ，選んだ理由を2行以内で述べよ。

(C) 下線部(カ)について。X系統のオスとY系統のメスを交配して得たF1世代のメスに，文1と同様にマラリア原虫が感染したネズミを吸血させ，オーシストを観察したときにみられる現象について，正しいものを以下の(1)～(4)からひとつ選べ。

(1) 色素沈着を抑える機能をもつ遺伝子Z由来のタンパク質の量が半分しかないため，色素沈着が起こる。

(2) 色素沈着を誘導する機能をもつ遺伝子Z由来のタンパク質の量が半分しかないが，十分な程度に働くことができるため，色素沈着が起こる。

(3) 色素沈着を誘導する機能をもつ遺伝子Z由来のタンパク質の量が半分しかないため，色素沈着が起きない。

(4) 色素沈着を抑える機能をもつ遺伝子Z由来のタンパク質の量が半分しかないが，十分な程度に働くことができるため，色素沈着が起きない。

(Ⅳ) 文4について，以下の小問に答えよ。

(A) 文中の空欄8と9に適当な語句を入れよ。

(B) 下線部(キ)について。ヒトにおけるマラリア症が依然として猛威をふるう現在，ハマダラカのX系統はマラリア制圧のひとつの重要な手段として注目されている。その理由とともに，具体的な使用方法について2行以内で述べよ。

(C) 下線部(ク)について。悪性マラリアが発生する地域に住むヒト集団で，ある年に生まれた新生児の遺伝子型を調べたところ，各遺伝子型が$AA : AS : SS = 25 : 10 : 1$の比で観察された。新生児における対立遺伝子$S$の遺伝子頻度を既約分数の形で求めよ。

(D) この地域では，これらの新生児が成人になるまでの過程で，遺伝子型AAをもつ者の一部が悪性マラリアで死亡し，遺伝子型SSをもつ者の全てがかま状赤血球貧血症で死亡する。また，それ以外の者はすべて成人に達するとする。成人における対立遺伝子Sの頻度を調べたところ，新生児における頻度と等しかった。新生児が成人になるまでの過程で遺伝子型 AA をもつ者のうちどれだけの割合が死亡するか。既約分数の形で答えよ。

ポイント

（Ⅱ）X 系統，Y 系統はそれぞれ純系であるから，遺伝子型を xx，yy と置いて交配を考えていけばいい。F1 世代は xy となり，X 系統との戻し交配世代は xx：xy = 1：1，Y 系統との戻し交配世代は xy：yy = 1：1 となる。図 6 より，戻し交配世代の表現型が X 系統の形質（オーシストに色素沈着あり）と Y 系統の形質（正常オーシスト）にどのように分離するかを読み取り，x と y の優劣を決めればいい。

72 ゲノムと進化，光合成と適応

（2005 年度　第 2 問）

次の文 1 ～文 3 を読み，（Ⅰ）～（Ⅲ）の各問に答えよ。

〔文 1〕

植物の系統進化の研究は，はじめは形態的特徴により，のちに物質組成や生理学的特徴に基づいて進められてきた。また，20 世紀後半には遺伝子などの塩基配列の比較により系統解析がおこなわれるようになった。2000 年に双子葉植物のシロイヌナズナの全ゲノム塩基配列が決められると，(ア)ゲノムの比較を系統進化の研究の主要な手段とすることが可能になってきた。このため，系統的に異なるさまざまな光合成生物のゲノム塩基配列の解析が進められた。種子植物以外でも，コケ植物蘚（せん）類のヒメツリガネゴケや緑藻のクラミドモナス，紅藻のシアニジオシゾンなどで，核ゲノムの研究が進んでいる。

緑色植物（陸上植物や緑藻類）の系統とは異なる真核光合成生物には，紅藻のほか，有色植物（褐藻（かっそう），ケイ藻などの藻類）が知られている。(イ)有色植物と紅藻はクロロフィル組成や補助色素の種類の点でも大きく異なるが，葉緑体ゲノムに含まれている遺伝子は互いによく似ていて，それぞれの葉緑体は系統的に関連があることがわかった。

葉緑体ゲノムは小型であるため，30 以上にものぼる多くの真核光合成生物で塩基配列決定が進んでいる。葉緑体ゲノムには，数十個の光合成関連の重要な遺伝子が含まれている。さらに，光合成をおこなうことが可能な原核生物である［ 1 ］の全ゲノムについても，10 種ほどが解読されている。

葉緑体の起源を説明する仮説として，以前は膜説があった。この説によれば，始原真核細胞で細胞膜の陥入（かんにゅう）によってさまざまなオルガネラができたとされる。(ウ)これに対し現在では，真核光合成生物の葉緑体の起源については，［ 1 ］と葉緑体との系統関係に基づき，［ 2 ］が有力とされている。

〔文 2〕

蘚類は，被子植物と共通した面が多いが，被子植物で知られているさまざまな生理現象を，より単純な形で示すことが多い。たとえば，(エ)蘚類の茎葉体（配偶体）の葉は，一層の細胞からなるが，被子植物の葉は，通常，複数の細胞層からなる葉肉と表皮をもつ。被子植物の葉は，単位葉面積あたりの光合成能力を高めるために，多層構造になっていると考えられる。

蘚類では，胞子が発芽すると，細胞が一列につらなった原糸体が伸長する。(オ)原糸体は頂端細胞が分裂することで成長し，光の方向に伸長していく性質がある。原糸体は枝分かれしながら成長するが，やがて芽とよばれる細胞塊を形成し，これが成長して茎葉体となる。芽の形成は，植物ホルモンの一種であるサイトカイニンにより促進される。やがて適当な条件下で，造精器・造卵器ができ，受精により胞子体を形成する。(カ)胞子体は複相世代であるが，すぐに減数分裂を行って単相世代である胞子を生ずる（図1）。

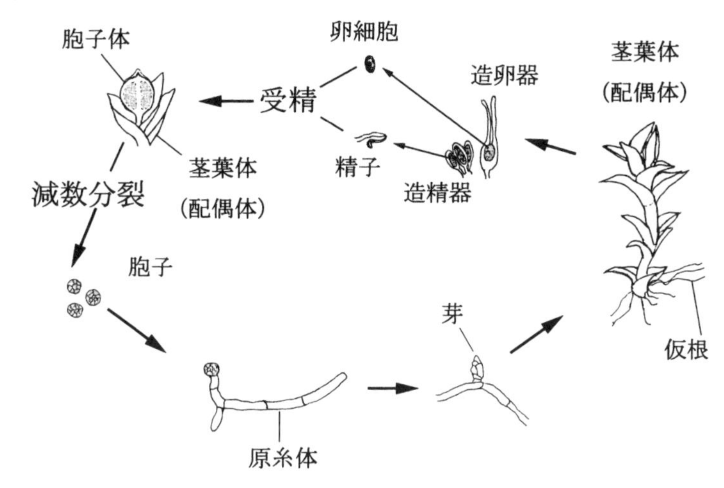

図1　ヒメツリガネゴケの生活環

葉緑体ゲノムにおきた突然変異によって光合成ができなくなり，培地に糖を加えないと生育できない変異株が，ある種の蘚類で得られた。(キ)この変異株と野生株をかけあわせたとき，変異株の卵と野生株の精子を用いた場合，得られた胞子が発芽してできるすべての細胞が変異型となったが，変異株の精子と野生株の卵を用いた場合，得られた胞子が発芽してできるすべての細胞が正常な光合成能力を示した。

ヒメツリガネゴケの特徴の1つに，細胞核遺伝子の相同組換えが高頻度でおこることがある。これを利用すると，塩基配列のわかった遺伝子にねらいを定めてこれを破壊することが可能である。そのため，ヒメツリガネゴケは被子植物の重要な現象の解析のためのモデル植物として利用されている。たとえば，(ク)葉緑体の分裂において，くびれ込む包膜の内側に沿ってリング状の構造をつくるFtsZとよばれるタンパク質が知られているが，このタンパク質をつくる細胞核遺伝子を破壊したコケを作製したところ，細胞あたり1個の巨大葉緑体をもつようになった。野生株の細胞では，細胞あたりの葉緑体数は20個以上である。このため，FtsZタンパク質が，葉緑体の分裂に重要な働きをしていることが推定されている。さらに，類似のタンパク質が，被子植物でも機能していることがわかった。

〔文3〕

生命誕生以前の地球では，現在よりもはるかに高濃度の二酸化炭素が大気中に含まれており，逆に酸素はほとんど含まれていなかったと考えられている。大気中に酸素を最初に多量に発生させたのは，[1]であった。[1]の化石はストロマトライトとよばれる層状構造を持った石灰岩として残っており，20～30億年前の地層から大量に発見されるが，同様の構造物は，現在でも一部の地域で形成され続けている。大気中の二酸化炭素は，炭酸カルシウムとして沈殿したり，光合成によって有機化合物に変えられたりすることにより除去され，これによって，温室効果が減少し，地上の温度が次第に低くなった。また，大気中や水中に多量の酸素が蓄積していったことにより，[3]によって大量にエネルギーを獲得することができる従属栄養生物，特に大型の動物の誕生が可能になった。さらに，酸素に[4]が作用して生ずる[5]の，成層圏での蓄積は，有害な[4]の地上への到達を防ぐことによって陸上への生物の進出を可能にし，現在我々が見るような地球の姿を生み出す重要な要因となった。このように<u>(ケ)光合成は，現存する生物全体のエネルギーの源であるばかりでなく，豊かな生態系に恵まれた地球環境全体を生み出した原動力でもあった</u>。

〔問〕

(Ⅰ) 文1について，以下の小問に答えよ。

(A) 下線部(ア)について。ゲノムという言葉は今日，いくつかの意味合いで用いられる。以下の(1)～(5)から，用法として正しくないものを一つ選べ。

(1) ゲノムという言葉のもとの意味は，生物の生存に必要な最小限の染色体セットに含まれる遺伝子の総体であった。

(2) 一般に，植物細胞の中には，3種類のゲノムがある。

(3) 大腸菌のゲノムは，単一の環状DNAからなるが，そのほかにプラスミドをもつ場合がある。

(4) 真核生物の各染色体は，それぞれ別々のゲノムを含む。

(5) パンコムギは6セットの核ゲノムをもつが，これは，それぞれ2セットのゲノムをもつ3種の野生の原種コムギのゲノムが組み合わされたものである。

(B) 下線部(イ)について。紅藻には含まれないが，褐藻には存在するクロロフィルは何か。

(C) 空欄1に入れるのにもっとも適切な生物名を記せ。なお，空欄1は文3にも使われている。

(D) 下線部(ウ)について，以下の問に答えよ。

(a) 空欄2に入れるべき説の名称をあげよ。

(b) この説が支持される理由を2つあげ，それぞれ2行程度で記せ。

(Ⅱ) 文2について，以下の小問に答えよ。

(A) 下線部(エ)について，次の問に答えよ。

(a) 葉が単に細胞層を重ねた多層構造であれば，光が強い場合，光量に応じた光合成量が確保できないと予想される。その理由を2行程度で記せ。

(b) (a)の問題点は，多層構造をもつ実際の葉では，どのような構造をつくることで克服されているか，名称を記せ。

(B)　下線部(オ)について，次の問に答えよ。

(a)　マカラスムギ（単子葉植物）の子葉鞘で知られる光屈性（屈光性）のしくみを２行程度で説明せよ。

(b)　マカラスムギの光屈性のしくみは，コケの原糸体にも全く同じように当てはまるかどうか，その根拠とともに述べよ。

(C)　下線部(カ)について。被子植物には，単相でも複相でもない特定の核相をもつ組織がある。その名称と核相を記せ。

(D)　下線部(キ)について。この理由として考えられることを２行程度で説明せよ。なお，この突然変異によって胞子形成には影響がないものとする。

(E)　下線部(ク)について。このような変異株を野生株と交配してできた胞子を発芽させてできる原糸体における表現型を調べると，どのような表現型の原糸体を生ずる胞子がどのような比率で現れるか述べよ。

(Ⅲ)　文３について，以下の小問に答えよ。

(A)　空欄３，４，５に入る最も適切な語句は何か。

(B)　下線部(ケ)について，以下の(1)〜(4)から正しくないものを一つ選べ。

(1)　太陽の光エネルギーを利用する生物には，酸素を発生しないものもある。

(2)　海洋で光合成が行われるようになったのは，褐藻など大型の藻類が生まれてからである。

(3)　光合成生物が誕生する以前の地球では，無機物の酸化還元が生物の主なエネルギー源であった。

(4)　動植物が使う炭素源やエネルギーの大部分は，光合成によって固定された二酸化炭素と太陽光エネルギーに由来する。

ポイント

(Ⅱ)(A)　葉にある同化組織として，さく状組織と海綿状組織がある。さく状組織を構成する細胞は，縦に細長く，細胞同士は密着し，細胞間隙は極めて小さい。海綿状組織は細胞間隙が広く，細胞同士の接着面が小さい。これらの構造が植物の生理上合理的と言われる理由を考えてみよう。さく状組織では，葉面に到達する光をできるだけ損失せず効率よく取り入れ，光合成に利用することができる。海綿状組織は細胞間隙が多くなるような配置をとることで，細胞と空気との接触面積が大きくなり，光合成に必要なガス交換や蒸散を効率よく行うことができる。

73 植物の組織培養，遺伝子発現

（2004年度　第1問）

次の文1〜文4を読み，（Ⅰ）〜（Ⅳ）の各問に答えよ。

〔文1〕

植物細胞は細胞壁で被われている。細胞壁は力学的に一定程度の強度をもった構造で，植物細胞の形と大きさを決めている。植物の組織を，適当な浸透圧のもとで(ア)細胞壁成分を分解する酵素で処理することによって，個々の細胞に分離させ，プロトプラストとよばれる細胞壁が除去された球形の細胞を得ることができる。

プロトプラストは植物細胞の機能や分化の研究に大いに役立つので，プロトプラストを得る試みは古くから行なわれていた。例えば，(イ)葉を高張液に浸して，鋭利なカミソリの刃で細切し，おだやかに絞り出す方法である。この操作で多くの細胞は壊れるが，同時に，ある程度の数のプロトプラストを遊離させることができる。しかし，この方法では収率が低く，上記のように酵素処理による方法が一般的である。

プロトプラストは，ショ糖，ミネラル，植物ホルモン，マニトールなどを含む適当な液体培地で培養すると分裂増殖する。これを寒天培地に移して培養すると，不定形の細胞塊（カルス）を形成する。さらに適当な植物ホルモンを含む培地に移植して培養すると，芽や根が分化して，最終的には完全な植物体に成長する。このように植物の体細胞は潜在的に個体を再形成できる［ 1 ］を保持している。体細胞から再形成された植物体はクローン苗としても利用され，挿し木，株分けなどで繁殖した植物体と同様に，親植物と［ 2 ］的に同一であるという特徴をもっている。

〔文2〕

2種の植物ＸとＹの葉からプロトプラストを得て混合し，ポリエチレングリコール溶液で処理すると2種類の細胞の内容物が混じり合う［ 3 ］が起こり，雑種細胞が生じる。これらの細胞も分裂増殖して，植物体に再分化することがある。ＸとＹの雑種細胞から分化した体細胞雑種について，光合成に関わるルビスコ（RuBisCO）タンパク質を調べた。ラン藻類から維管束植物にいたるまで，このタンパク質は分子量の異なるＳとＬの2種類のポリペプチドからなり，ＸやＹのような植物細胞では，Ｌの遺伝子は葉緑体に，(ウ)Ｓの遺伝子は核にあることがわかっている。また，ＳとＬのポリペプチドは種によってそのアミノ酸組成が異なっている。ルビスコＳとＬのポリペプチドは，ある種の電気泳動法（電気的性質によって高分子を分ける方法）によりさらに分離され，電気的性質の異なるポリペプチドを示すバンド（Ｓについては3本，Ｌについては2本）が，Ｘ，Ｙの種によって特徴的な位置に検出された。(エ)Ｘ，Ｙおよび両者の体細胞雑種植物4系統ａ〜ｄについてＳとＬのポリペプチドを電気泳動して検出した結果は図1のようになった。

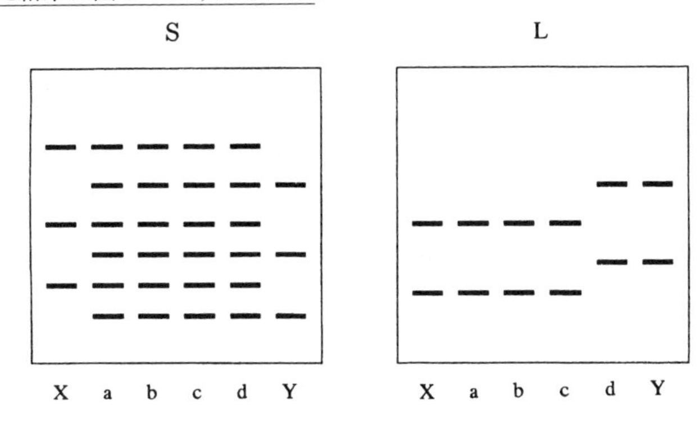

図1　ルビスコSとLの電気泳動の模式図

X，Y，a～dの文字の上のバンドは，電気泳動法により分離されたX，Y，a～dの植物体由来のルビスコのポリペプチドを示す。

〔文3〕

葉緑体のストロマにはルビスコタンパク質が大量に含まれる。このタンパク質はカルビン・ベンソン回路の酵素のひとつである。カルビン・ベンソン回路の反応でつくられた有機物は，エネルギー源や細胞を構成するさまざまな物質の合成のための材料として使われる。また，多くの貯蔵組織では，(オ)ショ糖から巨大な分子である多糖類のデンプンが合成され，貯えられる。

文2でも述べたように，ルビスコタンパク質は分子量の異なる2種類のポリペプチドSとLが組み合わさってできたタンパク質である。核DNAに存在するポリペプチドSの遺伝子の伝令RNAは，細胞質基質で翻訳が行なわれる。一方，葉緑体DNAに存在するLの遺伝子の転写と翻訳は，ともにストロマで行なわれる。

タンパク質合成に必要な種々の成分を含む反応液に，エンドウのSの遺伝子から転写された伝令RNAを加えて，試験管内でタンパク質合成を行なわせることができた。合成されたポリペプチドを調べると，図2に示すようにアミノ末端側に延長部分をもつ，Sよりも長いポリペプチドであった(注1)。この延長部分を「延長ペプチド」と呼ぶことにする。伝令RNAの塩基配列から推定されるアミノ酸配列も，Sのアミノ末端側に「延長ペプチド」をもった，Sよりも長いポリペプチドであることを示していた。このSより長いポリペプチドを以後pSと呼ぶ。葉緑体のストロマにはSは存在するが，pSは存在しない。

試験管内で合成したエンドウのpSを用いて以下の実験を行なった。

(注1)　ポリペプチド鎖の一方の端にはNH_2基が，他の端には，COOH基があり，これらの両端をそれぞれ，アミノ末端，カルボキシル末端と呼ぶ。

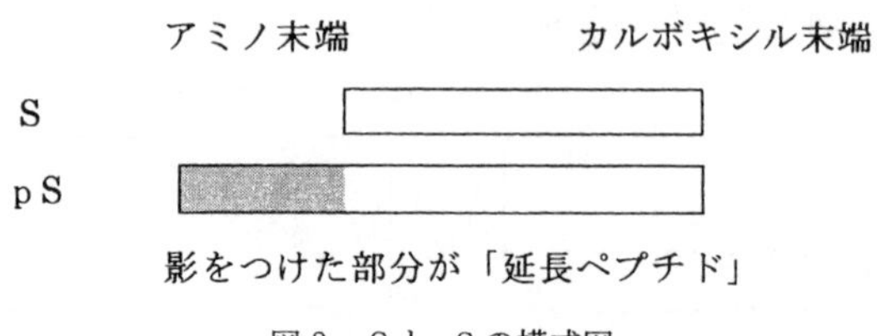

図2　Sと pSの模式図

〔実験1〕　エンドウの葉から，葉緑体を包んでいる膜（包膜）を壊さないように単離した葉緑体（以下，無傷葉緑体と呼ぶ）と，放射性同位体 ^{14}C で標識した(注2)人工の pSを，適当な反応液に加えた。一定時間後，反応液を遠心分離して無傷葉緑体を沈殿させて回収した。無傷葉緑体に(カ)タンパク質分解酵素A（この酵素は包膜を透過できず，葉緑体の内部のタンパク質は分解できない）の溶液を加えて一定時間置いたあと，再び無傷葉緑体を回収した。回収した無傷葉緑体についてSと pSの有無と放射能を調べた。その結果，回収した無傷葉緑体の内部にSは認められたが，pSは認められず，Sからは放射能が検出された。

（注2）　アミノ酸の一種が放射性同位体 ^{14}C で標識されており，そのアミノ酸はポリペプチド全体に分布しているものとする。本問では，このことを「^{14}C で標識した」と表す。

〔実験2〕　pSの代わりに，

(1)　^{14}C で標識されたS，

(2)　大腸菌由来の，あるタンパク質B（^{14}C で標識してある），

(3)　タンパク質Bのアミノ末端に pSの「延長ペプチド」をつないだ人工的なタンパク質（^{14}C で標識してある），

をそれぞれ用いて，実験1と同様の実験を行なったところ，以下のような結果が得られた。

(1)の場合。回収した無傷葉緑体にはSは認められたが，放射能は検出されなかった。

(2)の場合。回収した無傷葉緑体にはタンパク質Bは認められなかった。

(3)の場合。回収した無傷葉緑体には，「延長ペプチド」がついたタンパク質Bは認められなかったが，タンパク質Bそのものは認められ，放射能も検出された。

〔文4〕

土壌に生息する細菌であるアグロバクテリウムは，大きな環状の DNA（プラスミド）をもつが，宿主となる植物に感染すると，その一部である T-DNA を植物細胞の核 DNA に組み込むことにより，植物腫瘍クラウンゴールを生じて植物の成長に障害を引き起こすことが知られている。通常の植物細胞の培養には植物ホルモンが必要であるが，このクラウンゴールの細胞からアグロバクテリウムを除いて培養すると(キ)植物ホルモンを含まない培地でも増殖する植物細胞が生じる。クラウンゴールの細胞は，(ク)植物が利用できないアミノ酸であるオパインを合成するようになる。

人為的にT-DNAの一部を他の遺伝子に置き換えることで，植物細胞に外来遺伝子を導入して，新しい性質を付与した遺伝子組換え植物を作成することができる。すでに，病気に対する抵抗性などの性質をもった植物体が(ケ)設備の整った実験施設で作成され，安全性の確認されていない植物については厳密な管理下で育成されている。

〔問〕

（Ⅰ）　文1について，以下の小問に答えよ。

(A)　下線部(ア)について。細胞壁を構成する最も主要な成分の物質名を記せ。

(B)　下線部(イ)について。なぜこの方法によってプロトプラストが遊離してくるのか。3～4行で述べよ。

(C)　文中の空欄1，2に入る最も適当な語句を記せ。

（Ⅱ）　文2について，以下の小問に答えよ。

(A)　文中の空欄3に入る最も適当な語句を記せ。

(B)　葉緑体は独自のDNAをもつが，これはラン藻類のような光合成を行なう単細胞生物が，光合成能をもたない宿主の細胞に共生したことが起源であるとされている。

(a)　下線部(ウ)の事実から，ルビスコタンパク質Sの遺伝子について進化の過程で何が起こったと考えられるか。1行で述べよ。

(b)　葉緑体と同様に共生起源とされるもう1つの細胞小器官の名称と，その主要な機能は何か。それぞれ適当な語句で答えよ。

(C)　下線部(エ)の結果から，これらの体細胞雑種の遺伝的性質に関して考えられることは何か。推論を2行で述べよ。

（Ⅲ）　文3について，以下の小問に答えよ。

(A)　下線部(オ)について。有機物を，小さな分子であるショ糖ではなく，巨大な分子であるデンプンとして貯えることは，細胞にとってどのような利点があると考えられるか。2～3行で述べよ。

(B)　実験1の反応で，pSについてどのようなことが起こったか。2行以内で述べよ。

(C)　下線部(カ)について。回収した無傷葉緑体にタンパク質分解酵素Aの溶液を加えた目的は何か。3行以内で述べよ。

(D)　実験1と実験2の結果から推論できる「延長ペプチド」の機能について，3行以内で述べよ。

（Ⅳ）　文4について，以下の小問に答えよ。

(A)　下線部(キ)の原因はどのように考えられるか。1行で述べよ。

(B)　下線部(ク)について。アグロバクテリウムはオパインを栄養源として利用できる。このような，植物との関係を何と言うか。1語で答えよ。

(C)　下線部(ケ)の遺伝子組換え植物を実験施設外に出さないための対策として，下記の事項から必須でないものをすべて選び，その番号を記せ。

(1) 外界から物理的に隔離できる実験施設で作成する。

(2) 光，温度，湿度などが厳密に管理された条件下で育成する。

(3) 種子や花粉などが外に出ないように厳重に管理する。

(4) 人が施設に出入りする際には衣服等を紫外線で殺菌する。

(5) 植物試料を捨てる前に高温等で処理して殺す。

ポイント

(Ⅱ)・(Ⅲ) 〔文2〕では2つの細胞融合を行い，タンパク質の電気泳動の結果生じたバンドと遺伝子発現をどのように結びつけて考えることができるかが問われている。雑種細胞にはX由来のS遺伝子とY由来のS遺伝子が共存している。S遺伝子はX由来のものとY由来のものの両方が発現している。しかし，Lの遺伝子はX由来のものとY由来のもののうち一方だけが発現している。

〔文3〕は，ルビスコタンパク質のSポリペプチドの細胞質基質から葉緑体のストロマへの輸送機構を扱った問題で，実験結果より，アミノ末端についている延長ポリペプチドが輸送のシグナルとして働いている。この延長ポリペプチドは通行手形のごとく，本来は通行できない物質も，このポリペプチドと結合することで通行許可が与えられてしまうことになる。

74 学習，工業暗化

（2003年度　第1問）

次の文1～文3を読み，（Ⅰ）～（Ⅲ）の各問に答えよ。

〔文1〕

ニワトリを用いて以下の実験を行った。

〔実験1〕　1ケ月齢の10羽の若鳥に，(ア)以下の2つのテストを両方受けさせた。片方のテストAではオレンジ色に染めた米粒を餌として与え，もう片方のテストBでは，緑色の米粒を餌として与える。両方のテストとも，米粒と同じオレンジ色または緑色に塗った砂利（米粒と似た大きさ）の，どちらか一方の砂利が密に付着した板を背景とした。そこに米粒を一定数まき，その上に鳥かごを置いて，中に1羽を入れる。(イ)各個体について，米粒の色と異なる色の背景，または同じ色の背景の実験を，時間をおいて両方の色とも行った。各テストとも，どちらの色の背景を先に試しても，食べ方の傾向に違いはなかった。ある個体の結果が図1である。

昆虫を捕食する鳥であるルリカケスを用いて，以下の実験を行った。

〔実験2〕　6羽のルリカケスを1羽ずつ鳥かごに入れ，その前にテレビ画面を置いて，そこに餌となるガの写真を映し出す。餌の写真として，種内で羽の模様がさまざまに異なるシタバ類のガを用いる。近縁な2種であるRとL（羽の模様が少し異なる）を，それらの羽模様とよく似た模様の背景の中に映し出した。実験として，Rのみを続けて映したとき，Lのみを続けて映したとき，これら2種を無作為に映したとき，の3つのテストを行った。ガを正確につつく正しい応答をしたときには，人工餌がもらえる。その結果が図2である。

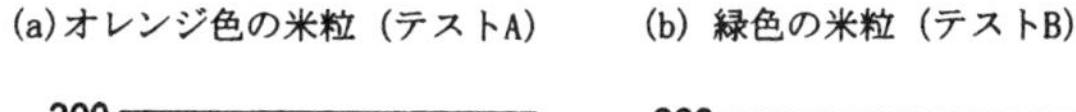

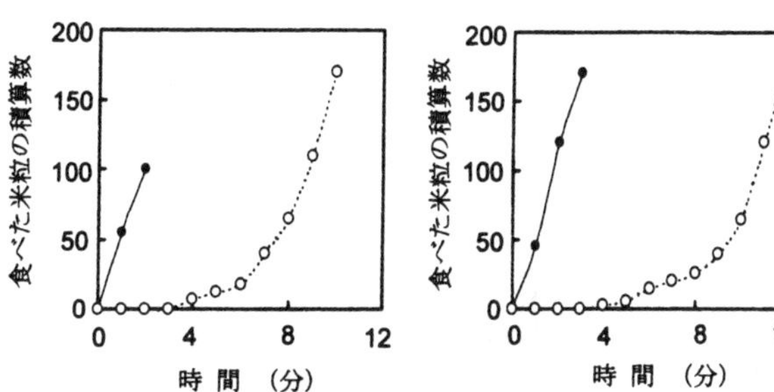

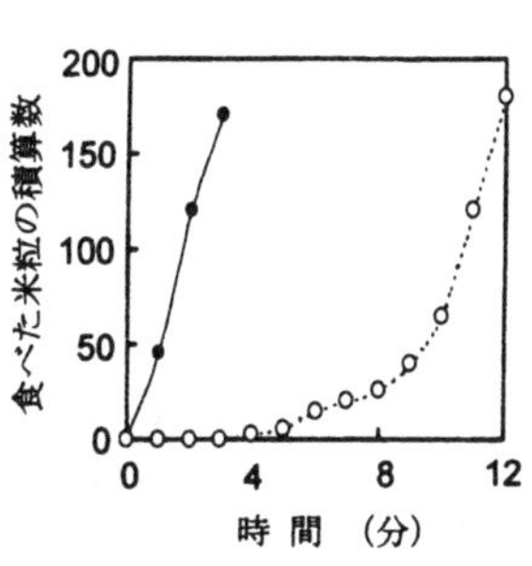

図1　ニワトリが食べた米粒の積算数

●――● 背景の色が米粒と異なる場合
○-----○ 背景の色が米粒と同じ場合

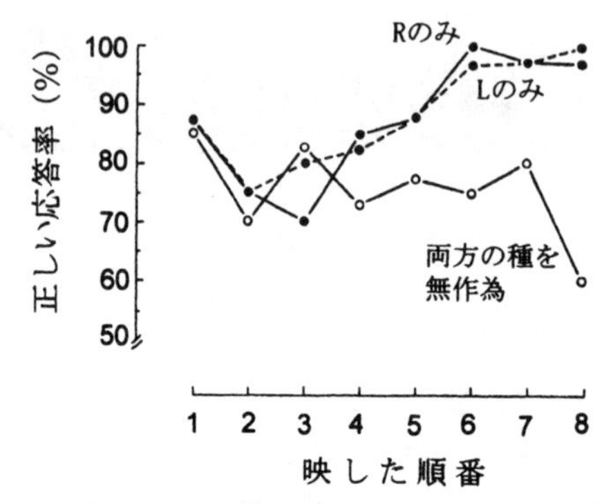

図2　ルリカケスに2種のガを見せたときの正しい応答率

〔文2〕

さらに，ルリカケスを用いて，以下の2つの実験を行った。採餌行動で同程度の能力を発揮するよう訓練された6羽のルリカケスを1羽ずつ鳥かごに入れ，その前にテレビ画面を置いた。この画面に，コンピューターで羽模様を加工したガの模型を，それとよく似た模様の背景の中で映す（図3）。実験中は同じ模様の背景を使用した。ルリカケスは，ガの像を正確につついたら人工餌がもらえる。

〔実験3〕　シタバ類の種Lの羽模様を加工して作った隠蔽（いんぺい）度の異なる模型1～3がある。これらを等しい数で混合した合計240匹の初期集団を作り，ルリカケスに対してガを1匹ずつ映した。1羽のルリカケスには40匹分の模型の映像が1匹ずつ映る。正確につつかれたらその個体は食われて死んだとし，その生き残った頻度に応じて，翌日には模型の個体数の割合を変えて240匹の集団を構成し直し，再びルリカケスに提示した。このように，1日の試行をガの模型集団にとっては「1世代」として換算し，各模型の個体数の変化を調べた。その結果が図4(a)である。模型1は，背景に対して最も隠蔽された羽模様を持つので，50日後の実験終了時には個体数が一番多くなった。(ウ)一方，隠蔽度のやや劣る模型2と3も最後まである程度の頻度で残った。

〔実験4〕　実験3が終わった状態のガの集団に，それまで登場しなかった模型4を少数導入し，同様の実験を50日間行った。模型4は模型1に比べてやや隠蔽度が劣る模型である。その結果が図4(b)である。

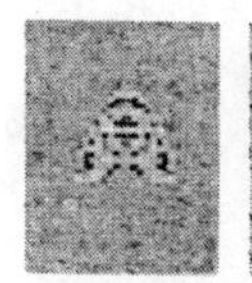
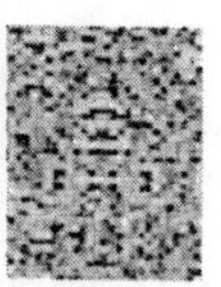

図3　ガの模型の1例（模型2）
左図：目立つ背景に置いたとき
右図：実験で使用した背景に置いたとき
実験はすべて白黒画像で行った

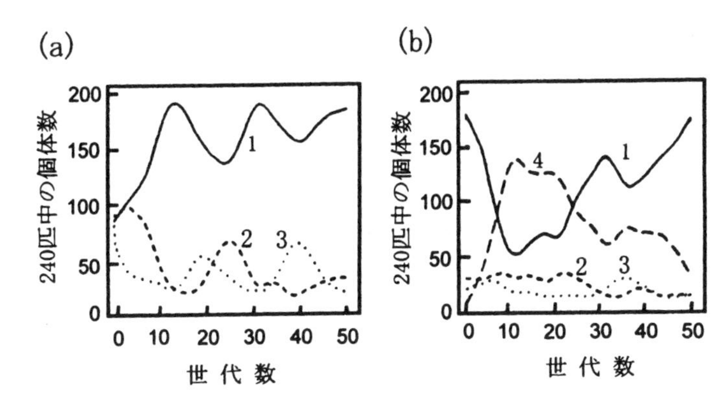

図4　ルリカケスにガの模型を見せたときの各模型の個体数変化
図中の数字は模型の番号を示す

〔文3〕

ガの一種オオシモフリエダシャクには，灰色と白のまだら模様の野生型と，暗色の黒化型の2タイプがある。19世紀前半のイギリスでは黒化型はほとんど見られなかったが，(エ)工業化が進むにつれて，大都市の近郊では黒化型の頻度が増え始めた。ところが，工場がない田舎の地方では，野生型が非常に高い頻度を占め続けた。

この2つの体色の表現型は，1組の対立遺伝子によって決まっていて，(オ)優性の対立遺伝子Cを持つCCとCcは黒化型になりccが野生型になる。野生型は，灰白色の(カ)地衣類で被われた木の幹にとまっていると，羽と背景の模様が似ているので目立たない。黒化型は，工場から出る煤煙(ばいえん)などの影響で地衣類が枯れて，黒っぽい幹の地肌がむき出しになった木の上で目立たない。

そこで，ある研究者は，下線部(エ)の現象は鳥による捕食の変化によって説明できると考えた。彼は，工業都市バーミンガム近郊で地衣類が枯れて木の地肌がむき出しになった林と，地衣類が繁茂している田舎のドーセット地方の林を選び，これら2つの場所で，標識した野生型と黒化型のガを多数放った。そして数日後に再捕獲した結果が表1である。

表1　標識して放したガの再捕獲割合

場所	再捕獲された割合	
	野生型	黒化型
バーミンガム	13 %	28 %
ドーセット	13 %	6 %

〔問〕

(Ⅰ) 文1について，次の小問に答えよ。

(A) 与えた米粒と背景の色に関して，図1の2つのテストA，Bの結果には共通の傾向が3点ある。各1行ずつ箇条書きで述べよ。

(B) 下線部(ア)と(イ)について。このように同一個体で2つの米粒の色と2つの背景の色をともに試すのはなぜか。以下から最も適切なものを1つ選んで，番号で答えよ。

(1) 実験の繰り返し数を増やして，得られた平均値の信頼性を高めるため。

(2) 実験の繰り返し数を増やして，微妙な差でも検出しやすくするため。

(3) 2つのテストで捕食行動に差が生じるかどうかを問題としているため。

(4) 色の識別能力や採餌効率など，個体の能力の差異による影響を排除するため。

(C) 図2で，RとLを片方だけ映し続けたときには，提示回数とともに正しい応答率が上昇した。しかし，RとLを無作為に映したときには，提示回数が増えても正しい応答率は上昇しなかった。後者で上昇しなかった理由を，1行程度で述べよ。

(Ⅱ) 文2について，次の小問に答えよ。

(A) 図4(a)の結果が下線部(ウ)のようになった理由を，1行程度で述べよ。

(B) 図4(a)で，模型1と模型2または3の頻度が交互に逆転しながら変動する理由を，2行程度で述べよ。

(C) 図4(b)で，模型4の頻度が10世代目までは増えた理由を，1行程度で述べよ。

(D) もし仮に極端に隠蔽されたガの模型が集団中に現れた場合，他の模型の個体数はどうなるか。以下の(1)〜(4)から最も適切なものを1つ選んで，番号で答えよ。

(1) 急速に個体数を減らすが，ある程度のところで食われなくなり，以後はそのレベルを保つ。

(2) 食われて急速に数を減らし，やがて消滅近くまで減少する。

(3) 個体数が増えたり減ったりしながらある程度の数まで減少するが，以後はそのレベルを保つ。

(4) 個体数が増えたり減ったりしながら，やがて消滅近くまで減少する。

(Ⅲ) 文3について，次の小問に答えよ。

(A) 下線部(エ)について。この現象は何と呼ばれているか。

(B) 下線部(オ)について。いま野生型 cc と黒化型 CC と Cc が1：1：1からなる集団を考える。この集団で交配が完全に無作為に起こるとすると，次世代の体色の比率は，野生色：黒化色でいくつになるか。ただし，細胞質の効果はなく，どの対立遺伝子の組み合わせでも等しい数の子を残し，鳥の捕食はここでは考えないものと仮定する。答えを導く途中の過程も簡潔に記せ。

(C) 下線部(カ)は2つの生物の共生体であるが，それらは何と何か。

(D)　表1について。このような鳥による採餌行動は，やがて自然選択による進化をもたらすと言われている。この〔文3〕の例は，自然選択が作用して進化が生じるのに必要な条件をすべて満たしている。それらの条件を2行程度で述べよ。

(E)　1956年に法律で工場からの大気汚染物質の排出が規制されてからは，次第に木の表面に地衣類が回復してきて，それとともに黒化型の頻度が減り始めた。それ以降，地衣類が繁茂した状態が続くと，黒化型の頻度はどうなると考えられるか。最も適切なものを以下から1つ選んで，番号で答えよ。

(1)　黒化型はやがて完全に消滅する。

(2)　野生型から体色の対立遺伝子に突然変異が生じて黒化型が現れ，この頻度が低いと鳥に食われにくいので，ある程度まで個体数を増やす。

(3)　野生型から体色の対立遺伝子に突然変異が生じて黒化型が現れるので，非常に稀(まれ)な頻度で黒化型が見られる。

(4)　野生型から体色の対立遺伝子に突然変異が生じ，体色は野生型ばかりになっても，その中に低頻度で黒化型遺伝子をヘテロで持った個体が隠れて混じる。

ポイント

(Ⅱ)　ルリカケスの実験は有名なもので，同じ刺激を繰り返すと，経験が記憶され学習が成立する。隠蔽度の高い模型と低い模型を混在させると，最初に隠蔽度の低い模型2と3が“つつき”の対象になる。その結果集団内では隠蔽度の高い模型1の頻度が増加する。しかし，隠蔽度が高い模型であっても，その頻度が増し，繰り返し学習する（連続した映像が映る）とその模型も“つつき”の対象となり，数が減少する。

75 消化液の分泌調節

（1999 年度　第 1 問）

次の文 1 と文 2 を読み，（Ⅰ）と（Ⅱ）の各問に答えよ。

〔文 1〕

ヒトの消化器官のはたらきは，ホルモンや神経によってきめ細かに調節されている。小腸粘膜中の細胞から分泌されるセクレチンは，ホルモンの第一号として知られている。このホルモンは，イヌの(ア)十二指腸内に 0.4 %塩酸を注入するとすい液の分泌が増大する，という実験をきっかけに発見された。(イ)セクレチンの主な作用は，すい臓から重炭酸イオンを多く含んだ水溶液を分泌させることである。すい臓からの消化酵素の分泌は，(ウ)コレシストキニンという別のホルモンによって引き起こされる。ヒトのコレシストキニンは，アミノ酸や脂肪が十二指腸粘膜に触れると分泌される。

血糖量が上昇すると，すい臓の［ 1 ］から［ 2 ］が分泌される。この反応は，ブドウ糖を静脈内に注射したときより，口から飲ませたときの方がはるかに大きい。これは，小腸粘膜に糖質が触れると分泌されるあるホルモンによって［ 2 ］の分泌が増強されるためであり，食後，急に多量の糖が吸収されても，(エ)血糖量が上がりすぎないように調節するのに役立っている。このように，消化器官のはたらきは，食物の成分に対応して調節されている。

消化にかかわるタンパク質分解酵素には，いくつかの種類がある。胃液に含まれるペプシンや，すい液に含まれるトリプシンは，特定のアミノ酸部位でタンパク質を切断して断片化する作用を持つ。(オ)図 1 に示すように，ペプシンとトリプシンの酵素反応の速度は，pH により大きく変化する。

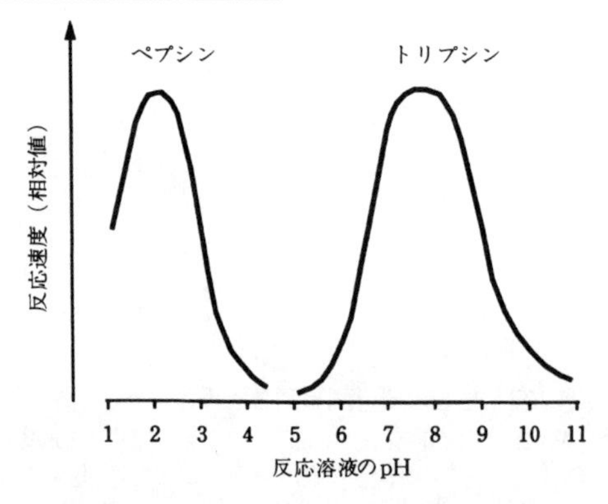

図 1　ペプシンおよびトリプシンの酵素反応の速度と pH の関係

〔文2〕

タンパク質を構成するアミノ酸を，それが生合成される順番に左から右へ並べて書いたとき，(カ)トリプシンは，リシン-Xまたはアルギニン-Xのペプチド結合を切断する。Xはどんなアミノ酸でもよいが，これがプロリン(注)のときは，例外的に切断しない。また，その他にも切断されにくい配列や条件が存在するが，ここでは考えないことにする。トリプシンのこの性質は，タンパク質の研究にしばしば利用される。

ある動物の遺伝病Yを考える。その病因は，130個のアミノ酸からなるタンパク質Zの性質が変化したことである。正常型のZにトリプシンを作用させて，十分に分解したところ，表1に示すように，a～jの10種の断片が生じた。次に，遺伝病Yの個体から変異型のZを取り出し，その性質を調べた。このタンパク質を構成するアミノ酸の数も130個であった。変異型のZにトリプシンを作用させたところ，(キ)表1に示すように，断片dとgが検出されず，新たに26個のアミノ酸からなる断片kが生じた。

次に，正常型と変異型のZのアミノ酸配列を指定する伝令RNAを取り出し，塩基配列を比較した。その結果，Zのアミノ酸配列の中央付近を指定する塩基配列中に，ただ1箇所違いが検出された（図2）。すなわち，(ク)矢印の位置のCが，変異型では別の塩基に置き換わっていた。

（注）プロリンはイミノ酸に分類されるが，この問題中ではアミノ酸として扱う。

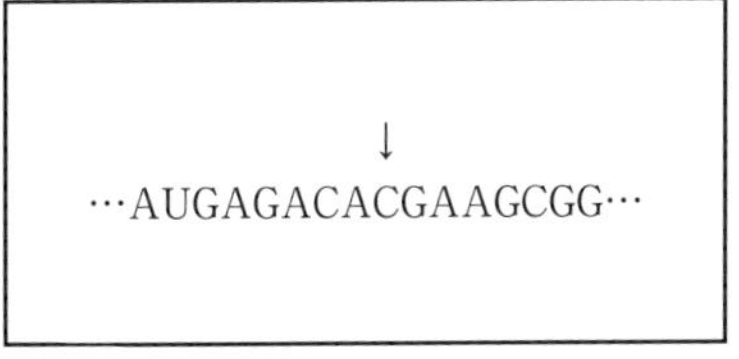

図2　正常型のタンパク質Zのアミノ酸を指定する伝令RNAの塩基配列の一部

表1　タンパク質Zにトリプシンを作用させて生じた断片のアミノ酸数

断片	正常型のZ	変異型のZ
a	2	2
b	3	3
c	20	20
d	8	なし
e	10	10
f	32	32
g	18	なし
h	5	5
i	22	22
j	10	10
k	なし	26

表2　コドンとアミノ酸の対応表

UUU UUC } フェニルアラニン UUA UUG } ロイシン	UCU UCC UCA UCG } セリン	UAU UAC } チロシン UAA UAG } 終止	UGU UGC } システイン UGA　終止 UGG　トリプトファン
CUU CUC CUA CUG } ロイシン	CCU CCC CCA CCG } プロリン	CAU CAC } ヒスチジン CAA CAG } グルタミン	CGU CGC CGA CGG } アルギニン
AUU AUC AUA } イソロイシン AUG　メチオニン	ACU ACC ACA ACG } トレオニン	AAU AAC } アスパラギン AAA AAG } リシン	AGU AGC } セリン AGA AGG } アルギニン
GUU GUC GUA GUG } バリン	GCU GCC GCA GCG } アラニン	GAU GAC } アスパラギン酸 GAA GAG } グルタミン酸	GGU GGC GGA GGG } グリシン

U：ウラシル，C：シトシン，A：アデニン，G：グアニン。
「終止」は，対応するアミノ酸がなく，翻訳が終止することを示す。

〔問〕

（Ⅰ） 文1について。

(A)　下線部(ア)の操作は，消化器官で通常起きているどのような現象を模倣したものか。1行で述べよ。

(B)　下線部(イ)について。セクレチンはタンパク質の消化において，どのような役割をもっていると考えられるか。下線部(オ)を参照して，2行以内で述べよ。

(C)　下線部(ウ)について。コレシストキニンは胆のうを収縮させる作用も持っていることが知られている。胆のうが収縮すると何が起こるか。次の(1)〜(5)のうちから最も適当なものを1つ選び，番号で答えよ。

(1)　胆汁が肝臓に送られ，肝臓のはたらきが促進される。

(2)　胆汁の分泌が抑制されることにより，胆汁が濃縮される。

(3)　胆汁が十二指腸へ送られ，タンパク質の過剰な消化が抑制される。

(4)　すい液の胆のうへの逆流が抑制される。

(5)　胆汁が十二指腸へ送られ，脂肪の消化が促進される。

(D)　空欄1と2にそれぞれ最も適当な語句を入れよ。

(E)　下線部(エ)とは逆に，ヒトでは血糖量を上昇させるホルモンが複数存在する。そのようなホルモンの名称を2つ記せ。

（Ⅱ） 文2について。解答には，必要に応じて表2を用いること。

(A)　下線部(キ)の現象は，タンパク質Zのアミノ酸配列中に1箇所変異が生じた結果である。どのようにアミノ酸が変異したのか。下線部(カ)のトリプシンの性質に基づいて，考えられるすべての可能性を2行以内で述べよ。ただし，塩基配列はまだ分かっていないものとする。

(B)　図2に示した伝令RNAは，左から右へ翻訳される。このことについて，次の(a)〜(c)の問に答えよ。

(a)　矢印のCをコドンの第1文字目であるとして，図2の伝令RNAの配列をすべて翻訳し，—グリシン—グリシン—のように答えよ。なお，アミノ酸が一通りに決まらない部分は翻訳する必要はない。

(b)　矢印のCがコドンの第2文字目である可能性はない。その理由を2行以内で述べよ。

(c)　矢印のCを，コドンの第3文字目であるとして翻訳すると，下線部(キ)の結果を説明できない。その理由を3行以内で述べよ。

(C)　下線部(ク)について。前問で，図2の矢印のCがコドンの第1文字目であることは確定した。そこで，変異型のZにおいて，矢印のCがどのような塩基に置き換わっていたのかを推定したい。次の(a)〜(c)について，妥当である場合は○，妥当でない場合は×を記し，その結論に至った根拠をそれぞれ2行以内で述べよ。

(a)　CがUに置き換わった。

(b)　CがAに置き換わった。

(c)　CがGに置き換わった。

ポイント

(Ⅱ)(B)(a)　塩基配列の読み方は十分承知しているであろうから，特に矢印のCが第1番目の塩基として認識された場合，Cを中心に右側と左側に3個ずつに切っていけばいい。

…AU｜GAG｜ACA｜CGA｜AGC｜GG…
①　②　③　④　⑤　⑥

「アミノ酸が一通りに決まらない部分」という表現に注目すると，①と⑥は塩基が2つしかないが，①は先頭に来る塩基が何かでアミノ酸が違ってくるので，1通りには決まらない。⑥はGG●となっていて，●の部分にどんな塩基が来てもグリシンとなる。よって，—グルタミン酸—トレオニン—アルギニン—セリン—グリシン—となる。

年度別出題リスト

MEMO

MEMO